U0231353

明德立达致力成为
中国农用微胶囊研发和生产
专业的供应商

控制释放 省时高效 安全环保

微胶囊

干悬浮剂

明德立达DF产品

“超微研磨，中空粘合”工艺
快速崩解
悬浮率高
药效更佳

北京明德立达农业科技有限公司
农药定点单位：江苏明德立达作物科技有限公司
地址：北京市昌平区北清路中关村生命科学园28号博达大厦四层
电 话：010-56071477 网 址：www.mdldagro.com

江苏凯元科技有限公司
JIANGSU KYAN SCIENCE AND TECHNOLOGY CO.,LTD.

表面活性剂
专业制造商

FOR YOU
TO PROVIDE

为您提供

- 油悬浮 (OD) 专用助剂
- 水悬浮 (SC)、悬浮乳剂 (SE) 专用助剂
- 草铵膦、敌草快专用助剂
- 微乳剂 (ME)、水乳剂（EW）专用助剂
- 聚羧酸盐高分子协同分散剂 (KY555)
- 阴离子、非离子表面活性剂
- 特种助剂（磺酸盐、、磷酸酯盐）
- 环境友好型乳油 (EC) 专用助剂
- 水分散粒剂 (WDG) 专用助剂

国家高新技术企业

销售服务热线：18351168868　网址：http://www.jskyan.com
技术服务热线：18351166116　地址：江苏省靖江市斜桥镇大觉工业区

金旺三化包装线

专业农化包装生产线打造 — 安全 环保 智能

2ml~吨桶瓶装线系列

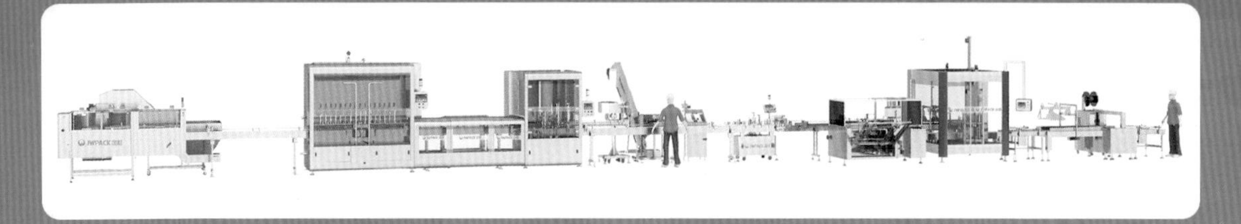

2g~吨袋袋装线系列

DGD-210型全自动
水平给袋式袋装机

DGD-330型全自动
水平给袋式袋装机

DXD-180F型全自动
水平式袋装机

江苏金旺包装机械科技有限公司
JIANGSU JINWANG PACKAGING MACHINERY SCI-TECH CO.,LTD

全国免费咨询热线：400-662-6025
电话：0519-82793788 Http://www.11jw.com
地址：江苏省常州市金坛区丹凤西路39号
传真：0519-82792436 E-mail：sale@jtjinwang.com

扫一扫关注微信

质量赢得市场　诚信铸就品质

重庆渝辉化工机械有限公司

重庆渝辉化工机械有限公司是全国最早研发与生产砂磨机、分散机的企业，有着四十多年的生产历史，本公司产品涉及涂料、农药、锂电三大行业，有：WM(S)D、WM、WSDN、WSC、PE、WSDT、JB七大系列，几十种型号及配置可供不同行业的厂家选用，还可以根据用户的特殊需求单独定制。欢迎广大中外厂商莅临我公司考察。

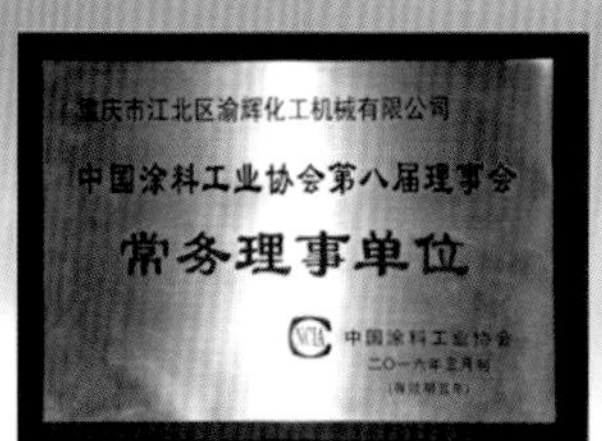

产品介绍

WM(S)D系列

WM系列

WSDN系列

WSC系列

PE系列

WSDT系列

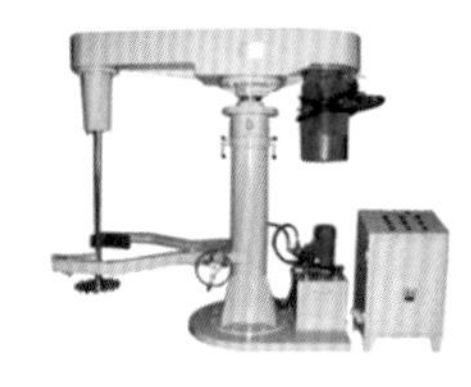

JB系列

用户现场

公司地址：重庆市江北区港城工业园A区东田科技园
总工程师：廖鸿藻先生（原重庆化工机械厂总工程师）
电话：023-67865268　023-67123016
传真：023-67705356
邮箱：cqyhj2009@163.com
公司网址：www.cqyhj.cn

您在悬浮剂生产时是否遇到如下问题

Δ生产效率低,一条线产量只有400-600kg/h

Δ研磨细度达不到,影响药效和储存

Δ研磨温度高,造成原药溶解

Δ气泡多,影响包装盒储存

如果有,我们帮您解决

SF系列砂磨机

DF系列砂磨机

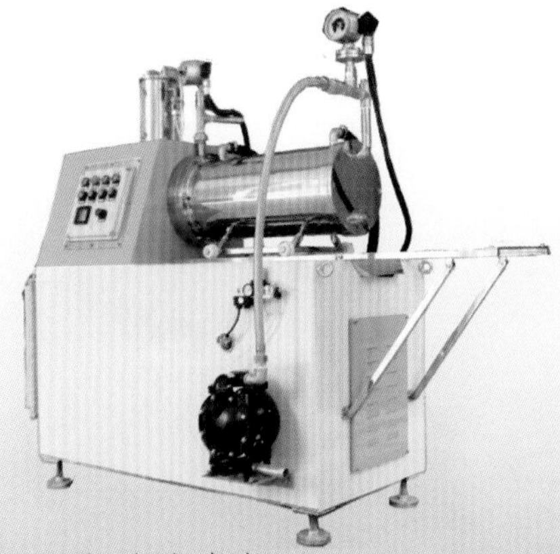

D系列砂磨机

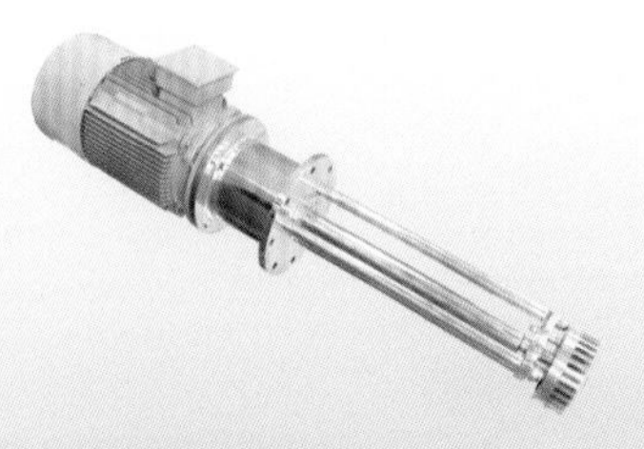

EB系列高剪切乳化机

上海儒佳机电科技有限公司

更多资讯请访问儒佳官网或者来电咨询

联系人:李伟　农化事业部经理
手机:181 1719 8661
电话:021-31006099
传真:021-31006033
网址:www.ruccachina.com

现代农药剂型加工技术丛书

农药液体制剂

徐 妍 刘广文 主编

Pesticide Liquid Formulations

化学工业出版社

·北京·

作为丛书分册之一，本书主要从理论和工程技术两方面分别系统地介绍了当前各种主流农药液体制剂如微乳剂、悬浮剂、乳油、可溶液剂、静电喷雾、生物农药制剂、超低容量剂、悬乳剂、水乳剂、油悬浮剂、气雾剂、液体蚊香、微胶囊剂以及种子处理剂的加工技术。并对每种剂型的理论基础、研究现状、开发方法、开发实例进行了详细介绍。另外，为便于读者查阅，部分章节还设有农药制剂的分析方法等内容。

本书可供广大农药剂型研发及农药生产企业有关技术人员使用，也可作为大专院校相关专业的教学参考书。

图书在版编目（CIP）数据

农药液体制剂 / 徐妍，刘广文主编．—北京：化学工业出版社，2017.12
（现代农药剂型加工技术丛书）
ISBN 978-7-122-30783-5

Ⅰ.①农…　Ⅱ.①徐…　②刘…　Ⅲ.①农药剂型-液体-制剂　Ⅳ.①TQ450.6

中国版本图书馆CIP数据核字（2017）第253342号

责任编辑：刘　军　张　艳　　文字编辑：向　东
责任校对：王素芹　　装帧设计：关　飞

出版发行：化学工业出版社（北京市东城区青年湖南街13号　邮政编码100011）
印　　装：中煤（北京）印务有限公司
787mm×1092mm　1/16　印张30　彩插3　字数733千字　2018年3月北京第1版第1次印刷

购书咨询：010-64518888（传真：010-64519686）　售后服务：010-64518899
网　　址：http://www.cip.com.cn
凡购买本书，如有缺损质量问题，本社销售中心负责调换。

定　　价：188.00元

版权所有　违者必究

京化广临字2018——3

《现代农药剂型加工技术丛书》
编审委员会

主　任： 刘广文

副主任： 徐　妍　张小军

委　员：（按姓氏汉语拼音排序）

杜凤沛　中国农业大学
冯建国　扬州大学
冯俊涛　西北农林科技大学
刘广文　沈阳化工研究院有限公司
马　超　北京中保绿农科技集团有限公司
马志卿　西北农林科技大学
齐　武　南京众农工业技术有限公司
秦敦忠　江苏擎宇化工科技有限公司
司马铃　江苏金旺包装机械科技有限公司
王险峰　黑龙江省农垦总局植保站
吴学民　中国农业大学
徐　妍　北京明德立达农业科技有限公司
张伟汉　海利尔药业集团股份有限公司
张小军　中农立华生物科技股份有限公司

本书编写人员名单

主　　编：徐　妍　刘广文

副 主 编：马　超

编写人员：（按姓名汉语拼音排序）

曹雄飞　联合国南通农药剂型开发中心
冯建国　扬州大学
冯俊涛　西北农林科技大学
郭崇友　南京红太阳股份有限公司
姜成义　海利尔药业集团股份有限公司
李　涛　湖南化工研究院有限公司
刘广文　沈阳化工研究院有限公司
刘鹏飞　中国农业大学
刘世禄　北京农田管家信息技术有限公司
罗湘仁　江苏明德立达作物科技有限公司
马　超　北京中保绿农科技集团有限公司
马志卿　西北农林科技大学
齐　武　中国农药工业协会
吴学民　中国农业大学
徐　妍　北京明德立达农业科技有限公司

序

农药是人类防治农林病、虫、草、鼠害，以及仓储病和病媒害虫的重要物质，现在已广泛应用于农业生产的产前至产后的全过程，是必备的农业生产资料，也为人类的生存提供了重要保证。

农药通常是化学合成的产物，合成生产出来的农药的有效成分称为原药。原药为固体的称为原粉，为液体的称为原油。

由于多数农药原药不溶或微溶于水，不进行加工就难以均匀地展布和黏附于农作物、杂草或害虫表面。同时，要把少量药剂均匀地分布到广大的农田上，不进行很好地加工就难以均匀喷洒。各种农作物、害虫、杂草表面都有一层蜡质层，表面张力较低，绝大多数农药又缺乏展着或黏附性能，若直接喷洒原药，不仅不能发挥药效，而且十分容易产生药害，所以通常原药是不能直接使用的，必须通过加工改变原药的物理及物理化学性能，以满足实际使用时的各种要求。

把原药制成可以使用的农药形式的工艺过程称为农药加工。加工后的农药，具有一定的形态、组分、规格，称为农药剂型。一种剂型可以制成不同含量和不同用途的产品，这些产品统称为农药制剂。

制剂的加工主要是应用物理、化学原理，研究各种助剂的作用和性能，采用适当的方法制成不同形式的制剂，以利于在不同情况下充分发挥农药有效成分的作用。农药制剂加工是农药应用的前提，农药的加工与应用技术有着密切关系，高效制剂必须配以优良的加工技术和适当的施药方法，才能充分发挥有效成分的应用效果，减少不良副作用。农药制剂加工可使有效成分充分发挥药效，使高毒农药低毒化，减少环境污染和对生态平衡的破坏，延缓抗药性的发展，使原药达到最高的稳定性，延长有效成分的使用寿命，提高使用农药的效率和扩大农药的应用范围。故而不少人认为，一种农药的成功，一半在于剂型。据统计，我国现有农药生产企业2600余家，近年来，制剂行业出现了一些新变化。首先，我国农业从业人员的结构发生了变化，对农药有了新的要求。其次，我国对环境保护加大了监管力度，迫使制剂生产装备进行升级改造。更加严峻的是行业生产水平和规模参差不齐，大浪淘沙，优胜劣汰，一轮强劲的并购潮已经到来，制剂行业洗牌势在必行，通过市场竞争使制剂品种和产量进行再分配在所难免。在这种出现新变化的背景下，谁掌握着先进技术并不断推进精细化，谁就找到了登上制高点的最佳途径。

化学工业出版社于2013年出版了《现代农药剂型加工技术》一书，该书出版后受到了业内人士的极大关注。在听取各方面意见的基础上，我们又邀请了国内从事农药剂型教学、研发以及工程化技术应用的几十位中青年制剂专家，由他们分工撰写他们所擅长专业的各章，编写了这套《现代农药剂型加工技术丛书》(简称《丛书》)，以分册的形式介绍农药制剂加工的原理、加工方法和生产技术。

《丛书》参编人员均由多年从事制剂教学、研发及生产一线的教授和专家组成。他们知识渊博，既有扎实的理论功底，又有丰富的研发、生产经验，同时又有为行业无私奉献的高尚精神，不倦地抚键耕耘，编撰成章，集成本套《丛书》，以飨读者。

《丛书》共分四分册，第一分册《农药助剂》，由张小军博士任第一主编，主要介绍了助剂在农药加工中的理论基础、作用机理、配方的设计方法，及近年来国内外最新开发的助剂品种及性能，可为配方的开发提供参考。第二分册《农药液体制剂》，由徐妍博士任第一主编，主要介绍了液体制剂加工的基础理论、最近几年液体制剂的技术进展、液体制剂生产流程设计及加工方法，对在生产中易出现的问题也都提供了一些解决方法与读者分享。第三分册《农药固体制剂》，由刘广文任主编，主要介绍了常用固体制剂的配方设计方法、设备选型、流程设计及操作方法，对清洁化生产技术进行了重点介绍。第四分册《农药制剂工程技术》，由刘广文任主编，主要介绍了各种常用单元设备、包装设备及包装材料的特点、选用及操作方法，对制剂车间设计、清洁生产工艺也专设章节介绍。

借本书一角，我要感谢所有参编的作者们，他们中有我多年的故交，也有未曾谋面的新友。他们在百忙之余，牺牲了大量的休息时间，无私奉献出自己多年积累的专业知识和宝贵的生产经验。感谢《丛书》的另两位组织者徐妍博士和张小军博士，二位在《丛书》编写过程中做了大量的组织工作，并通阅书稿，字斟句酌，进行技术把关，才使本书得以顺利面世。感谢农药界的前辈与同仁给予的大力支持，《丛书》凝集了全行业从业人员的知识与智慧，他们直接或间接提供资料、分享经验，使本书内容更加丰富。因此，《丛书》的出版有全行业从业人员的功劳。另外，感谢化学工业出版社的鼎力支持，《丛书》责任编辑在本书筹备与编写过程中做了大量卓有成效的策划与协调工作，在此一并致谢。

制剂加工是工艺性、工程性很强的技术门类，同时也是多学科集成的交叉技术。有些制剂的研发与生产还依赖于操作者的经验，一些观点仁者见仁，智者见智。编撰《丛书》是一项浩大工程，参编人员多，时间跨度长，内容广泛。所述内容多是作者本人的理解和体会，不当之处在所难免，恳请读者指正。

谨以此书献给农药界的同仁们！

刘广文
2017年10月

前言

农药是一类重要的农业生产资料，主要用于防治有害生物，应对突发性病、虫、草、鼠害等，保证农业增产丰收，同时调节作物生长，提高农产品品质，确保粮食安全，对社会稳定起着重要作用。但由于农药本身的理化性质以及生物活性的需要，绝大多数农药都必须加工成制剂或适于用户使用的形式，这样才具有真正的使用价值。随着高效、超高效农药的发展，需要在大面积范围内均匀地使用少量农药。因此，需借助现代农药剂型加工技术，以工匠精神进行微观、量化、精准的制剂研究和应用研究，提高农药有效利用率，实现农药减量增施。

近年来，世界农药剂型加工技术获得了快速发展，目前共有150余种剂型，我国常用的剂型有20余种。本书列举了主要液体制剂微乳剂、悬浮剂、乳油、可溶液剂、静电喷雾、生物农药制剂、超低容量剂、悬乳剂、水乳剂、油悬浮剂、气雾剂、液体蚊香、微胶囊剂以及种子处理剂，并对每种剂型的理论基础、研究现状、开发方法、开发实例进行了详细介绍。另外，部分章节还设有农药制剂的分析方法等内容，便于广大农药剂型研发及农药生产企业有关技术人员或农药专业的学生查阅。

本书共分14章，第一章由姜成义编写；第二章由吴学民和罗湘仁编写；第三章由徐妍编写；第四章由郭崇友编写；第五章由冯建国编写；第六章由冯俊涛编写；第七章由曹雄飞编写；第八章由齐武编写；第九章由李涛编写；第十章由刘世禄编写；第十一、十二章由马志卿编写；第十三章由马超编写；第十四章由刘鹏飞编写；最后由徐妍、刘广文统稿。本书的编写得益于许多参考资料。部分参考资料列于文后的参考文献中，限于篇幅不能一一列出，在此表示衷心感谢。

本书内容涉及面广，由于编者水平有限，不足之处在所难免，敬请同行和读者批评指正。

徐妍
2017年11月

目录

第一章　微乳剂 /1

第二章　悬浮剂 /30

第三章 乳油 / 77

第四章 可溶液体制剂 / 127

第五章 静电喷雾 / 167

第六章 生物农药制剂 / 181

第七章 超低容量剂 / 220

第八章　悬乳剂 / 261

第九章　水乳剂 / 274

第十章　油悬浮剂 / 305

第十一章 气雾剂 / 336

第十二章 液体蚊香 / 369

第十三章 微胶囊剂 / 390

第十四章 种子处理剂 / 432

第一章

微乳剂

第一节 概 述

1943年，Hoar和Schulman首次报道了水和油与大量表面活性剂和助表面活性剂（一般为中等链长的醇）混合能自发地形成透明或半透明的热力学稳定体系。这种体系经确证是一种分散体系，可以是O/W型或W/O型。分散相质点为球形，半径通常为10～100nm（0.01～0.1μm）。在相当长的时间内，这种体系分别被称为亲水的油胶团（hydrophilic oleomicelles）或亲油的水胶团（oleophilic hydromicelles），亦称为溶胀的胶团或增溶的胶团。直至1959年，Schulman等才首次将上述体系称为“微乳状液”或“微乳液”（microemulsion）。

自Schulman等首次报道微乳液以来，微乳的理论和应用研究获得了迅速发展。尤其是20世纪90年代以来，微乳应用方面的研究发展得更快。20世纪70年代微乳液开始应用于农业，美国专利（1974年）、日本专利（1978年）记载了微乳液应用于农药制剂加工的报道，但国外公司商品化的微乳剂产品很少，美国科聚亚公司的4.23%甲霜·种菌唑微乳剂是唯一一个国外公司在中国登记的微乳剂，并且其使用方式为拌种，主要原因可能是基于环境保护的考虑。我国在20世纪80年代后期开始研究，以水取代酒精或煤油，制成环境友好型家庭卫生用气雾剂或喷雾剂，直到20世纪90年代才真正开始农用微乳剂的研究开发，从拟除虫菊酯类农药开始，成功开发了氰戊菊酯、氯氰菊酯及其几个复配微乳剂产品，但其商品化速度很慢。据资料报道，1996年微乳剂登记产品数量仅有2个，微乳剂真正得到较快发展和普遍应用是在21世纪以后。我国农药销售市场乳油仍然占据比较大的份额，每年使用的有机溶剂（主要是二甲苯为主的“三苯”溶剂）近30万吨。这些溶剂在加工时不仅存在易燃易爆和中毒问题，而且在使用中可能对人类和哺乳动物构成直接危害，也严重污染环境，同时耗费大量资金和造成石化资源的浪费。农药微乳剂以水为介质，是一种安全、环保，可用于替代乳油的水基化剂型，环境保护的压力、石油能源的危机、微乳液应用理论与试验技术的进步加快了农药微乳剂产业化的发展，近几年，我国已有大量农药微乳剂产品上市，目前已成为微乳剂生产最多的国家。据不完全统计，我国农药微乳剂登记证截至2000年有33个，2004年达到183个，2010年462个，2012年524个，2013年699个。现在农药微乳剂的研究已涉及农用杀虫剂、杀菌剂、除草剂、卫生用药等领域，且正在深化和扩展，微乳剂等水性化制剂正在逐步替代乳油剂型。

一、微乳液简述

（一）微乳液的概念

微乳液是两种不互溶液体形成的热力学稳定的、各向同性的、外观透明或半透明的分散系，微观上由表面活性剂界面膜所稳定的一种或两种液体的微滴所构成。

（二）微乳液的结构与类型

微乳液通常是由表面活性剂、助表面活性剂（通常为醇类）、油（通常为烃类）和水或电解质水溶液在适当比例下自发形成的，外观为透明或半透明，粒径在10～100nm，具有超低界面张力，热力学稳定的乳状液。

微乳液分为W/O型、O/W型和双连续型3种结构：W/O型微乳液由油连续相、水核及表面活性剂与助表面活性剂组成的界面膜三相构成；O/W型微乳液则由水连续相、油核及表面活性剂与助表面活性剂组成的界面膜三相构成；双连续相具有W/O和O/W两种结构的综合特性。已有实验表明O/W和W/O型结构是球形，以小液滴分散在另一种液体中，球的半径为10～50nm；双连续型结构，Friberg认为是无序的层状结构，Scriven认为是有序立方液晶相，见图1–1。

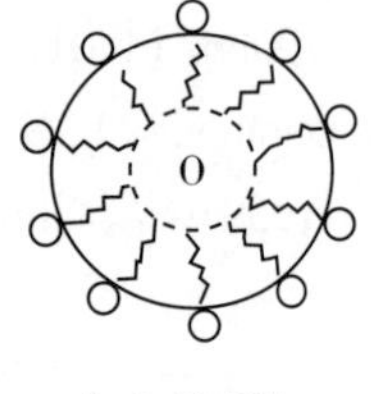

（a）O/W型

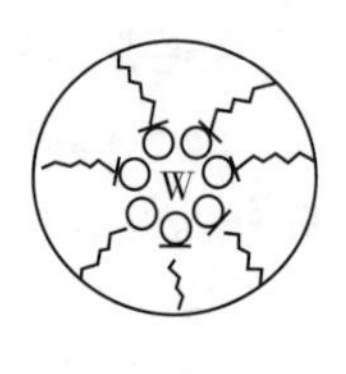

（b）W/O型

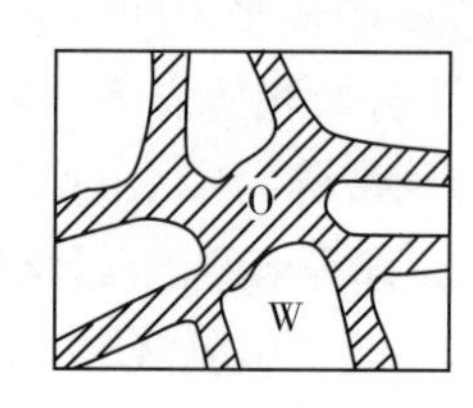

（c）不规则双边连续型

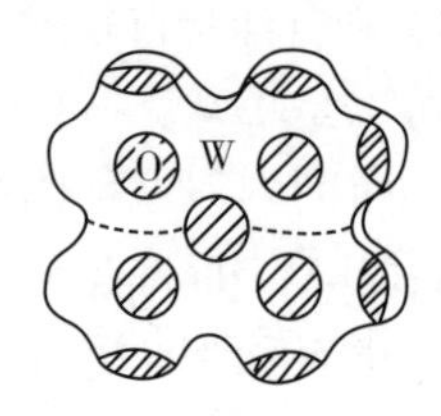

（d）有序立方液晶相

图1–1　微乳液结构示意图

微乳液具有极其多变的微观结构，而且随着客观条件的改变，不同类型的微乳液之间可以相互转变。这主要有两种情况：一种是微乳液在正相–反相的转变过程中经过一种特殊的双连续结构，在连续的转相过程中体系始终保持各相同性状态；另外一种相转变过程中，体系要经过各向异性的中间相及液晶相。影响微乳液结构的因素很多，主要包括表面活性剂分子的亲水性、疏水性、温度、pH值、电解质浓度、各相分的相对比、油相的化学特性等。

根据体系油水比例及其微观结构，Winsor将微乳液分为4种：即正相（O/W）微乳液与过量油共存，一般油相密度小于水相，过剩的油处于上部，微乳处于下部，故称下相微乳，又称为Winsor Ⅰ型微乳液；反相（W/O）微乳液与过量水共存，此时微乳处于水相上部，故称为上相微乳液，又称为Winsor Ⅱ型微乳液；中间态的双连续相微乳液与过量油、水三相平衡共存，上层是油，中层为微乳，下层为水，故称为中相微乳，又称为Winsor Ⅲ型微乳液；以及均一单分散的微乳液，称为Winsor Ⅳ型微乳液。根据连续相和分散相的成分，均一单分散的微乳液又可分为水包油（O/W）即正相微乳液（正相微乳液与过量水相共存）和油包水（W/O）即反相微乳液（反相微乳液与过量油相共存），如图1-2所示。

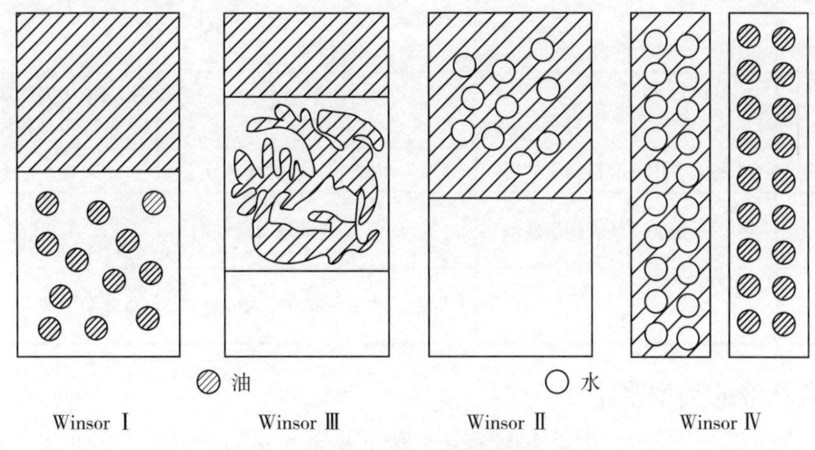

图1-2　微乳液分类

（三）微乳液的特性

在发现微乳液之前，人们已经发现了另外两种油水分散体系，这就是普通乳状液和胶团溶液。乳状液是一种液体在另一种与之不互溶的液体（通常为油和水）中的分散体系。在结构方面，微乳液与普通乳状液有相似之处，都有O/W型或W/O型，但普通乳状液分散相质点大、不均匀，外观不透明，易发生沉降、絮凝、聚结，因此，乳状液是热力学不稳定体系，靠表面活性剂维持动态稳定；而微乳液是热力学稳定体系，分散相质点很小，外观透明或近乎透明，经高速离心分离不发生分层现象。因此鉴别微乳液的最普遍方法是：对水-油-表面活性剂分散体系，如果它是外观透明或近乎透明的、流动性很好的均相体系，并且在100倍的重力加速度下离心分离5min而不发生相分离，即可认为是微乳液。

在油-水-表面活性剂（包括表面活性剂）体系中，当表面活性剂浓度较小时，能形成乳状液；当浓度超过临界胶束浓度（CMC）时，表面活性剂在水溶液或油溶液中将发生缔合，形成胶团或反胶团溶液，油或水作为分散相分别增溶于表面活性剂胶团或反胶团中，是热力学稳定的均相体系；当浓度进一步增大时，即可能形成微乳液。在稳定性方面，微乳液更接近胶团溶液。乳状液、胶团溶液和微乳液都是分散体系，从分散相质点大小看，微乳液是处于乳状液和胶团溶液之间的一种分散体系，因此它兼有胶团和普通乳状液的性质。因此，微乳液与乳状液，特别是胶团溶液有着密切的联系，而其复杂性又远远超过后两者。

从胶团溶液到微乳液的变化是渐进的，没有明显的分界线。要区分微乳液和胶团溶液目前还缺乏可操作的方法，习惯上从质点大小和增溶量多少将两者加以区别。表1-1列出了普通乳状液、微乳液和胶团溶液的一些性质比较。

表1-1　普通乳状液、微乳液和胶团溶液的性质比较

性质	普通乳状液	微乳液	胶团溶液
外观	不透明	透明或近乎透明	一般透明
类型	O/W 型，W/O 型，多重型	O/W 型，双连续相型，W/O 型	O/W 型，W/O 型

续表

性质	普通乳状液	微乳液	胶团溶液
质点大小	＞0.1μm，一般为多分散体系	0.01～0.1μm，一般为单分散体系	一般＜0.01μm
质点形状	一般为球状	一般为球状	稀溶液中为球状，浓溶液中可呈各种形状
热力学稳定性	不稳定，用离心机易于分层	稳定，用离心机不能使之分层	稳定，不分层
表面活性剂用量	少，一般无须助表面活性剂	多，一般需加助表面活性剂	浓度大于CMC即可，增溶油量或水量多时要适当多加
与油、水混溶性	O/W型与水混溶，W/O型与油混溶	与油、水在一定范围内可混溶	能增溶油或水直至达到饱和

（四）微乳液的类型鉴定

当制备微乳液时，一般人们已经预期其可能的类型是W/O或者O/W微乳液。但是，在许多情况下，一个样品只知道是微乳但并不知道类型，或者其类型可能发生了变化，这就要求有一些简单、方便的方法来鉴定微乳液的类型。通常用的方法有染色法、电导法及稀释法等。

1. 染色法

染色法是鉴别微乳液类型最直观的方法，根据油溶性染料（苏丹红Ⅳ等）和水溶性染料（亚甲基蓝等）在微乳中扩散速率的快慢来判断微乳液的类型。在微乳液中加入苏丹Ⅳ或亚甲基蓝，当亚甲基蓝的扩散速率大于苏丹Ⅳ，说明微乳液为O/W型；反之，为W/O型；当两种染料的扩散速率相当，说明微乳为双连续型。也可将少量油溶性染料加入微乳液中，摇动后整个微乳液都是染料的颜色，则是W/O型；若只是液滴被染色，则是O/W型。同理，也可用水溶性染料鉴别。

2. 电导法

电导法是根据O/W型微乳液比W/O型微乳液电导率大来判断微乳液的类型。通常O/W型微乳液具有较高的电导率值，W/O型微乳液则具有类似于油的低电导率值，在双连续区时水和油同时成为连续相，电导率有明显的突变，因此可以用来表征微乳液的相转变。采用离子型表面活性剂时，O/W型微乳液的电导率远大于非离子型表面活性剂，鉴别时要注意。此外，电解质浓度的大小与内相体积分数都对体系的电导率有很大影响。

3. 稀释法

微乳液易被分散介质所稀释，在微乳液中滴一滴油，若油滴易于在表面扩展，即为W/O型；若不易扩展则为O/W型。同理，也可用水滴鉴别。

二、微乳剂的概念及特性

（一）微乳剂的概念

微乳剂（microemulsion，ME）是指农药有效成分或其有机溶剂溶液以水为介质，借助合适的表面活性剂或助表面活性剂，自发形成的热力学上稳定、光学上各向同性、外观为透明（或半透明）的单相液体制剂。其液径一般处在10～100nm，用水稀释时仍为透明的微乳液。

（二）微乳剂的特性

农药微乳剂是微乳液科学研究与发展的重要分支，微乳液所具有的超低界面张力以及随之产生的出色的增溶和超乎想象的界面交换能力，使农药微乳剂具有其他农药剂型无可比拟的优点。

1. 优点

（1）安全性高。农药微乳剂以水为连续相，少用甚至不用有机溶剂，减轻了对操作者和使用者的毒害，避免生产中出现易燃、易爆问题，增加了农药制剂在生产、贮运、使用过程中的安全性。

（2）环境相容性好。与乳油相比，微乳剂以水为基质，资源丰富，水无色、无味、无毒，借助表面活性剂的作用将农药有效成分有效地包覆起来，减轻了农药气味，大量减少排放到大气、土壤、地下水和河流中的有机溶剂量，既节约了资源，又保护了环境，有利于生态环境质量的改善。

（3）有效成分的高度分散性。微乳剂兑水稀释仍然形成微乳状液，农药有效成分或其有机溶剂溶液在表面活性剂作用下被高度分散在水中，分散液滴粒径在0.01～0.1μm范围内，远小于传统剂型乳油对水稀释所形成乳状液的颗粒粒径（0.1～10μm），分散后所形成的液滴个数、液滴总表面积、液滴对靶体的覆盖面积等呈数量级变化，实现了农药有效成分使用过程中的高度分散性。

（4）农药有效利用率高。微乳剂的液径比乳油更小，在使用时喷雾液滴小；由于含有高浓度的表面活性剂，可以对不溶或难溶于水的农药有效成分起到增溶作用，通过增溶增加了原药与昆虫及植物表皮间的浓度梯度，有助于农药成分向昆虫及植物组织半透膜的渗透，提高药效；同时还可有效地降低表面张力，对作物和虫体有更好的润湿、铺展和渗透性，从而提高药液的吸收效率，提高药效。

（5）稳定性好。农药在配制后，直到使用前，一般要经过长时间贮存。微乳剂属于热力学稳定体系，在确定范围内，只要条件不改变，微乳剂可以长期存放而不发生分层和破乳，从而确保它在存放和贮运过程中的稳定。另外，在田间施用农药时，要求其经过加水稀释和简单搅拌后能够保持均匀的状态，以便通过喷雾器喷洒。农药微乳剂使用中兑水稀释自发形成的二次分散体系同样属于热力学稳定的微乳液体系，农药有效成分分散液滴间不会发生凝聚作用，能保持较高的稳定性，可长期放置而不发生相分离，从根本上解决了制剂贮存及使用中的稳定性问题。

（6）经济性。在加工中，低浓度的乳油需耗用60%～80%的有机溶剂，目前常用溶剂价格在9000元/t以上，微乳剂用水代替大部分或全部有机溶剂，尤其在加工低浓度（10%以下）微乳剂时其经济性更为明显。

（7）优良的倾倒性和低温稳定性。

（8）易加工和生产。只要配方合适，微乳剂能自发地形成，因此它易于加工生产。

2. 缺点

（1）加工的农药有效成分在水中稳定性有待提高。

（2）由于体系中有大量水的存在，有时产品在贮存过程中会变混浊或发生分层。

（3）极易发生转相和析出晶体，表面活性剂的用量要比相应的乳油多（有时高达30%），在有机溶剂价格低或用量少的情况下，微乳剂在成本方面就不再具有竞争力了。

（4）由于制剂特性，微乳剂中有效成分含量一般不高于25%。

（5）配方组成较为复杂，通常很难把握其内在规律，专用乳化剂品种和数量少，开发时间较长。

三、微乳剂的发展趋势

农药的类型和配方是依据使用对象来决定的，但环境和生态适应性的呼声不可避免的日益高涨。农药的可生物降解性和对操作人员的安全性也十分重要。这些因素不仅影响着农药有效成分的研究和开发，也同样影响着农药制剂配方的研发。微乳剂的生物活性、安全性、药害特性以及微乳基础理论等方面会得到进一步深化研究和完善。

1. 环保型微乳剂的开发

微乳剂以水为介质，生产、贮运的安全性大为提高，但也存在潜在的安全隐患：一方面因为微乳剂中表面活性剂的用量通常在10%～25%，比乳油、水乳剂中表面活性剂的用量要高很多，而大量表面活性剂的存在可能会与生物大分子结合或直接渗入细胞膜，也表现为经皮毒性高；另一方面农药微乳剂中所使用的某些醇类、酮类和酰胺类等极性溶剂与二甲苯的急性毒性相当，但具有极强的亲水性，这些溶剂渗入农作物、土壤和地下水后，清除和分离它们比苯类非极性溶剂更困难，对这些物质的慢性毒性也不可忽视，它们会对环境和食品安全构成新威胁。考虑安全隐患，对于生长期短的蔬菜和水田中，要慎用微乳剂。我们要进行环保型微乳剂的开发，降低农药微乳剂应用的风险。

（1）环保助剂、溶剂的应用。微乳剂采用大量水为溶剂，相对于乳油，其环保性大为提高，但生产中仍然应用了部分有安全隐患的助剂、溶剂，随着环境和生态适应性的呼声日益高涨，农药的生物降解性和对操作人员的安全性越来越受到重视，而助剂是制剂是否环保的根本。由于二甲苯、甲苯、正己烷、环己烷、乙腈和*N*,*N*-二甲基甲酰胺（DMF）等溶剂都已列入美国农药的Ⅱ类助剂（具有潜在毒性或是有资料表明具有毒性的物质）名单中，国内也在加强这方面的管理，逐步限制芳香烃溶剂和其他安全性较差的助剂的使用。采用易生物降解的表面活性剂作乳化剂、分散剂、润湿剂，用环境友好、污染小的溶剂取代卤代烃和芳烃等，这是微乳剂研发的必然趋势。

（2）降低表面活性剂和助表面活性剂的用量。可以通过优化微乳制备工艺来减少助剂用量，同时随着乳化剂的品种和质量的提高，乳化剂的用量减少，微乳剂的品质与含量可进一步提高。部分低含量微乳或常温下是液体的原药制作微乳剂可以不用溶剂或用少量环保溶剂制作出合格的微乳剂，其溶剂用量一般在10%以下，油相少所用乳化剂的量也少，其安全性、环保性进一步提高。

2. 应用效果的研究

农药微乳剂的早期研究以配方筛选为主，而一种好的制剂不仅要有好的物理、化学稳定性，同时要有好的应用效果，这就要求在选择助溶剂时，考虑与原药结构匹配的同时，也要考虑乳状液的形状、粒度及在植物或靶标单位面积上农药的颗粒数、展着面积。表面张力不能太低，否则乳液的黏着力和持效性降低，在叶面上停留时间短，这就可能导致在植物表面的滞留量反而低于普通的乳油制剂。近期农药微乳剂应用方面的研究越来越多，随着对应用效果的重视，相信关于该剂型的生物活性、作物安全性等方面的研究会越来越多。

3. **基础理论的研究**

在20世纪80年代中后期，迫于乳油、粉剂等农药老剂型对环境的二次污染，工业发达国家开始了对农药微乳剂的研究，这一起步时间几乎与农药水乳剂相同。然而，人们对微乳技术的研究开发却还远远落后于水乳技术，水乳技术已建立了比较稳定的基础理论，而微乳技术到目前为止，其基础理论的研究尚处于百花齐放、百家争鸣的阶段。总体来说，对微乳体系的研究目前未达到成熟阶段，尤其是在形成机理的基础理论研究方面。

农药制剂微乳化是一个非常复杂的问题，涉及许多学科的理论与技术，随着微乳剂的发展，基础理论研究会越来越深入，这些研究将有助于提高农药微乳剂的质量与技术水平，微乳理论将能够更好地用于指导微乳剂的研发与生产。

第二节 微乳剂的理论基础

关于微乳形成的机理有多种：瞬时负界面张力理论、双重膜理论、几何排列理论、*R*比理论、胶团增溶理论等。

一、瞬时负界面张力理论

普通乳状液的形成一般需要外界提供能量，如经过搅拌、超声粉碎、胶体磨处理，而微乳液的形成是自发的。Schulman和Prince认为微乳液是多相体系，它的形成是界面增加的过程，从表面活性剂和助表面活性剂在油水界面上吸附形成作为第三相的混合膜出发，认为在助表面活性剂的作用下，产生混合吸附，使油水界面张力可降至超低值（10^{-5}～10^{-3}mN/m），以致产生瞬时负界面张力（$\sigma_t<0$）。由于负界面张力是不能存在的，因此体系将自发扩张界面，使更多的表面活性剂和助表面活性剂吸附于界面，而使其体积浓度降低，直至界面张力恢复至零或微小的正值。这种由瞬时负界面张力而导致的体系界面自发扩张的结果就形成了微乳液。

依此理论可知，微乳液的形成与制造方法无关，它只是由普通乳液突变自发形成的。当液滴粒子在热运动下发生碰撞而聚结时，则界面面积缩小，液滴粒子变大又会形成暂时负界面张力，使液滴粒子再次分散变小，以增大界面积，使负界面张力消除，体系又达到平衡。因此微乳液是热力学稳定体系，分散相液滴粒子不会聚结和分层。

负界面张力说虽然解释了微乳液的形成和稳定性，但因负界面张力无法用实验测定，因此这一机理尚缺乏实验基础，同时也不能说明为什么微乳液会有O/W型和W/O型，或者为什么有时只能得到液晶相而非微乳液。

二、双重膜理论

1955年，Schulman和Bowcott提出吸附单层是第三相或中间相的概念，并由此发展到双重膜理论：在油-水-表面活性剂（和助表面活性剂）体系中可组成混合膜。在混合界面膜两侧形成不同特性的油/膜界面和水/膜界面（这种膜又称双层膜）。这两个界面分别与水、油的相互作用的相对强度决定了界面的弯曲及其方向，从而决定了微乳体系的类型。

双重膜理论从双界面张力来解释这种弯曲的方向选择。吸附层作为油/水之间的中间相，分别与水、油接触，那么在水、油两边就分别存在两个界面张力或膜压，而总的界面张力或膜压为两者之和。若油/膜界面张力和水/膜界面张力相等时膜呈平面状，不会弯曲。实际上膜两侧性质不同，张力不同，双重膜将受到一个剪切力作用而发生弯曲，高膜压一边的面积增大，低膜压一边的面积减小，直到膜两侧的膜压相等为止。膜弯曲后，膜两侧每个表面活性剂分子的表观面积不相等，若油侧表面活性剂分子展开程度比水侧小，则形成O/W型微乳液，反之形成W/O型微乳液。见图1-3。

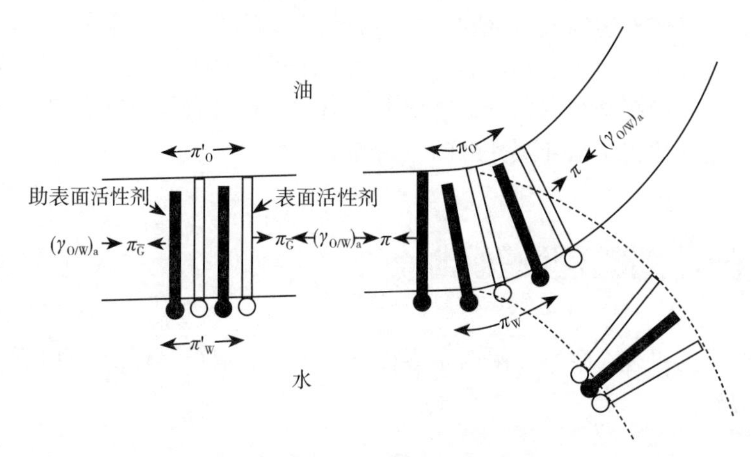

图1-3　微乳液界面膜弯曲示意图

进一步研究表明，中间相并非是表面活性剂或助表面活性剂完全充满，其中有油和水穿插在界面膜中。双重膜理论认为微乳液形成的两个必要条件：

① 在油/水界面有大量表面活性剂和助表面活性剂混合物的吸附。

② 界面具有高度柔性。

三、几何排列理论

Robbins、Mitchell和Ninham等学者从双亲物聚集体中分子的几何排列考虑，提出了界面膜中排列的几何模型，并成功地解释了界面膜的优先弯曲和微乳液的结构问题。

在双重膜理论的基础上，几何排列模型或几何填充模型认为界面膜在性质上是一个双重膜，即极性的亲水基头和非极性的烷基链分别与水和油构成分开的均匀界面。在水侧界面，极性头水化形成水化层，而在油侧界面，油分子是穿透到烷基链中的。几何填充模型考虑的核心问题是表面活性剂在界面上的几何填充，用一个参数即填充系数$v/(a_0l_C)$来说明问题，其中v为表面活性剂分子中烷基链的体积；a_0为表面活性剂极性头的最佳截面积；l_C为烷基链的长度（约为充分伸展的链长之80%～90%）。界面的优先弯曲取决于此填充系数，而此填充系数受到水和油分别对极性头和烷基链溶胀的影响。当$v/(a_0l_C)=1$时，界面是平的，形成层状液晶相，有利于双连续相结构的形成；当$v/(a_0l_C)>1$时，烷基链的横截面积大于极性头的横截面积，界面发生凸向油相的优先弯曲，导致形成反胶团或W/O型微乳液；反之当$v/(a_0l_C)<1$时，有利于形成O/W型微乳液。W/O型和O/W型微乳液之间的转相即是填充系数变化的结果。如图1-4所示。

假定随着界面的弯曲，极性头的最佳截面积不改变，Mitchell和Ninham提出，O/W型液滴存在的必要条件为：$1/3<v/(a_0l_C)<1$；而当$v/(a_0l_C)<1/3$时，形成正常胶团。随着$v/(a_0l_C)$的增大，O/W型液滴的尺寸增大，直至$v/(a_0l_C)=1$时，O/W型液滴的直径达到无限大，即形成平的界面。这时，若是双连续相，则体系中的油、水体积相等，达到最佳增溶，但也可能

形成液晶相。不论哪种结构，这正是发生O/W型到W/O型结构转变的边界。当$v/(a_0l_C)>1$时，随着此比值的增加，W/O型液滴尺寸减小。因此表面活性剂在界面的几何填充在决定微乳液和胶团的结构、形状方面起了重要作用。

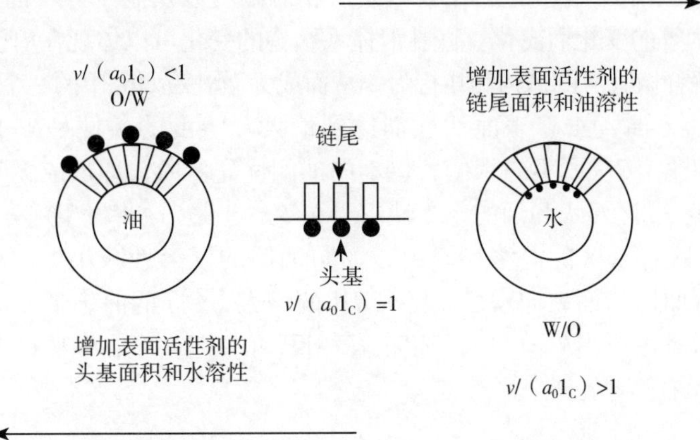

图1-4　界面弯曲及微乳液的类型与表面活性剂填充系数的关系

几何填充模型成功地解释了助表面活性剂、电解质、油的性质以及温度对界面曲率，以及这些因素对微乳液的类型或结构的影响。

四、*R*比理论

*R*比理论从最基本的分子间相互作用出发，认为表面活性剂、助表面活性剂、水和油之间有相互作用，这些相互作用的叠加决定了界面膜的性质。该理论的核心是定义了一个内聚作用能比值，称为*R*比值或*R*比，并将其变化与微乳液的结构和性质相关联。

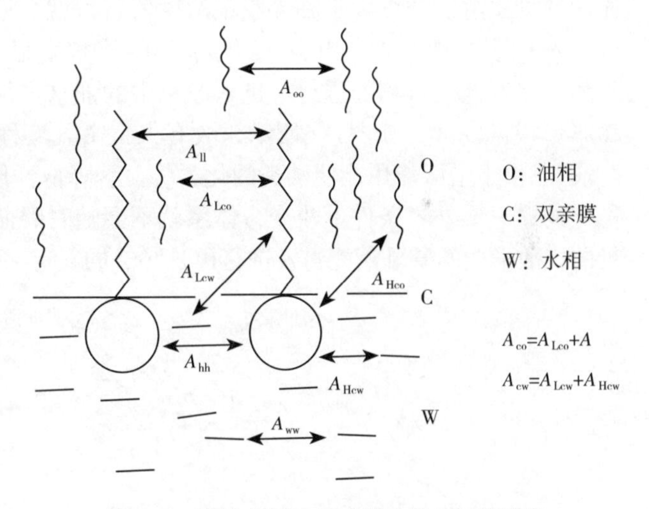

图1-5　油/水界面上双亲膜中的相互作用能

*R*比理论首先确定了表面活性剂存在下界面的微观结构。在微乳液体系中存在三个相区，即水区（W）、油区（O）和界面区或双亲区（C）。真正的分界面是表面活性剂亲水基和亲油基的连接部位，如图1-5所示。在界面区域存在多种分子间相互作用，这里归结为内聚作用能。以A_{xy}表示单位面积上分子x与分子y之间的内聚能。

界面区存在水、油和表面活性剂，表面活性剂又可分为亲水部分（H）和亲油部分（L）。于是在表面活性剂的亲油基一侧，存在着油分子之间的内聚能A_{oo}，表面活性剂亲油基之间的内聚能A_{ll}和表面活性剂亲油基与油分子间的内聚能A_{Lco}（co表示渗透到C层中的油分子）；而在另一侧则存在水分子之间的内聚能A_{ww}，表面活性剂亲水基之间的内聚能A_{hh}和表面活性剂亲水基与C区水分子之间的相互作用能A_{Hcw}。此外还存在着表面活性剂亲油基与水之间、亲水基与油之间的相互作用A_{Lcw}和A_{Hco}，但这两种相互作用相对于其他相互作用很弱，可忽略不计。综合考虑了C区中所有相互作用，Winsor将R比定义为：

$$R=(A_{co}-A_{oo}-A_{ll})/(A_{cw}-A_{ww}-A_{hh}) \tag{1-1}$$

R比反映了C区对水和油的亲和性的相对大小，因此它决定了C区的优先弯曲。由于R比中的各项都取决于体系中各组分的化学性质、相对浓度以及温度等，因此R比将随体系的组成、浓度、温度等的变化而变化。微乳液体系结构的变化可以体现在R比的变化上，因此R比理论能成功地解释微乳液的结构和相行为，从而成为微乳液研究中的一个非常有用的工具。

根据R比理论，油、水、表面活性剂达到最大互溶度的条件是R=1，并对应于平的界面。R=1时，理论上C区既不向水侧，也不向油侧优先弯曲，即形成无限伸展的胶团。当R的平均值不为1时，C区对水和油的亲和性不再相等，于是C区将发生优先弯曲。当R<1时，随着R的减小，C区与水区的混溶性增大，而与油区的混溶性减小。C区将趋向于铺展于水区，结果C区弯曲以凸面朝向水区。随着R比的增大，C区的曲率半径增大，导致胶团膨胀而形成O/W型微乳液。当R>1时，变化正好相反，C区趋向于在油区铺展。随着R的减小，反胶团膨胀形成W/O型微乳液。

五、胶团增溶理论

由于微乳液在很多方面类似于胶团溶液，如外观透明，热力学稳定等，特别是当分散相含量较低时，微乳液更接近胶团溶液，并且伴随从胶团溶液到微乳液的结构转变，在许多物理性质方面并无明显的转折点，因此Shinoda和Friberg认为微乳液是胀大的胶团。当表面活性剂水溶液浓度大于临界胶束浓度值后，就会形成胶团溶液，此时加入一定量油（亦可以和助表面活性剂一起加入），油类的溶解度显著增大，这表明起增溶作用的内因是胶团。随着这一过程的进行，进入胶束中的油量增加，进入胶团的油量不断增加，使胶团膨胀形成微乳液，如图1-6所示，故有人将微乳液称为“胶团增溶溶液”或“膨胀的胶团溶液”。由于增溶作用能使油类的化学势显著降低，使体系更加稳定，即增溶在热力学上是稳定的，只要外界条件不改变，体系就不会随时间而改变。也由于增溶胶团作用是自发进行的，故形成的微乳液能自发进行也是必然的。

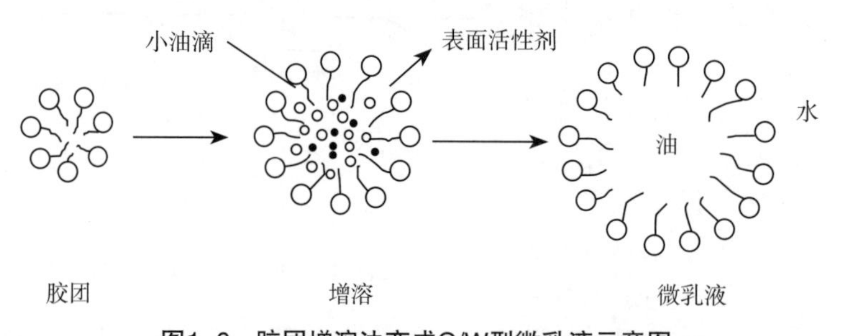

图1-6　胶团增溶油变成O/W型微乳液示意图

第三节　微乳剂的配制

一、微乳剂的组分及选择

有效成分、表面活性剂和水是农药微乳剂的基本组分，根据具体品种的配制需要，有时还需加入溶剂、助溶剂、稳定剂、防冻剂、防腐剂、消泡剂、增效剂等。一般的微乳剂对各组分的要求如下：

1. 有效成分

农药品种繁多，并非所有农药品种都可以加工成微乳剂，加工微乳剂的农药有效成分必须具备如下条件：

① 有效成分在水中稳定性好或可用稳定剂防止其分解。

② 必须具有好的生物活性，不能因水的存在而影响药效。

③ 原药最好是液态的，若为黏稠的或固体时，能够溶于非极性或极性溶剂，对于不溶于水的液体农药可以直接加工成微乳剂，但有时为了制作方便，也可加入少量溶剂。对于黏稠液体或不溶于水的固体农药，需要加入有机溶剂（或助溶剂）溶解成均相溶液才能加工微乳剂。

④ 有效成分在制剂中的含量。含量的高低主要取决于制剂的药效、成本和配制的可行性几个方面，一般农用微乳剂中农药有效成分的含量为0.5%～50%，卫生用微乳剂的含量为0.1%～2%。

2. 有机溶剂

配制微乳剂的农药成分在常温下为液体时，一般可不用有机溶剂，若农药为固体或比较黏稠时，需加入一种或多种溶剂，将其溶解成易流动的液体，既便于操作，又达到提高制剂贮存稳定性的目的。溶剂的种类视有效成分而异，需通过试验确定。一般较多使用醇类、酮类、酯类，有时也添加芳香烃溶剂等。选择溶剂的依据如下：

① 对有效成分溶解性能好。以少量溶解度好的溶剂，获得稳定、流动性好的液体。

② 与制剂其他组分相容性好，不分层、不沉淀、低温不析出，不与农药有效成分和其他组分发生不利的化学反应。

③ 易乳化，能形成稳定的微乳液。

④ 冷凝点适中，常温下流动性好，不易固化。

⑤ 挥发性适中，闪点不低于30℃，确保生产、贮藏、运输和使用的安全。如果溶剂易挥发，在配制和贮存过程中易破坏体系平衡，稳定性差。

⑥ 对人、畜低毒或无毒，无致癌、致畸、致突变风险，对眼鼻口以及皮肤等低刺激性或无刺激性。有毒、有害杂质和多核芳烃含量低于规定限量。

⑦ 对植物安全无药害，对土壤、水、大气等环境安全，易降解，不会产生残留污染或代谢为其他有毒有害产物。

⑧ 来源丰富、价格适中，能稳定供货。世界各国对农药助剂和溶剂的安全性更加重视了，先后颁布各种规范和标准，以规范农药溶剂的使用与对环境的影响。苯类溶剂（甲苯、二甲苯）以及甲醇、*N*,*N*-二甲基甲酰胺（DMF）、二甲基亚砜（DMSO）等有毒溶剂因其对人畜的毒性和环境降解等问题被逐步替代及限制使用。环境友好型溶剂成为农药加工中溶剂的新方向，目前可用于农药微乳剂的绿色溶剂包括：

石油裂解类苯类替代溶剂：溶剂油、矿物油、液体石蜡、煤油等。

植物源绿色溶剂：植物油（棕榈油、玉米油、大豆）、改性植物油（油酸甲酯、脂肪酸甲酯、环氧化植物油、松脂基植物油）、生物柴油等。

煤焦油裂解类苯类替代溶剂及合成绿色溶剂：石脑油、碳酸二甲酯、乙酸乙酯、乙酸仲丁酯、柴油、机油等。

3. 表面活性剂

微乳的形成主要依赖于表面活性剂的作用，选择合适的表面活性剂是制备微乳剂的关键。研发人员可以参考表面活性剂的HLB值法和胶束浓度CMC理论进行实验。一般来说，制备O/W型微乳液时，需要HLB值为8～18的表面活性剂。当原药要求分散介质具有一定pH时，应当选用相匹配的表面活性剂。通常阴离子表面活性剂适用于pH值大于7的介质，阳离子表面活性剂适用于pH值为3～7的介质，而非离子表面活性剂在pH值为3～10范围内均可使用，并且受系统中电解质或离子强度的影响较小。所以常采用非离子表面活性剂或含非离子的混合型表面活性剂制取O/W型微乳。

根据相似相溶原理，亲油基团与油相具有相似结构的乳化剂乳化效果好。非离子型和阴离子型表面活性剂在配制微乳剂时情况不同，在试验选择时应考虑以下几点：

（1）非离子型表面活性剂。非离子表面活性剂的亲水、亲油性对温度非常敏感，当体系温度靠近三相区浊点线略低时是亲水的，形成O/W型微乳，升高温度，亲水性下降，体系变混。因此单独使用非离子型表面活性剂制成的微乳，温度范围窄，缺乏商品价值。

① 改变表面活性剂分子中环氧乙烷链节（EO）平均数来调节亲水、亲油性。若要制备O/W型微乳，平均EO数在10左右较合适；而平均数为8左右时，可制备W/O型微乳。

② 亲水、亲油基团大小的影响。如果保持非离子表面活性剂的HLB值不变，增加分子中非极性基团和极性基团的大小，则CMC（临界胶束浓度）减小，胶团聚集数增加，因而易形成微乳状液。

③ 亲水、亲油性对温度非常敏感。

④ 分子中EO链节数分布越窄，三相区越小，形成微乳的范围越大。

（2）离子型表面活性剂。

① 亲水、亲油性对温度不敏感。可加入助表面活性剂进行调节，一般使用中等链长的极性有机物，常用的是醇。C_3～C_5醇易形成O/W型微乳，C_6～C_{10}醇易形成W/O型微乳。

② 用强亲水和亲油或用弱亲水和弱亲油作表面活性剂和助表面活性剂，均可组成亲水、亲油接近平衡的混合膜，而后者形成微乳的范围大得多。

③ 盐的影响。水相中加入盐可调节离子型表面活性剂的亲水性，有利于微乳的形成。

④ 非极性基的支链化可以使表面活性剂的亲水、亲油接近平衡。如琥珀酸二异辛酯磺酸钠，可单独形成微乳。

（3）复配的表面活性剂。非离子与离子型表面活性剂复配可使形成微乳的温度范围扩大，既能增加非离子的浊点，又能增加低温时阴离子的溶解度，可大大增加温度的适应性。目前，在农药微乳液的配制中常选用HLB值13以上、具有强亲水性的非离子型表面活性剂和亲油性的阴离子型表面活性剂混配，有时以醇、盐等作调节剂，扩大微乳液的使用范围。如三苯乙烯基酚环氧乙烷化磷酸三乙醇胺盐和烷基聚氧乙烯醚复配，苯乙基酚聚氧乙烯醚、联苯酚聚氧乙烯醚等特定的非离子型表面活性剂和十二烷基苯磺酸钙混配，均是较佳组合。现阶段针对微乳剂的表面活性剂比较少，目前主要靠研发人员自行选择配制。

阴离子组分常用的有烷基苯磺酸钙盐（或镁、钠、铝盐等）、烷基硫酸钠盐、烷基酚聚氧乙烯醚磷酸盐、烷基丁二酸酯磺酸钠、苯乙烯基苯酚聚氧乙烯醚硫酸盐和磷酸盐等。

非离子组分常用苄基联苯酚聚氧乙烯醚、苯乙基酚聚氧乙烯醚、苯乙基异丙苯基酚聚氧乙烯醚、烷基酚聚氧乙烯聚氧丙烯醚、苯乙基酚聚氧乙烯聚氧丙烯醚、烷基酚聚氧乙烯醚甲醛缩合物等。

表面活性剂的用量多少与农药的品种、纯度及配成制剂的浓度都有关，在配方设计时应予考虑。一般来说，为获得稳定的微乳剂，需要加入较多的表面活性剂，其用量通常是油相的2～3倍，如果原药特性适宜、选择得当、配比合理，使用量也可降至1～1.5倍或者更低。

制剂研发人员在选择微乳剂中的表面活性剂时，还需要考虑以下几点：

① 不会促进活性成分分解；

② 非离子表面活性剂在水中的浊点要高；

③ 在油相和水相中的溶解性能；

④ 尽量选择配制效果好，添加量小，质量稳定的表面活性剂；

⑤ 改善农药在生物体表面的分布和附着，提高药剂的吸收，增加生物体内的输导；

⑥ 来源丰富，成本较低。

4. 助表面活性剂

具有表面活性剂类似结构的物质，如低分子量的醇、酸、胺等也具有双亲性质，是双亲物质，这类物质趋向于富集在水/空气界面或油/水界面，从而降低水的表面张力和油/水界面张力，但由于亲水基的亲水性太弱，它们不能与水完全混溶，因而不能作为主表面活性剂使用。通常它们（主要是低分子量醇）与表面活性剂混合组成表面活性剂体系，被称为助表面活性剂，它们在微乳液的形成中，特别是使用离子型表面活性剂时起重要作用。其作用可归结如下：

（1）降低界面张力。只使用表面活性剂，当达到临界胶束浓度（CMC）后，界面张力不再降低。假如在此加入一定浓度的助表面活性剂，则能使界面张力进一步降低，导致更多表面活性剂和助表面活性剂在界面上吸附。当液滴的界面张力小于0.01mN/m时，能自发形成微乳液。某些离子型表面活性剂（如AOT［二（2-乙基己基）磺基琥珀酸钠］）亦能使油水界面降至10^{-2}mN/m以下，因而不需要助表面活性剂也能形成微乳状液。

（2）增强界面流动性。在液滴形成微乳液滴时，由大液滴分散成小液滴，界面经过变形和重整，这些都需要界面弯曲能，加入一定浓度的助表面活性剂可以降低界面的刚性，增强界面的流动性，减少微乳液生成时所需的界面弯曲能，使微乳液液滴容易自发生成。

（3）调整亲水亲油平衡值。加入助表面活性剂可使表面活性剂的亲水亲油平衡值调整至合适的范围内，使其达到油相所需的HLB值，有利于微乳液自发生成。

一般来说，最好的助表面活性剂是对O/W界面有大亲和力的小分子。它们的选用必须依据所用表面活性剂的性质和农药活性成分被微乳化的性质。各种低分子量物质如醇类、胺类、醚类、酮类等都可以用作助表面活性剂。

助表面活性剂链的长短对助乳化效果有一定的影响，直链的优于支链的，长链的优于短链的；当助表面活性剂链长达到表面活性剂碳链链长时，其效果最佳。助表面活性剂使用量较少的一般在3%～5%，较多的在8%～10%范围内。低分子量醇类如乙二醇、丙二醇和正丁醇、甘油等对制备微乳剂是很适用的，不足之处是它们制得的微乳剂闪点太低；如果要制备高闪点的微乳剂，可以使用环己醇、己醇和辛醇、甲基二甘醇等助表面活性剂。

5. 水

水是微乳剂的主要组分，水量的多少取决于微乳剂的种类和有效成分的含量，一般水包油型微乳剂含水量都较多，大约为18%～80%。农药微乳剂应达到一定的用水量，一般水的质量分数应在30%以上。若用水量太少，则成为油包水的微乳液，和乳油没有什么区别，对保护环境亦没有意义。微乳剂以水为连续相，采用各种不同水质的水进行配制对微乳剂的理化性状有一定的影响。硬度是反映水质的一个具体指标，硬度高低表明水中含有钙镁离子的多少，水中钙、镁离子的浓度将影响体系亲水亲油性，破坏其平衡。因此当一个配方确定后，应测定该配方适应的水硬度，确定水的来源，若水质改变，配方也需相应调整。

去离子水处理设备简单易行，便于推广，比蒸馏水费用低，质量也相对稳定，比较适合进行微乳剂的配制。我国各地水质不一样，若一味强调用蒸馏水或去离子水配制，不但会增加企业的成本，而且较为不便，因此微乳剂的研发应综合考虑各种影响因素，使配方有较宽的适应性，用不同硬度的水均能配制合格的微乳剂产品。

6. 稳定剂

物理、化学稳定性是微乳剂的两个主要指标。因为微乳剂中有大量水存在，所以，设计配方时，对化学稳定性的考虑尤为重要。原药分子的结构和基团性质将直接影响其稳定性，一般需通过试验来确定。菊酯类农药一般比有机磷类和氨基甲酸酯类稳定。对于在水中不稳定的原药，必须添加稳定剂。

① 加pH缓冲液，使体系的pH值控制在原药所适宜的范围内，抑制其分解率。

② 添加各种稳定剂，减缓分解，如2,6–二叔丁基–4–甲基苯酚、苯基缩水甘油醚、甲苯基缩水甘油醚、聚乙烯基乙二醇缩水甘油醚、山梨酸钠等。

③ 选择具有稳定作用的表面活性剂，使物理、化学稳定性同时提高，或增加用量，使药物完全被胶束保护，与水隔离而达到稳定效果。

④ 对于两种以上有效成分的混合微乳剂，必须分析造成分解的原因，有针对性地采取稳定的措施。

⑤ 通过助表面活性剂的选择，提高物理稳定性。

不论采用哪种方法，均需根据原药的理化特性，综合考虑物理和化学稳定性，经过反复试验确定。

7. 防冻剂

因微乳剂中含有大量水分，如果在低温地区生产和使用，需要考虑防冻问题。一般加入5%～10%的防冻剂，常用的防冻剂有乙二醇、丙二醇、丙三醇或聚乙二醇等。这些醇类既有防冻作用又有调节体系透明温度区的作用。水溶性非极性固体，如尿素、蔗糖、葡萄糖等也可选择使用。如果经试验不需加防冻剂低温试验合格的也可不加防冻剂。

8. 其他组分

根据需要微乳剂还可加入消泡剂、吸湿剂、着色剂、增稠剂、防腐剂等添加物。

二、微乳剂的配制

1. 微乳剂配制的研究方法

微乳剂的形成没有任何理论能够完美的解释，但在乳化剂的选择上还是有规律可循的，常用的研究方法有：亲水亲油平衡法（HLB法）、相转变温度法（PIT法）、盐度扫描法等。

（1）亲水亲油平衡（HLB）法。表面活性剂既然是双亲化合物，它就必然具有既可以溶于水，又可以溶于油的双重特性，这取决于其分子结构中亲水基和亲油基的相对强弱。早在1945年，Griffin就提出了亲水/亲油平衡值（hydrophilic–lipophilic balance）概念，简称HLB。通常根据表面活性剂的HLB值大小来划分其应用范围，特别是对表面活性剂的选择，

HLB值法已成为经典方法。微乳剂主要由油、水、表面活性剂及助表面活性剂组成。在工艺研究中首先应根据油相的HLB值和欲构成微乳剂的类型选择合适的乳化剂，当表面活性剂或表面活性剂混合物的HLB值与被乳化物的HLB值相等时，其乳化效果最好。

（2）相转变温度（PIT）法。HLB值有很高的实用价值，但未考虑其他因素尤其是温度的影响，对于非离子型乳化剂，温度可以破坏乳化剂和水形成的氢键，从而影响其亲水亲油平衡值，温度升高时，亲水基的水化度降低，HLB值变小，从亲水性乳化剂转变为亲油性乳化剂，所配制的微乳液可由低温时的O/W型转变为W/O型，此转变温度称为相转变温度（phase inversion temperature，PIT）。通常温度对非离子型乳化剂的影响大于离子型乳化剂。如果温度高于PIT，形成水包油型微乳液（Winsor Ⅰ）；如果温度低于PIT，形成油包水型微乳液（Winsor Ⅱ）；在PIT温度下，形成中间相微乳液（Winsor Ⅲ）。乳化剂的转相温度也称为亲水亲油平衡温度T_{HLB}。相转变温度法是研究某温度下表面活性剂、助表面活性剂及相应油相形成微乳剂的相行为，以及温度改变对其相行为的影响。

表面活性剂的亲水链越长，分子的亲水性越高，需要较高的温度才能降低分子的水化度，故PIT高。PIT也与油相的性质有关，随着油相的极性降低而升高。PIT可以用来选择合适的非离子型表面活性剂作为乳化剂。实际操作时，可以取等量的油相与水相，加上3%～5%的表面活性剂，加热振荡乳化后，梯度升温、搅拌，并用电导仪确定乳状液是否转相，当其开始转相时的温度即为该乳状液的PIT。一般情况下，微乳剂都是O/W型，应选择相转变温度高于室温的乳化剂，最合适的PIT应高于贮存温度30～65℃。

（3）盐度扫描法。盐度扫描法是固定表面活性剂和助表面活性剂的浓度，研究不同浓度的电解质对形成微乳时相行为的影响，主要是研究离子型乳化剂形成微乳的条件。当微乳体系确定后，温度、压力恒定时，改变体系中的盐度（若由低到高增加），微乳体系可从Winsor Ⅰ型经过Winsor Ⅲ型变到Winsor Ⅱ型。其原因是当盐度增加时，表面活性剂和油受到“盐析”，压缩双电层，降低乳化剂分子极性端之间的排斥力，液滴更易接近，使O/W型微乳液的增溶量增加，油滴密度降低而上浮，形成“新相”。在非离子型乳化剂形成的溶液中，由于乳化剂带有较少电荷，所以，电解质对非离子型乳化剂形成微乳剂的相行为影响不如对离子型乳化剂形成的微乳剂的相行为影响明显。

对于这种扫描法，也可改变其他组分来寻找匹配关系。如表1-2所示。

表1-2　几个变量对阴离子型表面活性剂体系的相态变化

扫描变量（增加）	相态的变化
含盐量	Ⅰ→Ⅲ→Ⅱ
油，（烷烃碳数）①	Ⅱ→Ⅲ→Ⅰ
醇，低分子量②	Ⅱ→Ⅲ→Ⅰ
较高分子量	Ⅰ→Ⅲ→Ⅱ
表面活性剂 LCL③	Ⅰ→Ⅲ→Ⅱ
温度	Ⅱ→Ⅲ→Ⅰ

① 对于直链烃是烷烃碳数，对于支链和芳烃是等效烷烃碳数。
② 醇是指低分子量醇为C_1～C_3醇，较高分子量为C_4～C_8醇。
③ 指同种亲水基表面活性剂的亲油基的长度。

微乳体系的物理、化学性质随体系相行为而变化，它们在一个特殊的体系状态达到极大值或极小值或某个特定值。这个特殊状态就是Ⅲ型体系或中相微乳液体系中油、水增溶量相等的状态。相应于这一状态，达到最大或最小或特定值的体系的物理、化学性质包括：

① 过量油相和过量水相之间的界面张力达到最小值，微乳相与过量油相和与过量水相之间的界面张力相等。

② 增溶等量油和水所需的表面活性剂量最小，表面活性剂对油和水的增溶能力相等。

③ 普通乳状液的聚结速度最快，稳定性最差。

④ 过量油-胶团溶液和过量水-胶团溶液的接触角相等。

此外，相应于这一状态，其他许多性质也都是特殊的。为此这一特殊状态被定义为最佳状态。如果体系存在最佳状态，那么系统地改变一个变量而固定其他变量，就可以找到这一状态。根据最佳状态的定义，通常采用增溶量相等作为这一状态的标准。但由于体系的一系列物化性质与此状态有良好的对应关系，因此也可以用这些物化性质指标作为标准，如油/水界面张力最低点，普通乳状液聚结速度最快点等。

用于寻找最佳状态的变量可以有很多，与最佳状态相对应的变量值称为最佳变量值，如最佳盐度、最佳温度等。采用不同标准所得到的最佳变量值彼此相差不大，可以说在实验误差范围内是基本一致的。

2. 微乳剂组成范围的确定——绘制相图法

相图是用相律来讨论平衡体系中相组成随温度、压力、浓度的改变而改变的关系图。微乳体系是多组分体系，只含有水、油和表面活性剂的三元体系并不多见，通常为四元或四元以上体系。如果使用混合表面活性剂或混合油，则体系将更为复杂。微乳体系中同时存在、相互处于平衡状态的相称为共轭相。共轭相现象是微乳体系的重要特征，研究平衡共存的相数及其组成、相区边界是十分重要的。在这方面，最方便、最有效的工具就是相图。在等温等压下三组分体系的相行为可以用平面三角形来表示，称为三元相图。对四组分体系，需要采用立体正四面体，而四组分以上的体系就无法全面地表示了。通常对四组分或四组分以上体系，采用变量合并法，比如固定某两个组分的配比，使实际独立变量不超过三个，从而仍可用三角相图来表示。这样的相图称为拟三元相图。拟三元相图与真三元相图的一个重要区别是真三元相图中三相区是一个连接三角，而在拟三元相图中却不是。微乳剂的组成通常采用拟三元相图进行研究，实际应用中，可以将任意两个变量合并，甚至三个组分都可以是合并的变量。确定适当的表面活性剂和助表面活性剂后，可以通过相图找出微乳区域，各组分的关系可以比较精确地确定，而且可以预测微乳液的特征。

3. 微乳剂的配制

由于微乳剂是热力学稳定的、自发形成的分散体系，这就意味着微乳剂的加工可以不需要使用任何机械能。在农药微乳剂的实际加工过程中，为了制作快速方便，通常还要用设备进行搅拌，并且投料的顺序和方式对微乳剂最终成品的外观、质量、稳定性有时也会产生很大影响，下面是微乳剂制备的几种常见方法：

（1）可乳化油法。将农药、表面活性剂、助表面活性剂充分混合成均匀透明的油相，将防冻剂及其他水相成分加入定量水中搅拌均匀，形成水相，然后在搅拌下将油相加入水相中，搅拌成透明的O/W型微乳剂。或采用转相法（反相法），将水相慢慢加入油相中，先形成W/O型乳状液，继续增加内相物质使其体积超过一定值，经搅拌加热，使之迅速转相成O/W型微乳剂。在反相操作时，要防止乳状液被破坏。形成何种类型的微乳剂还需看乳化剂的亲水亲油性及水量的多少，亲水性强时形成O/W型，水量太少只能形成W/O型。可乳化油法微乳剂配制示意图见图1–7。

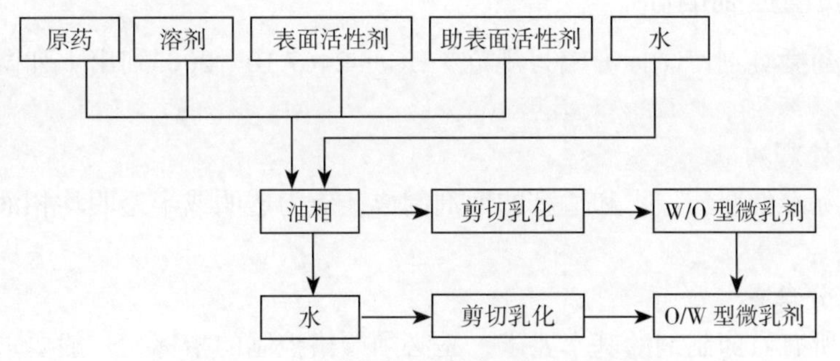

图1–7　可乳化油法微乳剂配制示意图

（2）可乳化水法。将表面活性剂、水、防冻剂等混合后制成水相（此时要求乳化剂在水中有一定的溶解度，有时也将助表面活性剂加入水中），然后将油溶性原药或原药完全溶解在溶剂中形成的均相溶液在搅拌下加入水相中，制成透明的O/W型微乳剂。也可采用反相法，配制方法如图1–8所示。

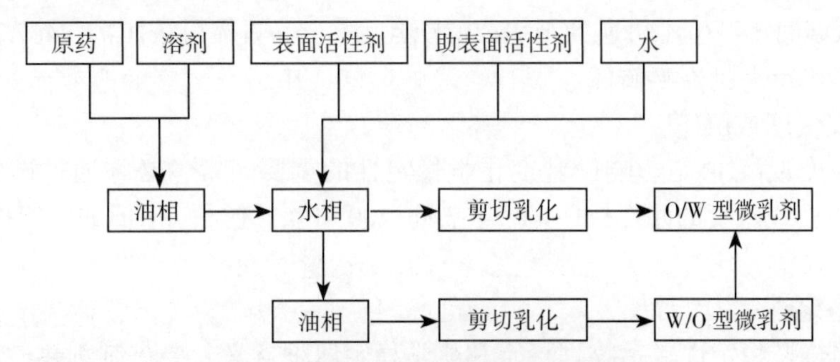

图1–8　可乳化水法微乳剂配制示意图

（3）二次乳化法。当体系中存在水溶性和油溶性两种不同性质的农药时，美国ICI公司采用二次乳化法调制成W/O/W型乳状液用于农药剂型。首先，将农药水溶液和低HLB值的乳化剂或A–B–A嵌段聚合物混合，使它在油相中乳化，经过强烈搅拌，得到粒子1μm以下的W/O型乳状液，再将它加到含有高HLB值乳化剂的水溶液中，平稳混合，制得W/O/W型乳状液，如图1–9所示。

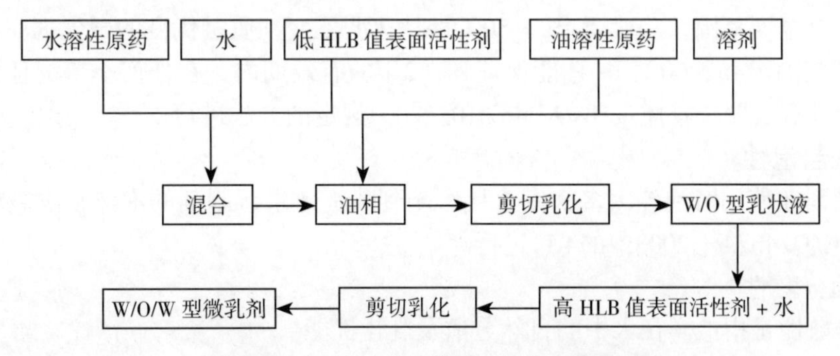

图1–9　二次乳化法微乳剂配制示意图

对于已确定的配方，选择何种制备方法、搅拌方式、制备温度、平衡时间等，均需通过试验，视物理稳定性的结果来确定，特别是含有多种农药的复杂体系，需比较不同方法的优劣，根据微乳剂的配方组成特点及类型要求，选择相应的制备方法，使体系达到稳定。

三、微乳剂质量控制指标

参照《农药微乳剂产品标准编写规范》HG/T 2467.10—2003列出下列微乳剂质量控制指标：

1. 组成和外观

应由符合标准的原药、水和适宜的助剂制成，应为透明或半透明均相液体，无可见的悬浮物和沉淀。

2. 有效成分含量

含量是对所有农药制剂的基本要求，是必须严格控制的指标，一般要求等于或大于标明含量。

3. 乳液稳定性

按GB/T 1603—2001进行试验，上无浮油，下无沉淀，并能与水以任何比例混合，视为合格。

4. 低温稳定性

样品在低温时不产生不可逆的结块或混浊视为合格。具体可按HG/T 2467.2—2003中4.10进行。

5. 酸度或碱度或pH值

酸度或碱度或pH值是影响微乳剂化学稳定性的重要因素，必须通过试验确定适宜的pH值范围。酸度或碱度的测定按HG/T 2467.1—2003中4.7进行；pH值的测定按GB/T 1601—1993进行。

6. 热贮稳定性

微乳剂的热贮稳定性包括物理稳定和化学稳定两种含义。要求制剂热贮后外观保持均相透明，若出现分层，于室温振摇后能恢复原状则视为合格，有效成分分解率一般应小于5%。具体可按HG/T 2467.2—2003中4.11进行。

7. 透明温度范围

由于非离子表面活性剂对温度比较敏感，配成的微乳液外观透明度与温度密切相关，当体系加热或冷却到一定温度时，由透明变混浊，把这个温度区间称为透明温度区域。该区域越宽，微乳剂越稳定。为使微乳剂产品有一定适用性，在配方研究中，必须利用各种方法扩大这个温度范围，一般要求0～50℃保持透明不变，质量优良的微乳剂应该具有较宽的透明温度范围（-5～60℃），才能保证其在2年的有效期内，在任何季节、任何时间均能保持微乳剂外观透明。具体按HG/T 2467.10—2003规定的方法进行。

8. 持久起泡性

如果制剂在使用时泡沫太多，则直接影响到喷雾效果，制剂的泡沫越少越好。具体检验方法按HG/T 2467.5—2003中的4.11进行。

9. 自动分散性

自动分散性是指试样在水中的自然分散及乳化性能。

10. 经时稳定性

经时稳定性是指在室温自然变化条件下贮藏时，微乳剂的外观随时间的延长而发生变化的程度。保质期内（一般为两年）持久透明，则稳定性合格。

四、微乳剂配方实例

企业的农药微乳剂实际生产配方属于商业机密，部分农药微乳剂参考配方如下：

10% 氯氰菊酯 ME

氯氰菊酯（折百）	10%
乳化剂（Antarox B/848）	25%
溶剂（Rhodiasolv Polarclean）	30%
载体（去离子水）	补足 100%

5% 高效氯氰 ME

高效氯氰菊酯（折百）	5%
助表面活性剂（二甘醇一丁醚）	10%
溶剂（碳酸二甲酯）	10%
乳化剂（YUSCP120）	7.5%
乳化剂（YUSEP70G）	7.5%
载体（去离子水）	补足 100%

10% 阿维·毒 ME

毒死蜱（折百）	9.7%
阿维菌素（折百）	0.3%
溶剂（*N*- 甲基吡咯烷酮）	4%
助表面活性剂（丁基二甲醇）	8%
YUS-CP120	10%
YUS-EP70G	5%
载体（去离子水）	补足 100%

2.5% 高效氯氟氰 ME

高效氯氟氰菊酯（折百）	2.5%
溶剂（碳酸二甲酯）	4%
溶剂（乙醇）	8%
警戒色（碱性品绿）	0.1%
乳化剂（601 号）	8%
乳化剂（500 号）	4%
乳化剂（TX-10）	3%
载体（去离子水）	补足 100%

2% 阿维·高氯 ME

阿维菌素（折百）	0.2%
高效氯氰菊酯（折百）	1.8%
溶剂（环己酮）	10%
助表面活性剂（正丁醇）	2%
乳化剂（500 号）	3%
乳化剂（700 号）	7%
乳化剂（602 号）	8%
稳定剂（BHT）	0.1%
载体（去离子水）	补足 100%

10% 氯氰菊酯 ME

氯氰菊酯（折百）	10%
溶剂（SOLVESSO 150）	5%
乳化剂（TERMUL 5030）	13%
载体（去离子水）	补足 100%

5% 甲维盐 ME

甲氨基阿维菌素苯甲酸盐（折百）	5%
乳化剂（Tanemul PS 816）	16%
助表面活性剂（环已酮）	6%
溶剂（乙醇）	20%
稳定剂（BHT）	0.2%
载体（去离子水）	补足 100%

12% 炔草酯 ME

炔草酯（折百）	12%
安全剂（喹氧乙酸）	3%
溶剂（SOLVESSO 150）	25%
乳化剂（YUS-FS1）	10%
乳化剂（YUS-A51G）	5%
助表面活性剂（正丁醇）	10%
载体（去离子水）	补足 100%

5% 高氯·甲维盐 ME

高效氯氰菊酯（折百）	4.5%
甲氨基阿维菌素苯甲酸盐（折百）	0.5%
溶剂（环已酮）	5%
助表面活性剂（正丁醇）	3%
乳化剂（603 号）	9%
乳化剂（TX-10）	2%
乳化剂（酚醚磷酸脂 500 号）	4%
载体（去离子水）	补足 100%

5.3% 甲维·联苯 ME

甲氨基阿维菌素苯甲酸盐（折百）	0.3%
联苯菊酯（折百）	5%
溶剂（SOLVESSO 150）	20%
助表面活性剂（环已酮）	3%
乳化剂（500 号）	3%
乳化剂（酚醚磷酸脂 500 号）	3%
乳化剂（602 号）	10%
稳定剂（BHT）	0.1%
载体（去离子水）	补足 100%

30% 阿维·杀虫单 ME

阿维菌素（折百）	0.2%
杀虫单（折百）	29.8%
溶剂（SOLVESSO 150）	10%
乳化剂（BY–140）	3%
乳化剂（603 号）	5%
乳化剂（TX–10）	6%
助表面活性剂（环己酮）	4%
载体（去离子水）	补足 100%

3% 阿维·高氟氯氰 ME

阿维菌素（折百）	0.6%
高效氟氯氰菊酯（折百）	2.4%
溶剂（碳酸二甲酯）	12%
乳化剂（34 号）	4%
乳化剂（603 号）	6%
乳化剂（500 号）	5%
助表面活性剂（环己酮）	3%
载体（去离子水）	补足 100%

3% 氟虫腈 ME

氟虫腈（折百）	3%
溶剂（癸酰胺）	10%
助表面活性剂（丙二醇）	5%
乳化剂（Tanemul CO112）	15%
载体（去离子水）	补足 100%

2.2% 甲维·氟铃脲 ME

氟铃脲（折百）	2%
甲氨基阿维菌素苯甲酸盐（折百）	0.2%
溶剂（DMF）	2%
溶剂（二甲苯）	2%
助表面活性剂（丁酮）	15%
乳化剂（34 号）	8%
乳化剂（500 号）	4%
乳化剂（酚醚磷酸酯 500 号）	2%
载体（去离子水）	补足 100%

25% 毒死蜱 ME

毒死蜱（折百）	25%
溶剂（碳酸二甲酯）	20%
助表面活性剂（正丁醇）	8%
乳化剂（33 号）	8%
乳化剂（603 号）	5%
乳化剂（500 号）	2%
载体（去离子水）	补足 100%

20% 毒死蜱·高氯氟 ME

毒死蜱（折百）	19%
高效氟氯氰菊酯（折百）	1%
助表面活性剂（异丙醇）	3%
溶剂（SOLVESSO 150）	12%
乳化剂（500 号）	7%
乳化剂（602 号）	6%
乳化剂（酚醚磷酸酯脂 500 号）	5%
载体（去离子水）	补足 100%

2.6% 甲维·高氟氯 ME

高效氟氯氰菊酯（折百）	2%
甲氨基阿维菌素苯甲酸盐（折百）	0.6%
助表面活性剂（环己酮）	4%
溶剂（乙醇）	12%
乳化剂（603 号）	6%
乳化剂（TX–10）	6%
乳化剂（快 T）	3%
载体（去离子水）	补足 100%

5% 高效氯氟氰 ME

高效氯氟氰菊酯（折百）	5%
助表面活性剂（二甘醇一丁醚）	10%
溶剂（碳酸二甲酯）	10%
乳化剂（YUSCP120）	11%
乳化剂（YUSEP70G）	9%
载体（去离子水）	补足 100%

4% 啶虫脒·高氟氯 ME

啶虫脒（折百）	3%
高效氯氟氰菊酯（折百）	1%
助表面活性剂（环己酮）	10%
溶剂（二甲苯）	3%
助表面活性剂（正丁醇）	5%
乳化剂（602 号）	8%
乳化剂（TX–10）	2%
乳化剂（500 号）	4%
载体（去离子水）	补足 100%

4% 联苯菊酯 ME

联苯菊酯（折百）	4%
溶剂（二甲苯）	3%
助表面活性剂（正丁醇）	8%
乳化剂（603 号）	5%
乳化剂（TX–10）	5%
乳化剂（500 号）	4%
载体（去离子水）	补足 100%

40% 丙环唑 ME	
丙环唑原油（折百）	40%
助表面活性剂（异丙醇）	5%
助表面活性剂（正丁醇）	12%
乳化剂（602 号）	8%
乳化剂（603 号）	5%
乳化剂（500 号）	6%
载体（去离子水）	补足 100%

1.8% 阿维菌素 ME	
阿维菌素原粉（折百）	1.8%
溶剂（SOLVESSO 150）	5%
助表面活性剂（环己酮）	10%
助表面活性剂（正丁醇）	8%
乳化剂（603 号）	5%
乳化剂（TX-10）	5%
乳化剂（500 号）	6%
载体（去离子水）	补足 100%

第四节 微乳剂的生产

一、微乳剂的加工工艺

微乳剂加工工艺流程见图1-10。

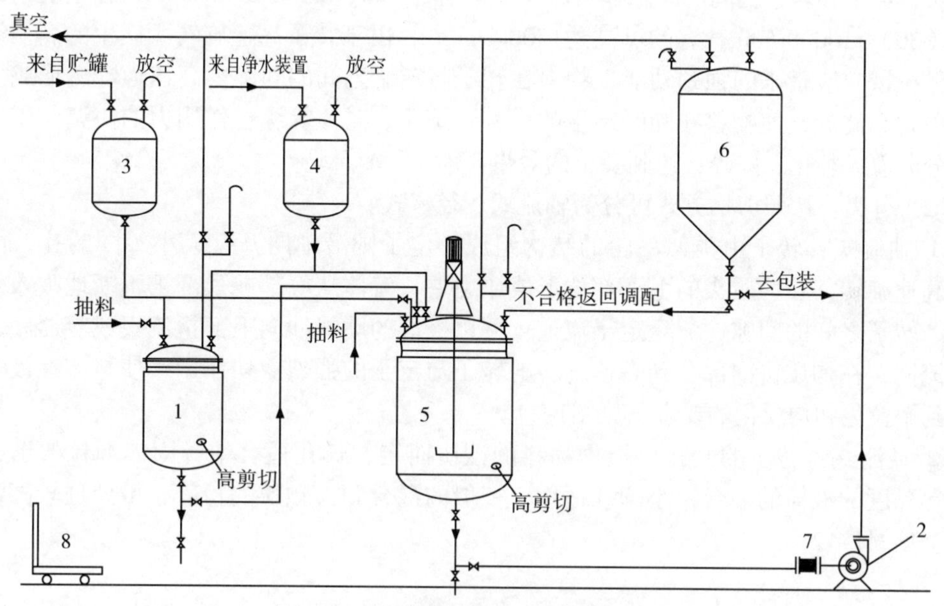

图1-10 农药微乳剂加工工艺流程图

1，5—均质混合机；2—输送泵；3—溶剂计量槽；4—水计量槽；6—成品贮罐；7—管道过滤器；8—电子秤

二、微乳剂的加工设备

微乳剂的几种配制方法在加工工艺上都属于分散、混合等物理过程，因此工艺比较简单。分散、混合效果除取决于配方中乳化剂的种类和用量外，工艺上所选取的调制设备、搅拌器形式、搅拌速度、时间、温度等也有一定关系。微乳剂加工主要设备为调制釜，一般来说，当配方合适时，生产乳油的搅拌釜也适用于配制微乳剂，因此可以直接使用乳油

的生产线生产，将所有组分按流程投入釜中搅拌成透明制剂即可。均质混合机是比较理想的选择，在剪切机外力的作用下形成微乳液的效果好、制剂稳定、生产周期短，可适用于各种工艺的微乳剂制备。

1. 搅拌釜

搅拌釜是最常用的液体非均匀介质混合与乳化设备，主要由搅拌装置、搅拌容器、轴封三大部分构成。搅拌装置包括传动装置、搅拌轴和搅拌器等。轴封是搅拌轴及搅拌容器转轴处的密封装置。搅拌容器包括罐体、换热元件及内构件等。罐体大多数设计成圆柱形，其顶部结构可设计成开放式或密闭式，底部大多数呈蝶形或半球形。由于平底结构容易造成搅拌时液流死角，影响搅拌效果，一般不采用平底结构。在容器中装有搅拌轴，轴一般由容器上方支承，并由电动机及传动装置带动旋转，轴的下端装有各种形状桨叶的搅拌器。搅拌釜通常还设有进出口管路、夹套、温度计插套以及挡板等附件。搅拌器是搅拌设备的主要工作部件，提供搅拌过程所需要的能量和适宜的流动状态，以达到搅拌过程的目的。搅拌釜中应用最广泛的搅拌器有桨式、推进式、涡轮式和锚式等，根据搅拌目的、物料的黏度、容器的大小等进行选择。

2. 剪切式均质机

（1）结构及工作原理。剪切式均质设备基本上采用定–转子型（stator–rotor）结构作为均质头，定子和转子之间的间隙非常小（一般有0.1mm、0.2mm或0.4mm），在电机的高速驱动下（300～10000r/min，有的可高达15000r/min），由于转子高速旋转所产生的高切线速度和高频机械效应带来的强劲动能，物料在转子与定子之间的间隙内高速运动，形成强烈的液力剪切和湍流，使物料在同时产生的离心、挤压、碰撞等综合作用力的协调作用下，得到充分分散、乳化、破碎，达到要求的效果。

（2）分类。按照剪切方式可分为轴流式、径流式。

① 轴流式：转子由类似涡轮的结构组成，定子则沿轴向开有大小不同的孔，由于转子的高速旋转，在均质头的上下部位形成压力差，流体从底部或顶部被不断地吸入，经过定子、转子之间的间隙，流至定子流道，并以极大的动能冲向上部折流板或容器底，流体被折流回，在均质头内部受到高速旋转的转子与定子的强烈剪切作用，使料液在极短时间内达到微粒化和均质化的要求，见图1–11。

② 径流式：转子的开孔可根据物料的性质而定，长孔适合中等固体颗粒的迅速粉碎及中等黏度的液体的混合，小圆孔适用于一般的混合和大颗粒的粉碎，可处理较高黏度的物料。见图1–12。

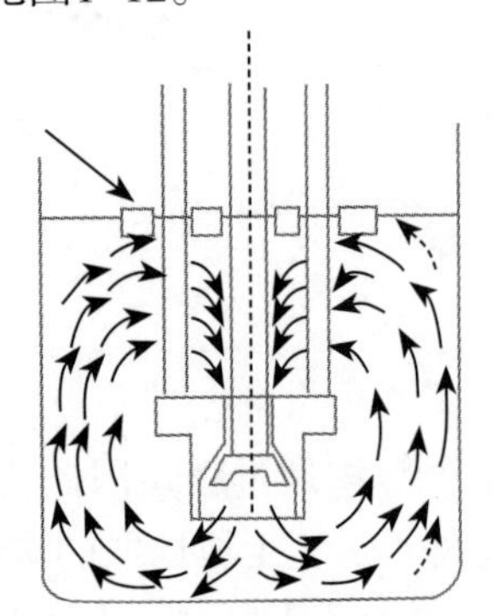

图1–11　轴流式剪切机流型图

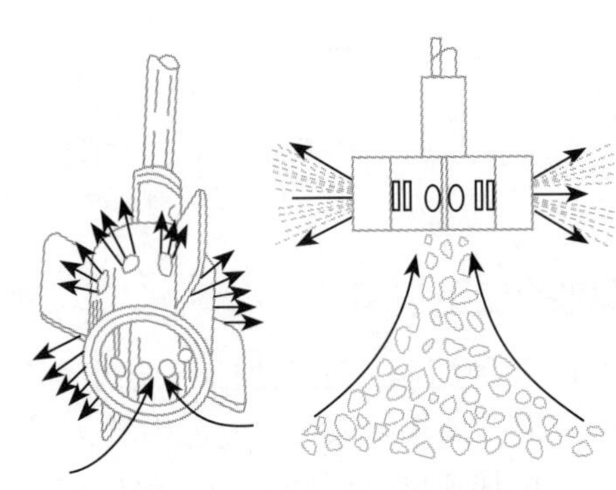

图1–12　径流式剪切机流型图

（3）均质机理。物料（液体物料）分散系中分散相颗粒或液滴破碎的直接原因是受到剪切力和压力（黏性力和惯性力）的作用。引起剪切力和压力作用的剪切力和压力在不同的均质设备中有差别，能引起剪切力和压力作用的具体流体力学效应主要有层流效应、湍流效应和空穴效应。层流（laminar flow）效应会引起分散相颗粒或液滴受到剪切和拉长；湍流（turbulent flow）效应是在压力波动作用下引起分散相颗粒或液滴的随意变形；气穴（air pocket）效应是形成的小气泡受到破碎产生冲击波，引起剧烈搅动。

三、微乳剂生产常见问题

1. 透明温度范围窄

一般农药微乳剂用非离子型表面活性剂配制，在水溶液中存在着表面活性剂对温度比较敏感的浊点问题，即透明温度上限；对有些不溶于常规有机溶剂的有效成分，则存在着低温稳定性问题，即透明温度下限。关键在于表面活性剂及助表面活性剂、溶剂等的优选和用量的确定。

① 透明温区是微乳剂研究的主要内容，除了靠表面活性剂调节外，助表面活性剂、溶剂及调节剂等的筛选也非常重要，筛选不当，适应范围窄，原药、表面活性剂等各种原材料的质量或用量出现小的变化会引起产品质量不稳定；

② 水质变化：如果用的是去离子水配制微乳剂，水处理装置出现异常，硬度变大，水中的Ca^{2+}、Mg^{2+}会破坏非离子表面活性剂的亲水亲油平衡，引起微乳剂浊点的降低，从而导致微乳剂透明温度范围变窄。

2. 微乳剂或稀释后的乳液出现结晶不稳定现象

农药微乳剂应可以以任何比例对水稀释，大多数农药品种的微乳剂乳液都非常稳定，但对一些有效成分理化性质较特殊者，稀释后乳液不稳定问题比较突出，一般来说，一定温度下，溶解度越小，越容易析出晶体。乳液不稳定，即微乳油珠在稀释后的微乳液中很快破乳，析出晶体或油层，乳液变浑浊或出现悬浮物。在田间使用过程中，微乳剂乳液不稳定会严重影响药液在靶标上的沉积和黏着，析出的结晶甚至可能堵塞喷头，进而影响药效或产生药害。可从以下方面考虑：

① 溶剂与助表面活性剂的选择，溶剂的选择至关重要，越接近原药起始饱和溶解度的配方，越容易析出晶体。外界温度等环境变化，或者稀释后水溶性表面活性剂会逐渐分散于水相中，当体系的载药量超过当时的溶解度时，就会析出晶体。如使用甲醇作助表面活性剂时，虽然能增加溶解度或者增加透明度，但当微乳剂稀释时，会使液滴的界面膜变薄，易于使液滴聚集变大，粒径增大，分布不均匀，促使农药活性成分很快析出晶体。

② 表面活性剂及用量，不同的农药活性成分需要用不同种类的表面活性剂搭配使用，选择不同的表面活性剂，其外观、乳化效果等差异较大，在选择表面活性剂时，应考虑单体的结构、亲水基与亲油基的比例、与农药及溶剂的配伍性、表面活性剂自身的配伍性等。如亲水性大的体系，用水稀释后，亲水基与水接触，微观结构发生变化，无法增溶原增溶量的药物，析出晶体。选择有合适增溶量，又有合适HLB值的表面活性剂非常重要。

③ 添加结晶抑制剂，如特殊的水溶性聚合物，可以使农药溶液达到过饱和状态，抑制晶体析出，这种过饱和状态也是热力学不稳定体系，随着水的稀释最终仍会析出晶体，但它会延迟有效成分的析晶过程，防止农药使用过程中出现沉淀。

3. 生产包装过程中出现混油、结晶等现象的原因

① 原材料（原药、水等）中机械杂质较多。

② 原药本身的溶解性不好，溶剂溶解后混浊。

③ 操作不当等造成原药在油相中未完全溶解，尤其是溶解性较差的尼索朗、氟虫腈等，原药未完全溶解就与水相混合，很难将原药完全溶解，产品透明度略差，静置一段时间底部出现白色沉淀，碰到这种问题一般可以通过加热来解决。

④ 北方寒冷天气下生产，气温变化导致溶解度、增溶量变化，导致微乳化困难，需控制生产温度或调整溶剂、助剂进行解决。

4. 经时稳定性不好

微乳剂生产出来检测合格，并在1～2个月内无变化，但经过一定时间的贮存，出现混浊、分层、沉淀、结晶、析油现象，且为不可逆，说明体系稳定性随时间延长发生了变化，此变化极大影响制剂的使用和商品性。原因可能有以下几个方面：

① 表面活性剂选择不当，体系未达到真正的微乳状态。

② 已微乳化的粒子受环境及外界条件影响而聚结沉淀。

③ 由于包装不严或包装与溶剂不匹配，水分及溶剂蒸发，破坏了体系平衡。

5. 产品褪色问题

部分加入警戒色的产品出现褪色或颜色不均一的问题。如2.5%高效氯氟氰菊酯微乳剂、4.5%高效氯氰菊酯微乳剂，现在很多生产厂家加入着色剂，并且采用透明瓶包装，不同包装之间有时能非常明显地看到颜色差异，原因可能有以下几个方面：

① 染料质量不佳，经时褪色。

② 染料会发生光氧化反应，选择耐光牢度好的染料。

③ 染料与溶剂、助剂等不匹配。

6. 安全性问题

乳油中一般含有大量有机溶剂，往往对幼嫩的花果有加重药害的作用；微乳剂中含有大量水，对植株的药害较同样有效成分的乳油轻一些，但微乳剂中一般使用大量表面活性剂，其表面张力较小，具有较好的渗透性，在某些作物、果树的敏感期也有可能会产生药害。

7. 为什么有时候微乳剂药效比普通的乳油差

一般来说，因为微乳剂中有效成分粒子在水中最小，而且其中助剂的用量远高于水乳剂和乳油，有利于发挥药效和增强对有害生物靶标表面的渗透，室内毒力测定较高，药效一般较好。应用于田间，效果可能就不一样了，原因可能有以下两方面：

① 产品质量达不到要求，甚至出现沉淀、结晶等问题，难以保证药效。

② 使用的技术问题，我国传统的常规喷雾方法一般是要喷湿植株全株，直到雾滴滴下为止，而微乳剂含有比乳油更多的表面活性剂，润湿性更好，对于难湿润的植物叶片，较低的表面张力，可以增加药液的持留量；而对于易湿润的植物叶片，降低表面张力，反而增加了药液的流失，减少了持留量，达不到有效的药剂沉积，从而使得药效比不上乳油。

8. 为什么微乳体系多为四元以上体系

① 用离子表面活性剂时，通常要加入助表面活性剂。

② 可能采用复配表面活性剂，因其性能一般优于单一表面活性剂。

③ 水相中可能存在电解质。

第五节 微乳剂的品种介绍

根据农业部农药检定所2013年发布的农药登记产品信息汇编，国内登记的农药微乳剂有效证件总数量699个，登记产品数量253个（不含同一品种重复登记的微乳剂），登记产品涉及杀虫剂、杀菌剂、除草剂、生长调节剂，见表1-3。

表1-3 农药微乳剂登记品种分类（2013年）

类型	登记产品		登记证件	
	数量	比例/%	数量	比例/%
杀虫剂	162	64.03	527	75.39
卫生杀虫剂	18	7.11	30	4.29
杀菌剂	39	15.42	93	13.30
除草剂	31	12.25	40	5.72
生长调节剂	3	1.19	9	1.29
合计	253	100	699	约100

登记产品中单剂497个，二元复配189个，三元复配13个，涉及86个有效成分（通用名），登记有效成分较多的制剂有甲氨基阿维菌素苯甲酸盐、阿维菌素、高效氯氰菊酯等，其中甲氨基阿维菌素苯甲酸盐相关制剂产品登记209个，阿维菌素相关产品登记102个，高效氯氰菊酯相关登记103个。详见表1-4。

表1-4 农药微乳剂登记统计表（2013年）

杀虫剂			
有效成分及含量	数量	有效成分及含量	数量
阿维菌素 0.5%	1	氯氰菊酯 5%	3
阿维菌素 1.8%	18	氯氰菊酯 10%	1
阿维菌素 3%	10	高效氯氰菊酯 4.5%	44
阿维菌素 3.2%	1	高效氯氰菊酯 5%	1
阿维菌素 5%	3	高效氯氰菊酯 10%	2
吡虫啉 10%	1	甲氨基阿维菌素 0.5%	36
吡虫啉 30%	11	甲氨基阿维菌素 1%	17
吡虫啉 45%	1	甲氨基阿维菌素 1.5%	1
丁醚脲 10%	1	甲氨基阿维菌素 2%	40
丁醚脲 15%	1	甲氨基阿维菌素 3%	42
啶虫脒 3%	13	甲氨基阿维菌素 5%	14
啶虫脒 5%	7	甲氨基阿维菌素苯甲酸盐 1%	1
啶虫脒 6%	1	甲氨基阿维菌素苯甲酸盐 1.2%	1
啶虫脒 10%	7	甲氨基阿维菌素苯甲酸盐 5%	1

续表

杀虫剂			
有效成分及含量	数量	有效成分及含量	数量
啶虫脒 20%	1	甲氰菊酯 10%	2
啶虫脒 30%	1	联苯菊酯 2.5%	4
毒死蜱 15%	2	联苯菊酯 4%	3
毒死蜱 25%	2	联苯菊酯 10%	1
毒死蜱 30%	7	溴氰菊酯 2.5%	2
毒死蜱 40%	4	仲丁威 20%	2
毒死蜱 50%	1	三唑磷 8%	1
高效氯氟氰菊酯 5%	1	三唑磷 15%	2
高效氯氟氰菊酯 2.5%	19	三唑磷 20%	4
高效氯氟氰菊酯 25g/L	2	三唑磷 25%	1
高效氯氟氰菊酯 5%	15	辛硫磷 20%	1
高效氯氟氰菊酯 7%	1	炔螨特 40%	2
高效氯氟氰菊酯 8%	1	唑螨酯 8%	1
高效氯氟氰菊酯 15%	1	哒螨灵 10%	1
鱼藤酮 5%	1	哒螨灵 15%	1
阿维菌素 0.1%、杀虫单 19.9%	1	丁醚脲 15%、联苯菊酯 3%	1
阿维菌素 0.2%、杀虫单 19.8%	18	啶虫脒 1%、高效氯氰菊酯 2%	1
阿维菌素 0.2%、杀虫单 25.8%	1	啶虫脒 2%、高效氯氰菊酯 1%	1
阿维菌素 0.2%、杀虫单 29.8%	4	啶虫脒 2.5%、高效氯氰菊酯 5%	1
阿维菌素 0.3%、杀虫单 14.7%	1	啶虫脒 3%、高效氯氰菊酯 2%	2
阿维菌素 0.3%、杀虫单 19.7%	1	啶虫脒 3%、高效氯氟氰菊酯 1%	1
阿维菌素 0.3%、杀虫单 29.7%	1	啶虫脒 3%、联苯菊酯 3%	1
阿维菌素 0.2%、吡虫啉 1.5%	1	啶虫脒 1.5%、毒死蜱 40%	1
阿维菌素 0.2%、吡虫啉 5%	1	啶虫脒 5%、毒死蜱 16%	1
阿维菌素 0.2%、啶虫脒 1.3%	1	啶虫脒 5%、毒死蜱 20%	1
阿维菌素 0.3%、啶虫脒 1.5%	2	高效氯氟氰菊酯 1%、灭多威 11%	1
阿维菌素 0.5%、啶虫脒 3.5%	2	高效氯氰菊酯 1%、杀虫单 15%	2
阿维菌素 0.5%、啶虫脒 4.5%	1	高效氯氰菊酯 3%、辛硫磷 22%	1
阿维菌素 1%、啶虫脒 4%	3	高效氯氟氰菊酯 1.6%、甲氨基阿维菌素苯甲酸盐 0.2%	1
阿维菌素 0.2%、氯氟氰菊酯 0.8%	1	高效氯氟氰菊酯 3.5%、甲氨基阿维菌素苯甲酸盐 0.5%	1
阿维菌素 0.3%、氯氰菊酯 2.1%	1	高效氯氟氰菊酯 1.8%、甲氨基阿维菌素苯甲酸盐 0.2%	1
阿维菌素 0.1%、高效氯氰菊酯 1%	1	高效氯氟氰菊酯 2%、甲氨基阿维菌素苯甲酸盐 0.6%	1
阿维菌素 0.2%、高效氯氰菊酯 1.6%	1	甲氨基阿维菌素 0.2%、氯氰菊酯 3%	1
阿维菌素 0.2%、高效氯氰菊酯 1.8%	3	甲氨基阿维菌素苯甲酸盐 0.2%、氯氰菊酯 3%	10
阿维菌素 0.2%、高效氯氰菊酯 2.6%	1	高效氯氰菊酯 1.9%、甲氨基阿维菌素苯甲酸盐 0.1%	1
阿维菌素 0.4%、高效氯氟氰菊酯 1.6%	1	高效氯氰菊酯 2.5%、甲氨基阿维菌素苯甲酸盐 0.5%	1

续表

有效成分及含量	数量	有效成分及含量	数量
阿维菌素 0.6%、高效氯氟氰菊酯 2.4%	1	高效氯氰菊酯 2.7%、甲氨基阿维菌素苯甲酸盐 0.3%	2
阿维菌素 0.6%、高效氯氰菊酯 1.2%	2	高效氯氰菊酯 3%、甲氨基阿维菌素苯甲酸盐 0.2%	3
阿维菌素 1%、高效氯氰菊酯 6%	1	高效氯氰菊酯 3.7%、甲氨基阿维菌素苯甲酸盐 0.3%	4
阿维菌素 1%、丁硫克百威 14%	1	高效氯氰菊酯 4%、甲氨基阿维菌素苯甲酸盐 0.2%	1
阿维菌素 0.2%、毒死蜱 30	1	高效氯氰菊酯 4%、甲氨基阿维菌素苯甲酸盐 1%	1
阿维菌素 1%、毒死蜱 20%	1	高效氯氰菊酯 4.3%、甲氨基阿维菌素苯甲酸盐 0.2%	1
阿维菌素 0.1%、三唑磷 14.9%	3	高效氯氰菊酯 4.5%、甲氨基阿维菌素苯甲酸盐 0.3%	1
阿维菌素 0.2%、三唑磷 10%	1	高效氯氰菊酯 4.5%、甲氨基阿维菌素苯甲酸盐 0.5%	4
阿维菌素 0.3%、三唑磷 14.7%	3	高效氯氰菊酯 4.8%、甲氨基阿维菌素苯甲酸盐 0.2%	1
阿维菌素 0.4%、哒螨灵 9.6%	2	高效氯氰菊酯 3%、甲氨基阿维菌素苯甲酸盐 0.2%	1
阿维菌素 0.6%、哒螨灵 5.4%	1	高效氯氰菊酯 4%、甲氨基阿维菌素苯甲酸盐 2%	1
阿维菌素 0.3%、炔螨特 55.7%	2	高效氯氰菊酯 5%、甲氨基阿维菌素苯甲酸盐 0.5%	1
阿维菌素 0.6%、炔螨特 40%	1	甲氨基阿维菌素 0.2%、杀虫单 19.8%	1
阿维菌素 0.5%、噻螨酮 4.5%	1	甲氨基阿维菌素苯甲酸盐 0.15%、杀虫单 29.85%	1
阿维菌素 1%、噻螨酮 5%	1	甲氨基阿维菌素苯甲酸盐 0.2%、三唑磷 9.8%	1
毒死蜱 24%、氟铃脲 3%	1	甲氨基阿维菌素苯甲酸盐 0.3%、联苯菊酯 5%	1
吡虫啉 5%、毒死蜱 25%	1	甲氨基阿维菌素苯甲酸盐 1%、仲丁威 20%	1
丁硫克百威 10%、毒死蜱 20%	1	甲氨基阿维菌素苯甲酸盐 4%、氟苯虫酰胺 8%	1
毒死蜱 8.5%、高效氯氰菊酯 1.5%	3	氟铃脲 1.5%、甲氨基阿维菌素苯甲酸盐 0.5%	1
毒死蜱 41.5%、高效氯氰菊酯 3%	1	氟铃脲 2%、甲氨基阿维菌素苯甲酸盐 0.2%	1
毒死蜱 15%、高效氯氟氰菊酯 1%	1	氟铃脲 3.4%、甲氨基阿维菌素苯甲酸盐 0.6%	2
毒死蜱 19%、氯氟氰菊酯 1%	1	毒死蜱 14.7%、甲氨基阿维菌素苯甲酸盐 0.3%	1
毒死蜱 5%、杀虫单 20%	1	毒死蜱 15%、甲氨基阿维菌素苯甲酸盐 0.5%	1
毒死蜱 5%、三唑磷 8%	1	毒死蜱 19.8%、甲氨基阿维菌素苯甲酸盐 0.2%	1
氟虫脲 1%、炔螨特 19%	1	毒死蜱 20%、甲氨基阿维菌素苯甲酸盐 0.5%	1
吡虫啉 1%、杀虫双 13.5%	1	毒死蜱 29%、甲氨基阿维菌素苯甲酸盐 1%	1
联苯菊酯 3%、三唑磷 17%	1	毒死蜱 30%、甲氨基阿维菌素 0.5%	1
三唑磷 10%、杀虫单 20%	1	毒死蜱 31.2%、甲氨基阿维菌素苯甲酸盐 0.8%	1
三唑磷 5%、杀虫单 10%	1	啶虫脒 2.5%、甲氨基阿维菌素苯甲酸盐 0.5%	1
三唑磷 6%、杀虫单 12%	2	矿物油 14%、石硫合剂 16%	1
哒螨灵 5%、啶虫脒 5%	1		

卫生杀虫剂

有效成分及含量	数量	有效成分及含量	数量
氟虫腈 3%	6	高效氯氰菊酯 1%、甲基嘧啶磷 6%	1
氟虫腈 6%	1	氯菊酯 3%、氯氰菊酯 3%	1
高效氯氰菊酯 4.5%	6	氯菊酯 5.5%、右旋胺菊酯 4.5%	1

续表

有效成分及含量	数量	有效成分及含量	数量
高效氯氰菊酯 5%	1	残杀威 0.3%、高效氯氰菊酯 0.2%	1
顺式氯氰菊酯 2.5%	1	残杀威 6%、高效氯氰菊酯 4%	2
顺式氯氰菊酯 4.5%	1	Es-生物烯丙菊酯 1%、氯菊酯 4%	1
氯菊酯 10%	1	胺菊酯 1%、高效氯氰菊酯 2%	1
吡丙醚 5%	2	胺菊酯 1.5%、氯菊酯 3.5%	1
残杀威 10%	1	胺菊酯 4.5%、氯菊酯 5.5%	1

杀菌剂、生长调节剂

有效成分及含量	数量	有效成分及含量	数量
苯醚甲环唑 10%	8	己唑醇 5%	9
苯醚甲环唑 20%	5	己唑醇 10%	2
苯醚甲环唑 25%	3	腈菌唑 5%	1
苯醚甲环唑 300g/L	1	腈菌唑 12.5%	4
丙环唑 20%	1	戊唑醇 6%	2
丙环唑 40%	8	戊唑醇 12.5%	2
丙环唑 45%	1	戊唑醇 18%	1
丙环唑 50%	4	稻瘟灵 18%	1
丙环唑 55%	1	咪鲜胺 10%	1
烯唑醇 5%	3	咪鲜胺 15%	2
氟硅唑 8%	6	咪鲜胺 20%	2
氟硅唑 10%	2	咪鲜胺 45%	5
氟硅唑 20%	1	壬菌铜 30%	1
氟硅唑 25%	2	烯酰吗啉 25%	1
氟硅唑 30%	1	乙嘧酚磺酸酯 25%	1
稻瘟灵 10%、噁霉灵 10%	1	苯醚甲环唑 15%、丙环唑 15%	3
稻瘟灵 30%、己唑醇 3%	1	苯醚甲环唑 150g/L、丙环唑 150g/L	1
咪鲜胺 20%、戊唑醇 30%	1	苯醚甲环唑 20%、丙环唑 20%	1
甲霜灵 1.88%、种菌唑 2.35%	1	三十烷醇 0.1%	7
井冈霉素 A2.3%、己唑醇 1.2%	1	矮壮素 25%、烯效唑 5%	1
苯醚甲环唑 5%、咪酰胺 15%	1	多效唑 3.3%、甲哌鎓 16.7%	1

除草剂

有效成分及含量	数量	有效成分及含量	数量
丁草胺 50%	1	氰氟草酯 10%	1
氟磺胺草醚 12.8%	3	氰氟草酯 15%	1
氟磺胺草醚 20%	1	炔草酯 15%	2
氟磺胺草醚 30	1	三氟羧草醚 28	1
高效氟吡甲禾灵 17%	1	莎稗磷 36%	1

续表

有效成分及含量	数量	有效成分及含量	数量
精喹禾灵 5%	1	乙草胺 50%	4
精喹禾灵 8%	1	乙羧氟草醚 10%	1
咪唑乙烟酸 5%	1		
草甘膦异丙胺盐 20%、唑草酮 0.5%	1	氟磺胺草醚 10%、精喹禾灵 3%、灭草松 25%	1
丁草胺 55%、嗯草酮 10%	1	氟磺胺草醚 4.5%、精喹禾灵 1.5%、异嗯草松 9%	1
氟磺胺草醚 6%、异嗯草松 12%	1	氟磺胺草醚 12%、精喹禾灵 3%、咪唑乙烟酸 1.8%	2
氟磺胺草醚 10 精喹禾灵 5	1	氟磺胺草醚 12%、咪唑乙烟酸 3%、异嗯草松 23%	1
咪唑乙烟酸 2%、异嗯草松 18%	1	氟磺胺草醚 4%、精喹禾灵 1.2%、异嗯草松 8.4%	1
2,4- 滴丁酯 20%、嗪草酮 4%、乙草胺 42%	2	氟磺胺草醚 5%、精喹禾灵 1.5%、灭草松 14.5%	1
丙草胺 15%、嗯草酮 7%、乙氧氟草醚 12%	1	氟磺胺草醚 6%、咪唑乙烟酸 1%、异嗯草松 11%	1
氟磺胺草醚 9%、精喹禾灵 3%、灭草松 30%	1	2,4- 滴丁酯 16.5%、噻吩磺隆 0.5%、乙草胺 66%	2

注：表格里的数量表示登记该产品的厂家个数。

参考文献

[1] 刘步林. 农药剂型加工技术. 第2版. 北京：化学工业出版社，1998.
[2] 崔正刚，殷福珊. 表面活性剂应用丛书：微乳化技术及应用. 北京：中国轻工业出版社，1999.
[3] 郭武棣. 农药剂型加工丛书. 第3版：液体制剂. 北京：化学工业出版社，2004.
[4] 刘广文. 现代农药剂型加工技术. 北京：化学工业出版社，2013.
[5] 梁文平. 乳状液科学与技术基础. 北京：科学出版社，2001.
[6] 陈福良，尹明明. 农药微乳剂概念及其生产应用中存在问题辨析. 农药学学报，2007，9（2）：110-116.
[7] 刘泉永，吴厚斌. 农药登记产品信息汇编. 2013年版. 北京：中国农业出版社，2013.
[8] 张军合. 食品机械与设备. 北京：化学工业出版社，2008.
[9] 李牛，李姝，等译. 胶体科学：原理、方法与应用. 北京：化学工业出版社，2008.
[10] 沈钟，赵振国，王果庭. 胶体与表面化学. 第3版. 北京：化学工业出版社，2004.

第二章

悬 浮 剂

第一节 概 述

农药悬浮剂是国内外农药行业公认的环境友好型剂型之一，也是联合国粮农组织（FAO）推荐的4种环保型剂型之一，一度被称为“划时代”的新剂型。这一剂型的出现，将农药制剂加工技术提高到了一个全新的水平，给许多具有既不亲水又不亲油农药的生产和应用开创了广阔发展前景和新的契机。悬浮剂是在20世纪70年代发展起来的一种新剂型，在农药制剂发展史中相对较短，近几十年在国内外发展极为迅速并处于不断完善中，已部分取代了可湿性粉剂和乳油，也逐渐成为替代粉状制剂的优良剂型。

一、悬浮剂基本概念

农药悬浮剂（suspension concentration，SC），国外又称流动剂（flowable formulation），国内俗称胶悬剂、浓缩悬浮剂。本章中农药悬浮剂是指以水为分散介质，将原药、助剂（润湿分散剂、增稠剂、防冻剂、稳定剂、pH调节剂和消泡剂等）经湿法超微粉碎制得的农药剂型。其基本原理是在表面活性剂和其他助剂作用下，将不溶或难溶于水的原药以一定细度（粒径0.5～5μm，平均2～3μm）分散到水中，形成一种高悬浮、能流动、稳定的固液分散体系。

悬浮剂是水基性制剂中发展最快、可加工的农药活性成分最多、加工工艺最为成熟、相对成本较低和市场前景非常好的新剂型。该剂型在药效、环保、安全和经济四方面综合性能与其他剂型相比有许多优点：

① 具有较高的药效。有效成分微粒小，便于有害生物的摄取和吸收，提高对靶标的作用力；同时由于表面活性剂的作用使制剂在施药后具有良好的润湿、展着和渗透等性能；制剂中的增黏剂也会在一定程度上提高药剂施药后的附着性能，甚至有时会起到缓慢释放的效果。

② 对环境友好。无粉尘污染，且可以与水任意比例分散，便于使用；以水为介质，不使用有毒有害溶剂，无异味，清洁文明生产，环境相容性好。

③ 安全。无粉尘飘移、无有害溶剂的加入，对生产者和使用者安全；同时以水为介质，无闪点问题，贮藏和运输中安全可靠；其次不使用有机溶剂，可避免有机溶剂产生的药害问题。

④ 经济。以水为基质，溶剂成本远低于其他剂型；悬浮剂密度大，可加工成高浓度制剂，减少库存量，节省包装、贮运费用。

二、悬浮剂的配方组成

农药悬浮剂是由不溶或微溶于水的固体原药借助某些助剂，通过湿法超微粉碎，比较均匀地分散于水中，形成一种颗粒细小的高悬浮、能流动的、稳定的固液分散体系。

凡是能在水中长期稳定不分解，不溶于水或微溶于水（在水中溶解度小于100mg/L）的农药均可制成悬浮剂。熔点大于60℃的固体农药可制成悬浮剂。悬浮剂通常是由有效成分、润湿分散剂、增稠剂、抗沉淀剂、消泡剂、防冻剂和水等组成，是农药加工的一种新剂型。典型的悬浮剂剂型的基本组成（g/L计）如下：

活性成分	40～700	增稠剂/抗沉淀剂	1～2.5
润湿剂/分散剂	5～60	其他添加剂	1～2
吸湿剂/抗冻剂	50～80	水	补足至1L
消泡剂	0.8～2		

三、悬浮剂的质量评价体系

1. 性能要求

悬浮剂的主要性能指标有：有效成分含量、外观、流动性、分散性、悬浮率、黏度、细度、pH值、贮存稳定性等。生产控制中必检指标有：有效成分含量、悬浮率、细度和pH值。

（1）有效成分含量。悬浮剂主要由三部分组成：原药、助剂和水。有效成分含量就是指悬浮剂中原药的含量，受原药理化性状、助剂性能及设备性能等多种因素制约，悬浮剂大部分产品的有效成分含量都在50%以下，随着湿磨设备的改进和助剂性能的优化，目前有的产品的有效成分含量已经可以达到50%以上，如80%敌草隆SC（宁夏新安科技有限公司），687.5g/L 氟菌·霜霉威SC（德国拜耳作物科学有限公司）等。

（2）流动性。流动性是悬浮剂的重要性能指标。它不仅影响加工过程的难易，而且直接影响计量、包装和应用。流动性好，加工容易，使用也方便。影响悬浮剂流动性的主要因素是制剂中原药含量和制剂的黏度。若原药含量高，意味着体系的含固量高，分散介质减少，黏度增大，流动性差。

（3）分散性。分散性是指原药粒子悬浮于水中分散成微细个体粒子的能力。分散体系中的粒子受两种作用力的作用：一种是重力，如果颗粒的密度比介质大的话，颗粒就会因重力作用而沉降，根据Stokes定律，颗粒的粒度越大，其沉降速度越大，破坏分散性。反之，颗粒粒度过小，粒子表面的自由能就越大，布朗（Brownian）运动越剧烈，颗粒之间相互碰撞概率增大，由范德华力引起颗粒团聚，团聚的粒子在宏观上表现为沉降、黏底，甚至是结块。悬浮液分散性的提高，除了要保证颗粒的细度外，还需要避免团聚发生，最主要的办法就是加入分散剂。分散剂选择适当，不仅可以阻止原药粒子的团聚，而且可以获得良好的分散性。

（4）悬浮性。悬浮性是指分散的原药粒子在悬浮液中保持悬浮时间长短的能力。悬浮性包括两个方面：一是在贮存期间具有好的悬浮性，不分层、絮凝、结块。二是在兑水使用时，原药颗粒能均匀地悬浮在介质水中，便于使用，发挥最大药效。由于悬浮剂是粗分散体系，具有较大的表面自由能，加入表面活性剂或高分子物质可以有效地阻止颗粒的团聚行为。悬浮剂也属于动力学不稳定体系，分散液中的农药粒子必然在重力场的作用下，发生自由沉降，其自由沉降的速度符合Stokes定律，即沉降速度与粒子直径、分散相与分散介质密度差、体系黏度有关。只有综合调整好三者之间的平衡，才能得到一个稳定的悬浮体系。

（5）细度。细度是指悬浮液中悬浮粒子的大小。在砂磨工艺中，悬浮粒子的细度是通过湿法粉碎完成的，任何悬浮剂无论用什么型号的粉碎设备、进行何种形式或多长时间的粉碎，都不可能得到均一粒径、形状相同的粒子，而只能是一种不均匀的、具有一定粒径分布的粒子群体。对其细度的评价，通常采用粒子平均直径和粒径分布的方法，才能比较客观地反映出悬浮剂中粒子的大小。平均粒径从宏观上说明悬浮剂的平均细度，粒度分布则进一步说明粒子的群体结构。

悬浮剂的细度直接与悬浮率有关，一般来说，细度越细，分布越均匀，悬浮率越高。故在研发、生产过程中应严格控制悬浮剂的细度，我国一般控制在1～5μm。目前测量悬浮剂细度的方法一般有两种：一种是目测法，借助显微镜观察统计，计算出悬浮剂粒子的算术平均值，具有相对准确性，但受到取样的均匀性和样本容量的影响，结果并不精确可靠，且不能对粒径分布做准确描述。另一种是采用先进的仪器测定，如激光粒度分布仪，具有分析速度快、分析结果准确可靠，且能同时给出平均粒径值和粒径分布图。

（6）黏度。黏度是悬浮剂的重要指标之一。黏度高，体系稳定性好，反之，稳定性差。然而黏度过高容易造成流动性差，甚至不能流动，给加工、计量、分装、使用带来一系列困难。因此，在生产过程中有效控制悬浮剂产品的黏度意义重大，由于制剂品种不同，黏度各异，悬浮剂产品的黏度一般控制在400～3000mPa·s之间（采用旋转黏度计法测定）。

（7）pH值。根据原药的性质和体系的物理稳定性的要求调节悬浮剂的pH值。农药有效成分通常在中性或弱酸性介质中比较稳定，在较强的酸性或碱性条件下容易分解，一般pH值在6～8之间为宜，视具体品种要求而定。尤其值得注意的是在悬乳剂（SE）、微囊悬浮-悬浮剂（ZC）的生产中，悬浮剂是最终产品的中间体，因此应综合考虑最终产品体系酸碱度的要求来控制悬浮剂的pH值。

（8）起泡性。起泡性是指悬浮剂在生产和兑水稀释时产生泡沫的性质。泡沫的来源主要有两方面：一是表面活性剂溶解在水中产生的；二是在高速粉碎过程中空气被带入体系中形成微小气泡。泡沫不仅给生产带来困难，降低研磨效率，影响产品计量，而且还会影响喷雾效果，进而影响药效。悬浮剂的泡沫可通过选择合适的助剂体系得到解决，必要时还可加抑泡剂或消泡剂，也可以通过改进生产工艺和提高设备性能有效降低生产阶段泡沫的产生。

（9）贮存稳定性。贮存稳定性是指制剂贮存一定时间后，理化性质变化大小的指标，变化越小，说明贮存稳定性越好，反之则差。贮存稳定性是悬浮剂一项重要的性能指标，它直接关系产品的性能和应用效果。贮存稳定性通常包括贮存物理稳定性和贮存化学稳定性。

贮存物理稳定性是指制剂在贮存过程中原药粒子相互黏结和团聚而形成的分层、析水、絮凝和结块，及由此引起的流动性、分散性和悬浮性的降低或破坏。贮存化学稳定性是指制剂在贮存过程中，由于原药与连续相水和助剂的不相容性或pH值变化而引起的原药分解，使有效成分含量减少。提高贮存稳定性的有效方法是选择合适的有效成分含量、助剂及适宜的体系pH值。

贮存稳定性的测定通常采用加速试验法，即热贮稳定性、低温稳定性试验。FAO法是将制剂密封后放置在（54±2）℃下贮存14d和（0±1）℃贮存7d，然后检测制剂的粒径、分散性、悬浮性、分解率等指标是否合格。

2. 质量控制指标

为了保证农药悬浮剂的产品性能，我国化工行业标准《农药悬浮剂产品标准编写规范》（HG/T 2467.5—2003）中规定，农药悬浮剂产品应控制的项目指标有：有效成分含量、相关杂质限量、酸碱度或pH值范围、悬浮率、倾倒性、湿筛试验、持久起泡性、低温稳定性、热贮稳定性。

3. 理化性质指标测试

为完善农药登记管理基础标准，为农药风险评估和农药安全性管理提供技术支撑等，我国行业标准《农药理化性质测定试验导则》系列标准NY/T 1860—2016中规定，农药悬浮剂产品应测定的项目指标有：pH值、外观（包括颜色、状态、气味）、爆炸性、闪点、对包装材料腐蚀性、密度、黏度。

4. 2年常温贮存试验

为完善农药登记管理基础标准，提高农药产品的市场准入门槛，保证农药产品在2年货架期内的质量等，我国农药行业标准《农药常温贮存稳定性试验通则》（NY/T 1427—2016）中规定，农药悬浮剂产品应测定的项目指标有：产品包装、有效成分含量、pH值、外观（包括颜色、状态、气味）、湿筛试验、悬浮率、倾倒性、自发分散性。

四、悬浮剂发展现状

悬浮剂是农药制剂中发展历史较短，并处于不断完善的一种新剂型。这一新剂型的出现，给难溶于水和有机溶剂的固体农药制剂化生产和应用提供了新的契机。近十多年来，随着固液分散体系稳定性、胶体化学、表面化学的广泛、深入研究，激光粒度仪、流变仪、差示量热扫描仪、动态表面张力仪等先进测试仪器的使用，湿磨工艺技术和设备不断改进和完善，表面活性剂在原药颗粒表面的吸附机理、作用机理逐步揭示，新的高品质分散剂、润湿剂等表面活性剂和其他添加剂逐步涌现，使农药悬浮剂获得迅速发展，悬浮剂已成为农药剂型中最基本和重要的剂型。

1948年英国ICI公司首次使用砂磨机成功研制悬浮剂，1966年，美国施多福公司开始销售悬浮剂商品，随后英国、德国、日本等国积极研制农药悬浮剂，并投入工业化生产。美国20世纪80年代初上市的悬浮剂品种就达到29种，悬浮剂在1993年和1998年所占比例分别为10%和13%。在英国，悬浮剂发展得最为迅速，早在1993年悬浮剂已占其整个农药剂型市场销售的26%，超过乳油（占24%）和可湿性粉剂（占17%），位居第一。据英国植保协会（BCPC）出版的农药手册上列出的剂型可见，乳油所占比例已从43%下降到28%，可湿性粉剂仍保持在19%的份额，水分散粒剂从4%上升至12%，而悬浮剂却从8%增长到16%，据统计，在全球2010年安全的农药新剂型中涉及悬浮剂的活性成分多达275个，远超过其他新剂型。值得关注的是，最近几年国外农化公司开发的一些非常有特点，而且已进入中国市场并得到广泛认可和使用的新农药品种，其加工剂型大多都以悬浮剂为主（表2-1）。

表2-1 全球部分新农药悬浮剂产品

产品类别	有效成分	上市时间	开发公司	主要制剂	商品名
杀虫杀螨剂	氯虫苯甲酰胺	2007	美国杜邦	200g/L 悬浮剂	康宽
	氰氟虫腙	2007	德国巴斯夫	240g/L 悬浮剂	艾法迪
	螺虫乙酯	2008	德国拜耳	240g/L 悬浮剂	亩旺特
	多杀霉素	1997	美国陶氏益农	480g/L 悬浮剂	催杀
	氟啶虫胺腈	2010	美国陶氏益农	22% 悬浮剂	特福力
	噻虫嗪	1997	瑞士先正达	21% 悬浮剂	阿克泰
	茚虫威	2001	美国杜邦	15% 悬浮剂	安打
	联苯肼酯	1999	美国科聚亚	43% 悬浮剂	锦绣
	唑螨酯	1991	日本农药	5% 悬浮剂	霸螨灵
	螺螨酯	2003	德国拜耳	240g/L 悬浮剂	螨危
杀菌剂	双炔酰菌胺	2007	瑞士先正达	23.4% 悬浮剂	瑞凡
	氟吡菌酰胺	2011	德国拜耳	41.7% 悬浮剂 42.8% 氟菌·肟菌酯悬浮剂	百白克 露娜森
	氟吡菌胺	2006	德国拜耳	687.5g/L 氟菌·霜霉威悬浮剂	银法利
	氟唑菌酰胺	2012	德国巴斯夫	42.4% 唑醚·菌酰胺悬浮剂	健达
	噻呋酰胺	1997	日本日产化学	240g/L 悬浮剂	满穗
	氟啶胺	1990	日本石原产业	500g/L 悬浮剂	福帅得
	啶氧菌酯	2001	美国杜邦	22.5% 悬浮剂	Acanto
	嘧菌酯	1996	瑞士先正达	250g/L 悬浮剂	阿米西达
除草剂	五氟磺草胺	2004	美国陶氏益农	22% 悬浮剂	稻杰
	双氟磺草胺	1999	美国陶氏益农	50g/L 悬浮剂	普瑞麦
	硝磺草酮	2001	瑞士先正达	9%、15%、40% 悬浮剂	千层红
	苯唑草酮	2006	德国巴斯夫	30% 悬浮剂	苞卫

从表2-1可以看出，近年来，跨国公司的农药专利品种都直接加工成悬浮剂，有些产品已进入中国市场，并得到用户的广泛认可。另外在2009～2015年专利到期或即将到期的农药品种也大多加工成悬浮剂。

特别注意到近年来国外悬浮剂正朝着高浓度方向发展，主要目的是可以减少库存量，降低生产费用以及包装和贮运成本。早在2004年，国外农化公司在我国登记的悬浮剂品种中有1/3是高浓度悬浮剂品种，如50%草除灵SC、500g/L异丙隆SC、500g/L异菌脲SC、430g/L戊唑醇SC、500g/L甲基硫菌灵SC、600g/L吡虫啉SC和540g/L噻苯·敌草隆SC等产品。这也说明国外悬浮剂加工技术和生产设备已得到不断完善和提高，国外许多著名公司，如Clariant、Rhodia、Huntsman、Akzo-Nobel、Croda、Lamberti和Takemoto等表面活性剂公司提供高质量表面活性剂（润湿剂和分散剂）以及添加剂的选用获得成功，使得悬浮剂产品品质进一步得到提升。

我国悬浮剂的研究起步较晚，1977年开始悬浮剂的研制，之后沈阳化工研究院先后研制了多菌灵、莠去津、灭幼脲等悬浮剂，并投入工业化生产。与此同时，吉林市农药化工研究所研制了三嗪类悬浮剂，上海、安徽等科研单位和企业相继研制了多种农药悬浮剂并投入生产。迄今为止，对悬浮剂的研究和开发已经做了许多工作，在配方研究、加工工艺和制剂品种、数量上都获得了较大发展，已成为除EC和WP之外最重要的剂型。2003年，我国已登记的主要悬浮剂品种已有168种；2004年底，获登记的农药悬浮剂品种已超过200种；2006年，获登记的农药悬浮剂品种已超过349种；而2008年国内登记品种达395个（包括国外登记的76个），2011年国内登记的悬浮剂品种达到520个，截至2015年国内登记的悬浮剂品种达到767个。2005年国内悬浮剂登记品种（包括卫生制剂在内）约占制剂品种的5.8%，而到2008年国内悬浮剂登记品种，约占制剂品种的7.18%；到2009年，悬浮剂约占整个农药登记剂型比例的10%；2015年国内悬浮剂登记品种，约占制剂品种的24%。

与发达国家相比，我国悬浮剂制剂技术的研究水平不够高，农药生产企业的自主研发能力也较弱。国内现行产品标准中许多技术指标都与国外先进产品存在差异，如国内的常规品种一般只要求粒径（D_{98}）在5μm以下，而国外优良品种一般达到3μm以下。此外，从产品实际应用和贮存过程中也可以看出这种差距，瑞士先正达公司的25%嘧菌酯悬浮剂、德国巴斯夫的240g/L虫螨腈悬浮剂、德国拜耳公司的350g/L吡虫啉悬浮剂等产品都能保持贮存2年货架期不分层。而国内悬浮剂产品品质良莠不齐，能够达到这种水平的产品很少。市场上有很多产品存放一段时间后产生分层、析水和沉淀；甚至于个别产品存在严重结底问题，不易搅动和倒出，致使用户使用不便，降低药效和浪费药液，这些都需要进一步提高和改进。

五、我国悬浮剂存在问题及展望

1. 存在问题

近年来，国内就悬浮剂的研究和开发已经做了许多工作，并取得了一定进展和成果，但有关悬浮剂的关键技术，如悬浮与分散机理、有效成分的选择与配比、颗粒细度控制、表面活性剂选择以及技术指标测定等方面仍存在许多不足。

（1）理论基础薄弱。我国农药生产企业的自主研发和创新能力较弱，对于农药悬浮剂的基础理论研究不够重视，尤其是对分散剂的分散、吸附、悬浮稳定机理及悬浮液的流变学行为的研究鲜有报道，导致在悬浮剂的开发过程中缺乏必要的理论指导，配方开发多为宏观的，经验式的随机筛选，配比粗糙，成功率低。

（2）研究手段单一。目前国内悬浮剂的配方开发大多还是采用传统的人工操作，配方开发周期长，成功率低，而国外公司已开发出高通量制剂开发平台并在实际应用中取得一定成果，配方筛选效率提高4～6倍，且样品量缩减到1/10，配方开发周期大大缩短，配方开发系统性大幅提升。

（3）生产设备落后。国内现在已有许多厂家能提供密闭卧式砂磨机用来生产农药悬浮剂，但其砂磨效率和砂磨细度的控制和国外同类设备相比仍有不少差距。近年来，国外在砂磨设备上不断取得突破，如日本借鉴气流粉碎技术研制的液体撞击流纳米粉碎机用于悬浮剂研磨具有能耗低和研磨效率高的优点。意大利研制的双锥砂磨机比传统直筒式砂磨机具有更高的研磨精度、允许使用直径较小的研磨介质、能耗有所降低、自动化程度也有很大提高。

（4）检测手段落后。我国研制农药悬浮剂使用的检测手段相对落后，一般多采用显微测微尺、pH试纸、旋转黏度计、流点法、湿筛试验等比较粗放的手段来检测悬浮剂的物理指标，导致悬浮剂产品批次间质量不稳定，而发达国家多使用激光粒度仪、流动电位仪、流变仪、稳定仪等对悬浮剂的理化性能进行精确表征。使用激光粒度仪检测悬浮剂，不仅可以精确地测定颗粒直径，而且可以测定粒径的分布情况。离子浓度计和流动电位仪能够准确描述悬浮相双电层的情况，为选择表面活性剂和调节体系pH值提供指导。自动表面张力仪能够测定表面活性剂含量及判定悬浮相与表面活性剂的亲和性，为选择表面活性剂提供参考。

以上问题的存在导致我国悬浮剂产品在生产和使用过程中易出现分层、絮凝、结块等问题，给制剂的分装和使用带来不便，严重影响了产品生物活性的发挥，削弱了其在国际上的竞争力，也阻碍了我国悬浮剂产业化的发展。

2. 展望

随着人们对食品安全的日益重视和对环境保护的日益关注，农药污染问题已成为受抨击的主要目标之一，认识到农药的副作用在很大程度上并不是来自农药本身，而是产生在应用环节后，通过制剂技术的创新谋求降低农药及其使用带来的风险已经成为农药制剂领域的热点，以悬浮剂为代表的水基制剂，将成为解决农药污染问题的重要手段之一。随着国家农药主管部门对环保、安全化生产的日益重视，农药登记管理制度的不断完善，农药乳油溶剂限量标准的推进实施，将会给悬浮剂的发展提供巨大的推动力。但农药悬浮剂在农药制剂中发展历史较短，并处于不断完善之中，还有大量基础研究要做，对悬浮剂的吸附作用力、分散剂饱和吸附浓度、吸附层厚度、样品表面形貌和流变学行为的研究，将对开发高质量的悬浮剂具有重要的理论意义和应用价值。此外，农药悬浮剂的制剂技术综合了农药化学、农药制剂学、有机化学、胶体化学、化工设计、化工机械等多个学科，当前在表面活性剂、物理化学、研磨技术、检测技术等领域最新的方法和设备一旦被悬浮剂研究所引用，将突破农药悬浮剂研究技术瓶颈，推动农药悬浮剂的产业化发展。

第二节 悬浮剂稳定性理论基础

农药悬浮剂是介于液态和固态之间的一种剂型，属于多组分非均相粗分散体系。易受重力作用沉降分层，另外分散相颗粒比表面积大，具有较大界面能，有自动聚结的趋势，属于动力学和热力学不稳定体系。因此，悬浮剂在存放过程中易发生分层、絮凝、沉淀、晶体长大等现象（图2-1），悬浮剂的稳定性，尤其是长期物理稳定性，一直以来都是一个相当棘手的问题。如何保持悬浮剂在贮存期间的稳定性，以及如何预测和评价农药悬浮体系的物理稳定性，是农药悬浮剂配方研究与加工中一个极为重要的问题，它既涉及基础研究，又涉及助剂的开发、加工工艺和设备的改进、检测技术和方法的建立、完善等。

悬浮剂的稳定性理论研究涉及多个学科，目前尚不成熟。下面仅就悬浮剂稳定性的理论基础、悬浮剂稳定性的影响因子、悬浮剂稳定性的有效控制、悬浮剂长期物理稳定性的评估四个方面的相关研究进展做简单介绍。

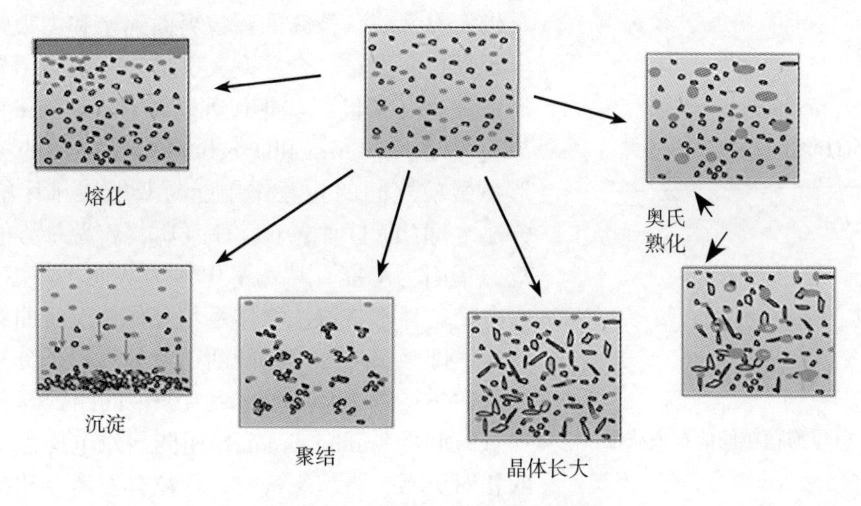

图2-1 悬浮剂颗粒变化示意图

一、悬浮剂稳定性理论基础

1. 悬浮颗粒间的沉降作用——Stokes定律

农药悬浮剂中的分散颗粒粒径一般为0.5～5μm，平均粒径为2～3μm，属于粗分散体系。悬浮颗粒的相对密度一般大于液体，在重力场作用下，颗粒不断沉降，使得悬浮体系上下浓度不均一，破坏了其均匀性，从而引起扩散作用，下部的较浓颗粒向上移动，使体系的浓度趋于均匀。重力使悬浮颗粒沉降是悬浮体系的动力学不稳定性的重要表现。当两种作用力达到平衡状态时，各水平面的浓度保持不变，但从底部向上会形成浓度梯度。颗粒的沉降平衡需要一定时间，颗粒越小，所需要的时间越长。忽略分散的颗粒间的相互作用，假设分散粒子为球形，颗粒粒子的沉降速度基本上符合Stokes定律（2-1）：

$$v=\frac{d^2(\rho_s-\rho)g}{18\eta} \tag{2-1}$$

式中 v ——粒子的沉降速度，cm/s；

ρ_s ——粒子的密度，g/cm^3；

ρ ——分散液的密度，g/cm^3；

d ——粒子的直径，cm；

η ——分散液的黏度，mPa·s；

g ——重力加速度，cm/s^2。

从Stokes公式可以看出，粒子的沉降速度v与粒子的直径d、粒子密度与悬浮液的密度差（$\rho_s-\rho$）成正比，与悬浮液的黏度η成反比。按照Stokes公式，悬浮液放置一段时间，颗粒都会沉降到容器的底部，上述是在假设条件下进行的，实际上颗粒还会受到温度变化、机械振动，特别是小粒子的扩散作用。在真实体系中，颗粒的沉降变得非常复杂，除粒径分布外，颗粒的形状、密度也多有差别，与均一球形偏离很远，悬浮体系的黏度和密度随沉降的发生而变化，颗粒与介质的相互作用，大颗粒的沉降对小颗粒的夹带等，都使沉降过程变得十分复杂。

2. 悬浮颗粒间的聚结作用——DLVO理论

农药悬浮剂为高度分散的多相体系。由于悬浮剂中分散的颗粒很小，比表面积大，具

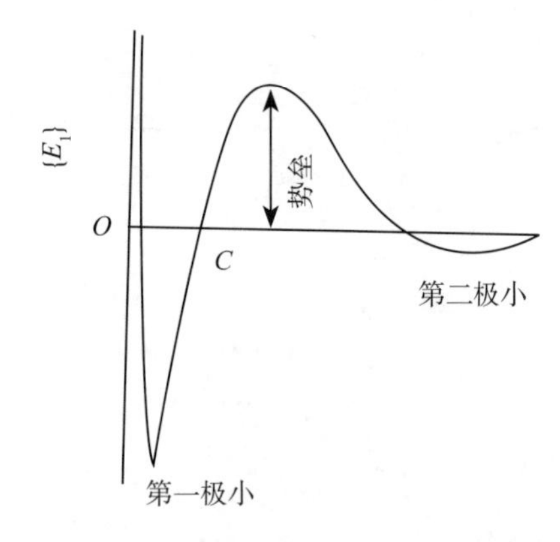

图2-2　悬浮剂颗粒间能量曲线图

有较大界面能，裸露的颗粒界面间亲和力很强，从而导致颗粒间聚结、合并变大。描述分散与团聚状态的经典理论是20世纪40年代苏联学者Deryagin和Landau与荷兰学者Verwey和Overbeek分别提出的关于各种形态微粒之间的相互作用能与双电层排斥能的计算方法，即DLVO理论（$V_T=V_A+V_R$，V_T为总势能；V_A为范德华引力势能；V_R为静电斥力势能）。一种胶体的所有稳定性都将取决于体系相互作用能量曲线的有效形式，即吸引能和排斥能两项之和与粒子分离距离的函数，见图2-2。该理论认为颗粒的团聚与分散取决于颗粒间的Vander Waals作用能与双电层静电作用能的相对关系。当$V_A>V_R$时，颗粒自发地互相接近，最终形成团聚；当$V_A<V_R$时，颗粒互相排斥，形成分散状态。

颗粒间的聚结与颗粒间的相互作用有关，将悬浮剂颗粒间的相互作用归结为范德华作用、“硬球”作用、双电层作用和位阻作用。范德华作用普遍存在于各种分散体系中，主要存在于极化和非极化的原子和分子间；“硬球”相互作用指中性稳定体系，在这种条件下颗粒是一个具有R_{hs}半径的硬球，R_{hs}半径稍大于实际半径，中心距离稍小于颗粒直径（$2R_{hs}$）时，会产生强烈的斥力，能量也随之增大；双电层作用存在于具有扩散双电层的静电稳定的颗粒之间，即低电荷体系中，人们通常用胶体稳定理论——DLVO理论解释悬浮体系的稳定性作用；位阻作用存在于表面活性剂或接枝高分子物质的颗粒间，随着吸附层和接枝层相重叠时颗粒间出现的相互作用。

DLVO理论是建立在分散剂完全覆盖于颗粒表面，吸附作用强，厚的吸附层，稳定部分处于良好的溶剂条件下的，对悬浮体系的研究具有一定指导意义，但DLVO理论不能解释高分子聚合物与非离子型表面活性剂的稳定作用，同时DLVO理论也忽略了静电斥力能以外的因素，但在很多情况下，实验结果和现象并不完全符合DLVO理论。

3. 空间稳定理论——HVO理论

Hesselink、Vrij和Overbeek等发现，在微粒分散体系中加入一定量高分子物质或缔合胶体时可显著提高悬浮液的稳定性，运用DVLO理论解释一些有高聚物或表面活性剂存在的体系稳定性，有时是行不通的。因为一个被DVLO理论忽略了的因素是聚合物吸附层的作用。在有聚合物存在的水溶液中，起稳定作用的主要是吸附的聚合物层而不是扩散层。空间位阻理论的解释是：聚合物的锚固基团吸附在固体颗粒表面，其溶剂化链在介质中充分伸展，形成位阻层，充当稳定部分，阻碍颗粒的碰撞聚集和重力沉降。高聚物或表面活性剂对固体颗粒表面性质的影响主要表现在以下三个方面：① 带电聚合物吸附的粒子表面会增加粒子之间的静电斥力，这一点同于DLVO理论解释。② 高聚物的存在通常会减少胶粒间Hameken常数，因而也就减少了范德华引力位能。③ 由聚合物的吸附而产生一种新的斥力性能-空间斥力位能，伸向溶剂的高分子链，使固体颗粒彼此之间相互排斥，提高悬浮液的稳定性，见图2-3。

4. 空缺稳定理论

1975年，B.Vincent等首先发现自由聚合物对胶体的稳定作用，1980年，澳大利亚的Napper提出与空间位阻效应不同的理论：非离子型聚合物在固体表面吸附很少，甚至是“负吸附”，只是以一定浓度分散在固体颗粒周围的分散介质中，即粒子表面的聚合物浓度低于周围的分散介质中的浓度，由这一“负吸附”现象而导致粒子表面形成一层“空缺层”，见图2-4，当空缺层发生重叠时，就会产生斥力位能或吸力位能。在较低聚合物浓度的悬浮液中，空缺层的重叠会导致吸力位能占优，使体系聚沉；在较高聚合物浓度的悬浮液中，空缺层的重叠会导致斥力位能占优，使体系稳定。分散体系中分散剂（如表面活性剂及高分子物质）的重要作用就是防止分散质点接近到范德华力占优势的距离，使分散体系稳定而不至于絮凝或聚沉。分散剂的加入能产生静电斥力，降低范德华引力，有利于溶剂化，并形成一围绕质点的保护层。目前，空缺稳定理论还是一个新的胶体理论，还在逐步完善和发展。

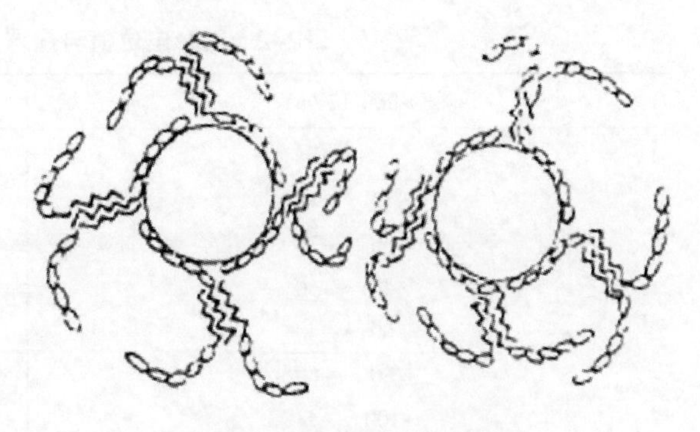

图2-3　空间稳定理论示意图

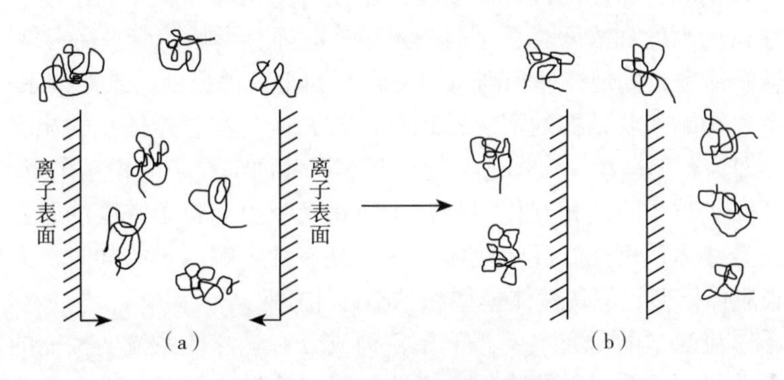

图2-4　空缺稳定理论示意图

5. Zeta电位研究

由于颗粒带电荷，离子交换作用在颗粒表面形成双电层，包括吸附层和扩散层，电位是从吸附层到递质内部的电位差，也称电动电位或Zeta电位。图2-5给出了颗粒表面的双电层及Zeta电位示意图，显然，Zeta电位的大小取决于滑动面内反离子浓度的大小，进入滑动面内的反离子越多，即被压入吸附层中的反离子越多，从而减小了胶粒的带电量，使其Zeta电位降低，粒子相互吸引团聚而沉降；反之，Zeta电位增大，颗粒间能保持一定距离，削弱和抵消范德华引力，从而提高悬浮液的稳定性。可见Zeta电位值与悬浮剂的稳定性有很大关系。

当Zeta电位值最大时，粒子表面带负电荷的双电层表现出最大的斥力，使粒子分散；反之则吸引力大于排斥力，粒子团聚而沉降。Zeta电位值与悬浮剂的稳定性之间的关系见表2-2。

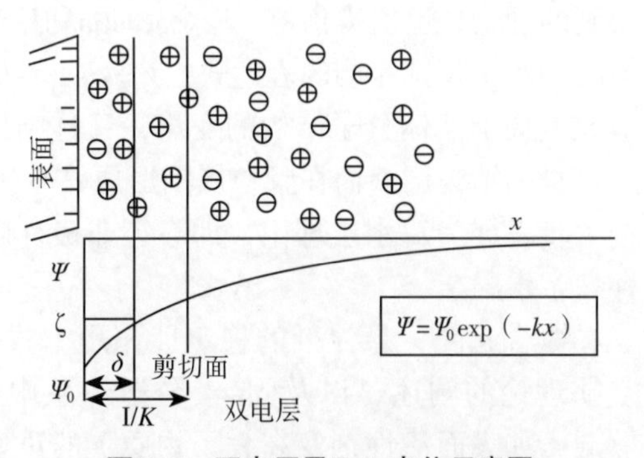

图2-5　双电层及Zeta电位示意图

表2-2　Zeta电位值与悬浮剂的稳定性之间的关系

Zeta 电位 /mV	稳定性
-5 ~ 0	强的聚结沉淀
-15 ~ -10	聚结
-30 ~ -16	敏感的聚结体
-40 ~ -30	中等稳定性
-60 ~ -40	好的稳定性
-80 ~ -60	很好的稳定性
-100 ~ -80	极好的稳定性

6. 流变学研究

流变学是研究在外力作用下物质流动和形变的科学，即研究物质对所施加的应力或应变的相应变化。悬浮体系的流变学作为流变学研究的一个重要分支在许多专著中都有专门讨论，其研究内容涉及水性介质、非水性介质、牛顿流体和非牛顿流体等诸多方面，人们提出了许多状态方程和数学模型，主要是研究多种影响因子对悬浮体系流变性质的影响及状态方程的建立。例如，印度的Pandeg发现，塑变应力依赖于粒子的浓度、大小和装置的电势，Scott K. J.认为黏度和浓度对悬浮剂沉积和分散都有影响，应平衡考虑；Shamlou等研究了微粒子的悬浮体系，发现高速和高剪切混合有利于获得稳定的悬浮体系；Mewis J.的研究则证实剪切主要影响絮状结构的下层；Tadros T. F.认为浓悬浮体系的流变学通过三种力的平衡而得到，即为布朗运动、流体力学的相互作用和内部粒子的相互作用，Cheng C. H.的研究则进一步证实了粒子间的相互作用是粒子间相互吸引和粒子浓度的联合效应，在较高的吸引作用下，悬浮体系可能变成塑性体。在研究多种影响因子的同时，人们建立了各种数学模型，有胀流体模型、假塑性体模型和黏塑性体模型等。

国内对悬浮体流变学的研究主要侧重在各种成分对悬浮体系流变性能的影响，而对如何利用流变学参数评判悬浮体系的物理稳定性，国内外报道不多。Winzeler H. B.经过研究认为，体系的物理稳定性与体系的流变类型有关，并把屈服值（即起始流动前对剪切的阻力）作为物理稳定性的测定指标，认为屈服值在0.3～1.5Pa之间，体系比较稳定。沈德隆等在Winzeler H. B.的研究基础上提出了稳定度（屈服值和塑性黏度的比值）的概念，认为悬浮体的稳定度应在0～1之间。稳定度越大，体系越稳定，只有当稳定度>0.7时，悬浮体才能形成稳定性好的悬浮体系，以稳定度来度量体系的物理稳定性更具有合理性。

除了上述能够使用测试手段直接或间接描述悬浮体系的理论外，还有一些是通过推理得到的理论，也值得借鉴。S. Marcelja和J. Wolfe从体系自由能的变化，求出了极性液体中颗粒间的水化膜排斥能的表达式：$V_s=kl\exp(-h/l)$，从而建立了溶剂化膜学说，即颗粒在液体中引起其周围液体分子结构的变化，又称结构化。对非极性表面的颗粒，极性液体分子将通过自身的结构调整而在颗粒周围形成具有排斥颗粒作用的“溶剂化膜”。这一学说以后又被进一步发展为双水层理论，即靠近非极性颗粒表面的部分水分子由于颗粒的微小水溶性还存在亲水层。

综合起来，悬浮剂的稳定性作用方式如图2-6所示。通过对DLVO理论、HVO理论及空缺理论的阐述，以及固-液分散体系中的一些表观现象的分析，可以看出悬浮剂中分散剂（如表面活性剂及高分子物质）的重要作用就是防止悬浮颗粒接近到范德华力占优势的距离，使分散体系稳定，而不至于絮凝或沉降。分散剂的加入能产生静电斥力，有利于溶剂化，并形成有一定厚度的保护层。

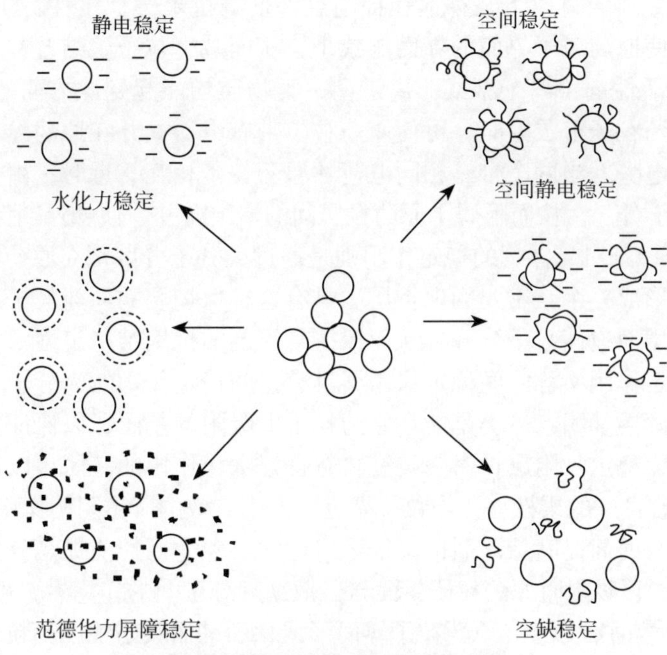

图2-6　悬浮剂的稳定方式示意图

悬浮剂理论的不断发展，对农药悬浮剂的稳定性提升具有指导意义。一方面，提高了配方筛选的成功率；另一方面，可对悬浮剂的长期物理稳定性进行快速评估，较大地缩短悬浮剂配方开发周期，有利于悬浮剂产品质量的提升。

二、悬浮剂稳定性的影响因子

由于悬浮剂含有较多组分，使得其稳定性变得复杂和不易控制，其稳定性的好坏直接影响到制剂质量的高低。大部分悬浮剂研究人员认为，悬浮剂的物理不稳定性主要涉及以下3个方面：① 粒子间因存在相互作用而引起的絮凝和聚集现象；② 奥氏熟化（Ostwald ripening），即粒子在制剂中出现的晶体长大现象；③ 因重力作用导致的分层和粒子沉积现象。

三、悬浮剂稳定性的控制

1. 絮凝和聚集的控制

由于悬浮剂中分散相粒子很小，故分散相与分散介质间存在巨大的相界面和界面能，属热力学不稳定体系。根据胶体化学原理，这种高度分散的多相体系总是自发地趋向于粒子合并聚集，总界面积减少，界面能降低，最终导致悬浮体系被破坏，这是农药悬浮剂存放中物理稳定性变差的根本原因。

提高悬浮剂聚集稳定性的最有效方法是加入润湿分散剂，润湿分散剂是农药悬浮剂中一种至关重要的组分，在很大程度上，它直接决定着制剂的好坏。通常使用的润湿分散剂有阴离子型、非离子型及一些大分子助剂。常用的阴离子润湿分散剂有木质素磺酸盐、萘磺酸盐甲醛缩合物（NNO）、烷基酚聚氧乙烯醚硫酸盐甲醛缩合物（SOPA）等；常用的非离子润湿分散剂有烷（芳）基酚聚氧乙烯醚、脂肪醇聚氧乙烯醚、多元醇聚氧乙烯醚、磷酸酯等；常用的大分子助剂有EO-PO嵌段共聚物（Pluronic系列）、梳型共聚物、接枝共聚物、聚羧酸盐及特种水性分散剂。

润湿分散剂主要通过以下几种途径提高悬浮剂的抗聚集稳定性：① 润湿分散剂在原药粒子上吸附，使原药粒子界面的界面能减小，从而减少粒子聚结合并，通常能在原药粒子上吸附的表面活性剂（离子型或非离子型）类物质均能起到此方面的作用。② 离子型润湿分散剂在原药粒子上吸附时，可使原药粒子带有电荷，并在原药粒子周围形成扩散双电层，产生电动电势。当两个带有相同电荷的原药粒子相互靠近时，由于静电排斥作用而迫使两个带电粒子分开，从而阻碍了原药粒子间的聚结合并，使悬浮剂保持抗聚集稳定性。③ 大分子润湿分散剂对悬浮剂的稳定作用则是通过大分子分散剂在原药粒子上吸附，并在原药粒子界面上形成一个较密集的保护层。具有这种保护层的原药粒子靠近时，由于保护层的“位阻”作用而迫使粒子分开，从而保持悬浮剂的抗聚结稳定性。大分子分散助剂对悬浮剂的这种稳定作用又称空间稳定作用。具有空间稳定作用的大分子分散助剂通常在其大分子链上需有两类基团：一类是能在原药粒子上吸附的基团，以保证大分子分散剂在原药粒子界面上形成稳定吸附层；另一类是具有良好水化作用的基团，以保证伸入介质水中的大分子部分具有良好的柔性，并当粒子靠近时产生有效的“位阻”作用。

以上润湿分散助剂提高悬浮剂抗聚集稳定性的三种途径的前提是分散助剂必须能在原药粒子上吸附。根据吸附时原药粒子界面与分散助剂分子间的作用力，可将吸附分成两类：① 化学吸附。分散助剂分子与原药粒子界面形成化学键而吸附在原药粒子界面上。化学吸附的特点是吸附比较稳定，不易解吸。② 物理吸附。分散助剂分子以Vall der Walls力、氢键等吸附在原药粒子界面上，此类吸附稳定性差，易解吸，受温度影响大。在农药悬浮剂中，分散助剂分子在原药粒子上的吸附多属物理吸附。因此，分散助剂分子在原药粒子上的吸附情况、吸附稳定性、吸附量及吸附层厚度等对其抗聚集稳定性有着重要的影响。

2. 晶体长大的控制

在悬浮体系中晶体长大可以通过若干途径，最常见的便是奥氏熟化（Ostwald ripening）。悬浮剂体系属于多分散多相体系，随时间推移，会表现出粒子大小和分布朝较大粒子方向移动，即出现粒子结晶长大现象。这种依靠消耗小粒子形成大粒子的过程称为奥氏熟化。它是由粒子大小与溶解度不同引起的效应。另一种奥氏熟化的发生是由于某些固体农药活性成分具有多种晶态，多种晶态在水中溶解度不同也会引起晶体长大。晶体在水中的饱和溶解度与其晶体颗粒的大小有关，并服从Kelvin式（2-2）：

$$\ln\frac{C_R}{C_0}=\frac{2\gamma_{s-1}M}{\rho_s RT}\frac{1}{R} \tag{2-2}$$

式中 C_R——半径为R的小晶粒的溶解度，g；

C_0——晶体的正常溶解度，g；

ρ_s——晶体的密度，g/cm^3；

γ_{s-1}——固-液界面能，J；

M——晶体的摩尔质量，g/mol；

R——晶粒的半径，cm。

从式中可见：晶粒越小，其溶解度越大。当不同大小的晶粒处于同一介质中时，对小晶粒而言，因其溶解度较大，其介质为不饱和溶液，故小晶粒不断溶解而消失；大晶粒的溶解度较小，其介质为过饱和溶液，溶液中的分子在大晶粒上结晶，致使大晶粒越来越大。在悬浮剂加工的粒子中，因粒子大小不同，会引起粒子不同溶解度的晶体长大现象。这种依靠消耗小粒子形成大粒子的过程称为奥氏熟化。晶体长大的另一途径是某些固体农药活性成分具有多种晶态。多种晶态的溶解度大小也是不同的，也会引起晶体长大。除此之外，结晶的错位、缺陷、晶面的特性和结晶中包含的杂质等诸多因素，也都会影响晶体长大。目前，尚无一种理论能较全面地解释和概括有关晶体长大的各种主要现象。所谓的扩散模型、热力学模型和动力学模型等都只是侧重从某一角度说明问题。但一般认为晶体长大主要受两个过程控制：一是溶质分子从溶液扩散至晶体表面；二是该分子进入晶体晶格。后一过程分两步完成，即先吸附在晶体表面，而后再沿表面迁移并进入晶格。原则上，控制晶体长大可通过干扰上述各步中的一个或多个环节来实现，一般可采取以下措施：① 尽量选用水溶性小（一般低于100mg/L，很少发生奥氏熟化现象，例如多菌灵和甲基硫菌灵等）和晶型稳定的固体农药活性成分加工悬浮剂；② 研磨的固体农药活性成分的粒径分布宜窄不宜宽；③ 悬浮剂贮存温度不宜过高，其波动不宜过大；④ 选用合适、有效的分散剂，特别是选用聚合表面活性剂分散剂，使高分子链牢固地吸附在粒子表面，不脱吸、不转移，可以抑制晶体长大；⑤ 几种固体农药活性成分复配（混剂）加工，有时也能起到抑制晶体长大的效果；⑥ 选用适宜的晶体长大抑制剂，以防止晶体长大。通常梳型或接枝共聚物作为结晶长大抑制剂是较为成功的，首先它们不形成通常的胶束，其次它们显示对许多农药活性成分的晶体表面有强亲和性。如果它们吸附到晶体表面，能够防止溶质沉积，起晶体长大抑制作用。

3. 粒子沉降的控制

对于无限稀释的球形粒子，当相互间不存在作用力时，沉降速率可用Stokes方程描述。实际的浓缩悬浮液，情况要复杂得多，粒子不再能彼此独立沉降，要受到流体力学和粒子相互作用的影响。控制粒子沉降，防止在贮藏期间生成胀性沉淀，可以采取一系列方法：① 平衡分散相和介质的密度；② 提高介质的黏度；③ 降低分散相的粒度；④ 使用惰性的、更为微细的粒子作为第二分散相；⑤ 利用表面活性剂形成液晶现象；⑥ 利用体系自身程度有限的絮凝等。Facts和Kneebone在研究悬浮体系悬浮颗粒沉降过程中，利用流变学理论方法探索了表面活性剂对悬浮剂物理稳定性的影响，提出在悬浮剂中加入非吸附性大分子，从而从根本上阻止悬浮颗粒沉降的可能性。Luck Ham也提出选择合适增黏剂以增加制剂黏度，从而降低沉降速度来保证制剂的稳定。路福绥从胶体化学角度指出通过改进生产工艺降低原药粒子粒径或加入增黏剂增加悬浮能力而防止沉降作用。

四、悬浮剂稳定性的预测与评估

对于农药悬浮剂长期物理稳定性的评判，国内外没有统一指标。传统的方法有2个：一是通过常温贮存观察2年，考察其外观、分层、结底、流动性、挂壁，测定其分散性、悬浮率等理化性能，此种方法较为可靠，但需要花费大量时间和精力，而且极不经济。二是加速贮存试验，主要是模拟悬浮剂在贮存过程中可能遇到的环境温度，在两极端条件（冷、热）下贮存，然后再观察，检测各项性能。此种方法快速、有效，但与产品货架期实际条件相差较大，可靠性不高。因此要对悬浮剂长期物理稳定性做出更为全面和深入的评价，尚须进行三种类型的测定：第一类是在分子水平基础上了解固体粒子-溶液相界面的结构，为此需研究粒子对表面活性剂的吸附或双电层的性质等，测定表面活性剂在农药颗粒的吸附层厚度及农药在不同条件下的Zeta电位值，可判断体系的分散稳定性。第二类需了解分散体系在静置时的状态，诸如粒子的聚结、絮凝和晶体长大等，对于不可逆絮凝和晶体长大现象，最直接、可靠的方法是采用显微镜、图像分析和粒度分布测定仪。显微镜和图像分析可获悉晶型或聚结体形状和结构特性方面的信息，粒度分布仪则可定量、精确地了解悬浮剂在冷、热贮藏过程中粒子尺寸的变化。第三类则是有关流变性质的测定。流变性质的测定方法大致分为两类：第一类属小变形的测定方法，包含小变形的动态测定法和静态测定法，测定时体系的网络结构不受破坏。此法获得的信息更能说明悬浮剂在贮存时表现的状态，而第二类属大变形的稳定测定法，用于考察体系在经受较大应力情况下的结构强度。目前，国内对悬浮体流变学的研究主要侧重于各种成分对悬浮体系流变性能的影响，而对如何利用流变学参数评判悬浮体系的物理稳定性，国内外报道都不多。Edgar W. Sawger讨论了用凝胶强度或表观黏度来评判悬浮液的物理稳定性，认为用凝胶强度和表观黏度都可预测悬浮液的物理稳定性，并且二者有一定相关性，但用表观黏度更简单适用。Winzeler研究了用离心机测试模拟悬浮体系贮藏期的情况，作出沉降物生长的标准曲线，得出50%沉降物形成所需的时间t_{50}（半数沉积时间值），指出稳定悬浮体的最佳塑变值在0.3～1.5Pa之间。沈德隆在Winzeler等研究的基础上提出了稳定度概念，认为悬浮体的稳定度应在0～1之间。稳定度越大，体系越稳定，只有当稳定度＞0.7时，悬浮体才能形成稳定性好的悬浮体系。

第三节　悬浮剂的配方开发及工业化生产

目前，虽然许多农药生产企业和科研院所都在研究和生产悬浮剂，但一直以来，其稳定性尤其是长期物理稳定性一直是困扰农药生产企业，制约悬浮剂发展的主要问题。当前国内悬浮剂配方的研究多以宏观的、经验式的随机筛选为主，配比比较粗放、配方粗糙、成功率低，缺乏必要的理论指导，如稳定机理研究和流变学行为研究等，而且微观、量化、精准的表征应用较少。因此，在悬浮剂生产和使用中易出现分层、絮凝、结块，甚至药效不好的问题。悬浮剂的稳定性问题，尤其是长期物理稳定性问题，极大地制约着悬浮剂的质量提升。我们认为，在新型理论指导下，深化、细化、量化地进行悬浮剂的配方研究，是提高农药悬浮剂研究及生产水平的关键，也是使我国尽快树立进入国际市场的悬浮剂品牌产品，真正分享国际化大市场的关键，这对促进我国农药工业和悬浮剂产业化的发展具有重要意义。

目前，农药悬浮剂的品种繁多，国内外悬浮剂的加工工艺也不尽相同，但都有一个共同点，即都采用湿法超微粉碎法。

一、悬浮剂的开发思想

悬浮剂是由农药有效成分、湿润分散剂、增稠剂、防腐剂、稳定剂、pH调整剂、防冻剂和消泡剂等组成。针对国内外农药悬浮剂普遍存在的分层、絮凝、结块等物理稳定性问题，依据悬浮剂配方筛选中选用的助剂种类、品种和规格要求，在立足国内市场的前提下，积极从国内外先进化工集团引进悬浮剂关键配套技术，并在国内悬浮剂产业化中消化、吸收、应用和发展，以改善悬浮剂的稳定性问题，尤其是长期物理稳定性问题。

基于此，悬浮剂的开发可采用宏观配方优化筛选和微观量化表征相结合的方式，研究农药悬浮剂普遍存在的物理稳定性问题，同时为固液分散体系的物理稳定性提供技术支撑；

研究悬浮剂关键影响因子表面活性剂尤其是分散剂的作用，如分散剂在农药颗粒表面的吸附行为、分散稳定机理等，重点探讨其对农药悬浮剂物理稳定性的影响；研究悬浮剂流变学行为，通过流变学模型的建立来评估悬浮剂的长期物理稳定性，探讨其对固液分散体系质量提升的作用；研究表面活性剂尤其是不同分散剂制备的喷雾药液的物化性质，研究喷雾助剂对药剂的飘移、挥发、渗透、迁移的作用，以期农药能发挥较高的利用率，减少对环境的污染；通过上述研究，旨在构建并优化适合于悬浮剂的助剂体系，重点解决当前国内外农药悬浮剂普遍存在的物理稳定性问题，使农药悬浮剂研究由宏观、经验式的、粗糙的配方筛选向微观、量化、精准的方向发展，为悬浮剂的长期物理稳定性评价提供新方法。

二、悬浮剂的开发方法

（一）悬浮剂的配方组成

1. 农药有效成分

农药原药是悬浮剂中有效成分的主体，它对最终配成的悬浮剂性能有很大影响。因此，在配制前，要全面了解原药本身的各种理化性质、合成工艺、生物活性及毒性等，同时对原药中重要的相关杂质应加以限制并提供分析方法。相关杂质（relevant impurity）指与农药有效成分相比，农药产品在生产或贮存过程中所含有的，对人类和环境具有明显的毒害，或对适用作物产生药害，或引起农产品污染，或影响农药产品质量稳定性，或引起其他不良影响的杂质。

用于加工悬浮剂的有效成分通常应满足以下几个条件：① 在水中的溶解度≤100mg/L，不溶解为最佳状态；② 熔点≥60℃，在制剂贮藏稳定变化大的情况下，原药的熔点会被降至更低，以防引起粒子的聚集，破坏制剂的稳定性；③ 在水中的化学稳定性要高。但随着目前表面活性剂技术的发展和湿磨工艺的改进，一些不符合悬浮剂加工条件的原药也逐渐可以加工成悬浮剂。

2. 分散剂

分散剂（dispersing agent）是指能够促进形成并保持稳定分散体系的物质，一般用量为0.3%～5%。悬浮剂是不稳定的多相分散体系，为保持原药颗粒已磨细的分散程度、防止粒子重新凝集成块、保证使用条件下的悬浮性能，必须添加分散剂。分散剂吸附在农药颗粒表面，影响颗粒表面的Zeta电位，使粒子之间的静电斥力增大，起到静电稳定作用，同时其高分子长链之间的相互作用又可起到空间稳定作用，这种双重的稳定效果被称为静电位阻稳定。一般情况下，分散剂过少，则颗粒吸附的分散剂量较少，其静电位阻作用发挥不充分，导致体系不稳定；而过多的分散剂不仅会增加离子强度，而且可能由于自由高分子链的相互桥连而导致体系失稳分散剂能在农药粒子表面形成强有力的吸附层和保护屏障，为此既可使用提供静电斥力的离子型分散剂，又可使用提供空间位阻的非离子型分散剂。常见的分散剂有木质素磺酸盐、烷基萘磺酸盐甲醛缩聚物、羧酸盐高分子聚合物、EO-PO嵌段共聚物等。

3. 润湿剂

润湿剂（wetting agent）是指使或加速液体润湿固体的物质，一般用量为0.2%～1%。出色的分散性能和优良的润湿性能对于确保有效而均匀地进行田间喷洒农药制剂至关重要。除了降低表面张力以外，润湿剂能使水分渗入原药颗粒中。随着水分到达颗粒内部，颗粒将以更快的速度润湿、崩解。在实际应用中，由于药剂表面张力的减小，可增大雾滴的分散程度，易于喷洒，促使活性成分迅速进入作用部位，发挥生物效应。因此要求润湿剂的分子结构中既有亲水较强的基团，又有与原药亲和力较强的亲油基团。常见的润湿剂有十二烷基硫酸钠、十二烷基苯磺酸钠、二丁基萘磺酸钠、琥珀酸二辛酯磺酸钠等。

4. 增稠剂

增稠剂（thickener agent）是指能溶解于水中，并在一定条件下充分水化形成黏稠、滑腻溶液的大分子物质。一般用量为0.2%~5%。适宜的黏度是保证悬浮剂质量和施用效果十分重要的因素。根据Stockes定律：固液分散体系中粒子的沉降速度与三个因素有关：粒子直径、粒子密度与悬浮液密度之差、悬浮液的黏度。在加工悬浮剂产品中，通常加入增稠剂来提高分散体系的黏度。增稠剂加入量过少，可能会出现析水、分层等现象；而增稠剂加入量太多，则会使分散体系的黏度变得过大，从而影响悬浮剂产品的倾倒性。因此，合适的增稠剂用量，可使悬浮剂黏度适中，这样既能获得良好的贮存稳定性，又能得到悬浮率高的悬浮剂产品。常用的增稠剂有黄原胶、羧甲基纤维素钠、聚乙烯醇、硅酸铝镁、海藻酸钠、瓜胶等。

5. 防腐剂

防腐剂（preservative agent）是指加入食品、药品、颜料、生物标本等中，以延迟微生物生长或化学变化引起的腐败的天然或合成的化学物质。悬浮剂中由于添加了黄原胶等多糖类增稠剂，为了防止其霉变，需要添加防腐剂，用量一般为0.05%~0.5%。常用的防腐剂有：丙酸及其钠盐、山梨酸及其钠盐或钾盐、苯甲酸及其钠盐、对羟基苯甲酸钠盐、甲基对羟基苯酯、异噻唑啉酮（Proxel GXL）等。

6. 防冻剂

防冻剂（antifreeze agent）是指一种能在低温下防止悬浮剂中水分结冰的物质。一般用量为5%~10%。以水为介质的悬浮剂若在低温地区生产和使用，要考虑防冻问题，否则制剂会因冻结使物性破坏而难以复原，影响防效。常用的防冻剂多为非离子的多元醇类化合物等吸水性和水合性强的物质，用以降低体系的冰点，如乙二醇、丙三醇、聚乙二醇、尿素、山梨醇等。

7. 稳定剂

稳定剂（stabilizer agent）是指能防止或延缓农药及其制剂在贮存过程中，有效成分分解或物理性能劣化的助剂，一般用量为0.1%~10%。稳定剂通常有两个作用：其一是使制剂的物理性质稳定，即保持悬浮剂在长期贮存中悬浮性能稳定，减少分层，杜绝结块等。其二是使制剂的化学性质稳定，即保持悬浮剂的活性成分在长期贮存中不分解或分解很少，用以保证田间使用时的效果。在悬浮剂中常用的稳定剂有膨润土、白炭黑、轻质碳酸钙等。

8. 消泡剂

消泡剂（defoaming agent）是指能显著降低泡沫持久性的物质，用量为0~5%。农药悬浮剂的生产工艺多采用湿式超微粉碎，高速旋转的分散盘把大量空气带入并分散成极微小的气泡，影响生产过程的顺利进行。为此，需加入适宜的消泡剂，并要求必须同制剂的各组分有很好的相容性。常用的消泡剂有：有机硅酮类、C_8~C_{10}的脂肪醇、C_{10}~C_{20}饱和脂肪酸类及酯醚类等。有时亦可通过调整加料顺序、设备选型、真空机械脱泡等，避免泡沫产生，此时可不加消泡剂。

（二）悬浮剂的设计思想

1. 原药的选择

一种农药原药适合加工成何种剂型，一方面要考虑原药的化学结构、理化性质、生物活性及对环境的影响；另一方面还要考虑使用目的、防治靶标、使用方式、使用条件、用药成本等综合因素，使之最大限度地发挥药效，真正做到安全、方便、合理、经济地使用农药。

除草剂、杀虫剂、杀菌剂均可以加工成悬浮剂。不同的原药由于其化学结构及理化性质不同，加工成悬浮剂的质量亦有所不同。从产品的工业化角度考虑，农药有效成分的确定依据是：① 一般而言，在水中的溶解度不大于100mg/L，最好不溶。否则在制剂贮存时易产生奥氏熟化现象，即晶体发生长大现象。对于水中溶解度大于100mg/L的农药，通过助剂尤其是润湿分散剂的调整，也可制得稳定的悬浮剂，但加工的难度较大。② 在水中的化学稳定性高，对于某些不太稳定的农药原药可通过稳定剂来改善其化学稳定性。③ 熔点最好不低于100℃。这是因为制剂贮存时的温度变化大，且加入的表面活性剂和助剂可降低农药原药的熔点，一旦熔化，表面能增大，会引起粒子凝聚，破坏制剂的稳定性。同时，熔点高的原药在研磨时容易磨碎。随着现代仪器设备和助剂的发展，一些熔点低于100℃的农药原药也可制得稳定的悬浮剂。

2. 润湿分散剂的选择

作为热力学和动力学不稳定的固液分散体系，悬浮剂的稳定性问题，尤其是长期物理稳定性问题，一直影响其质量的提升。悬浮剂是由有效成分、湿润分散剂等不同影响因子组成的。其中，润湿分散剂以其优秀的润湿性能、悬浮性能和良好的吸附性能在悬浮剂研发中发挥着重要的作用，润湿分散剂的合理使用也是解决悬浮剂物理稳定性问题的关键。目前，用于悬浮剂的润湿分散剂，大多数是阴离子表面活性剂，且多具有润湿和分散双重性能。从近几年的发展来看，目前使用最为广泛的产品为烷基萘磺酸盐缩聚物，应用性能最为突出的产品为聚羧酸盐梳状共聚物，具有独特梳型结构和最具发展前景的产品为高分子梳状共聚物。

悬浮剂通常应用湿法超微粉碎工艺生产，生产过程中需添加润湿分散剂。润湿分散剂应符合如下规则：① 使聚集起来的或结块的粉末的内外表面都应该可以自发润湿，降低表面张力，并确保制剂在整个应用过程中都能得到快速而均匀的崩解。② 优良的分散剂应该可以使聚集或结块的粉末破碎成小碎块，随即在研磨过程中起辅助作用，即制成平均粒径为1～2μm的悬浮剂颗粒。③ 不会促进农药有效成分分解，最好还具有一定稳定作用。

3. 增稠剂的选择

增稠剂是农药悬浮剂不可缺少的主要成分之一，符合要求的增稠剂须具备以下三个条件：① 用量少，增稠作用强。② 制剂稀释时能自动分散，其黏度不应随温度和聚合物溶液的老化而变化。③ 价格适中而易得。

4. 防冻剂的选择

农药悬浮剂在贮存过程中，要求在严寒低温条件下仍能保持稳定性，这主要是防冻剂的作用。符合要求的防冻剂须具备以下三个条件：① 防冻性能好。② 挥发性低。③ 对有效成分的溶解越少越好，最好不溶解。

5. 消泡剂的选择

悬浮剂在生产和兑水稀释时不可避免地产生大量气泡。泡沫不仅给加工带来困难（如冲料、降低生产效率、不易计量），而且也会影响喷雾效果，进而影响药效。悬浮剂中的泡沫可以通过选择合适的助剂得到解决，必要时还可以加抑泡剂或消泡剂。符合要求的消泡剂须具备以下三个条件：① 用量少，消泡效果好而快。② 货源充足，价格适中。③ 与配方中的各组分相容性好。

（三）实验室配制

1. 配方设计

结合农药原药和助剂的选择原则，并在充分掌握原药和助剂性能、来源、产地和价格的基础上，进行配方设计。悬浮剂基本的配方组成为：

农药有效成分	20%～70%	防腐剂	0.05%～0.5%
润湿分散剂	3%～7%	消泡剂	0.1%～0.5%
增稠剂	0.1%～0.5%	水	约100%
防冻剂	5%～10%		

2. 实验室配制

在完成配方设计的基础上，进行实验室配制。首先，依据确定的农药有效成分，确定工艺路线；其次，选择合适的加工设备；最后，确定各组成因子的加料顺序。

（1）配制技术的选择。农药悬浮剂的配制技术通常有两种方法：一种方法是湿法超微粉碎法，另一种方法是热熔凝聚法。目前，国内大多数农药公司均采用湿法超微粉碎法，热熔凝聚法的应用并不普遍。

湿法超微粉碎法：就是将原药、助剂、水混合后，经预分散再进入砂磨机砂磨分散，过滤后进行调配的方法。该法得到的制剂粒径在0.5～5μm，大于1μm的粒子通常在85%以上。具体操作流程如图2–7所示。

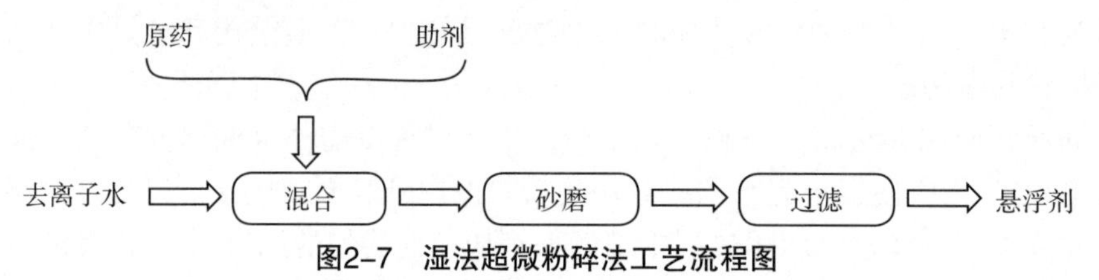

图2–7 湿法超微粉碎法工艺流程图

热熔凝聚法：将熔融（或热溶解）状态下的农药和助剂的混合物（对在高温下易氧化的农药，必须隔绝空气）加入高速搅拌的去离子水中，搅拌、冷却至室温，补加其他助剂调配至需求。需要指出的是，有些农药品种可加入少量高沸点溶剂助溶。采用热熔凝聚法加工农药悬浮剂较早见于Bayer公司，此法制得的悬浮剂粒径小于1μm的粒子可占50%左右，有的高达90%。由于粒径小，所以药效得以充分发挥。但该法由于受农药理化性质的限制而应用较少。具体操作流程如图2–8所示。

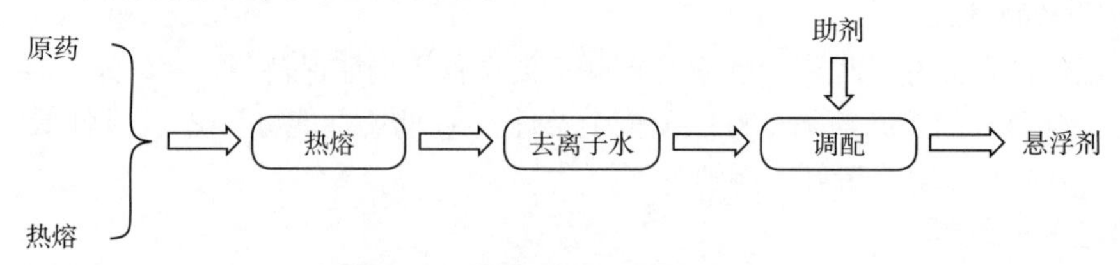

图2–8 热熔凝聚法工艺流程图

（2）加工设备的选择。湿法超微粉碎法的主要加工设备有三种：① 预粉碎设备：以球磨机和胶体磨为主，较硬且脆性的物料用球磨机较好，细粉状的物料用胶体磨为宜。② 超微粉碎设备：以砂磨机为主，砂磨机分为立式开放式、立式密闭式和卧式密闭式三种。实验室使用立式开放式砂磨机较多，其原因在于结构简单、使用方便、价格便宜。③ 高速混合机和均质混合器，主要起混合均匀的作用。

（3）操作过程。

① 粗分散液的制备。按设计配方，将原药、润湿分散剂、增稠剂、防腐剂、防冻剂、消泡剂和水加入球磨机中，开动球磨机粉碎，取样检测颗粒直径达到74μm时，停止粉碎。

② 超微粉碎。将制备的粗分散液加入砂磨机中，适当加入消泡剂，启动电机，加入砂磨介质，通常使用玻璃珠或锆珠，直径以1.0～2.0mm为宜，装填量为砂磨机筒体积的70%，开通冷凝水，开始砂磨。取样检测颗粒直径达到2μm时，停止粉碎。过滤，除去玻璃珠，加入其他助剂进行调配，得到悬浮剂。

③ 均质混合调配。将制得的悬浮剂用均质混合器进行混合匀化，使粒子均匀化，提高制剂的稳定性。

④ 检测。将制备的悬浮剂进行各项质量控制指标测试，进行配方筛选。对较优配方进行不低于6次的平行实验，各项技术指标均达到配方设计要求者，确定为较佳配方。

三、悬浮剂的生产工艺

纵观国内外悬浮剂的加工工艺和设备的优点，我们认为，比较理想的工艺是多次混合、多级砂磨；比较理想的设备是均质混合器和卧式砂磨机；比较理想的砂磨介质是锆珠。比较典型的工艺流程如图2-9所示。

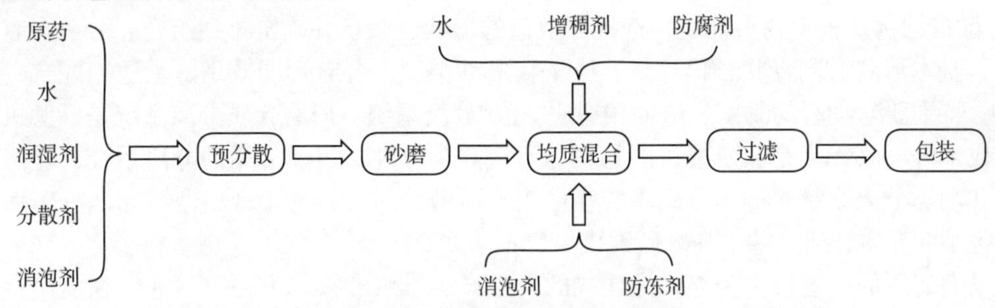

图2-9　悬浮剂生产工艺流程图

图2-9中的砂磨通常包括一级砂磨、二级砂磨及精磨。在我国众多的悬浮剂生产厂家中，能符合该工艺流程的并不多。有相当一部分厂家还采用20世纪80年代的设备——立式胶体磨，耗时、耗力、耗能，而且粒度分布范围较宽。有少部分厂家采用2台或3台卧式砂磨机串联，但基本上缺少精磨这个程序。

四、悬浮剂的生产设备

农药加工技术的快速发展是与高度精密的生产和分析设备的发展联系在一起的。从目前的发展趋势看，采用研磨设备是解决悬浮体系生产工艺中必不可少的手段和途径。研磨设备是悬浮体系加工中的主要设备，是保证产品细度指标的关键所在，目前最具有代表性的湿磨设备是砂磨机，它是可连续生产的研磨分散机械，用于研磨固/液相悬浮体的设备。根据砂磨机的性能和砂磨介质的要求，进入砂磨机的粗分散液必须达到一定细度，一般为

200目左右，多通过球磨机实现。

1. 砂磨机

砂磨机是一种广泛应用于涂料、化妆品、食品、日化、染料、油墨、药品、磁记录材料、铁氧体、感光胶片等工业领域的高效研磨分散设备，也是农药悬浮剂加工的关键研磨设备。砂磨机是由球磨机发展而来的一种用于细粉碎和超微粉碎的研磨机械。砂磨粉碎的优点是：① 生产效率高。砂磨介质小，原料充填率高、滞留时间短，与同规模的干式粉碎机械相比，其处理能力可增大20%～30%。② 产品分散性好，细度均匀。③ 便于密闭式连续化生产，可与分级设备组成闭路粉碎系统。④ 生产成本低。闭路设备只需用管道及泵，所需其他辅助设备少，投资少。⑤ 无粉尘污染，利于安全化生产。

砂磨机分为立式和卧式，在规定容量的筒状容器内有一旋转主轴，轴上装有若干个形状不同的分散盘。容器内预先装有占容积60%～80%的研磨介质，由送料泵将粗分散液送入砂磨机内。由主轴带动分散盘旋转，使研磨介质与物料克服黏性阻力，向容器内壁冲击。由于研磨介质与物料流动速度的不同，固体颗粒与研磨介质之间产生强剪切力、摩擦力、冲击力，而使物料逐级粉碎。研磨分散后的物料经过动态分离器分离研磨介质，从出料管流出，而研磨介质仍留在容器内。容器外面有夹套，通过冷却水控制温度，一般控制在30～40℃。

砂磨粉碎效率与研磨介质、分散盘形状、数量、组合方式和分离系统有关。① 研磨介质是破碎过程中能量的中介体，所有介质研磨效率及产品品质都与介质的种类、尺寸、密度、填充率有关。目前常用的砂磨介质有玻璃珠、硅酸锆珠、氧化锆珠。玻璃珠：密度小，研磨效率低，消耗量大，但仍为少数农药厂家使用；硅酸锆珠：熔融法生产的硅酸锆珠存在空心缺陷，使用一段时间后破碎，磨穿内筒及引起机械密封失效，现已被淘汰；氧化锆珠：密度大，效率高，寿命长，一般使用18个月才需补充一次。已被大量农药厂家使用。② 分散盘结构。根据物料性质，选择分散盘的形状、数量并确定排列组合。分散盘有多种形状，基本形状有圆盘状、藕片状、风车状三种类型，各有不同效用，须适当配合，及时调整，特别要与物料的黏度、浓度相适应。③ 分离系统：研磨介质分离系统是砂磨机的重要组成部分，其作用是将研磨过的物料与研磨介质分开，目前常用的分离系统有静态分离系统和动态分离系统，静态分离系统在使用小研磨介质时容易出现堵塞，动态分离系统可使用很小的介质，研磨效率高，砂磨机出口不堵塞。

早期使用的砂磨机多为立式开放式的，生产、维修和操作方便，目前仍在使用；其缺点是粉碎效率低，原因在于高速分散的分散盘会将大量空气分散到悬浮剂中，造成体积膨胀，需加大量消泡剂加以解决。目前，我国使用的砂磨机主要有3种机型：立式开放式、立式密闭式和卧式砂磨机，以卧式砂磨机使用居多，卧式砂磨机特别适合分散、研磨黏度高而粒度要求细的产品，材质分为碳钢和不锈钢。

2. 胶体磨

胶体磨主要起预分散和预粉碎的作用，通常用于制备粗分散液。其优点是体积小，生产能力大，产品粒度细，通常为5～20μm，均匀度好，大大提高了砂磨机的研磨效率。但对物料进口细度有一定要求，通常为1～4mm。

3. 球磨机

球磨机同胶体磨作用相似，主要起预分散和预粉碎的作用，通常用于制备粗分散液。其优点是：① 一次装料多，且可多可少；② 操作简便，易于掌握、维修；③ 间歇式操作；④ 一机多用，可配料、混合，也可进行粗粉碎；⑤ 适用于不同硬度、大小的物料；⑥ 密闭粉碎，泡沫少，便于安全化生产。

4. 均质混合器

均质混合器是通过高速冲击、剪切和摩擦等作用以实现对物料破碎和匀化的设备，主要起预分散和预粉碎的作用，通常用于制备粗分散液。其基本原理是物料在高速流动时的剪切效应、高速喷射时的撞击作用、瞬间强大压力降时的空穴效应三重作用下，达到超细粉碎，从而使互不相溶的固-液混悬液均质成固-液分散体系。均质混合器主要由柱塞泵以及与其组合的泵体和均质阀组成。柱塞泵的作用是以0.25～0.5m/s的低速将具有一定黏度的物料吸入泵体，通过与均质阀连接的调压装置对均质系统调压，并对物料加压，使物料粉碎和匀化。在现代农药悬浮剂加工中，均质混合器的使用越来越多。

第四节 最新的悬浮剂开发技术

近年来，随着人类环境保护、食品安全意识的加强，对农业化学品环境相容性要求不断提升，悬浮剂的诸多优点使其成为绿色化学所倡导的农药水基性制剂中性能优良的重要代表剂型之一，其剂型开发技术也成为当前农药剂型研究的热点，并取得了一定进展，概括起来大致有以下几个方面。

一、悬浮剂稳定性机理研究

目前，有关悬浮剂的稳定性理论研究尚不成熟。一般而言，悬浮剂的稳定性主要是通过以下三种方式实现的：① 增大颗粒表面电位的绝对值，提高颗粒间彼此的静电排斥作用，基于离子型分散剂或聚合电解质的吸附来实现；② 通过非离子型分散剂或高分子聚合物在颗粒表面的吸附，使固体表面吸附层增厚，形成空间位垒，阻碍颗粒相互靠拢；③ 通过分散剂的亲水基团（—OH、PO_4^{3-}、—COOH等）增强颗粒表面的亲水性，以提高界面水的结构化，加大水化膜的强度，使颗粒间的溶剂化作用力提高。不管以何种方式实现悬浮体系的稳定，分散剂在颗粒表面的吸附是前提条件，因此，研究分散剂在农药颗粒表面的吸附行为，是揭示农药悬浮剂的形成和稳定机理的关键。

一般认为表面活性剂在固体表面的吸附是单个表面活性剂或分子的吸附。吸附可能以下述方式进行：① 离子交换吸附：吸附于固体表面的反离子被同电性的表面活性离子取代。② 离子对吸附：表面活性离子吸附于具有相反电荷、未被反离子所占据的固体表面位置上。③ 氢键吸附：表面活性剂分子或离子与固体表面极性基团形成氢键吸附。④ π电子极化吸附：吸附物分子中含有富余电子的芳香核时，与吸附表面的强正电位置相互吸引而发生吸附。⑤ 色散力吸附：此种吸附一般总是随吸附物分子的大小而增减，而且在任何场合皆发生。⑥ 憎水作用吸附：表面活性剂亲油基在水介质中易于相互连接形成“憎水键”与逃离水的趋势，随着浓度增大到一定程度时，有可能与已吸附于表面的其他表面活性剂分子聚集而吸附，或以聚集状态吸附于表面。

（一）吸附方法的选择

在实验室中，溶液吸附的常用方法有：密封振荡平衡法、色谱法、循环法以及表面张力-接触角和黏附张力法。

1. 密封振荡平衡法

该法是最常应用的简便、有效的方法，将预处理过的一定质量的固体和一定体积已知浓度的溶液加入密封容器中，恒温振荡一段时间直至达吸附平衡。分析溶液浓度，得到吸附平衡前后溶液浓度的变换。使用该法需注意吸附剂的用量不可过少，由于吸附剂的不均匀性及随机取样带来的误差较大。

2. 色谱法

该法适用于自稀溶液中吸附的方法。将一定质量的吸附剂装到一充满纯溶剂的短柱中，使稀溶液通过填充柱，并连续测定流出液的浓度，即可求出吸附等温线，但该法耗液量较大。

3. 循环法

使溶液在密闭体系中循环通过一定质量的吸附剂柱，并随时监测溶液的浓度，参考池中放入原始浓度的溶液。该法的缺点是设备和装置较复杂，要求循环系统中无滞留区，循环泵流速稳定，与溶液不发生化学作用，不吸附溶液，无污染。

4. 表面张力–接触角和黏附张力法

这是一类测定表面活性剂物质在固液界面吸附的方法，该法的依据是Gibbs吸附公式。

（二）吸附作用力

由于分散剂在农药颗粒表面吸附，二者之间会发生相互作用，导致吸收峰强度和位移发生变化。因此，可用红外光谱（IR）来确定分散剂与农药颗粒表面结合的主要作用力，并用拉曼光谱（Raman）作为红外光谱的有力佐证和补充。将制得的悬浮液用高速离心机离心，弃去上清液，下层残余固体经真空干燥后，用溴化钾压片。傅里叶变换红外光谱仪光谱的扫描范围为400～4000cm^{-1}的中红外区，分辨率为4.0cm^{-1}。

拉曼光谱是一种简单、灵敏的光谱分析工具，和红外光谱结合，是研究分子结构和分子振动的重要工具，可作为红外光谱分析的补充。将制得的悬浮液用高速离心机离心，弃去上清液，下层残余固体经真空干燥后，用于Raman光谱的测定。傅里叶拉曼光谱仪，Nd：YAG激光光源（1064nm），液氮冷却Ge检测器。波数范围为50～3500cm^{-1}，光谱分辨率为4cm^{-1}，扫描50次。

（三）吸附动力学参数

通过吸附动力学参数的测试，可以得知分散剂在农药颗粒表面的吸附快慢。将原药粉碎至45μm（325目），准确称取一定质量的该粉末，（精确至0.001g）置于三角瓶中，加入一定浓度的分散剂水溶液（预先在实验温度下预热），密闭瓶口，置于恒温箱振荡，定时取出上清液进行含量测定，同时做空白试验以消除原药溶出对结果的影响。计算吸附量，直至吸附量不发生变化。采用式（2–3）计算吸附量：

$$\Gamma=\frac{(C_0-C_t+C_b)V}{m} \tag{2-3}$$

式中 Γ ——单位质量原药吸附分散剂的质量，mg/g；

C_0——分散剂溶液的初始浓度，mg/L；

C_t——吸附后浓度，mg/L；

C_b——空白样的浓度，mg/L；

V——溶液的总体积，mL；

m——原药的质量，g。

为了探讨吸附动力学常数，将不同时间的吸附量数据分别采用准一级动力学模型式（2–4）和准二级动力学模型式（2–5）对数据进行拟合。

$$\ln(\Gamma_{eq}-\Gamma_t)=\ln\Gamma_{eq}-k_1t \tag{2–4}$$

$$\frac{t}{\Gamma_t}=\frac{1}{k_2\Gamma_{eq}^2}+\frac{t}{\Gamma_{eq}} \tag{2–5}$$

式中 Γ_t——时间t时的表观吸附量，mg/g；

Γ_{eq}——吸附平衡时的吸附量，mg/g；

k_1——准一级动力学模型的吸附速率常数，min^{-1}；

k_2——准二级动力学模型的吸附速率常数，g/（mg·min）；

t——吸附时间，min。

上面计算出的不同温度时的速率常数k满足Arrhenius方程式（2–6）：

$$\ln k=\ln z-\frac{E_a}{RT} \tag{2–6}$$

式中 E_a——表观活化能，kJ/mol；

k——吸附速率常数；

R——气体常数，8.314 J/（K·mol）；

T——溶液的温度，K；

z——Arrhenius因子。

以ln$k$对1/T作图，由直线的斜率可以计算出吸附的表观活化能E_a。

（四）吸附等温线

表面活性剂的吸附等温线表示一定温度时被吸附的表面活性剂量与溶液中表面活性剂浓度之间的平衡关系。它表示体系最基本的吸附性质，是进一步的吸附理论研究和应用的基础。从吸附等温线可以得到表面活性剂的吸附量和吸附率，它是研究工作者研究界面吸附最常用的研究方法。吸附分散剂后溶液中的分散剂浓度可利用紫外（UV）分光光度计来检测，通过计算吸附前后分散剂的浓度差，测量农药颗粒表面的表观吸附量。用测得的吸附数据按不同吸附等温式进行拟合，确定拟合方程，获得吸附系数及饱和吸附量。

1. 工作曲线的建立

配制分散剂不同浓度的标准溶液，用紫外–可见分光光度计测定其质量浓度，测定相应的响应值，并以浓度为横坐标，响应值为纵坐标，作图，得分散剂线性相关性曲线。

2. 吸附量的确定

利用紫外–可见分光光度计，检测吸附分散剂后溶液中的分散剂浓度，通过计算吸附前后分散剂的浓度差，测量农药颗粒表面的表观吸附量。

称取一定量的悬浮液，经高速离心，取上清液稀释至适当浓度，用紫外–可见分光光度计测定其质量浓度。离心机转速：4000r/min，离心30min；Shimadzu UV–1800紫外光谱仪，光源为氘灯，波长范围为190～1100nm，波长准确度为±0.3nm，光谱带宽为1nm，杂散光0.02%以下，试验温度为（20±1）℃。

分散剂在农药颗粒表面的表观吸附量Γ，按式（2–7）计算：

$$\Gamma=\frac{m_0-c_tV}{m} \tag{2-7}$$

式中 Γ ——表观吸附量，mg/g；

m_0——原分散剂的质量，g；

c_t ——吸附平衡后溶液中分散剂的质量浓度，g/L；

V ——溶液的总体积，mL；

m ——农药的质量，g。

3. 吸附等温式拟合模型的确立

不同的吸附曲线反映了不同的吸附方式，使用不同的吸附模型将吸附等温线拟合，可以得到相关吸附系数。常见的吸附等温式有：

① Langmuir吸附等温式：

$$\Gamma=\frac{ac_t}{1+ac_t}\Gamma_\infty \tag{2-8}$$

式中 Γ ——表观吸附量，mg/g；

Γ_∞——饱和吸附量，mg/g；

c_t ——吸附平衡后溶液中分散剂的质量浓度，mg/L；

a ——Langmuir吸附系数，L·g。

② Freundlich吸附等温式：

$$\Gamma = kc^{\frac{1}{n}} \tag{2-9}$$

式中 Γ ——表观吸附量，mg/g；

c ——平衡浓度，mg/L；

k，n——吸附常数。

③ BET吸附等温式

$$\Gamma=\frac{pc_t}{(p_0-p)[1+(c_t-1)(p/p_0)]}\Gamma_\infty \tag{2-10}$$

式中 Γ ——表观吸附量，mg/g；

Γ_∞——饱和吸附量，mg/g；

c_t ——吸附平衡后溶液中分散剂的质量浓度，mg/L；

p ——气体压力，Pa；

p_0 ——气体饱和蒸气压，Pa。

Langmuir吸附等温式和Freundlich吸附等温式可以描述单层吸附，BET吸附等温式可以描述单层和多层吸附。用测得的吸附数据按不同吸附等温式进行拟合，确定拟合方程，得到吸附系数及饱和吸附量。

通过对吸附等温线及吸附动力学参数的研究可以了解吸附过程的趋势、程度和驱动力，对解释吸附特点、规律和机制有着重要意义。

（五）吸附层厚度

通常认为分散剂在固体颗粒表面形成一定厚度吸附层以维持吸附的稳定性，通过测定分散剂在固体颗粒表面的吸附层厚度可以直观反映空间位阻大小。分散剂在农药颗粒表面吸附后形成薄膜，可利用椭圆偏振仪进行测定。通过椭圆偏振技术可得到膜厚比探测光本身波长更短的薄膜，小至一个单原子层，甚至更小。椭圆偏振仪可测得复数折射率或介电函数张量，可以此获得基本的物理参数，并且这与各种样品的性质，包括形态、晶体质量、化学成分或导电性有所关联。它常被用来鉴定单层或多层堆叠的薄膜厚度，可量测厚度由数埃（Angstrom）或数纳米到几微米皆有极佳的准确性。

吸附分散剂前后农药颗粒的特征光电子经过农药颗粒表面后强度的衰减程度有所不同，可利用X射线光电子能谱（XPS）技术来分析样品表面的元素成分、原子内壳能级电子峰的强度及化学位移等信息，计算分散剂的吸附层厚度。

将制得的悬浮液用高速离心机离心，弃去上清液，下层残余固体经真空干燥后，用于X射线光电子能谱（XPS）的测定。使用带单色器的铝靶X射线源（Al K_α，$h\nu$=1486.7 eV），功率为225W（工作电压15kV，发射电流15mA），全扫描通能160eV，精细扫描通能40eV，步长0.1eV/步。实验全部数据均用CasaXPS数据软件包进行处理。对特征元素的精细谱进行解叠，获得各个单一谱峰参数（电子结合能、半峰宽、灵敏度因子、峰面积、含量）。

用X射线光电子能谱仪测定吸附分散剂前后样品的表面电子状态，通过特征光电子经过农药颗粒表面后强度的衰减程度，计算分散剂的吸附厚度d，按式（2-11）计算：

$$I_d = I_0 \exp(-d/\lambda) \qquad (2\text{-}11)$$

式中 I_d——经过厚度为d的吸附后的光电子强度；

I_0——初始光电子强度；

d——吸附厚度，nm；

λ——光电子的平均逸出深度，nm。

（六）样品表面形貌

吸附分散剂前后农药颗粒形状会发生一定变化，可用扫描电子显微镜（SEM）、原子力显微镜（AFM）研究样品表面形貌。原子力显微镜（atomic force microscope，AFM），是一种可用来研究包括绝缘体在内的固体材料表面结构的分析仪器。它通过检测待测样品表面和一个微型力敏感元件之间的极微弱的原子间相互作用力来研究物质的表面结构及性质。将制得的悬浮液用高速离心机离心，弃去上清液，下层残余固体经真空干燥，用扫描电子显微镜、原子力显微镜对样品进行表面形貌测试。

二、悬浮剂开发方法研究

随着化合物开发的周期越来越长，投入越来越大，风险越来越高，如何延长化合物的生命周期，使老的化合物重新焕发出活力，对农药制剂工作者提出了新的挑战。同时随着表面活性剂技术的发展，新型表面活性剂不断开发和应用，给农药制剂工作者带来更多的选择。如何从大量表面活性剂中快速、准确地找到特定悬浮剂品种的助剂便成了新的难题，而传统的宏观式、经验式的手工配方筛选方式在一定程度上制约了悬浮剂的开发效率和悬浮剂质量的提升。因此，基于数据挖掘及大规模实验的高通量制剂开发平台应运而生。

高通量制剂开发平台通过科学合理的实验设计，利用自动机械装置，可以在短时间内完成大量平行样品的制备、在线数据采集和样品分析工作。高通量制剂开发平台的优点有：① 加快制剂开发的效率；② 整体设计，系统研究，避免重复性工作和人工操作误差；③ 数据详实、海量并可支持机理研究。

随着高通量制剂开发平台基础数据累积的完善、流程效率的提升，短时间内对农药悬浮剂进行微观、量化、精准地研究成为可能，并在大量有效、无效体系的积累中，可以对悬浮剂相应机理及配方特性进行系统地推导验证。

三、悬浮剂流变学行为研究

流变学（rheology）是研究物质的变形与流动的科学。流变学是介于力学、化学和工程学之间的交叉学科，也是一门具有较大难度但应用十分广泛的边缘科学。它主要研究材料在应力、应变、温度、湿度、辐射等条件下与时间因素有关的流动和变形的规律，其主要研究对象是非牛顿流体。实验原理、测试技术和测试设备的发展以及电子计算机的应用，推动着流变学研究向更广泛、更深入和更快速的方向发展。流变学相应地从连续介质观点研究材料流变性质的宏观流变学发展到应用统计物理学方法研究材料内部微结构的微观流变学。

农药悬浮剂作为环保型水基性的重要剂型之一，属于非均相粗分散体系，热力学和动力学方面均表现为不稳定，致使其在有害生物防治中存在长期物理稳定性问题。悬浮液流变学作为流变研究的一个重要分支，其内容涉及水性介质、牛顿流体、非牛顿流体等。研究表明，农药悬浮剂的长期物理稳定性问题在流变学上表现为非牛顿流体的性质，与其流变特性有关。农药悬浮剂的流变性主要取决于农药颗粒与助剂的性质，其中最重要的影响因子就是分散剂。不同的农药颗粒与不同结构和用量分散剂的相互作用，使农药悬浮剂产生不同的流变学特性。因此，研究农药颗粒与分散剂的相互作用，有助于改变农药悬浮剂的流变学特性，进而改善农药悬浮剂的长期物理稳定性和生物活性的发挥。

农药悬浮剂的流变性直接影响其物理稳定性，理想的农药悬浮剂应具有剪切变稀的假塑性特性，并具有适宜的触变性。触变性是悬浮液流变学研究的重要内容之一，是指一些体系在搅动或其他机械作用下，体系的黏度或剪切应力随时间变化的一种流变现象。它包括剪切触变性和温度触变性。触变性流体的表观黏度同时与剪切速率、剪切历史或受热历史相关。多数悬浮液均存在触变性，根据其规律可分为正触变性、负触变性和复合触变性。正触变现象最早是由Schalek和Szegvari于1923年研究水合氧化铁过程中发现的。所谓正触变性是指在外切力作用下体系的黏度随时间减小，静置后又恢复，即具有时间因素的切稀现象。负触变性正好与正触变性相反，是一种具有时间因素的切稠现象，即在外加切力或切速下，体系的黏度增大，静置后又恢复的现象。最早Crane于1956年发现5%聚异丁烯四氢萘溶液具有比较典型的负触变性，此后又发现不少高分子溶液具有此性质。复合触变性现象是发现最晚的一种现象，是指一个特定体系可先后呈现出正触变性和负触变性。1995年，文献报道在Al-Mg-MMH-蒙脱土分散体系中发现该现象，并首次命名。目前，已见报道的农药悬浮剂的流动曲线主要有两种类型：其一是剪切变稀的正触变性；其二是剪切变稠的负触变性。

对于悬浮体系，其流变性大体上可用以下6种流变模型来描述：① Newton模型：$\tau=\eta\gamma$；② Ostwald模型：$\tau=\kappa\gamma^{n}$；③ Bingham模型：$\tau=\tau_y+\eta_p\gamma$；④ Herschel-Bulkley模型：$\tau=\tau_y+K\gamma^{n}$；⑤ Casson模型：$\tau^{1/2}=\tau_y^{1/2}+\gamma^{1/2}$；⑥ SteigerOry模型：$\eta=\eta_\infty+m\gamma^{n-1}$。

大多数悬浮剂采用湿法研磨，通常悬浮液含固量较高，同时会产生许多微粒，所以悬浮液中的颗粒很容易形成絮团，致使浆体出现屈服值。分散剂就是通过改变颗粒的表面性质，使颗粒间作用力全部变为斥力，这样就可减小或消除屈服值并使浆体的流动性得以改善，达到提高研磨产品的细度、研磨效率及产量的目的。对于农药悬浮剂而言，应选用一种合适的分散剂并确定其适宜用量。分散剂用量不足会造成颗粒团聚，影响悬浮液的流动性，过量又会在经济上造成浪费，并且还会影响悬浮液的稳定性。

在悬浮剂配方筛选研究基础上，结合流体力学原理，探讨不同分散剂制备的农药悬浮体系的流变学行为。主要包括不同分散剂品种和用量对悬浮体系表观黏度-剪切速率的影响；研究分散剂用量为吸附平衡浓度时，采用经典流变模型分别拟合实验制备的农药悬浮剂的流动曲线，从中获得拟合相关性最高的流变模型，并考察表观黏度随时间的变化关系；同时考察增稠剂、贮存时间和方式、贮存温度对悬浮剂流变学行为的影响，以期更好地对悬浮剂理化稳定性进行预测、保持和评估，为悬浮剂加工过程及质量控制等提供理论，为固液分散体系的质量提升提供技术支撑。

四、药液物化性质研究

农药是人类生活中不可或缺的重要物资。随着人类的进步，人们对环境的要求越来越高，促使农药生产的不断发展和进步，农药在人类社会经济活动中发挥着越来越重要的作用。现阶段，我国农药使用过程中，兑水喷雾是最常用的农药使用技术之一，农药悬浮剂通常采用兑水喷雾的方式来使用。但在田间稀释倍数下，因液滴反弹、流失、飘移和飞行中的蒸发等因素会造成损失，同时由于药液往往不能在植物叶片上形成良好的润湿，黏附在指定靶标上的药液仅是少部分，加之不良的渗透、吸收或分配，造成药液流失严重。因此，控制药液流失、提高农药有效利用率是常规喷雾技术中亟待解决的问题。

要使农药发挥较高的效率，最重要的是药液要能在靶标物质上铺展和滞留，这就要求喷施的药液具有较好的润湿性，而表面张力和接触角是其效果评价的重要指标之一。在常规喷雾条件下，药剂过大的表面张力，不易使植物被湿润，还会导致药剂大量流失；而当表面张力太低时，因药剂的接触角过大，润湿展布能力太强，也会造成药剂易从叶面边缘上滴落的现象，这两种情况都会降低农药的有效利用率。研究表明，雾滴在与植物叶面接触瞬间的表面张力是动态表面张力（dynamic surface tension，DST），一般动态表面张力比静态表面张力（equilibrous surface tension，EST）要高，甚至与水的表面张力相接近。在某些体系中，动态表面张力比静态表面张力更能说明问题，例如，希望农药在喷洒后能在叶面上迅速铺展，就需要用动态表面张力来筛选助剂。实际上药剂喷雾过程是一个动态过程，雾滴能否在植物叶片上持留取决于雾滴的物化性质（如药液雾滴的粒径、运动速度、药液动态表面张力及其在叶面上的接触角大小等）。雾化过程中，雾滴的粒径和速度一旦确定即很难改变，因此探讨表面活性剂对药液在植物叶面上的接触角显得尤为重要。

农药剂型和制剂的研究开发，关系到农药的毒理学性能否得到充分发挥，这是农药最重要的问题之一。即使同一原药制成同一剂型，如使用的助剂不同，制剂的理化性质不同，喷洒后其雾滴的物化性质及在植物叶片上的持留量亦不同。可通过研究不同种类的分散剂所制备的悬浮剂药液雾滴的物化性质，如表面张力、动态表面张力和接触角，为农药悬浮剂加工和应用提供技术支撑。

1. 表面张力的测定

溶液表面张力的测定采用铂金板法。配制不同浓度的药液，重复测量3次，取其平均值。试验温度为（20±1）℃，试验误差范围为±1.0mN/m。

2. 动态表面张力

溶液动态表面张力的测定采用悬滴法。配制不同浓度的药液，重复测量3次，取其平均值。试验温度为（20±1）℃，监测时间范围为0～1000s，试验误差范围为±1.0mN/m。

3. 接触角

配制不同浓度药液，取2μL大小的液滴于一次性聚苯乙烯培养皿表面上，每30s测一次接触角，测8～10min，重复3～4次。拍摄2min、4min、6min、8min、10min液滴形状，试验温度为（20±1）℃，试验误差范围为1°。

第五节 悬浮剂加工实例

悬浮剂加工的关键在于配方的筛选和工艺的确定，配方的选择重点在润湿分散剂的选择，本节以28%苯醚甲环唑·嘧菌酯悬浮剂配方开发进行介绍。

一、配方筛选

（一）实验材料

苯醚甲环唑，95%原药，江苏耕耘化工有限责任公司提供；

嘧菌酯，98%原药，苏利化学股份有限公司提供；

木质素磺酸钠盐，山东邹平农化有限公司提供；

Morwet D-425（烷基萘磺酸盐甲醛缩聚物），阿克苏诺贝尔公司提供；

TERSPERSE 2210（磷酸酯类分散剂），亨斯迈公司提供；

TERSPERSE 4896（烷基酚聚氧乙烯醚与非离子分散剂的混合物），亨斯迈公司提供；

Ethylan NS 500LQ（羟基聚环氧乙烷嵌段共聚物），阿克苏诺贝尔公司提供；

TERSPERSE®2700（聚羧酸盐梳状共聚物），亨斯迈公司提供；

Agrilan™ 752（梳型高分子共聚物），阿克苏诺贝尔公司提供；

Morwet EFW（烷基萘磺酸盐与阴离子润湿剂混合物），阿克苏诺贝尔公司提供；

增稠剂：黄原胶，硅酸铝镁，羟乙基纤维素，膨润土；

防冻剂：乙二醇，丙二醇，丙三醇，尿素。

（二）实验仪器

200mL立式砂磨机（沈阳化工研究院）；

Malvern Master Sizer 2000激光粒度仪（英国Malvern公司）；

FA25型实验室高剪切分散乳化机（上海弗鲁克流体机械制造有限公司）；

BROOKFIELD R/S plus流变仪（美国BROOKFIELD）；

UV-1800型紫外分光光度计（日本岛津科技公司）；

DHG-903A型电热恒温干燥箱（上海精宏实验设备有限公司）；

S-3400N型扫描电子显微镜（日本Hitachi公司）；

JK99C 型全自动张力仪（上海中晨数字技术设备有限公司）。

（三）实验方法

1. 润湿分散剂的筛选

对于理想的分散体系而言，用于制备分散体系的粉末必须完全被润湿。因此，在悬浮剂中，润湿分散剂种类及用量的选择是至关重要的。当润湿分散剂在原药粒子上吸附时，可改变原药表面的润湿性能，并使原药粒子产生空间稳定性或静电稳定性，抑或二者均存在，防止粒子相互凝聚以维持分散体系的稳定。此外，润湿分散剂可将不溶的有效成分置于助剂胶束中有助于砂磨，同时润湿分散剂的添加可以改变药液的表面张力，降低表面能，使砂磨过程中的能耗降低。提高农药的生物活性，降低使用剂量。

（1）润湿分散剂品种的选择。目前最常用的确定润湿分散剂种类的方法是流点法。分散剂的活性越高，流点越低；固体活性物越细，流点越高；因此流点最小的一个就是该制剂所需的、最好的润湿分散剂。试验对润湿分散剂木质素磺酸钠盐、Agrilan 752、Morwet D-425、TERSPERSE 2210、TERSPERSE 2700、TERSPERSE 4896、Morwet EFW、Ethylan NS 500LQ采用流点法进行初步筛选，结果见表2-3。

表2-3 28%苯醚甲环唑·嘧菌酯悬浮剂润湿分散剂流点的测定结果

润湿分散剂品种	流点 /（g/g）
木质素磺酸钠盐	0.448
Morwet D-425	0.436
TERSPERSE 2700	0.430
Agrilan 752	0.564
TERSPERSE 4896	0.410
TERSPERSE 2210	0.432
Ethylan NS 500LQ	0.446
Morwet EFW	0.587

结果表明：分散剂木质素磺酸钠盐、Agrilan 752流点较大，而TERSPERSE 2210、TERSPERSE 4896、Morwet D-425、TERSPERSE 2700流点较小；润湿剂Morwet EFW流点较大，Ethylan NS 500LQ流点较小。流点法虽比较直观、具体，但对分散效果相近的润湿分散剂不易区分，只适合于润湿分散剂的初筛。因此为了进一步筛选出性能良好的表面活性剂，根据表面活性剂的协同效应原理，采用润湿分散剂搭配组合，通过微观表面张力和粒径数据来确定采用优化组合法、宏观析水率法进一步确认，见表2-4。

表2-4 28%苯醚甲环唑·嘧菌酯悬浮剂润湿分散剂组合的筛选结果

润湿分散剂组合	析水率 /%	表面张力 /（mN/m）	粒径（D_{50}）/μm	粒径分布 /μm
TERSPERSE 4896+Ethylan NS 500LQ	0	30.66	1.05	0.53 ~ 2.87
TERSPERSE 2700+Ethylan NS 500LQ	4.35	41.03	1.22	0.30 ~ 3.29
Agrilan 752 + Ethylan NS 500LQ	4.90	42.11	1.27	0.26 ~ 3.41
TERSPERSE 2210+Ethylan NS 500LQ	0.50	32.63	1.14	0.30 ~ 2.99
Morwet D-425 + Ethylan NS 500LQ	81.25	44.01	1.24	0.30 ~ 3.29
木质素磺酸钠盐 + Ethylan NS 500LQ	84.00	42.34	1.55	0.43 ~ 3.24
TERSPERSE 2700 + Morwet EFW	30.43	49.66	1.26	0.30 ~ 3.37
Agrilan 752 + Morwet EFW	44.44	51.20	1.30	0.31 ~ 3.42
TERSPERSE 2210 + Morwet EFW	83.72	33.04	1.99	0.79 ~ 3.39
Morwet D-425 + Morwet EFW	36.15	50.09	1.29	0.25 ~ 3.48
TERSPERSE 2210 + Morwet EFW	50.35	53.21	1.53	0.45 ~ 4.35
木质素磺酸钠盐 + Morwet EFW	55.58	54.20	7.61	0.36 ~ 18.63

不同组合的润湿分散剂的筛选结果显示：TERSPERSE 4896和 Ethylan NS 500LQ搭配组合较好。根据斯托克斯定律，粒径较小，粒谱较窄的悬浮体系较稳定；此外，微观上表面张力小，有利于药剂在作物上的铺展和润湿，宏观上析水率较低时表明稳定性较好。TERSPERSE 4896和Ethylan NS 500LQ组合粒径和粒谱，表面张力、析水率在所有测试组合中均最低，表明此组合与原药的搭配较好，故确定TERSPERSE 4896和Ethylan NS 500LQ组合为28%苯醚甲环唑·嘧菌酯悬浮剂的最佳润湿分散剂，在此基础上进行用量的筛选。

（2）润湿分散剂用量的筛选。对于给定的粉末和已选用的液体介质，润湿分散剂加入液体中会随固液界面的吸附而改变。加入的润湿分散剂的浓度有一最佳值。当超过了这一浓度时，会出现过饱和吸附，固体表面的亲水性反而降低，不利于润湿和分散，同时会增加制剂的成本，降低产品的市场竞争力。显然当润湿分散剂浓度不足时，也不能良好地润湿颗粒表面，不利于分散，导致部分原药粒子通过范德华力、疏水作用、奥氏熟化等方式重新聚合、结晶、团聚，在宏观上体现为分层、絮凝、结块等现象。因此，在筛选出合适的润湿分散剂品种后，对其用量进行深入、精准地确定意义重大。本试验采用固定Ethylan NS 500LQ为2%，并通过黏度曲线法和激光粒度法相结合来确定分散剂的最佳用量，并用扫描电镜来直观验证。激光粒度法是目前农药悬浮剂研发中筛选润湿分散剂较先进的方法，但为了决定悬浮剂所需润湿分散剂的合适用量，测出粒径还不够，还要测出同一悬浮剂中润湿分散剂不同含量制剂的黏度值，绘制黏度曲线，曲线中黏度最小的地方为润湿分散剂的最佳用量。扫描电镜可以直观地观测到分散剂在原药粒子上的吸附情况，从而验证分散剂的最佳用量是否对原药粒子形成饱和吸附。曲线结果见图2-10。

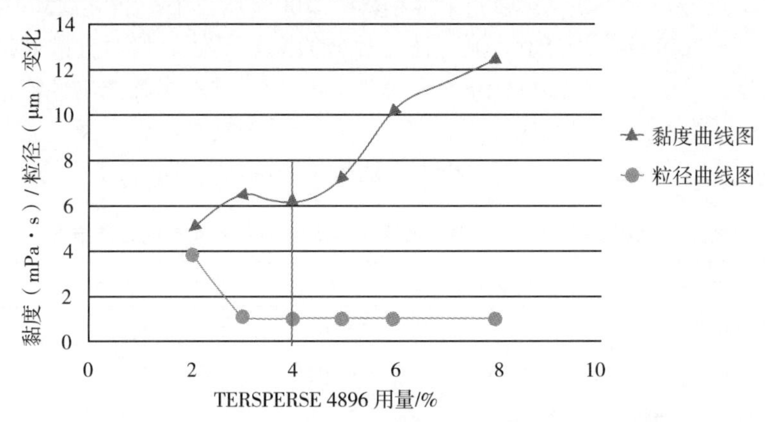

图2-10　28%苯醚甲环唑·嘧菌酯悬浮剂分散剂的用量筛选图

图2-10显示：当分散剂TERSPERSE 4896用量增加，粒径逐渐减小，当其用量达到4%时粒径达到最小值，随后基本保持不变，因此可以认为TERSPERSE 4896添加质量分数为4%时，固液分散体系中表面活性剂已经对原药粒子充分吸附，润湿分散剂充分发挥其作用；黏度曲线显示随着分散剂量的增大，分散体系的黏度先增大后减小，在分散剂用量为4%时黏度达到最小值，此时对应的分散剂用量应是最佳的。

为了进一步验证分散剂是否对原药粒子形成了饱和吸附，采用扫描电镜对其进行直观观察，结果见图2-11。

图2-11显示，未加分散剂时，原药粒子表面光滑，随着分散剂TERSPERSE 4896的加入，原药粒子表面变得致密有序，当加入4%的分散剂时，原药粒子的表面已被分散剂充

分吸附，再添加分散剂已无明显的变化。通过黏度曲线、粒径曲线的绘制以及SEM图的直观观察，综合结果表明28%苯醚甲环唑·嘧菌酯悬浮剂的分散剂TERSPERSE 4896的最佳用量为4%。

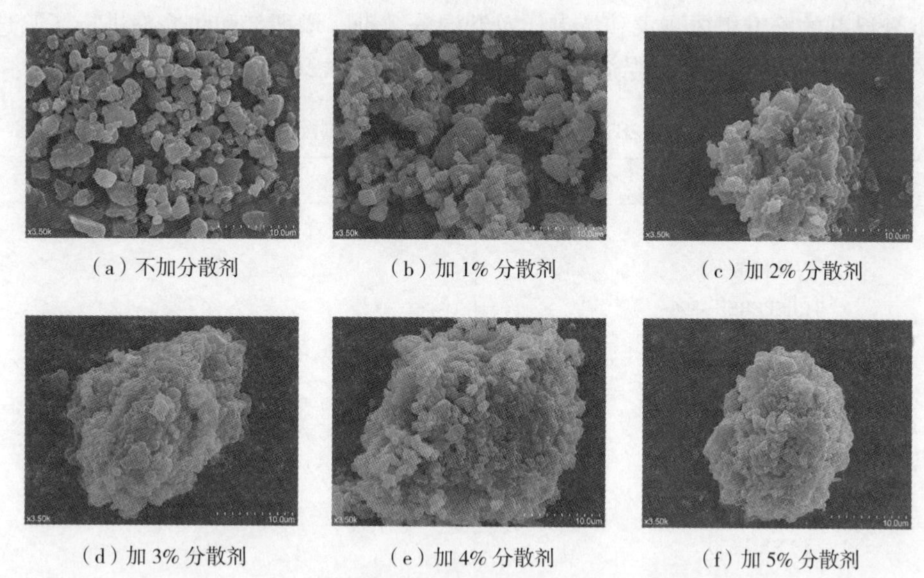

（a）不加分散剂　（b）加 1% 分散剂　（c）加 2% 分散剂

（d）加 3% 分散剂　（e）加 4% 分散剂　（f）加 5% 分散剂

图2-11　28%苯醚甲环唑·嘧菌酯原药粒子吸附分散剂的SEM图

通过宏观的析水率、黏度以及微观的表面张力、粒径及粒谱的测定，并用扫描电镜对分散剂的用量进行了直观表征。通过直观、量化、精准的表征方法确定了28%苯醚甲环唑·嘧菌酯悬浮剂的润湿分散剂的最佳品种为TERSPERSE 4896和Ethylan NS 500LQ的组合，最佳用量为TERSPERSE 4896 4%，Ethylan NS 500LQ 2%。

2. 增稠剂的筛选结果

悬浮剂中添加增稠剂的主要作用是调整制剂的流变性和流动性，提高产品的贮存稳定性。在保持增稠剂用量一致的前提下，选择筛选了几种增稠剂并进行了稳定性试验，见表2-5，以悬浮剂热贮现象如分层、结块及流动性来衡量增稠剂的优劣。

表2-5　28%苯醚甲环唑·嘧菌酯悬浮剂增稠剂的筛选结果

增稠剂	热贮现象
硅酸铝镁	分层，絮凝，流动性好
黄原胶	少量分层，流动性尚可
羟乙基纤维素	黏度过大，流动性差，结块
膨润土	黏度太小，分层严重
硅酸铝镁 + 黄原胶	无分层结块，流动性好

结果表明：黄原胶+硅酸铝镁的组合增稠剂经热贮后无分层、结块现象，流动性好，故选择此增稠剂组合作为28%苯醚甲环唑·嘧菌酯悬浮剂配方的增稠剂。用量为硅酸镁铝0.3%，黄原胶0.3%。

3. 防冻剂的筛选结果

为了防止产品在贮存、运输过程中出现冻结现象，影响使用效果，选用了4种防冻剂进行试验，分别为乙二醇、丙二醇、丙三醇、尿素。结果发现乙二醇、丙二醇、丙三醇效果较佳，尿素有沉淀产生。考虑到价格等因素，选用乙二醇，用量5%为宜，产品在低温下无析晶，流动性好。

4. 优惠配方的确证

根据悬浮剂的配方组成要求和特点，对润湿分散剂、增稠剂和防冻剂进行了筛选，确定了28%苯醚甲环唑·嘧菌酯悬浮剂的较优配方。结果如表2-6所示。

表2-6　28%苯醚甲环唑·嘧菌酯悬浮剂配方组成

配方组成	用量 /%
苯醚甲环唑 TC	8.5
嘧菌酯 TC	20.5
TERSPERSE 4896	4
Ethylan NS 500LQ	2
硅酸铝镁	0.3
黄原胶	0.3
苯甲酸钠	0.15
乙二醇	5
SAG 630	0.2
去离子水	59.05

二、工艺研究

悬浮剂的加工是一个物理过程，按设计配方，将原药、润湿分散剂、其他助剂、水混合搅拌均匀，经过预分散制得悬浮液浆料，再经过湿法粉碎得到悬浮液，再将悬浮液进行调制得到悬浮剂产品。

在确定了28%苯醚甲环唑·嘧菌酯悬浮剂的小试配方后，我们对其工艺进行了研究，采用湿法超微粉碎加工工艺，具体加工工艺见图2-12。

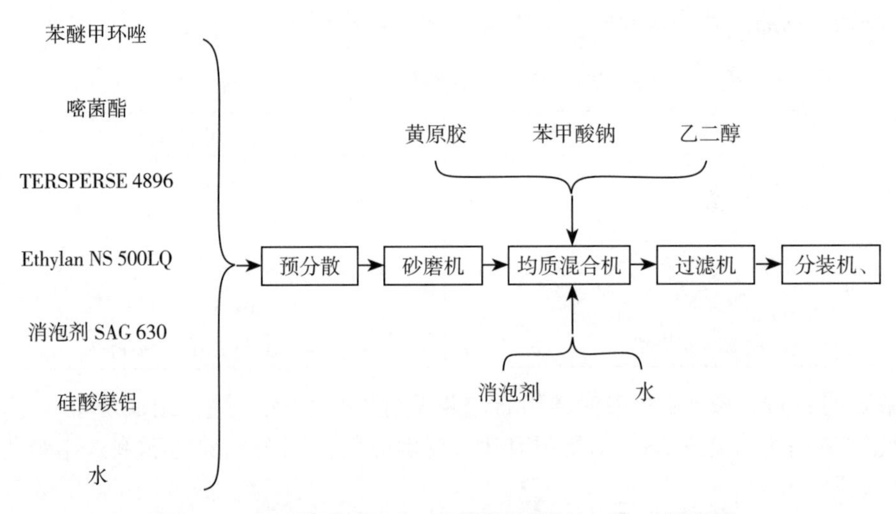

图2-12　28%苯醚甲环唑·嘧菌酯悬浮剂加工工艺流程图

详细工艺流程如下：

28%苯醚甲环唑·嘧菌酯悬浮剂的生产分为4步（以生产2500kg计算）。

1. 悬浮浆料的准备

配料罐为3000L不锈钢釜，釜中配有齿盘搅拌器和剪切机。开启0～5℃冷却水，加入1376.25kg水（此水量为总量的93.2%，剩余的6.8%后续加入，以便清洗管线和配料釜），开启混合搅拌器，控制搅拌，防止物料搅出配料釜。加入润湿分散剂TERSPERSE 4896 100kg、Ethylan NS 500LQ 50 kg、总用量70%的消泡剂SAG 630（液体）3.5kg，搅拌均匀；搅拌此混合液15min，保证润湿分散剂溶解充分、混合均匀。

开启剪切，投入212.5kg苯醚甲环唑原药和512.5kg嘧菌酯原药，使用搅拌将原药粉末润湿于液体中，再投入7.5kg硅酸铝镁，搅拌均匀。投料速度尽量放慢，以防止过快导致粉末在液体中结块的现象，同时调整搅拌速度，以保证物料的混合，但需要注意避免物料的飞溅和气泡的搅入。投料完成后，继续剪切30min。

将悬浮浆料转入3000L不锈钢预砂磨釜中，釜中配有三叶搅拌器。转移过程中物料经过管线剪切，并通过过滤器滤除杂质，开启0～5℃冷却水控制浆料温度不高于15℃。

在配料釜中加入50kg水，并使其通过管线进入预砂磨釜中，以清洗配料釜和管线中的残余物。清洗液进入预砂磨釜中。

2. 悬浮浆料的砂磨

装填砂磨珠需满足如下条件：50L砂磨机装填80%氧化锆砂磨珠，第一台砂磨机装填的砂磨珠直径为1.5～1.2mm，第二台砂磨机装填的砂磨珠直径为1.0～1.2mm，第三台砂磨机装填的砂磨珠为0.6～0.8mm，转速为13m/s或14m/s，根据实际情况予以调节。

启动砂磨机前，开启0～5℃冷却水，砂磨过程控制浆料温度不超过40℃。

将浆料泵入砂磨机进行砂磨，采用三级串联的组合砂磨机。检测调制罐中物料的粒径，若达到要求，则进行下一步调配，若不符合要求，则需要将物料打入缓冲罐中经过再次研磨，直到粒径D_{98}小于5.0μm。当从砂磨机中流出的物料达到上述要求时，转移至3000L不锈钢调制釜中，釜中带有剪切。

使用剩余的50kg水清洗预分散釜，让其通过砂磨机并收集于砂磨物料调制釜中，与砂磨后物料进行混合。

3. 黄原胶的准备

将100kg乙二醇（用量的80%，剩余20%的乙二醇用来清洗调胶釜）投入调胶釜中，釜中带有剪切。开启剪切，往釜中投入7.5kg黄原胶、3.75kg苯甲酸钠，慢速投入，避免结块。继续剪切，直至成为均匀的分散物。当黄原胶充分分散后，停止剪切，备用。

4. 最终产品的制备

开启剪切，将准备好的黄原胶乙二醇分散液加入调制釜中，使用剩余的25kg乙二醇冲洗黄原胶配制釜，清洗液收集至调制釜中。将剩余的1.5kg消泡剂SAG 630直接加入调制釜中。继续剪切30min，使黄原胶充分混合均匀。

取样送质量控制实验室进行检测，产品若合格，继续剪切5min，然后通过300μm旋转过滤器后将其转移至不锈钢产品贮罐中，分装即得到产品。

第六节 悬浮剂中新型表面活性剂简介

农药悬浮剂中分散相粒子很小，平均粒径为2～3μm，分散相与分散介质间存在相当大的相界面和界面能，是一种介于胶体和粗分散体系之间的热力学不稳定体系。粒子会自动聚集，从而使界面面积缩小，界面能降低，以至于整个悬浮剂体系被破坏，因此需加入适当润湿分散剂，提供粒子分散和阻止研磨后粒子的絮凝，保证粒子呈悬浮状态，以此解决颗粒聚结变大、沉降析水、稠化结块等分散稳定性问题。近年来，随着表面活性剂技术的深入研究，已有一大批新型、高效的表面活性剂被开发和应用在悬浮剂中，对悬浮剂的开发起了极大推动作用。现将近年来的一些在悬浮剂中成功应用的几类新型的表面活性剂作简单介绍。

一、木质素磺酸盐

木质素磺酸盐（如木质素磺酸钠、木质素磺酸钙和木质素磺酸铵等）是一类阴离子表面活性剂，广泛应用在油田、水泥、水处理、有机染料和农药等领域，用作减水剂、絮凝剂和分散剂。在当今开发的农药新剂型（安全和环保型的悬浮剂、水分散粒剂和微囊悬浮剂）中，木质素磺酸盐也起着有效的分散作用。

木质素磺酸盐的相对分子质量大，不仅可提供静电斥力，而且能提供空间位阻作用，使分散的颗粒不团聚或者悬浮粒子之间不凝聚，提供良好的分散性和悬浮能力。针对不同的农药有效成分，可选用不同磺化度的木质素磺酸盐。对具有亲水基或亲水性较强的农药，可选用低磺化度的木质素磺酸盐；反之则宜选用高磺化度的木质素磺酸盐产品。木质素磺酸盐在水中溶解得很快，有利于颗粒的吸附。不足之处在于它在降低表面张力、润湿性和渗透力方面较差，分散持久性较差，而且常带有颜色。一般推荐它与萘磺酸盐甲醛缩合物一起使用，从而起到更好的分散和稳定作用。

为了得到各种性能的木质素磺酸盐，并有选择性地增强某些性质，或者为了某种特殊应用的需要，可以通过各种化学过程对木质素中的酚型结构进行改性；也可以通过形成氢键或者在苯丙基单体支链上的α-和β-取代羟基上进行改性；还可以进一步调整木质素的磺化度和木质素磺酸盐的相对分子质量大小，从而开发出一系列具有不同性能的专门化学产品。除此之外，由于木质素结构中有酚式羟基上的氢、C═C双键、苯酚上其他位置、苯甲醇羟基等能够起反应的基团，因而改性后的木质素磺酸盐品种繁多，结构显得十分复杂，可得到各种不同性能和不同商品牌号的产品。图2-13为木质素磺酸盐的结构片段。

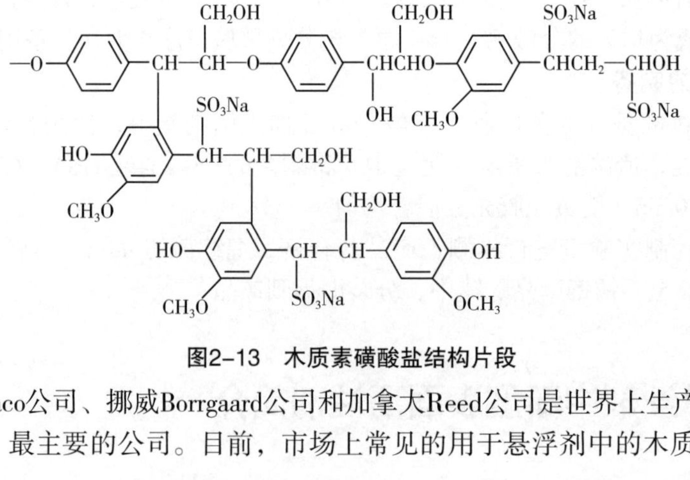

图2-13 木质素磺酸盐结构片段

美国Westvaco公司、挪威Borrgaard公司和加拿大Reed公司是世界上生产和销售木质素磺酸盐产品最大、最主要的公司。目前，市场上常见的用于悬浮剂中的木质素磺酸盐产品见表2-7。

表2-7　常用木质磺酸盐分散剂产品

商品牌号	有效成分	用途	含量 /%	供应商
Reax 系列	木质素磺酸钠	分散剂	95 ~ 100	Mead-Westvaco Co.
Polyfon 系列	木质素磺酸钠	分散剂	95 ~ 100	Mead-Westvaco Co.
Ultrazine NA	木质素磺酸钠	分散剂	90	Borregaard Co.
Ufoxane3A	木质素磺酸钠	分散剂	90	Borregaard Co.
Borrespere 3A	木质素磺酸钠	分散剂	90	Borregaard Co.
Marasperse CR	木质素磺酸钠	分散剂	95 ~ 100	Reed Lignin Co.
Marasperse CBD-3	木质素磺酸钠	分散剂	95 ~ 100	Reed Lignin Co.
Marasperse C21	木质素磺酸钙	分散剂	95 ~ 100	Reed Lignin Co.
Rreax LTS	木质素磺酸钾	分散剂	50	Scoff Paper Co.
Rreax LTK	木质素磺酸镁	分散剂	50	Scoff Paper Co.
Rreax LTM	木质素磺酸钠	分散剂	50	Scoff Paper Co.
M-9，M-10	木质素磺酸钠	分散剂	90	吉林图们精细化工厂
YUS-RXB	改性木质素磺酸钠	分散剂	95 ~ 100	TAKEMOTO OIL & FAT Co.

美德维实伟克公司（Mead-Westvaco Co.）的Reax和Polyfon系列木质素磺酸盐分散剂产品在农药悬浮剂配方中得到了广泛应用。如500g/L莠去津悬浮剂、500g/L敌草隆悬浮剂，见表2-8。

表2-8　木质素磺酸盐分散剂产品在悬浮剂配方中的应用

组分	质量分数 /%	组分	质量分数 /%
莠去津	47.0	敌草隆	45.0
Reax 85A	2.0	Polyfon H	4.0
十三烷醇（6 mol 乙氧基化合物）	2.0	双异丙基萘磺酸钠盐	4.0
钠基膨润土	0.5	钠基膨润土	0.5
丙二醇	6.0	丙二醇	2.0
消泡剂	0.2	消泡剂	0.2
水	42.3	水	44.3

二、萘磺酸盐甲醛缩合物

萘磺酸盐甲醛缩合物是一类性能优良的阴离子表面活性剂，在减水剂、染料和农化行业中有着广泛应用。萘磺酸盐甲醛缩合物是许多萘基提供吸附链和磺酸钠提供亲水链的阴离子分散剂，结构式如下：

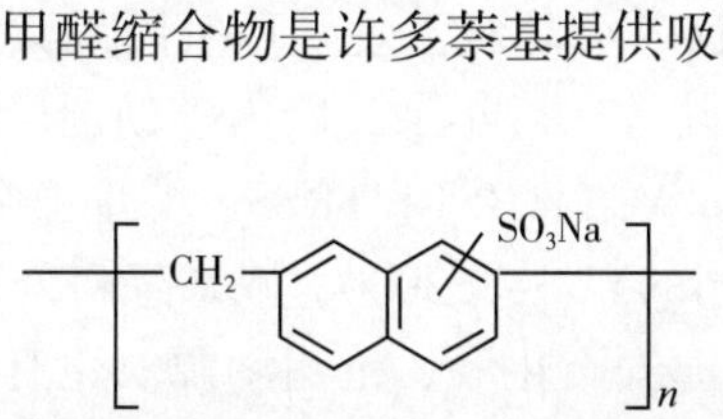

$$\left[\ CH_2\ \cdots\ SO_3Na\ \right]_n$$

萘磺酸盐甲醛缩合物的分散性能与其聚合度（及萘核数）和磺酸位置有关。聚合度越高，分散性能越好，具有5个以上萘核数（相对分子质量1000以上）才有一定分散效果；随着萘核数增加到9个（相对分子质量2300），其分散效果升高。

萘磺酸盐甲醛缩合物与其他分散剂相比，分散性较强，分散持久性长，不带色。不足之处是产品在贮存中受潮时，分散性能会降低，常与木质素磺酸盐搭配使用。常见的萘磺酸盐甲醛缩合物有NNO、MF，最著名的是阿克苏诺贝尔公司开发的、以“Morwet”为商品名的烷基萘磺酸钠甲醛缩合物。目前国内常用的萘磺酸钠甲醛缩合物产品见表2-9。

表2-9 常用萘磺酸盐甲醛缩合物分散剂

商品牌号	外观	有效成分	供应商
NNO	浅棕色粉末	亚甲基萘磺酸钠甲醛缩合物	国产
MF	棕色粉末	甲基萘磺酸钠甲醛缩合物	国产
CNF	淡黄色粉末	苄基萘磺酸钠甲醛缩合物	国产
Morwet D-425	黄色粉末	烷基萘磺酸甲醛缩聚物钠盐	Akzonobel Co.
Morwet D-500	黄色粉末	烷基萘磺酸甲醛缩聚物钠盐和嵌段聚醚混合物	Akzonobel Co.
Morwet D-450	黄色粉末	烷基萘磺酸甲醛缩聚物钠盐和磺酸盐混合物	Akzonobel Co.
Morwet D-110	黄色粉末	烷基萘磺酸甲醛缩聚物钠盐和 APE 羧酸盐混合物	Akzonobel Co.
Tamol NN	黄色粉末	烷基萘磺酸甲醛缩聚物钠盐	Basf Co.
Tamol NH	黄色粉末	烷基萘磺酸甲醛缩聚物钠盐	Basf Co.
OROTAN™ SN	黄色粉末	烷基萘磺酸甲醛缩聚物钠盐	Dow Chemical Co.

三、磷酸酯类

磷酸酯类属于阴离子表面活性剂，这类阴离子乳化剂的磷酸基被烷（芳）基链所屏蔽，因而又称为“隐阴离子”，它具有离子性和非离子性的两重性特征。磷酸酯类用作悬浮剂中的分散剂具有以下优点：① 它具有阴离子和非离子性质，也就是说吸附在农药固体粒子上，既能提供电斥力，也能提供空间位阻作用，对提高悬浮剂的稳定性十分有效；② 磷酸酯（盐）的酯键结合牢固，不易受pH值高、低变化的影响；③ 用量少，悬浮率热贮后一般都在90%以上，能得到高质量、稳定的悬浮剂；④ 木质素磺酸盐和烷基萘磺酸盐甲醛缩合物类分散剂，易吸潮，降低分散效率，而磷酸酯类分散剂具有良好的稳定性；⑤ 与其他进口分散剂（如D-450或羧酸盐）相比有较低成本；⑥ 色泽浅，能制得白色悬浮剂，且能制备高含量悬浮剂体系。

磷酸酯类表面活性剂通常是由脂肪醇、脂肪醇醚、烷醇酰胺等含羟基的化合物与磷酸化试剂反应，最后用碱中和得到的，其产物多为单酯、双酯、三酯。磷酸酯类分散剂的疏水基一般是$C_8 \sim C_{20}$烷基或链烯基、苯基、烷基苯基、烷芳基；亲水基为聚氧乙烯醚。目前常用的磷酸酯类分散剂有烷基酚聚氧乙烯醚磷酸酯（如NP-7P，NP-10P）、苯乙烯酚聚氧乙烯醚磷酸酯（如601#P，602#P）、环氧乙烷－环氧丙烷共聚物的磷酸酯（单酯和双酯）、多苯乙基酚聚氧乙烯醚磷酸酯盐等。近年来，国内外助剂厂商推出了多款磷酸酯类表面活性剂，如宁柏迪公司的Emulson AG、TRST和TRSS、罗地亚公司的Soprophor SC、赫斯特公司的HOES 3475、竹本油脂公司的YUS-FS3000、威来惠南公司的SCP、科力欧公司的AP-3、江苏钟山化工有限公司、江苏海安石化厂、沧州鸿源农化有限公司等生产的磷酸酯系列表面活性剂，这些产品无论在产品质量还是在应用性能上都各具特色，有力助推了此类分散剂在悬浮剂加工中的使用。

四、聚羧酸盐类

聚羧酸盐类分散剂是近年来开发的一种新型、高效、多功能分散剂，它在水中可溶解，在分散体系介质中对农药有效成分和其他添加成分有着三维空间保护、分散和稳定的作用，在悬浮剂中已广泛应用。与传统分散剂相比，其有显著优点，具体体现在：① 聚羧酸盐类分散剂含多个锚固位点，以多位点吸附与分散颗粒表面，吸附量大，易溶于水的溶剂化段在水中充分伸展，并在农药固体颗粒表面形成足够厚的保护层，空间位阻作用有效地实现了颗粒在介质中的稳定分散。② 传统聚合物分散剂由于锚固基团的无规则分布及卧形吸附的存在，使得同一个分散剂常常吸附在几个固体颗粒上，不仅起不到稳定分散作用，反而会因为“架桥”作用而导致颗粒间的絮凝。聚羧酸盐类分散剂一般为梳型共聚物，其锚固基团处于分子的同一端且紧密相连，相互之间没有足够距离，故同一分散剂的不同锚固基团不可能吸附在不同颗粒上，从而避免了“架桥”絮凝。③ 聚羧酸盐类分散剂可显著降低分散体系的黏度，提高农药有效成分的含量，同时具有较好的流动性，可以用于制备高含量悬浮体系。

聚羧酸盐类分散剂以聚合（或共聚）的烷基长链为疏水基吸附链，羧酸盐为亲水链伸入水相，使悬浮体系达到最大分散和稳定性。这类聚羧酸盐表面活性剂的分子量一般在5000～20000之间。其主要产品有：① 丙烯酸和顺丁烯二酸的共聚物，钠盐的分子量约为8000，铵盐的分子量约为10000。② 甲基丙烯酸和顺丁烯二酸的共聚物的钠盐和铵盐。③ 丁烯二酸和苯乙烯的共聚物，钠盐的分子量约为5000，铵盐的分子量约为15000。④ 丁烯二酸和二异丁烯的共聚物的钠盐和铵盐的分子量均为12000。⑤ 马来酸-丙烯酸共聚物钠盐，分子量在10000以上。这类产品在研制悬浮剂剂中用量较少，一般为0.5%～3%。

国外农化公司在我国提供的主要聚羧酸盐分散剂有：罗地亚的Geropon T/36和Geropon T/72（均为固体粉）、亨斯曼的Tersperse 2700（固体粉）和Tersperse 2735（液体）、日本竹本油脂会社的YUS-WG 5（固体粉）和CH 7000（液体）、陶氏化学的DURAMAX™ D305（液体）等。国外聚羧酸钠盐分散剂产品（如Geropon TA-72S和Geropon T/36）用于悬浮剂是有效的，它们与烷基苯磺酸盐（尤其是ABS-Na）和木质素磺酸钠以及脂肪醇聚氧乙烯醚硫酸盐的复配使用也是十分有效的。国内对聚羧酸盐的开发和研究起步较晚，但也报道了一些聚羧酸盐品种，如GY-D、NBZ-3、DA-50、WH-1、PD-5等。

五、EO-PO嵌段共聚物

EO-PO嵌段共聚物中以聚氧丙烯链为疏水部分，聚氧乙烯链为亲水部分。疏水基PO与亲水基EO的加成可以调节、组合，因而它的分子量、HLB值、物态及其性能可以选择。一般来讲，PO的聚合度为20～40，作为疏水基的PO分子量不得低于1000，EO的聚合度可在较大范围内变化，不同EO含量具有显著不同的性能。由于EO段和PO段聚合度的变化会导致EO-PO嵌断共聚物的性质发生较大变化，因此根据不同用途改变EO和PO的聚合度很重要。

EO-PO嵌段共聚物中最著名的是Basf，商品名为Pluronic的聚醚系列产品，它是以乙二醇为起始剂，依次加入聚氧丙烯、聚氧乙烯得到的聚醚共聚物产品，其结构式为：$HO(C_2H_4O)_a(C_3H_6O)_b(C_2H_4O)_aH$，其中：聚氧乙烯$(C_2H_4O)_a$约占总量的10%～80%，$b \geqslant 15$。Pluronic聚醚产品的优点是无味、无臭、无毒和无刺激性，与酸、碱及金属离子都不起作用，有很好的稳定性；缺点是生物降解性较差，特别是当聚氧丙烯含量高时，生物降解性更差。Pluronic聚醚产品品种很多，可应用于各个行业。分子量小和中等的液态或糊状聚醚产品可用作有效的乳化剂，而分子质量大的聚醚产品分散性能好，可用作悬浮剂、水分散粒剂和悬乳剂的分散剂。其次还有一些EO-PO嵌段共聚物类分散剂在悬浮剂中使用的效果也是不错的，如阿克苏诺贝尔公司的Ethylan™ NS 500LQ、竹本油脂公司的YUS-5050PB、陶氏化学的DURAMAX™ D800。EO-PO嵌段共聚物常用来制备水中溶解度较大、低熔点的农药有效成分的悬浮剂。EO-PO嵌段共聚物用作分散剂的不足之处是聚氧丙烯的疏水链与聚氧乙烯的亲水链之间差异太小，有可能不能完全解决它们从吸附粒子上脱落的问题，从而导致剂型的不稳定。因此，这种聚醚产品最好能与其他分散剂一起使用，其效果更好。

六、梳型共聚物

梳型共聚物分散剂的研究只有十多年历史，研制的目的是想解决高分子分散剂分子内或分子间易于产生相互缠绕，不易在表/界面上排列和难于在表/界面上吸附，以及得到更大分子量的分散剂等问题。梳型共聚物分散剂的合成思路是在高分子的侧链上单独或同时引入亲水基团和疏水基团。由于亲水基团或疏水基团的相互排斥，使得分子内或分子间的卷曲和缠结大大减少，高分子链在水溶液中排列成“梳子”形状。

这类梳型共聚物分散剂典型的代表是Atlox 4913（英国禾大）和Agrilan™ 752（荷兰阿克苏诺贝尔）。Atlox 4913是由很长的聚甲基丙烯酸/甲基丙烯酸甲酯亲油基主链作为骨架，起着锚吸在颗粒上的作用，能强烈吸附在粒子表面不脱吸，而与主链相连的聚氧乙烯支链为亲水基，像齿一样伸入水相，围绕在粒子周围起着空间位阻作用。这种共聚物有极高的分子量，约20000~30000，每个EO支链的分子量平均为750，相当于约17个EO基。其结构示意见图2-14。

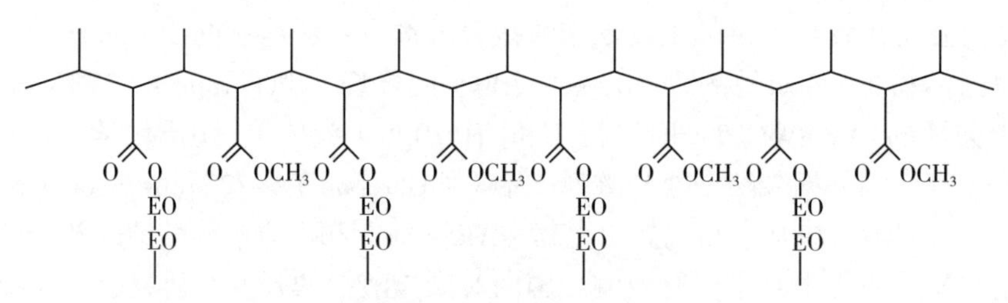

图2-14 梳型共聚物分散剂

这种梳型共聚物分散剂在水中溶解时不会增加黏度，具有特大的分子量，对悬浮剂中分散的固体粒子有极强的锚吸能力和胶体稳定能力，可以称得上是超强分散剂。它与传统常规分散剂相比，其吸附能力要大10倍。它锚吸在粒子上后，几乎很难从粒子表面上脱吸，而且它在水中溶解时不会增加分散体系的黏度，但因其分子量大，在水中的扩散速度较慢，完成粒子表面上的锚吸需要较长时间。在实际使用时，常常需要与另一些分子量较小的、扩散速度较快的分散剂混合使用，效果更好。梳型共聚物用作农药分散剂能改善制剂的热贮稳定性，常用来制备高浓度的悬浮剂和悬乳剂和水中溶解度较大、易引起奥氏熟化作用的农药有效成分的悬浮剂。

七、接枝共聚物

这是一种聚合的丙烯酸接枝共聚物，起着一种聚合的非离子分散剂的功能，例如，TERSPERSE 2500和TERSPERSE 2700。当它与普通非离子分散剂一起使用时，可大大降低预研磨料分散液的黏度，使物料变得容易研磨。它能强烈地吸附在粒子表面，不易脱吸，从而改进悬浮剂分散液的稳定性，在加工高含量农药或在农药难于被润湿的情况下使用较为有利，用量一般在1%~3%之间。在悬浮剂中，某些农药有效成分由于存在奥氏熟化作用是难以稳定的。倘若这类农药有效成分在分散介质中溶解度太大，随着温度的改变可引起结晶或晶体长大问题，最终导致剂型失去稳定性。当使用3%～5%接枝共聚物分散剂时，它在悬浮剂体系范围内能阻止奥氏熟化作用发生。

目前，国内金浦集团成功开发的ZHDISP系列分散剂是一种具有梳型结构的聚羧酸盐产品，其在悬浮体系中依靠自身的锚固基团牢牢地吸附于被分散的原药粒子表面，借助于自身电离在原药粒子表面形成双电层产生静电斥力，长侧链伸向水中形成溶剂化层产生空间位阻，双重效应使被分散的原药粒子稳定地分散于悬浮介质中。目前已在48%吡虫啉SC、50%莠去津SC小试取得成功。

八、特种水性分散剂

这是由ISP（国际特品）公司开发的一类环保型水性分散剂，如Easysperse P20和Easysperse 25。其中，Easysperse P20是聚乙烯基吡咯烷酮和甲基乙烯基醚/马来酸酐聚合物的混合物，以其优越的分散性能和耐雨水冲刷性能被广泛应用于悬浮剂中。由于它具有无污染和高性价比的竞争优势，对于开发环境友好的悬浮剂具有重要的实用价值。孙毅等以Easysperse P20为主分散剂，制备了5种市场上常用农药（异丙隆、西玛津、敌草隆、氟虫腈和吡虫啉）的悬浮剂，在悬浮率上显著高于使用其他分散剂制备的悬浮剂，可以有效提高悬浮剂的分散性和稳定性，显著提高耐雨水冲刷能力，这可能与Easysperse P20具有一定的成膜性有关。

九、二聚表面活性剂

二聚表面活性剂，又称Gemini型表面活性剂。二聚表面活性剂突破传统表面活性剂的单链结构，通过一个间隔链将两个相同或相似的双亲体，以其亲水基或靠近亲水基的位置连接起来。正是因为这种独特的结构，使二聚表面活性剂具有比传统表面活性剂更优良的物化性质和应用性能。水溶性好，润湿、乳化、分散作用佳，表面活性大大优于同类型的传统表面活性剂。被Rosen誉为新一代表面活性剂的代表。在农药上应用的主要是阴离子Gemini型表面活性剂和非离子Gemini型表面活性剂。阴离子Gemini型表面活性剂最早报道的是美国开发的用于洗涤助剂的羧酸类Gemini表面活性剂。磺酸盐和硫酸酯类Gemini表面活性剂开发得也较早，目前工业化的只有烷基二苯醚双磺酸盐，尚无其他品种工业化。非离子的醇醚、酚醚Gemini表面活性剂已有工业化产品供应，是一种非常好的润湿剂，因合成成本高于传统非离子表面活性剂，难以大规模应用，目前仅少量用于高档涂料和农药作为乳化剂应用。国外又有关于杂双子表面活剂（heterogemini surfactant）的研究，与Gemini型表面活性剂不同的是，它具有不同的亲水基，这类表面活性剂能有效地降低靶标的表面张力。国内深圳钟南化工有限公司开发的Gemini分散剂改性双酚A聚氧乙烯醚磷酸酯盐SFR-2，已在多菌灵、虫酰肼悬浮剂中有应用研究。

第七节　悬浮剂开发难点及对策

悬浮剂是水基性制剂中发展最快、可加工的农药活性成分最多、加工工艺最为成熟、对操作者和使用者以及环境安全、相对成本较低和市场前景非常好的新剂型。悬浮剂是一种环境友好的绿色剂型，与可湿性粉剂等传统剂型相比，具有生产安全，无粉尘飞扬，无有机溶剂的危害，润湿性、展布性和黏着性好，并且对水质的硬度和温度不敏感等优点。

农药制剂逐步向安全化、环保化、水基化发展，农药悬浮剂是以后农药剂型运用中的一种用量较大的剂型，当前国际上悬浮剂也出现一些新的发展趋势：① 悬浮剂含量尽可能朝着高浓度方向发展；② 新的原药品种开发的剂型都有悬浮剂的制剂形态，如氯虫苯甲酰胺、氰虫酰胺等；③ 随着加工工艺的突破和应用技术的提高，悬浮剂制剂的药效已与乳油等传统制剂相当；④ 技术进步使制备悬浮剂的原药理化性质范围得以放宽，传统概念上不能加工成悬浮剂的活性成分如今都可以加工成悬浮剂，如苯醚甲环唑、二甲戊乐灵、毒死蜱等。

悬浮剂已经开发多年，大部分比较适合开发成悬浮剂的品种在市场上都有相应的专用或通用助剂，因此对制剂开发人员来说制作一些常规品种的悬浮剂已经并非难事，当前制作悬浮剂的主要难点在于面对两高一低一强（即高含量、高水溶解度、低熔点、强电解质）型悬浮剂方面，配方开发和生产方面面临的困难较多，如高含量悬浮剂在砂磨过程中物料容易变稠；水中溶解度大的原药制作悬浮剂易发生奥氏熟化而导致分层、沉淀和聚结等；低熔点原药在砂磨时变软而难以砂磨；强电解质原药易发生物料变稠、絮凝聚结、增稠困难等问题。

一、高含量悬浮剂的开发

高含量悬浮剂的开发是悬浮剂发展的一个重要方向，其优势是显而易见的，如减小包装体积、减少占用仓库的体积、降低生产成本、减少运输费用等。从国外农化公司在国内登记的悬浮剂品种也可以看出这种趋势，例如登记的高浓度悬浮剂品种，单剂有600g/L和480g/L吡虫啉、500g/L异菌脲、500g/L甲基硫菌灵、500g/L异丙隆、430g/L戊唑醇、430g/L代森锰锌、43%氰草津等，混剂有550g/L吡酰·异丙隆。农药悬浮剂是以水为介质，通过湿磨制得的，浓度越大，水量越少；特别是在制备高浓度悬浮剂产品中，研发难度越大，遇到一系列难题，如生产配制均匀浆料难、砂磨困难、贮存时易结晶长大、絮凝固化等问题，针对这些问题，我们应对其具体原因进行分析，并提出相应的解决方法。

1. 高含量悬浮剂开发过程中的问题

（1）生产配制均匀浆料难。高含量悬浮剂中，由于含水量少，给浆料的润湿混匀造成很大困难，只有熟练操作和掌握操作技巧的操作人员及使用特殊的设备，才能配制成均匀合格的浆料。

（2）难以砂磨。高含量悬浮体系中原药含量高，润湿分散剂不能很好地在原药颗粒界面吸附、均匀分散，并且某些原药在砂磨时会明显地表现出胀流体的流变学行为，所谓胀流体，可以用以下公式表示：$\tau=k\gamma n$（$n>1$），式中，τ是剪切应力，Pa；γ是剪切速度，s^{-1}；k是塑性黏度，mPa·s。也就是说，在高剪切应力下，体系有很高的黏度，物料搅得越快，则物料变得越黏稠，这时甚至会出现无法研磨的情况，更无法得到所需的粒径。例如，在600g/L吡虫啉SC研制中，曾出现过物料越磨越黏的情况。胀流体的出现，表示所选用的润湿分散剂不合适，只有选用合适和特定的分散剂时，才可以避免这种情况的出现，而且可以使物料越磨越稀。但也发现某些农药品种，由于其原药性能的原因，是不适合作悬浮剂的。

（3）贮存过程中易于絮凝、聚结和晶体长大。高浓度下，粒子布朗运动碰撞机会比低浓度时要多得多，并且在分子间吸引力的作用下，高浓度悬浮剂更容易形成链状或链团的网络状聚集体，从而更易发生凝聚或聚结。当产品在贮存过程中颗粒间聚集体合并变大而聚结时，将会导致产制剂产品的沉淀和结块而失效。另外由于高含量悬浮剂中大小粒子的溶解度不同或某些固体农药活性成分的多种晶态间的溶解度不同而引起的奥氏熟化和晶体长大现象也会导致产品在贮存过程中的不稳定。

（4）泡沫多难消泡。高浓度悬浮剂含固量高，要达到一定粒径（平均2～4μm）需要一定砂磨次数。砂磨中产生的泡沫多，目前缺乏非常有效的消泡剂。有机硅、矿物油或醇类消泡剂在生产高浓度悬浮剂中，一般都能起到消泡作用；而且发现只能单独使用，复合使用时，时常易于产生触变现象。

2. 高含量悬浮剂开发难题的应对办法

针对高含量悬浮剂开发过程中的各种难题，我们主要还是通过选用合适的分散剂，选用高品质的原药，控制好粒径及其分布，选好优良的增稠剂及合适的防冻剂，同时做好生产前小试和中试等工作，就可以生产出性能优越、质量稳定可靠的高浓度悬浮剂产品。

（1）选用高含量的原药。为了制得稳定的高浓度悬浮剂产品，选用原药的含量要求在95%以上，有的则要求＞96%。原药含量低表明杂质多，这些未知杂质，有可能会使吸附层电荷被中和，从而破坏或变更稳定粒子的保护层，引起研发产品的沉淀；再则原药含量低，为确保达到活性成分所要求的含量，必然使加入原药的数量增多，致使加入的水量减少。虽然这些水量并不多，但对于研制高浓度悬浮剂产品来说，将给砂磨带来困难，甚至出现无法砂磨的情况。目前，国内一种原药有多家生产，各家生产工艺有所不同，所含杂质不一。因此必须选择有信誉和高质量的原药厂家，不要轻易改变原药来源，否则不可能制得稳定、可靠的高浓度悬浮剂产品。

（2）分散剂的选择。悬浮剂配方中最重要的表面活性剂是分散剂，它在悬浮剂生产中起到帮助粒子分散和悬浮的作用。同时，在悬浮剂产品应用时，能够确保产品用水稀释后，使活性成分在水中悬浮成为分散的悬浮液，有利于用户喷施到作物靶标上，起到防治病虫草害的作用。使用于高浓度悬浮剂的分散剂，必须具有很强的吸附在农药粒子表面的能力，并能提供强有力的电斥力或空间位阻能力，从而阻止农药粒子之间再聚集。由于大多数农药悬浮剂固体粒子在水中有一剩余负电荷，因此通常选用阴离子或非离子表面活性剂，或非离子和阴离子表面活性剂复配混合物，阳离子表面活性剂在此基本是不用的。

无论是用非离子、阴离子或聚合表面活性剂分散剂，还是使用它们之间组合的复合型分散剂，在研制高浓度悬浮剂中的使用量都比制备中、低浓度悬浮剂时要多。至于每个品种使用何种分散剂及其使用量，都必须通过试验才能确定。

（3）润湿剂的选择。悬浮剂配方中另一个重要的表面活性剂是润湿剂。使用它的目的：① 帮助排除农药活性成分粒子表面上的空气，加快粒子进入水中的润湿速度，使粒子迅速润湿；② 降低黏度，便于更好地研磨。润湿剂与分散剂的选择有很大不同。润湿剂应是分子量较小的表面活性剂，要求它在润湿过程中能迅速地扩散到研磨粒子表面。在中、低浓度悬浮剂研制中，可以选用既有润湿又有分散作用的润湿分散剂；但在研制高浓度悬浮剂时，选用润湿分散剂不一定有效。因为作润湿剂时，分子量偏大，润湿能力较差；而作分散剂时，其分子量又不够大，吸附能力又不足，常带来不可逆凝聚和聚沉，这时往往还需另加分散剂。

在高浓度悬浮剂研制中，一般选用分子量小、能够迅速扩散到粒子上的润湿剂。可选用的润湿剂有十二烷基硫酸钠、脂肪醇乙氧基化物、烷基酚乙氧基化物、十八烷基磺基琥珀酸钠等，都能够起到很好的润湿作用。通常选用低泡的非离子表面活性剂作润湿剂，因为产生泡沫可能会降低产品的效率；另外选用浊点大于60℃的表面活性剂也是必要的，因为研磨室中的温度时常可达到60℃。

（4）增稠剂的选择。悬浮剂中使用增稠剂主要起助悬作用，增加体系的黏度，防止粒子受重力作用引起沉降和结块。一般使用具有棒状双螺旋结构的黄原胶作增稠剂是很有效的，原因是黄原胶配制的水溶液能构成类似蜂窝状的结构，并具有支撑、承托固体粒子的作用。在研制中，根据不同的原药活性成分，还可选取黄原胶与其他黏土类或硅石类（如硅酸铝镁等）增稠剂协同使用；其水溶液也能构成三维凝胶网状物，可以承担凝聚物被压缩的作用，从而减少产品的相分离和沉降，提供制剂长期稳定性。在研制高浓度悬浮剂中，增稠剂的使用量一般为0.05%～0.1%。为防止高浓度悬浮剂产品在贮存过程中发臭、变黑，在配制增稠剂时加入一定量防霉剂是十分必要的。

（5）确保高悬浮率。悬浮率是表示悬浮剂性能好坏的一个重要指标。悬浮率高，表示产品在水中分散悬浮性好，喷雾时可使农药活性成分都能到达所防治靶标上，从而提高药效。得到高悬浮率制剂产品，不仅与控制产品的粒径有关，也与所选用的表面活性剂有关。对不同类别的原药应选用不同类型的表面活性剂，方能得到高悬浮率产品。

（6）控制粒径尺寸及分布。悬浮剂的粒径大小，目前虽然没有在国际标准和国家标准中作出规定，但它对悬浮剂的稳定性有很大影响。一般来说，平均粒径控制在2～4μm比较合适，这在实际生产中是能够达到的。粒径过小，砂磨时间会延长，也增加了加工成本。粒径细，在重力作用下的沉降速度慢，有利于悬浮剂的稳定。特别是控制较窄的粒径分布很重要，这可以减少奥氏熟化现象的发生，从而确保产品能保持长期贮存的稳定。

（7）产前小试。由于原药厂家不一，不同批次表面活性剂的外观不同，尤其是不同批次的高分子表面活性剂，其内在质量也有微小差异，因此，在大生产前，对不同于以往原药生产厂的原药或者表面活性剂，都要进行产前小试，以确保大生产正常运行，生产出质量稳定的合格产品。制备高浓度悬浮剂时，小试放大和中试比较好做，但实际生产时，比制备中、低浓度悬浮剂难度要大。车间操作者在生产中需要解决配料、堵塞、消泡、洗水处理等问题，付出更大的努力才能制得质量稳定的合格产品。

二、高水溶性原药悬浮剂的开发

随着当前表面活性剂和悬浮剂加工技术的发展，过去悬浮剂的开发通常要求原药在水中的溶解度不要超过100mg/L，而如今许多在水中溶解度较大的原药品种也都开发成了稳定的悬浮剂。例如：吡虫啉（610mg/L）、灭蝇胺（13g/L）、噻虫嗪（4100mg/L）、噻虫胺（304mg/L）、吡蚜酮（290mg/L）等。水中溶解度大的原药制备悬浮剂最主要的问题就在于容易发生奥氏熟化而出现晶体长大、析晶的问题。另一个问题是高水溶性的原药具有强极性、易水合等特性，比较容易与水形成氢键，将自由水包合在原药分子内，导致悬浮浆料难以配制，砂磨过程中黏度变大。

针对高水溶性悬浮剂中的难题，我们主要选用生产工艺稳定、高品质的原药；合理、科学地选用润湿分散剂，如EO-PO嵌段共聚物润湿分散剂，也可加入结晶抑制剂来解决此类问题。

三、低熔点原药悬浮剂的开发

随着当前表面活性剂和悬浮剂加工技术的发展，过去很多不符合熔点条件的原药也能够被加工成悬浮剂，比较典型的代表，如联苯菊酯熔点70.6℃，稻瘟灵熔点54.6℃，吡唑醚菌酯熔点63.7℃，二甲戊乐灵熔点54～58℃，现在都可以加工成合格的悬浮剂产品。低熔点原药悬浮剂开发的主要难点在于如果原药熔点低于70℃，生产上将面临较大困难，因为熔点低的原药在砂磨过程中容易软化溶解，进而导致物料变稠而难以砂磨；另一个问题是在贮藏过程中，尤其是变温过程中易析晶、絮凝和结块，严重影响产品的使用和药效的发挥。要解决这些问题我们在开发配方时就应考虑如下三点原则：① 熔点以上温度时，如何乳化油滴。② 熔点以下温度时，如何分散固体颗粒。③ 熔点附近温度时，如何防止类似“杂絮凝”的现象。

解决低熔点原药悬浮剂配制过程中的难点，配方设计的思路有：① 选用乳化能力较强、分子量较大的非离子表面活性剂如嵌段聚醚作为“结晶抑制剂”，常见品种，如Croda的G5000、Akzo Nobel 的Ethylan NS 500LQ、BASF的Pluronic PE 10500等，同时可考虑在配方中加入结晶抑制剂（如特殊的磺酸盐类Dispersogen 1494liq）；② 加入惰性吸附载体，如气相白炭黑；③ 加入水溶性大分子物质，如聚乙烯吡咯烷酮。工艺改进的思路有：① 砂磨过程中使用冷冻循环水，降低砂磨温度；② 提高研磨效率，缩短研磨时间；③ 控制浆料浓度。通过配方设计和工艺控制可以制得稳定的、合格的低熔点原药悬浮剂产品。

四、强电解质原药悬浮剂的开发

许多除草剂是以水溶性盐形式存在的，如许多全球使用量大的产品草甘膦、百草枯、2甲4氯及二氯吡啶酸、毒莠定等。水溶性盐类除草剂的有效成分与适合于制为悬浮剂的除草剂的有效成分复配制剂已为各跨国农药企业开发。具体产品见表2-10。

表2-10　水溶性盐类除草剂悬浮剂产品

企业名称	产品名称
先正达	500g/L 草甘膦异丙胺盐 · 敌草隆 SC
先正达	490g/L 百草枯 · 敌草隆 SC
拜耳	490g/L 百草枯 · 敌草隆 SC
拜耳	335g/L 2 甲 4 氯钾盐 · 二氯吡啶酸 · 吡氟草胺 SC
4Farmers	2 甲 4 氯钾盐 · 吡氟草胺 SC

强电解质的大量存在将影响作为分散剂的表面活性剂发挥其效能：与阴离子表面活性剂形成相反离子的作用，体系结构强度降低；使非离子表面活性剂浊点降低，疏水作用增强。最终极易导致水悬浮剂出现难于砂磨、分层结底、增稠困难、絮凝聚结等问题，使产品质量不合格。

1. 强电解原药悬浮剂开发中出现的问题

（1）难于研磨。各物料混合后置于试验用球磨机后研磨中黏度过大，致使研磨困难。产生原因是水悬浮剂在砂磨过程中的胀流体行为。

（2）絮凝、聚结。在离子表面活性剂中加入强电解质，电解质与表面活性剂间存在相反离子的作用。电解质对非离子表面活性剂的浊点主要存在两方面的影响：一是盐析作用；

二是盐溶作用。

（3）增稠困难。无机电解质具有杀菌能力，黄原胶不能起到增稠作用。制剂中含有电解质，如钾盐离子，会与膨润土层面上的负电荷相互吸附，导致膨润土失去电压斥力，无法构成三维凝胶网状物，从而不能起到悬浮分离的作用，达不到增稠的目的。

2. 强电解原药悬浮剂的开发对策

选用高级聚合物两性离子表面活性剂，两性离子表面活性剂可以吸附在带有负电荷或正电荷的物质表面而不产生憎水薄层，在一定pH值范围内两性离子表面活性剂以内盐形式存在，此时的双离子将不向任何方向移动，因此增强了悬浮剂的稳定性，同时可以明显降低该制剂的剪切力，从而降低制剂的黏度，提高制剂的耐磨性，避免出现结球现象。

选用黄原胶和硅酸镁铝适合作含有机电解质悬浮体系的增稠剂；矿物质海泡石适合作含无机电解质悬浮体系的增稠剂。

参考文献

[1] 韩熹莱. 农药概论. 北京：北京农业大学出版社，1995.

[2] Sugavanam B，Copping LG. Development of Crop Protection Agents–Invention to Sales. Vienna：united nations industrial development organization，1998.

[3] Sushil K. Khetan. Pesticide Formulation Design. Vienna：united nations industrial development organization，1998.

[4] 仲苏林. 农药悬浮剂的开发现状和展望. 世界农药，2010，32（3）：47–51.

[5] 潘立刚，陶岭梅，张兴. 农药悬浮剂研究进展. 植物保护，2005，31（2）：17–20.

[6] 凌世海. 我国农药加工工业现状和发展建议. 农药，1999，38（10）：19–24.

[7] 王林，李明. 农药水悬浮剂的特点及研制方法. 安徽农业科学，2008，36（35）：15566–15567.

[8] 华乃震. 农药悬浮剂的进展、前景和加工技术. 现代农药，2007，6（1）：1–7.

[9] 韩熹来. 中国农业百科全书：农药卷. 北京：农业出版社，1993.

[10] 刘步林. 农药剂型加工技术. 北京：化学工业出版社，1998.

[11] Hartley G S. Formulations of pesticides, The Expanding Uses of Petroleum. London British Institute of Petroleum，1982.

[12] 江体乾. 化工流变学. 上海：华东理工大学出版社，2004.

[13] Tadros T F. Solid/Liquid Dispersions. London：Academic Press，1987.

[14] 中化化工标准化研究所，中国标准出版社第二编辑室. 农药标准汇编（通用方法卷）. 北京：中国标准出版社，2006.

[15] Knowles D A. Trends in Pesticide Formulations. London，2001.

[16] 联合国粮食及农业组织和世界卫生组织农药标准联席会议编写. 粮农组织和世卫组织农药标准制订和使用手册. 罗马：联合国粮食及农业组织新闻司出版管理处，2005.

[17] 张文吉. 农药加工及使用技术. 北京：中国农业大学出版社，1998.

[18] Marrs C J，Middleton M R. The formulations of pesticides for convenien and safety. Outlook Agric.(U.K.)，1973.

[19] Tadros Th F. Suspension Concentrates. Vienna：united nations industrial development organization，1998.

[20] 中华人民共和国农业部农药检定所. 农药登记汇编. 北京：中国农业大学出版社，2004–2010.

[21] GIFAP，Guidelines for the Safe Transport of Pesticides.

[22] New Developments in Crop Protection Product Formulation. T&F Informa UK Ltd，2005.

[23] Manual on the Development and Use of FAO Specifications for Plant Protection Products. Roman：Food and Agriculture Organization of the United Nations，2006.

[24] 赵欣昕，侯宇凯. 农药规格质量标准汇编. 北京：化学工业出版社，2002.

[25] 周本新，凌世海，尚鹤言. 农药新剂型. 北京：化学工业出版社，1994.

[26] Terece Grayson B，Paul J.Price，David Walter. Effect of the Volume Rate of Application on the Glasshouse Performance of crop Protection Agent/Adjuvant Combinations. Pestic.Sci，1996.

[27] 徐妍，马超，刘世禄，等. 浅谈农药悬浮剂的质量提升. 现代农药，2010，9（2）：18–23.

[28] Butt H J，Berger R，Bonaccurso E，et al. Impact of Atomic Force Microscopy on Interface and Colloid Science. Advances in Colloid and Interface Science，2007，133（2）：91–104.

[29] Vijayaraghavan K，Nikolov A，Wasan D. Foam formation and mitigation in a three–phase gas–liquid–particulate system. Advances in Colloid and Interface Science，2006，s 123–126（21）：49–61.

[30] Boström M, Deniz V, Franks G V, et al. Extended DLVO Theory: Electrostatic and Non-electrostatic Forces in Oxide Suspensions . Advances in Colloid and Interface Science, 2006, s 123-126 (21): 5-15.

[31] Vie R, Azema N, Quantin J C, et al. Study of Suspension Settling: A Approach to Determine Suspension Classification and Particle Interactions. Colloids and Surfaces A: Physicochemical and Engineering Aspects, 2007, 298 (3): 192-200.

[32] 黄树新，江体乾．黏弹性流体流动的数值模拟进展．力学进展，2001，(2)：267-288.

[33] Pendey B P, Saraf D N. An Experimental Investigation in Rheological Behavior of Glass-water Suspensions. Chemical Engineering Journal, 1982, 24 (1): 61-69.

[34] Scott K J. Effect of Surface Charge on the Rheology of Concentrated Aqueous Quartz Suspensions [R]. India: Centre of Scientific and Industrial Research, 1982.

[35] Mewis J. Rheology and Microstructure of Suspensions. Advances in Organic Coatings Science and Technology Series, 1988, 10: 65-71.

[36] Zhang Jing, Ji Hai-feng. An anti *E. coli* O157: H7 Antibodyimmobilized Microcantilever for the Detection of Escherichia Coli (*E. coli*). Analytical Sciences: The International Journal of the Japan Society for Analytical Chemistry, 2004, 20 (4): 585-587.

[37] 徐妍，马超，胡奕俊，等．烯草酮-β-环糊精包合物悬浮剂的制备及流变学行为．农药，2011，50 (2)：109-112.

[38] 郝汉，冯建国，马超，等．三种阴离子聚合物分散剂在吡虫啉颗粒表面的吸附热力学和动力学．化工学报，2013，64 (10)：3838-3850.

[39] 冉千平，吴石山，张云灿，等．梳状共聚物水泥分散剂构效关系研究进展．高分子通报，2014，(2)：68-77.

[40] 黄启良，李风敏，袁会珠．颗粒粒径和粒谱对悬浮剂贮存物理稳定性影响研究．农药学学报，2001，3 (2)：77-80.

[41] 王莉，李丽芳，贾猛猛．Zeta电位法选择农药悬浮剂所需润湿分散剂．应用化学，2010，27 (6)：727-731.

[42] 路福绥．农药悬浮剂的物理稳定性．农药，2000，39 (10)：8-10.

[43] 何林，慕立义．农药悬浮剂物理稳定性的预测和评价．农药科学管理，2001，22 (5)：10-12.

[44] Shchukin ED, Rehbinder PA. Colloid. USSR, 1958, 20: 601.

[45] Heath D, Knott RD, Knowles DA, *et al.* Stabilization of Aqueous Pesticidal Suspensions by Graft Copolymers. ACS Symposium Series, 1984, (2): 11-28.

[46] Tadros ThF. Particle growth in suspensions. In: SCI Monograph No 28, Amith, eds. London: Academic Press, 1973.

[47] Whorlow R W. Rheological Techniques. In: Chichester, Ellis Horwood, 1959.

[48] 孔宪滨，徐妍．热熔凝聚法加工农药悬浮剂研究．农药，2004，43 (12)：539-541.

[49] 郭武棣．液体制剂．北京：化学工业出版社，2004.

[50] 吴学民，徐妍．农药制剂加工实验．北京：化学工业出版社，2009.

[51] Pyun J, Matyjaszewski K, Jian W, et al. ABA triblock copolymers containing polyhedral oligomeric silsesquioxane pendant groups: synthesis and unique properties. Polymer, 2003, 44 (9): 2739-2750.

[52] 赵振国．吸附作用应用原理．北京：化学工业出版社，2005.

[53] 徐妍．不同影响因子对农药悬浮剂理化稳定性的影响 [D]．北京：中国农业大学，2007.

[54] 任俊，沈建，卢寿慈．颗粒分散科学与技术．北京：化学工业出版社，2005.

[55] Blokhus A M, Djurhuus K. Adsorption of poly(styrene sulfonate) of different molecular weights on α-alumina: Effect of added sodium dodecyl sulfate . Colloid Interface Sci., 2006, 296 (1): 64-70.

[56] Nermin E, Maysour Disp. Article Micellization and Adsorption Parameters of Nonionic Polymeric Surfactants from Poly(ethylene terephthalate) Waste. Journal of Science and Technology, 2010: 1287-1298.

[57] Briggs D. X射线与紫外光电子能谱．北京：化学工业出版社，1984.

[58] 薛奇．高分子结构研究中的光谱方法．北京：高等教育出版社，1995.

[59] Seah M P, Dench W A. Quantitative electron spectroscopy of surfaces: A standard data base for electron inelastic mean free paths in solids. Surface and Interface Analysis, 1979, 1 (1): 2-11.

[60] 徐妍，马超，贾然，等．超分散剂在莠去津颗粒表面吸附的红外和拉曼光谱学研究．光谱学与光谱分析，2011，31 (3)：640-643.

[61] Terence Cosgrove．胶体科学原理、方法与应用．北京：化学工业出版社，2009.

[62] Manual for Pesticide User, Safety with Pesticide. India: Pesticide Assoication of India, 1989.

[63] DODIA DA, PATEL IS, PATEL GM. Botanical Pesticides for Pest Management. Jodhpur: Scientific Pub, 2008.

[64] 黄启良，李风敏，袁会珠，等．悬浮剂润湿分散剂选择方法研究．农药学学报，2001，3 (3)：66-70.

[65] 张国生，李琳光．农药悬浮剂的配方技术．世界农药，2010，32 (4)：10-17.

[66] 罗湘仁，李敏，马超．28%苯甲·嘧菌酯悬浮种衣剂的研制．农药，2012，51 (4)：264-266.

[67] 邵维忠．农药助剂．北京：化学工业出版社，2003.

[68] 刘细平，徐妍，吴学民．农药助剂的进展及应用 [R]．第八届全国农药质量管理与分析技术交流会．厦门：2006.

[69] 徐妍，张政，吴学民. 高性能表面活性剂在农药悬浮剂中的应用. 农药，2007，46 (6)：374–376.

[70] 华乃震. 绿色分散剂木质素磺酸盐的应用和前景. 农药市场信息，2012 (18)：18–21.

[71] 周宝文，哈成勇，莫建强，等. 木质素磺酸盐表面活性剂的研究和应用进展. 高分子通报，2013，(5)：76–82.

[72] 郝亚军，蔡翔，谭剑. 木质素分散剂在农药悬浮剂中的应用. 现代农药，2012，11 (3)：18–21.

[73] 徐妍，张政，盛琦. 高性能表面活性剂在农药悬浮剂中的应用. 农药，2007，46 (6)：374–376.

[74] Butt HJ，Berger R，Bonaccurso E，et al. Impact of atomic force microscopy on interface and colloid science. Advances in Colloid and Interface Science，2007，133 (2)：91–104.

[75] 冯建国，吴学民. 国外主要农药助剂公司及其部分产品介绍. 世界农药，2012，(25)：38–40.

[76] 冯建国，王佳，马超. 磷酸酯类表面活性剂在农药剂型加工中的应用. 日用化学工业，2013，43 (1)：64–67.

[77] Tadros ThF. Solid/Liquid Dispersions (London，New York，Academic Press)，1987.

[78] Tadros ThF，sednai AZ. Viscoelastic properties of aqueous concentrated pesticidal suspension concentrates. Colloid and Surfaces，1990，43 (1)：95–103.

[79] 华乃震. 农用分散剂产品和应用 (Ⅰ). 现代农药，2012，11 (4)：1–5.

[80] 郝汉，冯建国，马超. 双梳型共聚物对吡虫啉悬浮剂分散稳定性的影响与表征. 化工学报，2014，65 (3)：1126–1134.

[81] 华乃震. 特种农用助剂应用和增效作用. 世界农药，2010，32 (1)：44–47.

[82] Napper DH. Polymeric Stabilisation of Colloidal Dispersions (London，New York，Academic Press)，1982.

[83] 张宗俭. 我国农药助剂的开发进展 [R]. 无锡制剂会，2010.

[84] 林雨佳，高彬，刘立栓. 高浓度悬浮剂研发和生产中问题与对策. 现代农药，2010，9 (2)：1–6.

[85] 齐武，苑志军，刘德友. 含强电解质农药有效成分的复配型水悬浮剂 [R]. 昆山制剂会，2012.

[86] 吴志杰，王丽珍，孙倩. 悬浮剂研发和生产过程中的难点及解决方法. 今日农药，2013，(10)：19–23.

第三章

乳 油

第一节 概 述

一直以来，乳油因其加工工艺简单、产品稳定性好、使用方便、生物活性高等优点，成为农药制剂的主要剂型之一。即使在环保型制剂产品高度发展的欧美国家，乳油仍占有25%的市场份额。在我国，乳油是近三十年来最基本和最重要的农药剂型，长期以来占据农药市场的首位。近年来，随着人类环境保护意识的增强，农药乳油制剂中使用大量有机溶剂所带来的安全和环保问题逐渐引起人们的重视和关注，因此农药制剂工作者在技术层面上不断对乳油进行改造，使其扬长避短，向环境友好型发展。

一、概述

1. 乳油的概念及特点

农药乳油（emulsifiable concentrate，EC），是由农药原药、有机溶剂、乳化剂等混溶调制成的均相油状液体制剂，入水后能以极微小的油粒分散在水中，形成均一稳定的乳状液。

乳油是最简单、最基本、生物活性最高的农药剂型。乳油具有许多优点：

① 与其他剂型相比，配方组成中所含组分少，一般包括有效成分、乳化剂和溶剂；

② 对原药的适用性广，液体农药和在有机溶剂中有较大溶解度的固体农药均可加工成乳油；

③ 有效成分含量高，高达90%以上；

④ 加工工艺简单，设备投资少，能耗低，生产效率高，基本无“三废”，易于清洁生产；

⑤ 贮存稳定性好；

⑥ 乳油流动性好，易于计量，使用方便；

⑦ 生物活性高，乳油兑水喷施到防治靶标上，分布均匀，润湿性、渗透性、展着性好，防治效果好。

乳油的缺点主要表现为与环境相容性较差。乳油的制备过程中要使用大量有机溶剂，有机溶剂本身就存在毒性大、半衰期长、易燃、易爆、易污染环境、危害人体健康等问题，因此乳油在生产和使用过程中存在着毒性、易燃、易爆及药害等隐患，在运输及安全防范上也受到诸多限制。

2. 乳油在现代农药剂型中的地位

农药乳油伴随着农药新品种的发展和使用技术的进步而逐步发展。与其他农药剂型相比，乳油具有有效成分含量较高、稳定性好、使用方便、防治效果好、加工工艺简单、设备要求不高等特点。至今仍然是国内和其他发展中国家生产、销售和使用的主要农药剂型之一，长期以来一直占据着农药市场的重要地位。据埃克森小组统计，许多20世纪40～50年代的农药老产品仍然登记为传统剂型，即使有新剂型出现，登记的产品仍然继续使用且依靠传统剂型。当一种制剂满足最终用户的需求时，该制剂将被反复使用。例如，除草剂2,4-D的剂型为乳油，该产品于1950年起即在美国EPA登记，并且一直销售至今。虽然其溶剂和乳化剂的品种和组成可能会改变，但剂型始终保持不变。

第二次世界大战后，以有机磷和有机氯为代表的有机合成农药的迅速发展，促进了农药剂型加工和使用技术的进步，使得乳油和粉剂、可湿性粉剂一样成为农药制剂的重要剂型。在乳油的发展过程中，表面活性剂起着重要的作用。早期的农药滴滴涕乳油，用硫酸化或磺化蓖麻油为乳化剂，配制出的乳油质量差、性能不好，乳化剂用量大，以25%滴滴涕乳油为例，乳化剂高达30%。20世纪40年代中期，非离子表面活性剂开始用于乳油的配制。1954年，乳油产品中多使用醚型非离子表面活性剂，但依然存在着用量较大的不足。1955年，阴离子表面活性剂十二烷基苯磺酸钙的出现，尤其是与非离子表面活性剂的搭配使用，具有较好的协同效应，使得农药乳油的发展进入一个崭新阶段，也使乳油真正成为农药的重要剂型。

在我国农药工业的发展过程中，农药乳油一直发挥着重要的作用，可以说功不可没，家喻户晓。20世纪60年代以前，基本上也是用硫酸化蓖麻油为乳化剂配制25%滴滴涕乳油，此后，我国开始研制开发新型农药乳化剂品种及应用技术，大体上能够满足各种农药配制乳油的需要。在1983年以前，我国农药乳油的产量占农药制剂总产量的10%，而1983年以后，即六六六、滴滴涕禁用之后，乳油的产量急剧增加。

多年来我国农药乳油在全部农药剂型中所占比例一直在45%～50%，其登记领证的产品数历年增加。截至2016年9月，我国乳油登记的农药有效成分近320个，乳油制剂产品登记数达9400多个。按农药种类进行统计，乳油产品在所用农药品种中的布局是相对集中的，许多问题是制剂技术长期落后而后来又未及时进行改造所延续下来的。我国常用的农药原药有300多个品种，乳油产品却只是相对集中在15%的原药品种中，其所制得的乳油产品数更是高达6500多个，占全部乳油产品数的70%以上。仅阿维菌素类、菊酯类、吡虫啉类、酰胺类、毒死蜱、三唑磷和乙酰甲胺磷等10多个农药品种所制备的乳油产品数就达4000个，约占乳油产品的一半。不仅如此，在年产量超过5000t的19种农药中，11种农药产品的剂型为乳油，且多数为杀虫剂。因此，乳油在有害生物防治方面起着重要作用，即使在环保型剂型日益发展的今天，乳油仍然占据重要主导地位。

据相关数据显示，乳油作为我国的传统农药剂型，在整个农药中的比重约为50%，目前，我国年乳油制剂的生产和使用量约为100万吨，所用的溶剂主要是二甲苯、甲苯、苯等芳烃类溶剂，每年消耗该类溶剂约为30万吨。此外，甲醇、*N,N*-二甲基甲酰胺等极性溶剂也有一定的用量。为减少或避免农药乳油中的有机溶剂对人体健康、安全和环境的危害，我国近年来出台了多项相关产业政策，对削减乳油提出了分阶段实施的意见：

① 我国家发改委2006年第4号公告，“自2006年7月1日起，不再受理申请乳油农药企业的核准”。

② 2008年12月25日，农业部为提高矿物油农药产品的质量，保障农产品质量安全和环境生态安全，发布了第1133号公告，并于2009年3月1日起施行。公告规定：应选择精炼矿物油生产矿物油农药产品，不得使用普通石化产品生产矿物油农药产品。其理化指标应符合：相对正构烷烃碳数差应当不大于8，相对正构烷烃碳数应当在21～24，非磺化物含量应当不小于92%。

③ 2009年2月工信部《工原【2009】第29号公告》，自2009年8月1日起，不再颁发新申报的农药乳油产品批准证书。尽管已取得登记证和生产批准证书的乳油产品仍可生产，而业内普遍认为，苯、甲苯、二甲苯等芳烃类溶剂作为乳油农药的常用有机溶剂遭全面禁止已经“箭在弦上”，禁用只是时间问题。

④ 在适当的时候除一些只适合制备乳油的农药产品外，停止以苯、甲苯、二甲苯等芳烃类为溶剂的乳油产品生产。

⑤ 2009年10月中国石油与化学工业联合会《石油和化工产业结构调整指导意见》和《石油和化工产业振兴支撑技术指导意见》中明确指出农药制剂非芳烃溶剂化是行业重点发展方向。

⑥ 2010年4月苏州行业环保制剂会议，工信部明确制剂导向“乳油产品需要使用植物油及直链烷烃类环保溶剂”。

⑦ 2013年10月23日，工信部发布第52号公告，批准农药行业标准《农药乳油中有害溶剂限量》（HG/T 4576—2013），并于2014年3月1日开始实施。

农药乳油含有相当量的有机溶剂，故存在着环境污染，易产生药害和贮运不安全等问题，这些问题已引起人们的关注。因此，乳油的总体发展方向比较明确，即扬长避短，既要保持乳油的诸多优点，又要在一定程度上克服二甲苯等有机溶剂所带来的缺点。近年来，农药制剂工作者对乳油进行了卓有成效的改进，改进的方法主要有：

① 以水代替有机溶剂，通常可降低有效成分对使用者的毒性；在某些情况下，可降低药害；还能节省大量有机溶剂。如水乳剂和微乳剂是替代乳油的比较安全的剂型。

② 选用更安全的有机溶剂，如低芳烃溶剂油、脂肪族溶剂油等，尤其是正构烷烃类及高纯正构烷烃类等特种溶剂油（正己烷、正庚烷），它们通常是经加氢精制等技术处理后制得的环保型产品，其黏度低，芳烃类含量及硫、氮含量低，适合乳油用有机溶剂的发展方向。

③ 选用更环保的有机溶剂，如矿物油、植物油、油酸甲酯等，已有50%丙环唑·左旋松油醇乳油的研制、生物柴油作为精喹禾灵乳油中二甲苯替代溶剂的应用初探、植物精油在环保型乳油中的应用展望等报道。

④ 溶胶状乳油（GL），也就是将乳油改变成一种像动物胶一样黏度的产品，它具有独特的流动性，能被定量地包装于水溶性聚乙烯醇小袋中，可减少使用者接触农药的危险，同时避免了乳油包装容器的处理问题。

⑤ 高浓度乳油是重要的发展方向，主要是可显著降低有机溶剂用量，减少库存量，降低生产和贮运成本；同时减少包装物处理问题，缓解环境压力。代表品种有70%炔满特EC、90%乙草胺EC等。

⑥ 制备无溶剂乳油，即仅由液体农药和乳化剂组成，由于不含有机溶剂，危险性较小。代表品种有96%异丙甲草胺EC、90%乙草胺EC等。

⑦ 制备固体乳油，将高浓度乳油吸附在适宜载体上，入水后形成乳状液的粉状或粒状固体乳油，主要包括可乳化粉剂（emulsifiable powder，EP）和可乳化粒剂（emulsifiable granual，EG），已有10%喹草烯可乳化粉剂配方研究报道和甲氨基阿维菌素苯甲酸盐可乳化粒剂专利报道。

综上所述，农药乳油仍然是我国农药制剂中的重要剂型之一，仍占有相当重要的地位，同时关于传统乳油技术层面的改进将会持之以恒，乳油中有机溶剂的使用也会陆续制定相关的国家或行业规范或标准，农药乳油将会获得绿色新生。

二、乳油的质量评价体系

（一）性能要求

1. 有效成分含量的测定

根据原药理化性质、生物活性、安全性及其与溶剂、乳化剂的溶解情况，加工成乳油的稳定情况来确定制剂的有效含量。原则上有效成分含量越高越好，也有利于减少包装和运输量，也有利于成本的降低。具体分析方法参照原药及其他制剂的分析方法，结合本制剂的具体情况研究制订。

2. 乳化分散性的评价

乳化分散性是指乳油放入水中自动乳化分散的情况。一般要求乳油倒入水中能自动形成云状分散物，缓缓向水中扩散，轻微搅动后能以细微油珠均匀地分散在水中，形成均一、稳定的乳状液，以满足喷洒要求。

乳化分散性是乳油的重要性能之一，乳油用水稀释后，如果分散性不好，药液易出现分布不均匀或产生分层或沉淀，使有效成分大部分沉积在施药器械底部，药液浓度不均一，在喷洒药液时，不但直接影响药剂的防治效果，而且容易产生药害和引起中毒事故的发生，因此在配制乳油时，要严格控制乳化分散性。

乳油的乳化分散性主要取决于乳油的配方，其中最重要的是乳化剂品种的选择和搭配，其次是溶剂的种类和农药的品种。评价乳油的乳化分散性时，采用100mL量筒，按规定的条件进行。评价标准为：

（1）分散性。将99.5mL蒸馏水盛于100mL量筒中，并移入0.5mL乳油，观察其分散状态。

优：能自动分散成带蓝色荧光的乳白云雾状，并自动向上翻转，基本无可视粒子，壁上有一层蓝色乳膜。

良：大部分乳油自动分散成乳白云雾状，有少量可视粒子或少量浮油。

可：能分散成乳白云雾状。

差：不分散，呈油珠或颗粒下沉。

（2）乳化性。将乳油滴入量筒后盖上塞子，翻转量筒15次，观察初乳态。

优：乳液呈蓝色透明或半透明状，有较强的乳光。

良：乳液呈浓乳白色或稍带蓝色，底部有乳光，乳液附壁有乳膜。

可：乳液呈乳化状态，无光泽。

差：乳液呈灰白色，有可视粒子。

3. 乳液稳定性的评价

乳液稳定性是指乳油用水稀释后形成的乳状液的经时稳定情况。按乳油的乳液稳定性测试方法进行，即按GB/T 1603—2001中的方法进行测定：在250mL烧杯中，加入100mL 25～30℃标准硬水，用移液管吸取0.5mL乳油样品（稀释200倍），在不断搅拌的情况下缓缓加入标准硬水中，加完乳油后，继续用2～3r/s的速度搅拌30s，立即将乳状液移至清洁、干燥的100mL量筒中，并将量筒置于恒温水浴中，在（30±2）℃范围内，静置1h，观察乳状液的分离情况，如在量筒中无浮油（膏）、沉淀和沉油析出，视为乳液稳定性合格。

乳状液的稳定性是一个非常复杂的研究课题。许多研究结果表明，乳状液的稳定性与多种影响因子有关，如分散相的组分、极性、油珠大小及其相互间的作用等；连续相的黏度、pH值、电介质浓度等；乳化剂的化学结构、组分、浓度和性能等；以及环境条件如温度、光照、气流等。其中最重要的是乳化剂的品种、组成和用量。研究表明，通过选用合适的复配型乳化剂，可以有效改善乳状液的经时稳定性。

4. 挥发性的测定

若溶剂容易挥发，在配制和贮存过程中易破坏体系平衡，稳定性差。其测试方法为：取带环的直径11cm定性滤纸一张，用天平称重后，用滴管加约1mL农药乳油，均匀滴在滤纸上，使其全部湿透，加药液量应以悬挂时，滤纸下端看不出多余药液，更不能有药液滴下为宜。加药后立即称重，计算出加药量。然后，将滤纸悬挂在30℃的室内，20min后，在天平上再次称重。计算农药乳油的挥发率，其挥发率不超过30%为合格。

$$挥发性=\frac{W_2-W_0}{W_2-W_1}\times 100\% \quad (3\text{-}1)$$

式中 W_0——农药乳油挥发后的滤纸质量，g；

W_1——滤纸质量，g；

W_2——滴上农药乳油后立即称出的滤纸质量，g。

平行测定三次，取其平均值。

5. 闪点

闪点是乳油的重要指标之一，闪点高，乳油生产、贮藏、运输和使用安全。评价乳油闪点的方法是：将乳油置于测试容器中，加热乳油，缓慢地以规定的速度升温至接近闪点，以一个点火源每隔一段时间或温度间隔伸入杯中尝试点火，第一次检测到闪焰时的温度为闪点。

6. pH值

pH值是农药乳油的一项重要理化性质参数，随农药的有效成分、生产工艺和辅料等不同而不同，pH值对于乳油的稳定性，特别是有效成分的化学稳定性影响很大。测定农药的pH值可为农药的包装和使用等提供参考依据，保障农药乳油产品的质量和使用安全有效。因此，对商品乳油的pH值应有明确规定，具体数值应视不同产品而定。

7. 贮存稳定性

贮存稳定性是乳油的一项重要性能指标，它直接关系产品的性能和应用效果。它是制剂在有效期内，理化性能变化大小的指标。变化越小，说明贮存稳定性越好。反之，则差。贮存稳定性的测定，通常采用加速试验法，即热贮稳定性和低温稳定性。

① 热贮稳定性。作为农药商品，保质期要求至少2年。（54±2）℃贮存14d，有效成分

的分解率低于5%视为合格。同时还要求乳油的外观、乳液稳定性、乳化分散性、pH值等物理性质在贮存前后基本不变或变化不大，满足各项指标要求。

② 低温稳定性。为保证乳油不受低温的影响，需进行低温稳定性试验。可将适量样品装入安瓿瓶中，密封后于0℃、-5℃或-9℃冰箱中贮存1周或2周后观察，不分层、无结晶为合格。

（二）质量控制指标

为保证农药乳油的产品性能，我国化工行业标准《农药乳油产品标准编写规范》（HG/T 2467.2—2003）中规定，农药乳油产品应控制的项目指标有：有效成分含量、相关杂质限量、酸碱度或pH值范围、水分、乳液稳定性、低温稳定性、热贮稳定性。（联合国粮农组织FAO）规定，农药乳油产品应控制的项目指标有：有效成分含量、相关杂质限量、酸碱度或pH值范围、水分、乳液稳定性和再乳化、持久起泡性、低温稳定性、热贮稳定性。

（三）理化性质测试

为完善农药登记管理基础标准，为农药风险评估和农药安全性管理提供技术支撑等，我国农业行业标准《农药理化性质测定试验导则》系列标准NY/T 1860—2016中规定，农药乳油产品应测定的项目指标有：pH值、外观（包括颜色、状态、气味）、爆炸性、闪点、对包装材料腐蚀性、密度、黏度。

（四）2年常温贮存试验

为完善农药登记管理基础标准，为保证农药产品在保质期内的质量等，我国农业行业标准《农药常温贮存稳定性试验通则》系列标准NY/T 1427—2007中规定，农药乳油产品应测定的项目指标有：产品包装、有效成分含量、pH值、水分、外观（包括颜色、状态、气味）、乳液稳定性。

三、乳油存在问题及发展前景

（一）存在问题

目前，乳油作为传统剂型，仍然是现代农药工业中十分重要的剂型之一。但乳油的易燃、易爆问题和使用时芳烃溶剂对皮肤的接触毒性问题等，尤其是芳烃溶剂对环境污染的问题，已引起我国农药制剂工作者的高度重视和国内外同行的极大关注。据调研，乳油的配方研究、生产、使用中主要存在以下问题：

1. 配方研制粗放

目前，虽然许多农药生产企业和科研院所进行乳油的配方研究和生产，但其配方的研究多为宏观的、经验式的随机筛选，配方比较粗放，成功率低，缺乏必要的理论指导和科学的乳化剂选择，微观的辅助研究手段应用较少。因此，在使用和贮存中易出现乳液稳定性差、乳化分散性不好、水分含量超标等，甚至出现析晶和固化现象，最终导致田间防效不佳，难以得到使用者的认可甚至出现药效不好的问题。乳油的质量指标，除标明的有效成分含量外，最重要的指标就是贮存稳定性，尤其是长期物理稳定性，它直接关系到产品的性能、货架寿命和应用效果等。

2. 有效成分含量不符合标准规定

在组成乳油的不同影响因子中，农药原药是乳油中有效成分的主体，它对最终配成的乳油有很大的影响，尤其是对最终药效的发挥起着重要的作用，是农药产品标准中最重要的技术指标，有效成分含量达不到标准要求，将会导致施药后效果不好。在市售乳油产品中，有部分农药有效成分含量不符合标准规定，主要表现为以下两个方面：① 有效成分含量低，甚至检测不到，其原因是对原材料的验收把关不严，使用含量达不到标准要求的原材料；生产时原药加入量不足；出厂检验不严格，没有把好质量关；贮存、运输条件不符合有关规定，有效成分在贮运时受温度、水分、pH值等因素影响而分解。② 产品有效成分含量符合标准规定，但产品中加入了标准规定外的其他农药有效成分，多数为高效、低毒农药，极少数为高效、高毒农药。

3. 原药质量问题

农药原药的质量非常重要，不同厂家由于技术水平不同、工艺路线不同以及原料质量的差异等影响，往往会导致原药质量的不同。只有选用高含量的优质原药，才能配制出优质乳油；与此同时，还要对原药中重要的相关杂质加以限制并提供分析方法。相关杂质（relevant impurity）指与农药有效成分相比，农药产品在生产或贮存过程中所含有的对人类和环境具有明显的毒害，或对适用作物产生药害，或引起农产品污染，或影响农药产品质量稳定性，或引起其他不良影响的杂质。原药中重要的相关杂质往往导致其产品毒性增大，理化性质改变，进而影响乳油的质量。如采用相关杂质控制不好的烯草酮原药进行乳油的调制，易出现有效成分分解问题；如采用相关杂质控制不好的有机磷原药或拟除虫菊酯类原药进行乳油的调制，易出现混浊、分层、沉淀等现象。

4. 乳化剂使用不规范

目前在我国加工的乳油中，存在大量环境相容性差的传统乳化剂（如烷基酚聚氧乙烯醚），对人畜健康、环境和地下水存在着威胁，而且也成为限制我国农药制剂出口的瓶颈。近年来，我国正逐步加强对农药加工所使用的表面活性剂的安全性和环保性的管理，常规、非环境友好的表面活性剂的限用、禁用和替代工作已经进入议事日程。

5. 溶剂毒性问题

农药乳油制剂生产中需要大量有机溶剂，含量一般在30%～60%，其品种主要有苯、甲苯、二甲苯、甲醇、*N*,*N*-二甲基甲酰胺等，我国每年消耗的芳烃类有机溶剂达到40万～50万吨。医学研究证明，芳烃类溶剂易引起较严重的职业中毒，致使血象异常。生态学研究证明，有机溶剂能伴随农药一起进入大气圈和水圈等生态循环系统，能够导致生物慢性中毒，并杀死土壤中的微生物、昆虫等，对环境的污染较大。另外，芳烃类溶剂易挥发、易燃、易爆，使得该类溶剂及配制的乳油存在贮运不安全的问题。

虽然国外已采用闪点较高的重芳烃溶剂油（C_{10}～C_{14}）替代苯类溶剂，安全性有所提高，对人的毒性也有所降低，但因该类溶剂难于降解，其环保性能还是不高。尤其是该类溶剂对大多数农药的溶解度不大，达不到通用溶剂的要求。此外，随着石油化工产品的不断涨价，一些企业为降低成本，往往选用成本低、毒性大的有机溶剂，或选用价格便宜的回收溶剂、混合溶剂和过期溶剂进行乳油产品的制备，加重了乳油的不安全性，也严重影响了农产品的质量安全。

利用绿色溶剂替代危险性较大的芳烃类溶剂和极性溶剂，研制环保型乳油是乳油生存和进一步发展的方向。但绿色溶剂替代芳烃溶剂也存在一些值得关注的问题：① 二价酸酯（DBE）类和吡咯烷酮类溶剂，虽然安全、环保、溶解性能好，但价格较高；② 植物油类溶剂，如大豆油、玉米油、菜籽油、棉籽油、棕榈油、松脂基植物油、植物精油等，虽然配制的少数农药乳油产品很好，但毕竟与绝大多数农药有效成分相容性较差，且与现有乳化剂的匹配也有一定难度，其通用性就会大打折扣，而且使用食用油还存在与民争食的问题。

6. 其他技术指标问题

除有效成分不符合标准规定外，乳油产品还存在着外观、水分、乳液稳定性等技术指标不符合标准要求。乳油外观指标达不到要求，主要表现为分层、析晶、混浊、固化等现象，产生的原因较复杂，首先应考虑原药、溶剂、乳化剂的品种和质量问题。pH值和酸碱度主要是保证产品中有效成分的稳定，减少有效成分分解，不合格的原因主要是：一是企业对原材料验收把关不严；二是企业在研制农药配方时，酸碱度没有调好；三是企业未严格按照相关标准要求检测农药的pH值；四是农药产品的包装材料和产品的贮存条件不符合规定要求。水分含量的超标不利于农药产品的贮存，会导致农药产品质量不稳定，从而达不到预期药效。乳液稳定性用以衡量乳油产品加水稀释后形成的乳状液，农药液珠在水中分散状态的均匀性和稳定性，使乳状液中的有效成分、浓度保持均匀一致，充分发挥药效，避免药害发生。不合格的原因主要是：一是企业对原材料验收把关不严，或为了降低成本，选择劣质乳化剂；二是乳化剂配比不合适；三是一味追求农药有效成分而忽视其他指标的质量问题。

7. 生产中的问题

乳油制剂的优点是加工工艺比较简单，对设备要求不高，整个加工过程基本无“三废”。但一些企业往往因为检测设备不健全，加工工艺不完善，技术水平不高，而造成产品质量出现问题。生产中的问题主要有：① 采购的原材料不进行检测，易出现有效成分含量不合格、杂质含量超标、乳化剂和溶剂中水分含量超标等现象；② 杀虫剂、杀菌剂和除草剂及其生产用其他原料没有按规定分类贮存，不在专用设备中生产和分装；③ 容器贴标不完整或无标签；④ 生产前不进行小样品试验即投产；⑤ 生产设备不清洗或清洗不彻底，或者没有按照清洗流程进行操作，无清洗书面记录；⑥ 生产工艺流程中的半成品过滤装置和半成品沉淀装置缺失；⑦ 无科学合理、先进适用的操作规程。如一些有机磷乳油、炔满特乳油在贮运过程中易出现颜色加深、凝胶固化的现象，其原因之一是乳油中混入铁、铝等金属杂质，与乳化剂、溶剂、原药等在光、热的共同作用下发生理化性质变化，使乳油产品丧失乳化分散功能。

8. 包装中的问题

近年来，随着人们对法律、环境、安全和商贸意识的提高，使得农药生产商和销售商对农药包装的重视程度明显提高。当前农药包装已被认为是接近于农药开发和销售的另一个重要环节。农药制剂和包装被视为同等重要，都是相对独立的实体。包装中存在的问题主要有：① 灌装机不进行清洗；包装物、标签和产品不一致，灌错料时有发生。② 选择透气的包装容器不进行贮存性和相容性试验。由于一些溶剂、水蒸气和空气对聚酯材料的包装容器有一定渗透作用，一些企业使用强度不够的聚酯瓶，瓶体易发生变形，易造成药液的泄漏；易发生光解的农药不进行避光保存或棕色瓶包装。③ 封口时温度不够或放置位置不正确，易出现封口不严，导致漏液现象发生。④ 标签和箱贴不贴在指定位置，歪斜、错贴、漏贴和脱落现象等时有发生。⑤ 装箱时检查不仔细，漏药、松盖、瓶身不干净、标签不整或错误、无喷码或者喷码不清晰等现象没有及时剔除。

9. 质检中的问题

产品的质量控制是生产中一个很重要的环节。但实际上，许多厂家只做农药有效成分的指标检验，忽视了乳液稳定性、pH值、水分等其他也很重要的指标，这些指标不合格往往引起分层、析晶、混浊、结块等，最终导致药效不好，甚至无效的现象出现。同时，一些产品虽然按标准要求进行加速贮存实验，但实际贮运过程中随着外界环境的变化，产品质量极易发生变化，而且加速贮存实验也不能完全反映产品在保质期内的质量变化。因此应结合生产、贮运、使用的实际情况对产品进行质量控制。

10. 使用中的问题

农药制剂是农药的最终产品，农药乳油要经过加工、贮存、运输和销售等多个环节才能到达使用者手中，短则几个月，长达1～2年。随着时间的延长、外部环境的变化，乳油的理化性能指标会发生一定变化，主要表现在分层、晶体析出、无法分散、有效成分分解等，最终影响使用，甚至无法使用。

（二）乳油发展前景

乳油是当前农药剂型中最基本、也是最重要的一种剂型，其最大问题是要消耗大量有机溶剂，这既浪费了化工原料，又加重了环境污染。利用环保型溶剂替代芳烃类溶剂和极性溶剂，配套使用易降解的乳化剂，从技术层面对乳油生产进行持续不断的改进，研究、生产、推广和使用环境友好型乳油是乳油生存和进一步发展的方向。但在具体发展过程中，既要保持乳油的诸多优点，又要主动调整发展方向，克服其不足之处，最大限度发挥乳油作用的同时，我们也要正确面对乳油技术改进过程中出现的一些新问题。

第二节 乳油的理论基础

农药乳油是液体制剂中的一种剂型，是由农药原药、乳化剂、溶剂等不同影响因子组成的，前人通过大量基础研究和实践探索总结出不少理论和经验，为配制优良的乳油提供了重要依据。

一、表面活性剂亲水亲油平衡值

（一）表面活性剂亲水亲油平衡值的概念

表面活性剂亲水亲油平衡值（hydrophile lipophilc balance，HLB）是指分子中亲水基团的亲水性和亲油基团的亲油性之间的相对强弱，是作为乳化剂极性特征的量度，是一个给定值。但实际上，表面活性剂的HLB值是分子极性特征的量度，它并不是一个固定不变的定值，而是一个数值范围。因此，表面活性剂的HLB值可定义为分子中亲水基团和亲油基团所具有的综合亲水亲油效应，在一定温度和硬度的水溶液中，这种综合亲水亲油效应强弱的量度为表面活性剂的HLB值。

将这个概念用于以定量为基础的方案已经提出：Griffin和Davies提出的HLB值，Noore和Bell提出的H/L值，Geeenwald等提出的水值，Shinoda和助手提出的HLB温度（或PIT，相转化温度），Marszall提出的非离子型表面活性剂的EIP（乳化剂转相点）和Shinoda等提出的离子型表面活性剂的HLB组成。

在前三种提到的方案中，Griffin提出的HLB值被定名为HLB（值）法，应用最广泛。然而，HLB值是一个与分子有关的值，例如，两种溶剂存在，不需考虑它们的性质，这是不适宜的，因为被吸附的表面活性剂的HLB值在油/水界面随油的类型、温度、油和水相的添加剂等的改变而改变。

（二）表面活性剂HLB值和基本性能的关系

已发现表面活性剂HLB值几乎与其他所有性质有直接或间接的关系，包括浊点、浊数、水数和酚值、极性、介电常数、展开系数、溶解性、CMC、在两相中的分配系数、表面张力和界面张力、分子量、起泡性和消泡性、折射率、化学势、水合值、界面黏度、薄层色谱R_f值、界面上的吸附性、内聚能、热焓、界面静电力、偏摩尔体积、润湿渗透性、乳化性、乳状液稳定性、分散性、增溶性和乳状液转相温度（PIT）等。

（三）表面活性剂HLB值与应用性能的关系

表面活性剂的性质和用途基本上决定于分子的两种基团的结构和组成。研究农药用表面活性剂HLB值是找出其性质和应用间的内在规律，见表3-1。

表3-1　表面活性剂HLB值范围与用途的关系

用途	HLB 值
消泡剂	1.5 ~ 3
W/O 乳化剂	3.5 ~ 6
润湿剂	7 ~ 9
O/W 乳化剂	8 ~ 18
洗涤剂	13 ~ 15
增溶剂	15 ~ 18

每种表面活性剂或系统都有一个特定的HLB值范围，确定了这个HLB范围，便可大体了解其可能用途。

（四）表面活性剂HLB值的计算和测定

1. 表面活性剂HLB值的计算

自1949年Griffin提出HLB以来，许多研究工作者通过实验探求表面活性剂的各种物理化学性能与HLB值之间的关系。现在已知近千种表面活性剂的HLB值，代表性表面活性剂基团的HLB值见表3-2。

表3-2　表面活性剂基团的HLB值

亲水基团	HLB 值	亲油基团	HLB 值
$—SO_4Na$	38.7	—CH—	-0.475
—COOK	21.1	$—CH_2—$	-0.475
—COONa	19.1	$—CH_3—$	-0.475

续表

亲水基团	HLB 值	亲油基团	HLB 值
—N（叔胺）	9.4	—CH—	-0.475
酯（失水山梨醇环）	6.8	$—CF_2$	-0.870
酯（自由）	2.4	$—CF_3$	-0.870
—COOH	2.1	苯环	-1.662
—OH（自由）	1.9	$—CH_2—CH_2—CH_2—O—$	-0.15
—O—	1.3		
—OH（失水山梨醇环）	0.5		
$—CH_2—CH_2O—$	0.33		

需要指出的是多数表面活性剂的HLB关系有待进一步研究。

2. 表面活性剂HLB值的实验测定

Griffin曾用乳化法测定HLB值，该法较烦琐。1983年，Gupta将质量分数为5%的未知HLB值的乳化剂分散在质量分数为15%的已知所需HLB值的油相中，油相通过以适当比例混合的松节油（所需HLB=10）和棉籽油（所需HLB=6）配制成具有不同所需HLB值的油相，然后加入质量分数为80%的水，用Janke-Kunkel型KG均质器，在最小速度下均质1min，制备13h和24h后，比较一系列样品的稳定性，稳定性最好的样品的乳化剂（未知HLB值）的HLB值大致等于该油相所需的HLB值。混合油的HLB值按各组成油分平均求得，该法较简单。

测定HLB值的方法很多，有乳化法、临界胶束浓度法、水数值及浊点法、色谱法和介电常数法等。其中水溶解性法是估计HLB值的常用方法，十分简便快速。

（五）HLB值在农药助剂中的应用

1. HLB值在乳化剂中的作用

HLB值最初是因为在乙氧基非离子表面活性剂中使用而得到发展，HLB值的应用范围为0～20，每种乳化剂在这个范围内又可应用在许多方面，低HLB值是向油相转移，高HLB值是向水相转移。

HLB值较低的表面活性剂倾向于形成油包水乳状液，大多数表面活性剂都停留在油相，并且要求油相为连续相；高HLB值的表面活性剂倾向于形成水包油乳状液，大多数表面活性剂都停留在水相，并且要求水相为连续相。

HLB值在乳化剂中具有指导作用，在实验室中有两种简单的方法来估计乳化剂的HLB值：第一种方法是基于乳化剂在水中的溶解性来直观估计；第二种通常指的是“混合物法”，该法要求使用一些已知HLB值的乳化剂。

2. 乳化剂的选择和亲水亲油型（H/L）乳化剂

制备O/W乳状液时选择乳化剂的方法，目前有HLB法、状态图法、转相温度法、增溶法等。其中HLB法应用较多，尤其在制备医药和农药用O/W乳状液时较有效。

HLB法选择乳化剂的基本要求：首先要知道被乳化对象农药或农药-溶剂（或其他组分）体系所要求的HLB值，然后考虑结构与使用条件等因素。HLB理论在农药助剂应用中最成功的例子是亲水亲油型（H/L）乳化剂的研制和应用，这种乳化剂的组成性能特征是其中一个有较强的亲油性，HLB值9.3～12.0；另外一个有较强的亲水性，HLB值11.6～14.4。亲水亲油型乳化剂的研制就是用HLB理论选择农药乳化剂。用两组或两组以上亲水亲油性可调整的复配乳化剂来满足不同农药种类、规格、含量、溶剂系统、使用条件等的变化所引起的乳化系统亲水亲油性的差异，用最快的速度和最简便的方法迅速找到最佳的可适用的乳化剂的品种、规格和用量。

二、溶解作用

乳油的基本特征是原药在溶液中呈分子状态存在，亦即原药必须溶解在有机溶剂中。从理论上讲，溶解就是溶质分子间的引力在小于溶质和溶剂间分子的引力的情况下，溶质均匀地分散在溶剂中的过程。

溶解作用的影响因素很多，一般认为有以下几个方面：

① 相同分子或原子间的引力与不同分子或原子间的引力的相互关系；

② 分子的极性引起的分子缔合程度；

③ 分子复合物的生成；

④ 溶剂化作用；

⑤ 溶剂、溶质的分子量；

⑥ 活性基团。

一般而言，溶解的规律是“相似相溶原理”，亦即化学组成类似的物质容易相互溶解，极性与极性物质容易溶解，非极性与非极性物质容易溶解。各物质的极性程度不同，则在另一种物质中溶解的多少也不同。物质极性的大小常用介电常数与偶极矩来表示。

三、乳化作用

乳化作用是指两种互不相溶的液体，如大多数农药原油或农药原药的有机溶液与水，经过剧烈搅拌，其中原油或原药的有机溶液以极小液滴分散在水中的现象。乳化作用的产物是乳状液，一般有水包油型（O/W）和油包水型（W/O）两种类型。以油为分散相，水为连续相，农药有效成分在油相的乳状液，称为水包油型乳状液，如图3-1（a）所示，另一种是油包水型乳状液，此时水是分散相，油是连续相，如图3-1（b）所示。

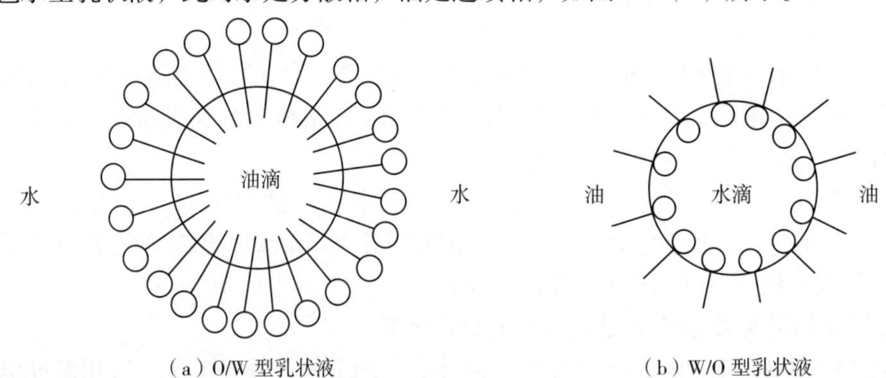

（a）O/W 型乳状液　　（b）W/O 型乳状液

图3-1　乳状液的乳化作用

四、增溶作用

增溶作用，又称加溶作用、可溶化作用，其是指某些物质在表面活性剂作用下，在溶剂中的溶解度显著增大的现象。提高有机物在表面活性剂水溶液中的溶解度是乳油技术领域中的应用课题，从理论上讲，表面活性剂都有增溶作用，但在现有加工条件下，只有部分表面活性剂对部分农药及其配方中的组分表现出增溶作用，且增溶效果也不同；从技术观点看，重要的是理解表面活性剂的结构性质为什么会产生最大的增溶效应。

（一）增溶作用的特点

① 只有在表面活性剂浓度高于临界胶束浓度时增溶作用才明显表现出来。

② 在增溶作用中，表面活性剂的用量相当少，溶剂的性质也无明显变化。

③ 增溶作用不同于乳化作用，增溶后不存在两相，溶液是透明的，没有两相的界面存在，是热力学上的稳定体系。而乳化作用则是两种不相混溶的液体，一种液体分散在另一种液体形成的液-液分散体系，有巨大的相界面及界面自由能，属热力学上不稳定的多分散体系。

④ 增溶作用不同于一般的溶解，通常的溶解过程会使溶液的依数性，如冰点下降，渗透压等有很大变化，但碳氢化合物被增溶后，对依数性影响很小，这说明在增溶过程中溶质没有分离成分子或离子，而是以整个分子团分散在表面活性剂溶液中，因为只有这样质点的数目才不会增多。

⑤ 增溶作用是个自发过程，被增溶物的化学势在增溶后降低，使体系更趋稳定。

⑥ 增溶作用处于平衡态，可以用不同方式达到。在表面活性剂溶液内增溶某有机物饱和溶液，可以由过饱和溶液或由逐渐溶解而达饱和。

（二）增溶作用的方式

1. 增溶于胶团的内核

饱和脂肪烃、环烷烃以及苯等不易极化的非极性有机化合物，一般被增溶于胶团类似于液态烃的内核中。

2. 增溶于表面活性剂分子间的“栅栏”处

长链的醇、胺等极性有机两亲分子，一般增溶于胶团的分子“栅栏”处。以非极性的碳氢链插入胶团内核，而极性基处于表面活性剂极性头之间参插排列，通过氢键或偶极子相互作用联系起来。若极性有机物的非极性碳氢链较长时，极性分子伸入胶团内核的程度增加，甚至极性基也将被拉入内核。

3. 吸着于胶团的外壳

一些高分子物质、甘油、蔗糖、某些燃料以及既不溶于水也不溶于油的小分子极性有机化合物，如邻苯二甲酸二甲酯等吸着于胶团的外壳或靠近胶团“栅栏”的“表面”区域。

4. 增溶于聚氧乙烯链间

以聚氧乙烯醚作为亲水基的非离子表面活性剂胶团的增溶方式，除了第一种增溶于内核外，还可增溶于聚氧乙烯外壳中，如苯胺和苯酚等的增溶就属于此类型。

（三）影响增溶作用的因素

1. 表面活性剂的结构与性质

表面活性剂的链长对增溶量有明显影响。表面活性剂碳氢链的不饱和性和构型对增溶作用也有一定影响。表面活性剂的疏水碳氢链中存在不饱和双键时，增溶能力下降。

2. 被增溶物的分子结构

同系列的脂肪烃和烷基芳烃的增溶量随链长增长而减小。在碳氢链碳原子数相同的条件下，环化物及不饱和化合物的增溶量较饱和化合物大。碳氢链中带支链的与其链化合物的增溶量相当。多环化合物的增溶量随分子量增大而减小。

3. 有机添加物

表面活性剂的胶团在增溶了非极性烃类有机化合物后，会使胶团胀大，有利于极性有机化合物插入胶团的“栅栏”中，使极性有机物的增溶量增加。

4. 电解质

离子型表面活性剂溶液中加入电解质，会抑制离子型表面活性剂的电离，降低其水溶性，使临界胶束浓度明显下降，易形成胶团。

5. 温度

温度对增溶作用的影响与表面活性剂的类型和被增溶的性质有关。对于离子型表面活性剂，随温度升高，极性和非极性有机物的增溶量均会增加，其原因可能是热运动使胶团中可用于增溶的空间增加而引起的。对于聚氧乙烯醚类的非离子表面活性剂，温度对增溶作用的影响主要取决于被增溶物的性质。

第三节 乳油的开发思想及开发方法

一、乳油的开发思想

农药乳油主要是农药原药、溶剂和乳化剂组成的，有时还需加入适当助溶剂、稳定剂和增效剂等不同影响因子。不同影响因子对乳油的理化稳定性影响很大。针对乳油贮存过程中易出现分层、混浊、固化、分解和析出晶体等理化稳定性问题，以先进的理论为研发基础，借助先进的仪器进行系统评价，科学合理地设计研究配方，从而改善乳油的理化稳定性问题，获得理化性质稳定、货架寿命较长、生物活性优、安全环保的乳油新产品。

基于此，乳油的开发可采用宏观配方优化筛选和微观量化表征相结合的方式，研究农药乳油的稳定性问题，同时为乳状液分散体系的物理稳定性提供技术支撑；研究乳油关键影响因子表面活性剂，尤其是乳化剂的作用，如乳化剂在农药颗粒表面的吸附行为、乳化分散稳定机理等，重点探讨其对农药乳油物理稳定性的影响；研究乳油中溶剂的溶解行为，探讨其对乳油安全性、环保性等质量提升的作用；研究表面活性剂，尤其是不同乳化剂制备的喷雾药液的物化性质，以期农药能发挥较高利用率。

通过上述研究，旨在构建并优化适合于乳油的乳化剂和环保型溶剂体系，重点解决当前国内农药乳油普遍存在的稳定性、安全性、环保性问题，使农药乳油研究由宏观、经验式的、粗糙的配方筛选向微观、量化、精准的方向发展，为乳油的理化稳定性评价提供新方法。

二、乳油的开发方法

（一）乳油的配方组成

乳油是由农药原药、溶剂和乳化剂组成，在一些乳油配方中还需要加入适宜的助溶剂、稳定剂、增效剂等不同影响因子。

1. **农药有效成分**

农药原药是乳油中有效成分的主体，它对最终配成的乳油的稳定性有很大的影响。因此，在配制前一方面要全面了解原药本身的各种理化性质、生物活性及毒性等，看其是否适合加工成乳油；另一方面考虑该农药加工成乳油后，与其他剂型相比，在性价比和应用方面是否有优越性。

农药原药的物理性质主要是指原药的外观、酸碱度、爆炸性、密度、溶解度、化学结构、挥发性、熔点、沸点、有效成分含量和相关杂质等。农药原药的化学性质主要是指有效成分的化学稳定性，包括在酸、碱条件下的水解、光解、热稳定性和对金属/金属离子的化学稳定性；与溶剂、乳化剂和其他助剂之间的相互作用等。生物活性包括有效成分的作用方式、活性谱、活性程度、选择性和活性机制等。毒性主要指急性经口、经皮和吸入毒性。乳油特别适合于农药的复配，是当前复配农药的主要剂型。在配制混合乳油时，还需了解两种（或多种）有效成分的相互作用，包括毒性和毒力。

2. **溶剂**

溶剂（solvent）是指能溶解其他物质的液体。溶剂主要对原药起溶解和稀释作用，乳油中的溶剂应具备：对原药有足够大的溶解度；对有效成分不起分解作用或分解得很少；对人、畜毒性低，对作物不易产生药害；资源丰富，价格便宜；闪点高，挥发性小；对环境和贮运安全等。

目前，常用的溶剂主要有芳烃溶剂和非芳烃溶剂两大类。芳烃溶剂主要含有苯环，因溶解性优异且供给充足、价格低廉等被广泛用于农药加工，是农药乳油加工的首选溶剂；非芳烃溶剂有链烷烃、脂肪烃，醇类、酮类，植物油以及脂肪族酸或酯等。

（1）芳烃溶剂。芳烃溶剂主要有苯、甲苯、二甲苯、三甲苯、萘、烷基萘，各种高沸点芳烃，如重芳烃、柴油芳烃等。使用最多的为二甲苯、甲苯和混合二甲苯，由于毒性和环境问题，该类溶剂将被限量使用或逐步禁用。

甲苯（toluene）是十分重要的石油化工有机合成原料，其外观为无色透明液体，易燃，具有折光性，有类似苯的气味。熔点-95℃，沸点110.63℃，闪点4.4℃，在20℃时蒸气压为2.99kPa，相对密度为0.8669（20℃）。极微溶于水，能与乙醇、氯仿、乙醚、丙酮、二硫化碳及冰醋酸混溶。该类溶剂的溶解度好，挥发性高，闪点低。

二甲苯（xyluene）是目前使用最多、用量最大的溶剂，对多数农药原药具有较好的溶解度，工业用二甲苯多为由邻位、间位和对位三种异构体组成的混合物。外观为无色流动、具有芳香气味的液体，熔点-25.18℃（邻），沸点144.42℃（邻），闪点在27~29℃（闭口法），相对密度0.8969（20℃）。不溶于水，可与乙醇、乙醚、丙酮和苯混溶。该类溶剂的溶解度好，挥发性高。

溶剂油是经切取馏分和精制的烃类混合物的石油产品，极易燃烧和爆炸。按化学结构它可被分为链烷烃、环烷烃和芳香烃三种，按沸点可分为低沸点（60~90℃）、中沸点（80~120℃）和高沸点（140~200℃），其中100号和150号溶剂油属于芳烃产品。如国产100号溶剂油，其主要组分是三甲苯，芳烃含量不小于98%，馏程175~195℃，闪点不低于50℃，密度（20℃）0.8~0.9g/cm^3。

三甲苯（trimethylbenzene,mesitylene）为无色液体，有特殊气味。沸点164.7℃，闪点43℃，相对密度0.865。主要杂质有间位、对位乙基甲苯，乙基苯等。不溶于水，溶于乙醇、乙醚等。毒性与二甲苯大致相同。150号芳烃溶剂油的主要组分为三甲苯、丙苯等。作为苯类溶剂替代品已在农药乳油等产品加工中应用，但三甲苯的环境安全性值得进一步评价。

溶剂石脑油（solvent naphtha）为无色或浅黄色液体，沸点120～200℃，闪点35～38℃，相对密度0.85～0.95，燃点480～510℃，主要为煤焦油轻油馏分所得的芳香族烃类混合物，由甲苯、二甲苯异构体、乙苯、异丙基苯等组成。

（2）非芳烃溶剂。利用非芳烃溶剂替代危险性较大的芳烃类溶剂和极性溶剂，研制环保型乳油是乳油生存和进一步发展的方向。但非芳烃溶剂替代芳烃溶剂也存在一些值得我们关注的问题：① 二价酸酯（DBE）类和吡咯烷酮类溶剂，该类溶剂安全、环保、溶解性能好，但价格较高；② 植物油类溶剂，如大豆油、玉米油、菜籽油、棉籽油、棕榈油、松脂基植物油、植物精油等，虽然配制的少数农药乳油产品很好，但与绝大多数农药有效成分相溶性较差，且与现有乳化剂的匹配也有一定难度，其通用性就会大打折扣，而且使用食用油还存在与民争食的问题。

松节油（turpentine oil）为无色或淡黄色液体，有松香气味。沸点153～175℃，闪点35℃，相对密度0.861～0.876，燃点253℃。对碱稳定、对酸不稳定。主要成分为α-蒎烯、β-蒎烯和莰烯等。不溶于水，溶解能力介于溶剂油和苯之间，与乙醇、氯仿、乙醚、苯、石油醚等溶剂互溶。

松油（pine oil）为淡黄色或深褐色液体，有松根油的特殊气味。沸点195～225℃，闪点72.8～86.7℃，相对密度0.925～0.945，燃点81.1～95.6℃，是松树的残枝、废材、枝、叶等用溶剂萃取或水蒸气蒸馏而制得。主要成分为单萜烯烃、莰醇、葑醇、萜品醇、酮和酚等的混合物。松油乳化性强，润湿性、浸透性和流平性好，用于洗涤、涂料、油漆和油类的溶剂。长期暴露在空气和光照下会产生树脂状物质，颜色变深。

松脂基植物油外观为淡黄色至棕色透明液体，相对密度0.83～0.90，闪点35～100℃。它是由松脂提炼改性而成，主要成分为萜烯类（蒎烯）、树脂酸（海松酸、枞酸）和植物油单烷基酯（月桂酸甲酯、亚油酸甲酯、棕榈酸甲酯等）。

植物油的主要组分为脂肪酸甘油三酯，由C_{14}～C_{18}的饱和或不饱和脂肪酸甘油酯组成，相对密度0.90左右。其优点是安全性高，缺点是组成复杂、溶解性能和稳定性、冷凝点低。主要有玉米油、菜籽油、大豆油等。

改性植物油是植物油以化学或生物酶方法通过酯交换形成甲酯，再脱甘油生产脂肪甲酸而成的。相对密度0.85～0.90。优点是安全、高效，溶解性能增强，对大部分农药均有一定增效作用；缺点是成分复杂，受植物油种类影响，稳定性差，冷凝点高。主要有甲酯化或甲基化植物油、脂肪酸甲酯。

植物精油是一类植物源次生代谢物质，分子量较小，可随水蒸气蒸出，具有一定挥发性的油状液体。在植物学上叫精油（essential oil）或香精油（aromatic oil），化学和医学上称为挥发油（volatile oil）。植物精油具有较高的折射率，大多数具有光学活性，几乎不溶于水，可溶于乙醇等多种有机溶剂。化学成分复杂，主要成分为醛、醇、酮、酚、烯、单萜、双萜和倍半萜等。植物精油具有良好的生物活性、优良的溶解性和高安全性。

煤油（kerosine）外观为无色或淡黄色液体，略带臭味。馏程175～235℃，闪点65～85℃，相对密度0.78～0.80，燃点400～500℃。沸点范围比汽油高的石油馏分，含C_{11}～C_{17}的高沸点烃类混合物。烷烃、烯烃、环烷烃和芳香烃组成的混合物，主要成分是饱和烃类，还含有不饱和烃和芳香烃。挥发性大，易燃、易爆。

液体石蜡（liquid paraffine）是从石油中间馏分的轻油中萃取出的C_{10}～C_{17}的正构烷烃，其产品主要有三种，即C_{10}～C_{13}正构烷烃（轻蜡Ⅰ）；C_{11}～C_{14}正构烷烃（轻蜡Ⅱ）和C_{14}～C_{17}重液蜡。液体石蜡馏程350～420℃，挥发度适中，不溶于水、甘油，溶于苯、乙醚、氯仿、二硫化碳等。

碳酸（二）甲酯（dimethly carbonate）外观为无色液体，有芳香气味。熔点0.5℃，沸点90℃。不溶于水，可混溶于多数有机溶剂、酸、碱。吸入、口服或经皮肤吸入对身体有害，对皮肤有刺激性。其蒸气或雾对眼睛、黏膜和上呼吸道有刺激性。LD_{50}13000mg/kg（大鼠经口）；LD_{50}6000mg/kg（小鼠经口）。

二价酸酯（DBE），俗称尼龙酸二甲酯，是丁二酸二甲酯、戊二酸二甲酯、己二酸二甲酯的混合物。外观为无色或微黄色透明液体，略带甜味。相对密度1.082～1.092，沸程195～228℃，黏度2.3～2.6Pa·s，闪点100℃。水中溶解度为5.3%（质量分数）。吸入会刺激上呼吸道，伴有咳嗽和不适；对皮肤有刺激性。大鼠急性经口LD_{50}：8191mg/kg。DBE毒性低，易生物降解，是芳烃类溶剂的理想替代品。

基础油（链烷烃）天然气制油衍生物，由C_{23}～C_{39}链烷烃组成的新型环保溶剂。

双子吡咯烷酮外观为黄色黏稠液体，活性物含量≥90%，沸点＞300℃，密度（20℃）1.00～1.05g/cm^3，LD_{50}＞5000mg/kg，生物降解值（28d）＞90%。

3. 乳化剂

乳化剂（emulsifier）是指能使或促使乳状液形成或稳定的物质。乳化剂具有能使原来不相溶的两相液体（如水和油），其中一相液体以极小的油珠稳定分散在另一相液体中，形成不透明或半透明的乳状液的特性。

乳化剂是配制农药乳油的关键影响因子。在农药乳油中，乳化剂应具备下列条件：首先是能赋予乳油必要的表面活性，使乳油在水中能自动乳化分散，稍加搅拌后能形成相对稳定的乳状液，喷洒到作物或有害生物体表面上能很好地润湿、展着，加速药剂对作物的渗透性，对作物不产生药害。其次对农药原药应具备良好的化学稳定性，不应因贮存日久而分解失效；对油、水的溶解性能要适中；耐酸，耐碱，不易水解，抗硬水性能好；对温度、水质适应性广泛。此外，不应增加原药对哺乳类动物的毒性或降低对有害生物的毒力。

农药乳油中的乳化剂至少应有乳化、润湿和增溶三种作用。乳化作用主要是使原药和溶剂能以极微细的液滴均匀地分散在水中，形成相对稳定的乳状液，即赋予乳油良好的乳化性能。润湿作用主要是使药液喷洒到靶标上能完全润湿、展着，不会流失，以充分发挥药剂的防治效果。增溶作用主要是改善和提高原药在溶剂中的溶解度，增加乳油的水合度，使配成的乳油更加稳定，制成的药液均匀一致。由此可见，在配制农药乳油时，乳化剂的选择是非常重要的。

目前，配制农药乳油所使用的乳化剂主要是复配型的，即由一种阴离子型乳化剂和一种或几种非离子型乳化剂复配而成的混合物。复配型乳化剂可以产生比原来各自性能更优良的协同效应，从而降低乳化剂的用量，更容易控制和调节乳化剂的HLB值，使之对农药的适应性更宽，配成的乳状液更稳定。

在复配型乳化剂中，最常用的阴离子型乳化剂是十二烷基苯磺酸钙，而常用的非离子型乳化剂品种型号繁多，因此对乳化剂的选择，实际上主要是非离子型乳化剂的选择。非离子单体选定后，再与阴离子型钙盐搭配，最终选出性能最好的混配型乳化剂。

4. 其他助剂

乳油产品中其他助剂主要有助溶剂、渗透剂、黏着剂、稳定剂、增效剂等，根据农药的品种和施药要求选用。

助溶剂的作用是提高和改善原药在主要溶剂中的溶解度，使配成的乳油在低温条件下更加稳定，不会出现分层或析晶现象。常用的助溶剂主要是含氧溶剂，如环己酮、异佛尔酮、吡咯烷酮、甲醇、乙醇、丙醇、丁醇、乙二醇、二乙二醇、二甲基甲酰胺、乙腈、二甲基亚砜、乙二醇、甲醚等。渗透剂（penetrating agent）是指使或加速液体渗透入固体小孔或缝隙的物质。常用的渗透剂主要有氮酮、噻酮、脂肪醇聚氧乙烯醚、聚亚氧烷基改性聚甲基硅氧烷、二甲聚硅氧烷共聚多醇、2-（3-羟丙基）七甲基三硅烷乙酸酯、磺化琥珀酸二异辛酯钠盐、蓖麻油磺酸钠等。黏着剂（adhersing agent）是能增强农药对植物病原菌、昆虫等生物体表面黏着能力的助剂，使药剂附着性提高，耐雨水冲刷，增加持效期。如矿物油、淀粉、明胶等。

稳定剂（stabilizer）是指能防止及延缓农药在贮运过程中有效成分分解或物理性能劣化的助剂。农药稳定剂包括物理稳定剂和化学稳定剂两大部分，物理稳定剂如防结晶、抗絮凝、抗沉降、抗硬水和抗结块等；化学稳定剂包括防分解剂、减活化剂、抗氧化剂、防紫外线辅照剂和耐酸碱剂等。稳定剂的主要作用是保持和增强产品的化学性能，特别是防止和减缓有效成分的分解。一般来说，乳油中的有效成分是比较稳定的，即使某些品种不稳定，也可通过提高原药的纯度，减少副产物和杂质含量使其稳定，如烯草酮；但也有一些品种即使加工成乳油也容易分解失效，如马拉硫磷、三唑磷、阿维菌素、甲氨基阿维菌素等，在常温贮存1年会完全失效。对于这类品种在加工时需选用适当的稳定剂，防止或减缓有效成分的分解。常用的稳定剂有：① 表面活性剂及以此为基础的稳定剂，如有机磷酸酯类稳定剂、亚磷酸酯类、烷基芳烷基酚、芳烷基酚EO加成物磷酸酯及其盐类、*N*-大豆油基-三亚甲基二胺等；② 溶剂稳定剂、如芳香烃溶剂、一元醇二元醇及聚醇、醚、醇醚以及酯类等；③ 有机环氧化物稳定剂，如环氧化植物油和衍生物、环氧化脂肪酸酯及其衍生物等；④ 其他稳定剂，如丁氧基丙三醇醚等。稳定剂的选择性较强、通用性较差，只有通过实验，才能获得合适的稳定剂。

（二）乳油的基本要求

根据农药使用和贮运等要求，农药乳油应满足以下基本要求：

① 乳油外观应是均相、透明的油状液体，在常温条件下贮存2年以上不分层、不变质，仍保持原有的理化性质和药效。

② 乳油的乳化分散性好，用水稀释应能自发乳化分散，稍加搅动就能形成良好的乳状液，且油珠细微，有良好的经时稳定性，足以保证在使用期间药液均匀，上无浮油，下无沉淀。

③ 乳油对水质和水温应具有较广泛的适应性，一般要求在水温15～30℃下，水质100～1000mg/L下，乳油的乳化分散性和乳液稳定性不应发生质的变化。

④ 乳油兑水稀释后形成的药液喷施在防治靶标上应具有良好的润湿性和展着力，且药液易渗透至作物表皮内部，或渗透至病菌、害虫体内，能迅速发挥药剂的防治效果。

（三）乳油的设计思想

1. 原药的选择

一种农药原药适合加工成何种剂型，才能最大限度地发挥生物活性，值得我们认真考虑。不同的原药由于其化学结构及理化性质不同，加工成乳油的质量亦有所不同。从产品的工业化角度考虑和对环境的影响，乳油中的有效成分含量应该是越高越好。因为含量高，可降低溶剂的用量，节省包装材料，减少运输量和减轻对生态环境的影响，从而可以降低乳油的生产成本。

乳油中有效成分含量的高低，主要取决于农药原药在溶剂中的溶解度和施药要求。一般要求是以乳油在变化的温度范围内，仍能保持均相透明的溶液为准，从中选出一个经济合理的含量。如果含量过高，在常温下可能是合格的，但在低温（如冬季）下，可能就会出现析晶、沉淀和分层，致使已配制好的乳油不合格；如果含量过低，则必会造成溶剂、乳化剂和包装材料的浪费。因此，选择一种经济合理的含量十分重要。

农药乳油中，有效成分含量有两种表示方法：一种是用质量/质量百分数表示，即每单位质量的乳油中含有多少质量的有效成分，通常记作g/kg或%（质量分数）；另一种是用质量/体积数表示，即每单位体积的乳油中，含有多少质量的有效成分，通常记作g/L。国内生产的农药乳油，习惯上采用质量分数表示，而国外一般采用质量/体积数表示。从实践中看，两种表示方法各有其优缺点，前者在生产计量上便于操作，后者在使用时量度方便。

2. 溶剂的选择

溶剂是影响乳油产品稳定的重要因子，用于制备乳油的溶剂应符合如下条件：① 原药在溶剂中的溶解度好，要以最少的溶剂量溶解最大量的原药，并能获得稳定流动的溶液。② 溶剂不易挥发，毒性低。溶剂易挥发会导致体系的平衡受到破坏，稳定性差。③ 原药在溶剂中稳定，不易分解，且不与其他组分反应。④ 与制剂其他组分相容性好，容易匹配。⑤ 来源丰富，价格便宜。⑥ 对环境和贮运安全。

溶解度（solubility）指在特定温度和压力下，物质以分子或离子形式均匀分散在溶剂中形成平衡均相混合体系时，该均相体系所能够包含的该物质的最大量，单位为克每升（g/L）。溶解度的测定方法如下：

（1）预试验。在测定前，首先对试样的溶解度进行初步估测。取约0.1g试样（固体粉碎至100～200目）加入10mL具塞量筒中，按表3-3所示的体积逐步加入试剂。

表3-3　溶解度的初步估测

项目	第一步	第二步	第三步	第四步	第五步	第六步
量筒中试剂的总体积 /mL	0.5	1	2	10	100	＞100
估计的溶解度 /（g/L）	200	100	50	10	1	＜1

每加入一定体积的试剂后，超声振荡10min，然后目测是否有不溶颗粒。如果试剂加至10mL后，仍有不溶物，则把量筒中的内容物完全转移至1个100mL具塞量筒中，加试剂至100mL振荡。静置24h或超声振荡15min后观察。如仍有不溶物，应进一步稀释，直至完全溶解。

（2）样品溶液的配制。根据预试验的结果，配制样品饱和溶液。称取一定量试样于锥形瓶中，加入50mL溶剂。将锥形瓶置于（30±1）℃的水浴中，用磁力搅拌器和搅拌棒搅拌30min，然后将锥形瓶置于（20±1）℃水浴中搅拌30min。停止搅拌，离心。用色谱法测定上层清液的质量浓度即为溶解度。试样的溶解度S按公式（3-2）计算：

$$S=\frac{A_1m_2w}{A_2m_1}\times 100 \tag{3-2}$$

式中 S ——试样的溶解度，g/100g；

A_1——试样溶液中有效成分峰面积平均值；

A_2——标样溶液中有效成分峰面积平均值；

m_1——试样的质量，g；

m_2——标样的质量，g；

w ——标样中有效成分的质量分数。

选出对原药溶解度最好的一种或几种溶剂或混合溶剂后，再进行溶剂对原药的稳定性影响试验。最常用的方法是将原药溶解于溶剂中，制成农药溶液，再进行加速贮存试验。

将农药原药按一定比例溶解于溶剂中，再将制备的农药溶液密封在安瓿瓶中，置于（54±2）℃恒温箱中贮存，2周后取出，测定有效成分含量。根据测定结果计算有效成分的分解率。根据分解率的大小，判断溶剂对原药的影响。分解率越小，溶剂对原药的影响越小。

3. 乳化剂的选择

在农药乳油中，乳化剂的选择是一个非常重要而又非常复杂的课题。乳化剂的选择原则受多种因素影响，可参考Rosen Myers提出的选择用作农药乳化剂的表面活性剂原则：① 在所应用的体系中具有较高的表面活性，产生较低的界面张力，这就意味着该表面活性剂必须有迁移至界面的倾向，而不留存于界面两边的液相中。因而，要求表面活性剂的亲水和亲油部分有适当的平衡，这样将使两体相的结构产生某些程度变形。在任何一体相中有过大的溶解度都是不利的。② 在界面上必须通过自身吸附或其他被吸附的分子形成结实的吸附膜。从分子结构的要求而言，界面上的分子之间应有较大的侧向相互作用力，这就意味着在O/W型乳状液中，界面膜上亲油基应有较强的侧向相互作用。③ 表面活性剂必须以一定速度迁移至界面，使乳化过程中体系的界面张力及时降至较低值。某一特定乳化剂或乳化剂体系向界面迁移的速度是可改变的，与乳化剂乳化前添加于油相有关。

乳化剂在乳油中有乳化、分散、增溶和润湿等作用，其中最重要的是乳化作用。因此，以乳油放入水中能否自动乳化分散，形成相对稳定的乳状液，应当是选择乳化剂的首要条件，其次是乳化剂对农药原药化学稳定性的影响。

乳化剂对农药有效成分的影响，包括两方面：一是乳化剂的品种、结构和理化性能；二是乳化剂的质量，乳化剂的质量对农药有效成分的影响，主要取决于乳化剂中的水分含量和pH值。通常情况下，乳化剂的含水量应控制在0.5%以下，pH值以5～7为宜。选定溶剂后，再用选出的乳化剂进行乳化剂对原药的稳定性影响试验。最常用的方法是将原药溶解于选定溶剂中，再加入乳化剂，制成乳油，进行加速贮存试验。根据分解率的大小判断乳化剂对原药的影响。分解率越小，乳化剂对原药的影响越小。

（四）实验室配制

1. 配方设计

结合农药原药和助剂的选择原则，并在充分掌握原药、乳化剂和溶剂等的性能、来源、产地和价格的基础上，进行配方设计。乳油基本的配方组成为：农药有效成分0.01%~95%，乳化剂3%～10%，助溶剂0%～10%，溶剂补足至100%。

2. 实验室配制

在完成配方设计的基础上，进行实验室配制。首先，依据确定的农药有效成分，确定工艺路线；其次，选择合适的加工设备；最后，调配及检测。

（1）配制技术。农药乳油的配制技术十分容易，无须特殊的设备和专门的机械，只要求简单的混合和搅拌即可，必要时可加热。

（2）操作过程。

① 按设计配方，将原药溶解于有机溶剂中，再加入乳化剂等其他助剂，在搅拌下混合溶解，制成均相透明的液体。

② 检测。将制备的乳油进行各项质量控制指标测试，进行配方筛选。对较优配方进行不低于6次的平行实验，各项技术指标均达到配方设计要求者，确定为较佳配方。

第四节 最新的乳油技术

一直以来，乳油因其加工工艺简单、产品稳定性好、使用方便、生物活性高等优点，成为农药制剂的主要剂型之一。乳油的诸多优点使其成为发展中国家生产、销售和使用的主要农药剂型之一，也是发达国家难以禁用乳油的主要原因之一。近年来，随着人类对食品和环境安全要求的日益提升，对传统农药剂型乳油的限制和改造的呼声越来越高。从技术层面对乳油进行持续不断的改进，研究、生产、推广和使用环境友好型乳油是乳油生存和进一步发展的方向，概括起来大概有以下几个方面。

一、乳油的技术层面改进

（一）发展高浓度乳油

高浓度乳油是乳油的重要发展方向之一，主要是可显著降低有机溶剂用量，减少库存量，降低生产和贮运成本；同时减少包装物处理问题，缓解环境压力。该途径在技术上是完全可行的，且容易实现。

高浓度乳油一般是指农药原药含量在70%以上的制剂，代表品种有70%炔满特EC、90%乙草胺EC等。对于许多低浓度的乳油，一般均可配制较高浓度的乳油。如受到溶解度的限制，可通过添加助溶剂，辅以高性能的乳化剂来实现。

配制高浓度乳油最好满足以下条件：

① 提高原药的纯度，高纯度的原药是制备高浓度乳油的前提。

② 合理选择溶剂，适宜的溶剂是制备高浓度乳油的关键。对于液体农药，可选择芳烃类溶剂；对于固体农药，可选择助溶剂和芳烃类溶剂混用。

③ 使用高性能乳化剂，高性能乳化剂是制备高浓度乳油的重要保证。

（二）以水代替有机溶剂

以水代替有机溶剂，通常可降低有效成分对使用者的毒性；在某些情况下，可降低药害；还能节省大量有机溶剂。如水乳剂和微乳剂是替代乳油的比较安全的剂型。

1. 水乳剂

农药水乳剂（emulsion in water，EW）是不溶于水的原药液体或原药溶于不溶于水的有机溶剂所得的液体分散在水中形成的一种农药制剂。由于水乳剂属于热力学不稳定体系，需通过向体系提供机械能（如高剪切和均质等），并在表面活性剂尤其是乳化剂的作用下才能形成均匀的乳状液。使用时与乳油相似，兑水喷雾使用。

水乳剂与乳油相比，其优点是不用或少用有机溶剂，提高制剂的安全性，节约芳烃类溶剂资源，降低对人及环境的污染，对植物的毒性与药害也比乳油小，药效与同剂量乳油相当。

但同时也应看到水乳剂的不足之处，主要是：① 水乳剂作为热力学不稳定体系，必须借助特定外力作用才能形成均匀的乳状液。因此，水乳剂在存放过程中易发生分层或沉降、絮凝、聚结、稠化、晶体长大等物理不稳定现象，严重时影响使用。与乳油相比，其稳定性远不如乳油。② 水乳剂以水为基质，不适于制备某些不太稳定的农药原药（如有机磷农药等）。③ 水乳剂的流动性和乳液稳定性不如乳油。④ 水乳剂的开发周期较长，制备工艺也远较乳油复杂。⑤ 对于复配制剂而言，水乳剂的适应性远不如乳油。

2. 微乳剂

微乳剂（micro-emulsion，ME）作为目前迅速研发和倍受欢迎的农药新剂型，是由水相、油相、表面活性剂、助溶剂按适当比例混合，自发形成的各向同性、透明或半透明、热力学及动力学上稳定的分散体系。使用时与乳油相似，兑水喷雾使用。

微乳剂除具有水乳剂的系列优点外，还具有水乳剂所不及的若干长处：① 热力学及动力学上稳定的分散体系，经长期贮存，理化性能保持不变；② 制备时无须强剪切力的均化装置，使用乳油的设备即可满足要求；③ 微乳剂的流动性、稀释性都很好，黏着性、渗透性和生物活性一般要高于乳油和水乳剂。微乳剂是部分取代乳油的环保型新剂型之一。

（三）改变溶剂的种类

1. 选用更安全的有机溶剂

如低芳烃溶剂油、脂肪族溶剂油等，尤其是正构烷烃类及高纯正构烷烃等特种溶剂油（正己烷、正庚烷），它们通常是经加氢精制等技术处理后制得的环保型产品，其黏度低，芳烃含量及硫、氮含量低，适合乳油用有机溶剂的发展方向。已有乙酸正丁酯在农药乳油加工中的应用、乙酸仲丁酯在农药乳油剂型中的应用等报道。

2. 选用更环保的有机溶剂

如植物油、油酸甲酯、松脂基植物油、液体石蜡等，已有50%丙环唑·左旋松油醇乳油的研制、生物柴油作为精喹禾灵乳油中二甲苯替代溶剂的应用初探、植物精油在环保型乳油中的应用展望、生物柴油的制备及其作为乳油溶剂研究、肉桂醛乳油防治芒果炭疽病及对芒果保鲜的效果等报道。

（四）溶胶状乳油

溶胶状乳油（GL），也就是将乳油改变成一种像动物胶一样黏度的产品，它具有独特的流动性，能被定量地包装于水溶性聚乙烯醇小袋中，可减少使用者接触农药的危险，同时避免了乳油包装容器的处理问题。

（五）制备无溶剂乳油

即仅由液体农药和乳化剂组成，由于不含有机溶剂，危险性较小。代表品种有96%异丙甲草胺EC、90%乙草胺EC等。制备无溶剂乳油的前提是原药在常温下为流动性好的油状液体。

（六）制备固体乳油

将高浓度乳油吸附在适宜的载体上，入水后形成乳状液的粉状或粒状固体乳油，主要包括可乳化粒剂和可乳化粉剂，已有10%喹草烯可乳化粉剂配方研究报道和甲氨基阿维菌素苯甲酸盐可乳化粒剂专利报道。固体乳油的特点是使液体农药固体化，不用或少用有机溶剂，载体不易燃易爆，无毒性，对环境无污染，在包装、贮运和使用方面更安全。

1. 可乳化粒剂（emulsifiable granual，EG）

可乳化粒剂是一种水可乳化的颗粒剂，它是将有效成分溶于或稀释于一种有机溶剂中，再吸附在适宜载体上制成的。使用时，用水稀释，该产品将崩解或溶解，形成一种常见的水包油型乳状液。它是21世纪初开始研究的新剂型，因其具有乳油和水分散粒剂的优点，也是极具潜力的替代乳油新剂型之一。

2. 可乳化粉剂（emulsifiable powder，EP）

可乳化粉剂是由符合联合国粮农组织（FAO）规格的原药与必要的助剂组成的均匀混合物，外观是干燥、自由流动的粉状物，无可见的外来物和硬团块。在水中稀释后形成乳状液。它和可乳化粒剂一样，是21世纪初开始研究的新剂型，因其具有乳油和可溶粉剂的优点，也是极具潜力的替代乳油新剂型之一。目前已有100亿孢子/g大孢绿僵菌乳粉剂和100亿孢子/g金龟子绿僵菌CQMa128乳粉剂登记。

（七）有效成分控制释放

控制释放技术是当前国际先进的农药制剂技术之一，是提高药剂靶标性、延长持效期、减少环境污染的重要手段。近年来，控制释放技术研究开发成为医学、药学、生物化学的研究热点，并取得了一定成果，但由于控制释放技术相对成本较高，工艺复杂，在农药生产上使用还相对较少。由于控制释放技术能使高毒性、易挥发、易氧化分解的农药性能大为改善，因此随着超高效化学农药、生物农药的涌现，农药易氧化、分解等急需解决的问题促使控制释放技术的发展，世界各国对此极为重视。

控制释放技术主要包括微胶囊化技术和分子包合技术。微胶囊剂具有延长持效期、减少用药次数、降低用药量和药剂的使用毒性等优点。微胶囊剂主要是将农药原药包含在分散的油相中，且在油相粒子的外层由高分子聚合物构成极薄的囊壁，囊壁将油相和水相隔开，因此对水不稳定的农药，如有机磷等难以制成水乳剂和微乳剂，却可制成微囊悬浮剂。

分子包合技术是一种分子被包嵌在另一种分子的空穴结构中形成包合物（inclusion compound）的技术。分子包合技术可改善药物的理化性质、增加药物的溶解度、提高药物的稳定性、促进药物的吸收、提高药物的生物利用度、降低药物的毒副作用和刺激性、液体药物粉末化与防挥发、改善药物制剂的性能等，在医药、食品等领域得到广泛应用，但在农药领域刚刚起步。分子包合技术具有提高农药水溶性和稳定性、改善农药在防治靶标上的传导性能等优点，尤其是可进行控制释放，已有液体农药烯草酮-β-环糊精包合物悬浮剂的制备及流变学行为报道。

（八）新的分析检测技术与方法

近年来，随着人们对农产品质量安全的广泛关注，一方面农药的安全、高效、环保成为主流；另一方面，农药质量安全管理和市场监管的需求大幅度提升。与之相适应的农药分析技术与检测手段快速进步和更新，红外光谱（IR）、紫外光谱（UV）、质谱（MS）和核磁共振波谱（NMR）越来越多地应用在日常农药分析检测方面。

1. 近红外光谱结合特征变量筛选方法用于农药乳油中毒死蜱含量的测定

为提高毒死蜱农药乳油中有效成分近红外光谱定量分析模型的精度和稳定性，采用联合区间偏最小二乘法（siPLS）结合遗传算法（GA）筛选特征变量，由交互验证法确定最佳主成分因子数及筛选的变量数。结果表明，从全光谱区优选出81个变量，主成分因子数为11时，能建立性能最优模型，模型预测集的决定系数为R_p^2为0.972，预测均方根误差（RMSEP）为0.353%。研究表明，利用siPLS结合GA方法优选特征变量，能大幅度地消除农药乳油光谱变量间的多余信息和无关信息，降低模型的复杂度，提高农药有效成分预测模型的精度及稳定性。

2. 农药乳油中7种助剂的顶空气相色谱测定方法

以25%毒死蜱·阿维菌素乳油为研究对象，采用顶空气相色谱，对农药乳油中二氯甲烷、三氯甲烷、1,1,1-三氯乙烷、苯、1,2-二氯丙烷、四氯乙烯和1,1,2,2-四氯乙烷7种有害助剂含量的多组分同时测定方法进行了研究。样品于顶空瓶中用体积分数为20%的二甲基甲酰胺水溶液溶解，密封后上下翻转15次，室温下静置过夜，80℃水浴30min后，取顶空气体进行测定。方法的线性决定系数大于0.9950，除四氯乙烯和1,1,2,2-四氯乙烷外，其他5种助剂的添加回收率在74.4%～102.8%，定量限（LOQ）为0.2～5.0mg/L。采用所建立方法对5种市售农药乳油中7种助剂的含量进行了分析，有部分助剂被检出。

3. 毒死蜱乳油对土壤微生物群落功能多样性的影响

利用BIOLOG-ECO方法研究了土壤使用480g/L毒死蜱乳油对土壤微生物功能多样性的影响，结果显示：① 平均颜色变化率（AWCD）显示，土壤毒死蜱含量较低（≤12.5mg/kg）时可刺激土壤微生物对碳源的利用能力，但20d后刺激作用减弱；当土壤毒死蜱含量较高（125mg/kg）时对土壤微生物碳源利用能力有抑制作用。② 微生物对碳源利用特征分析显示，土壤外源添加毒死蜱后可促进土壤微生物对酯类碳源的利用，但对糖类碳源利用能力较低。③ 主成分分析结果表明，高浓度处理组（125mg/kg）土壤微生物对碳源的利用方式与较低浓度处理组（≤12.5mg/kg）和对照组均有明显差异。④ 群落多样性指数分析显示，土壤中毒死蜱含量较低（≤12.5mg/kg）时刺激土壤微生物群落丰富度增加；但土壤中毒死蜱含量较高（125mg/kg）时则诱导微生物群落结构向单一化发展。

4. 基于红外显微成像的果蔬农药快速检测识别研究

红外显微成像技术是一种快速、无损、绿色的检测技术，具有高精度、高灵敏度、图谱合一、微区化和可视化等优点，是了解复杂物质的空间分布和分子组成的强有力方法。以红外显微成像系统为检测工具，以氯氰菊酯、毒死蜱以及阿维菌素为研究对象，对果蔬样品表面的农药残留以及生物农药掺假识别开展了定性及定量研究。并分析了毒死蜱、氯氰菊酯等农药的红外显微图像特征，研究结果得到了氯氰菊酯和毒死蜱主要分子结构及其在红外谱区的特征吸收峰，为该技术用于表面滴加氯氰菊酯和毒死蜱溶液苹果皮的研究提供了依据。对表面滴加单一组分农药苹果皮的研究结果表明，随着氯氰菊酯与毒死蜱两种农药浓度的降低归属于两者的特征吸收峰的数量逐渐减少，且发生位移的特征吸收峰数量依次增加。说明随着两种农药溶液浓度的降低，苹果自身的组成成分以及含水量对检测的干扰程度增强，以致红外显微成像技术的检测灵敏度下降。相关图像的分析结果可以方便、快速地获取氯氰菊酯、毒死蜱在苹果皮上的分布信息及差异。分别基于红外显微成像技术及衰减全反射红外光谱技术建立了一种生物农药掺入化学农药的定性与定量检测技术。定性结果表明：随着阿维菌素中掺入毒死蜱比例的增加，归属于阿维菌素的特征吸收峰的数量不断减少，峰强度不断减弱；相反地，归属于毒死蜱的特征吸收峰的数量逐渐增加，峰强度逐渐加强。利用偏最小二乘法建立阿维菌素乳油制剂掺入毒死蜱的定量预测模型并进行优化，结合外部检验集对模型的性能进行了验证。定量结果表明：衰减全反射红外技术可以准确测定阿维菌素乳油制剂中掺假毒死蜱的含量。通过异常值诊断、光谱预处理及建模参数的优化，提高了模型的预测精度。模型决定系数R_2（%）为99.88，校正集均方根误差RMSEC为0.44，交互验证均方根误差RMSECV为0.79，预测集均方根误差RMSEP为0.70。本研究为果蔬表面的农药残留快速检测及生物农药掺假化学农药的快速识别提供了一种新方法，为应用红外显微成像技术及衰减全反射红外光谱技术定性及定量检测农药残留及生物农药掺假奠定了基础。

5. 基于近红外光谱技术的大米中的毒死蜱农药残留的无损检测研究

专家们主要研究了应用近红外光谱技术对大米中的毒死蜱农药残留量的检测，主要进行了以下3方面的研究工作：① 建立了大米中毒死蜱含量的近红外定量分析及其模型的评价指标。还确定了大米在毒死蜱农药中浸泡的时间，借助气相色谱仪。最后的研究结果为：浸泡2h时大米中毒死蜱含量最高，之后随着时间的增加其含量有少许减少的趋势。② 采用近红外光谱技术研究不同光程长度对毒死蜱模型性能的影响，以透射方式采集毒死蜱乳油样本的近红外光谱，选用光程分别为1mm、2mm、4mm和10mm的石英比色皿为透射附件，比较毒死蜱乳油与农药常用溶剂（二甲苯、甲苯、甲醇和水）的光谱特征。在毒死蜱农药乳油中，加入二甲苯溶剂，配制不同梯度浓度样本，利用PLS建立毒死蜱的NIR光谱预测模型。得出采用4mm光程的比色皿采集光谱时，所测得近红外光谱数据建立的预测模型和校正模型最佳，预测模型的相关系数（r）为0.983，交互验证均方根误差（RMSECV）值为0.083，独立样本检测模型，模型的预测值与实测值间无显著差异，说明使用4mm光程透射附件采集光谱建立的模型是准确可靠的。③ 对近红外光谱测定大米中毒死蜱残留量的定量分析模型运用特征谱区筛选法进行优化。大米近红外光谱区含有很多含氢基团的倍频与合频吸收峰，而且部分光谱区有光谱信息重叠的现象，从而影响了所建偏最小二乘模型的平稳性以及精确性。所以，应用特征谱区筛选法优化大米中毒死蜱含量的预测模型，进而试着改善所建模型的性能及精确度。试验依次利用联合区间偏最小二乘、区间偏最小二乘以及遗传偏最小二乘法来对大米中毒死蜱近红外特征光谱区域进行筛选，然后将它们的结果进行分析比较。试验结果表明，这些方法均可以在一定程度上达到简化模型或改善PLS模型的精确度的效果，其中利用遗传偏最小二乘法得到的试验结果最好。

二、乳油物理稳定性的评估

1. 颗粒大小分布的测量

通常用于检测乳状液稳定性的颗粒大小分布的方法有两种：一种是目测法，借助显微镜观察统计，计算出乳状液粒径的算术平均值，具有相对准确性。另一种较精确的方法是采用先进的仪器测定（激光粒度分析法、分光光度法），这种方法更准确、可靠。然而，大多数乳状液是浓缩体系，不透明，特别是乳状液的粒径可达到纳米级，使用激光粒度分析法、分光光度法都需对乳状液进行稀释，这样就会严重降低评价的准确性。因此，可采用Turbiscan分析仪对样品稳定性进行测试，将待测样品装在一个圆柱形玻璃测试室中，仪器采用脉冲近红外光源（λ=880nm），当一个电磁波发射到装在玻璃测试室的透明度较差的检测样品时，Turbiscan分析仪可获得由两部分组成的发射光斑，两个同步光学探测器分别探测透过样品的透射光和被样品反射的反射光。透射光和反射光以“%”表示，其含义是相对标准样品光通量为10%的硅油的光通量的百分比。被测样品浓度不变，那么透射光和反射光的变化值，即$\Delta T(t)$和$\Delta BS(t)$直接反映样品中颗粒随时间的变化规律。$\Delta BS(t)$绝对值越小，乳状液越稳定。

2. 晶体生长的测定

为了测定晶体生长率，颗粒大小分布可作为时间参数而被测定。这可由Coulter计数器实现，它能测出大于0.6μm的颗粒。另一种更敏感的测定方法是使用光学盘型离心机，它可以获得小至0.1μm的颗粒大小分布。从以时间作为参数的平均颗粒大小分布图中可获得晶体的生长率，在通常情况下由首次确定的动力学数值决定。任何晶体特性的改变都会受到光学显微镜的监测，可在贮存期间随时进行动态监测。温度循环也可作为晶体生长研究的加速试验来进行，这个比率通常随温度的改变而升高，特别是当温度循环在宽间隔中进行时，还可通过光学显微镜进行测定。

3. 晶型是否发生变化的测定

不同企业生产的农药原药，由于生产工艺不同，可能存在不同晶型（如丙环唑、烟嘧磺隆等）。农药晶型的稳定性决定着农药制剂的稳定性和生物活性，是一项重要指标。多晶型是农药晶格内部分子依不同方式排列或堆积产生的同质多晶现象，由于分子间力的差异可引起物质各种理化性质的变化。首先，晶格能的差异使同质多晶农药具有不同熔点、溶解度、稳定性和有效性。一般来说，晶粒越大，加热融解所需要的能量越大，越稳定。熔点高的晶型，化学稳定性好，但溶解度却较小。其次，表面自由能的差异造成结晶颗粒之间的结合力不同，影响农药的流动性，影响制剂的物理稳定性。为了测定农药乳油中农药晶型是否发生变化，可通过差示扫描量热法（DSC）、热重分析法（TG）、红外光谱法（IR）、X射线衍射法（X-ray）等进行定性测定。

第五节 乳油配方开发及应用实例

一、乳油配方开发实例——48%毒死蜱乳油

（一）文献调研

1. 产品简介

毒死蜱（chlorpyrifos）是一种具有广谱杀虫活性的药剂，E.E.Kenaga等首先介绍其杀虫性质，1965年由Dow Chemical Co.开发。现国内多家农药公司生产。

2. 理化性质

毒死蜱原药为白色颗粒状晶体，室温下稳定，有硫醇臭味，熔点42～43.5℃，沸点>400℃，蒸气压2.7MPa（25℃），分配系数K_{ow} lg$P$=4.7，Henry常数6.76×10^{-1}（Pa·m^3）/mol（20℃），相对密度1.44（20℃）。溶解度：水中1.4mg/L（25℃），溶于大多数有机溶剂。在中性和酸性条件下稳定，在碱性条件下易分解失效。在铜和其他金属作用下可能形成螯合物。

3. 毒性

据毒性分级标准，大鼠急性经口LD_{50}为135～163mg/kg，中等毒性。无致畸、致癌、致突变作用，对皮肤、眼睛有刺激性。对鱼类及其它水生生物毒性较高，对蜜蜂有毒。

4. 作用机理

毒死蜱主要通过触杀、胃毒和熏蒸方式控制害虫，无内吸作用。

5. 应用

毒死蜱是广谱杀虫剂，可防治地上及地下的害虫。毒死蜱可用于防治蚊的幼虫和成虫、蝇类；各种土壤害虫；水稻、小麦、棉花、果树、蔬菜、茶树上多种咀嚼式和刺吸式口器害虫，可防治卫生害虫；也可用于防治牛和羊的体外寄生虫。毒死蜱与土壤有机质的吸附能力强，因此对地下害虫防效出色，控制期长。

（二）配方初步研究

1. 配方初步设计

（1）根据毒死蜱的理化性质，不溶于水，易溶于芳烃类溶剂，可选用溶剂油作溶剂，通过溶剂对原药的稳定性影响试验发现，毒死蜱在溶剂油中是稳定的。由于毒死蜱在中性和酸性条件下稳定，在碱性条件下易分解失效，因此在配方筛选过程中，应当注意控制乳油的pH值和水分含量。

（2）根据毒死蜱的化学结构，其为有机磷酸酯类杀虫剂，据此，乳化剂可选用多苯核系为母体的非离子乳化剂单体，如农乳600＃等，并和阴离子表面活性剂500＃进行复配，获得协同效应。

（3）选用溶剂油S-100A作溶剂，乳化剂选用600＃（HLB值13.8）和500＃（HLB值7.9）为标准乳化剂，测定0.5%乳状液的HLB值，再根据HLB值，选择适宜的乳化剂。

2. 配方筛选

（1）乳化剂比例的确定。确定乳化剂品种为600＃和500＃，用量为15%。首先用乳化剂600＃和500＃分别配制乳油A和B；其次将乳油A和B按不同比例如1∶1、1∶2、1∶3、…、3∶1、2∶1、1∶1等比例进行混合；最后进行乳液稳定性试验，找出乳化性能最好的乳化剂比例。

乳液稳定性测试条件：

水质：342mg/L、500mg/L和1000mg/L标准硬水；

水温：20℃、25℃和30℃；

稀释倍数：200倍、500倍和1000倍。

（2）乳化剂用量的确定。在确定乳化剂的品种后，进行其用量的筛选。试验结果表明：乳化剂用量为10%时，乳油的外观和乳液稳定性都能达到合格；乳化剂用量在15%时，乳油的外观和乳液稳定性都能达到较好的效果。从生产成本和乳油性能考虑，建议乳化剂的用量为12%~ 15%。

（3）加速贮存试验。按选定的配方配制乳油样品，在规定条件下进行低温稳定性测定和热贮稳定性测定。试验结果表明，乳油的外观、有效成分分解率和其他理化性能指标均符合规定的要求。

3. 较佳配方的确定

通过考查不同溶剂对毒死蜱原药溶解度的筛选，确定合适的溶剂；进一步通过考察不同种类乳化剂对48%毒死蜱乳油物理稳定性的影响，确定乳化剂的种类和用量，最后通过考察制剂的理化性能指标，确定48%毒死蜱乳油较优配方。表3-4为48%毒死蜱乳油的较优配方。

表3-4　48%毒死蜱乳油较优配方

项目	含量 /%
毒死蜱	48
600#	6.0
500#	6.0
溶剂油 S-100A	约 100

4. 质量控制项目指标

表3-5为48%毒死蜱乳油的质量控制指标，具有较好的产品性能。表3-6为农药乳油中有害溶剂限量要求。

表3-5　48%毒死蜱乳油质量控制指标表

项目		指标
毒死蜱质量分数 /%		48 ± 2.4
治螟磷 /%	≤	0.3
pH 值		3.5 ~ 5.5
水分 /%	≤	0.5
乳液稳定性		合格
低温稳定性		合格
热贮稳定性		合格

表3-6　农药乳油中有害溶剂限量要求

项目		指标
苯质量分数 /%	≤	1.0
甲苯质量分数 /%	≤	1.0
二甲苯质量分数①/%	≤	10.0
乙苯质量分数 /%	≤	2.0
甲醇质量分数 /%	≤	5.0
N,N- 二甲基甲酰胺质量分数 /%	≤	2.0
萘质量分数 /%	≤	1.0

① 为邻、对、间三种异构体之和。

5. 乳油基本理化性质

表3–7为48%毒死蜱乳油基本理化性质测试结果，用表3–4中的配方所制备的48%毒死蜱乳油均符合农药登记管理要求，并为农药产品风险评估和农药安全性管理提供技术支撑。

表3–7　48%毒死蜱乳油基本理化性质

项目	测试结果
pH 值	4.5
外观	淡黄色、芳香味、均相透明液体
爆炸性	无
闪点 /℃	56
对包装材料腐蚀性	基本无腐蚀
密度 /（g/mL）	1.180
黏度 /mPa · s	65
表面张力 /（mN/m）	39.5

注：包装材料为白色聚酯瓶。

6. 乳油2年常温贮存试验

表3–8为48%毒死蜱乳油2年常温贮存试验测试结果，均符合农药登记管理要求，并为农药产品风险评估和农药安全性管理提供技术支撑。

表3–8　48%毒死蜱乳油2年常温贮存期质量标准

项目	质量标准
产品包装	包装完好，无渗漏、变形
产品外观	淡黄色、芳香味、均相透明液体
毒死蜱质量分数 /%	48 ± 2.4
治螟磷 /%　≤	0.01
水分 /%　≤	0.2
pH 值	4.7
乳液稳定性和再乳化	合格

二、部分乳油配方

部分乳油的配方见表3–9。

表3–9　乳油参考配方

10% 精噁唑禾草灵 EC	25% 戊唑醇 EC
有效成分　10%	有效成分　25%
YUS–2010CX　2.5%	YUS–2011CX　14%
YUS–2011CX　7.5%	YUS–D625　1%
BHT　2.0%	*N*– 甲基吡咯烷酮　10%
环己酮　5%	溶剂油 150　补齐
溶剂油 150　补齐	

续表

25% 丙环唑 EC	24% 烯草酮 EC
有效成分 25% YUS-2011CX 9.3% YUS-D625 0.7% *N*- 甲基吡咯烷酮 10% 溶剂油 100 补齐	有效成分 24% YUS-20110CX 6.2% YUS-CP120 3.8% YUS-805 1% 溶剂油 200 补齐
25% 吡虫啉 EC 有效成分 25% YUS-2010CX5% *N*- 甲基吡咯烷酮 65% 溶剂油 100 补齐	40% 毒死蜱 EC 有效成分 40% YUS-2010CX3% YUS-2011CX2% 溶剂油 200 补齐
1% 甲维盐 EC 有效成分 1% YUS-2010CX 4% YUS-2011CX 3% BHT 0.3% 溶剂油 100 补齐	25% 咪鲜胺 EC 有效成分 25% YUS-2011CX 7% YUS-D625 1% 溶剂油 200 补齐

三、乳油产品应用效果实例

1. 0.4%蛇床子素乳油防治草原毛虫药效试验报告

（1）材料。供试药剂为：0.4%蛇床子素乳油（江苏江南农化有限公司）。

（2）试验设计。试验设置3个处理剂量，分别为150mL/hm^2、210mL/hm^2、270mL/hm^2。重复3次，小区面积0.25hm^2，小区间设10m的保护行，各小区随机排列。

（3）结果与分析。供试药剂在试验剂量下对牧草安全无药害。

表3-10列出0.4%蛇床子素乳油防治草原毛虫试验结果。由表3-10可知，施药后第72h的防效：供试药剂0.4%蛇床子素乳油三种不同剂量，防治效果较好的为210mL/hm^2、270mL/hm^{2}的两个剂量，平均防治效果分别为80.15%和87.96%，达到了生防用药标准，而150mL/hm^{2}处理平均防治效果为69.52%，防治效果相对较低。施药后第168h的防效：供试药剂0.4%蛇床子素乳油为270mL/hm^{2}处理相对稳定，平均防治效果为87.91%；而210mL/hm^2、150mL/hm^{2}的两个处理平均防治效果分别为69.52%和78.38%，防治效果相对较低。将结果进行反正弦转换后，方差分析结果表明：在5%水平上，处理150mL/hm^2、210mL/hm^2、270mL/hm^{2}三者之间无显著差异。

表3-10 0.4%蛇床子素乳油防治草原毛虫试验结果

药剂处理	重复	防前平均虫口密度/（头/m^2）	施药后第 48h		施药后第 72h		施药后第 168h	
			平均虫口密度/（头/m^2）	平均防效/%	平均虫口密度/（头/m^2）	平均防效/%	平均虫口密度/（头/m^2）	平均防效/%
150mL/hm^2	1	65.30	26.00	59.26	16.00	75.50	16.00	75.50
	2	81.30	21.30	73.80	36.00	55.72	36.00	55.70

续表

药剂处理	重复	防前平均虫口密度 /（头/m²）	施药后第 48h		施药后第 72h		施药后第 168h	
			平均虫口密度 /（头 /m²）	平均防效 /%	平均虫口密度 /（头 /m²）	平均防效 /%	平均虫口密度 /（头 /m²）	平均防效 /%
150mL/hm²	3	75.00	21.00	72.00	17.00	77.33	17.00	77.30
	平均	73.87	22.97	68.36	23.00	69.52	23.00	69.52
210mL/hm²	1	69.30	34.60	50.07	15.30	77.92	14.00	79.80
	2	101.00	26.60	73.66	12.60	87.52	16.00	84.20
	3	52.00	22.00	57.69	13.00	75.00	15.00	71.15
	平均	74.10	27.73	60.48	13.63	80.15	15.00	78.38
270 mL/hm²	1	87.00	25.30	70.92	12.00	86.21	9.30	89.30
	2	164.00	18.60	88.66	9.30	94.33	14.60	91.10
	3	78.00	19.00	75.64	13.00	83.33	13.10	83.33
	平均	109.67	20.97	78.41	11.43	87.96	12.30	87.91

（4）结果与讨论。试验结果表明，0.4%蛇床子素乳油防治鳞翅目草原毛虫效果较好，经观测对草原牧草无药害现象，相对安全。可以作为青海省防治草原毛虫的贮备药品，建议使用剂量为270mL/hm²，选择草原毛虫2～3龄期牧草叶面常量均匀喷雾，一次用药，即可达到理想防效。当草原毛虫危害严重或虫龄较大时用药量可增加至270mL/hm²。

2. 25%吡唑醚菌酯乳油对苹果斑点落叶病及轮纹病的毒力和田间药效试验

（1）材料。供试药剂为：25%吡唑醚菌酯乳油（德国巴斯夫有限公司），对照药剂为43%戊唑醇悬浮剂（上海禾本药业有限公司）、80%代森锰锌可湿性粉剂（南通德斯益农化工有限公司）。

① 试验园概况。试验地点位于河北省清苑县温仁镇温仁村。苹果品种为短枝富士，树龄7年生，行株距为5m×5m，试验树共36株，常规管理，历年来均有苹果斑点落叶病和苹果轮纹病发生。

② 试验设计。试验设置6个处理剂量：25%吡唑醚菌酯乳油1500倍液（167mg/L）、2000倍液（125mg/L）、2500倍液（100mg/L），43%戊唑醇悬浮剂3000倍液（143mg/L）、80%代森锰锌可湿性粉剂700倍液（1143mg/L），对照喷清水。小区随机排列，每小区2株树，重复3次。

（2）结果与分析。供试药剂在试验剂量下对苹果安全无药害。

表3-11为 2 5%吡唑醚菌酯乳油对苹果斑点落叶病的田间防治效果列表。由表3-11可知，25%吡唑醚菌酯乳油对苹果斑点落叶病具有较好的防治效果。第3次施药后24 d 和第4次施药后16d 2次调查25%吡唑醚菌酯乳油1500倍液、2000倍液、2500倍液处理的防效均显著高于对照药剂43%戊唑醇悬浮剂3000倍液和80%代森锰锌可湿性粉剂700倍液。

表3-11　25%吡唑醚菌酯乳油对苹果斑点落叶病的田间防治效果

处理	第 3 次施药后 24d				第 4 次施药后 16d			
	调查叶数 / 片	病叶率 /%	病情指数	防治效果 /%	调查叶数 / 片	病叶率 /%	病情指数	防治效果 /%
25% 吡唑醚菌酯 EC1500 倍液	1459	0.89	0.10	93.63a	1306	0.46	0.05	98.69a

续表

处理	第3次施药后24d				第4次施药后16d			
	调查叶数/片	病叶率/%	病情指数	防治效果/%	调查叶数/片	病叶率/%	病情指数	防治效果/%
25%吡唑醚菌酯EC2000倍液	1028	1.24	0.14	91.23ab	1702	1.06	0.12	96.98a
25%吡唑醚菌酯EC2500倍液	1403	1.62	0.18	88.49b	1306	1.15	0.13	96.72a
43%戊唑醇SC3000倍液	953	2.41	0.27	82.95c	1357	4.64	0.52	86.77b
80%代森锰锌WP700倍液	972	2.78	0.31	80.38c	727	6.33	0.70	81.97c
对照（喷清水）	876	14.15	1.57		590	35.08	3.90	

注："防治效果"列不同小写字母表示0.05水平上下差异显著。

表3-12所列为25%吡唑醚菌酯乳油对苹果轮纹病的田间防治效果。由表3-12可知，25%吡唑醚菌酯乳油对苹果轮纹病也有较好的防治效果，且对苹果树安全、无药害。采取时（第5次施药后30 d），25%吡唑醚菌酯乳油1500倍液、2000倍液、2500倍液处理的防效为90.73%～96.36%，采收后贮藏15 d的防效为96.34%～98.80%，采收后贮藏30d的防效为93.17%～99.15%，均显著高于80%代森锰锌可湿粉剂700倍液，明显高于对照药剂43%戊唑醇悬浮剂3000倍液。

表3-12　25%吡唑醚菌酯乳油对苹果轮纹病的田间防治效果

处理	第5次施药后30d			采收后贮藏15d			采收后贮藏30d		
	调查果数/个	病果率/%	防治效果/%	调查果数/个	病果率/%	防治效果/%	调查果数/个	病果率/%	防治效果/%
25%吡唑醚菌酯EC1500倍液	1400	0.29	96.36a	210	0.48	98.80a	210	0.48	99.15a
25%吡唑醚菌酯EC2000倍液	1100	0.73	90.73ab	207	1.45	96.34a	207	3.87	93.17
25%吡唑醚菌酯EC2500倍液	1400	0.43	94.54a	196	0.51	98.71a	196	2.56	95.49ab
43%戊唑醇SC3000倍液	2000	1.55	80.24b	203	6.40	83.84b	203	11.12	79.98c
80%代森锰锌WP700倍液	1400	2.57	67.22c	207	14.01	64.64c	207	26.57	53.06d
对照（喷清水）	1160	7.84		212	39.62		212	56.60	

（3）结果与讨论。本实验测定了25%吡唑醚菌酯乳油对苹果斑点落叶病和苹果轮纹病的防治效果，其防效均在90%以上。显著或明显优于常规对照药剂43%戊唑醇悬浮剂和80%代森锰锌可湿性粉剂。在田间试验过程中，该药剂在试验浓度条件下对苹果树安全，无药害发生。因此，25%吡唑醚菌酯乳油有望成为将来生产上防控苹果斑点落叶病和苹果轮纹病的首选药剂。

25%吡唑醚菌酯乳油为甲氧基丙烯酸酯类杀菌剂，其作用机制为线粒体呼吸抑制剂，目前尚未检测到苹果斑点落叶病病菌和苹果轮纹病病菌对25%吡唑醚菌酯乳油的抗药菌株。但由于2种病原菌田间菌量较大，且该药剂为内吸性杀菌剂，在较强的药剂选择下易产生对该药剂的抗药性，因此建议将25%吡唑醚菌酯乳油与80%代森锰锌可湿性粉剂等保护性药剂及43%戊唑醇悬浮剂等内吸性药剂交替使用或混用。建议采用以下施药技术：在苹果斑点落叶病和苹果轮纹病发病前，喷施80%代森锰锌可湿性粉剂700倍液等保护剂，间隔期15～20d；发病严重时，喷施25%吡唑醚菌酯乳油2500倍液，间隔期可缩短到10～15d。

3. 240g/L烯草酮乳油夏大豆田一年生禾本科杂草防除效果研究

（1）材料。供试药剂为：240g/L烯草酮乳油（江苏七洲绿色化工股份有限公司）。

（2）试验设计。试验设置4个处理：240g/L烯草酮乳油72g/hm^2、108g/hm^2、144g/hm^2、216g/hm^2，另设人工除草（处理5）和空白对照喷清水（处理6），共6个处理。小区面积20m^2，各小区随机排列。

（3）结果与分析。供试药剂在试验剂量下对大豆安全无药害，具有明显增产作用。

由表3-13可知，施药后30d，240g/L烯草酮乳油对夏大豆田一年生禾本科杂草防治效果有所提高，对单株杂草防效而言，240g/L烯草酮乳油对马唐和稗草的防效优于牛筋草，所有防效均超过90.00%，且随着剂量的增加，防效显著提高，对杂草的总防效在89.91%～100.00%。

表3-13　240g/L烯草酮乳油药后30d对夏大豆田禾本科杂草株防治效果

处理	马唐		稗草		牛筋草		总杂草	
	防效 /%	差异显著性	防效 /%	差异显著性	防效 /%	差异显著性	防效 /%	差异显著性
1	90.59	cC	93.97	bAB	84.87	dD	89.91	cC
2	95.36	bB	97.26	abAB	90.50	cC	94.62	bB
3	99.28	aA	99.64	aA	97.90	aAB	99.02	aA
4	100.00	aA	100.00	aA	100.00	aA	100.00	aA
5	94.24	bB	92.96	bB	95.30	bB	94.36	bB
6	—		—		—		—	

由表3-14可知，施药后30d，6个不同处理对夏大豆田禾本科杂草的鲜重防治效果。240g/L烯草酮乳油对马唐和稗草的鲜重防效较好，分别为91.46%～100.00%、93.50%～100.00%，对牛筋草的鲜重防效稍差，总杂草防效为90.93%～100.00%，随着剂量的增加防效提高。

表3-14　240g/L烯草酮乳油药后30d对夏大豆田禾本科杂草鲜重防治效果

处理	马唐		稗草		牛筋草		总杂草	
	防效 /%	差异显著性	防效 /%	差异显著性	防效 /%	差异显著性	防效 /%	差异显著性
1	91.46	cC	94.83	bAB	85.78	dD	90.93	cC
2	96.24	bB	97.91	abAB	91.29	cC	95.67	bB
3	99.51	aA	99.84	aA	98.51	aAB	99.39	aA
4	100.00	aA	100.00	aA	100.00	aA	100.00	aA
5	95.04	bB	93.50	bB	96.18	bB	95.13	bB
6	—		—		—		—	

（4）结果与讨论240g/L烯草酮乳油在夏大豆田使用防除一年生禾本科杂草具有较好的效果，其控草效果随剂量增加而递增；对阔叶杂草及多年生杂草无效。

240g/L烯草酮乳油对夏大豆田用药适期为大豆苗后，一年生禾本科杂草3～5叶期；最佳施药剂量为108～144g/hm^2，用药后对大豆生长无不良影响，在大豆苗后使用对大豆是安全可靠的，对产量具有明显增产效果。

四、乳油专利实例

1. 发明名称：一种苯系列溶剂替代物磺化煤油及其在阿维菌素乳油中的应用

申请号：CN201510379976.9

摘要：本发明涉及农药制剂领域，公开了一种苯系列溶剂替代物磺化煤油及其在阿维菌素乳油中的应用。本发明所述配方中磺化煤油能够很好地代替阿维菌素乳油中常见的苯系列溶剂，并且得到的乳油具有较好的稳定性和分散性。本发明减少了农药乳油中苯、甲苯和二甲苯的使用量，降低了苯系列溶剂对人的毒害和对环境的污染，同时降低了乳油的生产成本。

2. 发明名称：一种印楝素乳油的制备方法

申请号：CN201610155478.0

摘要：本发明公开了一种印楝素乳油的制备方法，属于印楝素乳油制备技术领域。本发明将沙虫洗净后与茶油混合，通过高温高压淤化成水，放入发酵罐，之后向发酵罐中加入黄曲霉素，密闭发酵后利用乙醇提取发酵物，随后将发酵物提取液进行浓缩，并用乙醇进行稀释，最后利用稀释后的混合液对印楝素种子进行提取，从而得到印楝素乳油的制备方法。实例证明，本发明方法操作简便，无须使用特殊设备，在制备过程中不仅不添加任何有毒溶剂，使得制得的印楝素乳油安全环保，对环境、人畜都具有很高的安全性，而且能够使得印楝素得到充分溶解，扩宽药剂的使用范围，延长持效期，可大规模进行应用。

3. 发明名称：阿维矿物油乳油及其制备方法

申请号：CN201610042529.9

摘要：阿维矿物油乳油及其制备方法，原料包括油酸甲酯溶剂、乳化剂、阿维菌素和矿物油，其中各组分质量含量为：油酸甲酯溶剂20%～75%；乳化剂5%～20%；阿维菌素0.15%～0.5%；矿物油17.5%～57.85%，各原料质量分数之和为100%。本发明的阿维矿物油乳油具有较好的稳定性和分散性，能够降低乳油中苯系列溶剂的使用量，降低对环境和人体健康造成的危害。

4. 发明名称：一种抑/杀植物致病真菌用植物精油乳油及其制备方法

申请号：CN201510417551.2

摘要：本发明涉及一种抑/杀植物致病真菌用植物精油乳油，由以下份数药物组成：植物精油8～12份，有机溶剂20～30份，乳化剂2～6份。本发明的优点在于具有广谱杀菌活性，可广泛用于农业真菌病害的防治，以便满足有机蔬菜、绿色蔬菜的要求。

5. 发明名称：一种甲维·氟铃脲无芳烃乳油及其制备方法

申请号：CN201610092418.9

摘要：本发明公开了一种甲维·氟铃脲无芳烃乳油及其制备方法。所述的甲维·氟铃脲无芳烃乳油按下述质量分数备料：甲维0.2%～1%，氟铃脲2%～5%，乳化剂5%～20%，油酸甲酯补齐。本发明中的油酸甲酯与乳化剂混合后，可以很好地溶解甲维·氟铃脲原药，并且得到的乳油具有较好的稳定性和分散性；本发明采用油酸甲酯替代乳油中的苯系列溶剂，从而减少了乳油中苯、甲苯和二甲苯等溶剂的使用量，并减少了苯系列溶剂对环境和人类健康造成的危害；而且油酸甲酯来源广泛、成本低，从而降低了乳油的成本。

6. 发明名称：含有生物柴油溶剂的农药乳油制剂

申请号：CN200610136805.4

摘要：一种含有生物柴油溶剂的农药乳油制剂，它的组分包括农药原药、溶剂、乳化剂，所述溶剂为生物柴油或是由生物柴油与常规农药溶剂以任意比例混合而成的混合溶剂。本发明用生物柴油作溶剂取代或部分取代已有技术的常规溶剂，具有高效、安全、环保、低毒的特点，还能降低农药成本。

7. 发明名称：一种以乙酸仲丁酯为溶剂的乳油制剂及其制备方法

申请号：CN201610206735.9

摘要：本发明涉及一种以乙酸仲丁酯为溶剂的乳油制剂及其制备方法，本发明乳油制剂不含任何芳烃类等不环保有机溶剂，由以下质量分数的组分组成：农药活性成分0.1%～75%、助溶剂0%～5%、乳化剂5%～10%，余为乙酸仲丁酯；将农药活性成分、乙酸仲丁酯、助溶剂、乳化剂混合均匀，均质充分搅拌，即得本发明的乳油制剂。本发明制得的乳油制剂不含芳香族有机溶剂，降低了环境污染；生产工艺简单，能耗低；乳油制剂液滴粒径小于1.0μm、成分分散度高、均匀、稳定性高，持效期长、使用安全，且对环境污染小，因而提高了主剂与辅剂的使用效率。

8. 发明名称：一种植物油乳油及其应用

申请号：CN201510050550.9

摘要：本发明涉及一种植物油乳油及其作为杀虫剂的应用，包含植物油，所述植物油包含有月桂酸甲酯、肉豆蔻酸甲酯和蒎烯。本发明的植物油乳油适用于有机生产的天然植物源产品，适用于大多数农作物、观赏及草坪作物，不容易产生传统化学农药可能产生的问题，本发明的植物油乳油可以生物降解，环境友好，对人、畜安全，无残留，适用于有机种植，与现今农业发展态势相吻合；选择性强，对靶标有良好、快速的杀灭活性；具有双重剿灭作用的植物源药剂，不产生抗药性。

9. 发明名称：一种吡唑醚菌酯无芳烃乳油及其制备方法

申请号：CN201610092423.X

摘要：本发明公开了一种吡唑醚菌酯无芳烃乳油及其制备方法。所述的吡唑醚菌酯按下述质量分数备料：吡唑醚菌酯25%～30%，乳化剂5%～20%，油酸甲酯补齐。本发明中的油酸甲酯与乳化剂混合后，可以很好地溶解吡唑醚菌酯原药，并且得到的乳油具有较好的稳定性和分散性；本发明采用油酸甲酯替代乳油中的苯系列溶剂，从而减少了乳油中苯、甲苯和二甲苯等溶剂的使用量，并减少了苯系列溶剂对环境和人类健康造成的危害；而且油酸甲酯来源广泛、成本低，从而降低了乳油的成本。

10. 发明名称：一种对农药乳油制剂进行现场快速检测的方法

申请号：CN201310362935.X

摘要：本发明涉及农药检测技术领域，尤其涉及一种对农药乳油制剂进行现场快速检测的方法，本发明基于拉曼光谱原理，现场检测农药乳油制剂的有效成分、是否含违禁成分及成分浓度，可分辨成分包括30多种常用农药及10多种禁用或限用农药，单样品测试可在30min内完成。经与包括农药检测权威机构的检测结果在内的客观结果对照验证，本发明的定性检出率达76.7%，总准确率达73.3%，定量测量误差在30%以内的准确率达59.3%，定量测量误差在20%以内的准确率达48.1%。对比测试实验室的色谱、质谱方法，具有操作简单，可现场测试，测试时间短等优点。

11. 发明名称：一种精喹禾灵、烟嘧磺隆和莠去津复合环保型乳油

申请号：CN201510170075.9

摘要：本发明公开了一种精喹禾灵、烟嘧磺隆和莠去津复合环保型乳油，各组分的质量分数为：精喹禾灵1%~25%，烟嘧磺隆1%~10%，莠去津1%~20%，乳化剂1%~25%，助剂1%~20%，余量为溶剂。制备方法：首先按照比例称取精喹禾灵、烟嘧磺隆和莠去津，将其用环保溶剂充分溶解后加入助剂和乳化剂，充分搅拌均匀即得。本发明制备方法简易，贮运和使用安全性很高，扩大了制剂的防治范围，提高了生物活性，对环境友好，符合当今农药剂型的发展方向。

12. 发明名称：乙草胺无溶剂乳油

申请号：CN03111562.4

摘要：乙草胺无溶剂乳油涉及一种农药。传统乳油中含有较多有机溶剂，在生产、运输和保存中都极易发生着火事故，并且有机溶剂增加了药剂对作物药害和人畜中毒的机会，大量有机溶剂不断散发到自然界中，会引起环境污染，影响自然生态。本发明是由乙草胺原药和乳化剂组成的，乙草胺原药中乙草胺有效成分的质量分数为95.0%~100%，乳化剂是由十二烷基苯磺酸钙和壬基酚聚氧乙烯醚组成的，十二烷基苯磺酸钙与壬基酚聚氧乙烯醚的质量比为1：（1~1.4），乳化剂的用量占乙草胺无溶剂乳油总质量的5%~12%。本发明毒性低，生产、贮运和使用安全，减轻了对作物和人畜的毒性，减少了对环境的污染；它药效好，不产生药害，增产显著。

13. 发明名称：一种用于防治黄瓜白粉病的乳油

申请号：CN201510879017.3

摘要：本发明涉及一种用于防治黄瓜白粉病的乳油，由香菇多糖、植物激活蛋白、敌菌酮、大蒜油、十二烷基苯磺酸钙和*N*–甲基吡咯烷酮组成。本发明为用于防治黄瓜白粉病的复配农药，香菇多糖、植物激活蛋白和敌菌酮复配后具有明显增效作用，显著减少了有效成分的用药量，本发明有效增强了对黄瓜白粉病的预防和治疗作用，见效快，持效期长，对非靶标作物无影响，且对黄瓜具有明显的增产效果。

14. 发明名称：一种高渗乙虫腈乳油杀虫制剂

申请号：CN201510018922.X

摘要：一种高渗乙虫腈乳油杀虫制剂，涉及水稻、果树、蔬菜和花卉苗木等植物的各类害虫防治技术领域，特别涉及以乙虫腈原药进行生产乳油制剂的工艺技术，包括乙虫腈原药、溶剂和乳化剂，所述各原料占乳油总质量分数分别为：乙虫腈10%、溶剂4%~75%、乳化剂3%~45%，整个乳油杀虫制剂的质量分数总和为100%。将本发明在防治水稻、果树、蔬菜和花卉苗木等各类害虫中加以应用，对作物安全、成本低、防效好，化学性质稳定，增效显著，对防治对象表现出明显的增效以及互补作用，能够延缓抗药性的产生，达到农业增产增收的目的。

15. 发明名称：一种以松脂基植物油为溶剂的乳油制剂及其制备方法

申请号：CN201010233146.2

摘要：一种以松脂基植物油为溶剂的乳油制剂及其制备方法，涉及一种农药制剂。提供一种采用植物来源的松脂基植物油为溶剂，不含任何芳烃类等不环保有机溶剂，环保性能高，生产施用安全的以松脂基植物油为溶剂的乳油制剂及其制备方法。其原料组成及以质量分数计含有农药活性成分0.5%~60%、助溶剂0%~15%、乳化剂5%~25%，余为松脂基植物油。将农药活性成分、松脂基植物油、助溶剂、乳化剂混合均质剪切，即得以松脂基植物油为溶剂的乳油制剂。

五、国内登记的乳油品种

目前，国内乳油的登记主要集中在杀虫剂上，约6300个；其次为除草剂，约2000个；第三为杀菌剂，约800个，主要类别和品种见表3-15。

表3-15 国内登记的主要乳油品种

序号	类别	产品名称	登记个数	登记主要含量
1	杀虫剂	阿维菌素（含甲维盐）	648	0.5%、0.9%、1.2%、1.8%、2%、3.2%、5%
2		辛硫磷	635	40%
3		毒死蜱	430	40%、45%、480g/L
4		氯氰菊酯（高效氯氰菊酯）	426	2.5%、4.5%、5%、10%
5		高效氯氟氰菊酯	361	2.5%、25g/L
6		三唑磷	279	20%、30%、40%
7		联苯菊酯	263	25g/L、100g/L
8		啶虫脒	242	3%、5%、10%
9		马拉硫磷	197	45%、70%
10		吡虫啉	159	5%、7.5%、10%、20%
11	除草剂	乙草胺	312	100g/L、180g/L、50%、81.5%、900g/L
12		精喹禾灵	240	5%、50g/L、8.8%、10%、15%、20%
13		丁草胺	118	50%、81.5%、88%、900g/L
14		二甲戊灵	95	30%、33%、330g/L
15		氯氟吡氧乙酸（异辛酯）	89	20%、200g/L、288g/L
16		烯草酮	88	12%、120g/L、13%、24%、240g/L、30%
17		异丙甲草胺	80	72%、720g/L
18		氟乐灵	54	45.5%、48%、480g/L
19		氰氟草酯	51	10%、15%、20%、25%、30%
20		丙草胺	49	30%、300g/L、50%、70%
21	杀菌剂	丙环唑	239	156g/L、25%、250g/L、50%
22		稻瘟灵	110	30%、40%
23		三唑酮	74	20%
24		咪鲜胺	68	25%、250g/L、45%、450g/L
25		氟硅唑	49	40%、400g/L
26		腈菌唑	44	10%、12%、12.5%、25%
27		苯醚甲环唑	31	25%、250g/L、30%、40%
28		乙蒜素	17	20%、30%、41%、80%
29		抑霉唑	14	22.2%、50%、500g/L
30		吡唑醚菌酯	13	250g/L、30%

六、乳油标准

目前，国内乳油的技术标准与国际标准相比仍有一定差距。如稀释稳定性，国内标准大都稀释200倍，常规乳油产品都能符合要求；而CIPAC和FAO标准则为稀释20倍，因此有很多乳油，如拟除虫菊酯类产品很难达到要求，这样对农药乳油制剂中乳化剂的质量提出更高的要求。

为加强对农药乳油生产、经营、使用的监督管理，提高农药乳油质量，促进农药行业的健康发展，将涉及乳油产品的国家标准和行业标准汇总，具体见表3-16。

表3-16 国内乳油产品的标准

序号	标准名称	标准编号	实施日期
1	农药水分测定方法	GB/T 1600—2001	2002.02.01
2	农药 pH 值测定方法	GB/T 1601—1993	1994.10.01
3	农药乳液稳定性测定方法	GB/T 1603—2001	2002.02.01
4	商品农药验收规则	GB/T 1604—1995	1996.02.01
5	商品农药采样方法	GB/T 1605—2001	2002.02.01
6	农药包装通则	GB 3796—2006	2000.09.01
7	农药乳油中有害溶剂限量	HG/T 4576—2013	2014.03.01
8	农药乳油包装	GB 4838—2000	2001.03.01
9	农药热贮稳定性测定方法	GB/T 19136—2003	2003.11.01
10	农药低温稳定性测定方法	GB/T 19137—2003	2003.11.01
11	农药乳油产品标准编写规范	HG/T 2467.2—2003	2004.05.01
12	禾草敌乳油有效成分含量的测定方法 GC	GB/T 31749—2015	2015.11.02
13	莎稗磷乳油有效成分含量的测定方法 HPLC	GB/T 31750—2015	2015.11.02
14	高效盖草能乳油中精吡氟氯禾灵的测定 HPLC 法	SN/T 2929—2011	2011.12.01
15	乙氧氟草醚乳油含量检测	SN/T 2947—2011	2011.12.01
16	哒嗪硫磷含量分析方法	GB 8199—87	1988.05.01
17	敌敌畏乳油	GB 2548—2008	2009.06.01
18	50% 对硫磷乳油	GB 2898—1995	1996.02.01
19	甲胺磷乳油	GB 3726—1995	1996.08.01
20	20% 氰戊菊酯乳油	GB 6695—1998	1999.04.01
21	50% 甲基对硫磷乳油	GB 9550—1999	2000.02.01
22	40% 辛硫磷乳油	GB 9557—2008	2009.01.01
23	杀螟硫磷乳油	GB 13650—2009	2009.11.01
24	40% 乐果乳油	GB 15583—1995	1996.02.01
25	阿维菌素乳油	GB 19337—2003	2004.06.01
26	毒死蜱乳油	GB 19605—2004	2005.10.01
27	硫丹乳油	GB/T 20437—2006	2006.11.01
28	40% 杀扑磷乳油	GB/T 20619—2006	2007.04.01
29	乙草胺乳油	GB 20692—2006	2007.04.01

续表

序号	标准名称	标准编号	实施日期
30	甲氨基阿维菌素乳油	GB 20694—2006	2007.04.01
31	高效氯氟氰菊酯乳油	GB 20696—2006	2007.04.01
32	二甲戊灵乳油	GB 22176—2008	2009.01.01
33	噁草酮乳油	GB 22178—2008	2009.01.01
34	2,4- 滴丁酯乳油	GB 22601—2008	2009.06.01
35	戊唑醇乳油	GB 22605—2008	2009.06.01
36	丁硫克百威乳油	GB 22611—2008	2009.06.01
37	烯草酮乳油	GB 22615—2008	2009.06.01
38	精噁唑禾草灵乳油	GB 22618—2008	2009.06.01
39	联苯菊酯乳油	GB 22620—2008	2009.06.01
40	咪鲜胺乳油	GB 22624—2008	2009.06.01
41	丙环唑乳油	GB 23549—2009	2009.11.01
42	35% 水胺硫磷乳油	GB 23550—2009	2009.11.01
43	异噁草松乳油	GB 23551—2009	2009.11.01
44	20% 噻嗪酮乳油	GB 23556—2009	2009.11.01
45	灭多威乳油	GB 23557—2009	2009.11.01
46	溴氰菊酯乳油	GB 29386—2012	2013.07.01
47	吡虫啉乳油	GB 28143—2011	2012.04.15
48	3% 赤霉酸乳油	GB 28146—2011	2012.04.15
49	哒螨灵乳油	GB 28148—2011	2012.04.15
50	乙羧氟草醚乳油	GB 28156—2011	2012.04.15
51	乙酰甲胺磷乳油	GB 28157—2011	2012.04.15
52	甲基异柳磷乳油	HG 2200—1991	1992.07.01
53	哒嗪硫磷乳油	HG 2210—1991	1992.07.01
54	乙酰甲胺磷乳油	HG 2212—2003	2004.05.01
55	50% 禾草丹乳油	HG 2214—1991	1992.07.01
56	农药增效剂　增效磷乳油	HG 2313—1992	1993.01.01
57	甲拌磷乳油	HG 2464.2—1993	1994.01.01
58	4% 赤霉素乳油	HG 2676—1995	1996.01.01
59	甲氰菊酯乳油	HG/T 2845—2012	2013.06.01
60	三唑磷乳油	HG 2847—1997	1998.01.01
61	20% 速灭威乳油	HG 2851—1997	1998.01.01
62	20% 异丙威乳油	HG 2854—1997	1998.01.01
63	45% 马拉硫磷乳油	HG 3284—2000	2001.03.01
64	异稻瘟净乳油	HG 3286—2002	2003.06.01
65	丁草胺乳油	HG 3292—2001	2002.07.01
66	20% 三唑酮乳油	HG 3294—2001	2002.07.01
67	甲草胺乳油	HG 3299—2002	2003.06.01

续表

序号	标准名称	标准编号	实施日期
68	稻瘟灵乳油	HG 3305—2002	2003.06.01
69	40% 氧乐果乳油	HG 3307—2000	2001.03.01
70	仲丁威乳油	HG 3620—1999	2000.06.01
71	40% 丙溴磷乳油	HG 3626—1999	2000.06.01
72	氯氰菊酯乳油	HG 3628—1999	2000.06.01
73	4.5% 高效氯氰菊酯乳油	HG 3631—1999	2000.06.01
74	吡虫啉乳油	HG 3672—2000	2001.03.01
75	三氯杀螨醇乳油	HG 3700—2002	2003.06.01
76	氟乐灵乳油	HG 3702—2002	2003.06.01
77	啶虫脒乳油	HG 3756—2004	2005.06.01
78	喹禾灵乳油	HG 3760—2004	2005.06.01
79	精喹禾灵乳油	HG 3762—2004	2005.06.01
80	腈菌唑乳油	HG 3763—2004	2005.06.01
81	炔螨特乳油	HG 3766—2004	2005.06.01
82	阿维菌素·高效氯氰菊酯乳油	HG/T 3887—2006	2007.03.01
83	苯醚甲环唑乳油	HG/T 4461—2012	2013.06.01
84	辛酰溴苯腈乳油	HG/T 4467—2012	2013.06.01

第六节 乳油生产的工程化技术

一、乳油加工工艺

乳油加工工艺比较简单，设备要求不高。乳油的加工是一个物理过程，按设计配方，将原药溶解于有机溶剂中，再加入乳化剂等其他助剂，在搅拌下混合溶解，制成均相透明的液体。

乳油的加工工艺流程见图3-2。

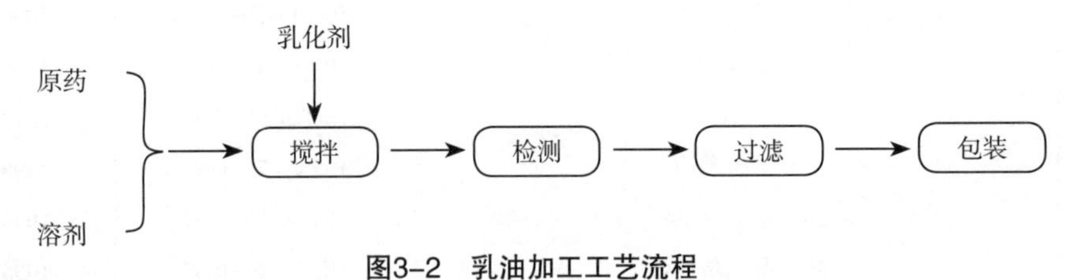

图3-2 乳油加工工艺流程

二、乳油加工的主要设备

1. 调制釜

调制釜是一种带夹套的搪瓷反应釜或不锈钢反应釜，釜上配有搅拌器、电机、变速器和冷凝器。调制釜的搅拌器须足够大，液面距上沿不可过近，以防飞溅，同时要有玻璃窗，确保能观察搅拌器内部等；搅拌形式一般要求不高，多采用锚式或桨式，搅拌速度一般为60～80r/min，调制釜是乳油加工的主要设备。

2. 计量槽

计量槽多采用碳钢制作，可根据需要设置。

3. 过滤器

配好的乳油中往往含有极少量来自原药或乳化剂的不溶性杂质，难于被肉眼发现，但长时间贮存会出现明显的絮状物，影响乳油的质量，需沉降或过滤处理。过滤器可采用碳钢制管道式压滤器或陶瓷压滤器。

4. 乳油贮槽

在乳油加工中，常配备2个贮槽，交替使用，其材质多为不锈钢或普通碳钢。

5. 真空泵

常用的真空泵是水冲泵或水环泵，最好不用机械泵，乳油中通常含有易挥发的物质，易带入气缸中使之污染，从而降低真空度。泵和管道连接处应避免泄漏，若发生需尽快处理，以防发生火灾，该类接口应经常检查。

6. 通风设备

由于有机溶剂的挥发性及易燃易爆性，要有一套良好的通风设备，且通风管道需经二级处理，不能直接排放入大气中。

三、乳油的安全化生产

（一）原材料

1. 原材料规格

在农药制剂的安全化生产中，首先要清楚地了解原材料的性能，即生产产品所用的原药和助剂的来源、价格、性能等，主要包括理化性质和毒性；并按规定要求的技术指标和检验方法对其进行分析测试，特别是原药的含量及物料中的含水量，需严格控制在允许范围内。投料前，按设计配方，用即将生产的原材料进行小试配方验证，合格后再进行生产，以确保乳油的质量。

2. 投料量计算

各种原材料的投料量应根据设备的装料系数和设计的配方的质量百分比来计算，装料系数一般不超过90%，最小以不影响搅拌效果为佳。在计算原药的投料量时，制剂中有效成分含量的计算，一般要比配方设计中规定的含量高0.3%～0.5%，以保证配制的乳油含量不会偏低。

（二）生产装置

一套生产装置是指在任意时期可用于生产加工某产品的所有设备的总和。它也可以进行多个产品的依次生产。一个生产基地可能拥有多个生产装置。生产装置之间的隔离是安全化生产的关键因素。隔离是指装置之间无共用设备（如通风管道），以防产品意外地从一个生产装置被送到另一个生产装置。可通过如下措施达到隔离目的：分开建筑；在同一建筑内的不同生产流水线之间建隔离墙；将关键产品转移到其他装置。在进行风险评估时，生产装置的设计和构型应包括在内。

1. 污染风险的评估

污染预防的前提是进行污染风险评估，污染风险评估包括生产装置和在装置内所生产的产品，主要包括产品的混合、生产装置的构型、隔离和生产操作；不同产品是否能在同一生产装置生产；清洁水平和清洁能力的要求；尤其是不同产品彼此都非常敏感的农药品种，就更需要彻底隔离。具体的措施包括：

（1）生产装置的设计和构型要易于清洁和拆卸，并进行充分隔离，生产装置之间的隔离是污染预防的关键因素。杀虫剂/杀菌剂的生产车间，只能放杀虫剂/杀菌剂的产品及其原材料；杀虫剂/杀菌剂必须在专用设备中生产；除草剂及其原材料只能贮藏在除草剂生产车间。

（2）建立完整和精确的品种更换、清洗方法和产品质量合格的生产记录，并妥善保管。

（3）形成有效的清洁程序，具有较好的清洁水平。在重复使用洗涤剂之前要做化验分析，确认洗涤剂的活性物质及其含量。被洗涤的产品必须和它先前所洗涤的产品一致，不能用错。清洗文件一般包括一份分析测试或一份有效清洗程序。

2. 生产装置的清洁水平

如果要使生产装置清洗得很彻底，那么必将是一个费时而昂贵的工作。因此，可选择合适的生产顺序，建立一种经济、行之有效的清洁程序。如在同一个生产装置上集中生产使用在同一作物上的高活性产品，调整产品的生产顺序等。清洁程序必须形成书面记录，包括：使用的清洁用品、冲洗的次数和条件、每个生产设备部件的拆分和人工清洗等。清洗时尤其要注意清洁死角的残留，包括固体/液体过滤器、搅拌桨、泵、软管等。对于乳油的生产设备，用清洁剂最多清洗3次，结果要达到小于100mg/kg的清洁水平。

（三）操作规程

车间的操作必须建立规范的操作规程，并明确生产过程中的注意事项。首先，对工作场所进行有效清洁，这是安全生产的基础。其次，确认生产现场的物质，了解原药及助剂的理化性质、毒性等，对其进行分类管理与使用；核查原料的名称、批号、数量等；对于易污染的物质应分区贮存。最后，建立使用公用设备（软管、泵、工具、清洗设备等）的书面程序；临时贮罐应贴上适当标签，内容包括：产品名称、产品鉴定、清洁状况（是否干净）、注意设备的日常维护和保养等。

1. 设备检查

投料前首先应检查所有设备，包括传动系统、真空系统、各单元设备、阀门和管道是否正常，以保证整套装置能够正常运转；此外，还需检查原材料所经过的各单元设备和管道是否干燥、清洁，以保证乳油的产品质量，尤其是乳油中的含水量。

2. 投料与调制

按设计的投料量准确计量，准确投料。投料顺序为先投入大部分溶剂，然后在搅拌下，依次投入原药、乳化剂、其他助剂和剩余溶剂。如原药为固体，应缓慢加入，以防静电而产生火灾；溶剂和原药应通过不同管道加入；如原药为固体，一般加料后继续搅拌1h，即可取样分析；如需加快原药的溶解，可适当加热。加热时，先在调制釜的夹套内加入适量水，然后通入少量蒸汽，控制釜内温度，以不超过溶剂的沸点为宜，一般为60℃即可。待原药全部溶解后，停止加热，打开夹套冷却水，待釜内温度降至室温时，取样分析。

3. 过滤

原药和乳化剂中往往含有微量不溶性杂质，悬浮在乳油制剂中，不易引起人们的注意，但在贮存中往往会出现明显的絮状物，严重影响乳油的外观。一些企业采用沉降方式，但效果不明显。因此，过滤是乳油生产中一道必不可缺的工序，过滤时可加入一定量助滤剂，如60～80目的硅藻土或活性炭，每吨乳油加入2～3kg为宜。

（四）乳油的包装

农药乳油中含有大量有机溶剂，因此在产品的包装、贮存和运输等方面都必须严格按照GB 325—2000《农药包装通则》、GB 4838—2000《农药乳油包装》和GB 190—2009《危险货物包装标志》等规定进行，保证乳油产品在正常贮运条件下，安全可靠，不受任何损伤，在保质期内正常贮存和运输。

1. 包装车间

杀虫剂的包装线和除草剂的包装线中间要建隔离墙。辅助设备也必须严格分开，不能共用。杀虫剂/杀菌剂的包装车间，只能放杀虫剂/杀菌剂的包装材料；杀虫剂/杀菌剂必须在专用设备中包装；除草剂及其包装材料，只能贮藏在除草剂包装车间。所有的包装原材料必须存放在合适的地方，必须有清楚和准确的记录。原材料在使用前要认真核对记录，包括分析记录和贴在包装上的标签。所有容器都必须贴有清楚的标签，不管是满桶还是半桶，还包括用过的空桶及垃圾桶。

2. 包装分类

农药乳油包装分为两类：一类为大桶包装，应使用钢桶或塑料桶，容量为250L（kg）、200L（kg）、100L（kg）、50L（kg）；另一类包装为瓶（袋）装，应使用玻璃瓶、高密度聚乙烯氟化瓶和等效的其他材质的瓶（袋）等，每瓶净含量为1000mL（g）、500mL（g）、250mL（g）、100mL（g）等。

3. 包装技术要求

（1）包装环境和包装准备

① 农药乳油包装环境应保持清洁、干燥、通风良好、采光充分，有排毒、防火设施。包装过程不得污染周围环境。

② 包装桶和包装瓶必须清洁、干燥，不与内容物发生任何物理、化学反应，且能保护产品不受外部环境条件的不利影响。

③ 见光易分解的农药乳油，应采用不透光的包装瓶，如高密度聚乙烯氟化瓶、棕色玻璃瓶。

④ 遇水易分解的农药乳油，不应采用一般塑料瓶和聚酯瓶包装。

⑤ 农药乳油包装时要防止不同品种的混淆，以免造成交叉污染。

（2）包装材料

① 玻璃瓶：瓶体光洁，色泽纯正，瓶口圆直，厚薄均匀，无裂缝，少气泡；受急冷温差35℃，无爆裂，化学稳定性好。

② 高密度聚乙烯氟化瓶：应与内容物不发生任何物理、化学反应；应能有效防止空气中的潮气（水分）渗透到瓶内；应有足够的机械强度；氟化性能好。

③ 安瓿：应符合GB/T 2637的规定。

④ 钢桶和塑料桶：钢桶应符合GB/T 3251—2008的规定，并应符合GB/T 3796—1997中

的要求；塑料桶应符合GB/T 3796—1997中的要求。

⑤ 瓦楞纸箱：应符合GB/T 6543—2008的规定。

⑥ 钙塑瓦楞箱：应符合GB/T 6980—1995的规定。

⑦ 防震材料：常用的防震材料有草套、瓦楞纸套、垫、隔板、气泡塑料薄膜和发泡聚苯乙烯成型膜等。

（3）内包装：农药乳油内包装应采用玻璃瓶和高密度聚乙烯氟化瓶或等效的瓶子。玻璃瓶或氟化瓶应具有适宜的内塞和螺旋外盖或带衬垫的外盖。包装好的瓶子，倒置，不应有渗漏。

4. 乳油的机械包装

农药乳油产品的包装最好采用自动包装生产线，包括灌（包）装、封口、加盖、贴签、喷码等操作。农药乳油采用机械化包装可以提高生产效率，省工省时，也较安全。

第七节　乳油的质量控制指标及检测方法

一、乳油的质量控制指标

乳油的质量控制指标主要包括有效成分含量和理化性质两方面的内容，概括起来主要有以下内容和要求。

① 外观，应为均相透明液体；

② 有效成分含量，应不低于规定范围；

③ 相关杂质，应符合规定标准；

④ pH值，应符合产品标准；

⑤ 水分，应符合产品标准；

⑥ 密度，应符合产品标准；

⑦ 黏度，应符合产品标准；

⑧ 闪点，应符合规定标准；

⑨ 爆炸性，应符合规定标准；

⑩ 对包装材料腐蚀性，应符合规定标准；

⑪ 乳液稳定性，应符合规定标准；

⑫ 低温稳定性，应符合上述各项要求；

⑬ 热贮稳定性，应符合上述各项要求；

⑭ 其他，表面张力、接触角、渗透性等。

二、检测方法

（一）外观

1. 方法

按NY/T 1860.3—2016，US EPA OPPTS Guideline 830.6302、830.6303和830.6304规定的方法进行。

2. **方法提要**

在日光或其他没有色彩偏差的人造光线下对被测试物进行视觉观察和气味辨别，给出颜色、物理状态和气味等的定性描述。

3. **测定步骤**

（1）颜色测定：在一白色背景中取20g被测试物于无色透明玻璃试管中，对样品的色度、色调和亮度进行评价。

（2）物理状态测定：在一白色背景中取20g被测试物于无色透明玻璃试管中，对样品的物理性状进行评价。

（3）气味测定：取20g被测试物于50mL烧杯中，用手小心煽动，对样品的气味进行评价。

（二）有效成分含量的测定

农药乳油是由原药、溶剂、乳化剂等组成的混合体系，其分析测定方法不可能有统一标准，但无论采用何种方法，都必须遵守简便、快速、准确、灵敏度高、重复性好的基本原则，并适用于产品质量的检测分析。乳油中有效成分含量的测定多采用液相色谱法和气相色谱法，也有采用化学法和比色法进行测定的。

（三）相关杂质的测定

相关杂质（relevant impurity）是指与农药有效成分相比，农药产品在生产或贮存过程中所含有的对人类和环境具有明显毒害，或对适用作物产生药害，或引起农产品污染，或影响农药产品质量稳定性，或引起其他不良影响的杂质。农药产品中的杂质情况一直是人们关注的重点，各国农药登记主管部门都制定相应规定，在办理农药登记注册时对相关杂质进行严格管理。

FAO、EU、澳大利亚、我国国标以及行标中分别对一些原药的相关杂质及其限量进行规定，例如，FAO规定，杀虫剂乙酰甲胺磷中甲胺磷限量≤5g/kg，乙酰胺限量≤1g/kg，*O,O,S*-三甲基硫代磷酸酯限量≤1g/kg。我国《农药登记资料要求》中也规定对原药产品，生产企业应提供产品中0.1%以上及微量对哺乳动物和环境有明显危害的杂质名称、结构式、含量及必要的定性和定量方法。对制剂产品也要规定相关重要杂质的名称、含量、检测方法。对于相关杂质的分析可采用FAO、WHO的农药产品质量标准进行。

（四）pH值的测定

1. **方法**

按GB/T 1601—1993、US EPA OPPTS Guideline 830.7000和CIPAC MT75规定的方法进行。

2. **方法提要**

用pH计测定稀释溶液的pH值。

3. **测定步骤**

（1）pH计的校正：将pH计的指针调整到零点，调整温度补偿旋钮至室温，用pH标准溶液校正pH计，重复校正，直到两次读数不变为止，再测量另一标准溶液的pH值，测定值与标准值的绝对差应不大于0.02。

（2）试样溶液的配制：称取1g被测试物于150mL烧杯中，加入100mL水，剧烈搅拌1min，静置1min。

（3）测定：将冲洗干净的玻璃电极和饱和甘汞电极插入试样溶液中，测其pH值，至少平行测定三次，测定结果的绝对差值应小于0.1，取其算术平均值即为该试样的pH值。

（五）水分的测定

1. 方法

水分测定方法主要有卡尔·费休法和共沸蒸馏法，按GB/T 1600—2001和CIPAC MT30规定的方法进行。

2. 卡尔·费休法的方法提要

将样品分散在甲醇中，用已知水当量的标准卡尔·费休试剂滴定。

3. 卡尔·费休法的测定步骤

加约20mL甲醇到滴定容器中，用卡尔·费休试剂滴定至终点，迅速加入已称量的试样（精确至0.01g），搅拌1min，以1mL/min的速度滴加卡尔·费休试剂至终点。试样中水的质量分数w_1（%）按式（3-3）计算：

$$w_1=\frac{cV\times 100}{m\times 1000} \tag{3-3}$$

式中 c——卡尔·费休试剂的水当量，mg/mL；

V——消耗卡尔·费休试剂的体积，mL；

m——试样的质量，g。

（六）密度的测定

1. 方法

按NY/T 1860.17—2016、US EPA OPPTS Guideline 830.7300和CIPAC MT3.2规定的方法进行。

2. 方法提要

将试样放进已知体积的比重瓶中，加入测定介质，试样的体积可由比重瓶的体积减去测定介质的体积求得，则试样的密度为试样质量与其体积之比。

3. 测定步骤

当比重瓶与环境达到热平衡后，称量比重瓶的质量m_1（精确至0.1mg），将乳油试样加入比重瓶中至刻度线，用超声波处理至无气泡，在（20±0.5）℃恒温水浴中浸入比重瓶至其瓶颈，恒温20min。用滤纸擦净瓶颈和瓶外缘的水。称量比重瓶及试样的质量m_2（精确至0.1mg）。

20℃时，乳油试样的密度ρ按式（3-4）计算：

$$\rho=\frac{m_2-m_1}{V} \tag{3-4}$$

式中 ρ——乳油试样在20℃时的密度，g/mL；

m_1——比重瓶的质量，g；

m_2——乳油试样与比重瓶的质量，g；

V——比重瓶的体积，mL。

（七）黏度的测定

黏度的测定方法有毛细管法、莱德伍德法、流变仪法等多种方法，可参照NY/T 1860.21—

2016、US EPA OPPTS Guideline 830.7100和CIPAC MT22规定的方法进行。

（八）闪点的测定

闪点的测定方法有阿贝尔法、泰格密闭闪点试验法、彭斯克-马丁密闭试验法等，可参照NY/T 1860.11—2016、GB/T 25482—2010、US EPA OPPTS Guideline 830.6315和CIPAC MT12规定的方法进行。

（九）爆炸性的测定

爆炸性的测定可参照NY/T 1860.6—2016、GB/T 21566—2008、GB/T 21567—2008和US EPA OPPTS Guideline 830.6316中的方法进行，也可参照GB 20576—2006方法，按差示扫描量热（DSC）方法测定。根据《化学品分类、警示标签和警示性说明安全规范爆炸物》（GB 20576—2006）5.2.3规定，当有机物或有机物的均匀混合物含有爆炸性的化学基团，但其分解时每克释放的能量小于500J，并且开始放热分解的温度低于500℃时，可认定为不易爆炸物，不具爆炸性。

（十）对包装材料腐蚀性

1. 方法

按NY/T 1860.16—2016和US EPA OPPTS Guideline 830.6320、830.6317规定的方法测定。

2. 方法提要

将被测试物与其商业包装材料相接触，在室温或加速条件下贮存一定时间，测定实验前后包装材料的性状差异以及质量差异。

3. 测定步骤

称重商业包装材料的质量g_1，将100g被测试物用其商业包装材料包装后，置于（54±2）℃恒温箱中放置14d。取出冷却至室温，倒出被测试物，用有机溶剂清洗包装材料，然后用清水淋洗干净，晾干，称重（g_2）。观察包装材料是否存在穿孔、变色以及接缝处是否生锈和渗漏等。

使用未接触过被测试物的商业包装材料作为空白样本，使用分析天平称其质量w_1；进行同样的清洗过程，称重w_2。腐蚀损失率X按式（3-5）计算：

$$X=\left(\frac{g_2-g_1}{g_1}-\frac{w_1-w_2}{w_1}\right)\times 100 \tag{3-5}$$

式中 X——腐蚀损失率，%；

g_1——试验前包装材料样本的质量，g；

g_2——试验后包装材料样本的质量，g；

w_1——清洗前空白样本的质量，g；

w_2——清洗后空白样本的质量，g。

（十一）乳液稳定性的测定

1. 方法

按GB/T 1603—2001和CIPAC MT36.2规定的方法进行。

2. GB/T 1603—2001方法提要

试样用标准硬水稀释，1h后观察乳液稳定性。

3. GB/T 1603—2001方法测定步骤

在250mL烧杯中，加入100mL（30±2）℃标准硬水，用移液管吸取适量乳油试样，在不断搅拌的情况下缓缓加入标准硬水中（按产品规定的稀释浓度），使其配成100mL乳状液，加完乳油后，继续用2～3r/s的速度搅拌30s，立即将乳状液移至清洁、干燥的100mL量筒中，并将量筒置于恒温水浴中，在（30±2）℃范围内，静置1h，观察乳状液的分离情况，如在量筒中无浮油（膏）、沉淀和沉油析出，则判定乳液稳定性合格。

（十二）低温稳定性的测定

1. 方法

按GB/T 19137—2003和CIPAC MT39规定的方法进行。

2. 方法提要

试样在0℃保持1h，记录有无固体或油状物析出。继续在0℃贮存7d，离心分离，将固体析出物沉降，记录其体积。

3. 测定步骤

移取100mL样品置于离心管中，在制冷器中冷却至（0±2）℃，让离心管及内容物在（0±2）℃保持1h，并每间隔15min搅拌一次，每次15s，检查并记录有无固体或油状物析出。将离心管放回制冷器，在（0±2）℃继续放置7d。7d后，将离心管取出，在室温（不超过20℃）下静置3h，离心分离15min（管子顶部相对离心力为500～600*g*，*g*为重力加速度）。记录管子底部离析物的体积（精确至0.05mL）。

（十三）热贮稳定性的测定

1. 方法

按GB/T 19136—2003和CIPAC MT46方法测定中的方法进行。

2. 方法提要

将试样置于安瓿瓶中，于54℃贮存14d后，对规定项目进行测定。

3. 测定步骤

用注射器将约30mL试样注入洁净的安瓿瓶中（避免试样接触瓶颈），将此安瓿瓶置于冰盐浴中制冷，用高温火焰封口（避免溶剂挥发），冷却至室温称重。将封好的安瓿瓶置于金属容器内，再将金属容器在（54±2）℃恒温箱（或恒温水浴）中放置14d，取出，将安瓿瓶外面拭净后称量，质量未发生变化的试样于24h内完成对有效成分含量等规定项目的检验。

参考文献

[1] 韩熹莱．农药概论．北京：北京农业大学出版社，1995.

[2] 韩熹莱．中国农业百科全书（农药卷）．北京：农业出版社，1993.

[3] 刘步林．农药剂型加工技术．北京：化学工业出版社，1998.

[4] 郭武棣．液体制剂．北京：化学工业出版社，2004.

[5] Hartley G S. Formulations of pesticides, The Expanding Uses of Petroleum. London British Institute of Petroleum. 1982.

[6] 赵欣昕，侯宇凯．农药规格质量标准汇编．北京：化学工业出版社，2002.

[7] 周本新，凌世海，尚鹤言．农药新剂型．北京：化学工业出版社，1994.

[8] 邵维忠．农药助剂．北京：化学工业出版社，2003.

[9] 中化化工标准化研究所，中国标准出版社第二编辑室．农药标准汇编（通用方法卷）．北京：中国标准出版社，2006.

[10] Knowles D. A. Trends in Pesticide Formulations. London，2001.

[11] Manual on the Development and Use of FAO Specifications for Plant Protection Products [C]. Roman：Food and Agriculture Organization of the United Nations，2006.

[12] 吴学民，徐妍. 农药制剂加工实验. 北京：化学工业出版社，2009.

[13] 徐妍，孙宝利，战瑞，等. 浅谈农药剂型的新进展. 现代农药，2008，7 (3)：10–13.

[14] 焦学瞬，贺明波.乳状液与乳化技术新应用. 北京：化学工业出版社，2006.

[15] 徐妍，吴国林，沈炜，等. 农药制剂包装新技术. 世界农药，2008，30 (1)：40–44.

[16] 张文吉. 农药加工及使用技术. 北京：中国农业大学出版社，1998.

[17] Marrs CJ，Middleton M R. The formulations of pesticides for convenien and safety. Outlook Agric(U.K.)，1973，7 (5)：231–235.

[18] 中华人民共和国农业部农药检定所. 农药登记汇编. 北京：中国农业大学出版社，2011～2015.

[19] 徐妍，胡奕俊，张政，等. 浅谈农药制剂的安全化生产. 农药，2009，48 (12)：864–867.

[20] Volker Taglieber 实施交叉污染指南. 欧洲作物保护协会，2006.

[21] New Developments in Crop Protection Product Formulation. T&F Informa UK Ltd，2005.

[22] 冷阳，仲苏林，吴建兰. 农药水基化制剂的开发近况和有关深层次问题的讨论. 农药科学与管理，2005，26 (4)：29–33.

[23] 徐燕莉. 表面活性剂的功能. 北京：化学工业出版社，2000.

[24] 凌世海. 从农药液体制剂中的溶剂谈农药剂型的发展. 安徽化工，2010，36 (5)：1–6.

[25] 裴琛，沈德隆，杜廷. 浅谈对传统农药制剂乳油的改进研究. 浙江化工，2010，41 (3)：12–14.

[26] 王文忠，孔建. 浅谈农药乳油制剂面临的挑战. 农药科学与管理，2009，30 (8)：18–20.

[27] 王以燕，陈庆宇，宋稳成. 溶剂油在农药领域中的应用. 世界农药，2009，31 (6)：13–15.

[28] 刘跃群，李艳芳，郭天娥，等. 生物柴油作为精喹禾灵乳油中二甲苯替代溶剂的应用初探. 农药学学报，2009，11 (1)：131–136.

[29] 黎金嘉. 再论农药乳油制剂. 农药市场信息，2008 (5)：4–6.

[30] 王磊，程东美，童松，等. 植物精油在环保型乳油中的应用展望. 植物保护，2009，35 (6)：12–16.

[31] 凌世海，温家钧. 中国农药剂型加工工业60年发展之回顾与展望. 安徽化工，2009 (21)：19–22.

[32] 陈福良. 我国乳油产品现状及发展趋势. 环境友好型农药乳油发展研讨会报告集，2011.

[33] 张宗俭. 农药环境友好型溶剂的研究开发进展. 环境友好型农药乳油发展研讨会报告集，2011.

[34] 吴学民. 绿色溶剂的性能评价及应用. 环境友好型农药乳油发展研讨会报告集，2011.

[35] 刘广文. 现代农药剂型加工技术. 北京：化学工业出版社，2013.

[36] 王金燕，戴传超，卜元卿，等. 毒死蜱乳油对土壤微生物群落功能多样性的影响. 生态与农村环境学报，2015，31 (6)：928–934.

[37] 董见南，王素利，刘丰茂，等. 农药乳油中7 种助剂的顶空气相色谱测定方法. 农药学学报，2012，14 (2)：208–213.

[38] 吴瑞梅，王晓，郭平，等. 近红外光谱结合特征变量筛选方法用于农药乳油中毒死蜱含量的测定. 分析测试学报，2013，32 (11)：1359–1363.

[39] 李晓婷. 基于红外显微成像的果蔬农药快速检测识别研究 [D]. 上海：上海交通大学，2013.

[40] 刘丕莲. 基于近红外光谱技术的大米中毒死蜱农药残留的无损检测研究 [D]. 江西：江西农业大学，2013.

[41] 张金林，赵斌. 一种苯系列溶剂替代物磺化煤油及其在阿维菌素乳油中的应用. CN201510379976.9. 2015–07–02.

[42] 汪巍，张帆. 一种印楝素乳油的制备方法. CN201610155478.0. 2016–03–18.

[43] 段文岗，赵宝林，赵勇震. 阿维矿物油乳油及其制备方法. CN201610042529.9. 2016–01–22.

[44] 王桂清，刘守柱，张秀省，等. CN201510417551.2. 2015–07–16.

[45] 段文岗，赵宝林，刘永震. 一种甲维·氟铃脲无芳烃乳油及其制备方法. CN201610092418.9. 2016–02–19.

[46] 黄安辉，陶英，张燕，等. 含有生物柴油溶剂的农药乳油制剂. CN200610136805.4. 2006–12–04.

[47] 张玉坤，周斌，彭述明，等. 一种以醋酸仲丁酯为溶剂的乳油制剂及其制备方法. CN201610206735.9. 2016–03–31.

[48] 刘伟，苏敏，刘震，等. 一种植物油乳油及其应用. CN201510050550.9. 2015–01–30.

[49] 段文岗，赵宝林，刘永震. 一种吡唑醚菌酯无芳烃乳油及其制备方法. CN201610092423.X. 2016–02–19.

[50] 谢志昆，吕涛，雷厚根. 一种对农药乳油制剂进行现场快速检测的方法. CN201310362935.X. 2013–08–19.

[51] 金岩，殷培军，夏明星，等. 一种精喹禾灵、烟嘧磺隆和莠去津复合环保型乳油. CN201510170075.9. 2015–04–10.

[52] 赵玉坤. 乙草胺无溶剂乳油. CN03111562.4. 2003–04–25.

[53] 张英. 一种用于防治黄瓜白粉病的乳油. CN201510879017.3. 2015–12–05.

[54] 钱忠金，孙红军. 一种高渗乙虫腈乳油杀虫制剂. CN201510018922.X. 2015–01–15.

[55] 颜禧凯，王文忠，孔建，等. 一种以松脂基植物油为溶剂的乳油制剂及其制备方法. CN201010233146.2. 2010-07-22.
[56] 侯秀敏，王有良，韩显忠，等. 0.4%蛇床子素乳油防治草原毛虫药效试验报告. 青海草业，2016，25（3）：17-19.
[57] 段俊飞，赵绪生，胡同乐，等. 25%吡唑醚菌酯乳油对苹果斑点落叶病及轮纹病的毒力和田间药效试验. 中国果树，2012，（4）：40-43.
[58] 徐红梅，冒宇翔. 240 g/L烯草酮乳油夏大豆田一年生禾本科杂草防除效果研究. 农业科技通讯，2016（10）：160-162.

第四章

可溶液体制剂

可溶液体制剂是一种传统的、均相液体状的农药剂型，其在农药制剂中占有较大份额和极为重要的地位。可溶液体制剂中农药活性成分呈分子或离子状态分散在介质（水或亲水性极性有机溶剂）中，直径小于0.001μm，是分散度极高的真溶液，其兑水稀释后的溶液也为透明均相的真溶液。

根据中国农业部农药检定所编制的《农药剂型名称及代码》（GB/T 19378—2003）介绍，可溶液体制剂包括可溶液剂（aoluble concentrate，SL）、水剂（aqueous solution，AS）和可溶胶剂（water soluble gel，GW）3种剂型。

在国际上通用的剂型和代码中没有“水剂”这一名称，国际农药工业协会（GIFAP）一直把国内称为的水剂归并在可溶液剂内，统称可溶液剂。但在我国考虑到可溶液剂与水剂的差异性，以及水剂的重要性和较大的市场占有率等，《农药剂型名称及代码》将水剂独立出可溶液剂并进行了定义与说明。

第一节 可溶液剂

可溶液剂又称可溶性液剂，简称SL，是指农药活性成分与非水介质（亲水性极性溶剂）形成的透明溶液剂型，用水稀释后得到的稀释液仍为透明溶液的均相液体制剂。

一、可溶液剂的组成

农药可溶液剂的组分相对比较简单，主要由农药有效成分、非水极性溶剂和功能性助剂（包括表面活性剂、稳定剂或安全剂）3大部分组成。其中，农药有效成分和助剂均溶解在非水极性有机溶剂中。

1. 可溶液剂的有效成分

农药活性成分因在水中易分解或溶解度太小抑或不能成水溶性盐等原因，不能直接形成水溶液，却在亲水性极性溶剂中有较大溶解度，可以加工为可溶液剂。可加工成可溶液剂的农药品种较多，杀虫剂如吡虫啉、啶虫脒、烯定虫胺和呋虫胺以及印楝素等；除草剂如环嗪酮等；杀菌剂如戊环唑和丁子香酚等；植物生产调节剂如氯吡脲和芸苔素等。按其溶解性和理化性质可分为3类。

（1）农药活性成分在水溶液中溶解度较小，但在极性溶剂中有很大溶解度，可加工成农药可溶液剂，而且用水稀释后同样能得到一种均匀透明溶液。这种类型加工成可溶液剂的农药品种很多，其中吡虫啉（imidacoprid）、啶虫脒（acetamiprid）和灭多威（methomyl）等农药产品最具有代表性。

吡虫啉（imidacoprid）是一种尼古丁类似物，于20世纪80年代中期由拜耳公司和日本特殊农药制造公司联合开发的第一个烟碱类杀虫剂。吡虫啉原药是一种晶体状固体粉末，其水溶性较低，仅为0.61g/L（20℃），在有机溶剂中的溶解度（g/L，20℃）也不大：二氯甲烷67，异丙醇2.3，甲苯0.69。但吡虫啉原药能够较好地溶解在*N*,*N*–二甲基甲酰胺（DMF）、二甲基亚砜（DMSO）和*N*–甲基吡咯烷酮等亲水性极性溶剂中，而且稳定性好，因此具备制备农药可溶液剂的基础条件，目前市面上的吡虫啉可溶液剂主要以有效成分含量20%的规格为主。

啶虫脒（acetamiprid）是20世纪80年代末由日本曹达公司开发的一种新烟碱类杀虫剂。啶虫脒原药为白色晶体状固体粉末，有一定水溶性，但溶解度有限，仅为4.5g/L（25℃），易溶于丙酮、甲醇、乙醇DMF、DMSO和*N*–甲基吡咯烷酮等有机溶剂，可加工20%、21%和30%吡虫啉可溶液剂。

灭多威（methomyl）与吡虫啉、啶虫脒相比，水溶性高，溶解度为57.9g/L（25℃），而且在水溶液中稳定性好，但是其在极性溶剂中的溶解度更大：甲醇（1000g/L）、丙酮（730g/L）、乙醇（420g/L）、异丙醇（230g/L），更适合配制可溶液剂，例如220g/L灭多威可溶液剂。

（2）农药有效成分在水中虽有较大溶解度，但不稳定，易分解，无法长期贮藏和应用，可是其在极性溶剂中不仅有较大溶解度，而且稳定，用水稀释后也能得到一种均匀透明溶液，可加工成农药可溶液剂。新烟碱类杀虫剂烯啶虫胺（nitenpyram）是这类农药的典型代表之一。

烯啶虫胺原药是一种黄色晶体粉末，其在水（pH7，20℃）中的溶解度极大，可达840g/L，但是烯啶虫胺在水溶液或含水的溶液中极易分解。研究发现，5%和10%烯啶虫胺水剂在中性体系中有效成分的分解率高达40%，在酸性条件下，分解率也在27%以上。为了提高制剂的货架寿命和使用效果，可利用极性溶剂将烯啶虫胺加工成各种规格的农药可溶液剂，如10%烯啶虫胺可溶液剂。

与水剂相比，可溶液剂的原料成本和包装成本均有大幅增加，进而提高了用户的使用成本，为此多数烯啶虫胺制剂生产企业陆续开发和登记成本更小的烯啶虫胺固体剂型，例如50%烯啶虫胺可溶粒剂（WSG）等。

（3）农药有效成分本身不溶于水或溶解度小，但在亲水极性溶剂中却有较大的溶解性，而且该有效成分可与碱性物质反应，形成溶解度较大的水溶性盐类。该类农药有效成分可直接加工成可溶液剂，而其水溶性盐可加工成水剂。

咪唑啉酮类除草剂是这一类农药有效成分的典型代表，该类除草剂有效成分在水中的溶解度很小，但在极性溶剂，如DMF和DMSO中的溶解度却较大。咪唑烟酸（imazapyr，灭草烟）在DMF中溶解度为473g/L，DMSO中溶解度为665g/L；咪唑喹啉酸（imazaquin，灭草喹）在DMF中溶解度为68g/L，在DMSO中为159g/L；咪唑乙烟酸（imazethapyr，咪草烟）在DMSO中溶解度为422g/L。这些农药有效成分均可以DMF或DMSO为溶剂，加工成不同含量规格的农药可溶液剂。但是由于这类农药有效成分能够与氨水或异丙胺等碱性物质反应，可分别加工成240g/L铵盐、200g/L异丙胺盐和240g/L铵盐等有效含量更高、生产成本更低、更安全和环保的水剂产品，故在实际生产中较少被加工成可溶液剂进行销售和使用。

2. 可溶液剂的溶剂

可溶液剂中使用中等或强极性亲水性有机溶剂作溶剂，一般不采用非极性溶剂。所谓极性溶剂是指含有羟基或羰基等极性基团的溶剂，其极性强，介电常数（ε）大。由于极性键的出现，使某些分子出现了电极性，但是并不是所有含极性键的分子都是极性分子，比如CH_4，虽然含有4个极性C—H键，但是因为其空间上呈对称的正四面体结构，所以键的极性相消，整个分子没有极性。H_2O与CO_2有相同类型的分子式，同样有极性共价键，但二者分子的极性却不同，CO_2是空间对称的直线形，所以分子呈非极性；H_2O是V字形，不对称，所以是极性分子，是极性溶剂。

化合物的极性取决于分子中所含的官能团及分子结构。各类化合物基团的极性按下列次序增加：$—CH_3$，$—CH_2—$，—CH=，—CH≡，—O—R，—S—R，$—NO_2$，$—N(R)_2$，—OCOR，—CHO，—COR，$—NH_2$，—OH，—COOH，$—SO_3H$。

目前对于溶剂极性的判断，还没有公认的标准，比较可靠的是根据溶剂介电常数（ε）做初步判断。溶剂的极性大小与其介电常数成正相关。介电常数（ε）是物质相对于真空来说增加电容器电容能力的度量，介电常数随分子偶极矩和可极化性的增大而增大。在化学中，介电常数是溶剂的一个重要性质，它表征溶剂对溶质分子溶剂化以及隔开离子的能力。介电常数大的溶剂，有较大隔开离子的能力，同时也具有较强的溶剂化能力。溶剂的介电常数越大，则极性越强；反之，溶剂介电常数越小，则极性越小。

① 非极性溶剂的介电常数（ε）一般在0～5，包括：苯（2.28）、甲苯（2.29）、二甲苯（2.38）、乙醚（4.34）、植物油（2.5～3.5）、矿物油（2.1）、煤油（2.8）和汽油（1.9）等。

② 中等（或半）极性溶剂的介电常数（ε）在5～30，包括：乙醇（24.5）、异丙醇（19.9）、丙酮（20.7）、环己酮（18.3）和乙酸乙酯（6.4）等。

③ 强极性溶剂的介电常数（ε）大于30，包括：水（78.5）、甲酸（58.5）、甘油（56.2）、甲醇（32.7）、二甲亚砜（48.9）、乙二醇（37.7）、丙二醇（32.8）、*N*-甲基吡咯烷酮（32.0）和DMF（36.7）等。

水是最强的极性溶剂；甘油、甲醇、乙二醇、丙二醇、DMF和DMSO属于强极性溶剂；而乙醇、异丙醇和环己酮属于中等（或半）极性溶剂；甲苯、二甲苯和石油醚等乳油中常有溶剂均为非极性溶剂。

常作为溶剂使用的极性有机溶剂主要有：醇类（如甲醇、乙醇和丙二醇等）、酮类（如丙酮、环己酮和*N*-甲基吡咯烷酮等）、酰胺类（如DMF）和二甲基亚砜等亲水性极性溶剂，它们通常与水是互溶的。反之，如碳酸二甲酯、乙酸乙酯、氯仿、二氯甲烷等也是极性溶剂，但属于亲油性极性溶剂，其用水稀释时（由于它们不溶于水或在水中溶解度太小）不会形成透明的真溶液，因此一般不直接或单独作为可溶液剂中的溶剂使用。

（1）醇类溶剂　醇类溶剂在可溶液剂中用得较多的是低碳醇（C_1～C_6），包括甲醇、乙醇、乙二醇和丙二醇等常用一元或二元醇。受限于醇类的低沸点和强挥发性，醇类溶剂在农药制剂产品中多作为助溶剂和防冻剂使用，见表4-1。

表4-1 主要醇类溶剂介绍

序号	类别	名称	产品介绍	应用前景
1	一元醇	甲醇	极性较大、中等毒性、闪点很低（12℃）、沸点64℃、挥发性强，属于易燃易爆液体，也属于危险化学品。吸入能损害人呼吸道黏膜和视力，误服超过10g能致盲，饮入量大造成死亡，致死量为30mL以上。甲醇进入体内不易排出，会蓄积在体内，在体内氧化成甲醛和甲酸，则毒性更大	由于价格低，溶解性能优于乙醇，主要作为助溶剂，应用较多，但其安全隐患极高。目前，很多国家和地区已经限制其作为溶剂使用
2		乙醇	微毒、闪点低（14℃）、沸点仅78℃，属于易燃易爆液体。对人体健康危害主要是一种中枢神经系统抑制剂，急性中毒多发生于口服。乙醇具有成瘾性，具轻度刺激性，其本身并不致癌	由于闪点低，乙醇主要作为助溶剂，配合其他溶剂使用
3		正丁醇	无色、有酒精气味的液体，沸点117.7℃，稍溶于水	水溶性不强，但对水不溶农药溶解性强，多作助溶剂使用
4	二元醇	乙二醇	无色无臭、有甜味液体，能与水以任意比例混合。用作溶剂、防冻剂	乙二醇对动物有毒性，目前，在发达国家已被丙二醇取代
5		丙二醇	略有甜味、无臭、无色透明的油状液体，吸湿性强，在食品和医药等方面具有广泛使用，安全性好	替代乙二醇的优选防冻剂和助溶剂，具有较好的发展空间

（2）酮类溶剂　酮类溶剂在可溶液剂中应用非常广泛，其中较多的是环已酮和*N*–甲基吡咯烷酮；丙酮沸点低、挥发性强，一般在实验室小试中使用较多，在工业化生产中很少使用。

环已酮属于中等毒性的极性溶剂，具有强烈刺激性臭味，而且在水中微溶，主要在乳油和微乳剂中作助溶剂，但在可溶液剂中应用不多。

N–甲基吡咯烷酮（NMP）的闪点高（95℃），是一种可完全溶于水和大多数有机溶剂的极性溶剂。在国外常用作有毒溶剂（如DMF）的替代物，被称为万能溶剂。它是不易挥发、无腐蚀性和易回收的溶剂，有良好的稳定性、低火灾危险性（属化学惰性）、低毒性（既非初级皮肤刺激物，又非过敏性产品）和可生物降解性。NMP易于贮存运输，但吸湿性强，对皮肤渗透性强，属于安全、低毒的有机溶剂，在可溶液剂中使用较多。

（3）酰胺类溶剂　酰胺可看作是羧酸分子中羧基中的羟基被氨基或烃氨基（—NHR或—NR_2）取代而成的化合物，也可看作是氨或胺分子中氮原子上的氢被酰基取代而成的化合物。分子量较小的酰胺能溶于水，随分子量的增大，溶解度逐渐减小，甲酰胺和*N,N*–二甲基甲酰胺等小分子液态酰胺是有机物和无机物的优良溶剂。

甲酰胺（formamide）是甲酸衍生出的酰胺，分子式为$HCONH_2$。它是无色液体，沸点（210℃）高，闪点154℃（闭杯），能与水和乙醇混溶，微溶于苯、三氯甲烷和乙醚。甲酰胺具有活泼的反应性和特殊的溶解能力，可以溶解许多不溶于水的离子化合物，是一种较理想的农药溶剂或助溶剂。

N,N–二甲基甲酰胺（DMF）属于中等毒性的强极性溶剂。在水中有较大溶解度，并能与其他溶剂混溶。对某些农药有良好的溶解能力，故也称为万能溶剂。由于价格适中，在可溶液剂和微乳剂中使用较多，是最重要的酰胺类有机溶剂品种。

N,N–二甲基甲酰胺对眼、皮肤、黏膜有强烈的刺激作用，有致癌作用，在农药中属于限制使用的溶剂。例如，在20%吡虫啉可溶液剂配方中，因*N*–甲基吡咯烷酮比较安全和

环保，在国际市场上多以此来作溶剂。但在国内受成本因素的影响，大多厂家仍然用*N,N*–二甲基甲酰胺代替*N*–甲基吡咯烷酮。

N,N–二甲基乙酰胺又称乙酰基二甲胺、乙酰二甲胺，简称DMAC，是一种非质子高极性溶剂，微有氨气味，溶解力很强，可溶解的物质范围很广，能与水、芳香族化合物、酯、酮、醇、醚、苯和三氯甲烷等任意混溶，具有高沸点、高闪点、热稳定性高、化学稳定性等特点，是一种应用广泛的极性溶剂。另外，DMAC也是重要的医药原料，广泛用于阿莫西林、头孢类等药品的生产。但是DMAC吸入有毒（毒性比*N,N*–二甲基甲酰胺强），分解产物会被皮肤吸收，对眼、皮肤和黏膜有强刺激性，对鼠胚胎有毒性作用，对兔有致畸作用。

六甲基磷酰胺（hexamethyl phosphoryl triamide，HMPA），无色透明易流动的液体。沸点233℃，闪点105℃。能与水以及乙醇、乙醚和苯等有机溶剂混溶，不溶于饱和烷烃，是一种多功能的对质子惰性的高沸点极性溶剂。HMPA低毒，小白鼠口服LD_{50}为6000mg/kg，但HMPA被认为是潜伏的致癌物，目前应用较少。

（4）含硫类溶剂　二甲基亚砜（DMSO）是一种常温下无色无臭，呈透明液体的含硫有机化合物，分子式为$(CH_3)_2SO$，具有吸湿性、高极性、高沸点、非质子、与水混溶等特性的可燃液体。热稳定性好，能溶于乙醇、丙醇、苯和氯仿等大多数有机物，被誉为“万能溶剂”。

DMSO属微毒类，大鼠经口LD_{50}为18g/kg。但吸入、摄入或经皮肤吸收DMSO后对身体有害，对眼睛、皮肤、黏膜和上呼吸道有刺激作用，对皮肤有渗透性，可引起肺和皮肤的过敏反应。它的毒性比其他如*N,N*–二甲基甲酰胺、*N,N*–二甲基乙酰胺、*N*–甲基吡咯啶酮及六甲基磷酰胺等溶剂低。

DMSO在农药可溶液剂中的应用较为广泛，其与DMF和NMP是农药可溶液剂中的三大主要极性溶剂，在实际应用中主要与DMF或NMP混合使用，起到提高溶解度和降低制剂毒性的作用。目前，市场上常见的20%吡虫啉SL中的溶剂多采用DMSO/DMF或DMSO/NMP的混合物。

（5）新型环保溶剂　2012年，阿克苏诺贝尔公司在第三届环境友好型农药制剂加工技术及生产设备研讨会（昆山2012）上推出可取代*N*–甲基吡咯烷酮和*N,N*–二甲基甲酰胺等溶剂的新一代环境友好型溶剂——Armid系列产品，其中Armid FMPC是吗啉衍生物和丙烯碳酸酯混合溶剂，为高水溶性极性溶剂，可适用于可溶液剂配方，见表4–2。

表4–2　Armid FMPC主要指标

指标	数值
外观	澄清液体
倾点	–20℃
密度（20℃）	1.161g/mL
闪点	122℃
熔点	＜–30℃

据阿克苏诺贝尔的资料显示，Armid FMPC具有高极性，溶解力强，低毒，低挥发性，高闪点，渗透力好，易生物降解，对环境友好等特点。吡虫啉在该混合溶剂中的溶解度在200g/L以上，是一种优异的吡虫啉可溶液剂的环境友好型有机溶剂。另外，Armid FMPC对甲氨基阿维菌素、戊唑醇、2,4–D酸和麦草畏等多种农药活性物质均具有优异的溶剂

能力（表4-3）。

表4-3 Armid FMPC对多种农药的溶解性

农药名称	溶解度（20℃）/%
2,4-D酸（2,4-D acid）	47
麦草畏（dicamba）	＞50
吡虫啉（imidacloprid）	22
叶菌唑（metconazole）	21
戊唑醇（tebuconazole）	25
肟菌酯（trifloxystrobin）	33
腈苯唑（fenbuconazole）	22

索尔维公司（原罗地亚）推出的牌号为Polarclean的新型环保溶剂是一种含5-二甲氨基-2-甲基-5-氧代戊酸甲酯（90%）的水溶性极性溶剂。资料显示，其对农药活性物质具有优异的溶解力，能够抑制农药活性物的晶体产生，可进一步提高制剂的稳定性，可用于加工农药乳油、水乳、微乳和可溶液剂等制剂。该溶剂已经在欧盟率先被推广使用，作为农药制剂的溶剂和助溶剂使用，在制剂中建议使用量为20%~60%。见表4-4、表4-5。

表4-4 Polarclean主要指标

指标	数值
外观	澄清液体
密度（20℃）	（1.043±0.001）g/mL
表面张力	（36.3±0.3）mN/m
沸点	（280±2）℃
闪点	（145±1）℃
熔点	＜-60℃

表4-5 Polarclean的毒理学和生态毒理学资料

项目	检测标准	结果
急性水蚤活动抑制	OECD202	CE_{50}（48h）＞100mg/L
藻类生长试验	OECD201	CE_{50}（72h）＞100mg/L
对鱼类急性毒性	OECD203	LC_{50}（96h）＞100mg/L
生物降解	OECD301F/302B	96%,28d
急性皮肤刺激性	OECD404	无
离体急性眼刺激性	OECD437	无
活体急性眼刺激性	OECD405	有（R36）
皮肤致敏性	OECD429	无
大鼠急性经口毒性	OECD423	＞2000mg/kg
细菌基因突变性（Ames试验）	OECD471	没有致突变性

此外，*N,N*-二甲基辛酰胺和*N,N*-二甲基癸酰胺是由索尔维公司开发的一类新型中等极性酰胺类溶剂，其具有高沸点、不易燃和易生物降解等特点，目前主要在农药乳油中作为

替代甲苯等有害溶剂的环保型溶剂，进行试验推广。但该类溶剂水溶性低，不可单独作为可溶液剂的溶剂使用，而且价格昂贵，利用其作为可溶液剂的溶剂还需进一步深化研究。

3. 可溶液剂的助剂

农药可溶液剂最大的特点在于大量使用亲水极性有机溶剂，使得农药制剂更易溶于水，农药有效成分在稀释液中呈分子状况，具有更强的渗透性，作用效果更好。相比其他农药剂型，如乳油（EC）、水乳剂（EW）和微乳剂（ME）等，农药可溶液剂兑水稀释液依然是均相透明的真溶液，其并不需要大量使用助剂作为乳化剂，但在制剂中应适当添加一定量助剂，可以进一步降低药液的表面张力，提高药液附着、润湿和渗透性能，甚至可以起到保湿作用，缓解有机溶剂挥发后农药有效成分结晶，有效提高农药有效成分的利用率，进而达到增效的目的。

农药可溶液剂的助剂主要起到润湿增效作用，因此以非离子表面活性剂为主，常见种类有：聚氧乙烯脱水山梨醇单油酸酯（Tween 80）、苯乙基酚聚氧乙烯醚（农乳600号）、烷基酚聚氧乙烯醚（APEO），蓖麻油聚氧乙烯醚（农乳BY/EL）、脂肪醇聚氧乙烯醚（平平加，AEO）等。

（1）烷基酚聚氧乙烯醚（alkylphenol ethoxylates）主要包括壬基酚聚氧乙烯醚（NPEO）和辛基酚聚氧乙烯醚（OPEO），其中NPEO最多，占80%以上。在自然环境中NPEO会分解成壬基酚（NP）。壬基酚是一种公认的环境激素，它能模拟雌激素，对生物的性发育产生影响，并且干扰生物的内分泌，对生殖系统具有毒性。因此，早在1976年包括壬基酚聚氧乙烯醚（NPEO）和辛基酚聚氧乙烯醚（OPEO）的烷基酚聚氧乙烯醚已经在欧洲一些国家被限制或禁止使用，目前我国在逐步淘汰含有该类表面活性剂的助剂和相关产品。

（2）苯乙基酚聚氧乙烯醚（农乳600号）英文名称：agricultural emulsifier，是一种亲水性非离子表面活性剂，能溶于水和多种有机溶剂，具有优良的乳化、去污、润湿等作用，是目前在农药可溶液剂中应用较多的一大类表面活性剂。苯乙基酚聚氧乙烯醚既可以单独使用，也可以与阴离子或非离子表面活性剂按一定比例混合作为可溶液剂的助剂使用，根据农药有效成分和溶剂的不同，一般用量在3%～7%。

（3）蓖麻油聚氧乙烯醚（农乳BY/EL）英文名称：castor oil polyoxyethylene ether，是一种易溶于水和多种有机溶剂的非离子型表面活性剂，具有较强的乳化、润湿和增效作用，可用于多种乳化剂产品中。在农药可溶液剂中，蓖麻油聚氧乙烯醚主要与苯乙基酚聚氧乙烯醚表面活性剂配伍使用，其可有效提高农药可溶液剂的润湿和渗透性能，进而起到增效的作用。

（4）脂肪醇聚氧乙烯醚（AEO）又称为聚乙氧基化脂肪醇，英文名称：fatty alcohol-polyoxyethylene ether，是非离子表面活性剂中发展最快、用量最大的品种。AEO具有良好的去污力、抗硬水性、较低的刺激性、可生物降解和耐低温性，是农药可溶液剂助剂的重要组分之一，主要用于提高制剂的润湿和渗透性能。AEO具有用量少，增效作用显著，在0.5%～2%用量下，就能显著降低制剂的表面张力（1000倍稀释液）。

二、可溶液剂的研制技术

1. 溶剂的筛选

农药可溶液剂的制备意义在于将原本难溶于水或微溶于水的农药有效成分溶解到亲水极性有机溶剂中，使其兑水稀释后能够以分子形态均匀分散在稀释液中，以达到方便使用和充分发挥药物活性的目的。因此，可溶液剂的研制关键技术是“根据农药有效成分的物理特性和结构特点，筛选适宜的溶剂介质，此溶剂可以是一种或多种极性有机溶剂混合物”。

简单地讲，农药可溶液剂的溶剂选择主要考虑以下几点：

① 溶剂的极性　严格意义上，应用于农药可溶液剂的溶剂必须是极性溶剂，至少主体溶剂是亲水性极性溶剂，这样才能保证药剂兑水稀释使用时能够形成稳定真溶液。但是，考虑要提高农药有效成分在极性溶剂中的溶解度，可以适当添加一定量中等极性或非极性溶剂作为助溶剂使用，例如环己酮、碳酸二甲酯等助溶剂。

② 溶剂的溶解能力　对某种农药有效物质溶解度越大的极性溶剂，越适合作为该农药可溶液剂的溶剂，这样可以配制更高含量的农药可溶液剂，从而降低制剂成本，减少包装、运输和贮藏费用等。

另外，还要要求溶剂与制剂其他组分的兼容性好，不分层、无沉淀、低温不结晶，关键是不能与农药有效成分和其他组分发生不利化学反应，如分解等。虽然一种农药有效物质可以在多种溶剂中具有较大溶解度，但是有的农药在部分溶剂中会发生结构不稳定等问题。例如，烯啶虫胺在甲醇和乙醇中具有较大的溶解度，由于甲醇与乙醇中水分的含量较高，烯啶虫胺长期溶解在甲醇或乙醇溶液中，容易发生降解现象，溶剂中水分含量越高，其降解率也越高。

③ 溶剂的闪点要求　闪点是衡量产品安全性的重要参数指标，有机溶剂的闪点直接决定了农药制剂的闪点，在选择农药可溶液剂的溶剂时，尽量考虑高闪点的溶剂。溶剂的闪点要高于30℃，可确保生产、运输、贮藏和使用的安全。

④ 溶剂的毒性和环境兼容性　农药可溶液剂中溶剂的用量最大，选用溶剂的环境安全性直接影响农药制剂是否具备环境友好性。溶剂必须对土壤、水、大气等环境安全，易降解，不会产生残留污染或代谢为其他有毒有害产物，更不会造成对植物直接或间接的伤害（药害）。另外，农药可溶液剂中的溶剂必须对人、畜低毒或无毒，无致癌、致畸、致突变风险，对口、鼻、眼睛和皮肤等低刺激性或无刺激性。溶剂中有毒、有害杂质和多核芳烃含量低于规定限量。

目前，环境友好型绿色溶剂已经成为农药制剂加工发展的新方向，甲醇、DMF等有害溶剂因其对人畜的毒性和环境降解问题而逐渐被替代或限制使用。

⑤ 溶剂的成本及货源等因素　有机溶剂在农药可溶液剂中的比例较高，一般占50%~90%，稳定的货源和适宜的价格对农药可溶液剂的生产至关重要。

综上所述，溶剂的极性、溶解力和闪点等是筛选农药可溶液剂必须参考的技术要素，溶剂的毒性和价格等是制备农药可溶液剂需参考的综合性因素。

烯啶虫胺原药在多种极性溶剂中具有较好的溶解度（表4-6），但是通过溶解性、冷藏和热贮稳定性等多项试验研究发现，并不是每种对烯啶虫胺溶解力高的溶剂均可以作为烯啶虫胺可溶液剂的溶剂介质。烯啶虫胺在水溶液中极易分解，在甲醇或乙醇溶液中也存在易受水分影响而分解的风险，在丙酮中具有较好的溶解度，但丙酮闪点较低，不利于安全化生产和使用；DMF、DMSO和NMP等亲水极性溶剂对烯啶虫胺具有较好的溶解能力，低温不结晶，闪点较高，而且与多种表面活性剂兼容性良好，适合作为10%烯啶虫胺可溶液剂的溶剂介质。DMF是目前化工行业广泛使用的有机溶剂，有着稳定广泛的货源，价格也适中，但由于DMF毒性较高，而且在自然环境中不易生物降解，因此，综合考虑多方面因素，国际上多采用毒性相对较低的NMP或DMSO作为烯啶虫胺的溶剂使用。

表4-6 烯啶虫胺原药的溶解度

溶剂名称	水（pH=7.0）	甲醇 / 乙醇	丙酮	DMF	DMSO	NMP
溶解度（20℃）/（g/L）	840	＞1000	290	＞400	＞400	＞400

2. 助剂的筛选

筛选确定适用的溶剂后，可根据农药有效成分与溶剂的理化性质，进行助剂（增效剂）的筛选与配方优化。相比乳油、水乳剂和微乳剂等其他农药制剂，农药可溶液剂的助剂筛选相对简单。

农药可溶液剂的助剂筛选条件：

（1）兼容性好　助剂中各种表面活性剂不与农药有效成分和溶剂介质发生化学反应，不会降低农药有效成分在溶剂介质和水溶液中的溶解度，最好有增溶和助溶作用。

（2）增效性强　助剂要能够在较低浓度下，有效降低制剂的表面张力，提高药剂稀释液的润湿和渗透性能。

HLB值、克拉夫点、浊点、表面张力或接触角等都是我们筛选表面活性剂常用的参考数据和技术手段。农药可溶液剂中助剂的HLB值一般要求大于10。克拉夫点又称三相点，是表面活性剂、胶束和水化固体平衡共存的三相点之温度。只有在克拉夫点以上的温度条件下，表面活性剂才可能形成胶束，进而发挥出表面活性，克拉夫点是离子型表面活性剂的一种特征参数，克拉夫点越低越好。

此外，表面张力和接触角是衡量药液的润湿、展着性能的重要指标，一般表面张力和接触角越小越好，但对于内吸性农药来讲，过小的表面张力也会促进药液从植物叶片上滑落，而不利于植物对药液的吸收。

（3）低毒、环境友好　壬基酚聚氧乙烯醚和辛基酚聚氧乙烯醚等烷基酚聚氧乙烯醚是农药可溶液剂中应用较多的助剂成分，由于其毒性和环境安全问题，已经在欧美等国家和地区被禁用。除此之外，还有很多其他种类的表面活性剂存在类似问题，例如，牛脂胺聚氧乙烯醚等。因此，在开发农药可溶液剂的过程中一定要综合考虑表面活性剂的毒性和环境安全等因素。

基于以上三方面，农药可溶液剂的助剂可以是单一的表面活性剂单体，也可以是由两种或两种以上表面活性剂单体复配而成的组合物。无论是选用表面活性剂单体，还是组合物作为可溶液剂的助剂产品，在实际操作中，研发者更多采用冷藏［（0±1）℃］、热贮［（54±2）℃］、稀释稳定性、表面张力和生物活性测定等一系列更直观、更简单的试验进行助剂筛选。

3. 配方优化技术

啶虫脒是一种高效、安全、持效期长和迅速的内吸性氯代烟碱类杀虫剂，具有触杀、胃毒和内吸传导作用，对果树、蔬菜上的半翅目、鳞翅目、鞘翅目等害虫有效。啶虫脒的制剂剂型包括可湿性粉剂（WP）、可溶粉剂（SP）、可溶粒剂（SG）、乳油（EC）和可溶液剂（SL），其中可溶液剂以20%啶虫脒可溶液剂为主。

2001年，陈楠等对20%啶虫脒可溶性液剂进行了研究，他们选择含量≥95%的啶虫脒原药，溶剂筛选范围为甲醇、乙醇、丙酮、甲基溶纤剂、溶剂A和溶剂B（以上均为化学纯）；助剂筛选：烷基酚聚氧乙烯醚、芳烷基酚聚氧乙烯醚、失水山梨醇聚氧乙烯醚、脂肪酸聚氧乙烯醚和非离子表面活性剂（编号PE-1和PE-2）等非离子型表面活性剂。辅助研究技术方法：溶解度试验（溶剂筛选）、与水互溶性试验（稀释稳定性）、冷贮稳定性和热贮稳定性试验，以及正交试验确定不同组分的最佳比例。

在试验过程中，研究者发现非离子表面活性剂的水溶液呈负电性，具有强水合、增溶和渗透作用，是农药可溶液剂良好的助剂品种，而且添加适量的助剂能够有效提高农药可溶液剂与水的互溶性能。

通过正交试验确定最佳配方如表4-7所示。

表4-7　20%啶虫脒可溶液剂配方

物料名称	用量	备注
啶虫脒原药	20%	
PE-1	10.5%	助剂 / 增效剂
PE-2	1.5%	
溶剂 B	8%	助溶
溶剂 A	补足 100%	主体溶剂

2004年，孙武勇等对啶虫脒可溶液剂的极性有机溶剂进行筛选，发现单一溶剂对啶虫脒原药的溶解度很难达到要求，经试验研究，含DMF的三元复配溶剂可以显著提高溶剂对啶虫脒原药的溶解能力，选用HLB值较高的阴/非离子型表面活性剂组合物作为助剂可以进一步提高20%啶虫脒可溶液剂与水互溶性、冷贮稳定性和热贮稳定性等，其中制剂与水的互溶倍数达到50倍。

总结以上研究实例，不难发现，农药可溶液剂的研制技术相对简单，主要分以下步骤或程序：

首先，通过研究农药原药在不同溶剂中的溶解度筛选溶剂介质；其次，再选择适宜的表面活性剂作为其助剂或增效剂，通过正交试验确定不同组分的用量，尤其多种表面活性剂的配比等；最后，重复最佳配方，验证配方的适用性和产品质量指标。

农药可溶液剂研究与开发过程中，主要通过稀释稳定性和冷\热贮稳定性等辅助技术方法评价配方的适用性。

4. 可溶液剂开发中常见的误区

农药可溶液剂在外观上与微乳剂（ME）、水剂（AS）和乳油（EC）极为相似，为清澈透明的均相液剂制剂，经常被人们弄混，有的研究者将可溶液剂当作微乳剂，甚至把可溶液剂误作为微乳剂或水剂进行申请登记和推广。

（1）将可溶液剂当成水剂的开发　10%烯啶虫胺可溶液剂早期在日本登记使用，烯啶虫胺专利保护期过后，国内企业开始生产该原药和制剂，由于烯啶虫胺原药在水中的溶解度极大，多数研究者误以为烯啶虫胺可溶液剂就是水剂，并进行了登记和推广使用，造成制剂分解率高，产品杀虫效果显著降低。但是，由于水剂的生产成本低，对包装适应性好等优点，因此目前市面上依然有少量10%烯啶虫胺水剂在销售和使用。

（2）混淆可溶液剂与微乳剂概念　高效氯氟氰菊酯的主要剂型为4.5%乳油，为了适应农药水基化发展趋势，国内外农药生产企业纷纷降低二甲苯等有害溶剂的使用量，在配方中使用大量水和助剂，进而加工成了4.5%高效氯氰菊酯微乳剂。由于二甲苯等非极性溶剂的用量骤减，为了提高制剂的低温稳定性和与水的互溶性，大量添加特殊的极性溶剂作助溶剂。过量的强极性溶剂使制剂兑水稀释后成透明度较高的类似真溶液。然而，大量强极性溶剂的使用，造成的环境危害并不低于乳油。

（3）可溶液剂与乳油在配方上也有相似处　戊唑醇是一种几乎不溶于水、不具备制备可溶液剂条件的农药杀菌剂，但为了防治上的特殊需要，可以按可溶液剂的配方特点，使用大量特种极性溶剂，并辅以大量乳化剂和少量水，制成外观清澈透明的类似可溶液剂的制剂。这种制剂在配方上具有可溶液剂的特点，但在使用上具有乳油的特点，遇水后呈乳化液。另外，吡虫啉或啶虫脒乳油中也需要使用大量极性溶剂来提高有效成分在非极性溶剂中的溶解度和稳定性，在配方上也具有可溶液剂的特点，使用上同样具有乳油的特性，严格意义上讲，这些产品均不属于可溶液剂。

三、可溶液剂的加工工艺

农药可溶液剂的加工工艺（图4-1）与方法相对简单，可溶液剂的主要成分或原料为农药活性成分、助剂和亲水性极性溶剂，一般稍加搅拌即能形成透明溶液；实际生产中，可以根据需要加入消泡剂等辅助成分。

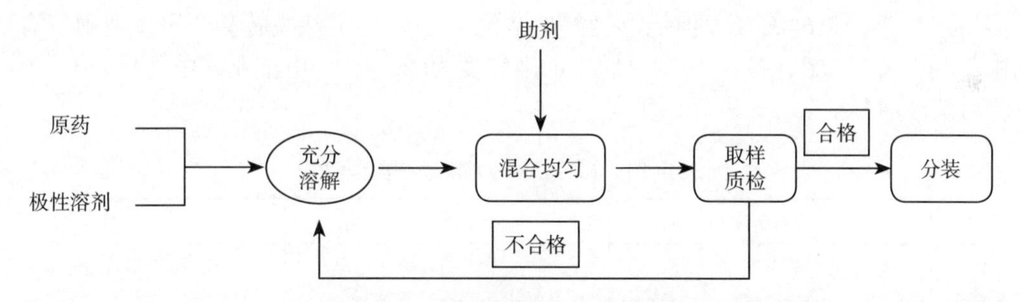

图4-1　可溶液剂加工工艺流程图

吡虫啉在水中溶解度较小（510mg/L），只能加工成含量为3%的吡虫啉水剂；而它在亲水性极性溶剂中有较大的溶解度，德国拜耳公司在全球销售的20%吡虫啉可溶液剂产品就是用*N*-甲基吡咯烷酮极性溶剂加工而成的。在国内，部分生产企业考虑成本因素，一般使用*N*,*N*-二甲基甲酰胺或*N*,*N*-二甲基甲酰胺和二甲基亚砜混合液作为20%吡虫啉可溶液剂的溶剂，从而使该产品带来了严重的环保问题，见表4-8。

表4-8　20%吡虫啉可溶液剂典型配方

序号	物料名称	比例 /%	说明
1	吡虫啉	20（折百）	有效成分
2	农乳 602#	6	润湿剂
3	AEO-5	2	渗透剂
4	NMP	补足 100	溶剂

20%吡虫啉可溶液剂加工步骤：① 将有机溶剂（NMP）加入混合釜中，再将吡虫啉原药按照计量加入混合釜中，开启搅拌，加速原药的溶解；② 待固体原药全部溶解后，将助剂加入其中，继续搅拌0.5～1h，直至助剂与有机溶剂完全混匀，即得20%吡虫啉可溶液剂成品。取样检测质量。

20%啶虫脒可溶液剂中主要采用DMSO或NMP及其二者混合液作为溶剂介质，其助剂可以与20%吡虫啉可溶液剂通用，也可以单独使用农乳602#作为其助剂。20%啶虫脒可溶液剂配方见表4-9。

表4-9　20%啶虫脒可溶液剂典型配方

序号	物料名称	比例/%	说明
1	啶虫脒原药	20（折百）	有效成分
2	农乳 602#	10	表面活性剂组合物
3	DMSO	35	溶剂 1
4	NMP	补足 100	溶剂 2

20%啶虫脒可溶液剂加工步骤：① 将部分有机溶剂（全部DMSO和部分NMP）加入混合釜中，再将啶虫脒原药按照计量加入混合釜中，开启搅拌，加速原药的溶解；② 待固体原药全部溶解后，将助剂加入其中，补足溶剂NMP，继续搅拌0.5～1h，直至助剂与有机溶剂完全混匀，即得20%啶虫脒可溶液剂成品。取样检测质量。

灭草喹（imazaquin）是一种新型咪唑啉酮类高效广谱除草剂，该农药有效成分在水中的溶解度较小，仅60mg/L，但能够较好地溶解在*N*,*N*-二甲基酰胺和二甲基亚砜等有机溶剂中，其中灭草喹在*N*,*N*-二甲基酰胺中的溶解度为68g/L，二甲基亚砜中为159g/L。10%灭草喹可溶液剂典型配方如表4-10所列。

表4-10　10%灭草喹可溶液剂典型配方

序号	物料名称	比例/%	说明
1	灭草喹	10（折百）	有效成分
2	农乳 602#	4	润湿剂
3	AEO-5	2	渗透剂
4	DMSO	补足 100	溶剂

10%灭草喹可溶液剂加工步骤：① 将有机溶剂（DMSO）加入混合釜中，再将灭草喹原药按照计量加入混合釜中，开启搅拌，加速原药的溶解；② 待固体原药全部溶解后，将农乳602#等助剂加入其中，继续搅拌0.5～1h，直至助剂与有机溶剂完全混匀，即得10%灭草喹可溶液剂成品。取样检测质量。

目前，国内登记较多的可溶液剂农药品种单剂有10%和20%吡虫啉SL、24%灭多威SL、20%啶虫脒SL、25%环嗪酮SL、0.1%噻苯隆SL、0.1%氯吡脲SL、0.5%藜芦碱SL、0.5%和1%苦参碱SL等。混剂有12%氯氰菊酯·杀虫双（1+11）SL、14.5%吡虫啉·杀虫双（1+13.5）SL、20%吡虫啉·氧乐果（1+19）SL、杀虫双·灭多威（5+18）SL、21.5%辛硫磷·高效氯氟氰菊酯（20+1.5）SL等。

四、可溶液剂的包装

农药包装瓶主要有玻璃瓶、塑料瓶和软性复合包装袋（简称软包装）等，随着以“塑”代“玻”的推广，采用塑料包装瓶的农药品种显著增多，塑料瓶已经成为液体农药制剂的主流包装容器。目前，世界各国常用的塑料农药瓶有七种（表4-11），绝大多数农药都可以从这七种塑料瓶中找到其可用的包装容器。

表4-11 常用的塑料农药瓶

序号	塑料瓶类型	层数	结构和材质
1	单层 PE 瓶	1	HEPE
2	单层 PET 瓶	1	PET
3	氟化瓶	2	氟化烃 /HDPE
4	PA 三层共挤瓶	3	PA/ 胶黏剂 /HDPE
5	EVOH 三层共挤瓶	3	EVOH/ 胶黏剂 /HDPE
6	PA 五层共挤瓶	5	HDPE/ 胶黏剂 /PA/ 胶黏剂 /HDPE
7	EVOH 五层共挤瓶	5	HDPE/ 胶黏剂 /EVOH/ 胶黏剂 /HDPE

注：HDPE是高密度聚乙烯；PET是聚对苯二甲酸乙二醇酯；PA是polyamide聚酰胺（尼龙）；EVOH（ethylene vinyl-alcohol copolymer）是乙烯-乙烯醇共聚物。

多层共挤瓶应用最广，其中PA三层共挤瓶、EVOH三层共挤瓶、PA五层共挤瓶和EVOH五层共挤瓶等多层塑料农药瓶适用于农药可溶液剂。一般情况下，以DMF、DMSO或NMP作溶剂介质的农药可溶液剂往往选择三层共挤瓶作为塑料农药瓶。但是，由于农药可溶液剂中选用的极性溶剂品种和用量不同，不同农药可溶液剂的适用塑料包装瓶的类型也有一定差异性。根据《联合国粮农组织农药包装和贮藏准则》规定：农药包装容器在使用前，应在恶劣环境下进行热贮试验，为最终确定包装的适用性提供依据。

软包装是目前发展较快的包装容器，相对玻璃瓶和塑料瓶，软包装具有质地轻、强度大、不碎、使用安全、环保、生产成本低、携带方便等优点。但是其还存在保质保量性差，技术水平不成熟等缺陷，因此，利用软包装作为农药可溶液剂的容器，一定要更加谨慎。

第二节 水 剂

水剂（aqueous solution，AS）是指农药有效成分及助剂的水溶液制剂。在水剂中农药有效成分是以离子或分子状态均匀分散在水中的。农药水剂是农药制剂中最重要的剂型之一，目前，全球生产与使用量最大的农药品种——草甘膦（glyphosate）的主要剂型就是水剂，其中包括480g/L草甘膦异丙胺盐水剂等经典草甘膦制剂产品。

水剂与可溶液剂（SL）的主要区别在于：水剂的溶剂是“水”，可溶液剂的溶剂为“非水极性溶剂”。

水剂与乳油（EC）同是传统型农药制剂剂型，但是由于农药水剂中不需要有机溶剂，其溶剂为物美价廉的水，而且制造工艺简单安全，加适量表面活性剂即可喷雾使用，具有使用方便安全、药效好、对环境污染少等优点，是今后应该重点发展的环境友好型农药剂型之一。

一、水剂的组成

农药水剂主要由具有水溶性的农药有效成分、助剂（表面活性剂）、水（去离子或自来水）和其他辅助成分组成。农药水剂中的辅助成分可按照功能性分为防冻剂（如丙二醇、乙二醇）、安全剂（如警戒色、臭味剂和催吐剂）、增稠剂、酸碱调节剂（如氢氧化钠、柠檬酸）、防腐剂（如苯甲酸或苯甲酸钠）和成盐剂（如氨水、异丙胺和氢氧化钾等）。

以200g/L百草枯水剂为例，参考国际标准和联合国粮食和农业组织FAO标准要求，其典型组成成分如表4-12所示。

表4-12 200g/L百草枯水剂组成

序号	类别	组分名称	用量	说明
1	有效成分	百草枯	18.5%	阳离子计
2	表面活性剂	水溶性润湿剂	5% ~ 15%	增效剂
3	辅料	三氮唑嘧啶酮	0.041% ~ 0.053%	安全剂 / 催吐剂
4		酸性亮蓝	适量	警戒色 / 着色剂
5		臭味剂	适量	安全剂 / 异味剂
6		氨水	适量	酸碱调节剂
7	溶剂	水	补足 100%	去离子水或自来水

1. 水剂的有效成分

在水中有较好的溶解性且稳定的农药有效成分（如百草枯和草铵膦等）或可生成水溶性盐的农药有效成分（如草甘膦和二氯吡啶酸等）均可加工成水剂，具体可分为以下三大类：

（1）农药本身具有较高的水溶性，且在水溶液中稳定性好，可直接加工成农药水剂。这类农药的代表产品有草铵膦、百草枯、敌草快、杀虫单、杀虫双和乙烯利等。

（2）农药本身在水中溶解度小，甚至无溶解性，但可与碱性物质反应生成稳定的水溶性盐类衍生物。该类农药品种较多，主要以除草剂为主，代表农药有草甘膦、二氯吡啶酸、氨氯吡啶酸（毒莠定）、2甲4氯、2,4-滴、咪草烟、麦草畏、氟磺胺草醚和苯达松（灭草松）等。农药有效成分成盐后，不仅可以显著提高农药在水中的溶解性和稳定性，更有利于促进有效成分活性的发挥，该方法在除草剂加工中应用最为广泛。另外，同一农药有效成分的不同盐类在水中的溶解度也不相同，一种农药水剂的规格（主要指有效成分含量）和使用效果往往与其成盐种类有着直接关系。

草甘膦可与多种碱类物质反应生成不同种类的水溶性盐类，包括草甘膦铵盐、草甘膦二铵盐、草甘膦异丙胺盐、草甘膦二甲胺盐、草甘膦钠盐和草甘膦钾盐。各种草甘膦盐类的水溶性和生物活性大小顺序为：草甘膦钾盐、二甲胺盐＞草甘膦异丙胺盐＞二铵盐＞铵盐＞钠盐，草甘膦盐的生物活性与水溶性成正相关。

除草甘膦之外，2,4-D、二氯吡啶酸和麦草畏等均可与碱性物质反应生产可溶性盐，如表4-13所示。

表4-13 农药水剂中有效成分的成盐种类简介

序号	有效成分	成盐种类	代表水剂产品
1	草甘膦（glyphosate）	钠盐、钾盐、铵盐、二铵盐、异丙胺盐、二甲胺盐、乙醇胺盐、三乙醇胺盐、三甲基硫盐（草硫磷）等	41% 草甘膦异丙胺盐水剂 49% 草甘膦钾盐水剂 36% 草甘膦二铵盐水剂
2	（2,4- 滴）（2,4-D）	钠盐、钾盐、铵盐、异丙胺盐、二甲胺盐	720g/L 2,4- 滴二甲胺盐水剂

续表

序号	有效成分	成盐种类	代表水剂产品
3	（2甲4氯）（MCPA）	钠盐、钾盐、铵盐、异丙胺盐、二甲胺盐	13% 2甲4氯钠盐水剂 750g/L 2甲4氯二甲胺盐水剂
4	二氯吡啶酸（clopyralid）	钾盐、异丙胺盐、乙醇胺盐、三异丙醇胺盐	300g/L二氯吡啶酸（乙醇胺盐）水剂
5	氨氯吡啶酸（picloram）	钾盐、异丙胺盐、乙醇胺盐、三异丙醇胺盐	240g/L氨氯吡啶酸（钾盐）水剂
6	三氯吡氧乙酸（triclopyr）	三异丙醇胺盐	44%三氯吡氧乙酸水剂
7	氯氨吡啶酸（aminopyralid）	三异丙醇胺盐	24%氯氨吡啶酸水剂
8	苯达松（bentazon）	钠盐、二甲胺盐，异丙胺盐	480g/L苯达松（钠盐）水剂
9	氟磺胺草醚（fomesafen）	钠盐、胆碱盐	250g/L氟磺胺草醚（钠盐）水剂
10	麦草畏（dicamba）	钠盐、二甲胺盐，异丙胺盐、二甘醇胺盐	480g/L麦草畏（二甲胺盐）水剂
11	咪草烟（imazethapyr）	铵盐	24%咪草烟水剂
12	咪唑烟酸（imazapyr）	铵盐、异丙胺盐	28.7%咪唑烟酸异丙胺盐水剂
13	甲基咪草烟（imazapic）	铵盐	240g/L甲基咪草烟水剂
14	甲氧咪草烟（imazamox）	铵盐	4%、12%甲氧咪草烟水剂
15	灭草喹（imazaquin）	铵盐	5%、10%灭草喹水剂

有些农药有效成分既可生成溶解度较大的水溶性盐类，又可以生成油溶性酯类。如2,4-滴、2甲4氯、三氯吡氧乙酸（绿草定）和溴苯腈等。因此，可以根据它们的原药形式和使用活性来选择加工成农药水剂或制备成农药乳油。

还有些农药本身可以溶解在非水极性有机溶剂中，加工成可溶液剂，而且其成盐后可配制成成本更低，使用活性较好的水剂，例如，咪草烟、甲基咪草烟、甲氧咪草烟和灭草喹等。

（3）农药本身具有一定水溶性，但溶解度有限，只能加工成低含量的水剂产品。该类农药多以生物类或生物衍生物类为代表，其中有苦参碱、烟碱、多抗霉素、印楝素、氨基寡糖素和香菇多糖等。

2. 水剂的助剂

农药水剂中的有效成分具有较好的水溶性，而且兑水稀释后可直接喷雾使用，使用方便，早期的农药水剂产品中不含或者仅含有少量助剂，其使用效果也很好。但是，随着农药水剂生产和使用量的不断扩大，以及靶标生物抗药性的发展，为进一步提高农药的有效利用率和使用效果，表面活性剂在农药水剂中的使用越来越普遍，发展至今已经成为除有效成分外，水剂产品中最重要的、不可或缺的组成部分。

用于农药水剂的表面活性剂必须具备较强的亲水性，在水中稳定性好，溶解度大，耐酸耐碱性好等特点。鉴于水剂自身的特性，水剂中使用的表面活性剂可以不具备分散、乳化和悬浮等功能，其主要起到提高药液在靶标上的附着、润湿和渗透性能，进而达到提高农药有效成分活性的作用。因此，应用于农药水剂中的表面活性剂可根据其性能划分为展着剂、润湿剂、渗透剂、增效剂和增稠剂等。

展着剂：主要用于提高药液在处理对象表面的附着性和着药剂量。

润湿剂：可减小药液与处理对象表面的接触角，接触角越小，药液在处理对象表面上的有效铺展面积越大，润湿效果越好。

渗透剂：有效促进农药有效成分透过处理对象的表皮组织进入其体内，进而提高药剂的利用率与活性。

增效剂：其可通过自身特性，调节处理对象的气孔或离子通道等，促进药剂被吸收和传导。例如硫酸铵、尿素和茶皂素等。

增稠剂：主要起到提高水剂自身黏度的作用，另外还可以提高稀释后药液在处理对象表面上的黏着性。

在实际生产中，根据农药水剂产品的特点与要求，选择具有不同功能的表面活性剂作为其助剂，这些助剂往往是由一种或多种表面活性剂单体按照一定比例混合而成的功能性组合物，其集“展着性、润湿性、渗透性或增稠性”等多种功效于一身。

目前，可应用于农药水剂的表面活性剂单体种类较多，按照其官能团极性分为非离子型、阴离子型、阳离子型和两性离子型四大类。

（1）非离子型表面活性剂　非离子表面活性剂具有优异的表面活性功能，尤其HLB值较高的非离子型表面活性剂是农药水剂的重要助剂品种或组成成分。

① 牛脂胺聚氧乙烯醚（tallow amine EO15～20，简称为TA15～20EO）是孟山都公司（Monsanto）最先采用，迄今仍被广泛应用的草甘膦专用助剂产品。TA15EO水溶液的表面张力平衡值为40mN/m，表面活性并不高，但是它能够显著促进杂草和植物对草甘膦的摄入，并影响草甘膦在靶标体内的传导，进而实现对草甘膦增效的作用。

牛脂胺聚氧乙烯醚作为草甘膦水剂的助剂使用时，并不是简单地添加到制剂中，往往需要将其与乙二醇或丙二醇等醇类混合后，再作为水剂助剂使用，混合比例为7：3至9：1不等，以提高牛脂胺聚氧乙烯醚在水溶液中的溶解性和耐低温稳定性等。

牛脂胺聚氧乙烯醚对动物的皮肤和眼睛具有较强的刺激性，而且对鱼类等水生生物有较高的毒性，目前，牛脂胺聚氧乙烯醚在农药水剂中的使用比例有所下降，并逐渐被烷基糖苷等低毒植物源表面活性剂所取代。

② 烷基糖苷（alkyl polyglycoside，APG）由可再生资源天然脂肪醇和葡萄糖合成，是一种性能较全面的新型非离子表面活性剂，兼具普通非离子和阴离子表面活性剂的特性，具有高表面活性、良好的生态安全性和相溶性，是国际公认的首选“绿色”功能性表面活性剂。

APG具有很好的润湿和渗透性质，对高浓度电解质不敏感，可生物降解，不会污染农作物和土地，以及吸湿性能好等特点。此外，APG没有逆相浊点，能有效降低药液表面张力，延缓药液水分的蒸发，长时间保持农药的水合溶解状态，有助于提高植物叶面对农药的吸收速度和吸收率，对除草剂、杀虫剂和杀菌剂均有显著增效作用。

目前，APG在农药水剂中的应用极为广泛，全球第一大农药产品草甘膦的水剂普遍采用APG作为增效剂，其使用量为5%～10%（有效用量）。此外，APG也被广泛应用于百草枯、敌草快和草铵膦等全球性大吨位农药水剂中。

③ 脂肪醇聚氧乙烯醚（AEO）中烷基链长不同，其亲油性不同。环氧乙烷（EO）数不同，则水溶性不同，例如，椰油醇的产品可以作洗涤剂，而C_{18}醇的产品只能作乳化剂、匀染剂。天然醇比合成醇的去污性和乳化性要好，而合成醇的相对水溶性好（奇碳原子作用）。加入EO数越多，产品的水溶性越强，EO数在6以下时的AEO为油溶性，超过6即为水溶性产品，EO越多，产品的浊点也越低。在农药中常用的是脂肪醇聚氧乙烯（5）醚（AEO-5）、AEO-7、AEO-9、AEO-10和AEO-15等。其中，AEO-5又称润湿剂JFC，使用C_7～C_9的合成醇，EO数为5，在常温下为液体，具有很好的润湿和渗透作用。

在农药水剂中，AEO-5主要与其他表面活性剂搭配使用，作为润湿增效剂。由于AEO-5的HLB值仅为10左右，而且对电解质较为敏感，因此在实际配方中添加量较小，水剂中一般用量在1.0%以下。

④ 苯乙烯基苯酚聚氧乙烯醚（农乳600#系列）是一种早期广泛应用于有机磷杀虫剂乳油中的重要非离子型表面活性剂，它与钙盐调配可用于各种乳油的配制，具有用量少，适应性广的特点。苯乙烯基苯酚聚氧乙烯醚中农乳601#、602#和603#等规格产品在农药中使用较多，其中农乳601#的HLB值为13～14，主要应用在农药乳油中；农乳602#和603#的HLB值分别为15～16和＞17，具有较好的水溶性，适合作为农药水剂的润湿剂，并多与阴离子表面活性剂混合使用。

⑤ 烷基酚聚氧乙烯醚（alkylphenol ethoxylates，APEO）又名朠加漂，具有优异的润湿和渗透作用，是第二大非离子表面活性剂品种，主要用作农药上的乳化剂，也是最早应用于农药水剂的表面活性剂之一。

烷基酚聚氧乙烯醚的毒性和环境兼容性等问题制约了其发展，并开始逐渐被禁用和取代，但短期内，其在农药助剂中依然占有较大的市场份额。目前，部分农药水剂中依然在使用含烷基酚聚氧乙烯醚类的助剂作为增效剂，例如，百草枯水剂和敌草快水剂等。

⑥ 二乙醇酰胺，又名月桂酸二乙醇酰胺，coconutt diethanol amide，非离子表面活性剂，易溶于水，具有润湿性，耐硬水性好，对皮肤刺激性小。一般情况下，二乙醇酰胺主要与阴离子表面活性剂（如AES）复配使用，具有用量少，增稠作用显著等特点，是目前农药水剂中主要的增稠剂品种。

（2）阴离子型表面活性剂　农药水剂中使用的阴离子表面活性剂主要分为磺酸盐类、硫酸盐类、磷酸盐类等水溶性高的产品。其中磺酸盐类以十二烷基苯磺酸钠为代表，硫酸盐类则以脂肪醇聚氧乙烯醚硫酸盐和十二烷基硫酸钠为典型代表。

① 十二烷基苯磺酸钠（dodecyl benzenesulfonic acid, sodium salt）是最常见的阴离子型表面活性剂品种，分子式：$C_{18}H_{29}NaO_3S$，白色或淡黄色粉末固体，易溶于水，无毒，可生物降解，生产成本低。十二烷基苯磺酸钠分为直链结构（LAS）和支链结构（ABS）两种，其中ABS的生物降解性小，会对环境造成一定污染。因此，工业上使用较多的是直链结构的十二烷基苯磺酸钠。

直链十二烷基苯磺酸钠（LAS）合成工艺成熟，生产成本较低，润湿性好，渗透力强，并具有较好的分散能力，是日化和农药等多领域极为重要的表面活性剂产品。但是十二烷基苯磺酸钠对硬水比较敏感，耐硬水较差，因此在农药制剂中多用其与非离子表面活性剂混用。

在农药水剂制剂加工中，十二烷基苯磺酸钠是比较常用的助剂组分之一，例如，十二烷基苯磺酸钠与壬基酚聚氧乙烯（8）醚（NP-8）的复配组合物可作为百草枯或敌草快水剂的助剂或增效剂，其中适量的NP-8能够显著提高十二烷基苯磺酸钠的耐硬水性，有助于提高阴离子型表面活性剂的表面活性，促进其充分发挥润湿和渗透性。

② 脂肪酸甲酯磺酸钠（fatty acid methyl ester sulfonate，MES）是另一种磺酸盐类阴离子表面活性剂产品。MES是以天然植物油或动物油为原料制成的一种新型表面活性剂，作为LAS的替代品，是理想的钙皂分散剂和洗衣粉活性剂，显示出良好的去污性、钙皂分散性、乳化性、增溶性。磺基脂肪酸甲酯是一种新型阴离子表面活性剂，近年来作为表面活性物质在清洗行业备受关注。

其实，MES同样也是一种性能优异的农用表面活性剂，其可以取代LAS或十二烷基磺酸钠作为农药水分散粒剂和可湿性粉剂中的润湿分散剂使用。MES具有较好的水溶性，其水溶液不仅具有比LAS和脂肪醇聚氧乙烯醚硫酸盐（AES）更突出的润湿渗透性，而且其对无机盐具有显著的增稠性，更易生物降解，近年来在农药水剂上也有应用，主要作为润湿剂与非离子或两性离子表面活性剂混合使用。

③ 脂肪醇聚氧乙烯醚硫酸盐在硫酸盐类阴离子表面活性剂中最具有代表性。脂肪醇聚氧乙烯醚硫酸盐主要分为钠盐和铵盐，其中脂肪醇聚氧乙烯醚钠盐（sodium alcohol ether sulphate，AES）具有优异的润湿性、分散性、抗硬水能力和增稠性能，使其成为农药制剂（尤其水剂）中不可或缺的表面活性剂成分。

脂肪醇聚氧乙烯醚硫酸钠盐可以单独作为农药水剂的增效剂，如作为草铵膦水的增稠增效剂。有研究表明，当配方组成为草铵膦20%、AES 20%时，制剂的低温和热贮稳定性符合水剂的质量技术指标，制剂的表面张力明显降低，渗透力显著提高，且对牛筋草和空心莲子草有较高的生物活性。

脂肪醇聚氧乙烯醚硫酸钠盐具有较好的配伍性，也可与其他多种表面活性剂搭配使用，作为农药水剂的增效剂。日本花王公司在东南亚市场销售的百草枯水剂专用助剂AGRISOL A-3210的主要成分便是脂肪醇聚氧乙烯醚钠盐，另外还包括一定量的两性离子表面活性剂。该助剂在6%～8%的用量下，便可以显著提高百草枯水剂的黏度和润湿性能，在泰国和印度等国家的农化市场上较受欢迎。另外，巴斯夫（原科宁）、南京威尔化学和南京科翼新材料等助剂生产企业生产和销售的百草枯水剂专用助剂中均有AES组分。

虽然AES的生产工艺比较成熟，但是不同厂家生产的AES产品质量存在较大差异，因此，在使用AES加工农药水剂前，一定要根据产品的配方进行性能验证，避免因AES的质量问题而造成与其他表面活性剂协同作用产生差异性变化，进而影响农药水剂的加工和使用效果。

另外，脂肪醇聚氧乙烯醚铵盐（AESA）与钠盐在性能上并没有本质的区别，一般情况下，两者可以互换替代使用，并不会影响农药水剂的加工与使用效果。

④ 十二烷基硫酸钠是一种硫酸盐类阴离子表面活性剂，简称SDS，又叫AS、K12、椰油醇硫酸钠、月桂醇硫酸钠和发泡剂等，市场上销售的商品通常为白色至微黄色结晶粉。其无毒，微溶于醇，易溶于水，与阴离子、非离子配伍性好，具有良好的乳化性、起泡性、发泡、渗透、去污和分散性能，且生物降解快，但其水溶性次于AES，刺激性在表面活性剂中属于中等水平，10%溶液的刺激指数为3.3，高于AES，但低于LAS。目前，95%的个人护肤用品和家居清洁用品中都含有十二烷基硫酸钠。

SDS作为润湿剂和分散剂在农药固体制剂中应用较为普遍，例如农药可湿性粉剂和水分散粒剂等，一般使用量在0.5%～3%之间。SDS也是一种重要的农药水剂助剂，并且在一些特定的农药水剂中，SDS是不可或缺的。例如在百草枯或敌草快水剂中，少量SDS可以显著提高农药水剂的黏稠度和润湿效果。

⑤ 磺化琥珀酸二辛酯钠盐又名顺丁烯二酸二异辛酯磺酸盐，简称渗透剂OT或渗透剂T，英文名称：di-secondery sodium sulfosuainate，分子式：$C_{20}H_{37}O_7SNa$。渗透剂T是一种易溶于水的阴离子型表面活性剂，具有渗透快速、润湿性好等特点。

渗透剂T具有用量少，渗透效果好，增效显著等优点，效果显著优于非离子表面活性剂AEO-5（JFC）。渗透剂T一般不单独作为农药制剂的助剂使用，多用来作增效成分或渗透剂与其他表面活性剂搭配使用，在农药水剂配方中推荐用量为0.2%～1%，用量不宜过大，否则会影响农药水剂的稳定性，造成制剂混浊或分层等不利影响。此外，渗透剂T还是一种优异的桶混增效剂，其用量可以根据喷雾药液量或喷雾器材进一步放大，一般用量为5～10mL/亩（1亩=666.7m^2）。

⑥ 磷酸盐类阴离子表面活性剂是一类新型阴离子表面活性剂，具有良好的去污、润湿、渗透、脱垢、增溶、乳化、起泡、润滑、抗静电和分散等性能。该类表面活性剂的毒性和刺激性小，在酸碱溶液中有较高的稳定性，易与其他溶剂混合，配伍性好。磷酸酯及其盐的应用范围很广，可广泛用于农药、纺织、印染、化妆品、洗涤剂、皮革、造纸、塑料、机械等行业。磷酸酯盐具有良好的水溶性，在农药水基化制剂中常用于具有润湿、渗透、分散和乳化等功能性组分使用，被誉为特殊功能的表面活性剂。

在农药水剂中被广泛应用的磷酸酯盐类表面活性剂品种主要有：壬基酚聚氧乙烯醚磷酸酯盐、脂肪醇聚氧乙烯醚磷酸酯盐和三苯乙基苯酚聚氧乙烯醚磷酸酯盐等。

脂肪醇聚氧乙烯醚磷酸酯盐是脂肪醇聚氧乙烯醚与聚磷酸反应生成脂肪醇磷酸酯，再用碱性物质中和而成。用于中和反应的碱性物质主要有氢氧化钾、氢氧化钠和三乙醇胺等。脂肪醇聚氧乙烯醚磷酸酯盐主要用于含高电解质的农药水剂中，具有较好的润湿、分散和渗透性能。

⑦ *N*-月桂酰基肌氨酸钠（sodium *N*-lauroylsarcosinate）又名十二酰-*N*-甲基甘氨酸钠，是一种新型阴离子表面活性剂。商品化的*N*-月桂酰基肌氨酸钠一般为30%～40%的水溶液，其具有较优异的润湿性、黏着性和渗透性；与其他阴离子表面活性剂相比，*N*-月桂酰基肌氨酸钠的刺激性更小，安全无毒，更易生物降解，作为农药助剂使用，可降低农药有效成分的刺激毒性，是近年来新发展起来的一种重要的草甘膦水剂或草铵膦水剂增效剂产品。

（3）两性离子型表面活性剂　两性离子型表面活性剂是指同时具有两种离子性质的表面活性剂。通常所说的两性离子型表面活性剂，是指由阴离子和阳离子组成的表面活性剂，即表面活性剂的分子结构中，与疏水基相连的亲水基是电性相反的两个基团，即同时含有正、负电荷基团。两性离子型表面活性剂，在使用上有这样的特点：在碱性溶液中呈阴离子型表面活性剂的性质，具有很好的起泡性、去污力；在酸性溶液中呈阳离子型表面活性剂的性质，具有杀菌力。

两性离子型表面活性剂最大的优点是可以与阴离子、非离子和阳离子配合使用，配伍性好，可以有效降低其他表面活性剂的刺激性，协调增效作用显著，是农药水剂重要的表面活性剂组分之一。目前，市面上的多种草甘膦、草铵膦、百草枯、敌草快、麦草畏和2,4-D等农药水剂中所使用的助剂均含有该类型助剂。在农药水剂常用的两性离子型表面活性剂主要有甜菜碱类的十二烷基二甲基甜菜碱（BS-12）和月桂酰胺丙基甜菜碱（CAB-30）等，氧化胺类的氧化十二烷基二甲基胺（OB-2）和磺基甜菜碱类的月桂酰胺羟基磺基甜菜碱（LSH-35）。

① 十二烷基二甲基甜菜碱　是一种常见的烷基甜菜碱品种，英文名称：dodecyl dimethyl beta，商品名为BS-12，其50%水溶液为无色或淡黄色透明液体。十二烷基二甲基甜菜碱具有优良的稳定性和配伍性，适合于酸性或碱性条件下使用，能够与阴离子、非离子或阳离子等多种表面活性剂混合使用，而且其耐硬水性好，可以生物降解，是目前农药水剂中应用较多的助剂组分，尤其作为草甘膦水剂增效剂而被广泛使用。

② 月桂酰胺丙基甜菜碱　属于烷基丙基甜菜碱产品系列中的一种，英文名称：lauramidopropyl betaine，化学名：月桂酰胺丙基二甲胺乙内酯，其30%水溶液的商品名称为LAB-30，是一种微黄色透明液体。LAB-30具有优良的性能，是极低刺激性的两性表面活性剂，可广泛与阳离子、阴离子和非离子表面活性剂配伍，其有显著的增稠性和抗硬水能力，是农药水剂重要的增稠剂和增效剂组分，尤其在百草枯水剂中应用较为广泛。

③ 椰油酰胺丙基甜菜碱　化学名是椰油酰胺丙基二甲胺乙内酯，英文名为cocoamidopropyl betaine，商品名为CAB，CAB-30为30%的无色或淡黄色水溶液。与LAB类似，CAB同样是一种烷基丙基甜菜碱，具有优良的润湿和增稠性，其毒性和刺激性较低，是一种广泛应用于高级香波、沐浴露、洗手液、婴儿护肤品和家居洗涤剂的柔软剂、调理剂、润湿剂、增稠剂、抗静电剂和杀菌剂。

在农药领域中，CAB也有着重要的应用价值和地位，尤其可作为农药水剂的润湿剂和增稠剂。CAB具有优异的配伍性，其与阴离子、非离子和阳离子表面活性剂相容性好，协同增效作用显著，与适量阴离子表面活性剂搭配使用时，还有显著的增稠效果，而且CAB刺激性小、性能温和，易溶于水，可以有效降低阴离子表面活性剂的刺激性。

④ 磺基甜菜碱（简称SB）　也可称为铵链烷磺基内酯，它与烷基甜菜碱相似，是三烷基铵内盐化合物，只是用烷基磺酸取代了羧基甜菜碱中的烷基羧酸，故称为（烷基）磺基甜菜碱。磺基甜菜碱的性能比较全面，不仅具有普通甜菜碱的全部优点，还具有耐高浓度酸、碱或盐等独特优点。

月桂酰胺羟基丙基磺基甜菜碱（LHSB）与椰油酰胺丙基羟磺基甜菜碱（简称CHSB）是农药水剂中应用较广泛的两种磺基甜菜碱品种，与LAB和CAB相比，LHSB与CHSB等磺基甜菜碱与阴离子、非离子或阳离子的互溶性更佳，增稠性更强，抗硬水能力更好，更易被生物降解。作为农药水剂的新型助剂品种，LHSB与CHSB具有逐步取代LAB或CAB的趋势。

（4）阳离子表面活性剂阳离子表面活性剂是其分子溶于水发生电离后，与亲油基相连的亲水基是带正电荷的表面活性剂。亲油基一般是长碳链烃基，亲水基绝大多数为含氮原子的阳离子，少数为含硫或磷原子的阳离子。分子中的阴离子不具有表面活性，通常是单个原子或基团，如氯、溴、乙酸根离子等。阳离子表面活性剂带有正电荷，与阴离子表面活性剂所带的电荷相反，两者配合使用一般会形成沉淀，丧失表面活性。它能和非离子或两性离子表面活性剂配合使用。农药水剂中可应用的阳离子表面活性剂有十二烷基二甲基氯化铵、十二烷基三甲基氯化铵和十六烷基三甲基氯化铵等。

二、水剂的制备技术

1. 制备技术

农药水剂是一种以廉价水为载体的液体农药剂型，水剂中的所有组分都必须稳定溶解在水溶液中，而且不会因温度等条件的变化而发生分层、结晶或沉淀等现象。在配制农药水剂时，研究者必须了解农药有效成分在水溶液中的溶解性，或掌握如何进一步提高农药有效成分在水溶液中的溶解度等技术。

草甘膦是大家比较熟悉的农药产品，也是目前生产和使用量最大的农药产品。草甘膦的制剂主要以水剂为主，但是草甘膦本身在水中的溶解度小，仅为10.5g/L。因此，配制水剂时，必须将草甘膦转变成水溶性盐，草甘膦可以与异丙胺、氨水（或液氨）、二甲胺和氢氧化钾等碱性物质经简单的酸碱反应生成各种可溶性盐，并可加工成多种草甘膦水剂产品。但是每种草甘膦盐类在水溶液中的溶解度是不同的，其溶液的pH值也有所差异，如表4–14所示。

表4–14　不同草甘膦盐类在水溶液中的溶解度

草甘膦水溶性盐	草甘膦最高稳定浓度 /%	pH	备注
草甘膦钾盐	＞50	4.5 ~ 5.0	无色清澈透明液体
草甘膦铵盐	＞40	6.0 ~ 7.0	无色清澈透明液体
草甘膦异丙胺盐	＞46	4.5 ~ 5.0	无色清澈透明黏稠液体
草甘膦二甲胺盐	＞50	4.5 ~ 5.0	黄色或浅棕色透明液体

有关草甘膦水剂的配制技术与工艺研究一直备受农药制剂加工和农用表面活性剂领域的高度关注。一般来讲，草甘膦水剂的研制要遵循以下4个原则：

① 尽量选择溶解度大的盐类作为草甘膦的存在形式。在同一水剂中，采用单一草甘膦盐，避免两种不同草甘膦盐类混合在一起，例如草甘膦异丙胺盐与铵盐或草甘膦钾盐与铵盐混合在一起，制剂的经时稳定性会存在较大风险。

② 最好选择去离子水作为草甘膦水剂的溶剂介质。含钙、镁离子较多的硬水会与草甘膦发生拮抗作用，不利于草甘膦活性的发挥。

③ 配方中适量使用硫酸铵作增效剂。为了降低草甘膦在兑水稀释使用过程中受钙、镁等二价金属离子的影响，往往在配方中添加硫酸铵作为增效剂，一般在草甘膦水剂中添加硫酸铵6g/L，硫酸根（SO_4^{2-}）可以与钙、镁离子结合，形成硫酸钙或硫酸镁沉淀，降低钙、镁离子与草甘膦的结合，能显著降低硬水对草甘膦活性的影响。此外，硫酸根能够酸化植物细胞壁、铵离子（NH_4^+）可以干扰细胞膜的渗透性，有利于草甘膦的渗透与传导，对草甘膦起到进一步增效作用。

④ 根据草甘膦盐的种类选择助剂的品种，选择HLB值≥13，而且货源广、生产成本低、低毒和环境友好型的表面活性剂作为草甘膦水剂的助剂，例如烷基糖苷等。另外，不能以表面张力大小评价助剂的适用性和增效性，助剂的表面张力并不能代表其渗透作用，更不能代表对草甘膦水剂的增效性能。

41%草甘膦异丙胺盐水剂是最常见的草甘膦水剂产品之一，其对润湿增效剂的选择较为宽泛，牛脂胺聚氧乙烯醚、烷基糖苷或肌氨酸钠等表面活性剂产品均可以作为其润湿增效剂产品，其中牛脂胺聚氧乙烯醚是草甘膦异丙胺盐水剂主要应用的增效剂，也是最早应用于草甘膦水剂的助剂品种，至今其依然被广泛使用在草甘膦异丙胺盐水剂中，见表4–15。

表4–15　41%草甘膦异丙胺盐水剂配方

物料名称	物料比 /（g/kg）	备注
95% 草甘膦原药	320	有效成分
99% 异丙胺	110	成盐剂

续表

物料名称	物料比 /（g/kg）	备注
牛脂胺聚氧乙烯醚	130 ~ 150	润湿剂
硫酸铵	15	增效剂
乙二醇或丙二醇	20 ~ 30	防冻剂
去离子水	补足	溶解介质

随着草甘膦市场的不断发展，草甘膦水剂已经不再局限于草甘膦异丙胺盐水剂，高含量草甘膦铵盐（草甘膦含量≥30%）水剂、草甘膦钾盐水剂和草甘膦二甲胺盐水剂等新型草甘膦水剂产品也相继推向市场，见表4-16。

表4-16　各种草甘膦盐类及其制剂种类

序号	草甘膦盐类	分子式	溶解度 /（g/L）	主要水剂种类
1	草甘膦铵盐 （CAS：40465-66-5）	$C_3H_{11}N_2O_5P$	144 ± 19（Ph3.2）	74.7% 草甘膦铵盐可溶粒剂
2	草甘膦异丙胺盐 （CAS：38641-94-0）	$C_6H_{17}N_2O_5P$	1050 （pH4.3）	41% 草甘膦异丙胺盐水剂 450g/L 草甘膦异丙铵盐水剂
3	草甘膦二甲胺盐 （CAS：34494-04-7）	$C_5H_{15}N_2O_5P$	＞ 1300	480g/L 草甘膦异丙胺盐水剂
4	草甘膦钠盐 （CAS：34494-03-6）	$C_3H_7NNaO_5P$	335 ± 31.5 （pH4.2）	50% 草甘膦钠盐可溶粉剂
5	草甘膦钾盐 （CAS：39600-42-5）	$C_3H_7KNO_5P$	＞ 1300	540g/L 草甘膦钾盐水剂

近年来，为进一步降低草甘膦的使用成本、刺激草甘膦市场，国内外农药生产企业纷纷推出30%草甘膦水剂产品。该水剂是由草甘膦与氨水（或液氨）反应而成的，与草甘膦铵盐可溶性粉剂（SP）和可溶粒剂（SG）中的有效成分草甘膦单铵盐不同，在30%草甘膦水剂中的有效成分为“草甘膦二铵盐”，CAS号码69254-40-6，即草甘膦与铵离子（NH_4^+）的摩尔比为1∶2，分子式为$C_3H_{14}N_3O_5P$，结构式如图4-2所示。

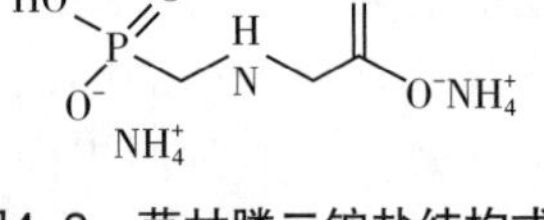

图4-2　草甘膦二铵盐结构式

先正达公司首先在国外市场推出“草甘膦二铵盐”产品，其商品名称为Proliance. Quattro®，是一种外观呈浅棕色至深棕色透明液体的34%草甘膦二铵盐水剂，其pH控制在6.8左右，密度约为1.266g/mL（20℃），其中草甘膦含量约为28.3%。该草甘膦水剂的主要配方为：草甘膦二铵盐34%，烷基糖苷（增效剂）10%~20%，其余为水。

2012年3月，中国农业部发布第1744号公告，停止受理和批准草甘膦含量低于30%的草甘膦水剂的田间试验和农药登记（包括临时登记、正式登记和续展登记），目前中国市场上主要销售和使用草甘膦含量≥30%的高含量草甘膦水剂，其中30%草甘膦（铵盐）水剂其实是草甘膦二铵盐水剂，人们习惯性称为“草甘膦铵盐”水剂。

与传统的“草甘膦铵盐”相比，草甘膦二铵盐分子中多了一个铵根离子，使其水溶性更好，在水中的溶解度更大（25℃，＞1000g/L），保湿性更好，在适宜的增效剂作用下，草甘膦二铵盐水剂的活性和除草效果与草甘膦异丙胺盐相当。

草甘膦二铵盐水剂的制备技术与草甘膦异丙胺盐水剂类似，首先是在水溶液中用氨水或液氨与草甘膦原药反应成盐，可配制成草甘膦含量≥40%的水溶液，该溶液称为草甘膦二铵盐母液（原液）；然后添加助剂与水，搅拌均匀后，就得到了草甘膦二铵盐水剂。

目前，草甘膦二铵盐水剂中使用较多的助剂是烷基糖苷或以烷基糖苷为主体的复合型助剂。烷基糖苷作为草甘膦二铵盐水剂的最大好处在于其不仅具有优异的增效作用，而且具有较好的助溶作用，能够显著提高草甘膦二铵盐水剂在低温下的稳定性。此外，新型助剂肌氨酸钠也在草甘膦二铵盐水剂中有所应用，但受其价格较高等因素影响，肌氨酸钠主要作为增效成分与烷基糖苷配伍使用，见表4-17。

表4-17　30%草甘膦水剂（36%草甘膦二铵盐水剂）配方

物料名称	比例/（g/kg）	备注
草甘膦	300	有效成分
氨水（25%）	240	成盐剂
烷基糖苷（50%）	100	增效剂
消泡剂	0.03	消泡剂
水	补足	溶剂介质

南京红太阳集团通过对36%草甘膦二铵盐水剂的配制和田间药效试验研究发现，在草甘膦用量相同的条件下，草甘膦二铵盐水剂对多种禾本科杂草和阔叶杂草的防效与41%草甘膦异丙胺盐水剂相当，但明显优于草甘膦单铵盐产品（50%草甘膦铵盐SP）。另外，草甘膦二铵盐合成工艺简单，原材料成本低，性价比高，是一种极具开发价值和市场前景的草甘膦盐类制剂产品。

草甘膦钾盐和草甘膦二甲胺盐是不同于草甘膦异丙胺盐或二铵盐的新型草甘膦盐类，它们具有更大的溶解度和保湿性，具备配制高含量草甘膦水剂的基础条件。草甘膦钾盐和二甲胺盐水剂对润湿剂的要求比较高，老牌草甘膦润湿剂牛脂胺聚氧乙烯醚并不适用于草甘膦钾盐水剂和草甘膦二甲铵盐水剂，混合后易发生浑浊和分层等问题。另外，肌氨酸钠和硫酸铵与草甘膦钾盐不兼容，因此，目前草甘膦钾盐和二甲胺盐水剂中普遍使用的润湿剂为烷基糖苷，如表4-18、表4-19所示。

表4-18　540g/L草甘膦钾盐水剂配方

物料名称	物料比/（g/kg）	备注
95% 草甘膦原药	421	有效成分
99% 氢氧化钾	134	成盐剂
烷基糖苷	100 ~ 150	润湿剂
去离子水	补足	溶解介质

表4-19　50%草甘膦二甲胺盐水剂配方

物料名称	物料比/（g/kg）	备注
95% 草甘膦原药	421	有效成分

续表

物料名称	物料比 /（g/kg）	备注
99% 氢氧化钾	134	成盐剂
烷基糖苷	100 ~ 150	润湿剂
硫酸铵	15	增效剂
去离子水	补足	溶解介质

草铵膦（glufosinate ammonium）是一种新型磷酸类除草剂，原药易溶于水，原药溶水后添加一定量的润湿剂，搅拌均匀即可配制成60g/L、120g/L、150g/L和200g/L等不同规格的草铵膦水剂产品。除脂肪醇聚氧乙烯醚硫酸钠之外，肌氨酸钠对草铵膦水剂具有较好的增效作用，而且肌氨酸钠水溶性好，溶水速度快，与草铵膦的兼容性好，无须使用助溶剂或防冻剂，加工草胺膦水剂更方便，见表4-20。

表4-20　200g/L草铵膦水剂配方

物料名称	物料比 /（g/kg）	备注
95% 草铵膦	189.5	有效成分
肌氨酸钠	100	润湿剂
硫酸铵	10 ~ 20	增效剂
去离子水	补足	溶解介质

敌草快（diquat）是联吡啶类除草剂之一，其以二溴盐形式存在。由于敌草快具有较大的急性毒性，而且无特效解药，因此在含敌草快的制剂配方中，需要添加臭味剂、催吐剂和警戒色等安全剂。表4-21是150g/L敌草快二溴盐水剂的典型配方。

表4-21　150g/L敌草快二溴盐水剂的典型配方

物料名称	物料比 /（g/kg）	备注
敌草快二氯盐	139（折百）	有效成分
脂肪醇聚氧乙烯醚硫酸钠	20	
椰油酰胺丙基甜菜碱	30	润湿增效剂
十二烷基苯磺酸钠	10	
三唑嘧啶酮 PP796	0.2	催吐剂
吡啶	0.2	臭味剂
酸性亮蓝	0.1	警戒色
去离子水	补足	溶解介质

吡啶类除草剂（如二氯吡啶酸和氨氯吡啶酸等）与草甘膦、2,4-D相似，需要利用碱性物质与原药发生酸碱中和反应生成水溶性盐类后，才能配制成活性较高的农药水剂制剂产品。氨氯吡啶酸可与三异丙醇胺或氢氧化钾反应成盐，氢氧化钾成本低，货源广泛，是配制氨氯吡啶酸水剂使用较为广泛的成盐剂。氨氯吡啶酸钾盐水剂的pH值范围在9.0 ~ 12.0，属于碱性体系，因此，需要选择耐碱或在碱性条件下结构和活性较稳定的表面活性剂作为其润湿剂，非离子型表面活性剂烷基糖苷和两性离子型表面活性剂（月桂酰胺丙基甜菜碱等）具有较好的耐酸耐碱性，而且在碱性条件下与氨氯吡啶酸钾盐具有较好的兼容性，

比较适合作为氨氯吡啶酸的助剂。表4-22是240g/L氨氯吡啶酸水剂的配方。

表4-22 240g/L氨氯吡啶酸水剂的配方

物料名称	物料比 / (g/kg)	备注
95% 氨氯吡啶酸	222	有效成分
99% 氢氧化钾	55	成盐剂
烷基糖苷	80	润湿剂
月桂酰胺丙基甜菜碱	40	润湿剂
去离子水	补足	溶解介质

2. 水剂增溶技术

部分农药有效成分在水溶液中的溶解度受温度影响较大，其水剂产品在低温条件下，尤其经过冬季0℃以下温度长期贮藏后，容易发生组分结晶或制剂分层等低温稳定性问题，因此在农药水剂开发与生产过程中，需要通过"增溶"技术手段提高制剂组分的兼容性，进而提高农药水剂的低温稳定性。

增溶技术主要分为"溶剂助溶""胶束增溶"和"改变化学结构增溶"等。

（1）溶剂助溶　是指在农药水剂中添加少量助溶剂（非水极性有机溶剂），提高农药水剂中某些组分的溶解度和耐低温贮藏性。水剂中常用的极性有机溶剂主要有乙醇、乙二醇、丙二醇和丙三醇（甘油）等，这些极性溶剂除了可作助溶剂外，还有防冻剂的功效。

牛脂胺聚氧乙烯醚是一种传统草甘膦水剂助剂品种，其往往可以单独作为草甘膦异丙胺盐水剂的专用助剂，尤其在41%草甘膦异丙胺盐水剂中最高使用量可达15%以上。但是，纯牛脂胺聚氧乙烯醚在草甘膦异丙胺盐水剂中溶解得很慢，而且配制较高含量的草甘膦异丙胺盐水剂时，低温会发生草甘膦结晶等问题。在牛脂胺聚氧乙烯醚中适量添加乙二醇、丙二醇或丙三醇等极性溶剂，不仅可以解决助剂溶解速度和制剂低温稳定性，而且还能显著降低制剂的黏度，便于使用。目前市面上销售的以牛脂胺聚氧乙烯醚为主的草甘膦助剂均含有一定量极性溶剂，其中以乙二醇和丙二醇为主，其在助剂中的比例为10%～30%。

另外，利用脂肪醇聚氧乙烯醚硫酸钠作润湿剂配制草铵膦水剂时，需要添加5%以上乙醇作为助溶剂，既可以提高润湿剂的水溶速度、方便加工、有利于提高水剂生产效率，又可以提高润湿剂与草铵膦的兼容性、提高制剂的稳定性。

（2）胶束增溶　表面活性剂在水溶液中形成胶束后，具有能使不溶或微溶于水的有机物的溶解度显著增大的能力，胶束的这种作用称为增溶，能产生增溶作用的表面活性剂叫作增溶剂，其HLB值一般在15～18，被增溶的有机物称为被增溶物。如果在已增溶的溶液中继续加入被增溶物，达到一定量后，溶液由透明状变为乳浊状，这种乳液即为乳状液，在此乳状液中再加入表面活性剂（增溶剂），溶液又变得透明无色。增溶作用可使被增溶物的化学势显著降低，使体系变得更稳定，即增溶在热力学上是稳定的，只要外界条件不变，体系不随时间发生变化，比较稳定。

以下是表面活性剂胶束增溶的四种主要方式：

a. 胶束内增溶。被增溶物增溶于胶束内部（图4-3a），其增溶量随表面活性剂的浓度增大而增大，主要用于非极性有机溶剂增溶。

b. 分子间增溶。被增溶物分子固定于胶束"栅栏"之间，即非极性碳氢链插入胶束内芯，极性端处于表面活性剂分子（或离子）之间，通过氢键或偶极子相互作用联系起来。

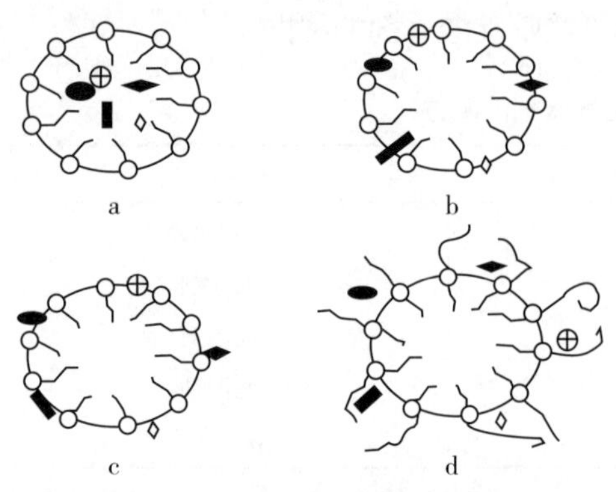

图4-3　四种方式增溶的增溶量

当极性有机物分子的烃链较长时，极性分子插入胶束内的程度增大，甚至极性基也被拉入胶束内（图4-3b）。

c. 胶束表面增溶。被增溶物分子吸附于胶束表面区域，或靠近胶束"栅栏"表面区域（图4-3c）。高分子物质、甘油、蔗糖及某些不溶于烃的染料的增溶属于这种方式。当表面活性剂的浓度大于临界胶束浓度（CMC）时，这种方式的增溶量为一定值。较上述两种方式的增溶量少。

d. 亲水基间增溶。具有聚氧乙烯链的非离子表面活性剂，被增溶物包藏于胶束外层的聚氧乙烯链内（图4-3d）。此种方式的增溶量大于前三种。a、b、c、d四种方式的增溶量顺序为d>b>a>c。

农药水剂中使用的表面活性剂及其组合物在水溶液中形成胶束后，均具有一定增溶作用，但其增溶作用的大小，要受其化学结构、浓度以及被增溶物的性质等因素影响。一般情况下，具有相同疏水基结构的不同类型表面活性剂的增溶作用大小顺序是非离子型>阳离子型>阴离子型表面活性剂。在同系表面活性剂中，随着分子烷基链长度的增加，其对非极性被增溶物的增容量变大；而且相同烷基链中，直链的增溶能力大于支链。

（3）改变化学结构增溶　是指通过简单的酸碱中和反应，改变物料的化学结构，提高农药水剂中的各种组分的低温水溶性或溶解度。该方法主要应用于农药有效成分本身不溶于水或微溶于水，而可转化成高水溶性盐类的农药水剂的制备。例如，草甘膦、2甲4氯、2,4-D、二氯吡啶酸、氨氯吡啶酸和三氯吡氧乙酸等农药可与碱性物质反应，可生产多种可溶性盐，进而提高农药的溶解度。

3. 水剂增稠技术

近年来，农药水剂增稠已成为重要发展趋势。首先，具有高黏稠型的百草枯水剂产品一直深受国内外市场的青睐，尤其在亚洲和非洲市场，使用者往往通过百草枯水剂的外观黏稠度来评价产品质量和性能的优劣，目前大多数百草枯水剂加工企业生产的百草枯水剂产品均为外观黏稠状的水剂；其次，随着具有黏度的草甘膦钾盐水剂的推广与使用，草甘膦水剂市场上也陆续出现增稠型的41%草甘膦异丙胺盐水剂和30%草甘膦（铵盐或二铵盐）水剂等以黏稠感为卖点的草甘膦水剂产品；另外，250g/L氟磺胺草醚水剂等碱性农药水剂也开始通过增稠技术提升产品品质，以迎合消费者的喜好。

农药水剂增稠技术与原理：

（1）胶束增稠　表面活性剂在水溶液中都是以胶束团形式存在的，这些胶束团在浓度较小条件下，彼此各自分离，其水溶液呈清澈透明的水状液体，外观黏度较低。如果增加表面活性剂的浓度，随着表面活性剂胶束团浓度的不断增大，胶束团相互靠拢，中间夹杂着水分子，形成相对稳定的整体，便形成了黏稠状的均相透明液体。

在水溶液中表面活性剂的浓度直接影响着表面活性剂胶束的结构，胶束结构又直接决定了水溶液的黏度大小。一般情况下，在较小浓度的表面活性剂水溶液中，表面活性剂胶束呈球状结构式（图4-4a）时，该水溶液黏度较小；当表面活性剂浓度增大，胶束结构可由球状转化为棒状结构（图4-4b），此时的水溶液的黏度显著提高，呈黏稠状液体；如果进一步增大表面活性剂的浓度时，胶束结构又转变为六角束状结构（图4–4c），水溶液的黏度显著提高，并形成高黏稠状液体；当表面活性剂的浓度更大时，可形成板形或层状胶束结构（图4–4d），此时水溶液已经成为液态胶体。

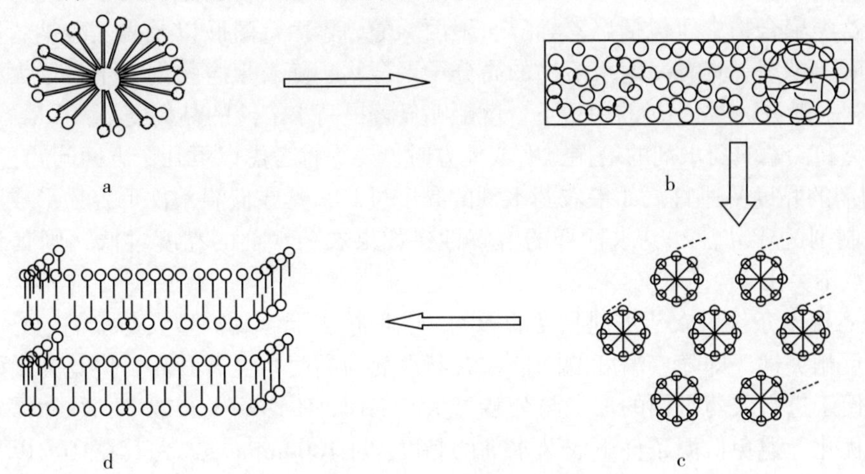

图4–4　胶束结构图解

胶束增稠技术主要应用于电解质溶液中，大多数农药水剂属于电解质溶液，例如，草甘膦、草铵膦和百草枯等农药水剂。在水溶液中，电解质可以对表面活性剂胶束产生作用，增加表面活性剂胶体溶液的抱水性（所谓抱水性，就是胶束团中因为静电引力吸附了大量水分子），大量游离水分子被吸收进了胶束团，溶液看上去显得更加稠厚。

脂肪醇聚氧乙烯醚硫酸钠（AES）是最早应用于草铵膦水剂的表面活性剂产品，其对草铵膦水溶液具有优异的增稠性，而且对草铵膦的增稠效果也较为突出。草铵膦本身是一种铵盐，其在水溶液中以1个带二价负电核的2–氨基–4–［羟基（甲基）膦酰基］丁酸根和2个带正电荷的铵根（NH_4^+）等电解质形式存在（图4–5），加入一定量AES后，电解质可以使AES的球状胶束迅速转变为棒状胶束，进而实现对草铵膦水剂的增稠作用。

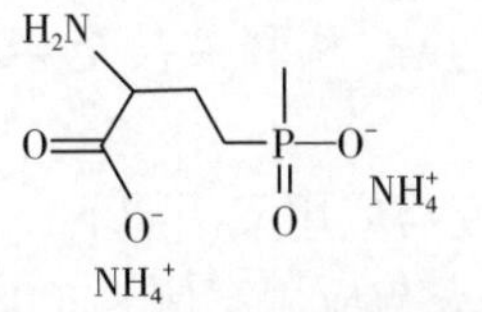

H_2N　O　P–O^-　NH_4^+　O　O^-　NH_4^+

图4–5　草铵膦分子结构示意图

（2）无机盐增稠　无机盐的增稠作用主要是在离子型农药有效成分（如草甘膦离子和铵离子）的基础上向水溶液中添加电解质，增加了电解质的有效浓度，进而促进表面活性剂的胶束增稠作用。硫酸钠、硫酸铵、氯化钠、氯化铵和氯化钾等无机盐是目前应用较为广泛的增稠性无机盐类。

无机盐增稠原理：表面活性剂水溶液体系中，表面活性剂达到临界胶束浓度后，便在水溶液中形成了胶束，无机盐溶解到水溶液中形成电解质，而一定浓度电解质会使表面活性剂胶束的缔合数增加，导致表面活性剂胶束由球状向棒状转变，使得水溶液的运动阻力显著增大，进而提高了水溶液的运动黏度。随着电解质浓度进一步增大，胶束结构转化程度越大，水溶液的黏度也越大；但是当电解质过量时，会破坏表面活性剂胶束的结构，降低运动阻力，从而降低了水溶液的黏稠度，发生了“盐析”现象。

无机盐增稠是建立在表面活性剂胶束增稠的基础上的，如果水溶液中没有适量的表面活性剂存在，无机盐的增稠作用是无法表现出来的。

（3）高分子聚合物增稠　是指使用少量水溶性高分子聚合物对农药水剂进行增稠的技术手段。这类聚合物主要包括聚乙烯醇、聚丙烯醇、聚丙烯酰胺以及褐藻酸钠、瓜尔豆胶和透明质酸（钠）等具有一定水溶性的高分子聚合物，随着聚合物的分子量增大，其增稠作用增大，一般在0.1%～1%的用量下，就能够显著提高水溶液的黏稠度。

在研究和探索农药水剂的增稠方案或配方时，要综合考虑以下几个方面问题：

① 制剂的黏度要适宜。如果农药水剂的黏度过高，其在低温条件下容易形成胶体，势必会影响制剂的流动性和兑水稀释的溶解性；如果农药水剂的黏度过低，则其黏稠感不明显，卖点不突出。

② 注意温度条件对农药水剂黏度的影响，一般情况下，黏稠型农药水剂的黏度大小会与温度成反相关性，即随着温度的降低，农药水剂的黏度会显著升高，但是为了确保在低温条件下便于进行农药水剂的加工与分装等生产工作，不影响生产效率，往往需要通过配方的合理优化，避免低温条件下农药水剂的黏度大于1000mPa·s，尤其在10℃以下，要确保水剂具有较低的黏度和较高的流动性。水剂配方中多采用两性离子表面活性剂（如CAB或LAB等）与其他类型表面活性剂复配使用，在一定配比和用量下，可有效降低农药水剂的低温黏度，而且有利于提高水剂的高温（40℃以上）黏度。

③ 保持良好的贮藏稳定性。农药水剂的贮藏稳定性主要包括常温和冷、热贮稳定性，这就要求所选用的表面活性剂具有坚强的耐盐性，尤其其形成的胶束对电解质的适应浓度要尽可能宽，不宜发生盐析现象，例如，草甘膦钾盐水剂中电解质（草甘膦酸根和钾离子）浓度可高达50%以上，利用表面活性剂增稠后，制剂要在54℃以下均保持均相透明，不能有分层、结晶或沉淀等不良现象发生。

④ 确保农药水剂在水中具有较快的自动溶解性，即水剂兑水稀释后，经简单搅拌可迅速溶解形成真溶液，便于喷雾使用。一般情况下，胶束增稠和无机盐增稠的黏稠型农药水剂具有较好的水溶性，而且不受温度影响；但是使用高分子增稠剂增稠水剂，如果用量过大，就会严重影响制剂的水溶速度，稀释液甚至会产生大量水不溶物，堵塞喷雾器的喷嘴，影响正常使用。

（4）另外，相关增稠技术的研究与应用案例如下：

① 高分子聚合物增稠技术的研究与应用案例　2008年，中国农业科学院利用有机硅作为草铵膦水剂的助剂，并采用高分子聚乙烯醇为增稠剂，硫酸铵为增效剂，成功研制出理化性质良好、符合水剂质量技术指标的13.5%草铵膦水剂。优化配方如表4-23、表4-24所示。

表4-23　13.5%草铵膦水剂配方

序号	物料名称	配比 /%
1	草铵膦	13.5
2	有机硅助剂 Silwet 618	5.0
3	聚乙烯醇	0.5
4	硫酸铵	10.0
5	消泡剂	0.02
6	自来水	补足 100

表4-24 13.5%草铵膦水剂理化指标

序号	理化项目	测定结果
1	稀释稳定性（标准硬水，200倍稀释液）	合格
2	pH值	3.86
3	持久起泡性（标准硬水，85倍稀释液）	0
4	黏度（25℃）/mPa·s	11.8
5	低温稳定性［（0±1）℃，7d］	合格
6	高温稳定性［（54±2）℃，14d］	合格

研究者以拜耳科学公司的13.5%草铵膦水剂为对照药剂，进行了制剂接触角和表面张力等功效性指标测定，有机硅可以显著降低水剂的表面张力和接触角，有利于水剂的功效发挥。结果显示（表4-25）所配制的草铵膦水剂的功效性与对照药剂相当。

表4-25 制剂的功效性评价

试样名称	开始接触角/(°)	最终接触角/(°)	时间/s	表面张力/（mN/m）	扩展半径/mm
对照水剂	15.0	5.9	10.0	23.71	5.79
配制水剂	17.5	7.1	3.0	37.00	5.83

有机硅助剂在降低表面张力和提高药液扩展性能等方面具有较强优势，是目前普遍使用的农用喷雾增效剂，但是有机硅助剂对pH值比较敏感，在中性条件下较稳定，但在酸性或碱性条件下会发生分解等不良现象，因此，有机硅多用于桶混增效剂，其作为制剂中直接添加的增效剂或助剂使用的稳定性还需进一步研究。

② 胶束增稠技术的研究与应用案例 2011年，有人报道利用脂肪醇聚氧乙烯醚硫酸钠（AES）对草铵膦水剂进行增稠、增效研究。研究发现，AES对草铵膦具有较为优异的增稠性和增效性，而且在适量AES作用下，可以显著提高制剂的低温稳定性，见表4-26。

表4-26 不同配方对制剂稳定性的影响

序号	配方组分		制剂稳定性
	草铵膦	AES	
1	18%	14%	制剂外观透明，但静置一段时间后出现分层
2	20%	20%	制剂外观透明，静置后不分层

在20%草胺膦水剂中添加助剂AES，助剂用量为20%条件下，所配制剂的黏度（25℃）可达475mPa·s以上，制剂外观为均相透明的黏稠状液体，水剂的冷、热贮和稀释稳定性等指标均合格。

研究者对比研究制剂的表面张力和渗透时间，显示AES能够显著降低制剂的表面张力，并提高其润湿渗透力，而且经生物测定显示，AES能够提高草铵膦水剂对牛筋草和空心莲子草等杂草的生物活性，其鲜重抑制ED_{50}值分别为75.1g/hm^{2}和168.0g/hm^2。

4. 水剂复配技术

由2种或2种以上农药有效成分的复合配方型农药水剂简称为混合水剂，含2种有效成分的水剂称为二元混合水剂，含3种有效成分的水剂称为三元混合水剂。在农药混合水剂中，以二元混合水剂为主。

农药水剂的复配并不是简单地选择任意2种以上有效成分一混即成，必须以单一农药有效成分为基础，研究不同农药的作用机理、相互之间的协同作用和兼容稳定性等，才能配制出理想的农药混合水剂。

复配水剂开发的基本方案：首先根据混剂研制的目的，选择一种农药有效成分为核心活性成分，并围绕该成分选择与其作用机理不同、具有协同增效和良好兼容性的其他种类农药有效成分，再进行混合水剂的配制研究工作。混合水剂中有效成分的选择还需兼顾农药的毒性、残效期、货源来源和性价比等问题。

2,4–D和2甲4氯等具有植物生长调节剂功效的激素型农药成分具有用量少、活性高、作用速度快、水溶性好、与其他农药兼容性好、作用机理独特和性价比高等特点，是用于加工农药混合水剂的主要品种。并不是所有农药有效成分都可以与激素型农药复配或桶混使用。目前，市面上常见有关草甘膦与2甲4氯或2,4–D等混合水剂，虽然草甘膦与2甲4氯或2,4–D具有不同作用机理和杀草谱，都可形成钠盐、铵盐、异丙胺盐或二甲胺盐等水溶性盐类，并且能够在同一水溶液中形成稳定盐溶液体系，具有配制混合水剂的基础条件，但是激素型除草剂会破坏防治对象的疏导系统组织，进而阻碍草甘膦在防治对象体内的传导，严重影响草甘膦的药效发挥。因此，草甘膦并不适合与2,4–D和2甲4氯等激素型除草剂混合使用。此外，草甘膦也不适合与百草枯或敌草快等快速触杀型除草剂复配或桶混使用。

混合水剂的研制技术主要包括：毒理学研究、室内毒理测定、田间药效试验和配方研制等。

毒理学研究是一种针对防治对象抗药性和潜在抗药性风险的研究手段，包括研究防治对象对农药单剂的抗药性风险评估，防治对象对所选用农药成分的抗药性调查与监测，防治对象对农药有效成分之间的交互抗性及其主要机理研究等。毒理学研究是包括水剂在内的农药混剂研制工作的基础性工作。

室内毒力测定是评价不同种类农药有效成分混合后是否具备增效和防治对象对混剂是否存在抗性的重要技术手段。其中协同增效作用是确定不同有效成分最佳混配比例的重要参考指标。室内毒力测定是一项工作量大，数据处理工作烦琐的试验，要严格按照规范的技术操作规程准确进行试验，准确记录相关数据，并进行科学处理，才能确保毒力测定结果的准确性。

田间药效试验是在室内毒力测定试验的基础上，将混合水剂直接应用于大田防治试验，对比研究混剂在不同地域对防治对象的防效是否一致，是评价其协同增效性和对作物安全性的重要依据。

混剂的配方研制要根据其中各种有效成分的理化性质选择适宜的混剂剂型种类。混合水剂的具体配方研究方法与水剂单剂相同。

（1）单盐型农药混合水剂的研制技术　在混合水剂中，2种有效成分形成同一种盐，可有效提高制剂的稳定性，可配制更高含量的农药混合水剂。例如，草甘膦与麦草畏都需要与碱性物质反应生成水溶性盐，才能配制成水剂，适合它们的成盐剂种类较多，主要有氨水、异丙胺、二甲胺和氢氧化钾等。草甘膦与麦草畏的混合水剂加工相对简单，只要在水溶液中草甘膦与麦草畏以同一种盐类形式存在，该混剂便具有较稳定的兼容性。

目前市面常见的草甘膦与麦草畏的混合水剂为30%草甘膦·麦草畏水剂，其中草甘膦含量为27%，麦草畏含量为3%，草甘膦和麦草畏以异丙胺盐形式存在于水剂中。1000kg水剂中各组分用量为：折百草甘膦270kg，折百麦草畏30kg，99%异丙胺130kg，增效剂（APG等）

100～150kg，水补足。该水剂的pH值（5%稀释液）控制在4.5～5.0之间，密度（20℃）约为1.133～1.139g/mL。

此外，为进一步降低生产成本，部分生产企业改用氨水或液氨作为30%草甘膦·麦草畏水剂中的成盐剂，同样可以配制出稳定性良好的混合水剂，由于制剂中盐的种类发生了变化，制剂的pH值和密度也发生了变化，其中pH值（5%稀释液）为5.5～6.5，密度（20℃）升高至1.165g/L左右。

30%草甘膦·麦草畏水剂生产工艺：第一步，利用成盐剂分别将草甘膦与麦草畏配制成一定含量原液，例如，62%草甘膦异丙胺盐母液和40%麦草畏异丙胺盐母液等；第二步，按照配方剂量将麦草畏异丙胺盐母液与增效剂和水等物料混合均匀；第三步，向第二步所得液体中添加草甘膦异丙胺盐母液，搅拌混匀，便可得到30%草甘膦·麦草畏水剂成品，取样检测质量，合格后进入分装系统。

注意事项：麦草畏母液先与助剂或增效剂混合，有利于胶束增溶作用的发挥，能够促进混剂的稳定性。

（2）双盐型农药混合水剂的研制技术　在农药水剂中，同一种有效成分的不同类型盐类具有不同的水溶性和稳定性，而在混合水剂中，只有形成同一种盐类才能达到最佳稳定性，但是并不是所有可成盐的2种农药在同一水溶液中都能形成相同种类的盐。例如，氨氯吡啶酸与三氯吡氧乙酸，受溶解度等因素限制，三氯吡氧乙酸只能与三乙胺反应生成具有较稳定水溶性和活性的三氯吡氧乙酸三乙胺盐；而氨氯吡啶酸可以与异丙胺、乙醇胺、三异丙醇胺和氢氧化钾等多种碱性物质反应生成水溶性盐，但氨氯吡啶酸三乙胺盐的溶解度较小。由于三异丙醇胺的结构和活性与三乙胺类似，因此在氨氯吡啶酸与三氯吡氧乙酸的混合水剂中，分别采用三异丙醇胺和三乙胺作为氨氯吡啶酸和三氯吡氧乙酸的成盐剂，并形成含有双盐的水溶液体系。为了提高含有双盐的混合水剂的稳定性，往往需要使用助溶剂和稳定剂。300g/L氨氯吡啶酸·三氯吡氧乙酸水剂的配方组分如表4-27所示。

表4-27　300g/L氨氯吡啶酸·三氯吡氧乙酸水剂的配方

序号	物料名称	投料量/（kg/1000kg）	备注
1	氨氯吡啶酸	176	有效成分1
2	三氯吡氧乙酸	88	有效成分2
3	三异丙醇胺	205	成盐剂1
4	三乙胺	58	成盐剂2
5	APG	100	增效剂
6	乙醇	20	助溶剂
7	乙二胺四乙酸三乙胺盐	15	稳定剂
8	水	补足	

300g/L氨氯吡啶酸·三氯吡氧乙酸水剂加工工艺：第一步，配制母液，分别利用成盐剂与农药反应，配制含有单一成分的2种母液；第二步，加工混合水剂，将计量好的三氯吡氧乙酸三乙胺盐母液、氨氯吡啶酸三异丙醇胺盐母液加入搅拌槽中，加入乙二胺四乙酸三乙胺盐、乙醇及增效剂，并补足水分，开启搅拌，直至所有物料充分溶解；第三步，取样抽检，质量合格后，进行水剂分装，见表4-28。

表4-28　300g/L氨氯吡啶酸·三氯吡氧乙酸水剂的理化指标

指标	数值
外观	黄色至棕黄色透明液体
pH：1% 稀释液	6.5 ~ 8.0
密度（20℃）	1.141g/mL
稀释稳定性（30℃，标准硬水 20 倍稀释）	合格
热贮稳定性［（54 ± 2）℃，14d］	合格
冷贮稳定性［（0 ± 1）℃，7d］	合格
冻融稳定性（重复 3 次）	合格

农药的合理复配混用是解决和延缓害虫抗性产生，提高农药防治效果等的重要途径。近年来，农药混合水剂的开发与推广速度较快，目前使用较多的农药混合水剂产品有250g/L百草枯·敌草快水剂、35%草甘膦·麦草畏水剂、40%草甘膦·草铵膦水剂、30%草甘膦·甲氧咪草烟水剂、41%麦草畏·2,4–D水剂、30%麦草畏·2甲4氯水剂、54%氟磺胺草醚·灭草松水剂、460g/L灭草松·2甲4氯水剂、24%二氯吡啶酸·2,4–D水剂、28.6%氨氯吡啶酸·二氯吡啶酸水剂、13.7%苦参碱·硫黄水剂、0.4芸苔素内酯·赤霉酸水剂、20%井冈霉素A·水杨酸钠水剂等。

三、水剂的加工工艺

农药水剂的生产加工过程可简单分为两步：① 将原药（或母液）溶解到水中，形成均相透明的真溶液；② 添加助剂和相关辅助成分，加工成水剂成品，检测合格后分装。

1. 加工工艺

农药水剂加工工艺或方法还可分为物理法和化学法。

物理法最为简单，主要应用在以水溶性好的农药原药为有效成分的农药水剂加工，加工方法为：将农药原药与水、助剂和其他辅助成分等所有原材料按照配方要求混合后，经简单搅拌形成均相透明农药水剂产品。适合用物理法加工的农药品种主要有：草铵膦、百草枯、敌草快、乙烯利、杀虫单和杀虫双等。

化学法比物理法多了一步简单的酸碱反应过程，即成盐过程，其应用于本身不溶于水或溶解度小，但可形成高水溶性盐类的农药有效成分。加工方法为：农药有效成分与碱性物质中和形成高浓度水溶液（母液），再按照配方要求将农药母液与助剂、辅料和水混合搅拌成均匀透明农药水剂产品。适合用化学法加工工艺的农药有：草甘膦、麦草畏、氟磺胺草醚、二氯吡啶酸、氨氯吡啶酸、咪草烟和2,4–D等。

农药水剂加工工艺流程图见4–6。

2. 水剂加工要领

① 原材料质量检验。在大生产前1 ~ 2d，对所有即将使用的原材料进行质量检测，包括原药有效成分含量、成盐剂含量以及其他辅料的水溶性等。另外，在实验室进行小试试验，模拟大生产，按照配方配制小试样品，通过测定小试样品的质量稳定性，评价原材料的适用性。

② 生产前安全检查。生产前，对所有加工设备进行检查，确保各种设备及其管道清洁，避免有其他种类农药水剂的残留，并无漏液、漏气等问题。

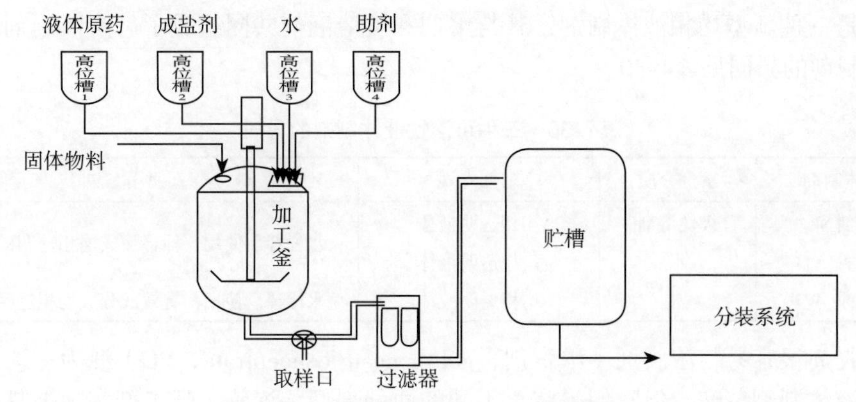

图4-6　农药水剂加工工艺流程图

③ 控制搅拌速度。水剂在剧烈搅拌下容易产生大量泡沫，发生“胀釜”现象，不仅造成物料浪费，而且会污染车间的工作环境，部分农药如敌草快、百草枯等还会腐蚀设备，因此加工水剂时，不仅要严格控制加工釜中的装料系数，使其不超过80%，而且要控制搅拌器的搅拌速度，保持匀速缓慢搅拌。

④ 过滤程序不可少。在水剂加工过程中，原材料中的水不溶物、加工设备及管道脱落的机械杂质等是农药水剂中常见的固体杂质，另外，有的水剂产品大量使用消泡剂，容易产生较多絮状漂浮物或油状物，需要进行过滤处理。水剂加工一般采用袋式过滤器进行水剂成品过滤处理，过滤袋的细度在100～400目之间。

3. 加工设备

农药水剂加工设备清单见表4-29。

表4-29　农药水剂加工设备清单

序号	设备名称	设备要求与作用
1	高位釜	承载液体物料，如液体的原药、成盐剂和其他辅料。材质根据物料的性质选择，一般为不锈钢或玻璃钢等，数量不限
2	搪瓷混合釜	釜上配有电机、变速器、搅拌器和计量器等
3	袋式过滤机	100～400 目
4	泵	四氟离心泵、PP 离心泵、齿轮泵
5	储槽	不锈钢或玻璃钢储槽
6	分装系统	自动灌装机、旋盖机、贴标机和打包机等

4. 水剂的包材

农药水剂的主要溶剂为水，制剂稳定性强，而且对多种塑料材质无溶解性和渗透性，因此目前常用的农药瓶均可以作为水剂的包装瓶，其中以PET和HDPE等材质的塑料瓶使用较多。另外，水剂配方中无特殊助溶剂（非水极性溶剂）存在条件下，水剂还可以采用铝箔膜袋作为水剂的软包装，可进一步降低制剂的包装成本。

第三节　可溶胶剂

可溶胶剂（water soluble gel，GW）是指用水稀释后有效成分形成真溶液的胶状制剂。

可溶胶剂是一种新型均相液体制剂，其与水剂和可溶液剂共同组成了可溶液制剂。三种可溶性液体制剂的异同见表4-30。

表4-30 三种可溶性液体制剂的异同

可溶液体制剂	溶剂介质	制剂外观	使用方法
可溶液剂 SL	极性溶剂	均相透明液体	兑水稀释后使用，稀释液成均相透明的真溶液
水剂 AS	水	均相透明液体	
可溶胶剂 GW	水	均相透明胶体	兑水稀释后使用，有效成分成均相透明的真溶液

可溶胶剂很容易与浓胶剂（浓膏剂，gel or paste concentrate，PC）混为一谈，虽然它们都属于液体制剂范畴，但它们是完全不同的两种剂型，浓胶（膏）剂实际上是一种可分散液体制剂，是用水稀释后使用的，呈凝胶状或膏状制剂，制剂中的有效成分和辅料经水稀释后并非溶解在水中，而是靠乳化剂或分散剂的作用分散在水溶液中。浓胶（膏）剂与乳油（EC）、乳胶（GL）、可分散液剂（DC）和糊剂（PA）等同属于可分散液体制剂。

农药可溶胶剂的品种并不多见，最早的农药可溶胶剂，可追溯到20世纪70年代末，当时人们研究一种水凝胶剂作为敌草快水剂的添加剂，该添加剂与敌草快水剂“现混现用”配制成称为“敌草快凝胶剂”的一种胶状溶液，专门用于防治多种水生杂草。实际上，“敌草快凝胶剂”并不是可商品化的除草剂制剂产品。

目前唯一可商品化且能够直接使用的农药可溶胶剂产品是2013年由南京红太阳生物化学有限公司首家成功登记的20%百草枯可溶胶剂，是一种可替代百草枯水剂的全水溶型的可溶胶剂产品。

一、可溶胶剂的组成

农药可溶胶剂与农药可溶液剂和水剂的组成成分类似，尤其与农药水剂的组成成分是相同的，主要包括水溶性的有效成分、亲水性辅料（包括增效剂和增稠剂）和溶剂（水）三大组分。

1. 可溶胶剂的有效成分

由于农药可溶胶剂被定义为稀释后有效成分形成真溶液的制剂，因此，凡是能溶于水的农药有效成分及其盐类均可被加工成农药可溶胶剂。除敌草快和百草枯之外，草甘膦及其盐、草铵膦、二氯吡啶酸及其盐、氨氯吡啶酸及其盐、氯胺吡啶酸及其盐、麦草畏及其盐、氟磺胺草醚及其盐、2,4-D及其盐等多种水溶性农药及其盐均可以作为农药可溶胶剂的有效成分。

实际上，可溶胶剂对有效成分的水溶性大小无特殊要求，理论上，能够制备可溶液剂和水剂的农药有效成分均可以被加工成可溶胶剂。农药有效成分的溶解度大小直接决定了所配制的可溶胶剂的有效成分含量大小。

2. 可溶胶剂的辅料

农药可溶胶剂中除有效成分以外，其他组分也要具有一定水溶性，尤其助剂要由亲水性较好的表面活性剂组成，建议选用HLB值在13以上的产品。

按辅料在可溶胶剂中的功能性分类，主要分为增稠剂、润湿剂、渗透剂和增溶剂等。

（1）增稠剂　是可溶胶剂的主要辅料成分，是配方中的核心。农药可溶胶剂主要靠具有增稠机理和作用的表面活性剂形成稳定胶束来实现水溶液增稠。可溶胶剂中的增稠剂必须由水溶性的表面活性剂组成，可以由一种或多种表面活性剂单体组成。

具有增稠作用的阴离子型、阳离子型、两性离子型和非离子型表面活性剂都是农药可溶胶剂中增稠剂的主要成分来源。其中阴离子型表面活性剂主要包括脂肪醇聚氧乙烯醚硫酸盐（AES）、十二烷基硫酸钠（K12）和脂肪酸甲酯磺酸钠（MES）等；阳离子型表面活性剂有十二烷基三甲基乙基氯化铵和十六烷基三甲基氯（溴）化铵等；两性离子型表面活性剂有椰油酰胺丙基甜菜碱和月桂酰胺丙基甜菜碱等；非离子型表面活性剂主要为聚乙二醇、聚乙烯醇、聚丙烯醇。

除了表面活性剂之外，无机盐和水溶性聚合物等非表面活性剂物质也可以作为农药可溶胶剂的增稠剂。

无机盐增稠剂在可溶胶剂中的作用也是不容忽视的，硫酸铵、氯化铵和氯化钠等无机盐类在水溶液可提供一定量电解质，能够促进表面活性剂胶束形态的转变，增强胶束的抱水性，提高水溶液的黏度。在确保一定黏度要求的情况下，无机盐的使用可以有效降低表面活性剂的用量，具有较高的性价比和应用价值。

水溶性聚合物是水溶液增稠常用的增稠剂，明胶、琼脂、海藻酸钠、瓜尔豆胶等具有水溶性的高分子聚合物在农药可溶胶剂中也有应用。

（2）润湿剂与渗透剂　主要用于提高制剂的使用效果，可溶胶剂中采用的润湿、渗透剂种类及其性能与农药水剂相同，但是在选择润湿剂和渗透剂时，要以增稠剂为核心，确保所选用的润湿剂、渗透剂不会影响增稠剂的稳定性和相关性能。可溶胶剂的润湿剂、渗透剂主要包括阴离子型和非离子型表面活性剂以及硫酸铵等无机盐。

（3）增溶剂　主要包括表面活性剂和醇类溶剂。具有增溶或助溶机理和作用的表面活性剂和溶剂对农药可溶胶剂的配制具有重要作用和意义。一般来讲，添加适宜和适量的增溶剂，一方面可以提高农药有效成分与增稠剂、润湿剂等助剂及水的兼容性，有利于提高制剂的稳定性；另一方面在用水稀释使用的过程中，增溶剂可以提高可溶胶剂的溶解速度，方便用户使用。乙醇、异丙醇、乙二醇和丙二醇等醇类助溶剂是可溶胶剂中常用的醇类增溶剂。

二、可溶胶剂的制备技术

在澳大利亚和新西兰等地区有一种起源于20世纪70年代末，至今依然被广泛使用的水生杂草专用除草剂——敌草快凝胶剂（diquat gel form，商品名称为Hydrogel），其实Hydrogel并不是一种即用的农药制剂商品，而是敌草快水剂稀释液与“水凝胶”产品的混合药液在“成胶剂”的作用下形成的一种凝胶状液体，该液体可利用喷雾器等施药器材直接用于喷洒使用。

其中水凝胶主要是指具有一定水溶性的高分子聚合物，不同种类的水凝胶对应的成胶剂也不相同，例如，海藻酸钠对应的成胶剂为强酸，如盐酸、硫酸等；瓜尔豆胶对应的成胶剂为四硼酸钠等。海藻酸钠和瓜尔豆胶是敌草快凝胶剂中应用较多的水凝胶剂品种，由于海藻酸钠的成本较高，货源有限，在使用上逐渐被性价比更高的瓜尔豆胶所取代。

敌草快凝胶剂的配制方法：①取250g瓜尔豆胶溶于10L水中，加入10L敌草快水剂（200g/L），搅拌均匀；②添加适量成胶剂四硼酸钠溶液，搅拌均匀即制得了可直接使用的敌草快凝胶剂。

敌草快凝胶剂中的有效成分能够溶于水，水凝胶也可以缓慢溶于水，形成真溶液，符合可溶胶剂的范畴，但是其并不是真正意义上可即用的制剂商品。实际上，真正可即用的农药可溶胶剂的制备方法是基于增稠型农药水剂的制备技术之上，利用高浓度表面活性剂的作用，使得农药液体由自由流体转变成胶体状的均相液体。显而易见，选择适宜的表面活性剂种类和优化使用剂量是可溶胶剂产品研究与开发的重中之重。

农药可溶胶剂的制备往往需要同时运用“表面活性剂胶束增稠”和“无机盐增稠”等技术实现。例如，百草枯本身是一种二氯盐，其在水溶液中以离子或电解质形式存在，当加入适量对百草枯水溶液具有增稠作用的表面活性剂时，便可以迅速形成黏稠状溶液，当表面活性剂用量进一步增大，表面活性剂胶束与氯离子等共同作用，使得水溶液的黏度不断增大，最后形成了胶冻状的百草枯可溶胶剂。

农药可溶胶剂的研究方案：

首先，在进行具体配方筛选前，要认真研究农药有效成分的种类和理化性质，如溶解度、离子性质和pH值等，选择与其兼容性好，且对含该有效成分的水溶液具有增稠性能的表面活性剂。适用于配制农药可溶胶剂的表面活性剂可以是一种表面活性剂单体，也可以是两种或多种表面活性剂的组合物。

其次，根据设定的农药可溶胶剂有效成分含量规格，进行配方优化，重点筛选不同表面活性剂之间的配比，并综合性价比，确定最佳配比和使用量。

最后，还要通过黏度测定、冷热贮稳定性、稀释稳定性和生物测定或田间药效试验确定可溶胶剂的最优配方。

20%百草枯可溶胶剂是第一个农药可溶胶剂产品，在百草枯可溶胶剂的研究与开发过称中，研究者发现脂肪醇甲酯磺酸钠（MES）能够显著提高百草枯水溶液的黏稠度，在10%左右的用量下，便能够将百草枯水溶液的黏度（25℃）提高到20000mPa·s以上，并形成外观呈胶体状的液体制剂。随着MES用量的提高，胶状制剂的黏度也会逐渐升高，见图4-7。

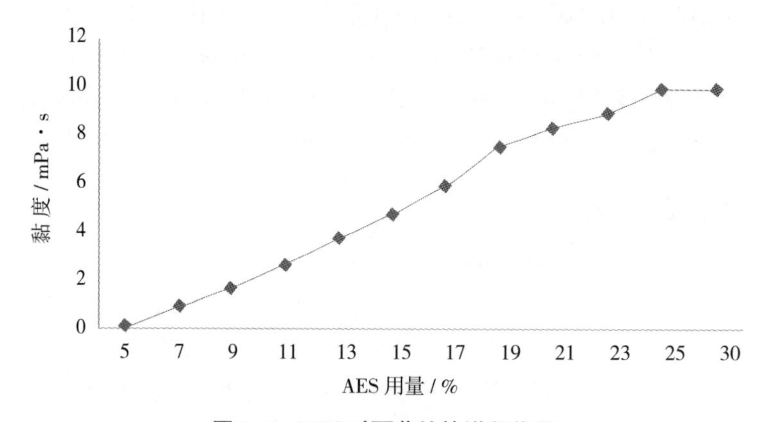

图4-7 MES对百草枯的增稠作用

由于MES是一种阴离子表面活性剂，其与百草枯配伍后，稀释液（标准硬水，20倍）呈浑浊状，静置几分钟后便会产生大量絮状沉淀，无法形成透明的真溶液，不符合可溶性液体制剂的质量要求。因此，研究者一般不会选择阴离子表面活性剂单独作为百草枯制剂的助剂，而多选用阴离子与非离子及两性离子型表面活性剂或阳离子与非离子及两性离子型表面活性剂等混合型助剂，进行百草枯可溶胶剂的研制。

可溶胶剂的胶体形态与制剂的黏度呈一定正相关性，即可溶胶剂的黏度越大，其胶体形状越明显，胶体外观越硬。百草枯可溶胶剂要保持胶体状，其黏度必须在10000mPa·s以上，而且制剂的流动性较低，如需要进一步降低可溶胶剂流动性，使其胶冻性状更加明显，则需要将其黏度提高至20000mPa·s以上。提高助剂的使用剂量是增加百草枯可溶胶剂黏度的主要方法，一般助剂使用量在15%～30%，便可以确保百草枯可溶胶剂在0～40℃

保持均相的胶体状态，且流动性较低，见图4-8。

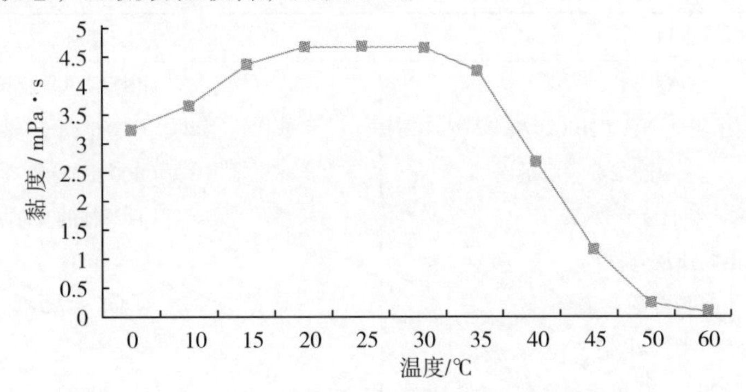

图4-8　温度对百草枯可溶胶剂的黏度的影响

三、可溶胶剂的加工工艺

制剂高黏性的胶体性状使得可溶胶剂的加工相比水剂和可溶液剂略微复杂了一些，在生产过程中主要采用升高制剂温度来降低制剂的黏度，促进物料溶解，加速物料充分混匀，并提高制剂的流动性，便于可溶胶剂成品的加工与分装。

1. 加工工艺

农药可溶胶剂加工工艺流程见图4-9。

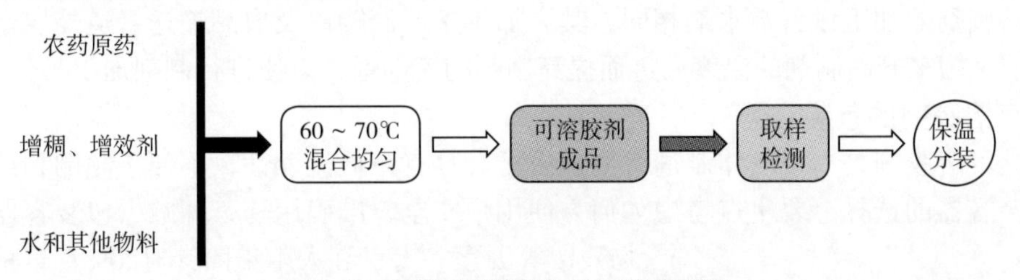

图4-9　农药可溶胶剂加工工艺流程图

可溶胶剂的加工工艺：① 按照配方将部分水加入混合釜中，加农药原药，使其与水混合，如果是固体原药，则通过物理法或化学法使其充分溶解到水溶液中，过滤除去固体杂质或水不溶物；② 加入助剂、警戒色和安全剂等物料，并补足水分，边加热边搅拌，当温度升至60℃以上时，停止加热，保温（60 ~ 70℃）搅拌1 ~ 2h，确保物料充分混匀；③ 取样检测可溶胶剂的有效成分含量、黏度和其他理化指标，各项指标合格后，在保温（60 ~ 70℃）条件下，将可溶胶剂打入分装系统，进行包装作业。

加工注意事项：① 在农药可溶胶剂的加工过程中，一定要注意温度对制剂中各组分的影响，避免物料受热后发生挥发或分解等问题；② 物料混合搅拌时易产生大量泡沫，在泡沫的作用下，农药可溶胶剂的流动性受到极大地制约，影响制剂的分装，因此，要降低搅拌器的转速，避免机械振荡产生泡沫，并适量使用消泡剂，即可消除已产生的泡沫；③ 农药可溶胶剂加工与分装要连续化，加工一批分装一批，减少保温时间，节能减排；④ 做好安检工作，防止因高温产生蒸汽，使加工釜和管道内气压过大，造成爆釜等安全事故。

2. 农药可溶胶剂质量标准

目前，相关部门还没有出台与农药可溶胶剂相关的质量标准，而百草枯可溶胶剂的质量标准（企标）与水剂的国家标准类似，只是对黏度提出了具体要求，以方便区别百草枯可溶胶剂与水剂。表4-31是20%百草枯可溶胶剂的企业标准，仅供参考。

表4-31 20%百草枯可溶胶剂控制项目指标

项目		指标
外观		均相墨绿色凝胶状
百草枯阳离子质量分数（20℃）/%		20.0 ± 1.2
百草枯阳离子与三氮唑嘧啶酮质量比		（400 ± 50）：1
4,4′- 联吡啶质量分数 /%	≤	百草枯的 0.3
水不溶物质量分数 /%	≤	0.3
pH 值范围		4.0 ～ 7.0
稀释稳定性（20 倍）		合格
黏度（20℃）/mPa · s	≥	20000
持久起泡性（1min 后）/mL	≤	60
热贮稳定性		合格
冷贮稳定性		合格

可溶胶剂与其他黏稠的流体不同，旋转黏度的大小并不能完全代表可溶胶剂的胶体形态，旋转黏度仅是其一个可数据化的表征而已，在实际生产中，往往需要利用制剂的“外观”与“黏度”相结合的方式综合评价农药可溶胶剂的品质。

3. 主要设备

可溶胶剂的加工设备与水剂相同，其中加工釜、储罐以及成品输送管道外层增设了加热保温层，用来升高制剂的温度，进而提高制剂的流动性，以便进行制剂加工与分装作业。

4. 可溶胶剂的包装容器

虽然可溶胶剂是一种胶体制剂，但是由于其具有较低流动性，不便于倾倒和计量，因此在包装容器的选择上要重点考虑如何方便用户安全、准确用药，并减少包装容器内的药物残留等因素。南京红太阳集团针对20%百草枯可溶胶剂的特性，选用了具有刻度的推杆式聚乙烯胶管作为可溶胶剂的包装容器，如图4-10所示。该包装容器具有瓶体硬度大，耐热性好，使用方便，药液剂量准确，容器瓶残留量低等特点。

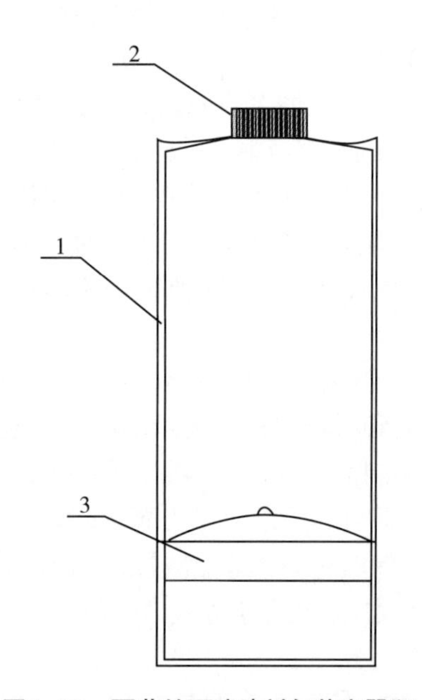

图4-10 百草枯可溶胶剂包装容器瓶示意图

1—瓶体；2—瓶盖；3—塞头

考虑到包装容器瓶的耐压性和密闭性，可适用于百草枯可溶胶剂的推杆式胶管的容积规格应在100～400g之间，优选容积规格200g/瓶和300g/瓶，瓶体直径小于50mm。

四、可溶胶剂的使用方法

农药可溶胶剂具有较高的黏稠性，外观呈质地紧实的胶冻状液体，将其投入水中后，并不能像可溶液剂和水剂一样能够自动溶解到水中，而是在水溶液中缓慢溶解，即使在机械搅拌条件下，也无法显著提高可溶胶剂的溶解速度。

鉴于可溶胶剂本身在兑水稀释过程中的“慢性子”特点，开发者提出了二次稀释法，也称为两步配制法，其是稀释农药制剂的主要方法之一。

农药经过两次稀释配制，既可提高用药效果，又可减轻药害的发生，还能减少接触原药中毒的危险。具体可采用下列几种方法：

① 选用带有容量刻度的计量烧杯，将可溶胶剂推挤入烧杯中，注入适量水，搅拌均匀，配成母液，再用量杯计量使用。

② 使用背负式喷雾器时，也可以在药桶内直接进行二次稀释。先向喷雾器内加少量水，再加可溶胶剂，充分摇匀，最后补足水混匀使用。

③ 用机动喷雾机具进行大面积施药时，可用较大一些的容器，如桶、缸等进行母液一级稀释。二级稀释时可放在喷雾器药桶内进行配制，混匀使用。

注意：为了保证药液的稀释质量，配制母液的用水量应认真计算和仔细量取，不得随意多加或少用，否则都将直接影响防治效果。

第四节 可溶液体制剂发展趋势

可溶液体制剂是农药重要的基本剂型之一，可溶液体制剂的产品种类多，加工工艺简单，生产成本低，使用方便，用途广泛，推广使用吨位大，在发达国家的农药销售中占有较大比例，近几年来，农药可溶液体制剂在我国发展得很快，发展空间大，尤其水剂的发展迅速，在我国已经发展成为一种最主要的可溶液体制剂。

农药可溶液剂具有加工技术成熟，工艺简单，设备要求低，制剂中有效成分含量高，化学活性稳定，易稀释，使用方便，渗透性强和药效好等优点，但是其中含有大量非水溶极性溶剂，对人具有一定毒性，使用过程中易造成作物、土壤、水源和大气等环境污染，可溶液剂对人和环境的危害风险不亚于农药乳油制剂。因此，极大地限制了其开发、生产与使用。

美国对农药中使用的惰性成分进行了分类，按其毒性风险分为1类、2类、3类、4A类和4B类五个等级。

1类：属有毒物质，如异佛尔酮、壬基酚、苯酚、对苯二酚、乙二醇单乙醚等。1类有57种化学物质，因为已经证实它们具有潜在致癌、损害神经、对生殖和生态有负面影响的作用。1类中的所有惰性成分都要求在产品标签上注明。目前1类中仅有8种化合物在使用。

2类：属有潜在毒性的物质，如甲苯、二甲苯、*N,N*-二甲基甲酰胺、正己烷、环己烷、乙腈等溶剂。

3类：属未知毒性的化学物质，该类中大约有1700种化学物质，如甲醇、丙酮、石油醚、二甲基亚砜、乙二醇、环氧大豆油、液体石蜡、DBS、木钠、木钙、草酸、三聚磷酸钠、褐藻胶、脂肪酸等。

4A类：风险最小的惰性物质。如乙酸、植物油、琼脂、黄原胶、碳酸钙、高岭土、玉米芯等。

4B类：环保署有足够的信息资料确定，这些化合物目前在农药中的使用不会对公众健康和环境造成不利影响。如丙二醇、异丙醇、乙酸乙酯、聚乙烯醇、直链烷基聚氧乙烯醚、吐温系列、EO/PO嵌段聚醚等。

加拿大参考美国对农药中使用的惰性成分的分类，分为1类、2类、3类、4A类和4B类五个等级，其中，在美国为3类未知毒性的二甲基亚砜，被加拿大列为1类有害物质。

另外，中国台湾地区农委会对二甲苯、苯胺、苯、四氯化碳、三氯乙烯等38种溶剂进行限量管理，其中农药成品中，二甲苯、环己酮的含量不能>10%，*N,N*–二甲基甲酰胺（DMF）及甲醇含量不能>30%，甲苯、苯、二氯丙烷、异佛尔酮等33种溶剂含量不能>1%。

可见，在农药制剂中使用的溶剂种类已经开始向低毒、环境友好等方向发展，甲醇、DMF等可溶液剂中主要的极性溶剂，因其自身存在的毒性和环境安全风险，而被限用或禁用，目前，*N*–甲基吡咯烷酮具有无毒性、沸点和闪点高、腐蚀性和挥发性小、极性高、溶解性强和稳定性好等特点，将逐渐取代DMF等有害溶剂，成为农药可溶液剂中主要的极性溶剂品种。另外，随着环境友好型的新型极性溶剂的开发及其在可溶液剂中的推广与应用，可溶液剂的环境安全问题将会得到进一步改观，势必会推动农药可溶液剂产品的开发与使用。

农药水剂不含或含有少量有机溶剂，以水为溶剂，环境兼容性好，生产成本低，加工技术成熟，工艺简单，生产、运输和使用安全，药效好，而且具有较低药害风险等优点，是草甘膦、草铵膦和百草枯等大吨位农药产品的主要剂型。另外，随着转基因技术的发展和转基因作物的推广种植，草甘膦、草铵膦、麦草畏、2,4–D和氟磺胺草醚等抗原农药的用量将进一步扩大，这为农药水剂的快速发展提供了动力和扩大了发展空间。

农药可溶胶剂是一种新型可溶液体制剂，虽然其组分与水剂相同，但是由于大量使用了具有增稠性能的助剂，使得制剂外观呈黏稠的胶冻状态。与水剂相比，可溶胶剂具有流动性、倾倒性和可计量性差，溶解速度慢，使用不方便，生产成本高等缺陷，在一定程度上限制了可溶胶剂的发展，因此，目前仅有百草枯可溶胶剂一种产品。

由于百草枯水剂在中国于2016年7月1日起禁止销售和使用，作为水剂的优选替代剂型之一的可溶胶剂将会得到快速开发与推广的机会。而且随着百草枯可溶胶剂在中国生产与使用，东南亚和澳大利亚等周边地区将会逐渐销售和使用百草枯可溶胶剂。预计未来几年，农药可溶胶剂会有一定发展，但其种类可能仅局限于百草枯或敌草快等少数急性毒性较高的农药品种。

参考文献

［1］农药剂型名称及代码GB/T 19378—2003.

［2］刘长令. 世界农药大全——杀虫剂卷. 北京：化学工业出版社，2012.

［3］刘振邦. 烯啶虫胺水剂有效成分分解规律及其数学拟合方程的研究. 农药，2013（06）.

［4］华乃振. 农药市场信息，2012（1）.

［5］Federal Register / Vol. 77, No. 163 / Wednesday, August 22, 2012 / Proposed Rules 50665.

［6］冷阳. 高效水基化农药新剂型研究成果及应用. 新农药2004（6）：40–44.

［7］陈楠. 20%啶虫脒可溶性液剂的开发研究. 安徽化工，2000（06）.

［8］孙武勇. 20%啶虫脒可溶液剂的配方研制. 河南化工，2004（4）：23–24.

［9］Bill C HarperP, Chandrasena N. Hydrogel for Management of aquatic Weeds– Possibilities and Constraints.Pak J weed Sci Res, 2012(18): 113–123.

［10］Barrett P R F. Diquat and Sodium Alginate for Weed Control in Rivers.J Aquat Plant Manage, 1981,19:51–52.

［11］Nimal C. Developing hydrogel for selective management of submerged aquatic weeds. Pak J Weed SciRes, 2012,18: 113–123.

第五章

静电喷雾

第一节 概 述

一、农药喷雾施药技术发展现状

农药是重要的农林业生产资料之一，为农业增产和农民增收作出了不可估量的贡献。我国平均每年消耗掉100万吨农药制剂，主要采用常规喷雾机具进行大雾滴、雨淋式、全覆盖常规喷雾，效率低，施药量大，只有约25%～50%沉积在植物叶片上，直接降落在靶标害虫体表的仅在1%以内，其余50%～70%有效成分以挥发、飘移等形式散失，药液大部分流失到土壤和环境中。与先进国家相比，我国喷雾机械的普及率和总体技术水平比较落后，广大农村地区仍大多以手动机械为主，机具性能、农药利用率和准确可控水平等远远落后于国外同类产品。

喷雾作业过程是指利用压力或旋转离心力使药液分散成雾状的复杂喷撒过程，根据雾化程度和单位面积喷雾量，一般可分为高容量喷雾技术、低容量喷雾技术和超低容量喷雾技术3种。其中低容量喷雾技术通过减少单位面积喷液量，提高工效8～10倍，增加雾滴个数8倍，防治效果增强。常规喷雾方式导致农药沉降到地面和飘移到周围环境中，不仅造成了药剂浪费，增加了防治成本，而且还会对空气、河流和土壤造成严重污染，甚至引发人畜中毒，导致生态平衡破坏，农林产品农药残留超标，害虫再猖獗，害虫抗药性增强等一系列问题。因此积极开展施药器械和施药技术的基础理论研究，加快提升植保机械水平显得尤其重要和迫切。

在农药喷雾技术改进中，主要目的就是要增加雾滴在目标物上的沉积量，减少雾滴飘移。然而影响雾滴飘移率和沉积量的因素很多，主要包括喷头类型、雾滴大小、喷雾压力、施药地点的风速和风向、雾滴沉降速度和运动轨迹，以及雾滴初速度和喷雾高度等。同时，植物生长特性、环境温度和湿度等也会明显影响雾滴沉积量、沉积分布均匀性。此外，雾滴在沉积过程中也容易发生反弹，主要原因在于：一是由植物表面结构不同所引起，例如，亲脂性强的蜡质光滑表面容易发生雾滴反弹；二是在使用药效增强剂中，所用表面活性剂的表面张力较高。如果雾滴落在植物叶面瞬间表面张力不能很快降到静态表面张力（equilibrous surface tension，EST），即使喷雾液的EST与靶标的临界表面张力相匹配，雾滴还是容易从植物上被反弹或者滚落下来。喷雾药液的沉积分布均匀性是指沿作物生长高度不同层次雾液沉积的分布均匀性。在农药喷洒作业时，大部分农药雾液往往被喷洒和沉积在作物的冠顶层部分，而分布在作物中下层和内部的雾液相对很少，无法对存在于作物中下层和内部的病虫害进行有效控制，从而使农药喷雾的利用率下降。

精准农业是利用现代化手段，通过精准调控农作物生产各项环节，最大限度优化使用各项农业投入，以获取最高产量和最大经济效益，同时保护农业生态环境，而精准施药是精准农业在植物保护方面的重要体现，根据田间病虫发生、发展的变化规律，选择最佳时期和最佳有效药剂，精准确定农药投入量，通过高新施药技术，使尽可能多的农药击中防治对象，最大限度减少浪费和降低对农业环境质量的影响。许多现代施药技术应运而生，如：超低量和低量喷雾技术（ULV）、静电喷雾技术、控滴喷雾技术（CDA）、生物最佳粒径（BODS）、精确对靶喷雾技术、精密喷洒等。

利用静电喷雾技术防治农作物病虫害是一项现代植保施药的新技术，与常规喷雾技术相比，静电雾化能显著提高药液在靶标作物下部和背部的沉积效果，农药利用率提高了20%～30%，符合精准农业的发展趋势。由于离开喷嘴的荷电雾滴与目标物所带电荷极性相反，雾滴在电极与目标物间的电场及重力等作用下快速向目标运动，且能够沉降在目标物的背面及隐蔽部位。因此，静电喷雾技术解决了传统施药过程中存在的各种问题，研究开发和推广应用农药静电喷雾技术具有广阔的发展空间。

二、农药静电喷雾技术的发展历史

早在1882年，Rayleigh就开展了雾滴静电化的研究，此后经过不断改进，被广泛用于喷漆、印刷等手工业。1972年，英国帝国化学公司生产的手持式静电喷雾器，完全依靠高压静电破坏液体表面张力，使药液破碎成直径40～200μm雾滴。20世纪40年代，法国首次利用静电进行农药喷洒试验，此后，美国佐治亚大学等进行了正式研究试验，到了60年代后半期转向静电产业的应用，如美国、英国、加拿大等都先后对液体药液静电喷雾进行了深入研究，并促使其产业化，至70年代已研制出多种静电喷雾机具及各类静电喷头，并逐渐开发出商品化的使用机型。由于静电喷雾能够大大提高农药的利用效率，降低施药成本，有效减少环境污染，因此，静电喷雾技术及其产业化在发达国家越来越受到重视，在农业上使用静电喷雾器械较为普遍，尤其在温室、大田及卫生防疫中广泛应用。随着人们环保意识的不断增强，高效、安全、低成本、低残留、少污染的静电喷雾器将逐渐替代传统手动式喷雾器。

20世纪70年代末，我国开始了静电喷雾技术防治农作物病虫害的研究与应用，但主要是在草原灭蝗、林业防治病虫害等方面使用静电喷雾器械，而适合一家一户使用，安全可靠，经济实用的小型静电喷雾器械在国内并不多，产业化程度低。80年代先后研制了转盘式、手持微量静电喷雾器和风动转笼式静电喷头。近年来，在理论研究上虽取得了一定进展，相继试制了转盘式、手持式静电喷雾器、手持电场击碎式静电喷雾器、高射程静电喷雾车和风动转笼式静电喷雾机，并在多种目标物上进行了大量喷雾性能和病虫害防治效果的测定。江苏大学在静电喷雾理论及其测试技术方面开展了大量研究工作，进行样机的试制，并与新疆农机研究所联合研制了静电灭蝗车，在新疆草原进行灭蝗试验，效果显著。北京植保站在海淀区运用静电喷雾技术对大棚黄瓜美洲斑潜蝇进行防治，防治效果比普通喷雾提高40%，效果显著。然而国内主要采用接触充电方式和液力或离心式雾化原理，存在反向电离现象严重、喷雾射程短、喷副难控制、雾滴直径过大以及喷头漏电。虽然国内对充电模型和高压静电场充电效果的研究有了一些认识，但与建立准确的数学模型还存在一定距离。

第二节　农药静电喷雾技术的定义及原理

农药静电喷雾技术（electrostatic spraying）是在超低容量喷雾技术（ULV）和控制雾滴技术（CDA）的理论和实践基础上发展起来的一种新型农药使用技术。静电喷雾需要高压流体与高压静电场的共同作用，即在喷头与喷雾目标之间建立一静电场，当高压农药液体流经喷头雾化后，运用不同充电方法使之充上电荷，形成群体荷电雾滴，然后在静电场力和其他外力的联合作用下，雾滴做定向运动而吸附在目标的各部位，迅速被吸收到标靶植物和防治对象的表面，从而减少雾滴飘移流失。

农药静电喷雾技术的基本原理：喷嘴具有正的或负的高压静电，使得喷出带有与其极性相同电荷的雾滴。由于离地面不远的喷嘴带有高压电，地面上的目标表面将带有与喷嘴极性相反的电，而农药液体流经喷头雾化后，通过不同的充电方式被充上电荷，形成群体荷电雾滴，然后在静电场力作用下，雾滴按静电场轨迹作定向运动而吸附在目标的各部位，达到沉积效率高、雾滴飘移散失少、改善生态环境等良好性能，是现代植保施药的一项新技术。

现有的静电喷雾器，一般是先利用外力（如气压力、液压力或离心力）将农药分散成雾，面向四周飞溅，然后施加高压静电，使雾滴处于喷头与农作物间形成的高压静电场中，借助场强中矢量力作用，引导和推动农药雾滴向农作物做定向运动，完成农药喷洒。国内相关研究较多在喷药机具上安装高压静电发生装置，作业时通过高压静电发生装置，使雾滴带电喷施的药液在作物叶片表面沉积量大幅增加，农药的有效利用率达到90%，从而避免了大量农药无效地进入农田、土壤和大气环境中。

在雾滴运动过程中，由于空间电场极为复杂，荷电雾滴间的碰撞、聚合及静电作用使雾滴运动具有极大的随机性。影响带电雾滴沉积的因素很多，如药液种类、雾滴运行情况、目标的几何形状和导电性等。实验中可以依赖于现代光学测量技术（LDV）、高速摄影技术（PIV）和计算机检测控制技术进行流场和雾滴沉降性能的测量。国外学者分析带电雾滴的沉积性能时主要采用荧光物质沉积法，作物则使用不同结构形状的目标物模拟，通过采样进行雾滴沉积量、分布及其均匀性的测定。但这种方法具有一定局限性，由于室外条件的随机性，要使这种测量方法准确反映沉积质量还需更深入研究。

目前，国内外关于液体带电雾化方面的研究主要集中在两方面：一方面是基于介质雾化机理的基础理论研究，研究对象是以带电液体经过毛细管形成荷电雾滴或液体经过毛细管后在电场力作用下极化形成带电雾滴群，研究内容以雾化机理、液滴破碎的力学模型、雾滴尺寸的分布为主，其目的是在实验室环境下探讨液滴在库仑力作用下的破碎机理，这其中库仑力是液体雾化的主要因素。另一方面是面向实际应用的基础理论研究和应用研究，主要是以液体经荷电雾化喷头形成的、较大尺寸的荷电两相流场为研究对象，即荷电雾化，其中机械力和库仑力都是雾化的主要因素，研究内容涉及雾化喷头的研制、雾化机理和雾化特性的研究、荷电方式和荷电效果、荷质比测试及输运流场的测量和计算等方面。因此，对静电雾化技术的研究主要从试验和理论建模的角度来进行分析和探讨。在高压静电场的液体雾化技术研究中，由于静电场及流场的亲和、空间静电场分布的不均匀性及雾滴受力的复杂性，同时考虑到液体射流雾化的物理和数学模型建立的难度，所以未来主要依靠雾滴粒度分析仪和数字摄像技术等测试仪器，对雾滴大小及其分布、速度分布、荷电量、荷质比、沉积效率、单支与多支射流的不稳定性等进行试验研究和理论分析。只有深入开展荷电液体射流雾化研究，才能大规模为静电雾化技术的国防、民用工业和农业的应用提供理论基础和试验依据。

李世武等经过分析对比设计了多种荷电装置，最终确定了最佳荷电装置，对燃油的直流高压荷电进行了系统的试验研究。研究发现：燃油荷电雾化特性可通过燃油雾化粒子大小、均匀度进行对比。同时，对燃油雾场的研究方法进行了分析对比，确定采用激光全息摄影技术对燃油荷电前后的雾场进行研究。此外，还分析了燃油液滴的荷电方法，确定了使用浸润电极的强制荷电方法，设计了适当的荷电装置，结果表明：应用静电雾化技术可减小雾滴粒径，改善雾化效果，提高雾化均匀程度。

闻建龙等采用针状式旋流压力雾化喷嘴作电极，研制了高压静电柴油的雾化燃烧实验装置，对柴油雾化特性与荷电特性进行了测量，并使用粒子图像速度场仪对喷雾射流流场进行测量，分析柴油喷雾过程中静电对雾化特性以及对烟气排放的影响。结果表明：在相同条件下，柴油充电后（40kV），静电雾化雾滴的平均粒径为传统雾化情况时的47%，从而改善燃烧特性，降低了污染。

张军通过检测雾滴大小对毛细管-环电极配置下的静电雾化进行了试验，研究了荷电参数与物料物性参数对雾化后雾滴大小的影响，以及不同雾化模式下雾滴粒径的分布规律。研究表明：荷电电压显著影响雾滴大小及直径分布，但在不同雾化模式下，雾滴大小随电压的变化规律不同，雾滴粒径分布也呈现不同分布规律。此外，使用系统对垂直雾化的粒径及滴速进行在线测试，揭示了不同荷电电压下的粒径-滴速特性。

张慧春等利用开路式风洞系统和激光粒度仪测试了参考喷头的雾谱尺寸，以此作为喷头雾谱等级的依据，对不同压力、风速、喷头与激光粒度仪距离情况下，扇形雾喷头的雾滴粒径、数量和范围进行了试验。结果表明：压力、风速、喷头与激光粒度仪之间距离的增大，均会导致扇形雾喷头的雾滴粒径变小。

罗惕乾等对燃料的静电喷雾与荷电两相湍流射流进行了系统试验，研究了燃料的荷电机理，荷电雾化特性及荷电两相湍流理论与数值计算，为荷电喷雾燃烧的进一步研究奠定了基础。研究者模拟了环状电极诱导的空间电场，建立了荷电雾滴诱导空间电场的数学模型并探讨了模拟方法。利用已建立的荷电两相湍流数学模型，采用计算法对荷电喷雾两相湍流射流进行了数值模拟，将模拟结果与试验结果进行了对比，该模型在一定程度上可以实现对荷电两相湍流流场的预报。

于水等通过燃油改变荷电来改善燃油雾化质量，该技术在较低压力下获得与高压喷射相当甚至更优的雾化质量，从而降低内燃机燃油喷射系统的成本。研究者对静电喷雾液滴的二次雾化破裂机理进行了建模分析，以韦伯数为依据对影响液滴破裂雾化的因素进行计算分析，得到了荷电液滴雾化破裂的理论边界条件，即临界荷质比与液滴粒径的关系，以及相关影响因素与临界荷质比的量化关系。

研究者通过建立喷雾液滴沉积分布的对数正态概率分布模型，获得了试验喷洒条件时，航空静电喷嘴的最大、最小、平均沉积距离以及任一沉积距离处雾滴沉积质量的累计沉积概率。此外，通过编制软件模拟了雾滴的运动轨迹，对雾滴系统进行了仿真模拟。

第三节 农药静电喷雾技术的特点

静电喷雾技术不仅应用于农药喷洒，在喷涂、冷却、除尘、灭火、助燃等工业也有广泛应用，其主要特点如下：

1. 雾滴尺寸小，大小均匀

静电喷雾可以有效降低雾滴尺寸，提高雾滴面谱均匀性，雾滴带有相同负电荷，在空间运动中相互排斥，不发生凝聚，在目标作物上覆盖均匀。

2. 异性感应

带电雾滴感应使作物外部产生异性电荷，在电场力作用下，雾滴快速吸附到作物叶片正反面，提高农药在作物上的沉积量（叶正面提高36%，叶背面提高31%），改善沉积均匀性，作物顶部、中部和根部农药沉积量和分布均匀性都有显著提高，减少了农药飘移。

3. 农药利用率高，农药使用量少，防治成本低

静电喷雾雾滴粒径一般在45μm左右，可有效降低雾滴粒径，提高雾滴谱均匀性，该雾滴范围符合生物最佳粒径理论，易于被靶标捕获。当静电电压为20kV时，雾滴粒径降低约10%，雾滴面谱均匀性提高约5%，显著增加雾滴与病虫害的接触机会，同样条件下防治效果比常规喷雾提高2倍以上。手持式静电超低量喷雾比常规喷雾提高工效10～20倍，东方红-18型背负式机动静电喷雾机每小时可喷20～30亩。

4. 持效期长

由于带电雾滴在作物上吸附力强、分布均匀、黏附牢固、耐雨水冲刷，施药后持效期较长，且静电喷雾液剂中的高沸点溶剂可以有效延缓农药有效成分的降解，药效长久。在露天场所，对自由活动苍蝇进行静电喷雾和常规喷雾lh后，前者平均杀伤率为66.6%，而后者仅为36.2%；草原灭蝗发现，静电喷雾在48h后药效高于标准15%。草原灭蝗发现，静电喷雾在48h后药效高于常规喷雾15%，用水量少，特别适合于干旱缺水地区使用。

5. 环境相容性好

静电喷雾时喷液使用量少（一般为60～150mL/亩），仅为常规喷雾的几百分之一，且电场力的吸附作用减少了雾滴的飘移，避免农药流失，提高农药利用率，降低农药对环境的污染。

虽然农药静电喷雾技术具有很多优点，但是在实际应用过程中仍存在一定缺陷，例如，不适用于无导电性的农药制剂；静电喷雾器械结构较复杂，对材料要求高，成本相对也高；对操作人员的操作技能要求也相对较高。

第四节 影响农药静电喷雾效果的因素

荷电液滴在农作物（靶标）上的有效沉积是实现农药精确喷施的关键，而影响荷电雾滴沉积的因素复杂，除了喷头和药液理化性质外，还包括荷质比和荷电方式。

1. 荷质比

荷质比是静电喷雾的一个关键技术参数，也是衡量雾滴充电的重要指标。荷质比的影响因素较多，如雾化喷头结构荷电方式、静电场技术参数、药液理化性质等。虽然研究者推导了众多理论计算公式，但尚需确切的方法验证其正确性。雾滴充放电情况尚不能从理论上进行推导，带电雾滴经历多长时间、多远距离后仍有静电效应以及风送系统对雾滴荷电的影响等仍需从理论上进一步深入研究。目前，多数静电喷头所能达到的荷质比相对有限，在很大程度上限制了静电喷雾效果。常见的荷质比测定方法主要有模拟目标法、网状目标法和法拉第筒法，这3种方法的基本原理相似，其准确程度受雾滴导电性的影响，如何使电荷从雾滴转移出来是提高测量精度的关键。

2. 荷电方式

目前，静电喷雾荷电方式主要有电晕充电法、接触式充电法和感应式充电法3种方式，不同喷头获得最佳喷雾效果所需配备的荷电方式不同，较常用的充电方式是感应式充电。

（1）电晕充电法　利用高压电极尖端放电，使周围空气电离，当雾滴经过离子区时通过电荷转换而充上电荷。即把L1和L2接地，L3接高压正极电源，尖端电极4将产生足以使周围空气电离的局部强电场，从而对正在雾化的雾滴进行充电。

（2）接触式充电法　静电高压直接与药液接触，使药液带电。即把L1接高压正极电源，去掉感应极环3和尖端电极4，电荷由导体直接对正在雾化的雾滴进行充电。

（3）感应式充电法　在外部电压电场作用下，使液体在喷头出口形成水雾的瞬间，根据静电感应原理，使喷出的雾滴带有与外部电场电荷极性相反的电荷。即在L1和L2之间加一电源，把尖端电极4去掉，在喷头1和感应极环3之间的电场使电荷绕回路流动，正电荷聚积在感应极环上，负电荷聚积在喷头和喷液流束上，该电场便对正在雾化的雾滴进行充电。

叶五梅等在对比研究3种充电方式时发现，接触式充电使雾滴荷电效果最佳，其次是电晕式充电，感应式充电的充电效果较差。但是从安全角度考虑，首先感应式充电最安全，电极与喷雾装置及雾滴分离，容易实现绝缘；其次是电晕充电，接触式充电高压电极与容器直接接触安全隐患大，危险性高。

第五节　农药静电喷雾器械及使用规范

喷雾器械的研制主要对相关部件进行改进设计或采用新型喷雾机构，以提高性能，提高药液命中率。如王新彦开发了基于二相流理论的自动控制气液混合阀，以解决拖拉机低速及地头拐弯出现的药液滴漏问题。孙宏祥设计了红外光电探测器对喷施目标进行探测，并结合高压静电使雾滴带电，带电的雾滴做定向运动，其对靶标的命中率显著提高。何雄奎等研制了与国产中小型拖拉机配套的果园自动对靶静电喷雾机，将传统连续喷雾升级为自动对靶控制喷雾，与风送式果园喷雾机连续喷雾相比，可以节省药液50% ~ 75%。

喷头特性是决定喷雾质量的重要因素之一。目前，国内外主要从药液物理性能、喷头布置和喷雾参数等方面开展对喷头特性的相关研究。祁力钧等对转子喷头雾滴的初速度和空间轨迹进行分析，阐明了雾滴容易飘移的原因，定量分析了转子喷头雾滴的分布特性。结果表明：转子喷头不适用于对靶喷雾，但非常适用于低量或超低量喷雾。汤伯敏等针对雾化性能与药液物理特性相关性对气液二相流喷雾进行了研究，阐明了空气压强与气流量、喷雾量、雾滴直径、有效功率、吸液高度和喷口空气过流面积等参数之间的相互关系，明确了药液黏性、表面张力对雾滴直径和喷雾量的影响程度。王文元等研究了微喷头布置形式对喷雾均匀度的影响，并获得了微喷头组合的最佳布置形式。傅泽田等对转子式喷头的喷雾飘移性能进行了风洞试验，并依据已有的喷头分级标准对转子喷头进行分级。

一、准备工作

在进行静电喷雾施药之前，应做好以下准备工作：

① 检查高压发生器的电源电压。可以通过观察发生器箱侧面蓄电池的3颗浮珠判定，若3颗浮珠（红、绿、黑）均浮在蓄电池电介液界面上，说明蓄电池电压充足，可以投入使用。

② 在高压发生器上装上接地线，并使其另一端（带链条）荡在地上。

③ 检查喷头微电机的运转情况。对于喷头及高压发生器电源分设的静电喷雾器，需要开启电机开关，观察雾化盘的运转情况。对于喷头及发生器合设电源的静电喷雾器，应先把辅助插头插在发声器箱侧充电插口上，然后将把手尾端伸出的电线插头插入辅助插头上，喷头电机就可以运转了。

④ 卸除护帽，检查流量孔的通畅情况，如有阻滞，应予以穿通。

⑤ 装上高压电极板，螺钉应从电极铝板往后穿，螺母带在塑料喷头体上。

⑥ 将过滤后的药液倒入药瓶内并旋紧在瓶支座上，此时瓶口的位置应向上，把手调节至所需长度，然后把瓶帽旋紧，使小管子在大管子中固定就位，不产生转动或窜动。

二、操作步骤

做好准备工作后，应按下列顺序进行操作：

① 把插在充电插口中的辅助插头取下，将塑料管把手后端伸出的导线插头插入高压发生器箱侧高压输出插头口中，旋紧固紧套帽。（注：若不进行静电喷雾，只做超低量喷雾，不需要取下辅助保险插头，直接把导线插头插入辅助插头即可）

② 合上电源开关，雾化盘开始运转，高压发生器工作，听到振荡声，即有高压电输出，待电机运转正常后，将药液瓶翻转到喷头上方、对准目标，药液靠自重通过流量器，进入雾化盘开始喷雾。

③ 开始喷雾后，操作者应按选定的步速前进。行进中，喷头与喷洒目标之间保持适当距离。作业结束，应先将药液瓶翻转回喷雾前位置，即在喷头下方，待运转2s后再关掉电源开关，避免滴漏药液。（注：喷雾作业进行时，若行走路径改变不需要喷雾时，将药液瓶转到喷头下方，药液就不会流出了，不需要频繁关闭电源）

④ 将喷头电机铝板与作物接触一下，使电容器积聚的高压余电放完，避免产生电击感。

静电喷雾的作业方法和操作姿势，一般根据喷洒目标而不同，主要应掌握喷头与目标间距、喷头角度、喷头移动速度及风向（或操作现场的气流方向）。使用手持式静电喷雾器进行静电喷雾，除了使雾滴带电外，还利用喷头电极电场使雾滴导向喷洒目标，这与一般超低容量喷雾的飘移沉积法不同，前者主要依靠电场力使雾滴沉积，也依靠部分风力，而后者主要依靠风力飘移雾滴达到沉积。由此可知，前者的喷洒范围不如后者大，但雾滴在目标上的沉积率却明显高于后者，沉积速度也较快，因此，行走速度也应适当快一点。静电喷雾也不同于使用常规背负式喷雾器进行的直喷法，虽然前者在一定程度上也对准目标，但与喷洒目标之间的距离显著大于后者，喷洒覆盖范围也比后者大，雾滴在目标上的沉积率均匀、密集，沉积速度快，因此，行走速度也应适当快一点。

三、安全使用注意事项

由于静电喷雾器带有高压静电，虽然它的能量不大，不会使人受伤，但在使用静电喷雾器时不小心碰到电极，会给人以电击紧张感，所以对静电喷雾器的安全使用特别应该注意。

① 在合上高压发生器开关前，必须使接地线与地面保持良好接触。

② 在高压发生器接通、有高压静电输出或进行静电喷雾时，高压静电喷头应距离操作者人体1m以上，喷头离开其他人员的距离也应当在1m以上。

③ 操作顺序应严格按照规定进行，以免引起操作者中毒或因药物流失引起喷洒目标药害及污染。

④ 静电喷雾器喷出的农药浓度大、雾滴小，在露天喷雾中会受到风力影响，所以在喷雾作业时不要逆风进行操作。

⑤ 操作者在喷雾作业中的行走速度应保持均匀，不要在某一部位停留下来连续喷雾，以免造成药害且浪费药液。

⑥ 在操作中发生意外情况，应立即将药液瓶转至喷头下方，否则药液大量滴下流失造成危害。

⑦ 喷雾结束，电源切断后，应先使电极板与其他物体接触一下，或自然存放3min后，避免电容放电，使人受电击。

⑧ 电源切断后，随即应将保险插头和充电插头插入充电插口内，以免碰撞不慎，或他人误开开关，引起电击。

四、静电喷雾器的保养

静电喷雾器在每次使用后，应该认真做好技术保养，既能保证正常使用，又可延长使用寿命。对静电喷雾器的保养包括以下几方面：

① 每次作业完毕（包括每次收工，更换作业项目）应将药液瓶内的剩余药液倒出，再盛入清水或清洗液（如煤油、肥皂水）数毫升喷洒1～2min，将流量器、雾化盘以及瓶座等清洗干净。清洗液挥发干后，在电机转子轴头处涂上润滑油，套上雾化盘护帽。

② 在一次防治周期结束或隔几天再使用，或长期不用时，应将电池取出，防止电池变质使喷雾器零件锈蚀。

③ 在一次防治季节结束，长期不用贮放前，应将雾化盘、电机等从喷头体中拆出，擦干净药垢后进行仔细检修。

④ 贮放地点应清洁干净，防止被动物啃坏零部件，存放位置应稳当，避免受震动冲击或其他外力作用。

第六节 静电喷雾液剂

静电喷雾液剂（electrochargeable liquid，剂型代码ED）是与农药静电喷雾技术配套使用的一种特殊的专用制剂，主要是将农药原药溶解在油性溶剂中，通过添加助剂使其具有一定物理、化学稳定性及导电性的油状制剂。

与超低量喷雾油剂的加工类似，静电喷雾液剂也是将有效成分、助剂和溶剂按一定比例混合于配制容器中，充分搅拌即成均一透明油状液体。一般来说，凡是超低容量喷雾所用的农药，在静电喷雾中也适用，或稍做改变即可运用。

一、静电喷雾液剂的特点

与常规喷雾施用的制剂相比，静电喷雾液剂具有以下特点：

① 具有较低黏度，有利于药液雾化，提高雾滴在单位面积上的覆盖度，充分发挥药效。

② 虽然作物茎叶表层亲脂，但是静电喷雾时喷洒药液量少和雾滴小，在规定施用量下，对植物安全、无药害。

③ 对昆虫体壁具有亲和力，易于穿透体壁进入害虫体内，使其快速中毒，用药量比常规喷雾节约30%以上。

④ 使用静电喷雾液剂，无须兑水，特别适合在干旱缺水地区使用。

静电喷雾液剂与超低量喷雾油剂的区别在于：前者需要添加导电剂来增加制剂的导电性。20世纪90年代，中国农业大学尚鹤言教授成功研制出导电剂J-100、J-200和J-300，并使用这3种导电剂成功研制出拟除虫菊酯类和有机磷类杀虫剂的静电喷雾液剂配方，其中拟除虫菊酯类杀虫剂的静电喷雾液剂可采用J-100，用量在3.5%～4%，所用溶剂为芳烃-150号和烷烃-150号。有机磷类杀虫剂的静电喷雾液剂可采用J-200和J-300两类导电剂。

液体制剂通常包括油基和水基制剂，由于静电喷雾雾滴微细，比表面积大，水基载体极易挥发失重，难以在靶标上沉积，因而水基载体一般不被采用。高沸点的油基溶剂作为农药静电喷雾载体，挥发率低，有利于小雾滴的沉积，具有理想的施药效果。根据试验观察，直径小于100μm的水基性雾滴在空中保持的最长时间只有数秒钟，如果周围湿度低、辐射热高，则保持时间只有1s；当直径小于5μm时，处于一种失重状态，主要随空气运动，几乎很难垂直向下沉积，难以在目的区内回收，反而会造成空气污染。使用油基性制剂作为喷液具有如下优点：

① 油性雾滴不易挥发，从喷雾器喷出直到沉积在目标物上的整个过程中能够保持不变，可以获得一种稳定的喷雾重叠。在不同喷雾作业时间，沉降下来的喷雾受到不同微气候区的影响，自动调节喷径中的空白点，使沉积密度均匀。

② 雾滴沉积对象（如作物叶面和昆虫体表等）是脂溶性的，亲水能力差，水性雾滴易于从叶面上流失，但是油性液滴完全依附于靶标表面，有利于药剂在目标物上的均匀分布，可以使药剂快速渗透。

③ 油性雾滴黏附于叶面上，由于相互间亲和力高，不易被雨水冲刷，有利于药剂在靶标上的长时间保持，具有长效性。

二、静电喷雾液剂对溶剂的要求

静电喷雾液剂对溶剂的要求如下：

① 对人畜毒性低，对作物安全，对环境友好，资源丰富，价格低廉。

② 相对高的沸点、低的挥发度，保证雾滴（适宜大小的雾滴）在喷雾、飘移、穿透及沉积过程中，不因挥发（或蒸发）而显著改变其自身的直径和质量，减少飘散损失，在作物叶面上覆盖密度良好。

③ 对大多数农药原药的溶解性好，冷热贮存稳定性好、运输安全，有效成分分解率低。

④ 具有适当的密度、黏度和表面张力。相对密度大于1，可以减少农药的飘散损失，具有较好的沉降性能和覆盖密度；适当的黏度可以使喷雾流量稳定，以保证药液在目标物上具有一定覆盖密度；表面张力较低，利于雾化，可获得较细的雾滴。

⑤ 具有一定电阻率，使药液雾滴的带电性能良好，油剂的电阻率一般在$1.1\times10^7\Omega/cm$，水剂的电阻率约为$8.5\times10^3\Omega/cm$。

三、静电喷雾液剂的质量控制指标

静电喷雾液剂的质量控制指标：

① 外观均一透明的油状液体；

② 低温混溶性，在-5℃条件下，冷贮48h，无悬浮物或沉淀析出；

③ 挥发性，采用滤纸悬挂法测定，挥发率应小于30%；

④ 闪点，用开口法测定，闪点大于40℃；

⑤ 电导率一般在$10^{-10}\sim10^{-6}S/cm$范围；

⑥ 黏度，运动黏度小于8mPa·s；

⑦ 作物安全性，在推荐用量下，对作物安全，无任何药害症状。

第七节 静电喷雾液剂的应用实例

目前，国内针对静电喷雾技术以及静电喷雾液剂开展了大量理论与应用研究，以下是近年来文献和专利报道的相关实例。

高秀兵等以常规手动喷雾器为对照，通过田间试验，分析静电喷雾器施药对茶假眼小绿叶蝉的防治效果、用药量、工作效率及农药残留情况。结果表明，与常规手动喷雾器相比，采用静电喷雾器施药，药后3d茶假眼小绿叶蝉的平均虫口减退率和平均相对防治效果为27.785%和50.885%，是手动喷雾器的1.77倍和1.19倍；药后7d平均虫口减退率和平均相对防治效果为55.63%和65.97%，是手动喷雾器的1.82倍和1.39倍，具有较好的防治速效性和持效性，且用药量平均减少10.22%，工作效率平均提高72.97%，农药残留量平均减少44.25%。

杨洲等设计了一种果园在线混药型静电喷雾机，进行了混药均匀性与稳定性试验和静电喷雾沉积试验。试验测得混药均匀性和稳定性的最大变异系数分别为4.46%和3.51%。采用风辅静电喷雾方式的无冠层采样架上采样点正面的雾滴附着率相对于无风辅无静电喷雾方式分别提高了9.3%、46.3%和53.2%，采样点反面的雾滴附着率分别提高了82.9%、164.3%和184.2%。风辅静电喷雾下，在仿真柑橘树冠层内部叶片正面的雾滴附着率为48个/cm^2左右，叶片反面为37个/cm^2，相对于无风辅无静电方式分别提高了166.7%和428.6%。试验结果表明：所设计的在线混药系统具有良好的混药性能，风辅静电式喷雾系统可提高雾滴的吸附能力和穿透能力，能够满足25个/cm^2的病虫害防治附着率要求。

廉琦针对ARAG圆锥雾型喷头设计了一种圆锥形充电电极，实现了对雾滴感应充电的功能。对搭载该充电电极的喷头进行喷雾沉积性能试验，并对喷雾压力、充电电压和喷雾高度3个因素进行了正交试验，通过极差分析、方差分析得出了3个因素对雾滴沉积率的影响显著性由大到小依次是充电电压、喷雾压力、喷雾高度。静电喷雾雾滴的沉积效果的最优组合为：喷雾压力0.3mPa，充电电压10kV，喷雾高度50cm；该组合下得到的最佳沉积率为60.12%。

王江有开展了林间用静电喷雾48%噻虫啉水悬浮剂进行防治马尾松毛虫试验。结果表明，相同浓度48%噻虫啉水悬浮剂，用静电喷雾杀灭效果显著高于非静电喷雾。试验筛选出静电喷雾48%噻虫啉水悬浮剂4000～6000倍药液浓度防治3龄幼虫马尾松毛虫较为适宜。

常国彬采用静电喷雾机进行了静电喷雾和非静电喷雾2%噻虫啉微胶囊悬浮剂和3%高渗苯氧威乳油防治马尾松毛虫、杨舟蛾及杨扇舟蛾幼虫对比试验。结果表明：在同一药剂浓度下，林间防效静电喷雾明显优于常规喷雾；2%噻虫啉微胶囊悬浮剂4000倍液和3%高渗苯氧威乳油3000倍液可作为静电喷雾防治马尾松毛虫2～3龄幼虫和杨舟蛾及杨扇舟蛾2～4龄幼虫的推荐使用浓度。

张京对研制的气液两相感应式静电喷头进行了性能试验研究。结果表明：与常规喷雾相比，雾滴在叶片正面的沉积量和覆盖率分别增加了43.03%和22.07%，且在叶片背面覆盖率达30.95%；当气体流量为1.4m^3/h、喷量为60mL/min、电压为1000V时，荷质比可达到3.2mC/kg，可以有效增加荷电沉积，最优工作参数组合为气液比0.18、喷雾角度0°、电压1000V。

刘勇良等在温室内用静电喷雾器对紫茎泽兰喷施不同剂量10%氨氯吡啶酸静电喷雾液剂和24%氨氯吡啶酸水剂，研究发现：采用静电喷雾喷施10%氨氯吡啶酸静电喷雾液剂防除紫茎泽兰的推荐使用剂量为0.03g（a.i.）/m^2，与相同剂量的24%氨氯吡啶酸水剂在对紫茎泽兰的防效上进行比较，前者要比后者高20%以上。结果表明，常规制剂不适合于静电喷雾；常规喷雾喷施24%氨氯吡啶酸水剂防除紫茎泽兰的推荐使用剂量比该剂量要多用药2.6倍左右。

陈福良等发明了一种有效成分为氨氯吡啶酸的静电喷雾油剂及其制备方法，所述的静电喷雾油剂包含如下成分及含量（按质量分数计）：氨氯吡啶酸5.0%～20.0%，表面活性剂4.0%～16.0%，助溶剂15.0%～55.0%，余量为溶剂油。本发明所述的静电喷雾油剂加工方便、成本低廉、药效好、持效长、工效高，可以降低环境污染，提高农药利用率，降低农药使用量，适合于静电喷雾。

罗斌等发明了一种有效成分为腈菌唑的静电喷雾液剂及其制备方法，所述的静电喷雾液剂包括以下质量配比的组分：腈菌唑1.0～50.0份，导电剂1.0～8.0份，助溶剂1.0～10.0份，溶剂补足至100份。腈菌唑属于三唑类杀菌剂，具有预防和治疗作用，对小麦的白粉病、锈病、黑穗病；梨、苹果的黑星病、白粉病、褐斑病、灰斑病；瓜类的白粉病；香蕉和花生的叶斑病；葡萄的白粉病；蔬菜及花卉的白粉病、锈病等病害有很好的防治效果。本发明所述的静电喷雾液剂加工方便、成本低廉、药效好、持效长、工效高，可以降低环境污染，提高农药利用率，降低农药使用量，适合于静电喷雾。

王怀勇等发明了一种天然除虫菊素超低容量喷雾杀虫剂及静电喷雾防虫方法，所述的喷雾杀虫剂按以下方法配制：用纯天然除虫菊素0.25%～10%，天然增效剂柠檬烯0.5%～20%，天然稳定剂迷迭香0.25%～2.5%，氮酮5%～15%，表面活性剂10%～20%，豆油5%～15%，乙二醇5%～10%，植物提取物β-蒎烯19%～65%，将它们混合制备而成。本发明提供了一种微毒性、对作物无害、无残留的天然除虫菊素超低容量喷雾剂，同时由于除虫菊素为触杀类农药，为此相应地利用静电喷雾，借助静电力、重力和喷雾机喷出药液的初动能，可有效地让药液与靶标生物接触，充分利用药液的杀虫活性，降低使用量，最大限度地节约农业生产成本。

李耀秀等发明了一种有效成分为混灭威与噻嗪酮二元组合物的静电喷雾液剂及其制备方法，所述的静电喷雾液剂包括以下质量配比的组分：混灭威1.0～50.0份，噻嗪酮1.0～50.0份，导电剂1.0～8.0份，助溶剂1.0～10.0份，溶剂补足至100份。本发明所述的静电喷雾液剂加工方便、药效好、持效长、工效高，可以降低环境污染，提高农药利用率，降低农药使用量，适合于静电喷雾。

李卫国等发明了一种有效成分为烯啶虫胺与吡虫啉二元组合物的静电喷雾液剂及其制备方法，所述的静电喷雾液剂包括以下质量配比的组分：烯啶虫胺0.1～50.0份，吡虫啉0.1～70.0份，导电剂1.0～8.0份，助溶剂1.0～10.0份，溶剂补足至100份。本发明所述的静电喷雾液剂加工方便、成本低廉、持效长、工效高，可以降低环境污染，提高农药利用率，适合于静电喷雾。

李卫国等发明了一种咪鲜胺静电油剂，油剂包括以下质量配比的组分；制成静电油剂型，由活性成分、导电剂、助溶剂、溶剂组成。咪鲜胺1～50份；导电剂1～8份；助溶剂1～10份；溶剂补足至100份。本发明所述的静电油剂加工方便、持效长、工效高，可以降低环境污染，适合于静电喷雾。

戴建荣等发明了一种杀钉螺药物氯硝柳胺乙醇胺盐超低容量喷雾剂及其制备方法，属于血吸虫病防治领域。本发明氯硝柳胺乙醇胺盐超低容量喷雾剂，其基本组分的质量含量为：氯硝柳胺乙醇胺盐1%～10%，助溶剂5%～10%，余量为溶剂；所述助溶剂为二甲基甲酰胺、环己酮、二甲基亚砜中的一种或一种以上的组合；溶剂为豆油和/或6号溶剂油。本发明还公开了一种上述氯硝柳胺乙醇胺盐超低容量喷雾剂的制备方法。本发明所述喷雾剂适用于超低容量喷雾、低容量喷雾和静电喷雾，具有工效高、无须用水、速效好、杀螺效果高的优点。

戴建荣等发明了一种有效成分为啶虫脒的静电油剂及其制备方法，所述的静电油剂按质量分数包括下列组分：啶虫脒0.5%～10.0%，导电剂1.0%～8.0%，助溶剂1.0%～10.0%，余量为溶剂。本发明所述的静电油剂成本低廉、药效好、持效长、工效高，可以降低环境污染，提高农药利用率，降低农药使用量，适合于静电喷雾。

陈福良等发明了一种有效成分为戊唑醇的静电油剂及其制备方法，所述的静电油剂按质量分数包括下列组分：戊唑醇1.0%～20.0%，导电剂1.0%～8.0%，助溶剂1.0%～10.0%，余量为溶剂。本发明所述的静电油剂加工方便、工效高，可以降低环境污染，提高农药利用率，适合于静电喷雾。

卢炳煌等发明了一种有效成分为丙环唑与苯醚甲环唑二元组合物的静电油剂，所述的静电油剂按质量分数包括下列组分：丙环唑1.0～25.0份，苯醚甲环唑1.0～25.0份，导电剂1.0～8.0份，助溶剂1.0～10.0份，溶剂32～96份。本发明所述的静电油剂成本低廉、药效好，可以降低环境污染，提高农药利用率，降低农药使用量，适合于静电喷雾。

参考文献

[1] 华乃震．提高农药产品效率的药效增强剂（Ⅰ）．农药，2010，49（1）：1-4.

[2] 刘广文．现代农药加工技术．北京：化学工业出版社，2012.

[3] 李世武，高延令．燃油荷电改善雾化的机理与试验研究．农业机械学报，2000，31（3）：19-23.

[4] 闻建龙，王军锋，张军，等．柴油高压静电雾化燃烧的研究．内燃机学报，2003，21（1）：31-34.

[5] 张军，闻建龙，王军锋，等．不同雾化模式下静电雾化的雾滴特性．江苏大学学报（自然科学版），2006，27（2）：105-108.

[6] 张慧春，Dorr Gary，郑加强，等．扇形喷头雾滴粒径分布风洞试验．农业机械学报，2012，43（6）：53-57.

[7] 罗惕乾，王泽，闻建龙，等．荷电两相射流的理论分析与计算．江苏大学学报（自然科学版），2000，21（6）：50-53.

[8] 于水，李理光，胡宗杰，等．静电喷雾液滴破碎的理论边界条件研究．内燃机学报，2005，23（3）：239-243.

[9] 茹煜．农药航空静电喷雾系统及其应用研究［D］．南京：南京林业大学，2009.

[10] 孙少华，朱雪兴，顾欢庆．背负式静电喷雾器的设计研究．中国农机化，2009（2）：80-82.

[11] 徐晓军，吴春笃，杨超珍．荷质比对荷电雾滴沉积分布影响的初步研究．农机化研究，2011，11：138-142.

[12] 苑立强，贾首星，沈从举，等．静电喷雾技术的基础研究．农机化研究，2010（3）：28-30.

[13] 黄贵，王顺喜，王继承．静电喷雾技术研究与应用进展．中国植保导刊，2008（1）：19-21.

[14] 吴雪莲，张俊飚，何可．农户高效农药喷雾技术采纳意愿——影响因素及其差异性分析．中国农业大学学报，2016，21（4）：137-148.

[15] 王穗，彭尔瑞，吴国星，等．农药雾滴在作物上的沉积量和其分布规律的研究概述．云南农业大学学报，2010，25（1）：113-116.

[16] 袁会珠，郑加强，何雄奎，等．农药使用技术指南．北京：化学工业出版社，2004.

[17] 张慧春，郑加强，何雄奎，等．农药精确施用系统信息流聚成关键技术研究．农业工程学报，2007，23（5）：130-136.

[18] 杨学军，严荷荣，徐赛章，等．植保机械的研究现状及发展趋势．农业机械学报，2002，33（6）：129 -137.

[19] 张富贵，洪添胜，王锦坚，等．现代农药喷施技术及装备研究进展．农机化研究，2011（2）：209-213.

[20] 冀荣华，祁力钧，傅泽田．自动对靶施药系统中植物病害识别技术的研究．农业机械学报，2007，38（6）：190-192.

[21] 何雄奎，严苛荣，储金宇，等．果园自动对靶静电喷雾机设计与试验研究．农业工程学报，2003，19（6）：78-80.

[22] 宋淑然，洪添胜，王卫星，等．水稻田农药喷雾分布与雾滴沉积量的试验分析．农业机械学报，2004，359（6）：90-93.

[23] 何雄奎，曾爱军，何娟．果园喷雾机风速对雾滴的沉积分布影响研究．农业工程学报，2002，18（4）：75-77.

[24] 高秀兵，赵华富，张正秋，等．在茶假眼小绿叶蝉防治中应用静电喷雾器的效果分析．西北农业学报，2012，21（12）：202-205.

[25] 杨洲，牛萌萌，李君，等．不同侧风和静电电压对静电喷雾飘移的影响．农业工程学报，2015，31（24）：39-45.

[26] 廉琦，张伟．静电喷头电极对雾滴沉积效果的影响．农机化研究，2016，38（6）：188-193.

[27] 王江有，艾文泉，温小遂，等．静电喷雾48%噻虫啉水悬浮剂防治马尾松毛虫试验．生物灾害科学，2011，34（2）：84-85.

[28] 常国彬，熊惠龙，吕森，等．静电喷雾与非静电喷雾防治森林害虫对比试验．中国森林病虫，2012，31（1）：35-37.

[29] 张京，宫帅，宋坚利，等．气液两相感应式静电喷头性能试验．农业机械学报，2011，42（12）：107-110.

[30] 刘勇良，尹明明，曹坳程，等．10%氨氯吡啶酸静电喷雾液剂防除紫茎泽兰室内药效试验．农药，2011，50（10）：767-768.

[31] 刘勇良．10%氨氯吡啶酸静电喷雾液剂的研制及助剂对沉积量的影响［D］．北京：中国农业科学院，2011.

[32] 陈福良，曹坳程，刘勇良，等．氨氯吡啶酸静电喷雾油剂及其制备方法．CN102057896A. 2011-05-18.

[33] 罗斌，臧延琴，李建新，等．腈菌唑静电喷雾液剂及其制备方法．CN101926324A. 2010-12-29.

[34] 王怀勇，唐国平．天然除虫菊素超低容量喷雾剂及静电喷雾防虫方法．CN1836512. 2006-09-27.

[35] 李耀秀，卢瑞，臧延琴，等．混灭威与噻嗪酮二元组合物静电喷雾液剂及其制备方法. CN101926344A. 2010-12-29.

[36] 李卫国，唐世建，宋琳，等．烯啶虫胺与吡虫啉二元组合物静电喷雾液剂及其制备方法，CN101946762A. 2011-01-19.

[37] 李卫国，廖金寸，李耀秀，等.咪鲜胺静电油剂. CN101755733A. 2010-06-30.
[38] 戴建荣，邢云天，梁幼生. 一种杀钉螺药物氯硝柳胺乙醇胺盐超低容量喷雾剂及其制备方法. CN103004762A. 2013-04-03.
[39] 戴建荣，邢云天，梁幼生. 啶虫脒静电油剂及其制备方法. CN101578993. 2009-11-18.
[40] 陈福良，李耀秀，尹明明，等. 戊唑醇静电油剂及其制备方法. CN101897331A. 2010-12-01.
[41] 卢炳煌，李卫国，李耀秀，等. 丙环唑与苯醚甲环唑二元组合物静电油剂. CN101731203A. 2010-06-16.

第六章
生物农药制剂

第一节 概　述

生物农药是可用来防除病、虫、草等有害生物的生物体本身及源于生物，可作为“农药”的各种生理活性物质，主要包括生物体农药和生物化学农药。

生物体农药指用来防除病、虫、草等有害生物的活体生物，可以工业化生产，有完善的登记管理方法及质量检测标准。这样的活体生物称为生物体农药，具体可分为：微生物体农药、动物体农药、植物体农药。生物化学农药是指从生物体中分离出的，具有一定化学结构的，对有害生物有控制作用的生物活性物质，该物质若可人工合成，则合成物的结构必须与天然物质完全相同（但允许所含异构体在比例上存在差异）。这类物质开发成的农药可称为生物化学农药。从来源讲，包括植物源、动物源、微生物源。从功能讲，包括抗生素类、信息素类、激素类、毒蛋白类、生长调节剂类和酶类等。

生物农药研究开发的一般原理即为利用生化相克这种普遍现象来防治有害生物。利用自然界现有的资源（植物、动物、微生物）进行生物农药的研究开发，就生物化学类生物源农药来说，其总的开发模式如图6-1所示。

一、生物农药剂型加工的目标

生物农药剂型加工是把活性成分用稀释剂进行适当稀释，加工成易使用形态的产品，即为生物农药剂型产品。为提供给用户方便、安全、最大生物活性的，并在长时间内不分解和性能稳定的农药剂型产品，对某种活性成分在选择加工剂型产品时规定应该考虑的因素有：

① 活性成分的物理、化学性质；

② 活性成分的生物活性和作用方式；

③ 使用方法（如喷雾、涂抹或洒播等）；

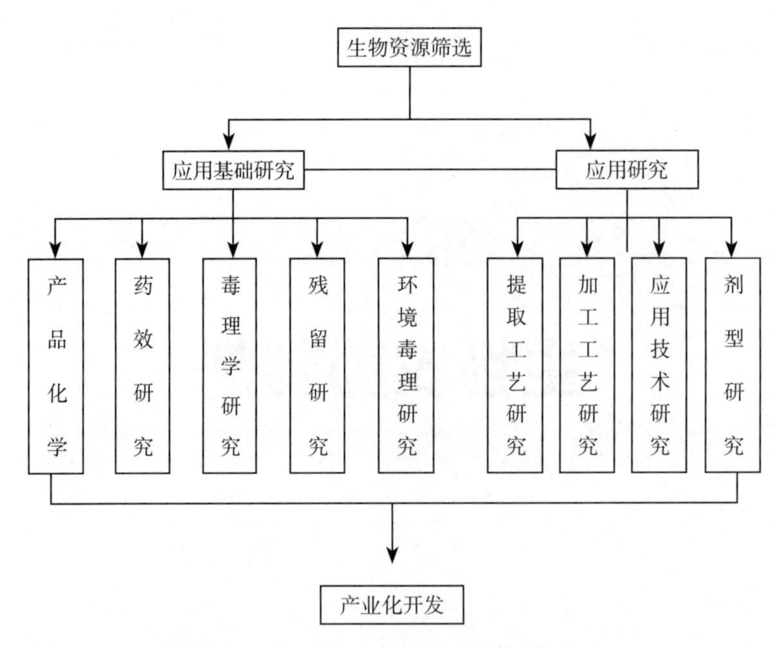

图6-1 生物化学类生物源农药研究开发程序

④ 使用的安全性和环保性；

⑤ 剂型的加工成本；

⑥ 市场的选择。

一旦这些因素被确定下来，就可选择最终剂型的加工类型，同时也确定了加工剂型使用的惰性成分，包括表面活性剂和其他添加剂，生产出一种在温度条件变化下至少2年稳定的剂型产品。

二、生物农药的主要剂型种类

1. 乳油（EC）

乳油是农药活性成分溶解在非极性烃溶剂中，使用表面活性剂（乳化剂）加工而成的油基液体制剂。该剂型一般有较宽的贮存温度（10～50℃），至少2～3年稳定，有好的化学稳定性、高的药效，易计量和倒出，生产相对简单。因此，它是农药剂型加工中最基本、最重要的剂型，长期以来一直占据农药市场的首位。

目前，该剂型的发展方向一方面是采用具有更高闪点的溶剂（如Exxon的Solvesso100、150、200）代替二甲苯等挥发性溶剂，或者开拓"绿色溶剂"，例如，多元醇类酯（尤其是醇类的磷酸化三酯类）、醚类、酮类、水不溶的醇类、聚乙二醇类和植物油类代替石油基溶剂，从而制得更安全和环保的乳油剂型产品；另一方面对低质量浓度的乳油产品，用水替代大部分有机溶剂，不仅可大幅降低成本，而且可加工成安全和对环境有利的剂型，例如，2%～5%拟除虫菊酯农药乳油很多都可制成水乳剂和微乳剂产品出售。现在国内登记的产品有0.3%、0.5%印楝素乳油，2.5%、4%、7.5%鱼藤酮乳油，0.5%～5%阿维菌素乳油，1%～5%甲氨基阿维菌素苯甲酸盐乳油等。

2. 可湿性粉剂（WP）

可湿性粉剂是用原药和惰性填料及一定量湿润剂等制成的。98%的粉粒通过325目筛，即平均粒径在44μm左右，润湿时间小于2min，悬浮率在75%以上。优点是喷在作物上的黏附性好，防治效果高。缺点是助剂性能不良时，不易在水中分散悬浮均匀，易堵塞喷头，或造成喷雾不匀等。可湿性粉剂正逐步被悬浮剂、水分散粒剂所取代。现阶段大部分生物农药都加工成可湿性粉剂，如多抗霉素、春雷霉素、井冈霉素、阿维菌素等均加工成可湿性粉剂。

3. 可溶液剂（SL）

可溶液剂（包括水剂）虽是一种传统的老剂型，但剂型中农药活性成分呈分子或离子状态分散在介质中，直径小于0.001mm，是分散度极高的真溶液。此剂型容易加工、药害低、毒性小、易于稀释、使用安全和方便且具有良好的生物活性，一直深受广大用户欢迎。以这种方式加工的农药活性成分的品种数目受到它在水中的溶解度和水解稳定性所限制。非水介质的可溶性液剂国内也有登记和生产，如1.5%苦参碱可溶液剂、0.5%黎芦碱可溶液剂和乙烯利水剂、井冈霉素水剂、枯草芽孢杆菌水剂、赤霉酸水剂、春雷霉素水剂等。

4. 悬浮剂（SC）

悬浮剂又称胶悬剂，是将固体农药原药借助悬浮分散于水中制成的，兼具乳油和可湿性粉剂的特点。悬浮剂有效成分的粒径小到1～5μm，黏附在作物表面比较牢固，抗雨水冲刷，药效较高，适用于各种喷洒方式，如低容量喷雾等。英国悬浮剂发展得最为迅速，早在1993年悬浮剂就已占整个农药剂型市场销售的26%，已超过乳油的24%和可湿性粉剂的17%，位居第一。悬浮剂比可湿性粉剂具有更多优点，如无粉尘、容易混合、改善在稀释时的悬浮率、改善润湿、有较低的包装体积、对操作者和使用者及环境安全、成本相对较低和增强生物活性，还可以加工成高质量浓度的剂型。国外用户更倾向于用悬浮剂，而不是可湿性粉剂。

在生物农药中，悬浮剂是苏云金芽孢杆菌的水基化主要剂型之一，对环境友好。苏云金芽孢杆菌悬浮剂贮藏稳定性差一直是困扰生产的一大难题，在室温下贮存时间一般不宜超过半年。一种理想的苏云金芽孢杆菌杀虫剂的液体剂型应有良好的防腐剂，以抑制苏云金芽孢杆菌自身和其他微生物的活动，有紫外线防护剂保护其田间药效，有表面活性剂使其能在植物叶面进行展着、湿润，有保湿剂防止叶面雾滴干涸而使药剂脱落，有昆虫取食促进剂以增加昆虫的食欲而提高单位时间内杀虫剂摄入量，有增效剂提高杀虫效率等。芽孢在昆虫致病中也占有重要地位，各种助剂的加入不仅要保护晶体，不能杀死或抑制芽孢，还不应影响昆虫取食。

5. 微胶囊悬浮剂（CS）

农药微胶囊悬浮剂是当前农药新剂型中技术含量最高、最具开发前景的一种新剂型。微胶囊技术是一种用成膜材料把固体或液体包覆形成微小粒子的技术，大小一般在微米级范围（1～400μm）。农药微胶囊悬浮剂具有以下优点：抑制了由环境因素（如光、热、空气、雨水、土壤、微生物等）和其他化学物质等造成的农药分解和流失，提高了药剂本身的稳定性，有利于生态和环境保护，具有控制释放功能，提高农药的利用率，延长其持效期，从而可减少施药的数量和频率，改善农药对环境的压力。

截至目前，苏云金芽孢杆菌微胶囊制剂已开发了3种类型：第一种是可喷洒性制剂，加水后形成的悬液可以直接用常规喷雾器喷洒。第二种是传统的颗粒剂，经过干、湿过程后颗粒之间仍保持相互分离。第三种是黏着性颗粒剂，与水接触后会发生部分膨胀，干燥后仍可黏着在作物叶片上。20世纪80年代以后，苏云金芽孢杆菌微囊剂的研究日趋活跃，其中淀粉微囊剂是近年来研究较多的一种类型，采用淀粉或面粉基质、无机盐作水分散剂来包裹苏云金芽孢杆菌。使用交联剂或预糊化淀粉则有利于淀粉在制备过程中的絮凝和沉淀。将α-淀粉、苏云金芽孢杆菌原粉和紫外线防护剂混合均匀，加入适量溶剂溶解并交联，40℃下固化2h，室温风干，过20～40目标准筛制得淀粉包囊制剂，持效期明显高于未处理原粉。将苏云金芽孢杆菌半成品用甲基纤维素包囊后在乙醇中沉淀，加入紫外光防护剂即得到微囊悬液。如不加保护剂直接离心脱水，则得到400～500μm微囊颗粒。除了淀粉包囊剂外，多价聚合物、生物降解材料等也可以用于制备苏云金芽孢杆菌包囊剂。

6. 油悬浮剂（OD）

油悬浮剂是一种油类不溶的农药固体活性成分，在非水介质（即油类）中依靠表面活性剂形成高分散、稳定的悬浮液体制剂。其加工制备与悬浮剂相似，近10年来发展得较快。油悬浮剂适用于各种喷雾技术（不加水直接喷雾，可加或不加助剂或加少量水的ULV喷雾）。油悬剂具有黏着性和展着性好、抗雨水冲刷能力强等优点，但该剂型在挥发性、闪点、黏度及有效成分稳定性方面均有严格要求。

生物农药油悬浮剂是以油为稀释剂，将分生孢子制成孢悬液的一种形式，相对湿度很低的环境中利于孢子萌发，高温环境下又能延长孢子的寿命，还有利于孢子对疏水基质的吸附，如昆虫体壁或植物表面。将苏云金芽孢杆菌原粉悬浮于矿物油中可制备出油悬剂。Moore等研究了溶剂油对黄绿绿僵菌（*Metarhizium flavoviride*）分生孢子活性的影响，结果表明，菜籽油、花生油或色拉油是较好的溶剂油，制成的油剂（加有抗氧化剂）在17℃下贮藏127周后的孢子萌发率仍达到60%，研究还发现以向日葵油为溶剂油的绿僵菌制剂对温室白粉虱（*Trialeurodes vaporariorum*）取得了100%的防治效果。

7. 水分散粒剂（WG）

水分散粒剂是农药有效成分、各种助剂和填料经混合、粉碎和造粒工艺而制成的一种粒状制剂。其崩解性、分散性、悬浮性好，有效成分含量高，流动性好，计量和使用方便，不会造成粉尘污染，贮运化学、物理性状稳定，包装费用低，因此在20世纪90年代后成为安全、环保型可替代可湿性粉剂和悬浮剂而大力发展的新剂型。随着新助剂的不断开发和使用，以及加工造粒工艺技术和设备的不断完善，水分散粒剂在国内外市场上已成为最受欢迎的产品剂型之一。

现在能供应市场销售的品种和数量还不多，在农药销售市场中所占的份额极低。2002年国外公司在我国登记的水分散粒剂产品已达32个，国内水分散粒剂近年来发展得也非常迅速，多个产品已申请专利，包括阿维菌素和高效氯氰菊酯混配水分散粒剂、印楝素水分散粒剂、甲氨基阿维菌素苯甲酸盐水分散粒剂等。

8. 种子处理剂

种子处理剂分为4类：种子处理干粉剂（DS）、种子处理可分散粉剂（WS）、种子处理液剂（LS）、种子处理悬浮剂（FS）。种子处理悬浮剂与其他几个种子处理剂产品相比，性能和效果更好：无粉尘产生，对操作者和使用者安全，对环境污染小；可加工成高质量浓度制剂，节省贮运和包装成本；药液不分离，种子处理后药液分布均匀，脱落率低；种子处理后成膜性好，透气性好，提高出苗率；药液粒径比种子处理干粉剂和种子处理可分散粉剂更细，药效较高。因此，种子处理悬浮剂是国内外优先发展和生产的种子处理剂产品，种子处理悬浮剂的生产工艺类似于生产悬浮剂的工艺。由于种子处理剂直接用在种子上，它的农药活性成分与喷雾应用面积相比损失十分小，处理面积损失量可小于1%。种子处理剂被认为是把靶标农药使用到作物上最有效的方法，同时又可作为一种使用农药在环境上很安全的方法。

9. 水乳剂（EW）

水乳剂原药的平均液滴直径小于2μm，外观呈乳白色牛奶状，用水稀释时与乳油倒入水中形成的外观相同。与乳油相比，水乳剂具有制造和使用安全，低的经皮毒性，不易燃或低的燃烧性，尤其是降低生产、包装和贮运成本，减少对环境污染。开发水乳剂在技术上有一定难度，特别是选择合适的表面活性剂（乳化剂）和工艺放大问题。国内大都选用加工乳油的乳化剂，类型少，用量大，较难制得稳定的水乳剂。国外开发的专用乳化剂性能好，既能降低液滴界面张力，减少能量输入，易于液滴乳化；又能在液滴周围形成具有一定弹性的稳定界面膜，确保乳化液滴之间不絮凝和聚并，而且用量较低，一般在3%～5%即可得到长期稳定的水乳剂产品。除此之外，添置高剪切乳化器是必需的。

10. 干菌丝

干菌丝的研制为液体发酵产物的应用提供了新的应用空间，丰富了真菌杀虫剂的剂型，也为真菌杀虫剂液体发酵产物的应用提供了新途径，在解决干菌丝制备的一些瓶颈问题后，该剂型应该得到较为广泛的应用。Pereira等研究了不同糖溶液、预干时间及菌丝冲洗程序对绿僵菌干菌丝贮存寿命的影响，认为低温预干对干菌丝并无益处。李农昌等则对绿僵菌的干菌丝粉的发酵条件及加工工艺进行了探讨。

11. 漂浮剂

漂浮剂是针对水田环境研发的，利用辅助材料使得制剂漂浮在水面上，或吸附于水稻等作物的茎秆上。中国农业科学院植物保护研究所针对稻水象甲（*Lissorhoptrus oryzophilus*）研制了绿僵菌漂浮剂，在辽宁省盘锦市应用时取得了超过80%防治效果。

目前，我国生物农药剂型的研究还不够深入，主要表现为剂型单一，缺乏高水平剂型（如WG），制剂质量不稳定（贮存期短），助剂（保护剂和增效剂等）研究不够，剂型不规范和名称混乱等。很多生物农药制剂产品的指标达不到标准的要求，或其标准所规定的指标比国外同类品种的指标要低得多，使生物农药的效果得不到充分发挥。

需要加强对生物农药的基础研究，减少外界因素对生物农药剂型的加工限制；还可以利用现代生物技术改善生防生物的一些性能；选用性能优越的表面活性剂或助剂，不断应用到生物农药剂型产品中，加强助剂对生物农药协调作用功能的研究，可提高制剂产品的稳定性和药效，将有利于生物农药剂型的开发工作，从而有助于推动和发展我国生物农药制剂工业。

第二节 植物源农药制剂

植物是生物活性化合物的天然宝库。全球有6300多种具有控制有害生物的高等植物，其中杀菌植物2000多种，除草植物1000多种，具有杀虫活性的2400多种，杀螨活性的39种，杀线虫活性的108种，杀鼠活性的109种，杀软体动物活性的8种，对昆虫具有拒食活性的384种、忌避活性的279种、引诱活性的28种，引起昆虫不育的4种，调节昆虫生长发育的31种。据统计，由植物产生的次生代谢产物超过40万种，其中大多数化学物质如萜类、生物碱、黄酮、甾体、酚酸类，具有独特结构的氨基酸和多糖等均有杀虫、抑菌、除草等活性。

植物源农药是指利用植物体内的次生代谢物质，如木质素类、黄酮、生物碱、萜烯类等加工而成的农药。这些物质是植物自身防御功能及与有害生物适应演变、协同进化的结果。其中的多种次生代谢物质对昆虫具有拒食、毒杀、麻醉、抑制生长发育及干扰正常行为的活性，对多种病原菌及杂草也有抑制作用，是一类天然生物农药。

一、植物源农药优点

与有机合成农药相比，植物源农药具有如下优点：

① 环境相容性好。植物源农药的活性成分是自然存在的物质，自然界中有其通畅的降解途径，不会污染环境，对作物也不产生药害。

② 生物活性多样。植物源农药不仅具有杀虫活性，还兼有杀菌和调节植物生长的作用，作用方式多样。

③ 对高等动物及害虫天敌安全。大多数植物源农药触杀作用不强，对害虫天敌影响很小。

④ 有害生物不易产生抗药性。植物源农药往往含有数种有效成分，且作用机制与一般化学农药不同，不易使有害生物产生抗药性。

二、植物源农药制剂加工现状

根据活性成分的性质差异以及开发研究的现状不同，植物源农药的开发利用方式有直接开发利用、全人工仿生合成利用、修饰合成利用、生物合成利用等。

随着现代科学技术的迅猛发展及人们对环境质量的要求逐步提高，我国植物源农药重新受到重视，利用植物资源开发和创制新农药已成为现代农药开发的重要途径。近20年，我国植物源农药的研制相当活跃，已生产和实际应用了40多种植物源杀虫剂，出现了100多家植物源农药生产企业。我国植物源农药的登记生产数量呈明显上升趋势，已从1997年前的20种，发展到现在的100多种。目前，中国已申报的印楝农药专利已经超过100项，有农药制剂专利79项，原药和提取技术15项。

作为一类重要的生物农药，植物源农药在农药登记中已被单独列为一类。近年登记的植物源农药种类包括印楝素、鱼藤酮、除虫菊素、异羊角扭甙、烟碱、苦参碱、蛇床子素、乙蒜素、蓖麻油酸、八角茴香油、愈创木酚、小檗碱、辣椒碱、苦豆子总碱、苦皮藤素、闹羊花素-Ⅲ、茴蒿素、印楝素、楝素、百部碱、几丁聚糖、芸苔素内酯、木烟碱、氧化苦参碱、补骨内酯、黄芩甙、菇类蛋白多糖、莨菪碱、马钱子碱、氨基寡糖素、香芹酚、吲哚乙酸类、腐植酸等。目前，我国商品化的植物源杀虫剂产量较大的有鱼藤酮乳油、苦参碱粉剂、可溶性粉剂及水剂、印楝素乳油、除虫菊素水乳剂等。

由于植物源农药的登记享受特殊政策，即登记产品的环境行为和残留资料可以申请减免，植物源农药的开发进入迅速发展期，截至2013年6月，国内处于有效登记状态的植物源农药有效成分有30个，产品总数303个。

1. 植物源杀虫剂

（1）苦参碱。登记制剂：0.3%、0.5%、0.6%、1.0%、1.3%、2%水剂，0.3%、0.5%、1%、1.5%可溶液剂；防治对象：十字花科蔬菜菜青虫、蚜虫，果树红蜘蛛，茶树茶尺蠖等。

（2）藜芦碱。登记制剂：0.5%可溶液剂；防治对象：甘蓝菜青虫，棉花棉蚜、棉铃虫等。

（3）印楝素。登记制剂：0.3%、0.5%、0.6%、0.7%乳油，1%苦参·印楝素乳油；防治对象：十字花科蔬菜小菜蛾、菜青虫，茶树茶毛虫，柑橘树潜叶蛾等。

（4）鱼藤酮。登记制剂：2.5%、4%、7.5%乳油；防治对象：十字花科蔬菜蚜虫、小菜蛾等。

（5）烟碱。登记制剂：10%乳油，0.6%、1.2%烟碱·苦参碱乳油，3.6%烟碱·苦参碱微囊悬浮剂，1.2%烟碱·苦参碱烟剂；防治对象：甘蓝蚜虫、菜青虫，美国白蛾，烟草烟青虫，松树松毛虫等。

（6）除虫菊素。登记制剂：1.5%水乳剂，0.2%、0.6%、0.9%杀虫气雾剂，1.8%热雾剂，0.1%驱蚊乳，40mg/片电热蚊香片；防治对象：叶菜蚜虫，蚊、蝇、蜚蠊、跳蚤等。

（7）蛇床子素。登记制剂：0.4%乳油；防治对象：十字花科蔬菜菜青虫，茶树茶尺蠖等。

（8）苦皮藤素。登记制剂：1%乳油；防治对象：十字花科蔬菜菜青虫。

（9）桉油精。登记制剂：5%可溶液剂；防治对象：十字花科蔬菜蚜虫。

（10）狼毒素。登记制剂：1.6%水乳剂；防治对象：十字花科蔬菜菜青虫。

（11）松脂酸钠。登记制剂：20%、45%可溶粉剂，30%水乳剂；防治对象：柑橘树介壳虫、矢尖蚧、红蜡蚧等。

2. 植物源杀菌剂

（1）苦参碱。登记制剂：0.3%乳油，0.3%可溶液剂，0.3%、0.5%水剂，3%水乳剂；防治对象：黄瓜霜霉病，梨黑星病，马铃薯晚疫病，烟草病毒病等。

（2）蛇床子素。登记制剂：1%水乳剂；防治对象：黄瓜白粉病。

（3）丁子香酚。登记制剂：0.3%可溶液剂，2.1%丁子·香芹酚水剂；防治对象：番茄灰霉病。

（4）乙蒜素。登记制剂：20%、30%、41%、80%乳油，25%氨基·乙蒜素微乳剂；防治对象：黄瓜角斑病、霜霉病，棉花枯萎病，辣椒炭疽病，水稻稻瘟病、烂秧病，苹果叶斑病等。

（5）低聚糖素。登记制剂：0.4%、6%水剂；防治对象：水稻纹枯病，小麦赤霉病，胡椒病毒病。

（6）大黄素甲醚。登记制剂：0.1%、0.5%水剂；防治对象：黄瓜白粉病，番茄病毒病。

（7）小檗碱。登记制剂：0.5%水剂；防治对象：番茄灰霉病、叶霉病，黄瓜白粉病、霜霉病、辣椒疫霉病。

3. 植物源杀鼠剂

（1）莪术醇。登记制剂：0.2%饵剂；防治对象：森林鼠害，农田田鼠。

（2）雷公藤甲素。登记制剂：0.25mg/kg颗粒剂；防治对象：农田田鼠。

4. 植物源生长调节剂

（1）芸苔素内酯。登记制剂：0.01%可溶液剂，0.01%可溶粉剂，0.01%乳油，0.0016%、0.004%、0.01%水剂；作用对象：花生、梨树、草莓、茶树、番茄、黄瓜、小白菜、柑橘树、荔枝树、葡萄、香蕉、棉花、水稻、小麦、大豆、玉米、烟草调节生长，梨树、草莓、茶树、小白菜、棉花、水稻、小麦、玉米增产。

（2）登记制剂：0.0001%可湿性粉剂，0.0004%、0.0025%、0.001%、0.004%烯腺·羟烯腺可溶液剂，0.0002%、0.001%烯腺·羟烯腺水剂；作用对象：大豆、玉米、水稻、柑橘、番茄、茶叶等调节生长。

三、植物源农药增效剂研究进展

对适合于植物源农药的增效剂的研究和筛选也是植物源农药研究和开发的重要内容，对植物源农药的推广和应用具有重要意义。与大多数化学农药相比，植物源杀虫剂的生物活性低、速效性差、用药成本偏高，这是制约植物源农药大面积推广的重要因素。如何提高植物源杀虫剂的速效性和田间防治效果是植物源农药研究和应用的重要内容。

目前，改善植物源农药速效性和防效的主要手段有两个：其一是与化学农药进行合理混配，通过混配增效来提高田间防治效果和药剂防治的速效性。植物源农药与化学农药的混配增效研究得较多，也有不少成功的先例，如印楝素与阿维菌素的增效混配、苦参碱与阿维菌素的增效混配等。虽然与化学农药的增效混配可以提高植物源农药制剂的速效性和田间防治效果，但这也会使其许多优点不复存在，从而限制其应用范围，因此关于植物源农药与化学农药混配的合理性在我国尚有一定争议。

其二是在植物源农药制剂中添加适当增效剂。增效剂对农药的增效作用主要表现在两方面：一方面是抑制有害生物解毒酶的活性，从而降低农药活性物质在有害生物体内的代谢，提高其生物活性；另一方面主要是改善药液的润湿、展布、分散、滞留和渗透性能，以利于药液在作用靶标上的铺展及黏附，增强药剂对生物体的穿透，提高其生物活性。植物源农药组成复杂，往往是多种活性组分协同作用，单一组分在制剂中的含量往往较低。由于大多数植物源农药活性物质在环境中容易降解，合理使用增效剂，一方面可以促进植物源农药活性物质进入作用靶标，缩短其暴露在空气中的时间，提高其生物利用率；另一方面降低有害生物对它的解毒作用。这在保证植物源农药环境相容性好等诸多优点的同时，可显著提高植物源农药的生物活性，提高植物源农药的性价比，有利于植物源农药的推广应用。

目前，国内外针对植物源农药增效剂的研究报道较少，Papachristos等测试了三种增效剂对薰衣草精油熏蒸处理菜豆象抗性品系的增效作用，结果表明胡椒基丁醚在0.25μg/μL的浓度下，对薰衣草精油熏蒸处理菜豆象雌虫和雄虫的增效比分别为8.7倍和9.8倍，而马来酸二乙酯在0.053μg/μL的浓度下的增效比分别达到3.0倍和4.1倍。

四、植物源农药稳定性研究进展

植物源农药在环境中生物降解快，降低了其在环境中的残留。这一特点既是优点，也是缺点，因为它对温度、紫外线、太阳光、pH值、雨水、空气湿度及其他环境因素敏感，很快会失去活性，尤其是光照条件下会导致许多活性成分失活。如菊酯类农药在田间很快降解，失去杀虫活性；印楝素在太阳光下7d就可分解一大半，16d后就对害虫没有任何作用了。因此，植物源农药的稳定性不高，在农田使用很容易分解，直接影响到质量控制手段，这给植物源农药的开发利用带来了一定影响。提高植物源农药的稳定性和质量控制工艺即成为开发利用这类农药的关键。

增加或改善植物源农药稳定性的方法归纳起来有两种：第一种方法是在分子内部用对光稳定的部分代替对光不稳定的部分；第二种方法是加入稳定剂，稳定剂包括抗氧化剂和紫外线屏蔽物质。

1. 紫外线屏蔽物质

最常用的紫外线屏蔽剂是苯甲酮及其衍生物和由苯甲酸形成的酯类；最好的稳定剂有：

4-甲基-2,6-二叔丁基酚和2,5-二十八烷基-对甲酚。

2. 抗氧化剂

抗氧化剂是研究和应用比较多的一种稳定剂。首先介绍一下加入抗氧化剂来稳定植物源农药的原理。当空气中的氧气受到紫外线等能量和代谢激发时，处于高能态，具有非常强的氧化性质；活性氧分子再经得失电子形成活性氧自由基，造成连锁反应。在植物源农药中的这种连锁反应可引起活性成分的氧化或降解，最后导致活性成分失去活性。这种降解过程可通过两种方式来抑制：一是加入可以减缓自由基形成的化学物质，二是通过加抗氧化剂来清除氧自由基或阻断链式自由基氧化反应。

抗氧化剂可分为化学合成和自然提取两类。在合成抗氧化剂中，焦棓酸和对苯二酚是除虫菊酯的很好的稳定剂，而二丁基羟基甲苯在一些情况下对除虫菊酯无稳定作用。

关于从天然资源中提取抗氧化剂的研究最多。已经从天然资源中分离出来的抗氧化剂有乙烯基丁咖啡酸酯、反-对蓋-7-烯基咖啡酸酯、咖啡酸甲酯、3,4-二羟基苯甲酸酯、咖啡酸甲酯、3,4,5,7-四羟基黄酮、咖啡酸、6,7-二羟基香豆素和迷迭香酸。

从姜黄属植物根系中分离的各种姜黄类物质有稳定苦楝类农药的作用；从茶树叶片中分离出来的几种天然抗氧化剂，例如，咖啡因的儿茶酸和1-表儿茶酸的稳定效果与人工合成的两种抗氧化剂丁基羟基茴香醚（BHA）和二丁基羟基甲苯（BHT）相似；姜属植物提取液具有抗氧化功能，因为提取液中有苯基丁烯羟酸内酯。

天然抗氧化剂还包括抗坏血酸、松香酸、生育酚、泛醌醇、白黎芦醇、丁子香酚、姜油酮和黄酮类物质，例如，芹菜酸质、栎精。

五、植物源农药制剂加工实例

（一）植物源农药乳油的配制

1. 植物源农药乳油的组成和基本要求

根据农药使用和贮运等要求，农药乳油应满足下列基本要求：乳油放入水中应能自动乳化分散，稍加搅拌就能形成均匀的乳状液；乳状液应有一定的经时稳定性，通常要求在3h以内不会析出油状物或产生沉淀；对水质和水温应有较广泛的适应性；在常温条件下贮存2年以上不分层、不变质，仍保持原有的理化性质和药效；乳油加水配成的乳状液喷洒到作物或有害生物体上应有良好的润湿性和展着力，并能迅速发挥药剂的防治效果。

和化学农药乳油一样，植物源农药乳油主要是由农药原药、溶剂和乳化剂组成的；在某些乳油中还需要加入适当助剂、稳定剂和增效剂等其他助剂。

（1）植物源农药原药。是植物源农药乳油中活性成分的主体，它对最终配成的乳油有很大的限制和影响。因此，在配制之前，首先要全面了解原药本身的各种理化性质、生物活性等。

用于配制植物源农药乳油的原药通常是以有机溶剂提取的植物提取物浸膏或具有一定纯度的植物源活性物质，以植物粗提物为主，组成非常复杂，杂质含量高，要保证制剂的物理和化学稳定性，对助剂的要求也比较高。

因此在配制制剂之前需要对原药的理化性质，主要是有效成分的化学结构、含量，杂质的主要组分，原药性质、在有机溶剂和水中的溶解度、挥发性等进行较为全面的了解。同时对原药中有效成分的化学性质，主要是有效成分的化学稳定性包括在酸、碱条件下的水解性（半衰期），光化学和热敏稳定性；与溶剂、乳化剂和其他助剂之间的相互作用等。生物活性包括有效成分的作用方式、活性谱、活性程度、选择性和活性机制等。由于大多数植物源农药的原药组成非常复杂，有的组分的结构和性质已经明确，大多数组分的结构和性质都很难准确了解，因此对植物源农药原药的了解必须建立在试验的基础上，而且不同批次的原料可能组成不同，每一批次的原药都需要经过严格的试验才能下结论。

（2）植物源农药乳油的溶剂、乳油中的溶剂主要对原药起溶解和稀释作用，帮助乳油在水中乳化分散，改善乳油的流动性，使乳油中的有效成分有一个固定的含量，便于使用。

根据乳油的理化性能、贮运和使用要求，乳油中的溶剂应具备对原药有足够大的溶解度；对有效成分不起分解作用或分解很少；对人、畜毒性低，对作物不会产生药害；资源丰富，价格便宜；闪点高，挥发性小；对环境和贮运安全等条件。

目前植物源农药乳油常用的溶剂主要有以下几种：

① 苯类溶剂。主要有混合二甲苯和甲苯。二甲苯对大多数农药原药都有较好的溶解度，闪点在25～29℃，在化学上惰性，对有效成分稳定性好，适用于配制各种农药乳油。另外这类溶剂资源丰富，价格便宜，是目前使用最多、用量最大的农药溶剂。其缺点是对某些水溶性或极性较强的物质溶解性较差，用于配制植物源农药乳油时，通常需要加入适当的助溶剂，才能保证乳油在较低温度条件下不会产生结晶或沉淀。例如，用混合二甲苯配制楝素乳油时，需加入10%～20%无水乙醇，否则制剂在贮存时容易产生沉淀。

甲苯也是一种较好的农药溶剂，它不仅具有二甲苯溶剂的许多优点，而且对某些农药的溶解性能比二甲苯还要好一些。但它的闪点较低（4.4℃），蒸气压（25℃时为3.8kPa）比二甲苯高。在二甲苯短缺或溶解度不理想时，可以代替二甲苯使用。

这类溶剂毒性较低，但对眼、鼻、咽有一定刺激性。空气中浓度＞200mg/L时，对人的呼吸有危险。

② 植物油及植物精油类溶剂。近年来，随着人们对农药制剂环保化的要求越来越高，苯类溶剂被禁用的呼声越来越高，人们积极寻找各种环境相容性好的溶剂来替代乳油中的苯类溶剂。植物油、甲基化植物以及植物精油由于具有与植物源农药活性物质相容性好、环境相容性好的特点，是替代苯类溶剂加工植物源乳油的较为理想的溶剂。特别是植物精油，不仅溶解性好、环境相容性好，还具有较好的生物活性和对植物源农药活性物质的增效作用，是加工植物源农药乳油的良好溶剂。

③ 其他溶剂。包括酮类，如环已酮、异佛尔酮（三甲基环已烯酮）、吡咯烷酮等；醇类，如甲醇、乙醇、丙醇、丁醇、乙二醇、二乙二醇等；醇醚类，如乙二醇甲醚、丁醚等；酯类，如乙酸乙酯、邻苯二甲酸酯等；乙腈和二甲基亚砜等。这些溶剂有很好的溶解性，但由于价格昂贵，通常很少作主溶剂使用，多与其他溶剂混合作助溶剂使用。

（3）乳化剂。乳化剂是配制农药乳油的关键成分。根据农药乳油的要求，乳化剂应具备下列条件：首先是能赋予乳油必要的表面活性，使乳油在水中能自动乳化分散，稍加搅拌后能形成相对稳定的乳状液（药液），喷洒到作物或有害生物体表面上能很好地润湿、展着，加速药剂对作物的渗透性，对作物不产生药害。其次对农药原药应具备良好的化学稳定性，不应因贮存日久而分解失效；对油、水的溶解性能要适中；耐酸，耐碱，不易水解，抗硬水性能好；对温度、水质适应性广泛。此外不应增加原药对哺乳类动物的毒性或降低对有害生物的毒力。

农药乳油中的乳化剂至少应有乳化、润湿和增溶三种作用。乳化作用主要是使原药和溶剂能以极微细的液滴均匀地分散在水中，形成相对稳定的乳状液，即赋予乳油良好的乳化性能。增溶作用主要是改善和提高原药在溶剂中的溶解度，增加乳油的水合度，使配成的乳油更加稳定，制成的药液均匀一致。润湿作用主要是使药液喷洒到靶标上，能完全润湿、展着，不会流失，以充分发挥药剂的防治效果。由此可见，在配制农药乳油时，乳化剂的选择是非常重要的。

目前配制植物源农药乳油常用的乳化剂主要是混合型乳化剂。混合型乳化剂一般是由一种阴离子表面活性剂和一种或几种非离子表面活性剂以及少量溶剂组成的。根据不同农药品种的要求，其组分（表面活性剂单体）和比例不同。

（4）其他助剂。主要是助溶剂、稳定剂、增效剂等，根据农药的品种和施药要求选用。

一般来说，乳油中的有效成分是比较稳定的，但某些品种即使加工成乳油也很容易分解失效。对于这类农药品种在加工时需选用适当的稳定剂，防止或减缓有效成分的分解。例如，除虫菊素乳油中的除虫菊素化学稳定性较差，（54±2）℃贮藏两周，平均分解率高达30%以上，加入稳定剂后分解率可降低到5%以下。因此对某些化学性质不稳定的农药品种配制乳油时，应当选用适当的稳定剂。实践经验表明，“稳定”是一个相对的概念，稳定剂的选择性很强，通用性较差。在实践中应根据具体农药品种，通过必要的试验，才能选出最适合的稳定剂。常见的稳定剂主要有烷基（芳基）磷酸酯、亚磷酸酯类、多元醇、烷基（芳基）磺酸酯及其取代胺盐、取代环氧化物等。

2. 植物源农药乳油配方

植物源农药乳油配方主要包括农药有效成分含量、溶剂和乳化剂的选择以及乳油的化学稳定性和理化性能的研究等内容。

（1）有效成分含量的选择。与大多数化学农药不同的是，植物源农药原药中的活性成分组成较为复杂，往往是多种组分同时发挥作用，这些活性成分有的已经确定其分子结构，有的并没有明确其结构。植物源农药乳油中，有效成分含量通常指的是制剂中一种或者几种具有较高生物活性的主效成分的含量，并不等于或者说远远小于其原药的含量。一般而言，植物源农药的有效成分含量较低，但原药的含量却相对较高，如0.5%川楝素乳油，其注明的有效成分含量0.5%，而原药加入量在10%以上。

一般来讲，乳油中的有效成分含量应该是越高越好。因为含量高，可以降低溶剂的用量，节省包装材料，减少运输量和减轻对生态环境的影响，从而可以降低乳油的生产成本。

植物源农药乳油中有效成分含量的高低主要取决于农药原药在溶剂中的溶解度和原药的生物活性。由于植物源农药多为植物粗提物，其组成十分复杂，溶解性能各异，因此含量过高，配制难度也会大大增加。植物源农药乳油配制好以后，要求在一定变化温度范围内能保持均一单相的溶液。如果原药含量过高，在常温下可能是合格的，但在低温（如冬季）条件下，可能就会出现结晶、沉淀和分层，致使已配制好的乳油不合格；如果含量过低，田间使用时稀释倍数过小，则必会造成溶剂、乳化剂和包装材料的浪费以及贮运费用的增加。

（2）溶剂的选择。溶剂的选择主要依据原药在溶剂中的溶解度和溶剂对原药化学稳定性的影响，其次是溶剂的来源和价格。以前的植物源农药乳油一般先选用二甲苯作主要溶剂，如果溶解度不够理想时，再选用适当的助溶剂，即使用混合溶剂。目前，由于人们对农药环境安全性的要求越来越高，二甲苯有被逐渐禁用的趋势，许多学者和研究机构在积极研究采用与植物源农药原药有较好相容性和环境安全的植物油、植物精油类溶剂加工植物源农药乳油，并取得了一定成果。西北农林科技大学无公害农药研究服务中心以植物精油为溶剂，配制出了对多种蚜虫和红蜘蛛有较好防治效果的植物源农药环保乳油，值得进一步推广。

（3）乳化剂的选择。在农药乳油中，乳化剂的选择是一个非常重要而又非常复杂的问题。乳化剂在乳油中有乳化、分散、增溶和润湿等作用，从实践经验来看，其中最重要的是乳化作用。因此以乳油放入水中能否自动乳化分散，形成相对稳定的乳状液，应当是选择乳化剂的首要条件，其次是乳化剂对农药原药化学稳定性的影响。植物源农药乳油的乳化剂选择原则和方法与化学农药乳油相似，通常也主要是混配型的，即由一种阴离子型乳化剂和一种或几种非离子型乳化剂混配而成的混合物。这是因为混配型乳化剂可以产生比原来各自性能更优良的协同效应，从而可以降低乳化剂的用量，更容易控制和调节乳化剂的HLB值，使之对农药的适应性更宽，配成的乳状液更稳定。

在混配型乳化剂中，最常用的阴离子型乳化剂是十二烷基苯磺酸钙（简称钙盐），而常用的非离子型乳化剂品种型号繁多，因此对乳化剂的选择，实际上主要是非离子型乳化剂的选择，非离子单体选定后，再与阴离子型钙盐搭配，最终选出性能最好的混配型乳化剂。

3. 植物源农药乳油的加工工艺及主要设备

植物源农药乳油的加工与化学农药乳油一样是物理过程，按照确定的配方，将原药溶于选定的溶剂中，再加上乳化剂、稳定剂等其他助剂，充分搅拌，制成单相透明液体，因此乳油的加工工艺流程比较简单，对设备的要求也不高。

（1）植物源农药乳油的加工工艺流程　见图6-2。

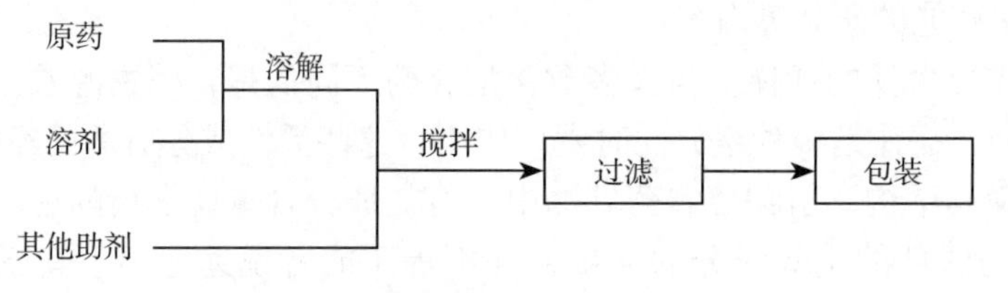

图6-2　植物源农药乳油加工工艺流程

（2）主要设备

① 调制釜。这是植物源农药乳油加工的主要设备。一般采用带夹套加热的搪玻璃反应釜或不锈钢反应釜，釜上装有搅拌器、电机、变速器，根据需要还可加装冷凝器，可以直接购买或根据需要订做。

② 计量槽。根据需要设置。可采用碳钢、搪玻璃或不锈钢制作，一般不用聚氯乙烯之类的塑料材质，防止溶剂、乳化剂等对其产生腐蚀。

③ 过滤器。可采用钢制管道式压滤器或陶瓷压滤器，尽量不用真空抽滤。

④ 乳油贮罐。可采用不锈钢或普通碳钢制作，也可根据情况选用聚丙烯材料的。

⑤ 真空泵。常用循环水泵或水冲泵。

（二）植物源农药可溶液剂的配制

1. 植物源农药可溶液剂的组成和基本要求

植物源农药可溶液剂的基本组成包括三部分：活性物质（农药有效成分）、溶剂（水或其他有机物）、助剂（表面活性物质以及增效剂、稳定剂等）。

可溶液剂本身外观是透明均一的液体，用水稀释后活性物质呈分子状态或离子状态存在，且稀释液仍然是均一透明的液体。它的表面张力，无论是1%的水溶液，还是使用浓度的水溶液，都要求在50mN/m以下。产品常温存放两年，液体不分层、不变质，仍保持原有的理化性质，以保证药效的发挥。

2. 植物源农药可溶液剂的配制技术

（1）植物源农药可溶液剂的原药。植物源农药可溶液剂的原药通常是具有一定水溶性或易溶于乙醇（甲醇）等极性有机溶剂的植物提取物，如生物碱类、有机酸类等。在实际生产中，以水为溶剂提取的通常加工成水剂，以一定比例含水量的乙醇提取的植物源农药常加工成可溶液剂。

（2）溶剂。加工成水剂时，一类溶剂是水；另一类溶剂是可与水混溶的液体，如低级醇类和酮类。考虑溶剂对原药的溶解度、价格、来源等，一般选择极性较大的溶剂，如甲（乙）醇或复合溶剂。

（3）植物源农药可溶液剂的助剂。植物源农药水剂一般加入表面活性剂、防分解剂、防冻剂、防霉剂等。植物源农药可溶液剂的助剂有乳化剂、稳定剂等。

植物源农药可溶液剂的乳化剂有乳化、增溶、渗透作用，还需要考虑：

① HLB值、克拉夫点和浊点　HLB值一般要求大于10，具有较好的亲水性。在使用离子型表面活性剂时，希望克拉夫点越低越好，使用非离子型表面活性剂时，希望克拉夫点越高越好。

② 表面张力和接触角　加入润湿剂降低表面张力和接触角，改善药液的润湿性、展布性，有利于药液的吸收。植物源农药可溶液剂在使用时，其稀释液的表面张力，无论是1%的水溶液，还是使用浓度的水溶液，都要求在50mN/m以下。

③ 乳化剂应有利于农药生物活性的发挥。

④ 乳化剂用量一般在10%以内。

⑤ 表面活性剂的起泡性要低，毒性要小。

3. 植物源农药可溶液剂的加工工艺

（1）加工工艺。植物源农药可溶液剂的加工工艺与植物源农药乳油的加工工艺基本相同，所需设备也基本相同。见图6-3。

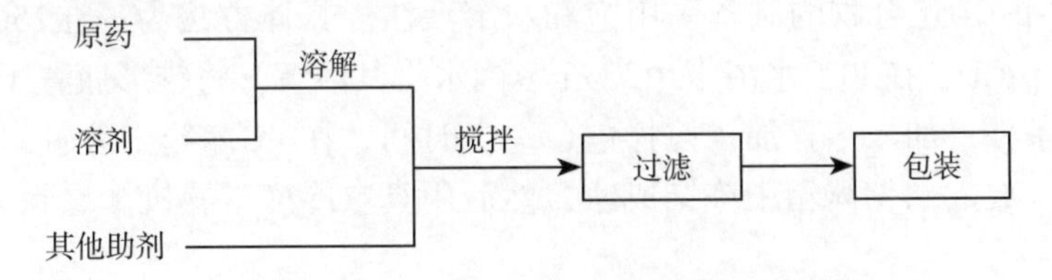

图6-3　植物源农药可溶液剂的加工工艺示意图

（2）主要设备

① 调制釜。这是植物源农药可溶液剂加工的主要设备。一般采用带夹套加热的搪玻璃反应釜或不锈钢反应釜，釜上装有搅拌器、电机、变速器，根据需要还可加装冷凝器，可以直接购买或根据需要定做。

② 计量槽。根据需要设置。可采用碳钢、搪玻璃或不锈钢制作，一般不用聚氯乙烯之类的塑料材质，防止溶剂、乳化剂等对其产生腐蚀。

③ 过滤器。可采用钢制管道式压滤器或陶瓷压滤器，尽量不用真空抽滤。

④ 乳油储罐。可采用不锈钢或普通碳钢制作，也可根据情况选用聚丙烯材料的。

⑤ 真空泵。常用循环水泵或水冲泵。

（3）配制要点。

① 原料规格检验。投料前首先将主要原料进行检验，如原药含量，根据含量准确投料，一般投料量要求高于规定值0.2%~0.5%，这样一方面能保证质量，另一方面保证产品的最后调配。为了保险起见，生产投料前先按配方配出小样，小样的各项指标合格了，说明各种原料也合格了。

② 配制釜的装料系数一般不要超过80%。配制虽不像化学反应剧烈，但有时某些助剂在搅拌下会出现泡沫，如果不留有余地会“跑锅”，造成浪费，产生污染。

③ 开车检查。开车前，整个流程设备要细致检查，按规程操作，防止“跑冒滴漏”。

④ 过滤。有些产品配制很容易，没有任何杂质和不溶物，这样的产品进行过滤，主要防止设备流程过程中夹带意外杂质或机械杂质。但有些产品由于原料等多种原因，配制出的产品有絮状物或者不溶的杂质、不溶的油状物，必须要严格过滤，以保证产品清澈透明。

⑤ 包装。不管是人工包装，还是机械包装，关键是不同产品选用合适的包装材料，任何产品都可选用玻璃瓶（包括安瓿瓶），因为它耐腐蚀，但瓶体重，易破碎。所以很多厂家都改用聚酯塑料瓶。

（三）植物源农药冬青油环糊精包合物制剂的配制

β-环糊精（β-CD）及其衍生物是一类新型的药物包合材料，具有环状中空筒形、环外亲水、环内疏水的特殊结构和性质。药物经β-CD及其衍生物包合后，可以提高药物的稳定性，增加药物在水中的溶解度。将β-CD及其衍生物应用到农药制剂，特别是植物源农药制剂加工中，有可能能够提高植物源农药在环境中的稳定性，克服其持效期短的缺点。羟丙基-β-环糊精（HP-β-CD）是一类β-环糊精羟烷基化衍生物，其主要特点是在水中的溶解度大于50%，并可溶于醇的水溶液；HP-β-CD与药物形成复合物，对药物有缓释作用，对药物在生物体中有促释作用，可使药物在生物体内迅速释放，提高药物的生物利用率，在农药制剂加工中具有较为广阔的应用前景。

1. 冬青油包合物的制备方法

冬青油HP-β-CD包合物的制备采用饱和水溶液法。具体方法为：在250mL锥形瓶中加入4g干燥的HP-β-CD，在30℃水浴中用20mL蒸馏水将其溶解。将锥形瓶置于恒温水浴锅中，按试验设定的条件，加入冬青油，搅拌包合一定时间，在0℃冰箱中静置24h，抽滤。将滤液倒入培养皿，放入-4℃冰箱中冻结成冰，然后用真空冷冻干燥机干燥除去水分后研碎即得包合物。

2. 冬青油包合物收率、油转化率的测定方法

参照穆启运等（2009）的方法计算包合物的收率、油转化率，并根据其相应的权重进行综合评分以评价包合效果，同时测定空白回收率。包合物的收率（$P_{包合物}$）、油转化率（$P_{油转化}$）、空白回收率（$P_{空白回收}$）、综合评分（$S_{综合}$）的计算公式为：

$$P_{包合物}=m_{包合物}/(m_{HP-β-CD}+m_{挥发油})\times 100\%$$

$$P_{油转化}=m_{回收油}/m_{投入油}\times P_{空白回收}\times 100\%$$

$$P_{空白回收}=V_{空白回收油}/V_{空白投入油}\times 100\%$$

$$S_{综合}=P_{包合物}\times 0.4（权重）+P_{油转化}\times 0.6（权重）$$

3. 冬青油HP-β-CD包合物水剂加工表面活性剂的筛选方法

蒸馏水将备选的表面活性剂配制成0.02%水溶液各100mL，测定各表面活性剂水溶液的表面张力r_1，分别准确称取HP-β-CD 1g加入上述表面活性剂水溶液中，搅拌使其溶解，再次测定溶液的表面张力r_2。分别计算HP-β-CD加入前后各表面活性剂水溶液的表面张力差值$\Delta r=r_2-r_1$。选择r_2小于50mN/m且Δr小于5mN/m的表面活性剂，用以配制HP-β-CD包合物含量为40%、表面活性剂含量为10%的水溶液。将此水溶液分别在（54±2）℃和0℃条件下放置2周，取出后置于常温条件下观察制剂有无沉淀或浮油。对于无沉淀或浮油的表面活性剂，按一定比例混合后配制包合物水剂，观察冷热贮后制剂的外观，并测定制剂500倍稀释液的表面张力。

4. 冬青油HP-β-CD包合物水剂中抗冻剂的筛选方法

配制含40%冬青油HP-β-CD包合物和10%上一步所筛选表面活性剂的水溶液，分别加入5%的备选抗冻剂。将配好的制剂分成2份，一份在（0±1）℃条件下存放7d后取出，观察制剂有无沉淀或浮油；另一份在（54±2）℃条件下贮存2周后取出，观察制剂的外观有无沉淀或浮油，判断备选抗冻剂与制剂其余成分的相容性。

5. 冬青油HP-β-CD包合物水剂理化性能的测定方法

乳液稳定性的测定：取1mL试样，用342mg/L标准硬水稀释200倍后装于具塞量筒中，放置在（30±1）℃恒温水浴中，1h后观察药液有无浮油和沉淀。热贮稳定性参照GB/T 19136—2003《农药热贮稳定性测定方法》进行。低温稳定性参照GB/T 19137—2003《低温稳定性的测定方法》进行。pH值测定按GB/T 1601—1993《农药pH值的测定方法》测定。起泡性试验方法：量取2.5mL试样于250mL烧杯中，加入200mL 342mg/L标准硬水稀释并搅拌均匀，移入250mL具塞量筒内，盖上塞子，上下颠倒30次，放置1min，液面泡沫体积低于60mL为合格。

6. 冬青油HP-β-CD包合物水剂各项技术指标测定

通过以上试验基本确定了冬青油HP-β-CD包合物水剂的配方：40%冬青油HP-β-CD包合物+10%表面活性剂（农乳600：BY-125为1：1）+5%硫酸铵+水补足100%。按上述配方配制一定量的冬青油HP-β-CD包合物水剂，检测其理化性能。结果见表6-1。

表6-1　40%冬青油HP-β-CD包合物水剂各项技术指标测定结果

项目	测定结果
乳液稳定性（标准硬水稀释 200 倍液）	合格
pH 值	6.54
起泡性（标准硬水稀释 85 倍液）/mL	0
低温稳定性［（0±1）℃，7d］	合格
热贮稳定性［（54±2）℃，14d］	合格

7. 40%冬青油HP-β-CD包合物水剂对菊小长管蚜的田间防治效果

40%冬青油HP-β-CD包合物水剂防治菊小长管蚜的田间试验结果见表6-2。由表6-2可知，冬青油乳油和冬青油包合物水剂对菊小长管蚜均有较好的防治效果。施药后1d，5%冬青油乳油对菊小长管蚜的防效即达到90%以上，表现出较好的速效性。同时，乳油制剂施药后5d防效即开始下降，施药后7d时防效即明显下降，药剂持效期较短。与乳油相比，40%冬青油环糊精包合物水剂的速效性要略低，而其持效期较长，施药后7d对菊小长管蓟马的防治效果仍在90%以上。

表6-2 40%冬青油HP-β-CD包合物水剂对菊小长管蓟马的田间防治效果

处理	虫口基数	校正防效/%				
		药后1d	药后3d	药后5d	药后7d	药后11d
5%冬青油乳油250倍液	1865	93.94	97.73	91.27	78.06	61.66
40%冬青油环糊精包合物水剂250倍液	1974	85.01	93.48	98.34	90.17	75.57
CK	2015					

注：表中虫数为3个重复之和（下同），CK药后1d、3d、5d、7d和11d的活虫数分别为2086、2145、2215、2265和2176。

（四）植物源农药冬青油微胶囊悬浮剂的配制

微胶囊悬浮剂是近年来发展起来的一种具有缓释功能的新剂型。微胶囊剂利用一层特殊的囊皮材料将活性物质包裹起来，可以使有效成分缓慢释放，提高活性成分在环境中的稳定性，延长农药的持效期，减少农药因外界环境造成的分解流失，提高农药在田间的利用率，减轻制剂对高等动物的毒性和对作物的药害，降低对操作人员的毒害。利用微胶囊的这些特点，将植物精油加工成微胶囊剂，通过控制精油的释放速度，增加植物精油中活性成分在环境中的稳定性，延长植物精油在用药环境中的滞留时间，有利于其生物活性的发挥。植物精油微胶囊在食品工业中应用已经较为广泛，但在农业生产中应用的报道很少。

1. 微胶囊悬浮剂的制备方法

脲醛树脂预聚体的制备：在装有搅拌装置的三口瓶中加入尿素和甲醛（质量比为30∶68）和适量的去离子水至225mL（质量分数为25%），用氢氧化钠将溶液的pH值调到8.0，升温至70℃，100r/min搅拌反应1h，即得到25%脲醛树脂预聚体水溶液。

微胶囊的制备：常温下，将一定量冬青油、乳化分散剂和脲醛树脂预聚体加入蒸馏水中，振荡摇匀后，以一定速度搅拌20min，使混合溶液形成稳定的O/W型乳液，降低转速后缓慢用2%盐酸将体系pH值调至2.0，缩聚反应结束后，升温至65℃固化反应1h；达到反应终点时用氢氧化钠将溶液pH值调节至7.0，加入适量分散剂和增稠剂后，用水调节至所需量，即得冬青油微胶囊悬浮剂。

2. 冬青油微胶囊成囊条件的优化方法

（1）壁材与芯材的比例选择。固定其他条件，分别选择芯材和壁材质量比为1∶3、1∶2、1∶1、2∶1、3∶1的比例下制备微胶囊，通过考察所得微胶囊的外观、包封率、平均粒径及粒径分布范围等指标，确定适宜的壁材与芯材比例。

（2）反应过程温度优化。固定其他的反应条件，分别在20℃、30℃、40℃、50℃下乳化和调酸，考察不同乳化和调酸温度对所制备的微胶囊的平均粒径、粒径分布范围和微胶囊外观的影响，确定适宜的乳化和调酸温度。当调酸结束后，逐渐升高反应体系的温度，观察不同温度下固化所得微胶囊的形状，确定适宜的固化温度。

（3）乳化分散剂优化。在其他条件固定的情况下，向微胶囊制备反应体系中分别加入2.0%备选分散剂进行微胶囊制备，对乳化情况和最终成囊的形态、粒径进行表征，筛选出适当的乳化分散剂，并考察不同乳化分散剂加入量对微胶囊制备的影响。

3. 冬青油微胶囊性能表征

（1）微胶囊形态观察和粒径的测定。在Motic生物摄像显微镜下观察微胶囊的形态并拍照。

微胶囊形态结构的评判标准：较差结构，形成复合结构或虽囊芯被包裹，但囊壁太薄，包裹不均匀，甚至有裂缝；较好结构，微胶囊壁厚均匀无破损，虽呈球形，但大小不一。或球形、椭圆形混杂，或呈没有微胶囊破裂情况；最佳结构，微胶囊囊壁致密均匀无破损，形状似球型，大小基本一致，囊与囊之间不黏结，分散性好，且有一定可塑性和弹性。

微胶囊的粒径分布和平均粒径采用激光粒度分布仪测定。

（2）微胶囊包封率和载药量的测定。将上述冬青油微胶囊悬浮剂过滤，用纯净水和少量乙醇充分洗涤、干燥后，称取干燥微胶囊样品0.05g（精确至0.0002g），加到适量甲醇中，超声波细胞破碎机破囊，再用甲醇定容至100mL，气相色谱法测定冬青油的含量。色谱条件：进样口温度为200℃，FID检测器温度200℃，色谱柱为OV-1701毛细管柱（30m × 0.53mm × 0.25μm）；氮气压力100kPa，空气压力250kPa，氢气压力180kPa，进样量0.5μL，毛细管柱采用分流进样方式，分流比1∶10。微胶囊的载药量和包封率计算公式见式（6-1）和式（6-2）：

$$\text{微胶囊载药量（\%）}=\frac{\text{微胶囊中冬青油的质量}}{\text{微胶囊干样的质量}}\times 100 \quad (6\text{-}1)$$

$$\text{冬青油包封率（\%）}=\frac{\text{微胶囊中冬青油的质量}}{\text{加入的冬青油的质量}}\times 100 \quad (6\text{-}2)$$

（3）微胶囊的缓释性能测定方法。用失重法测定微胶囊的缓释性能。精确称量一定量干燥的微胶囊产品，放置在25℃的真空干燥器中，定时称量并做记录，直至微胶囊恒重，绘出微胶囊释放曲线图。

4. 冬青油制备工艺稳定性考察

综合试验结果得出冬青油微胶囊剂的较佳制备条件如下：芯材∶壁材为1∶1，成囊促进剂SMA∶Tween80为1∶1的混合物，用量为3.0%，乳化转速为800r/min、调酸转速为400r/min，乳化和调酸温度为30℃，调酸时间为90～150min，调酸pH值在2.0左右，固化温度为65℃，固化时间为90min，固化结束后将pH值调至7.0。

为了考察制备工艺的稳定性，按上述条件制备3批冬青油微胶囊，分别测定其平均粒径、粒径分布范围、载药量和包封率，结果见表6-3。从表6-3中的结果可以看出，本研究所得的冬青油微胶囊制备工艺较为稳定可行。

表6-3　微胶囊制备工艺稳定性考察

批次	平均粒径 /μm	粒径范围 /μm	载药量 /%	包封率 /%
1	7.28	6.21 ～ 32.86	42.56	93.75
2	7.73	5.45 ～ 31.53	41.83	95.86
3	7.53	5.62 ～ 30.18	41.69	94.64

5. 20%冬青油微胶囊悬浮剂防治菊小长管蚜田间试验结果

20%冬青油微胶囊悬浮剂防治菊小长管蚜的田间试验结果见表6-4。由表6-4可知，2种冬青油制剂对菊小长管蚜均有较好的防治效果，施药后1d校正防效均在90%以上。乳油制剂的持效期较短，药后5d防效即开始出现下降趋势，药后7d时防效即显著下降。20%冬青油微胶囊悬浮剂稀释500倍常量喷雾处理的持效期明显优于乳油制剂，施药后11d，其防效仍然能够维持在90%以上。

表6-4　20%冬青油微胶囊悬浮剂对菊小长管蚜的田间防治效果

处理	药前活虫数	校正防效 /%				
		药后 1d	药后 3d	药后 5d	药后 7d	药后 11d
10% 冬青油乳油 250 倍液	2163	90.34	95.14	88.98	76.19	62.52
20% 冬青油微胶囊剂 500 倍液	2246	93.63	97.93	98.98	99.40	91.51
CK	2085					

注：表中虫数为3个重复之和，CK药后1d、3d、5d、7d和11d的活虫数分别为2186、2245、2275、2315和2471。

第三节　微生物源农药制剂

微生物是地球上分布最为广泛的一大类生物。微生物包括不具有细胞结构的病毒；单细胞的立克次氏体、细菌、放线菌；属于真菌的酵母菌和霉菌以及单细胞藻类、原生动物等。它们的存在对自然界的物质转化和循环起着十分重要的作用，同时也是微生物源农药的重要组成部分。如何利用有益微生物来防治有害生物，是人类长期以来与自然开展斗争的一项重要内容。

微生物农药是指能够用来杀虫、灭菌、除草以及调节植物生长等的微生物活体及其代谢产物，即微生物体生物农药和农用抗生素。微生物体生物农药是利用有害生物的病原微生物活体作为农药，以工业方法大量繁殖其活体并加工成制剂来应用。

与化学农药相比，微生物农药的剂型加工更困难，特别是活体微生物农药。首先，微生物是不溶于水的生物体，其颗粒大小可以从不足0.5μm（颗粒病毒）到1000μm以上（线虫），这种颗粒的疏水性直接影响制剂的润湿性、分散性和悬浮性等物理性能。其次，作为生物体，微生物对外界环境因素，如温度、湿度和光照等比较敏感，制剂贮存稳定性差，作用速度慢，田间持效期短，所以在选择助剂时除需考虑制剂理化性能的要求外，还要考虑选择一些特殊助剂，如防光剂、增效剂等。最后，微生物作为活体，与各种助剂的相容性一般比化学农药差，某些助剂可能完全不能使用，因此选择助剂时要注意与活体微生物的相容性。

一、微生物农药剂型的功能

1. 赋形

赋予微生物群体某种特定的、稳定的形态，便于流通和使用，以适应各种施用技术对微生物农药分散体系的要求。

2. 优化物理性能

使微生物农药获得特定的物理性能和质量规格。要求微生物农药制成具有一定粒度的粉剂、一定悬浮率的可湿性粉剂、一定润湿展着性的液剂等；使微生物农药喷洒到作物靶标上，能够均匀分布并牢固地黏附在作物上，表现出好的防治效果。

3. 稳定作用

微生物农药的贮存寿命一般不能少于18个月，而化学农药最少需要2年，4年最好。由于微生物农药的活性成分是有生命的，所以通常来说，比化学农药更不稳定，也不易被化学物质改变其稳定性。但通过剂型的加工，如在微生物制剂中加入抗氧化剂、遮光剂等能提高其稳定性。

4. 便于操作和使用

微生物农药在施用过程中，通常有两种因素影响其效果：施药机械和剂型。这两种因素相互关联，互相配合才能充分发挥微生物农药的施用效果。在微生物农药制剂中加入某些助剂能使其更容易操作和使用，如球孢白僵菌分生孢子外表面的类疏水素蛋白质使分生孢子呈疏水特性，孢子不易进入水相，常导致喷头堵塞和喷雾不均匀，在白僵菌制剂中加入亲水性强的乳化剂可降低孢子的固液面张力，使孢子粉均匀分散于水相，提高白僵菌制剂的喷施效果。

二、影响微生物农药剂型选择的主要因素

1. 微生物的生理生化特性

将某种微生物加工成何种剂型，取决于对其生理生化特性的充分了解，如其生长所需的温度、湿度、酸碱环境、喜氧或厌氧，能否产生孢子，产生孢子的条件，及其孢子萌发和休眠的条件等。

2. 有害生物的生理特性

研究有害生物的生理生化特点以及接触到微生物农药后所产生的生理变化，有助于筛选合适的剂型，以便更好地发挥生防微生物或其代谢物对有害生物的效果。Forcada等研究烟青虫的不同株系时发现，烟青虫饲喂Bt的初期，抗性株系和敏感株系的中肠均表现明显的损伤，3～48h抗性株系出现修复，到48h已完全恢复，而敏感株系则没有出现修复。因此生产过程中可通过病原昆虫的移接防止生产菌株的退化，还可通过抗性昆虫的转接使低毒力细胞被淘汰，提高菌株对抗性昆虫各种抵御机制的适应力，从而提高生产菌株的活力和毒力。

3. 使用技术及目的

使用技术要求不同，选择的剂型也不同。使用的剂型要与现有的药械设备相适应。应根据不同的使用方式和目的，选择适当的剂型。如使用方式有飞机施药、地面喷洒、拌种、撒施和灌根等，使用目的有速效性和长效性。一般常量喷雾应选择乳油、可湿性粉剂和悬浮剂；超低容量喷雾应选择油剂。速效性要考虑剂型的内吸性，长效性要考虑剂型的缓释性。

4. 加工成本及市场竞争力

微生物农药是商品，因此选择剂型必须考虑加工成本及在市场上的竞争力。否则即使是优良的剂型，推广也会遇到许多困难。例如，缓释剂是一种非常好的剂型，如持效期长、安全、对环境污染小，但由于加工成本高、市场竞争力差，因此开发成功10余年后仍发展缓慢。今后如欲迅速发展，必须选择廉价的囊皮材料和简易的加工工艺，以降低成本。

5. 环境保护的要求

与使用者和环境相容性能好的农药剂型日益受到重视。今后以水为基质、不用或少用有机溶剂的液态制剂，如悬浮剂、水乳剂、水剂、气雾剂、静电喷雾剂；以及无粉尘污染的固态制剂，如水分散粒剂、颗粒剂、可溶性粉剂等，将得到迅速发展。

三、微生物农药助剂研究进展

由于微生物农药在贮存过程中和田间使用后易受环境条件的影响，作用速度较慢，防效不稳定，所以保护剂和增效剂的筛选一直是研究人员的努力方向。微生物农药制剂加

工的其他方面，如改善制剂理化性能的各种助剂和剂型的选择等与化学农药大致相同。微生物农药保护剂主要有两类：一类在贮存过程中防止微生物体受到损伤，如防止苏云金杆菌（*Bacillus thuringiensis*，Bt）晶体蛋白免遭分解，防止真菌孢子萌发，防止线虫死亡等；这类保护剂研究得较少，目前主要靠选择适当的剂型来防止微生物体在贮存过程中受到损伤。另一类是保护微生物农药施用到田间后免受不利环境影响的保护剂，如防光剂。

由于阳光紫外线对微生物农药的破坏作用最突出，所以Bt杀虫剂和病毒杀虫剂的保护剂研究主要是筛选紫外线（UV）防护剂。阳光中的紫外线可以分成两组，UV-B（280～310nm）和UV-A（320～400nm）。它们对昆虫病原微生物有钝化作用。紫外线保护剂的筛选工作已有20多年的历史。研究发现很多种紫外线保护剂对病毒和Bt都有保护效果。各种UV防护剂（UV-protectants）、染料（dyes）对Bt和病毒有保护作用。此外，荧光增白剂对病毒有保护作用，但对Bt是否有保护作用尚无研究报道。研究认为，对UV-A吸收能力强的染料对核多角体病毒（NPV）的保护能力强。

Morris认为对330～400nm光线有吸收的物质可作为Bt保护剂。Shapiro试验了23种分别属于二苯乙烯、噁唑、吡唑啉、萘二甲酸、内酯和香豆素六大类物质的荧光增白剂对舞毒蛾NPV的保护作用，发现其中4种最有效的荧光增白剂都属于二苯乙烯类物质。关于荧光增白剂的研究，可初步得出如下结果：① 只有二苯乙烯类荧光增白剂对病毒具有保护和增效双重作用；② 并不是所有的二苯乙烯类荧光增白剂都有效；③ 病毒-荧光增白剂复合物必须被昆虫消化；④ 荧光增白剂对病毒无不良影响；⑤ 荧光增白剂作用于昆虫中肠；⑥ 荧光增白剂可扩大病毒的杀虫谱；⑦ 二苯乙烯类荧光增白剂的增效作用已得到田间试验的证实。荧光增白剂的作用机制目前尚不清楚，可能作用于昆虫中肠几丁质微纤丝，改变围食膜的透性，有些荧光增白剂可增加昆虫中肠对病毒的吸收作用。UV对生物体或生物分子的损伤机理尚不完全清楚。但有研究认为UV辐射可使生物分子产生过氧化物自由基或氧自由基，然后破坏生物分子。所以抗氧化剂对Bt和病毒（NPV）有保护作用。关于抗氧化剂的保护作用值得深入研究。

病毒增效剂的研究主要有荧光增白剂和病毒增效因子两方面的工作。研究表明，只有二苯乙烯类荧光增白剂对病毒具有保护和增效双重作用。病毒增效因子首先由Tanada于1954年发现，他发现黏虫颗粒体病毒（GV）的夏威夷株系对黏虫核多角体病毒（NPV）有增效作用，这种作用是由包涵体内部一种被称为病毒增效因子的组分引起的。后来很多科学家又发现和研究了其他病毒增效因子，并对病毒增效因子的分子生物学进行了深入研究。病毒增效因子的作用方式可能是破坏昆虫中肠围食膜。

四、现有微生物农药剂型种类

微生物农药的剂型加工好坏或制剂化程度的高低，已成为微生物农药开发成功的瓶颈。目前，我国已商品化的一些微生物农药品种见表6-5。这些产品剂型已涵盖了目前化学农药所涉及的剂型，但是相当多微生物农药制剂产品的指标达不到标准的要求，或其标准所规定的指标比国外同类品种的指标要低得多，于是出现了含水量偏高、悬浮率低、稳定性差等现象，使微生物农药的效果得不到充分发挥。解决这些问题的根本方法是要加强对微生物农药的基础性研究，减少外界因素对微生物农药剂型的加工限制。如加强微生物的物理化学特性和生理机制的研究，微生物农药作用机理的研究等。还可以利用现代生物技术改善生防微生物的一些性能，如对紫外光的敏感性、对湿度的要求、微生物菌体的黏度，或提高次生代谢物的效价等。

表6-5 我国已商品化的微生物农药的主要品种及剂型种类

活体微生物名称	剂型种类	抗生素名称	剂型名称
地衣芽孢杆菌	水剂	春雷霉素	可湿性粉剂、水剂
假单胞菌	可湿性粉剂	多抗霉素	可湿性粉剂、水剂
荧光假单胞菌	可湿性粉剂、水分散粒剂	井冈霉素	可湿性粉剂、水剂、可溶性粉剂
蜡质芽孢杆菌	可湿性粉剂、悬浮剂	赤霉素	膏剂、可湿性粉剂、结晶粉、乳油、水溶性粒剂、水溶性片剂
苏云芽孢杆菌	颗粒剂、可湿性粉剂、水分散粒剂、悬浮剂	硫酸链霉素	可湿性粉剂、可溶性粉剂
棉铃虫 NPV	可湿性粉剂、悬浮剂	中生菌素	可湿性粉剂、水剂
斜纹夜蛾 NPV	可湿性粉剂	宁南霉素	水剂
苜蓿银纹夜蛾 NPV	悬乳剂	农抗 120	水剂、可湿性粉剂
小菜蛾病毒	可湿性粉剂	土霉素	可湿性粉剂
枯草芽孢杆菌	可湿性粉剂、悬浮种衣剂	武夷霉素	水剂
木霉菌	可湿性粉剂	浏阳霉素	乳油
块状耳霉菌	悬浮剂	阿维菌素	可湿性粉剂、乳油、微乳剂
厚孢轮枝菌	母粉、微粒剂	双丙氨膦	可湿性粉剂

五、微生物农药制剂配制实例

（一）枯草芽孢杆菌可湿性粉剂的研制

芽孢杆菌（*Bacillus* spp.）能够形成耐热、耐旱、抗紫外线的芽孢，是研制生防菌剂极好的材料。枯草芽孢杆菌（*Bacillus subtilis*）近几年才被引入植物病害生物防治领域，在防控植物病害发生、促进植物生长、提高作物产量等方面显示出了广阔的应用前景。

1. 加工原料

制剂加工材料：枯草芽孢杆菌B99-2 150L发酵罐发酵液，芽孢含量≥1.0×10^{10} cfu/mL，芽孢率≥90%。

载体：白炭黑（28μm）、高岭土（10μm）、硅藻土（18μm）、滑石粉（18μm）、膨润土（45μm）、轻质碳酸钙（10μm）。

助剂：D110（缩聚萘磺酸盐）、木质素磺酸钠T型、PVA（聚乙烯醇）、PEG8000（聚乙二醇）、阿拉伯树胶、SDS（十二烷基硫酸钠）、Morwet EFW（烷基萘磺酸盐）、Morwet D-425（烷基萘磺酸缩聚物钠盐）、DBS（十二烷基苯磺酸钠）、茶皂素等。

稳定剂：$CaCO_3$、K_3PO_4、K_2HPO_4、CMC-Na（羧甲基纤维素钠）。

紫外保护剂：维生素C（抗坏血酸）、CMC（羧甲基纤维素）、糊精、FWA（荧光增白剂）。

2. 制剂加工工艺

将枯草芽孢杆菌B99-2 150L发酵罐发酵液与填料按一定比例混合制成母液，经喷雾干燥机干燥制成母粉，在母粉中添加一定比例的分散剂、润湿剂等，然后经气流粉碎机粉碎制得各种不同的制剂。

3. 制剂配方组成

枯草芽孢杆菌B99-2可湿性粉剂的最佳配方为硅藻土10%，PVA 7.2%，D425 4.8%，CMC-Na 2%，FWA 0.1%，在此条件下，制备的枯草芽孢杆菌B99-2可湿性粉剂的芽孢含量高达2.0×10^{10} cfu/g。

4. 制剂质量指标

按照中华人民共和国农药相关国家标准进行测定，结果显示制备的枯草芽孢杆菌B99-2可湿性粉剂芽孢含量为2.0×10^{10} cfu/g，pH值6.6，水分含量3.5%，悬浮率79%，润湿时间48s，细度通过率98.3%，热贮分解率23.6%。各项检测结果均符合国家标准。

（二）多抗霉素1%水剂的配制

多抗霉素为一种无公害、无残留、安全、高效、广谱的抗菌类生物农药，主要用于防治瓜果、蔬菜等经济作物上常见的黑斑病、白粉病、立枯病、枯萎病、灰霉病等多种病害，防治效果达90%以上，同时对水稻纹枯病、小麦白粉病、赤霉病等有明显的防治效果，并具有促进作物生长的作用，一般平均增产10%～20%。本产品与自然的适应性及相容性较好，施用后降解得很快，没有残留。经药效对比及大田实验表明，本产品完全可以替代多菌灵、百菌清等化学杀菌剂。

1. 加工原料

有效成分：多抗霉素15%母液；助剂：① 表面活性剂，苯乙基酚聚氧乙烯醚缩合物（HB-1）、烷基苯磺酸钙（KHL）、改性三氧硅烷聚醚（NH-1）、聚氧乙基二硫代磷酸酯（BY-11）；② 防腐剂，水杨酸钠、尼泊金酯类、苯甲酸钠、山梨酸钾；以水为连续分散相。

2. 加工方法

按照一定量比例将原药、助剂（包括表面活性剂、防腐剂）和水加入搅拌机混合均匀，即可得多抗霉素1%水剂。

3. 制剂配方组成

根据配方试验的筛选结果，结合原料来源等综合考虑，确定1%多抗霉素水剂的最佳配方为：多抗霉素的有效成分为1%，KHL（烷基苯磺酸钙）为4.0%，山梨酸钾为0.3%，水补足至100%。

4. 制剂质量指标

热贮相对分解率为3.0%，该方法生产的制剂稳定性较好，达到分解率小于5%的国家标准，其稀释稳定性、水不溶物等各项技术指标均符合水剂的质量标准。

六、微生物农药制剂生产工艺

（一）微生物农药制剂生产工艺

微生物农药生产过程中通常采用3级发酵培养，即摇瓶→种子罐→发酵罐。

1. 工艺流程

① 原始菌种的培养：在菌种室将原始菌种接到摇瓶中，在合适的条件下进行培养。

② 种子罐的培养：将摇瓶中的原始菌种，在无杂菌情况下接入种子罐进行扩大培养，生长好后，再接入繁殖罐进一步扩大培养。

③ 大罐发酵：将繁殖的种子在无杂菌的条件下移入发酵罐，在一定条件下进行发酵。

④ 发酵结束后，进行过滤、树脂提取、纳滤浓缩、调制后获得合格产品，合格产品包装入库。

2. 主要设备

主要设备有种子罐、繁殖罐、发酵罐。以上三种罐采用带齿轮减速机，结构简单、维修方便、噪声低，搅拌器采用桨叶式搅拌，根据罐的大小采用两层或三层布置。冷却方式，一级种子罐采用外夹套冷却，繁殖罐采用外半管和内蛇管，发酵罐采用4组立式蛇管和外半管冷却。

（二）发酵工艺选择

以苏云金芽孢杆菌（Bt）为例说明工业化生产中的各种发酵工艺。

1. 液体深层发酵

1956年苏联发表了用液体培养基摇瓶培养Bt，并用于防治菜青虫的报道，从而揭开了Bt液体培养的序幕，Bt制剂之所以能广泛应用，关键在于能通过液体深层发酵大规模生产。其工艺流程如图6-4所示。

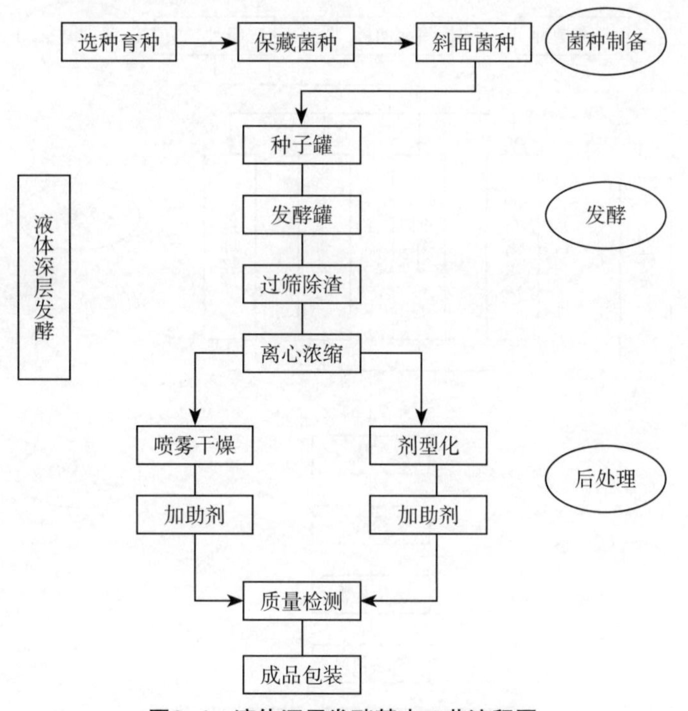

图6-4　液体深层发酵基本工艺流程图

液体发酵主要有分批发酵、补料分批发酵和连续发酵三种方式。分批发酵一次性投料，工艺简单，但若要达到较高的发酵水平，需要较高的基质浓度，这种情况下很容易产生基质和代谢产物抑制，同时培养基的黏度增加后，由于影响混合和流动而不利于氧气的传递，最终可能使毒效大打折扣。为此人们从反应器和工艺角度进行了改进。采用外环流气升式反应器，通过气体喷射推动液体循环流动，以取代传统的机械搅拌方式，由于能耗低、结构简单、传质效果好、换热面积大、剪切力低等优点，对Bt毒效的提高有很大帮助，但目前还缺乏大型生产的经验，尚处于研究阶段，提高搅拌速度或增大通风量以改善供氧环境，有助于毒效的提高，但势必以增加能耗为代价。于是有人提出了流加工艺，逐渐提高基质浓度以削弱抑制，也因此实现了Bt的连续发酵，但长时间的连续发酵，培养基很容易染菌，菌种也易发生退化或产生无孢突变株。综合两者的优点，补料分批发酵被认为有较好的发展前景，即逐渐补料、一次出料。补料方式又分为连续式和间歇式，Kang等研究发现间歇式补料比连续式细菌增殖快，芽孢密度大；连续式补料在补料过程中，即使细胞增殖缓慢也不会像分批发酵那样很快转入芽孢期，补料浓度过大则不能形成芽孢。Zhou等通过控制pH值来调节补料，补料过程中pH值保持在7.0左右，避免了营养过剩问题，苏云金素产量比分批发酵提高了89.51%（图6–4）。

2. 固态发酵

固态发酵起源于我国传统的“制曲”技术，利用颗粒载体表面所吸附的营养物质或颗粒本身提供的营养来培养微生物。在相对小的空间内，这些颗粒载体可提供相当大的气液界面，从而满足好气微生物增殖所需要的水分、氧气和营养。20世纪50年代，国外开始将这项技术用于Bt的发酵生产。70年代，我国许多地区与单位都进行了Bt的固态发酵研究，直到80年代，其生产工艺才逐渐完善。传统的固态发酵按设计规模可分为网盘薄层法、皿箱式、大池通风法以及地坪式等发酵方式，如图6–5所示。

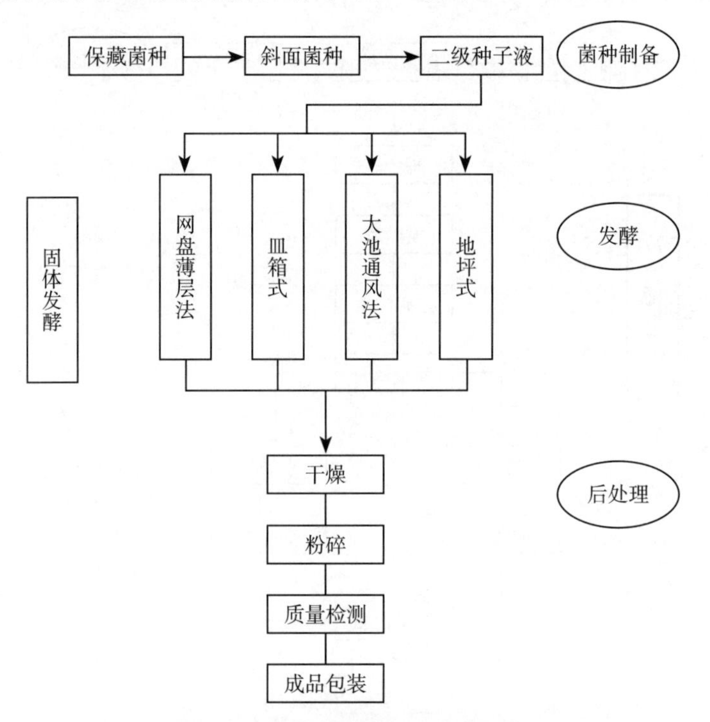

图6–5　固态发酵基本工艺流程图

可用于苏云金固态发酵的原料很广泛，但选择时既要考虑物料的营养性，也要考虑载体的通气最佳培养条件可使发酵芽孢数稳定在2.0×10^{10}cfu/g，在2000倍稀释度条件下对菜青虫的致死率为100%。基质的通气性主要用含水量来控制。适宜的初始含水量，使得培养基有合适的疏松度，颗粒间存在一定空隙，有助于菌体从培养基获得营养成分和氧气的传递，从而促进生长繁殖，而过高的含水量会导致培养基黏结成团，多孔性降低，影响氧气的传递；含水量过低，则使培养基的膨胀程度降低，水的活度低，抑制菌体生长。Capalbo等将潮湿的稻谷装入聚丙烯袋接种Bt subsp. tolworthi进行了固态发酵实验室研究，湿度控制在50%～60%，产物田间毒效良好，48h死亡率可达100%。固态发酵具有低投资、低成本、低排污等优点，但因输送、搅拌、温度、湿度、pH值和供氧等诸多问题，缺少工程解决手段而使其发展受到了限制。陈洪章等首先提出了压力脉动固态发酵技术，利用压力脉动周期刺激强化生物反应和细胞膜的传质速率。压力脉动避免了机械搅拌的缺陷，提高了传质、传热效率，降低温度、O_2和CO_2浓度梯度，促进了毒效的提高。目前，压力脉动固态发酵反应器已成功放大到70m^3的工业级生产规模。

在发酵过程中，液态发酵流动性好，传质、传热性能优于固态发酵，也便于控制；但在后处理过程中，液态发酵通常需要碳酸钙助滤或离心浓缩，操作复杂且有效成分易流失，而固态发酵可以直接进行干燥、粉碎，能源消耗小，但可湿润性较差。可见工艺都存在各自的优缺点，选用何种发酵工艺还应依据培养基组分与发酵水平，以进行综合调控，见图6-5。

七、微生物农药剂型研究的发展趋势

1. 与微生物农药剂型相关的基础研究将越来越受到重视

（1）加强微生物的理化特性和生理机制的研究，有助于研制出高效、合理、安全的微生物农药剂型。

通过对微生物生理机制的研究，有助于选择合适的助剂。微生物农药制剂中的各种辅加成分、pH值及含水量等在很大程度上影响着微生物农药的稳定性和活性。如球形芽孢杆菌的杀虫毒力与其芽孢的形成状况有很大关系，在芽孢形成过程中，提供充足的氧气，控制合适的pH值，并提供充足的氨基酸或蛋白质作为碳源和氮源，有利于芽孢形成和毒素产生。在球形芽孢杆菌悬乳剂的生产和应用中，关键要注意产品的酸碱度，否则会因制剂的pH值不合适，导致制剂发生二次发酵，产生异味和杀虫活性降低。进一步明确了在酸性或中性环境下，杀虫活性虽有降低，但相对稳定；而在碱性环境中，杀虫活性迅速降低；因此产品制剂的最适pH值应控制在6～8。另外研究明确了Bt产生菌的一些理化特性：如其芽孢和伴胞晶体成熟后，菌体即发生裂解;暴露的晶体蛋白在野外应用过程中，易受紫外线及其他因素的影响，半衰期往往只有4～7d等。所以将Bt伴胞晶体蛋白基因转移到无芽孢细菌中，不仅可以构建出晶体产量高、具有良好发酵性能的工程菌，而且在发酵后用适当方法处死菌体，使细胞壁将晶体蛋白包裹住，制成生物囊制剂，持效期将会大幅度提高。

（2）加强生防微生物与靶标生物之间生态学关系的研究，可通过产品剂型的特殊加工，达到提高活体微生物农药药效的目的。

通过研究生防微生物与靶标生物之间的生态学关系，可采取相应的措施加强生防菌在生态上的优势，从而提高其防效。如木霉菌与植物病原菌在土壤中争夺生活空间和营养源，有效利用果蔬表面或侵入位点附近低浓度营养物质而生长存活，占领病原菌的入侵位点而不为病原菌的入侵留下空隙。木霉由于有较强的存活竞争力，可使病原菌菌丝生长混乱，出现环行生长、菌丝顶部变细、扭曲等现象，细胞内含物减少，最后被木霉菌丝覆盖。所以在木霉菌剂中加入麸皮作稀释剂，为木霉菌提供营养载体，可提高木霉菌在土壤中的各种能力，使其成为优势种群定殖于植物根际。

（3）加强微生物农药作用机理的研究，可有针对性地制定出不同的产品剂型。

一种生防微生物可以同时有几种作用机制，已知的作用机制有拮抗作用、交叉保护作用和诱导抗性作用等。通过充分了解一种生防微生物的作用机制，可确定它的应用策略是活体应用还是产物应用。生防微生物活菌制剂作为一种产品，应用时的主要障碍是其生态稳定性和遗传稳定性。随着对生防微生物作用机制的深入了解，已发现生防微生物产生的拮抗物质有抗生素、细菌素、噬铁素等；产生的激发子有寡糖类、脂肪酸类、蛋白和糖蛋白化合物。因为这些产物是单一化学物质，所以可选择的剂型种类也比较多，可以像加工化学农药一样对其进行加工，产品的质量和效价均较为稳定。

通过对微生物作用机制的深入分析，可采用基因工程方法改良野生菌。但野生的荧光假单胞杆菌只产生抗生素吩嗪酸（PCA）和2,4-二乙酰茎藤黄酚（PHL）两种抗生素中的一种。用生物技术方法可将PCA生物合成的质粒导入产生菌株中，可使产生菌株同时产生以上两种抗生素，大大提高了荧光假单胞杆菌的生防活性。

（4）加强助剂对微生物协调作用功能的研究，可提高制剂产品的稳定性和药效。

在农药制剂中，除活性成分外的其他成分均称为助剂，包括载体、稳定剂、增效剂、渗透剂及表面活性剂等。稳定剂有抗沉降、抗结块、防分解及防紫外线辐照等功能；增效剂能增强制剂的防效；渗透剂可增强制剂的内吸性能。

（5）加强新基因的克隆与功能研究，可减少生防微生物在剂型加工中受到的限制。

通过对新基因的克隆与功能研究，有助于寻找新的生防思路，使生防微生物在剂型加工上受到较少限制，增加选择的范围。另外，重组病毒可形成多角体（OCC^{+}），且能通过口服方式大规模感染昆虫，克服传统方法中只能通过注射感染昆虫的难题，极大地方便了筛选纯化以及剂型加工。由于现代生物技术的飞速发展，大量重要的抗虫、抗病基因已经被克隆且得到应用。目前被应用的主要抗虫基因有Bt *cry*1A（b）(B,S）基因、豇豆胰蛋白酶抑制剂基因、凝集素基因、几丁质酶基因、色氨酸脱羧酶基因等；主要抗病基因有外壳蛋白基因、病毒复制酶基因、溶菌酶基因、细菌毒素基因、核糖体失活蛋白质基因、防卫蛋白基因等。

2. 具有防治病、虫、草害的转基因植物或基因工程菌将成为最好的、最高级的微生物农药剂型

（1）加强抗虫基因工程植物的研究和开发，使其成为最高级、最有效的植物杀虫制剂。

抗虫的转基因植物可对整个植物体，特别是外部施用的农药无法到达的部位，提供有效防卫；它只毒杀以其为食的特定害虫，而对其他非目标动物包括害虫的天敌无副作用；同时因其所产生的毒蛋白留存在植物体的组织内部，不会对周围环境造成污染。1987年7月比利时Belginan生物技术公司研究小组首次报道了将Bt *cry*1A（b）与卡那霉素标记基因*npt*Ⅱ融合，通过Ti质粒整合到烟草植株内，成功获得了抗烟天蛾转基因烟草植株。该植株毒蛋白含量在30ng/g，叶蛋白就足以杀死烟天蛾1龄幼虫。除Bt毒蛋白的应用获得成功之外，还有蛋白酶抑制剂基因（*cpt* I）的应用，用根癌农杆菌Ti质粒介导反带有CaMV35s启动子，*cpt* I和3′端NOS终止子基因转入烟草。转基因烟草对烟芽夜蛾有显著抗性。1995年，头一批转基因作物，包括表达*Cry*1A（b）毒蛋白的玉米、表达*Cry*1A（c）毒蛋白的棉花以及表达*Cry* 3A毒蛋白的马铃薯等，都在美国通过了市场销售审批。在美国表达Bt毒蛋白的转基因农作物的种植面积已超过120万公顷。

（2）加强抗病基因工程植物的研究，将生产出最高级、最有效的植物杀菌制剂。

科学工作者不仅能从细胞和分子等不同层次上探索植物病原菌的致病本质以及病原菌与寄主植物之间的相互作用机理，而且还能重组转化抗病基因工程菌和培育出转基因抗病植物，可以解决一些常规的农药制剂难以防治的植物病害，如植物病毒病和细菌性病害。

Wei等发现Harpin是一种能在许多植物上引发过敏反应的诱导物。Harpin本身是一种蛋白质，具有无毒、不污染环境的优点，但它也存在易于被降解失效的缺点。因此将此种蛋白质加工成某种合适稳定的农药剂型比较困难。如何通过经济、简便的方法把它施用到植物上，既有有效的诱导抗性，又安全可靠，是一个重要课题。而许多草生欧氏杆菌菌株产生多种多样的抗生物质，这些菌在植物体上定殖力也比较强。向具有良好生防作用的草生欧氏杆菌中导入Harpin基因，使Harpin基因能够稳定遗传和适量表达，就能构建出具有直接拮抗病菌和诱导植物抗性双重作用的重组生防菌，可以解决以上难题。

（3）加强植物内生菌基因工程的研究，可直接开发出高级、有效的植物杀虫制剂和杀菌制剂。

植物内生菌是存在于植物维管束中的一类对植物无害的微生物群落，其中主要为细菌，可在植物组织中存活并能转运。由于植物内生菌在体内具有稳定的生存空间，不易受外界环境的影响，作为潜在的生物资源，已广泛受到重视。*Clavibacter xyli* sub2sp. *cynidonlis*（CXC）是一种能在玉米体内维管束系统定植的内生菌，其种群数量开始时为10^3cfu/g，10周后可达10^6cfu/g，随后，将苏云金杆菌的δ–内毒素基因*cry*1A（c）整合到CXC的染色体中，构建了转基因工程菌。此种工程菌可系统定植在玉米的茎、叶和叶鞘的木质部内，植物组织内的菌落水平可达10^7cfu/g。在其体外生测中显示了对玉米螟的杀虫活性。美国CDI公司用此种工程菌接种玉米种子，伴随着玉米的生长，可减轻玉米螟的危害。而且当幼虫转移进入叶鞘或茎秆中，化学药剂或Bt的任何剂型都不再发挥作用时，这种内生转基因工程菌仍能发挥良好的作用。

随着对微生物分子生物学和遗传学的深入研究，构建具有综合优良性能的重组菌株成为国内外微生物农药制剂发展的一个重要方向，构建内生基因工程菌也是微生物农药制剂研究的热点。这些生防重组工程菌以及转基因抗虫、抗病植物在某种程度上代替了微生物农药剂型的作用，对环境无污染，而且更彻底、更长久地起到防治效果。因此可以说它是一种更高级的微生物农药剂型。

第四节　天敌生物农药

天敌生物农药是指除微生物农药以外的防治有害生物的活体生物，主要包括植物体农药（即转基因植物）和天敌昆虫。关于转基因植物已有较多专著进行阐述，本节主要就天敌昆虫类生物农药的类别、来源、生物学习性、人工繁殖及使用技术进行简述。

天敌昆虫是一类寄生或捕食其他昆虫的昆虫。它们在农田、林区和牧场中控制着害虫的发展和蔓延。通过发展天敌昆虫规模化生产技术，采用室内大量繁殖天敌昆虫的方法和大量释放的技术，可增加田间初始天敌的种群数量，然后结合生物农药和生态技术，形成较为完整的病虫害防治技术体系，替代或减少化学农药的使用次数与用量，保护环境和生物多样性，确保农产品生产安全。

从20世纪70年代开始，随着环境保护意识的日益增强，人们开始大量人工繁殖和释放天敌昆虫。天敌昆虫的规模化生产和应用得到了迅速发展，天敌昆虫在害虫防治中的优势也越来越明显。目前世界上大约有150种天敌昆虫类被商业化生产和销售，主要种类为赤眼蜂、丽蚜小蜂、草蛉、瓢虫、中华螳螂、小花蝽、捕食螨等。天敌昆虫生产厂家超过

90家，经销商140多家。英国的BCP天敌昆虫公司年创汇100万英镑；荷兰Koppert公司生产的天敌昆虫商品已占据欧洲大部分市场，应用于果园、田地、温室以及园艺作物等。正在出现并发展的市场有拉丁美洲、南非、欧洲地中海地区，亚洲的中国、日本和韩国。许多发展中国家，如巴西、古巴、墨西哥、中国等，除了商业性天敌昆虫公司外，还有很多由政府扶持的天敌昆虫生产企业。

我国天敌昆虫的扩繁与利用已经取得显著成效。国内主要天敌昆虫人工饲养开始走向规模化、商品化。到目前为止，我国已能成功饲养赤眼蜂、平腹小蜂、丽蚜小蜂、川硬皮肿腿蜂、食蚜瘿蚊、草蛉、七星瓢虫、小花蝽、智利小植绥螨、西方盲走螨、侧沟茧蜂等捕食性或寄生性天敌昆虫，对本地优势种天敌昆虫（赤眼蜂、草蛉、瓢虫、捕食螨等）的规模化饲养已有一定基础。但真正投入大规模工业化生产的仅有赤眼蜂和平腹小蜂。随着我国优势种天敌昆虫的大量繁殖，工业化生产取得了突破性进展。目前，已成功研制出了利用柞蚕卵（大卵）、米蛾卵（小卵）、人造卵繁殖赤眼蜂的技术与工艺流程，研制出了规模化繁殖天敌昆虫的多套机械化及半机械化生产机械，并已成功建立机械化生产线。利用现代化设备、条件大批量生产天敌昆虫成为一种新兴产业。就当前情况来看，天敌昆虫的应用面积仅占潜在可应用面积的3%。如果能达到的潜在市场按可应用面积的10%～30%计，天敌昆虫产品的潜在市场面积可达$1\times10^{11}m^2$/次，这还不包括在林业害虫防治中的应用。因此，天敌昆虫在我国的应用前景极为广阔。

商品化天敌昆虫包含昆虫纲的膜翅目、双翅目、捻翅目、鞘翅目、鳞翅目、蜻蜓目、半翅目、脉翅目等诸多种类，在害虫生物防治应用中发挥着重要作用。根据取食和生活习性，天敌昆虫主要分为两大类群，即寄生性天敌昆虫和捕食性天敌昆虫。此外，捕食性螨类虽然隶属蛛形纲，但为了方便，人们习惯上也将它们作为天敌昆虫的一个类群进行研究和应用。

一、寄生性天敌昆虫

寄生性天敌昆虫以膜翅目所包含的种类最为丰富，对害虫的控制效果也比较明显。其中主要有赤眼蜂、姬蜂、茧蜂、蚜茧蜂、蚜小蜂、跳小蜂、金小蜂、肿腿蜂、长尾小蜂和平腹小蜂等科，而多数科中的全部种类均为寄生性的。常见的寄生性天敌昆虫还有双翅目、捻翅目和鞘翅目等昆虫。如双翅目寄蝇科的许多种类是鳞翅目害虫的天敌。另外，麻蝇科和头蝇科的一些种类对害虫也有一定控制作用。捻翅目昆虫是叶蝉类害虫的常见寄生性天敌；鞘翅目坚甲科昆虫则是一些天牛幼虫的体外寄生性天敌等。

寄生性天敌昆虫可以寄生于害虫的卵、幼虫、蛹和成虫等各个发育阶段。但具体到某一种寄生性天敌昆虫则一般只寄生某一种虫态，有些则可以寄生两种虫态中的任一种，还有一些则可以从某一种虫态进入寄主，等寄主进入下一虫态后再羽化脱出。

20世纪50年代初期，山东青岛从苏联引进苹果绵蚜蚜小蜂（日光蜂）（*Aphelinus mali* Haldeman）新品系，对防治苹果绵蚜取得好的效果。1978年，中国农科院生防室自英国引入丽恩蚜小蜂（丽蚜小蜂）（*Encarsia formosa* Gahan）防治温室白粉虱，示范应用效果显著。1986～1989年广东、2002年福建和广东从日本冲绳分别引进花角蚜小蜂（*Coccobius azumai* Tachikawa）防治森林重要检疫性害虫松突圆蚧，取得良好成效。

1. 赤眼蜂

中文通用名称：赤眼蜂。

英文通用名称：*Trichogramma* spp.。

产品来源：属膜翅目赤眼蜂科（Trichogrammatidae）。该科全部种类都是卵寄生蜂，其中赤眼蜂属（*Trichogramma* Westwood）的种类应用最为广泛，多以鳞翅目昆虫卵为寄主，寄主范围广。据记载，赤眼蜂的寄主多达几百种。

制剂：卵卡。

生活习性：赤眼蜂在人工饲养条件下，全年可繁殖50代。在自然条件下，年发生世代数因地区而异。广东一年发生30代左右，湖南长沙23代，浙江余姚19～20代，四川成都18～19代，山东济南14代，而广西南宁终年都可繁殖。赤眼蜂的寄主范围非常广泛，鳞翅目、双翅目、鞘翅目、膜翅目等，其中以鳞翅目害虫最多。赤眼蜂在寄主栖息地和寄主定位过程中受化学刺激物的支配，在寄主定向和接受行为方面，赤眼蜂利用多种来源于寄主的化学刺激物——利他素。寄生卵以0～12h和36～48h卵为寄主时最多，羽化出蜂数及羽化蜂雌蜂率也以这两个发育阶段的最高，表明这两个发育阶段的寄主卵最适合赤眼蜂的发育。

人工繁殖：国外应用麦蛾、地中海粉螟、米蛾等卵作为赤眼蜂大量繁殖的寄主。这些仓库害虫在控制条件下饲养，易获得大量卵粒。我国主要应用柞蚕、蓖麻蚕、松毛虫和米蛾的卵大量繁殖赤眼蜂。赤眼蜂的人工繁殖主要有卡繁和散卵繁两类。繁蜂用的卵卡，常使用简单的机械胶按要求涂刷在纸上，再均匀撒上寄主卵，去掉多余的寄主卵，即成接蜂繁殖用的卵卡。滚式繁蜂机繁蜂是卡繁的一种方式。将蜂种卡挂在滚筒两侧的铁丝架上，将柞蚕卵卡夹在滚筒上，开机后转筒、灯亮，羽化出来的蜂趋光附着在卵卡上寄生，当卵卡上着蜂约70%时，卸下卵卡，换上新卵卡继续接蜂。封闭式多层柜繁蜂是散卵繁蜂的一种方式。将柞蚕卵逐盘放入，铺平后插入柜中，然后从上到下逐盘接入蜂种。接蜂后48h，将蜂种卡从柜中取出，把寄生过的卵逐盘顺次倒入木盘内，编号、注明接蜂日期，随即送到2～3℃低温库贮存待用。

2. 松毛虫赤眼蜂·松毛虫质型多角体病毒

产品来源：将松毛虫赤眼蜂和松毛虫质型多角体病毒结合，使初孵幼虫染病。利用柞蚕卵作为松毛虫赤眼蜂的替代寄主繁育赤眼蜂。将已寄生松毛虫赤眼蜂的柞蚕卵制成卵卡，应用超低容量喷雾设备将松毛虫质型多角体病毒均匀喷洒在卵卡表面。

制剂：卵卡。

使用方法：在松毛虫成虫羽化高峰期，直接将松质·赤眼蜂杀虫卡按5～7枚/亩挂在树枝上即可。该杀虫卡结合赤眼蜂和病毒的双重优点，通过赤眼蜂将病毒带入靶标，使初孵幼虫罹病，导致二次感染，诱发病毒流行病，有效控制害虫。

3. 丽蚜小蜂

中文通用名称：丽蚜小蜂。

英文通用名称：*Encarsia Formosa* Gahan。

产品来源：属膜翅目蚜小蜂科。起源于热带和亚热带，用白粉虱幼虫人工扩繁。

制剂：蛹或蛹卡。

生活习性：雌蜂可寄生白粉虱各个龄期的若虫，但通常选择3龄和4龄若虫。该寄生蜂一生有6个发育阶段（包括卵、幼虫的4个龄期和蛹）都是在寄主体内度过的。当老熟幼虫化蛹后，白粉虱的蛹变为黑色。羽化后的成虫以蜜露和白粉虱幼虫的汁液为食，找到寄主后就产卵于其体内。成虫也可以直接捕食介壳虫。成虫在气温低于15℃时会停止飞行；低于18℃时行动迟缓，但还可在叶片上行走、寻找猎物。一只雌蜂平均可产卵60～100粒。因温度不同，丽蚜小蜂繁殖一代需要2～4周。当气温高于30℃时，雌蜂只能存活几天。雌蜂搜寻寄主的能力极强，搜索半径为10～30m，但蜜露对其寄生效率有一定影响。

人工繁殖：丽蚜小蜂的人工繁殖技术主要有罩笼繁蜂法、单室繁蜂法、四室繁蜂法和五室繁蜂法，其中以五室繁蜂法最为成功。培育番茄进行五室繁蜂法的主要步骤：① 清洁苗培育。在清洁苗培育室内，用温水浸泡番茄种子10min，然后播种在育苗盘内，发芽至两片真叶时分苗1次，5片真叶时，选出壮苗定植花盆内，7～8片真叶时，即可用于接种粉虱。按照需要，每两周播一批种子。② 繁殖和接种粉虱。将7～8片真叶的清洁番茄苗盆栽移入繁殖室，接种粉虱成虫。当下代粉虱成虫、大量羽化时，再移入清洁番茄苗接种粉虱产卵。接种后的盆栽苗移出，作为繁蜂用。同时，留下一部分用于更换粉虱的续代繁殖。③ 粉虱若虫的繁育。将②中接种的番茄苗盆栽移入粉虱若虫繁育室，2周后粉虱若虫发育到2～3龄，即准备用于接种丽蚜小蜂。④ 接种丽蚜小蜂。将③中准备好的番茄苗盆栽移入小蜂繁蜂室，接入丽蚜小蜂，保证每平方厘米叶片上有1只丽蚜小蜂，经10～12d后，当有黑蛹零星出现后，即可移出繁蜂室。⑤ 分离小蜂和粉虱。将④培育的番茄苗盆栽移入分离室，待未被寄生的粉虱大部分羽化后，用敌敌畏熏蒸4h，杀死粉虱成虫，然后收集被寄生的黑蛹，放在阴干室内1～2d，即可包紧，贮藏应用。

4. 荔蝽平腹小蜂

中文通用名称：荔蝽平腹小蜂。

英文通用名称：*Anastatus japonicus* Ashmead。

产品来源：隶属膜翅目旋小蜂科（Eupelmidae）。

制剂：卵卡。

生活习性：平腹小蜂将卵产在荔枝蝽卵内，取食寄主卵内的营养致其死亡，成蜂羽化后咬破卵壳飞出。在广州每年发生8代。在25～30℃条件下，世代历期23～33d。成蜂羽化后即可交配产卵，可连续产卵1个月左右。在25～32℃、相对湿度54%～95%条件下，每只雌蜂平均产卵228粒，用柞蚕卵繁殖的雌蜂最多可产卵446粒。产卵主要集中在羽化后的前25d内，日产卵量为6～11粒，最高达33粒。补充营养对成蜂寿命影响大，成蜂羽化后，如有饲喂蜜糖水，雌蜂寿命可达30～40d，雄峰5～6d，长者10d以上。如不补充食物，成蜂只能存活3～7d。平腹小蜂一般以老熟幼虫或预蛹越冬。在温暖地区，少数也能以成蜂过冬。平腹小蜂在1个寄主卵内一般只能羽化1只成蜂。寄生时对寄主卵的发育程度要求不严格，能寄生于寄主卵胚胎发育的不同时期。但寄生卵胚胎发育后期者，其后代的雄性比例较大。

人工繁殖：平腹小蜂多采用柞蚕卵作为人工繁殖的中间寄主。人工繁殖平腹小蜂主要步骤包括采集贮藏蜂种、预购柞蚕卵和必要材料、制作卵卡，接蜂寄生和卵卡贮存备用。制作平腹小蜂寄生卵卡的纸张应选择纸质坚韧、不易吸水的牛皮纸、白纸或纸质好的旧杂志，根据需要裁成一定规格纸片。制作卵卡时，先在纸片中央均匀涂上乳胶液，然后在胶上撒足蚕卵，并用手掌轻压卵粒，使之黏牢，再提起纸片抖去多余的卵粒，晾干即成繁蜂卡。然后接种蜂寄生繁殖，即把制好的卵卡挂在繁蜂室内的大木架或铁架上，控制好温度、湿度、光照条件和平腹小蜂比例，让平腹小蜂的种蜂在柞蚕卵上产卵寄生。架子为180cm×110cm×50cm，下装轮子便于移动，可根据需要分层隔间，外面用尼龙绢纱封围，正面小门可以打开。接蜂前先挂入蜂种卵卡，待蜂种羽化后再挂入新鲜卵卡，经寄生2d后更换卵卡。同时，给蜂种饲喂蜜糖水，蜂种可连续产卵20多天，20多天后蜂种产卵量显著减少，必须更新，才能继续繁殖。把寄生好的卵卡在低温下贮藏。按照防治时间的需要，调整温度、湿度，让平腹小蜂发育到一定程度后取出在果园挂放。

5. 白蛾周氏啮小蜂

中文通用名称：白蛾周氏啮小蜂。

英文通用名称：*Chouioia cunea* Yang。

产品来源：属膜翅目姬小蜂科（Eulophidae），是美国白蛾蛹期的重要寄生性天敌。

制剂：成虫。

生活习性：白蛾周氏啮小蜂在秦皇岛1年发生7代。以老熟幼虫在寄主蛹内越冬。该蜂群集于寄主蛹内，其卵、幼虫、蛹及成蜂产卵前均在寄主蛹内度过。成蜂在寄主蛹中羽化后，先进行交配，1只雄蜂可和多只雌蜂交配。雌蜂一生只交配1次，无重复交配现象。刚羽化的成蜂当天即可产卵寄生。1只雌蜂一生最多能产680粒卵。白蛾周氏啮小蜂雌蜂的数量远多于雄蜂的，雌雄性比平均为44.1∶1，有时甚至高达95∶1。雌蜂寿命大于雄蜂，在21℃时可存活15d，雄蜂寿命较短，一般在羽化后的3～4d即死亡。

人工繁殖：白蛾周氏啮小蜂可以寄生多种鳞翅目昆虫的蛹。但在人工繁殖时，主要采用柞蚕蛹和赤松毛虫蛹作为替代寄主，尤其是柞蚕蛹。由于其资源丰富而成为主要的替代寄主。大量繁殖白蛾周氏啮小蜂之前，需要备足蜂种。采集蜂种的方法有直接采集法和诱集法。直接采集法是在美国白蛾化蛹盛、末期，野外直接采集被周氏啮小蜂寄生的美国白蛾蛹，放入器皿中饲养啮小蜂；诱集法是在白蛾周氏啮小蜂羽化期，在林间挂柞蚕蛹诱集啮小蜂产卵，然后取回放在器皿中饲养啮小蜂。接种时，选择个体大、活动能力强的个体作种蜂。人工繁蜂所需的仪器设备有繁蜂箱、恒温箱、冰箱、接种室、恒温室、冷藏室及指形管等。以柞蚕蛹作寄主，采用“三刀破茧法”，即将柞蚕茧有蚕蒂的一侧用刀削两个口，另一侧削一个口，但不要将蛹削破，使啮小蜂更容易进入寄主。破茧后将茧蛹放入繁蜂箱中，在暗光条件下接入种蜂寄生。待种蜂发育到蛹期后，进行低温冷藏（0～4℃）。进行田间放蜂前，根据“蜂（白蛾周氏啮小蜂）蛹（美国白蛾蛹）相遇”的原则，将冷藏的蚕蛹取出，在恒温箱中进行暖蜂，使啮小蜂快速发育直至羽化，然后进行田间放蜂。

6. 中红侧沟茧蜂

中文通用名称：中红侧沟茧蜂。

英文通用名称：*Microplitis mediator* Haliday。

产品来源：膜翅目，茧蜂科，小蜂茧蜂亚科，侧沟茧蜂属。广泛分布于亚洲与欧洲。

制剂：蜂茧。

生活习性：中红侧沟茧蜂成虫蜂体呈黑色，腹部有时呈黑褐色，第2～3节背板赤黄色。触角黑褐色，柄节基部多半红褐色，须淡黄色，足赤黄色，基部或中、后足基节基部黑褐色。翅基片淡赤色，翅稍带烟褐色，翅基部有黄白色斑。中红侧沟茧蜂产生无卵黄卵，产卵后32～34h，幼蜂开始孵化。中红侧沟茧蜂的卵和幼虫在寄主体内发育，随温度、湿度的不同，发育时间一般为6～11d。中红侧沟茧蜂可寄生许多夜蛾科的寄主害虫，其幼虫在不同寄主体内的发育过程也有差异，能够通过化学信息物质辨别寄主昆虫适宜寄主范围与非适宜寄主范围。中红侧沟茧蜂属于兼性滞育昆虫，只要达到滞育所需条件，中红侧沟茧蜂在任何一代都能形成滞育虫态，温周期和光周期都会影响天敌昆虫的滞育。

人工繁殖：人工繁育中红侧沟茧蜂技术的建立和完善是规模化生产与大量释放应用的

前提。目前主要采用自然寄主繁蜂的方法来进行中红侧沟茧蜂的规模化生产。中红侧沟茧蜂的人工繁育方法包括寄主黏虫的饲养、蜂种繁育、滞育蜂源的繁育、蜂源的保存和释放。其繁育步骤包括：① 寄主黏虫的饲养。在20～25℃下，1龄末、2龄初幼虫长成3龄幼虫，再用人工饲料饲养3龄幼虫，3龄幼虫化成蛹，蛹羽化成成虫，然后成虫产生黏虫卵，黏虫卵变成初孵幼虫，初孵幼虫长成1龄末、2龄初幼虫。在此过程中为调整生产进度，黏虫蛹可在10～15℃下保存，保存时间≤30d，黏虫卵可在5～10℃下保存，保存时间≤30d。② 蜂种繁育。在接种箱中接入人工繁殖的、整齐一致的1～2龄黏虫幼虫，并按1∶20的蜂虫比例接入由发育绿茧中羽化出的中红侧沟茧蜂蜂种，雌雄比按1∶1匹配。在所产生的受寄幼虫中取少部分受寄幼虫，在22～25℃、12h光照周期下饲养至结茧，饲养时间6～8d，再在22～25℃下催茧，产生蜂种。③ 滞育蜂源的繁育。将步骤②产生的受寄幼虫的大部分置于16～19℃，光照周期9～11h/d，光照强度4000～6000lx，相对湿度60%～80%环境下直至产生滞育蜂源。④ 蜂源的保存和释放。滞育蜂源在-4～10℃下可保存一年，滞育蜂源可在22～27℃下解除滞育。根据目标害虫发生时间和发生量，随时释放应用。

二、捕食性天敌昆虫

捕食性天敌昆虫是指专门以其他昆虫或动物为食物的昆虫。这类天敌直接蚕食虫体的一部分或全部，或者刺入害虫体内吸食害虫体液使其死亡。一般情况下捕食性天敌昆虫较其寄主都大，它们捕获吞噬寄主肉体或吸食寄主体液，在发育过程中要捕食许多寄主，而且通常情况下，一种捕食天敌昆虫在其幼虫和成虫阶段都是肉食性的，独立自由生活，都以同样的寄主为食。如螳螂目的螳螂和鞘翅目瓢虫科的绝大多数种类。当然，也有幼虫和成虫食性不一样的，如多数食蚜蝇幼虫为捕食性的，而成虫则很少捕食。目前国内广泛应用的主要有捕食螨、草蛉、瓢虫等。

1. 捕食螨

分类及名称：捕食螨的种类非常丰富。据报道，有23个科90多种螨类可捕食（寄生）其他害螨。农业生产中分布和应用较多的捕食螨主要集中在植绥螨等10个科中，其中以植绥螨科（Phytoseiidae）最为重要，长须螨科（Stigmaeidae）次之。这两科均为捕食植食性螨类的捕食螨。

我国已发现具瘤长须螨（*Agistemus exsertus* Gonzalez-Rodriguez）能捕食橘全爪螨、柑橘锈螨和黄叶螨。目前，我国已报道有利用价值的捕食螨种类达22种之多，其应用范围和面积不断扩大（表6-6）。

生活习性：捕食螨具有发育历期短、食物范围广、捕食量大等特点。① 世代周期短。在25℃下，大多数植绥螨的发育历期为4～7d，而相同条件下橘全爪螨的发育历期要长1～2倍。东方钝绥螨在室温下饲养，雌螨自卵至后若螨历时4.1d，全生活周期为27.7d，雄螨为19.7d。捕食螨的世代周期在24～27℃下一代需7～8d，可繁殖子代40～50个，在30～34℃下，仅需4～5d，一般种类在15～35℃范围内均能正常取食、繁衍。智利小植绥螨在5～10℃下仍能正常产卵、捕食，是冬、春季草莓等作物上红蜘蛛的优良天敌品种。此外，植绥螨雌虫寿命普遍较长，尼氏钝绥螨雌虫最长可存活107d，一般在适温和合适饲料情况下，雌成虫寿命达20～30d。② 食性多样。捕食螨有多种食源，如植食性螨类、粉虱、蓟马、小型节肢动物、花蜜和花粉等。但对肉类食源有较强的选择性，喜吃肉食，并且先吃卵，后吃若虫和成虫。一只捕食螨一生能捕食红蜘蛛300～350只，或锈壁虱1500～3000只，或粉虱、蓟马

80～120只。另外，食性专一的捕食螨，常能在短期内控制猎物增长，但当猎物食光后，捕食者可能因食物缺乏而无法维持生存。尼氏钝绥螨除捕食橘全爪螨之外，还取食10多种植物花粉，而且单纯取食花粉也可完成发育和产卵。当害螨与花粉同时存在时，尼氏钝绥螨仍以捕食害螨为主，这样保证了该捕食螨的防治效果。东方钝绥螨喜取食多种害螨，只是当害螨很少时，植物花粉也可作为其维持生存的食料。③ 产卵与繁殖率。捕食螨的产卵量和雌雄性比率，是繁殖率的主要指标。植绥螨卵散产，通常日产卵1～5粒，平均2粒。雌成螨的产卵总量与温度、湿度及食料有关。在合适条件下，每只雌成螨产卵量一般在30～40粒之间。尼氏钝绥螨平均产卵1.7～2.7粒，一生产卵19.3粒，雌雄性比为1∶0.55。拟长毛钝绥螨日产卵2.2粒。纽氏钝绥螨一生产卵14～28粒。伪钝绥螨产卵量最高，平均一生可产卵48粒左右。④ 分布与扩散能力。在捕食螨在植物上分布与猎物相吻合时，其捕食效果十分理想。从国外引进的智利小植绥螨分布与叶螨一致，而且食性专一，因此捕食效果好。拟长毛钝绥螨的分散能力很强，在棉株内叶螨密度大致相仿的情况下，呈随机分散；接螨后第二天，从散放点可分散至全株30%～60%的果枝上。株间的分散速度，一周内最远可迁至2m处，三周内可分散至4m×4m范围。⑤ 耐饥力强。捕食螨在无食物情况下，可生存7d。

表6-6　我国已报道有利用价值的主要捕食螨种类

捕食螨种类	防治对象	作物	地区
纽氏钝绥螨（*Amblyseius newsami*）	橘全爪螨（*Panonychus citri*）	柑橘	华东、华南
尼氏钝绥螨（*Amblyseius nicholsi*）	橘全爪螨，橘始叶螨（*Eotetranychus kankitus*）	柑橘	华东、华南、西南
江原钝绥螨（*Amblyseius eharai*）	橘全爪螨，荔枝瘿螨（*Eriophyes litchii*）	柑橘、荔枝	广东、广西、湖南、上海，广东
东方钝绥螨（*Amblyseius orientalis*）	橘全爪螨，苹果全爪螨（*Panonychus ulmi*）	柑橘、苹果	全国
长毛钝绥螨（*Amblyseius longispinosus*）	神泽叶螨（*Tetranychus kanzawai*）	蔬菜	台湾
拟长毛钝绥螨（*Amblyseius pseudongispinosus*）	二斑叶螨（*Tetranychus urticae*）	蔬菜	全国
冲绳钝绥螨（*Amblyseius okinawanus*）	橘全爪螨、蔬菜叶螨	柑橘、蔬菜	华东、华南
真桑钝绥螨（*Amblyseius makuwa*）	橘全爪螨	柑橘	广西
间泽钝绥螨（*Amblyseius aizawai*）	橘全爪螨	柑橘	广西
巴氏钝绥螨（*Amblyseius barkeri*）	叶螨、粉螨、蓟马	果园	江西、湖南、云南
智利小植绥螨（*Phytoseiulus persimilis*）	二斑叶螨（*Tetranychus urticae*）	蔬菜	各地温室
西方盲走螨（*Typhlodromus occidentalis*）	叶螨	苹果	西北
伪钝绥螨（*Amblyseius fallacis*）	苹果全爪螨、二斑叶螨	苹果	华北、西北
胡瓜钝绥螨（*Amblyseius cucumeis*）	蓟马、二斑叶螨、橘全爪螨	蔬菜、果园	福建、广东
卵圆真绥螨（*Euseius ovalis*）	橘全爪螨，荔枝瘿螨	柑橘，荔枝	广东
具瘤长须螨（*Agistemus exsertus*）	橘全爪螨	柑橘	四川、贵州
镰螯螨（*Tydeus* sp.）	橘锈瘿螨（*Phyllocoptruta oleivora*）	柑橘	浙江

续表

捕食螨种类	防治对象	作物	地区
无视异绒螨（*Allothrombium ignotum*）	棉蚜（*Aphis* sp.）	棉花	陕西、山西
小枕异绒螨（*Allothrombium pulvinum*）	棉蚜、叶螨	棉花	江苏
圆果大赤螨（*Anystis baccarum*）	橘全爪螨，日本松干蚧（*Matsucocous matsumurae*）	柑橘 松林	广东、四川、江苏
昌德里棘螨（*Gnorimus chaudhrii*）	跗线螨（*Tarsonemus* sp.）	水稻	福建
芬兰真绥螨（*Euseius finlandicus*）	苹果全爪螨、山楂叶螨	苹果	甘肃

人工繁殖：植绥螨发育历期比较短，在适宜温度（25～30℃）下一般自卵至成螨历期仅4～7d。每日雌螨产卵2～5粒，一生可产卵50～100粒。一些种类全为捕食性。例如，智利小植绥螨（*Phytoseiulus persimilis* Athias-Henriot）专食叶螨，其他食物虽能维持生命，但不能繁殖后代。大多数种类除取食叶螨、瘿螨、附线螨、蚧及其他小型节肢动物卵外，能以植物的花粉、汁液、丝状菌及昆虫分泌的蜜露为食。同时取食叶螨和花粉的被选择为大量繁殖散放的重要种类。例如，广东利用于防治橘全爪螨（*Panonychus citri* McGregor）的纽氏钝绥螨（*Amblyseius newsami* Evans）和四川利用于防治橘全爪螨的尼氏钝绥螨（*A. nicholsi* Ehara et Lee）都可用多种植物的花粉大量繁殖，散放于植物上捕食叶螨，植物上缺少叶螨时也可取食花粉继续繁殖，维持种群的数量。

植绥螨大量繁殖技术：① 叶片饲养法。保种或饲养少量智利螨时适用此法。用白色搪瓷盘（50cm×33cm），盘中放水，水深0.5cm，将数个直径9cm的小培养皿倒扣于瓷盘中，皿底铺一层纱布，纱布边缘浸入水中，纱布上铺一张直径稍小于培养皿的圆形塑料纸（有若干小洞），在塑料纸上放一张带有叶螨的叶片。叶柄缠以湿脱脂棉条，棉条一端浸入水中，使叶片保持新鲜，之后在叶片上接智利小植绥螨。每天在皿上加一片有叶螨的新鲜叶片，智利螨将很快迁移到新鲜叶片上，3～4d后，将压在下面的干枯叶片清除。由于智利螨繁殖能力较强，只要饲料充足，短期内数量即很快增大，如1叶上的叶螨数量不能满足智利螨捕食时，就需要分皿，扩大繁殖。繁殖到一定数量，就可将叶片移至盆栽豆苗上饲养。饲养纽氏钝绥螨和尼氏钝绥螨时，把这些捕食螨放入塑料薄膜上，每天加入植物的花粉作为饲料。在塑料薄膜上放少量棉花纤维作为捕食螨产卵的支持物。当收集足够卵时，可将卵和棉花纤维一起散放在植物的叶柄上。饲养纽氏钝绥螨和尼氏钝绥螨，可采用茶、山茶、油菜、玉米、丝瓜、蓖麻等各种花粉，存活率和产卵量都比较高。不同种类螨对不同植物花粉的适应性不完全相同。② 盆栽豆苗饲养法。此法扩繁数量大，可供田间释放应用。饲养温室的温度、湿度和光照要求，冬天在室内饲养，温度宜保持在20～30℃，光照16～24h，相对湿度70%～90%。在温室中，将豌豆、菜豆直播于塑料筐（30cm×25cm×10cm，30～40株）或花盆（直径约15cm，每盆3～4株）中，待植株长出复叶时，即可在叶上接二斑叶螨，经3～7d，叶上即有大量叶螨卵，此时把有智利螨的叶片移置于植株上，让其自行在苗上扩散，经10～12d，智利螨的数量可增长4倍多，1个月后可增10多倍。饲养过程中，需注意调节叶螨的数量，叶螨太少时应及时补充，叶螨太多时，可将叶片剪下，移于新鲜植株上用于叶螨的扩大接种。

2. 草蛉

分类及名称：草蛉是一类很普通的脉翅目昆虫。成虫和幼虫（蚜狮）都有捕食性。主要以蚜虫、介壳虫、红蜘蛛等为食，也捕食蛾类幼虫以及多种昆虫的卵等。老熟幼虫在植物的枝、叶及树干缝隙处结茧化蛹。成虫产卵于植物上，卵基部有丝柄。常见的有中华通草蛉（*Chrysoperla sinica* Tjeder）、大草蛉（*Chrysopa septempunctata* Wesmael）、丽草蛉（*Chrysopa formosa* Brauer）、普通草蛉（*Chrysoperla carnea* Stephens）等。

生活习性：草蛉是完全变态的昆虫。幼虫期蜕皮两次，有3个龄期。一年世代多少很不一致，由一代至三四代不等，人工饲养，有的种类则可多至八九代。每代所需时间，同种在不同地区或不同季节也有变化。草蛉的卵期一般都较短。如卵色全部灰黑多是被寄生的。草蛉产卵量，据记载，普通草蛉一次可产卵679粒，叶色草蛉产卵480粒。草蛉幼虫在蚜虫滋生处极常见，在蚜群中捕食甚猛，所以有“蚜狮”之称。幼虫共有3龄，除大小和颜色有变化外，形态相差不多。取食时用一对钳状的上、下额夹住蚜虫而刺入，并将消化液注入蚜虫体内，再吸食蚜虫的体液。成虫羽化后，先行排粪，再去找食物。经过几天的补充营养阶段而达到性成熟，开始交尾，产卵繁殖后代。值得注意的是有少数种类以成虫越冬，秋末羽化的雌、雄两性躲藏在隐蔽的场所过冬，来春出蛰恢复活动后，才逐渐性成熟进行繁殖。而这类以成虫越冬的草蛉身体的颜色是会变换的，越冬时由绿色变黄，并出现许多红色斑纹，看来很像不同的种类，但天暖后又变成原来的绿色。

人工繁殖：饲养草蛉效果较好的饲料有蚜虫、蜂儿、米蛾卵、麦蛾卵以及一些人工饲料。这些饲料在应用上各有其优缺点，可因地制宜，选择或配合使用。

（1）蚜虫

① 利用自然界蚜虫。在室内饲养草蛉，蚜虫是必要的饲料。用蚜虫饲养中华草蛉幼虫，其个体发育均正常，历期均较以其他饲料饲养的短，取食行为正常，饲养效果好。中国农科院生防室曾用500mL果酱瓶群体饲养中华草蛉、丽草蛉和大草蛉的幼虫，在变温和恒温两种不同条件下进行饲养。结果表明，以蚜虫为饲料时，这3种草蛉幼虫的成活率和羽化率都比较高。

蚜虫的种类很多，不同种蚜虫对草蛉的个体发育有影响。在选择蚜虫时应尽可能选草蛉最嗜好的种类。采集饲料时，根据当地植物或作物栽培及气候情况，了解各种植物上蚜虫出现的时间，制订采集计划。例如，在湖北省，3月蚜虫主要在油菜、蚕豆、苕子、竹、梨、桃等上出现；4月主要在油菜、蚕豆、苕子、麦、木槿、柳树、竹、小蓟、菊科等植物上出现；5月主要在蚕豆、小麦、刺槐、木槿、竹、菊科等植物上出现；6～7月主要在棉花、玉米、高粱、桃、梨等植物上出现；8～9月主要在棉花、玉米、豇豆、瓜类等植物上出现；冬季主要在蔬菜上出现，如大白菜等。

② 利用植物人工繁殖蚜虫。单靠自然界蚜虫供给的饲养工作很被动。因为自然界蚜虫受气候影响很大，如一连几天暴雨会使蚜虫数量突然降低到难以采集，冬季蚜虫的来源也有限。因此，为了能够连续饲养草蛉，就必须人工繁殖蚜虫。

人工繁殖蚜虫的方法可以根据需要，在不同季节种植一定面积的植物，并进行人工接种蚜虫繁殖。有条件的地方，可以利用温室繁殖蚜虫，这样可以避免不适气候对蚜虫的影响。如冬季，也可以在田间设置简易温室，也可利用苗床。室内温度以20～25℃、光照在18h以上为宜。在温室内种植易长蚜虫的植物，如菜豆、萝卜、白菜、甘蓝、烟叶、棉花等，然后在植株上接种蚜虫进行繁蚜。在接种蚜虫时，注意不要把蚜虫的天敌，如蚜茧蜂、瓢虫、草蛉、蜘蛛及食蚜蝇等带入，或设障阻止蚜虫天敌进入。若发现蚜虫天敌，应及时采取杀灭措施。

（2）蜂儿。蜂儿即指蜜蜂雄蜂的幼虫和蛹，是养蜂业的废物。利用蜂儿饲养草蛉幼虫效果良好，其成茧率与用蚜虫饲养相当，一般为60%左右。羽化率为70%～80%。

① 来源。蜂儿的来源有两个，其一是结合蜂群管理定期割蜂台贮存蜂儿。这样的方法虽然能做到废物利用，但数量有限。其二是割取一定数量雄蜂和工蜂或用定期整脾提出的办法来获得蜂儿。采用割蜂台的办法，每次取出200～250只，共取5次，对蜂群没有不良影响；采用整脾提取的办法，分别在5月、6月、7月各提一脾，对蜂群发展和收蜜稍有影响，如8月再提一脾则影响较为明显。中国农科院棉花研究所和河南省民权县的试验表明，一个强蜂群，除在5～7月提取2脾补充蜂箱，提1脾供养草蛉使用，零星取蜂儿3次共259头外，还分蜂一群（3脾），其最后产蜂蜜量仍居4群（4月脾数相等的4群）之首位。

② 保存。保存方法有活体保存和干粉贮存两种。其中以活体保存为好，整脾活体保存可维持25～30d。在夏季为了防止蜂儿腐败变质，可采用表面消毒的办法，用高锰酸钾或甲醛熏蒸，使蜂儿在较长时间内不变质，可以大大提高蜂儿的利用率。蜂儿制成干粉进行饲养和保存时，其方法有两种：一是将鲜蜂儿冷冻干燥保存；二是将鲜蜂儿放在烘箱内烘干，碾成粉末备用。后者简便，但效果不如前者。

（3）米蛾卵。一些仓库害虫的卵可用来繁殖多种天敌，如草蛉、赤眼蜂等。我国主要利用米糠、麦麸饲养米蛾，再以米蛾卵为饲料生产天敌昆虫。国外条件有所不同，多采用麦蛾（*Sitotroga cerealella* Olivier）卵饲养天敌昆虫。

米蛾卵是多种草蛉的良好饲料。以米蛾卵作饲料，可培养幼虫及成虫，其生长发育正常。然而，草蛉幼虫有相互残杀的习性。在单一环境下，幼虫容易相遇。两者相遇往往只留其一。因而在容器中要放入纸片或其他杂物，或在小容器中单个饲养。

（4）人工饲料。Hagen & Tassan（1965）应用5.00g酵母蛋白的酶水解物、8.75g果糖、0.013g氯化胆碱、0.50g抗坏血酸、12.50mL水的配方饲养幼虫；用4.00g酵母蛋白的酶水解物、7.00g果糖、0.01g氯化胆碱、0.50g抗坏血酸、12.50mL水的配方饲养成虫。把这些培养液造成蜡包的模拟卵，用于培养加州草蛉（*Chrysopa californica* Coquillett），取得较好的结果。

中国农业科学院植物保护研究室（1975）应用25g啤酒酵母干粉、10g糖、10g蜂蜜、100mL水的混合饲料能培养中华草蛉、亚非草蛉（*C. boninensis* Okamoto）和叶色草蛉（*C. phyllochroma* Wesmael）。中国农业科学研究院生物防治研究室（1985）应用79mL啤酒酵母自溶液、36mL大豆水解液、20mL鲜牛肉水解液、5g鸡蛋黄、10g蜂蜜、5g蔗糖、0.45g亚油酸、0.05g维生素C的混合饲料培养中华草蛉幼虫，取得良好结果。

人工配制的饲料大多为液体，用其饲养草蛉很不方便，不利于大量饲养。将液体饲料制成人造卵，有利于草蛉取食，便于大规模饲养。培养草蛉的饲料一般把人工饲料的混合液包于蜡包的模拟卵中。

人工卵饲养中华草蛉幼虫的结果表明，初孵幼虫可以成功取食人工卵，幼虫能正常完成幼虫期的生长发育，历期与米蛾卵喂养的相比，略微延长；蛹的发育历期较稳定，成茧率可达97%，羽化率达91%以上，成虫获得率89%，雌虫率46%。

3. 七星瓢虫

中文通用名称：七星瓢虫。

英文通用名称：*Coccinella septempunctata* Linnaeus。

产品来源：属于鞘翅目（Coleoptera），瓢虫科（Coccine llidae），瓢虫亚科（Coccinellinae），瓢虫族（Coccinellini），瓢虫属（Coccinella）。分布较广泛，全国各省（自治区，直辖市）均有分布。

生活习性：七星瓢虫以成虫越冬。多选择在较干燥、温暖的枯枝落叶下或杂草基部近地面的土块下、土缝中或树皮裂缝处潜伏。进入越冬场所的早晚，视当时温度的高低有所区别。一般年份10月中旬七星瓢虫开始陆续进入越冬场所。蛰伏越冬后，若遇天气回暖，又爬出越冬场所活动。在自然条件下越冬的七星瓢虫成虫成活率较低，只有25%左右。七星瓢虫于3月底、4月初大量出蛰活动。出蛰后的七星瓢虫迅速在林木、杂草和作物之间活动，特别是带蚜虫的作物与开花果木上，4月中、下旬取食花粉、花蜜的瓢虫很多。七星瓢虫越冬后，雌成虫春季不经交配即可正常产卵、孵化。经解剖越冬雌成虫，镜检证实冬前已交配，带精越冬。据观察，每卵块有卵30～70粒，最多者达120粒，平均为40粒，每只雌成虫在养殖期内产卵量约为480粒。七星瓢虫是迁飞性昆虫，其幼虫第1龄至第2龄日食蚜量小，第3龄至第4龄食蚜量剧增。整个幼虫期食蚜（矛卫豆蚜）量平均为410只。以甘蓝蚜和棉蚜喂饲越冬后的七星瓢虫成虫，每只每日捕食甘蓝蚜18.6只，而捕食棉蚜72.3只，捕食棉蚜的数量远大于甘蓝蚜，这反映了七星瓢虫对猎物的嗜食程度。

人工繁殖：最近10年来，我国大棚蔬菜、设施园艺作物发展得十分迅速，大棚蔬菜或设施园艺具备封闭环境和适宜的温度、湿度两大特点，为利用七星瓢虫防治设施作物上大量发生的蚜虫提供了有利条件。七星瓢虫的规模化生产是保障温室大量应用的前提。但长期以来瓢虫人工饲料的研究无明显突破，规模化生产难以保证。20世纪90年代的人工卵赤眼蜂生产技术实现了商品化和产业化，在产品生产、贮藏和应用方面具有经济、便捷等特点，为七星瓢虫的替代饲料提供了新途径。近年来，中国农科院生物防治研究所开展了以人工卵赤眼蜂蛹为主，辅以蚜虫的大量饲养技术，取得了明显进展。

（1）利用蚜虫为饲料饲养。桃蚜、萝卜蚜、高粱蚜、麦长管蚜、禾谷缢管蚜、桃纵卷叶蚜、棉蚜等多种农作物和果树上的蚜虫都可用来饲养七星瓢虫。以木槿上棉蚜饲喂初孵幼虫，至成虫羽化，平均历期为11.4d，成虫羽化平均体重30mg，死亡率为33%。美国引进七星瓢虫后用带蚜虫的植物叶片和人工饲料混合饲养七星瓢虫，取得大量卵，用33%的草莓浆作为引诱物质诱集七星瓢虫产卵，产卵用温水洗下，再喷洒到作物上应用，由于此法一方面以饲养大量蚜虫为基础，另一方面卵块难以低温贮存，故而难以推广应用。

（2）利用人工饲料规模化饲养。目前应用较多的是用猪肝-蔗糖人工饲料进行规模化饲养，但依赖此，人工饲料七星瓢虫明显存在着生殖力低下的问题，难以达到规模化生产的数量，如在饲料中添加保幼激素类似物ZR-512，则生产成本较高，难以推广应用。近年来，寄生性天敌赤眼蜂蛹的规模化、商品化生产提供了七星瓢虫人工替代饲料研究的新途径，又因其价格低廉、制备简单、易贮藏与运输等优点受到了人们的重视，具有更大的开发利用前途。下面以人工卵赤眼蜂蛹作为七星瓢虫的人工饲料，简要介绍瓢虫规模化繁殖的方法。

① 人工卵赤眼蜂蛹的准备。从人工卵赤眼蜂蛹工厂采购优质人工卵赤眼蜂蛹卡，室温发育至中蛹期，然后冷藏于4℃冰箱中备用。使用时用解剖刀片将人工卵赤眼蜂蛹卡划开，弃去废弃部分备用。

② 采种。5月初或8月底于蚜虫多的小麦或白菜等地块，用捕虫网扫捕七星瓢虫成虫或蛹若干备用。

③ 成虫饲喂。用20cm×15cm×30cm的透明有机塑料盒，一面用尼龙纱黏附，其对面有两块可以开启的盖子，里面放长满豆蚜的蚕豆苗盒子2个，约有蚕豆40株。将采回的七星瓢虫按雌雄比4：1接入，每盒接入成虫35只。饲养温度（25±1）℃，相对湿度75%以上，

光照14h。用日光灯照明。每天更换1次蚕豆苗。在养虫盒内均匀放置产卵诱集器4个。产卵诱集器由废弃的易拉罐皮制成。制法如下：先将易拉罐皮剪开，折叠成波浪形，凹面跨度为1cm，每个诱集器有10个凹面即可，再选用新鲜的草莓用匀浆机匀浆或手动榨汁；然后将骨胶微热溶化后，加入草莓浆配成33%的草莓溶胶液。将草莓溶胶液喷涂在波浪形的易拉罐皮凹面处，自然风干，即可使用。使用时，将涂有草莓骨胶溶液的一面向下放置。瓢虫卵呈椭圆形，橘黄色，直立于草莓骨胶层面上。初羽化的成虫8d后开始产卵，产卵一般集中在上午9：30～10：30，下午3：00～4：00，以蚜虫为食料，羽化后13d即进入产卵盛期。产卵盛期每天更换2次叶片，从叶片采下瓢虫卵块。以蚜虫为食料，一般七星瓢虫的产卵期为40～60d，产卵雌虫饲养45d后，更换一批。为保持卵量的持续性，应在更换前15d，饲养初羽化成虫。如以人工饲料（如人工卵赤眼蜂蛹），则七星瓢虫产卵期只有25～35d，应30d更换一批，在更换前20d饲养初羽化成虫，以保持持续的卵收获量。

④ 卵的孵化及处理。如收集卵，可将产卵诱集器浸入温水中，待明胶溶化，瓢虫卵即沉入水底，弃去带明胶的温水，将瓢虫卵用吸水纸吸干表面水分，放在新鲜叶片表面，在10℃保存一周，基本不影响孵化率。注意贮存期不能超过10d。如要孵化幼虫，则可用来苏儿将瓢虫卵表面消毒，置于25～28℃、相对湿度75%～85%的条件下，3～4d后孵化。初孵幼虫黑色，有取吃卵壳习性，因而常常群集。

⑤ 幼虫饲喂及处理。1龄幼虫的饲养：将人工卵赤眼蜂蛹卡用刀片划开，弃去覆盖聚乙烯膜，放在直径9cm、高15cm预先经漂白粉消毒的棉纱缸中，然后将七星瓢虫初孵幼虫块用镊子或毛笔挑入棉纱缸中的蛹卡上（约70只初孵幼虫），瓶口用尼龙纱覆盖，用橡皮筋扎紧。放在25℃、相对湿度75%～85%的养虫室内饲养。每日更换1次蛹卡，并将死虫弃去。2d后蜕皮1次，进入2龄幼虫。2龄幼虫的饲养：在棉纱缸中加入长8cm、直径0.9cm的纸筒，纸筒呈“井”或“田”字形放置，纸筒上放上剪开的蛹卡1张，然后挑入2龄幼虫14只。此后再呈“井”或“田”字形放上纸筒，纸筒上放蛹卡，再挑入2龄幼虫14只。如此反复，每瓶放入5张蛹卡，放70个纸筒，70只2龄幼虫，分5层放置。每天更换1次蛹卡，并振动纸筒，使幼虫跌落在蛹卡上，同时弃去死虫。2d后蜕皮进入3龄期。3龄幼虫的饲养：方法同2龄幼虫，分10层放置，每层7只3龄幼虫，1张蛹卡，7个纸筒。每日更换蛹卡1次，振动纸筒使幼虫跌落在蛹卡上，并弃去死虫和蜕皮。3d后蜕皮进入4龄期。4龄幼虫的饲养：方法同2龄幼虫，分14层放置，每层5只4龄幼虫，1张蛹卡，5个纸筒。每天更换蛹卡1次，振动纸筒使幼虫跌落在蛹卡上，并弃去死虫与蜕皮。3d后蜕皮进入预蛹期。

（3）七星瓢虫预蛹或蛹的采集和贮藏。七星瓢虫化蛹和蜕皮在纸筒内进行。老熟幼虫进入纸筒化蛹，化蛹幼虫卷曲，尾部黏附在纸筒内壁上。轻微振动纸筒，幼虫不会跌落。将含有预蛹的纸筒置于室温25℃、相对湿度75%～85%条件下保存1d后，预蛹蜕皮化蛹，进入初蛹期，初蛹期瓢虫呈鲜黄色，背部无黑斑。再过1d，瓢虫进入中蛹期，中蛹期瓢虫呈暗黄色，背部有明显黑斑。将进入中蛹期的瓢虫包括纸筒一起放入纸箱（事先用锥子扎直径小于5mm的洞）中，低温（4℃）冰箱保存，保存50d仍正常羽化。如采用保湿、保鲜冰箱效果更佳。

（4）成虫羽化。将七星瓢虫的蛹连同纸箱一起放在22～27℃、相对湿度70%～85%条件下，3.5～4d后即可羽化。如使用贮藏蛹，可将贮藏的瓢虫蛹放在25～28℃、相对湿度＞80%的条件下，2d后瓢虫即可羽化。羽化后依据体外特征区分雌雄，保持饲养室内雌雄比达到（3～5）：1即可，其余雌雄虫可用人工饲料喂养一周后置于4℃冰箱内保存。

保存成虫时，应保持贮藏容器通气。容器内不能有积水或油滴。成虫可保存45～60d，最长不能超过90d。

参考文献

[1] 张兴. 生物农药概览. 第2版. 北京：中国农业出版社，2011.

[2] 刘步林. 农药剂型加工技术. 第2版. 北京：化学工业出版社，1998.

[3] 郭武棣. 液体制剂. 第3版. 北京：化学工业出版社，2003.

[4] 刘程，张万福. 表面活性剂产品大全. 北京：化学工业出版社，1998.

[5] 吴文君. 农药学原理. 北京：中国农业出版社，2000.

[6] 沈晋良. 农药加工与管理. 北京：中国农业出版社，2002.

[7] 张兴. 无公害农药与农药无公害化. 北京：化学工业出版社，2007.

[8] 明亮，陈志谊，储西平，等. 生物农药剂型研究进展. 江苏农业科学，2012，40（9）：125-128.

[9] 朱昌雄，丁振华，蒋细良，等. 微生物农药剂型研究发展趋势. 现代化工，2003，23（3）：4-8.

[10] 申继忠. 微生物农药剂型加工研究进展. 中国生物防治，1998，14（3）：129-133.

[11] 代光辉，顾振芳，陈晓斌. 植物源农药稳定性研究进展. 世界农药，2002，24（4）：25-27.

[12] 王剑，王楠，高观朋，等. 200亿芽孢/g枯草芽孢杆菌可湿性粉剂的研制. 农药，2010，49（7）：486-489.

[13] 李军民，李凤明，伍小松，等. 多抗霉素1%水剂的研制. 农药研究与应用，2010，14（2）：16-18.

[14] 常明，孙启宏，周顺桂，等. 苏云金芽孢杆菌生物杀虫剂发酵生产的影响因素及其工艺选择. 生态环境学报，2010，19（6）：1471-1477.

[15] 周一万，冯俊涛，张兴. 冬青油微囊悬浮剂的制备及其杀蚜活性研究. 农药学学报，2013，15（2）：228-233.

[16] 刘广文. 现代农药剂型加工技术. 北京：化学工业出版社，2013.

第七章 超低容量剂

第一节 概述

超低容量剂（ultra low volume concentrate）的剂型代码为UL，是直接在超低容量喷雾器械上使用的液体制剂，也称为超低容量喷雾剂或超低容量液剂。随着农药生物活性的提高和高效喷雾机械的发展，农药产品的喷雾技术也在发生着重大变化，其主要趋势是减少单位面积喷液量，出现了低容量喷雾与超低容量喷雾。按照喷洒量的多少，把喷雾分为高容量、低容量和超低容量三类。根据我国的具体情况，这三种喷雾技术喷洒量的划分范围大致为：高容量（简称常量）每亩喷洒量为5L以上；低容量（简称低量）每亩喷洒量为0.33～5L；超低容量每亩喷洒量为0.33L以下。其主要特征为：常规喷雾技术地面喷雾药液量一般每亩需喷药液50L左右；低容量喷雾的药液量已减少到每亩1～2L，而超低容量喷雾每亩的喷雾药液量范围在60～330mL。随着喷液量的大幅度减少，喷药效率得到了显著提高。

超低容量剂必须与超低容量喷雾技术、器械相配合，采用超低容量喷雾法（ultra low volume，ULV）使用。在农药喷雾中，把施药液量在5L/hm^{2}以下（大田作物）的喷雾方法称为超低容量喷雾法（ULV），其雾滴体积中径（VMD）为50～100μm，属于细雾喷洒法。超低容量喷雾的雾化原理是采用离心雾化法或转碟雾化法，雾滴直径决定于圆盘（或圆杯等）的转速和药液流量，转速越快，雾滴越细。

超低容量喷雾技术是农药使用技术的新发展，利用一种特殊机械设备（地面超低容量喷雾器或飞机等）喷洒，使药剂的雾点达到50～100μm或更细。“超低容量喷雾”与常规喷雾相比，在使用时有明显的自身特点，如下：

① 喷量少。超低容量喷雾在单位面积上喷施的药液量通常为1～5L/hm^2，仅为常规喷雾数百分之一。

② 工效高。一般采用地面飘移喷雾法或者飞机器械等高速移动喷雾，比常规普通人工

喷雾工效高几十倍。尤其适用于山地和缺水、少水地区使用飞机超低容量喷雾防治后，对迅速压低虫口，控制暴发性害虫起到了决定性作用。

③ 雾滴细。超低容量喷雾的雾滴直径一般在50～100μm范围内，比常规喷雾的雾滴直径（200～300μm）细。

④ 浓度高。超低容量喷雾的药液浓度通常为25%～80%（少数超高效农药除外），比常规喷雾的药液浓度高数百倍。

⑤ 油基载体。超低容量喷雾的药液主要采用高沸点油基载体，挥发性低，利用小雾滴的沉积，耐雨水冲刷、持效期长、药效高，而常规喷雾主要用水作载体。油基载体同时满足沸点低，对作物要安全无害。

⑥ 安全性。超低容量油剂对作物安全，其有效成分不采用剧毒和高毒农药，对人也是相对安全的，故对所用药剂毒性要求较严。要求毒性低，致死中量（LD_{50}）一般要小于100mg/kg。

⑦ 局限性。超低容量喷雾受风力影响较大，对操作者技术要求较高。大风和无风天气不能喷，一般要求有2～3级风的晴天或阴天喷洒为宜。

超低容量喷雾技术，国外早在20世纪40年代就开始研究了，直到60年代，美国开发出了超低容量喷雾剂后，这种施药技术才开始在世界上许多国家逐渐发展起来。由于该施药技术的效益极为显著，迄今已被数十个国家所采用。尤其是工业化的大农业国家，如美国、加拿大、澳大利亚等，应用广泛而面积大，它们多采用大型的施药机械，如飞机、拖拉机进行超低容量喷雾；发展中国家，如泰国、巴西以及中国等，主要采用小型的施药机械，如手持式和背负式的，以人力携带的超低容量喷雾机械，进行小规模喷雾作业。

我国的超低容量剂研究历史起始于20世纪70年代，由北京农业大学尚鹤言教授于1973年起开展超低容量喷雾技术的研究。1974年与有关单位协作，研制成功地面超低容量喷雾的施药机具——东方红18型背负式机动超低容量喷雾机。1975年与原北京农药一厂、二厂协作，研制成功六种超低容量油剂，并通过了技术鉴定，对10多种作物上的30多种病虫害进行了药效试验示范，并在北京、四川等地推广应用。1974年，由中国农业科学院植物保护研究所主持，与民航总局科学研究所、总后勤部59170部队、第三机械工业部有关工厂协作开展“飞机超低容量喷雾技术在农、林、牧业上的应用”研究。1975年4月进行了第一次飞机超低容量喷雾试验，在防治小麦黏虫方面获得良好效果。至1980年止，研制成功5种超低容量喷雾剂，改进雾化设备，改装了超低容量喷雾飞机24架，在国内16个省市（区）进行了药效试验示范，防治效果良好。

第二节　超低容量剂的配方组成与质量控制

一、超低容量剂的配方组成

超低容量剂一般由原药、溶剂、表面活性剂（润湿剂、渗透剂）、安全剂、稳定剂等组成，加工时按制剂各组分的配比，依次加入原药、溶剂、表面活性剂等，充分搅拌均匀即可。

典型配方组成，见表7-1。

表7-1 超低容量剂配方组成

组成	质量分数 /%
原药	5 ~ 80
溶剂	10 ~ 90
助溶剂	0 ~ 10
表面活性剂	0 ~ 5
稳定剂	0 ~ 5

1. 有效成分的作用与用途

根据超低容量剂的性能和应用要求，不是所有的农药都能制成超低容量剂。制成超低容量剂可明显增效、提高制剂的稳定性或者有利于防治暴发性害虫，如飞虱、黏虫、蝗虫等。其有效成分以杀虫剂和除草剂为主。超低容量剂中一般有效成分的含量在25%～80%。农药原药一般为高效、低毒品种，原药对大鼠的口服急性毒性LD_{50}≥100mg/kg，制剂的LD_{50}＞300mg/kg。

2. 溶剂

农药超低容量喷雾技术简称ULV，是近20年迅速发展起来的农药应用技术，是适应现代化农业生产，提高药效和作业效率。减少农药用量及环境污染的一项重大技术革新。不仅作业效率高、一次装药处理面积大，而且还基本不用水稀释，适合于缺水和取水不便地区使用。长期和大量试验资料证明，超低容量喷雾技术用于防治农业病虫杂草、果树森林病虫杂草以及卫生防疫等方面都取得了良好效果。技术成熟，安全可靠，已在全世界范围内广泛应用。ULV通常包括ULV喷雾系统（空中和地面ULV喷雾系统）、ULV制剂和应用技术。现已确认ULV必须有专用超低容量剂才能获得满意的效果。从20世纪70年代起各国都研制投产了超低容量制剂。

超低容量喷雾制剂在制剂配方和应用技术都有特殊性，尤其对溶剂有专门性能要求，故称为ULV溶剂。超低容量喷雾剂中的助剂以溶剂为主要组分，主要起到溶解和稀释农药活性组分、调整制剂含量的作用。溶剂的用量通常占制剂总量的一半以上，有的品种达90%以上。无论是固体还是液体农药，一般均需要用溶剂进行配制。超低容量制剂，其特征在很大程度上取决于溶剂的特性。因此，溶剂品种的选择是配制超低容量喷雾剂的关键技术。超低容量喷雾剂的主要技术性能指标，如挥发性、溶解性、植物安全性、黏度、闪点、表面张力，相对密度、毒性、化学稳定性等，在很大程度上取决于溶剂的品种及其物性。在溶剂选择时，要考虑以下几方面的问题：

① 溶解性要好。超低容量剂多半为高浓度液体制剂，溶剂必须具有很好的溶解性能，才能在常温下配制均匀、流动的制剂。因此作为超低容量喷雾剂的溶剂，对原药的溶解度一定要大，特别是原药为固体时，更要选择溶解性好的溶剂，才能在低温条件下或在贮藏过程中不分层、不析出晶体，达到产品的质量标准，有时研发时会采用混合溶剂或者添加增溶剂的形式。

② 挥发性低。超低容量喷雾分散度高，形成雾滴粒径小，一般为50～100μm，易飘移，表面积很大，挥发率高，因此必须选用挥发性低的溶剂。如果溶剂本身的挥发性高，在雾化和雾滴沉降过程中溶剂会大量挥发。这样原药就会在雾化器上附着，特别是固体原药，甚至会堵塞喷头，影响喷雾效率。另外，由于溶剂在雾粒沉降过程中大量挥发，雾粒变得更小，不能沉降到靶标上而飘移流失，造成防治效果降低与环境污染。

因此，超低容量剂中尽量避免使用易挥发液体，而必须用低挥发溶剂。因为蒸发会引起温度降低，特别是在旋转雾化头的纱网上尤其容易结晶，影响流率稳定，最后堵塞输液管。若是没有获得足够有关溶剂挥发性、沉降以及喷雾残留结晶等的资料，使用低挥发性溶剂仍然是必要的。由于植物急性药害的发生常是由雾粒非挥发性组分（包括溶剂在内）引起的，所以要适当考虑平衡关系。溶剂的挥发性总是与沸点和闪点直接相关。低挥发性溶剂的沸点、闪点较高，反之则低。经研究证明，沸点在170℃以上的溶剂，如多烷基苯（沸程170～230℃）、多烷基萘（沸程230～290℃）等在挥发性上都可以达到使用要求。表7-2为部分常用农药溶剂的挥发性能。

表7-2　部分常用农药溶剂的挥发性能

溶剂	30% 挥发所需要的时间 /min	50% 挥发所需的时间 /h	7h 挥发量 /%
异丙醇	10	—	100
二甲苯	30	1	100
环己酮	60	—	100
溶剂石脑油	60	—	100
溶剂石油	90	—	100
动力煤油	120	—	44
二甲基甲酰胺	180 ～ 240	6.5	55
异佛尔酮	8h	13	—
六甲基磷酸叔胺	＞48h	＞48	—

③ 黏度要低、表面张力要小。溶剂是农药有效成分的载体，溶剂的黏度影响药剂的分散度。在同样喷雾功率的条件下，溶剂黏度越大，药剂分散度越小。超低容量喷雾是高度分散的施药方法，如果溶剂的黏度太高、表面张力大，喷雾雾化时制剂的颗粒偏大，超出粒径范围要求，达不到分散度的要求，造成防治效果下降。同时表面张力小有利于制剂在作物及防治标靶对象上的附着。超低容量剂的黏度最好不大于0.2Pa·s（20cP），最好在0.05Pa·s（5cP），所以溶剂的表面张力要适当低，以避免产生大量粗滴和过细液滴，从而有利于喷雾使用。有时在调制配方时会适当加入一些中等分子量的醚类或酮类化合物，有利于降低制剂的黏度，见表7-3。部分溶剂的表面张力见表7-4。

表7-3　部分溶剂的黏度（20℃）

溶剂	黏度 /mPa · s	溶剂	黏度 /mPa · s	溶剂	黏度 /mPa · s
环己酮（25℃）	2.2	动力煤油	1.8 ～ 1.9	乙二醇	19.9
乙腈（21℃）	0.35	二甲基亚砜（25℃）	2.98	松树油	11.0
溶剂汽油	0.53	异佛尔酮	2.62	环己醇	68.0
间二甲苯	0.62	异丙醇	2.39	蓖麻油	986.0
苯	0.65	Solvesso-150	3.60	*N*-甲基吡咯烷酮(25℃)	1.65
二甲基甲酰胺(25℃)	0.80	Solvesso-200	2.95	2-甲基吡咯烷酮(25℃)	13.30

表7-4　部分溶剂的表面张力（20℃）

溶剂	表面张力/mN/m	溶剂	表面张力/mN/m	溶剂	表面张力/mN/m
异丙醇	21.2	苯	28.9	二甲亚砜 20℃	42.9
乙醇	21.6	二甲苯	29.0	甲苯	28.4
丙酮	23.7	乙腈	29.3	*N*- 甲基吡咯烷酮（25℃）	
煤油	24.0	柴油	30.6		
2- 吡咯烷酮（25℃）	47.0	二甲基甲酰胺（25℃）	35.2		41.0

④ 闪点要高。溶剂的闪点直接决定着超低容量剂的闪点高低。溶剂的闪点高低说明溶剂的易燃程度。闪点高不易燃，闪点低易燃。闪点高能显著提高超低容量喷雾剂在加工、贮藏、运输和使用过程中的安全性。特别是喷雾方式选择使用飞机作为超低容量喷雾时更为重要，因为飞机在高速飞行状态下，在机体后方形成的雾滴气团，有在静电摩擦下引起燃烧的可能性。因此，一般要求溶剂的闪点应≥70℃（开口杯测定法），但对地面使用的超低容量喷雾剂的闪点要求并不严格，但原则上大于≥40℃。要求超低容量剂的高闪点，旨在防止飞机在起飞和飞行中喷出的火星引起油蒸气着火，中国民航总局规定油剂的开口闪点≥70℃。

⑤ 对人、畜安全。超低容量喷雾剂是不兑水直接喷雾的油剂。溶剂的用量大，喷雾时直接接触到人体和作物表面的量大，易对人、畜引起中毒。因此作为超低容量喷雾剂的溶剂，一定要选择对人、畜安全的。通常烷烃类、中等碳链醇类、醚类等溶剂对大多数作物和人、畜在通常使用剂量下是安全的。

⑥ 相对密度大。溶剂的密度大，有利于制剂雾化后的雾滴在空气中的沉降，从而有效减少雾滴飘移的时间，更快作用于标靶生物。原则上溶剂的密度大于$0.8g/cm^3$，制剂的密度大于$1.0\ g/cm^3$。

⑦ 药害。溶解性能好、挥发性低的溶剂，往往对植物有药害。从溶解性、挥发性、黏度和对作物的药害等几个方面考虑，找到一种良好的超低容量剂的溶剂往往比较困难（表7–5）。据荷兰菲利普–杜法厂实验室报道，他们已经找到降低溶剂对植物药害的助剂（安全剂），这对发展超低容量喷雾是很有意义的。

表7–5　溶剂的溶解性、挥发度、黏度与作物安全的关系

溶剂	溶解性	挥发性	黏度	对作物药害	溶剂	溶解性	挥发性	黏度	对作物药害
低沸点芳烃，二甲苯	好	高	低	低	酮类	好	高	低	中等
高沸点芳烃，多烷基苯和萘	好	低	低	高	特殊溶剂：松节油、烯类	好	低	低	低
烷烃：煤油、柴油	差	中等	低	低	植物油	差	低	高	低
脱芳烃：直链烷烃	差	低	低	低	醚类	中等	高	低	低
高沸点醇类：壬醇	中等	中等	低	高	理想的溶剂	好	低	低	低

上述超低容量剂的溶剂所需考虑的影响因素并不孤立，往往是互相影响的。选择一种比较理想的超低容量剂的溶剂不是一件容易的事，常需要几种溶剂复配混用，相互取长

补短，才能达到适用要求。通常对农药溶解性能好的溶剂大多为挥发性比较强的，而溶解性强的高沸点溶剂却很少。在选择溶剂的同时也要兼顾成本，因此常用混合溶剂来解决这个矛盾。以价格比较低廉、有一定溶解度的高沸点溶剂，如烷烃，芳烃、植物油甲酯等为主溶剂，配以高沸点、溶解性强、价格较高的溶剂，如吡咯烷酮、二甲基甲酰胺、醚类等为助溶剂，来复配超低容量喷雾剂。

适合作为超低容量剂的溶剂主要有以下几大类，按结构类型分为：

苯类溶剂：甲苯、二甲苯。

烃类溶剂：烷烃类、芳烃溶剂等。如：液体石蜡油、动力煤油、柴油、二线油、三甲苯、环烷烃溶剂油、C_{10} ~ C_{18}重芳烃溶剂系列（如四甲苯、二乙苯）、甲基萘溶剂系列。

醚类溶剂：丙二醇醚类（丙二醇丁醚、丙二醇甲醚、二丙二醇甲醚）、乙二醇醚类（乙二醇甲醚、乙二醇乙醚等）。

醇类溶剂：乙二醇类（乙二醇、一缩乙二醇、多缩乙二醇）、C_4 ~ C_8醇［烷基乙二醇、丁（戊、己）二醇，壬醇］。

酮类溶剂：异佛尔酮、环已酮、吡咯烷酮类（*N*–甲基吡咯烷酮等）。

酯类溶剂：菜籽油甲基酯、大豆油甲基酯、棕榈甲酯油、松基植物油、邻苯二甲酸酯类（如邻苯二甲酸二甲酯、二乙酯、二丁酯）。

植物油类溶剂：大豆油、棉籽油、菜籽油、蓖麻油、松节油。

3. 助溶剂

从应用的功能性来看，助溶剂往往具有增溶、助溶的作用，且带有一定极性。如：苯甲醇、*N*–甲基吡咯烷酮、*N*,*N*–二甲基甲酰胺、*N*,*N*–二甲基乙酰胺、苯乙酮、二甲亚砜、C_4以上醇类，如正丁醇、正已醇、正辛醇、六甲基磷酸叔胺、异丙醇。

文献中公开湖北省农业科技创新中心生物农药分中心的曹春霞等（2006年）在配制Bt超低容量剂的过程中，经过热贮稳定性试验，筛选出棉籽油、蓖麻油、白油、花生油、豆油、苯甲酸甲酯、柴油等19种与Bt兼容性（即Bt分解率小于20%）较好的溶剂。通过物理性状观察筛选出菜籽油、氧化豆油、机油、邻苯二甲醛二丁酯、液体石蜡、苯甲酸乙酯、柴油、色拉油等9种单元溶剂。新疆建设兵团森防站（2010年）选购5号中芳烃油漆及清洗用溶剂油替代传统的“二线油”配制超低容量剂，取得了很好的效果。在配制苦皮藤素超低容量剂的研究中，最后选择芳烃类为溶剂，以及环已酮为助溶剂。

4. 表面活性剂

超低容量剂配方组分中的表面活性剂（润湿剂、渗透剂、抗飘移剂等），主要用来提高制剂对作物和靶标的黏附性、润湿性和渗透性，增强作物和靶标对药剂的吸收，减少溶剂的挥发性，提高制剂的稳定性，降低制剂的黏度，从而起到提高药效的作用。

常用的表面活性剂有：脂肪醇聚氧乙烯醚、烷基酚聚氧乙烯醚、蓖麻油聚氧乙烯醚、苯乙基酚聚氧乙烯醚、烷基芳基聚氧丙烯聚氧乙烯醚、脂肪醇聚氧乙烯醚磷酸酯、烷基酚聚氧乙烯醚磷酸酯、苯乙基酚聚氧乙烯醚磷酸酯、烷基芳基聚氧丙烯聚氧乙烯醚、十二烷基苯磺酸钙、十二烷基硫酸钠、十二烷基苯磺酸钙、脂肪醇聚氧乙烯醚硫酸钠等。

渗透剂：常用的有氮酮、噻酮、快T（磺化琥珀酸二辛酯钠盐）、有机硅。

抗飘移剂：喷雾中细雾滴为最易飘移的部分。因此，从制剂药液、药械及喷施技术上减少细雾滴是十分必要的。雾滴在运行传递过程中，可挥发组分的蒸发是造成大量细雾滴的重要原因。抗飘移剂的主要作用就是减缓汽化，抑制蒸发，防止雾滴迅速变细而产生飘移。

5. **稳定剂**

农药制剂用稳定剂指能防止或延缓农药制剂在贮运过程中有效成分分解或物理性能劣化的一类助剂。其主要功能是保持和增强产品性能的稳定性，保证在有效期内各项性能指标符合要求。超低容量剂的农药活性成分大多为有机磷类、菊酯类、生物源类农药活性组分，这类农药活性成分在贮存时容易自然降解，尤其是配方中添加有极性助溶剂时农药活性成分的分解速率加快，因此在超低容量剂中添加适当的稳定剂有助于提高产品的稳定性。

超低容量剂中添加的稳定剂大多是油溶性的，例如，环氧大豆油、丁基羟基茴香醚（BHA）、2,6–二叔丁基对甲酚（BHT）、叔丁基对苯二酚（TBHQ）、环氧氯丙烷等。

二、超低容量剂的加工工艺

超低容量剂的加工工艺与乳油的加工工艺类似，较为简单，见图7–1，按照制剂的配比加料，搅拌均匀即可。

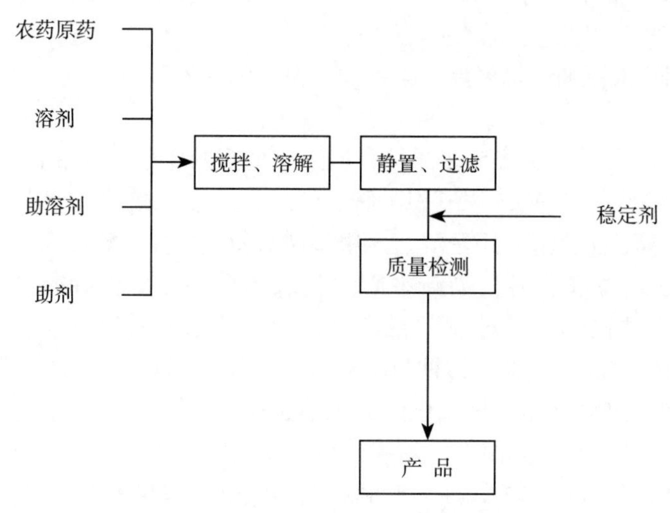

图7–1　超低容量剂的配制流程示意图

具体加工步骤如下：

① 首先加入助剂与助溶剂，然后加入原药，混合、分散均匀；

② 加入助剂（表面活性剂、稳定剂等），搅拌混合均匀；

③ 静置后过滤，使用滤网滤除杂质，以免杂质堵塞喷头；

④ 质量检测后，包装成品。

在实际实验过程中，加料顺序可以改变，需要通过实验不断摸索，以达到最佳优化效果。

1. **超低容量剂的质量标准**

迄今，联合国粮农组织（FAO）和世界卫生组织（WHO）颁布的农药制剂标准中已有超低容量剂的产品标准。《农药超低容量液剂产品标准编写规范》（HG/T 2467.20—2003）可以作为参考。根据规范，推荐该产品的企业标准拟定项目如下，也可以作为超低容量剂的质量控制指标及检测方法。见表7–6。

表7-6 超低容量液剂控制项目指标

控制项目[①]		指标
……（有效成分1通用名）/%	≥	
（或规定范围）		
……（有效成分2通用名）/%	≥	
（或规定范围）		
……（有效成分3通用名）/%	≥	
（或规定范围）		
……（相关杂质）/%	≤	
水分/% ≤		
酸度（以 H_2SO_4 计）/%	≤	
或者碱度（以NaOH计）/%	≤	
或者pH值范围		
低温稳定性[②]		合格
热贮稳定性[③]		合格

① 所列项目不是详尽无疑的，也不是任何超低容量液剂标准都需要包括，可以根据不同农药产品的具体情况，加以增减。
② ③ 低温稳定性和热贮稳定性试验，每……个月至少进行1次。
注：表中"……，%"表示控制项目指标为质量分数，用"%"表示。

超低容量剂的质量主要取决于溶剂的质量、农药原药的纯度以及必要的助剂。

溶剂的质量控制指标为：① 沸点和沸程，每种溶剂均有其沸点和沸程，投料前必须加以测定和控制，如多烷基萘的沸程以230～290℃为宜。② 挥发率（滤纸法）不大于30%。

农药原药的质量控制主要是指有效成分的含量，一般控制指标在90%以上。其杂质含量必须控制在10%以下，以减少制剂可能出现的各种问题，如出现沉淀物、药害、毒性和黏度增大及农药稳定性变差等。

只有制剂中各组分含量达到控制指标，其制剂的质量才有保证。通常，超低容量剂一般的质量标准如下：

① 有效成分。要求有效成分达到额定标准。

② 外观。为单相透明油状液体。

③ 低温稳定性。要求与乳油相同。在-5℃条件下贮存，48h不析出沉淀物或者悬浮物。

④ 热贮稳定性。合格。

⑤ 挥发性。以滤纸悬挂法测定，挥发率≤30%。滤纸悬挂法的操作程序是用注射器0.8～1.0mL油剂，均匀滴在平放的预先称重的带铜丝环的直径为11cm的定性滤纸上，使滤纸全部湿透，立即称重，悬挂在（30±1）℃的恒温烘箱内，20min取出再称重，计算药液的挥发率，挥发率大于30%为强，10%～20%为中，小于10%为弱。

⑥ 闪点。闪点的高低说明制剂的易燃程度，闪点高不易燃，闪点低易燃。闪点高能显著提高超低容量剂在加工、贮存、运输和使用过程中的安全性，特别是对飞机超低容量喷雾使用要求更为严格，要求开口杯法测定时，闪点≥70℃（航空使用）。但对于地面超低容量喷雾要求不严，闪点>40℃（地面使用）。

⑦ 相对密度。超低容量剂雾化后，使雾滴易沉降，一般相对密度大于1。

⑧ 黏度。黏度影响农药制剂使用时的分散度，黏度大，制剂不易分散，在做同样功的

条件下，黏度越大，制剂的分散度越小。超低容量喷雾是高分散度的施药方法。如果制剂的黏度过大，则很难达到所要求的雾滴细度，所以要求制剂的黏度要尽量小一些，以恩氏黏度计测定法≤2Pa·s（25℃）。在制剂中加入适量一些中等分子量的醚类或者酮类化合物，有利于降低制剂的黏度。

⑨ 急性毒性。小白鼠极性经口LD_{50}≥300mg/kg。

⑩ 植物安全性。推荐用量下，对作物安全。

⑪ 水分。水分要求一般低于0.5%，制剂中的水分含量低，对原药的稳定性有很大帮助，尤其是对水敏感的有机磷原药活性成分，超低容量剂中的水分低，有助于降低原药活性成分的分解率。

2. FAO联合国粮农组织有关超低容量剂UL农药产品指标编写规范（手册）

除在下面标准要求中所规定的，用来规定超低容量剂型使用特性的那些参数外，还有两个参数目前还不能被列入控制项目中。

黏度对超低容量剂型正常使用至关重要，但超低容量剂型的正常使用取决于剂型本身、应用技术或应用设备。因此，控制项目中没有条款规定动态黏度指标。

挥发可能导致的雾滴质量损失对超低容量液剂也非常重要，因为如果这种损失太大，喷雾对靶标产生的飘移量、飘移距离将会增大到不可接受的水平。在施用过程中产生的挥发和飘移取决于最初雾滴的大小范围和喷雾高度、空气温度和风速等。实际上，即使其他各参数保持合理，在很短距离和很短时间内，风速变化也是非常大的。对于某种使用方法不可接受的挥发度，对另一种使用方法而言，则可能没有或只有很小的影响。因此，在该剂型标准中制定一个项目指标限制挥发损失变得非常迫切。但在目前，很难将一种简单的测定挥发损失的方法和可能产生的飘移联系起来。工业上，常要求提供一种方法以及该方法在一定控制条件下取得的数据，来确定在不同环境下潜在的飘移和实际的飘移结果之间的关系。

制订标准草案应注意：第4章中没有涉及的，既不能删除条款或增加其他条款，也不能增加比准则中要求的更宽松的限量值。本准则最后部分所提供的注释，一般仅适用于某些特殊标准。

……［ISO通用名称］超低容量液剂

［CIPAC号］/UL

（1）概述

本品应由符合粮农组织/世界卫生组织标准的……［ISO通用名称］原药，以……形式（本手册4.2节），与适宜的助剂制成。它是一种稳定的均匀液体，无可见的悬浮物和沉淀物。

（2）有效成分

① 鉴别试验（注释1）

本有效成分应符合一种鉴别试验，当该鉴别试验存在疑问时，至少应符合另一种鉴别试验。

② ……［ISO通用名称］含量（注释1）

……［ISO通用名称］含量应当标明［g/kg或g/L，（20±2）℃，注释2］。当检测时，测得的平均值与标明值之差不应超出规定的允许波动范围。

（3）相关杂质

① 在生产或贮存过程中产生的副产品（注释3）

如有要求，……［ISO通用名称］最大不超过（2）①测得含量的……%。

② 水分（MT30.5）（注释4）

如有要求，最大：……g/kg。

（4）物理性质

酸碱度（MT31）或pH值范围（MT75.3）（注释5、6）

如有要求，

最大酸度（以H_2SO_4计）：……g/kg。

最大碱度（以NaOH计）：……g/kg。

pH值范围：……～……。

（5）贮存稳定性

① 在0℃时稳定性（MT39.3）

在（0±2）℃下贮存7d后，分离的固体和（或）液体的体积不超过0.3mL（注释7）。

② 热贮稳定性（MT46.3）

在（54±2）℃贮存14d后（注释8），测得的平均有效成分含量，应不低于贮存前（注释9）测定值的……%；如有要求，下列项目仍应符合标准要求：

生产和贮存过程中产生的杂质（3）①；

酸碱度或pH值（4）①。

注释1　分析方法必须是被CIPAC、AOAC发表过的或其他相等的方法。如果方法还没有发表，申请者应将方法的所有详细内容连同证明方法的有效数据递交粮农组织/世界卫生组织。

注释2　如果购买者要求用g/kg和g/L（20℃）两种方法表示有效成分含量，为了避免发生争议，分析结果应该以g/kg计算。

注释3　该条款仅包括相关杂质，条款的标题应改为相关杂质的名称。分析方法必须等同确认。

注释4　所采用的方法应当说明。如果有几种方法同时存在，应首选仲裁法。

注释5　黏度指标对正常使用的超低容量剂来说非常重要；对黏度的要求需要结合产品本身和使用技术或设备，所以在项目要求中没有提供黏度指标。

注释6　挥发导致的雾滴质量损失对超低容量剂也非常重要，因此，如果这种损失太大，喷雾对靶标产生飘移量、飘移距离将会增大到不可接受的水平。在施用过程中产生的挥发和飘移取决于最初雾滴大小范围和喷雾高度、空气温度和风速等。对于某种使用方法不可接受的挥发度，对另一种使用方法而言，则可能没有或只有很小的影响。目前，没有有效方法来测定可能造成飘移的挥发损失，因此没有条款规定挥发性指标。

注释7　除非为一种特殊的剂型规定其他温度和（或）时间。

注释8　除非规定了其他温度和（或）时间，否则应参照相关规定。

注释9　热贮稳定性试验前、后样品的分析，应在贮存结束后同时进行检测，以减小分析误差。

第三节　超低容量剂的喷雾理论与使用特点

一、超低容量剂的设计原理

超低容量剂是基于超低容量喷雾技术研发设计的，超低容量喷雾技术的关键是药液的分散度。

1. 农药喷雾技术中的分散度

农药喷雾技术中的分散度是指一定量农药药液形成雾滴的总表面积（s）与总体积（V）之比，亦称为比表面积（specific surface，S），其计算公式为（7–1）：

$$分散度（S）=\frac{s}{V} \tag{7–1}$$

式中，喷雾过程中分散度S是用于表达药液雾化分散度的一个量词。已知体积的药液经过雾化分散后，总体积并不会改变，但是总表面积却增长得很快，因此，分散度越来越大，即说明分散程度越来越高，分散程度高就意味着雾滴比较细。在农作物病虫害防治中，处理区域内的防治对象（生物标靶）的表面积是一定的，假设农药雾滴与生物靶体表面积的撞击是随机的，那么生物靶体与农药雾滴的撞击概率与雾滴群的总表面积成正比，即雾滴群的总表面积越大，生物靶体被撞击的概率就越大。

2. 喷雾中的分散度与雾滴细度的关系

假设喷雾过程中的雾滴均是圆球形，雾滴的半径为r，在一个雾滴群中有N个雾滴，且每个雾滴直径一致，则雾滴群的分散度S可以用式（7–2）计算：

$$S=\frac{N\times 4\pi r^2}{N\times \frac{4}{3}\pi r^3}=\frac{3}{r} \tag{7–2}$$

由式（7–2）可知，农药的分散度与雾滴直径成反比，即雾滴直径越大，其分散度越小，雾滴直径越小，其分散度越大。

由式（7–2）可知，雾滴群的总表面积（s）等于总体积（V）与分散度（S）的乘积，采用超低容量喷雾，即总体积（V）显著减小，此时若要保持足够大的总表面积，必须显著提高分散度（S）。从式（7–2）可知，提高农药分散度的方法只有一个，即减小雾滴直径（R）。

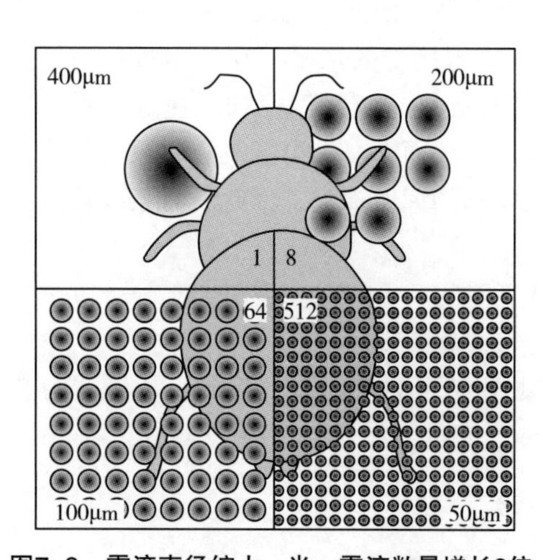

图7–2　雾滴直径缩小一半，雾滴数量增长8倍

图7–2显示了当1个400μm的农药雾滴缩小至50μm时，雾滴数量迅速增加到512个，即在药液体积不变的情况下，雾滴数量是原来的512倍。换个角度来计算，当采用50μm直径的超低容量喷雾时，虽然药液的体积只有1L，其所产生的雾滴数目与常规大雾滴喷雾方法（雾滴直径400μm）512L药液产生的雾滴数目

一致。所以，为保证农药雾滴的数目，超低容量剂必须采用超低容量喷雾方法（表7–7）。

表7–7　每平方米喷药量0.1mL不同直径雾滴覆盖密度（理论值）

雾滴直径 /μm	雾滴个数 /（个 /m^2）	雾滴直径 /μm	雾滴个数 /（个 /m^2）	雾滴直径 /μm	雾滴个数 /（个 /m^2）
10	19072	70	58	140	7
20	2384	80	37	160	5
30	704	90	26	180	3
40	298	100	19	200	2.5
50	152	110	14		
60	22	120	11		

3. 生物最佳直径

最易被生物体捕获并能获得最佳防治效果的农药雾滴直径或者尺度称为生物最佳直径（biological optimum droplet size，BODS）。不同农药雾化方法可形成不同细度的雾滴，但对于某种特定的生物体或者生物体上某一特定部位，只有一定细度的雾滴才能被捕获并产生有效的致毒作用，生物靶体的最佳直径范围一般均在10～30μm。这种现象发现于20世纪50年代，Himel和UK通过大量收集喷雾后死亡的害虫，并检查、记录死亡害虫身体上的农药雾滴粒径，发现田间喷药后，云杉卷叶蛾、棉铃象甲、棉铃虫和粉纹夜蛾的死虫身体上的农药雾滴粒径集中分布在21～40μm范围内，大于100μm雾滴几乎为零。因此，他们认为喷洒杀虫剂时，大于100μm的农药雾滴为无效雾滴。经过多年研究，于20世纪70年代中期总结出生物最佳直径理论（简称BODS理论），为农药的科学使用提供了重要理论依据，与生物最佳直径对应，发展了控制雾滴法和相应的喷雾机械。具体见表7–8。

表 7–8　在死亡害虫身体上检测到不同粒径的农药雾滴的分布（Himel，1969）

害虫	不同雾滴粒径范围的雾滴数目 / 个							
	21 ～ 30 μm	31 ～ 40 μm	41 ～ 50 μm	51 ～ 60 μm	61 ～ 70 μm	71 ～ 80 μm	81 ～ 90 μm	91 ～ 100 μm
云杉夜蛾（346）	944	36	17	14	3	2	5	3
棉铃象甲（139）	4219	86	18	5	3	0	0	0
棉铃虫（597）	71636	917	178	74	28	12	3	2
粉纹夜蛾（242）①	23286	22584	412	148	69	39	20	0

① 数字表示调查死亡害虫的数量。

考虑大农药雾滴蒸发萎缩和控制细小雾滴飘移风险的问题，Matthews G A把生物最佳雾滴粒径做了些补充，得到表7–8的结果，对于杀虫剂喷雾，可以采用10～50μm的雾滴防治飞行状态的成虫，害虫在飞行状态时有利于捕获细小雾滴；对于杀菌剂喷雾，多以植物叶片为喷洒对象，要求农药雾滴在30～150μm为佳；除草剂的喷洒，因为要克服雾滴飘移的风险，雾滴最佳粒径以100～300μm最为合适。

超低容量剂在使用过程中，可以产生小于100μm的细小雾滴，考虑到雾滴沉降过程中雾滴蒸发萎缩的影响，这种粒径的雾滴非常适合防治飞行状态的害虫，从一定程度上看，超低容量剂的使用符合生物最佳直径防治害虫的理论。因此，世界粮农组织（FAO）把超低容量喷雾技术作为防治草原蝗虫的推荐技术在国际上推广应用。

二、超低容量剂的剂型特征

超低容量剂实际上都是油剂，因为超低容量喷雾所产生的雾滴极细，而且必须在有风的条件下才能使用，若使用水介质液剂，细雾在空气中就会迅速蒸发，变成更加细小的所谓“超细雾滴”而随风飘散到很远的田外环境中或者永远消失在大气中，无法沉落在农田作物上，只有采用油剂才能避免雾滴迅速蒸发消失。这种溶剂油的沸点一般应在200℃以上，才能保持油剂的稳定性。国外也有用超低容量喷雾剂喷洒水剂农药的，称为可控雾滴喷雾（CDA），主要用于喷洒除草剂。

根据国际上的经验和规格要求，超低容量剂的溶剂油大多是性能和规格比较稳定的合成溶剂油，才能制成规格稳定的商品超低容量液剂制剂，否则很难商品化。石油系列的矿物油也可以选用，但是必须具有明确的馏程，有比较适当的沸点（200℃以上）。近年来还有选用植物油，如菜籽油等作为溶剂者。

超低容量剂的喷雾量极低，因此药液的制剂浓度很高，一般超高效农药如除虫菊酯类杀虫剂因为单位面积农田所需的有效成分很少，所以油剂中的含量可以较低，例如，5%～15%的超低容量油剂；但是一般的农药原药配制的超低容量油剂，其有效成分含量大多是在25%～50%，也有高于50%的。曾经试验过把许多杀虫剂乳油制剂用作超低容量喷洒，无须加油稀释，也取得了成功。因此，需要仔细评估这种使用方法的技术经济效益与核算其使用成本。地面施用的超低容量液剂所用的溶剂油闪点不低于40℃，使用航空飞机喷雾的超低容量液剂的闪点≥70℃。

“闪点”是表示油剂易燃性的一种指标，必须使用闪点仪测定，必须由质量检测部门、研究部门或者生产厂家进行，并清楚标明在说明书中。超低容量剂与乳油的剂型特点见表7–9。

表7–9　超低容量剂（UL）与乳油（EC）的剂型特点

性能指标	超低容量剂（UL）	乳油（EC）
制剂用量/（L/hm^2）	1～1.5L，通常1L药剂处理1hm^2地块	0.1～0.15L，通常1L药剂处理10hm^2地块
运输与贮存	成本高	成本低
腐蚀性	油剂喷雾，对喷雾器械腐蚀性较弱	兑水稀释喷雾，对喷雾器械酸化腐蚀性强
兑水稀释	不用水，直接喷雾	必须使用水稀释几百至几千倍后，再喷雾使用
雾滴体积中径/μm	50～100μm，符合最佳雾滴直径，喷幅宽	＞200μm，喷幅窄，雾滴流失严重
雾滴黏附性	油基雾滴更容易黏附在植物叶片上，更耐雨水冲刷。这更有利于胃毒作用杀虫剂的活性发挥（例如昆虫生长调节剂）	水基雾滴在叶片上黏附性较差，不耐雨水冲洗
雾滴对害虫的引诱性	采用植物油（如菜籽油）配制的超低容量剂，能够引诱蝗虫取食，能把杀虫剂的药效提高5%～10%	无
风速影响	必须在至少2m/s的风速下才能喷雾，采取飘移喷雾法	可以在无风条件下喷雾
喷雾机器	必须采用超低容量喷雾机	可以采用手动喷雾器，也可以采用气力喷雾机
校准	需要校准雾滴粒径、喷雾高度、制剂用量等；需要根据地块、风速决定喷雾高度，喷幅等	需要校准喷雾机器具的喷头流量、喷头的安装角度、雾滴雾化程度
清洗	油基残存物较难清洗	水基药液喷雾后，清洗容易

三、超低容量剂的特殊用途和使用特点

1. 超低容量喷雾专用剂型

超低容量剂是进行超低容量喷雾的专用剂型。所谓超低容量喷雾，是药液的一种特殊雾化方法，即离心式雾化法，是利用超速旋转的装置所产生的离心力把药液抛洒出去，依靠离心力把制剂分散成细雾滴。这种装置有微型手持旋转圆盘喷雾机，所采用的喷雾设备是一种特殊的电动装置系统，需用蓄电池的电力驱动一台微型直流电动机，以7000~8000r/min的高速旋转，带动一只边缘具有360个微型锯齿的转盘高速旋转。转盘的直径尺寸及转盘圆周的锯齿数量可根据需要有不同的设计规格。超低容量剂的药液根据需要以一定速率滴在转盘上，被转盘旋转时所产生的离心力向四周抛洒，药液随即被分散成为均匀的细小雾滴。

超低容量雾化是基于药液的离心力作用下，药液被延展成细长的液丝时，由于药液的表面张力而断裂成液滴。这样产生的液滴的大小取决于转盘的转速和药液的表面张力的大小。在7000~8000r/min的转速下，一般雾滴细度在60~80μm之间。其重要的特征是在恒定的转速和恒定的药液流量下，雾滴细度非常均匀，几乎达到等直径雾滴的水平，但也有少量比较细的雾滴。这种旋转圆盘喷雾机的转速一般是不可调节的。但是药液的流量可以调节，在喷雾头上有一组药液流量的调节管，可以根据说明书的指导调换使用。

2. 超低容量剂的局限性

超低容量喷雾法在20世纪60年代投入使用后，一度被认为是农药喷洒技术的一项重大历史性变革。但是数十年的推广应用表明，这种方法只有在特定环境条件下才能充分发挥其特定的作用，并非任何情况均下均可以采用。实际使用过程中还存在很多技术性问题，必须认真分析研究实际情况后再做出选择。其最重要的特征之一就是适用于大面积的单一作物，否则无法实行分区飘移喷洒。

我国早在20世纪70年代就引进了超低容量喷雾机，曾经大量生产，并一度由政府部门作为重要技术有组织地在全国各地推广应用。在公社化时期因为有大面积连片单一作物农田，此法可以推广使用。但是农村实行家庭联产承包责任制后，由于此项技术并不适合小规模的分散农田使用，且使用过程中操作人员不容易熟练掌握喷雾技巧，而造成药物飘移污染等使发展受阻。

为了在无风环境中进行超低容量喷洒，有些国家研究生产了一种带有鼓风机的超低容量喷雾机，工作时可以打开鼓风机向前吹风，把雾滴吹送到更远的距离。也有在拖拉机上装配超低容量喷雾机的。不过这些机具的成本比较高，只能适合于比较大的作业面积进行。

第四节 超低容量剂的应用实例与登记产品

一、超低容量剂配方组成介绍

1. 常用的溶剂

超低容量剂是以油基为介质的，不是以水为介质的均相体系。超低容量剂是指一类用经过试验且对作物安全的溶剂作为载体的剂型，溶剂主要是起稀释、增溶作用。作为稀释剂，要求溶剂本身具有良好的黏着性和展着性，容易黏附于蜡质或光滑的叶面，所以超

低容量剂具有黏着性和展着性好、抗雨冲刷能力强等优点。

通常对农药溶解性能好的溶剂大多为挥发性比较强的，而溶解性强的高沸点溶剂却很少。同时在选择溶剂的同时也要兼顾成本要求，因此常用混合溶剂来解决这一矛盾。一般以溶解度小的高沸点溶剂，如烷烃，芳烃、植物油甲酯油等为主溶剂，再配以高沸点溶解性强的极性溶剂作为助溶剂，如吡咯烷酮、二甲基甲酰胺等，来配制超低容量喷雾剂。

二甲苯作为溶剂，对原药溶解度较大，但是二甲苯属于高挥发性、闪点低，且在“溶剂限量使用标准”中限制使用，因此只能在范围内使用。植物油具有挥发性低和药害低的优点，但它们对农药的溶解性一般较差，可用作低含量的超低容量剂的复配溶剂。高沸点芳香烃和醇类的物理性能较好，但对作物药害较重。乙二醇和乙二醇醚的脂溶性稍差，对极性较强的敌百虫、乐果等溶解性好。

矿物油比有机溶剂价廉易得，其中很多成分具有生物活性，因而矿物油作为超低容量油剂的溶剂便引人注目。被试验用的矿物油是经过精炼的，其沸点在250～450℃，分子量在200～400，主要成分为石蜡烃、环烷烃和芳香烃的复杂混合物，用作超低容量油剂的矿物油应具有下列指标：石蜡烃油的沸点321～421℃，环烷烃油沸点346～374℃；黏度要小；不能磺化的残留物不小于92%；倾注点即油可以自由流动的最低温度要接近大气温度。

本节重点介绍几种常用的商品化的溶剂材料。

（1）芳烃溶剂油。溶剂油大部分都是各种烃类的混合物，就溶剂油整体而言，馏分范围相当宽，分别包含于汽油、煤油或柴油馏分中，因此常有汽油型溶剂油或煤油型溶剂油之称。但就具体的溶剂油来说，有时馏分又很窄，这是与汽油、煤油、柴油的重要区别之一。

国内成型工艺有扬子石化研究院以C_{10}重芳烃为原料生产高沸点溶剂油的工艺流程。该工艺主要考虑将炼油化工厂的催化重整等生产过程中的副产物进行综合利用，提高其附加值，产品有精萘和馏程范围分别在178～198℃、189～207℃、206～238℃的100号、150号、200号溶剂油及均四甲苯。高沸点芳烃溶剂油较普通溶剂油挥发性小，溶解性能较好，可代替毒性较大的甲苯、二甲苯，但仍存在毒性问题。

我国生产的催化裂化轻柴油二线芳烃是指馏程范围240～290℃的馏分油，简称二线油，属于重质混合芳烃，主要由烃的取代物组成，其中单环芳烃占25.7%，双环芳烃占72.9%。二线油的相对密度为0.965，黏度为2.22×10^{-3}Pa·s，凝点为-55℃，闪点（开口）为113℃。试验研究结果表明，二线油对于多种农药的溶解性较好、适用性较广，可直接配制马拉硫磷、辛硫磷、杀螟硫磷、稻丰散、滴滴涕、林丹等脂溶性较强的农药油剂，而且与低碳醇类（C_6～C_8碳溶剂混合，可以配制敌百虫、乐果等极性较强的农药油剂。

相比而言，溶剂油在国外市场的种类划分和用途相对成熟很多，以美国市场为例，美国市场上销售的溶剂油品种较多，以满足各种用途的需要。其中Exxon/Mobil（埃克森美孚）公司的溶剂油产品有芳香烃类、脱芳香烃脂肪族类、异构烷烃类、环烷烃类、正构烷烃类、其他碳氢溶剂类及含氧溶剂等共40多个品种牌号，超低容量剂中主要使用的芳烃溶剂油见表7-10。

表7-10　埃克森美孚公司的主要芳烃溶剂油的牌号及用途

种类	名称	初馏点/℃	干点/℃	密度/（g/cm^3）	芳烃含量/%	硫含量/10^{-6}	用途
芳香烃类	Solvesso 100	161	172	0.876	99		涂料工业，农药溶剂，化学反应用溶剂及载剂
	Solvesso 150	183	207	0.896	99		
	Solvesso 200	232	277	0.998	＞99		

续表

种类	名称	初馏点 /℃	干点 /℃	密度 / (g/cm³)	芳烃含量 /%	硫含量 /10⁻⁶	用途
脱芳香烃脂肪族类	Exxsol Pentane 80	(34)	(35)	0.630	< 0.01	< 2	卫生杀虫剂工业，黏合剂工业，气雾杀虫剂，液体电热杀虫剂，矿物萃取助剂
	Exxsol Hexane	64	69	0.672	< 0.01	< 2	
	Exxsol Heptane	94	99	0.717	0.0001	< 2	
	SBP 80/100	78	98	0.708	< 0.01	< 2	
	Exxsol DSP100/140	106	139	0.738	0.005	≤ 5	
	Exxsol D30	141	159	0.763	< 0.01	< 2	
	Exxsol D40	164	192	0.772	0.08	< 2	
	Exxsol D60	187	209	0.782	0.2	< 2	
	Exxsol D80	208	243	0.796	0.3	< 2	
	Exxsol D110	248	266	0.814	0.4	< 2	
	Exxsol D130	281	307	0.819	0.5	< 2	

此处以Solvesso 200做详细介绍，结合超低容量剂的质量控制要求，阐述如何有效选择合适溶剂，供读者参考。通过表7-11不难看出芳烃溶剂油在超低容量剂中有着很明显的优势。

表7-11　Solvesso 200芳烃溶剂油理化性质与性能应用

项目	指标	应用性能
品名	芳烃类	—
规格型号	Solvesso 200	—
初馏点 /℃	232	高馏分，符合要求
终馏点 /℃	278	
闪点 /℃	104	高闪点，安全性好
密度（15℃）/（kg/dm³）	0.995	密度大，雾滴容易沉降
黏度（25℃）/（mm²/s）	2.74	黏度低，容易雾化
蒸发速率（*n*-BuAc=100）	< 1	蒸发速率低，符合要求
KB 值	99	
苯胺点（aniine point）/℃	12	
芳烃含量 /%	> 99	芳烃含量高，溶解能力强
颜色	0.5	低色度，外观好
表面张力 /（mN/m）	36	表面张力中等
凝固 / 熔融点 /℃	-15	溶剂自身低温稳定性好，在范围内低温无析出物
沸点幅度 /℃	220 ~ 290	沸程较高，便于加工生产
自燃温度 /℃	> 450	安全性能较高
爆炸极限（空气中）/%	0.6 ~ 7	
水溶性（20℃）/%	< 0.10（质量分数）	水中溶解度小
热膨胀系数	0.00076	
蒸气压（20℃）/kPa	0.006	

生产及供应企业：美国埃克森美孚公司，国内的企业主要有江苏华伦、常熟联邦、南京炼油厂、辽阳化纤、南京云合、苏州久泰、天津兴实、盘锦锦阳、浙江森太、吴江万事达、茂名石化等。以上芳烃溶剂油供应商仅为通过查询获知的信息，国内外还有很多生产及供应商可供大家选择。

（2）甲酯化植物油。甲酯化植物油以其药效明显、无毒、环保等特点，深受各农药研究机构及厂家的青睐。黏度较低的甲酯化植物油是油酸甲酯。但是目前国内油酸甲酯的质量层次不一，没有稳定的来源和产品质量本身不稳定是一个限制使用的原因。下面就甲酯化植物油，即油酸甲酯做详细的介绍，供读者参考。

甲酯化植物油溶剂有其自身的产品特点，如下：① 环保无公害，生物降解完全，无毒害残留；② 安全性好，与农作物相容，作物不易产生药害，闪点高，使用安全，便于贮存；③ 渗透性强，能使药物杀死组织内菌类或渗入昆虫体壁内杀灭害虫和病原菌；④ 展着性强，可增加对植物的覆盖面，不易被雨水冲刷，在雨后仍能保持良好的药效；⑤ 黏滞性强，提高抗飘移性，延长药效有效期，从而起到增效作用。

以宝洁公司产品棕榈仁油甲酯油CE-1875为例，理化性质见表7-12。

表7-12 棕榈仁油甲酯油CE-1875的理化性质与特点

项目	指标	应用性能
外观	无色透明液体	—
酸值 /（mgKOH/g）	≤ 1.0	—
皂化值 /（mgKOH/g）	185 ~ 195	—
碘值 /（gI_2/100g）	56 ~ 76	—
闪点 /℃	172	高闪点，安全性能好
自燃温度 /℃	255	不易自燃，安全性能好
含水量（质量分数）/%	≤ 0.10	水分含量较低，原药不易分解
相对密度（25℃）	0.874	密度适中，雾滴容易沉淀
n（C_{16}：棕榈酸甲酯）	15 ~ 30	农药原药溶解度：中低等级
n（C_{18}：硬脂酸甲酯）	70 ~ 85	
熔点 /℃	6.29	熔点偏高，需要复配溶剂
沸点 /℃	354.3	沸点高，安全性好
水中溶解度 /（mg/L）	< 0.023	与水不互溶
黏度（20℃）/mPa · s	6.1	黏度低，符合要求
蒸气压 /mmHg	< 5	挥发度相对较低

注：1mmHg=133.322Pa。

生产及供应企业：沧州大洋化工有限责任公司、河北金谷油脂科技有限公司、山东渊智化工有限公司、南昌市恒利化工有限公司、石家庄金谷生物制品厂、河北思琪化工有限公司、上海卓锐化工有限公司、浙江捷达油脂有限公司等。以上油酸甲酯供应商仅为通过查询获知的信息，国内外还有很多生产及供应商可供大家选择。

（3）助溶剂。这类溶剂往往具有增溶、助溶作用，且带有一定极性，对农药的原药溶解度较大，因此在超低容量剂中一般添加量较低（1%～10%）。如：苯甲醇、*N*-甲基吡咯烷酮、*N*,*N*-二甲基甲酰胺、*N*,*N*-二甲基乙酰胺、苯乙酮、二甲亚砜、C_4以上醇类（如正丁醇、正己醇、正辛醇、六甲基磷酸叔胺）。

以下分别以*N,N*–二甲基甲酰胺（DMF）和*N*–甲基吡咯烷酮（NMP）为例介绍，见表7–13和表7–14。

表7–13　*N,N*–二甲基甲酰胺的相关性质

项目	指标	应用性能
外观	无色透明液体	—
沸点 /℃	152.8	沸点高，易于生产
水中溶解度 /（mg/L）	与水互溶	且与有机溶剂互溶性也好
黏度（20℃）/mPa・s	0.92	黏度低，符合要求
闪点 /℃	57.78	闪点中等，安全性相对较好
自燃温度 /℃	445	不易自燃，安全性能好
相对密度（25℃）	0.9445	密度较大，雾滴容易沉淀
蒸气压 /mmHg	3.7	—
熔点 /℃	–61	熔点低，低温稳定性好

表7–14　*N*–甲基吡咯烷酮（NMP）相关性质

项目	指标	应用性能
外观	无色透明液体	—
沸点 /℃	202	沸点高，易于生产
水中溶解度 /（mg/L）	与水互溶	且与有机溶剂互溶性也好
黏度（20℃）/cP	0.92	黏度低，符合要求
闪点 /℃	187	闪点高，安全性好
自燃温度 /℃	445	不易自燃，安全性能好
相对密度（25℃）	1.028	密度大，雾滴容易沉淀
蒸气压 /mmHg	0.29	—
熔点 /℃	–21	熔点低，低温稳定性好

不难发现，极性助溶剂在溶解度方面有很大的优势，同时具备闪点高、互溶性好、密度大等特点。但是也具有缺点，如：① 对农药活性成分的兼容稳定性差，容易造成原药分解；② 部分极性溶剂的溶解度很大，添加超过一定比例后对包材、运输管路与雾化装置中的橡胶配件都有一定腐蚀性；③ 2013年10月23日，工信部发布第52号公告，对二甲苯、甲苯、苯、甲醇和*N,N*–二甲基甲酰胺5种有害溶剂均设有明确的限量指标，其中*N,N*–二甲基甲酰胺（DMF）的添加比例要求低于2%。

当前国内的科研机构，如武汉大学在国家“十一五”的科技项目：农药创制项目中开发了替代苯类有机溶剂的绿色溶剂，该溶剂属于双子型吡咯烷酮类溶剂。与此同时，国外的化学品公司不断地开发一些环保型替代溶剂，如阿克苏诺贝尔公司开发的ARMID系列新型溶剂，其中Armid DM10属于二甲胺类（奎酰胺）产品，用以替代NMP、DMF、DMSO、异佛尔酮等溶剂。这类新型溶剂具备生态毒理安全、闪点高、对人体安全、易降解、溶解度大、对活性成分惰性、低黏度、互溶性好等特点。陶氏化学也有乙二醇醚、丙二醇醚等环保型溶剂可以适用。

下面是20世纪80年代以来的部分研究成果：① 杀螟硫磷ULV复合溶剂。改进了以往采用乙基溶纤素带来的杀螟松ULV制剂化学稳定性不满意的问题，是新型ULV复合溶剂，包括环已酮-乙酸苄酯；烷基酚，如C_9H_{19}—⟨苯环⟩—OH，或亚麻仁油-萘系溶剂或石蜡烃，如柴油；重质芳烃（C_9～C_{20}芳烃），如：Solvesso 150-VelsicolAR-60；丁基溶纤素-二甘醇乙醚-二甘醇二乙醚。② 甲萘威ULV溶剂。α-或β-吡咯烷酮，甲基吡咯烷酮与聚乙二醇。另一专利用乙二醇单乙酸酯溶剂，制剂药害轻和长期稳定，不产生沉淀，比以往用乙基溶纤基（EGME）更好。③ 杀螟硫磷、马拉硫磷和二嗪磷、巴沙等ULV和ULV喷雾用乳油溶剂为甲基、乙基和丁基溶纤素。乳油的特点为乳化性能和化学稳定性能良好，与其他农药乳油相容性、混用性好。可低稀释倍数作LV和ULV喷雾用。④ 恶虫威ULV溶剂采用低挥发性溶剂。要求溶剂沸点、闪点高，实例为液体石蜡油，如Risella EL，Fyzollie，Klearol等，还可包括动物油、植物油以及矿物油类。制剂至少在40℃稳定3个月。⑤ 有机磷杀虫剂ULV溶剂为动物油，脂肪、蜡、高级醇和脂肪酸等，实例有大豆油、蓖麻油、棉籽油等。⑥ 毒死蜱ULV溶剂为平均分子量为1000～1500的聚丙二醇和水不溶性聚丁二醇或它们的共聚物。⑦ 硫丹ULV混合溶剂。实例为植物油与芳烃组合，碳醇、羧酸酯与芳烃的组合。

2. 表面活性剂

超低容量剂配方组分中的表面活性剂（润湿剂、渗透剂、抗飘移剂等），主要用来提高制剂对作物和靶标的黏附性、润湿性和渗透性，增强作物和靶标对药剂的吸收，减少溶剂的挥发性，提高制剂的稳定性，降低制剂的黏度，从而起到提高药效的作用。

常用的表面活性剂商品牌号有：润湿乳化剂AEO系列、乳化剂OP、TX系列、乳化剂BY、EL系列、农乳600号系列、渗透剂JFC、农乳11号、农乳33号、农乳34号、AEO-P、EO/PO嵌断共聚物、DBS-Na、K12、农乳500号、AES等。

举例来说，阿克苏公司的几款在超低容量剂中应用的表面活性剂，如Ethylan NS-500LQ是一种非离子型羟基聚环氧乙烷嵌段共聚物，EO/PO比例为1∶1.71，pH值6.5～7.5，具有润湿、分散、乳化等功能，同类型结构还有禾大公司的Atlas G-5000、巴斯夫公司的Pluronic PE-系列助剂、陶氏化学的TERGITOL™L-系列。

以上是目前市场上常见的超低容量剂ULV使用的润湿渗透剂，仅供参考。国内的南京太化、钟山化工、南京扬子、南京捷润等企业也有在超低容量剂上使用的助剂。

渗透剂：常用的有氮酮、噻酮、快T（磺化琥珀酸二辛酯钠盐）、JFC、有机硅类等。

抗飘移剂：喷雾中细雾滴为最易飘移的部分。因此，从制剂药液和药械及喷施技术上减少细雾滴是十分必要的。雾滴在运行传递过程中，可挥发组分的蒸发是造成大量细雾滴的重要原因。抗飘移剂的主要作用就是减缓汽化，抑制蒸发，防止雾滴迅速变细而产生飘移。

有文献报道，德国Hoechst公司发明的蒸发抑制助剂由7～8个组分组成，适合于航空喷雾液浓度较大的低容量和超低容量喷雾时使用。用量为每5～30L喷雾液加入助剂0.5～2L。在非离子活性剂中还有用失水山梨醇油酸酯聚氧乙烯醚。其他产品有时也用水溶性二元醇，如乙二醇、丙二醇、聚乙二醇等溶剂，用量0～10%。Hoechst公司1982年报告研制成功新型抗蒸腾剂Mitlet B1，适用于乳油、溶液剂、超低容量制剂喷雾。当用量10%，可使除草剂Hoe 39866（试验代号）、硫丹35%EC和25%ULV制剂雾滴挥发汽化速度大大减小。最有效的是用庚烯磷250g/L和500g/L乳油喷雾液，雾粒挥发汽化速度迅速减小，几乎接近超低容量制剂水平。近年来，发展较快的专用防飘移剂，如Armix 300（Helena化学公司1983年产品），Targe NL（Agway公司）等，其活性物质也多属于水分散或水溶性树脂或聚合物。Targe NL即是水基成膜防飘移剂，用它可大大减少细雾滴的产生。推荐用于百草枯、草甘膦及其他除草剂。

抗飘移剂（抑制蒸发作用）既可适用高容量和低容量喷雾，又可适用ULV喷雾，航空和地面喷雾都好用，还可以与大多数杀虫剂、杀菌剂并用。日本住友化学和花共化学公司发明以淀粉丙烯酸的共聚物、聚乙烯醇丙烯酸钠的共聚物为喷雾防飘移剂，用量0.025%～3%。例如，0.5%丙烯酸聚合物Sumikagel S-50即可防止航空喷雾50%杀螟硫磷EC 8倍稀释液的飘移。

二、超低容量剂配方举例与应用效果

部分常用超低容量剂配方（质量分数）举例如下：

86.5% 杀螟硫磷 ULV

杀螟硫磷	86.5%
Solvesso 150	13.5%

60% 杀螟硫磷 ULV

杀螟硫磷	60%
2-乙基-1,3-乙二醇	40%

30% 稻瘟灵 ULV

稻瘟灵	30%
2-甲基-2,4-戊二醇	35%
二甲苯	35%

4% 溴氰菊酯 ULV

溴氰菊酯	4%
乐杀螨	1%
Solvesso 150	40%
棉籽油	约 100%

2,4-D 异辛酯 1070 g/L ULV

2,4-D 异辛酯	1070g/L
Berol 9927	7.5g/L
Berol 9968	52.5g/L

马拉硫磷 1025 g/L ULV

马拉硫磷	1025g/L
Berol 965	104g/L
Berol 967	26g/L

960g/L 地茂散 ULV

地茂散	960g/L
Sponto 232	26g/L
Sponto 234	14g/L
二甲苯	约 1000 g/L

960g/L 马拉硫磷 ULV

马拉硫磷	960g/L
Sponto 150T	90g/L
异丙醇	约 1000g/L

35% 甲萘威 ULV

甲萘威	35%
N-甲基吡咯烷酮	40%
甲苯	25%

40% 溴硫磷 ULV

溴硫磷	40%
DMF	40%
甲苯	20%

40% 敌百虫 ULV

敌百虫	40%
N-甲基吡咯烷酮	45%
乙二醇	约 100%

16% 皮蝇磷 ULV

皮蝇磷	16%
蜂蜡	0.25%
矿物油	16%
二甲苯	约 100%

乙草胺 900 g/L ULV

乙草胺	900g/L
Sponto AP-201	40g/L
Ethylan NS-500LQ	40g/L
二甲苯	约 1000g/L

900g/L 丁草胺 ULV

丁草胺	900g/L
Sponto AP-201	50g/L
NS-500LQ	30g/L
二甲苯	40g/L

960 g/L 异丙甲草胺 ULV

异丙甲草胺	960g/L
Berol 949	约 1000g/L

50 g/L 氟虫腈 ULV

氟虫腈	50g/L
NMP	50g/L
EL-20	50g/L
150 号溶剂油	约 1000g/L

目前报道超低容量剂商品化的不多，现将收集到的一些超低容量剂产品应用效果简介如下。

1. 苏云金杆菌油悬浮剂使用ULV喷雾技术

主要用于地面器械和飞机的超低容量喷雾，特别适宜于森林害虫的防治。对苏云金杆菌油悬浮剂超低容量喷雾指标进行了测定。室内：雾滴容量中径（D_{vm}）和数量中径（D_{dm}）分别为85.57μm和115.24μm，扩散比（DR）为0.74；室外：雾滴D_{vm}（ϕ1.2）为74.86μm、D_{dm}（ϕ1.2）为60.64μm、D_{vm}（ϕ0.8）为78.44μm、D_{dm}（ϕ0.8）为65.43μm，扩散比DR（ϕ1.2）和DR（ϕ0.8）分别为0.81和0.83，杀虫效果（第7天）为73.75%～88.82%；各项性能指标均符合超低容量喷雾的要求。

2. 15%氯菊酯·胺菊酯·丙烯菊酯卫生杀虫剂（超低容量喷雾）

研究以超低容量喷雾装置为主体的WCD-2000多功能卫生防疫车JWX-Ⅱ型卫生杀虫剂（15%氯菊酯·胺菊酯·丙烯菊酯）超低容量喷雾对淡色库蚊、家蝇的杀灭效果。方法以淡色库蚊、家蝇为试验对象，对JWX-Ⅱ型卫生杀虫剂进行室内药效、外环境模拟现场药效和现场药效测定。结果表明，该杀虫剂用水稀释100倍后，室内按1.43mL/m^3喷雾，对淡色库蚊、家蝇的KT_{50}值（击倒中时）分别为4.39min和3.79min，24h死亡率均为100%；外环境模拟现场距离喷药点5m、10m、15m、20m按0.5mg（a.i.）/m^2喷药，10m内对淡色库蚊、家蝇的1h击倒率和24h死亡率均在95%以上；现场对部队野外驻训的4个宿营地按0.5mg（a.i.）/m^2喷药，喷药后1h蚊虫密度下降率平均达95.69%。说明该药剂高效、速效、低毒、无异味，适合超低容量喷雾。

3. 苯醚菊酯·丙烯菊酯超低容量喷雾制剂

超低容量喷雾因其经济、高效等优点应用于害虫控制由来已久，但在卫生害虫控制方面应用得并不广泛，主要原因是难以找到适宜的杀虫剂及剂型。目前，虽然卫生杀虫剂的种类繁多，多数产品虽然高效，但却达不到对环境危害小、刺激性小、无不良气味的要求。经过试验，苯醚菊酯·丙烯菊酯超低量制剂特别适用于城镇居民密集区室内外蝇媒的控制。

4. 植物源杀虫剂苦皮藤素超低容量油剂

1%苦皮藤素超低容量油剂的配方：根据上述各项试验，结合制剂要求，确定1%苦皮藤素超低容量喷雾油剂的最佳配方为（质量分数）：6%苦皮藤素母液18%，助溶剂（环己酮）10%，渗透剂（*N*-十二烷基吡咯烷酮）2%，减黏剂0.8%，溶剂（芳香烃溶剂）余量补足。1%苦皮藤素超低容量油剂采用超低容量喷雾技术时，药液的分散度比较高，形成的雾滴粒径小，一般为70～100μm。由于这样的雾滴能较长时间悬浮在空气中，加上昆虫在飞行时翅翼的迅速振动有助于雾滴在虫体各方向附着，因此，这种喷雾形式在虫害区域残留药量最少，对于防治蝗虫这样大面积的虫害是非常有效的。而且该超低容量油剂具有工效高、节省用药、防治及时、不用水、防治费用低等优点。对防治东亚飞蝗药效良好，持效期达到14d以上，速效性差，药后7d蝗虫才大量死亡。但由于是植物源农药，该药剂能很好地保护天敌，对环境污染小。在东亚飞蝗偏轻度发生年份使用300～600mL/hm^2喷雾，能有效控制危害。

5. 白僵菌超低容量油剂对马尾松毛幼虫的试验

室内和林间防治结果证实，白僵菌超低容量油剂具有覆盖性能好、黏度大、雾滴细、耐雨露冲刷等优点，马尾松毛幼虫死亡率可达80%以上，通过增加少量杀灭菊酯，不仅加快了防治速度，而且提高了防治效果，能及时有效地保护松林，减少松针被害损失量。白僵菌超低容量剂既可以节约防治费用，又能保护森林生态平衡，是具有前景的生物剂型。

6. 43.2%灭狼毒超低容量液剂

43.2%灭狼毒超低容量液剂防除狼毒效果：在四川天然草场应用除草剂43.2%灭狼毒超低容量液剂，采用453.6～583.2g/hm^{2}的剂量，在毒杂草狼毒（*Stellera chamaejasme*）的现蕾花期，原液喷施叶面处理，可使受药狼毒的死亡率在90%以上，且对主要的可食牧草莎草科的乌拉苔草、木里苔草、四川蒿草和禾本科的羊茅、密花早熟禾安全，但对少量分布可食牧草豆科的兰花米口袋、锦鸡儿、菊科的北艾、马兰有明显药害。试验证明了针对毒杂草型退化草场的恢复治理，必须要考虑天然草场中可食牧草优势种群的安全性，科学用药抑制毒杂草群落，促进主要的可食牧草生长。

7. 0.4%氟虫腈超低容量剂

通过0.4%氟虫腈超低容量剂防治黄河滩区东亚飞蝗试验，结果表明：0.4%氟虫腈超低容量剂0.075mL/m^{2}防治蝗虫效果好、持效期长、安全、对环境无污染，适宜飞机作业，飞行高度10m，飞行速度160km/h，有效喷幅面积为100m^2。

下面是一些收集到的超低容量喷雾剂专利，简介如下。

（1）发明名称：一种含噻虫胺的超低容量液剂。

摘要：发明公开了一种含噻虫胺的超低容量液剂，是以噻虫胺或噻虫胺和活性组分Ⅱ复配为活性成分，其余用助剂和溶剂补足至100%的超低容量液剂；活性组分Ⅱ为高效氯氰菊酯、高效氟氯氰菊酯、氯虫苯甲酰胺、氟虫双酰胺、阿维菌素或甲氨基阿维菌素苯甲酸盐中的任意一种。本发明可用于防治稻飞虱、稻纵卷叶螟、褐飞虱、白背飞虱、灰飞虱、二化螟、稻蓟马等作物害虫，具有加工方便、省水、工效高、药效好、持效长、协同增效等优点。

（2）发明名称：含醚菌酯的超低容量液剂。

摘要：发明公开了一种含醚菌酯的超低容量液剂，是以醚菌酯或醚菌酯和活性组分Ⅱ复配为活性成分，其余用助剂和溶剂补足至100%的超低容量液剂；活性组分Ⅱ为苯醚甲环唑、嘧菌环胺、已唑醇、嘧菌酯、咪鲜胺、氟环唑、丙环唑、戊唑醇、氟硅唑、稻瘟灵、噻呋酰胺或稻瘟酰胺中的任意一种。本发明具有工效高、省水、节省农药、药效好，持效长和协同增效等优点。

（3）发明名称：天然除虫菊素超低容量喷雾剂及静电喷雾防虫方法。

摘要：本发明是一种天然除虫菊素超低容量喷雾剂及经典喷雾防虫方法。其特征在于按以下方法配制：用纯天然除虫菊素0.25%～10%，天然增效剂柠檬烯0.5%～20%，氮酮5%～15%，表面活性剂10%～20%，豆油5%～15%，乙二醇5%～10%混合制备而成。超低容量喷雾剂可有效地使药液与靶标生物接触，充分利用药液的杀虫活性，降低使用量，最大限度地节约农业生产成本。

（4）发明名称：一种吡虫啉超低容量喷雾剂及其制备方法。

摘要：本发明公开了一种虫啉超低容量喷雾剂，其特征在于包括以下组分且各组分的质量分数分别为：吡虫啉原药0.1%～15%；溶剂55%～90%和助溶剂3%～30%。本发明所述的吡虫啉超低容量喷雾剂在进行病虫防治时，喷量少、工效高，在单位面积上喷施的药液量仅为常规喷雾量的1%，且不需要水，适宜于干旱缺水的地区使用，适用范围广，而其药效比常规剂型高，持续时间长，安全性高，不会影响环境，可使用飞机喷雾等方式进行大面积防治，提高了防治效率，降低了防治费用。

三、超低容量喷雾剂的防治应用

作为超低容量制剂的农药品种大多为杀虫剂，而杀菌剂和除草剂受到各种限制，应用不广泛。

1. 杀虫剂超低容量制剂的应用

根据国内外超低容量喷雾技术的报道，针对不同的害虫防治对象，杀虫剂的超低容量制剂应用大致可分为以下几种：

① 对活动性弱的刺吸式口器害虫，如蚜虫、红蜘蛛等，可采用内吸杀虫剂，如氧乐果、久效磷、乙酸甲胺磷等超低容量制剂防治。

② 对活动性较强的刺吸式口器害虫，如飞虱、叶蝉、蜻象、蓟马等，除用上述内吸杀虫剂外，还可用触杀性杀虫剂，如马拉硫磷、杀螟硫磷、辛硫磷、氰戊菊酯、氯氰菊酯等超低容量制剂防治。

③ 对潜叶性害虫，如豌豆潜叶蝇，可用乐果、氧乐果等具有内吸性和触杀性杀虫剂来防治，既杀成虫，又杀潜在叶中的幼虫。

④ 对食叶性害虫，如黏虫、麦叶蜂、尺蠖类、刺蛾类、毛虫类，可用胃毒性和触杀性杀虫剂，如敌百虫、杀螟硫磷、辛硫磷、马拉硫磷、氰戊菊酯、氯氰菊酯等超低容量制剂防治。

⑤ 对钻蛀性害虫，如棉铃虫、水稻二化螟等在钻蛀前可用触杀性杀虫剂，如辛硫磷、杀螟硫磷、乙酰甲胺磷、氰戊菊酯、氯氰菊酯等超低容量制剂来防治。

⑥ 对飞翔的蚊、蝇等卫生害虫，可用触杀性杀虫剂，如马拉硫磷、辛硫磷、倍硫磷、二氯苯醚菊酯、溴氰菊酯、氰戊菊酯、氯氰菊酯等超低容量制剂防治。

⑦ 对蝗虫类害虫，可用氟虫腈、马拉硫磷、杀螟硫磷、乐果等超低容量制剂来防治。

2. 除草剂和杀菌剂的超低容量制剂应用

除草剂作为超低容量制剂的品种不多，主要是因为除草剂的选择性有局限性，超低容量喷雾雾滴小，飘移远，易飘移到其他敏感作物上，而使作物受害。但对于我国西北草原地带，因面积大，不担心雾滴飘移风险，从2001年开始超低容量喷雾防治天然草地毒草的研究。

毒植物大量滋生繁衍直接威胁着我国西北草地畜牧业的发展，家畜因采食有毒植物而中毒的发病率和死亡率逐年上升。狼毒和黄花棘豆均为多年生草本植物，是我国西北地区草地上的主要毒草。使用除草剂防除狼毒和黄花棘豆是目前普遍应用的有效方法，常用的除草剂是2,4-滴丁酯乳油。由于草原取水困难，限制了大面积推广应用，特别是在地形复杂、条件恶劣、人烟稀少的特殊环境中更难以实施喷雾灭除工作；此外，我国干旱草原区光照强烈，在短时间内叶片上的药液即被晒干，毒草不能充分吸收，客观上影响了2,4-滴丁酯EC的防治效果。针对常规大容量喷雾方法工效低且防治效果不理想的现状，中国科学院寒区旱区环境与工程研究所研制了用于防除狼毒的43.2%灭狼毒超低容量液剂和用于防除黄花棘豆的54.96%灭棘豆超低容量液剂，并在甘肃南裕县开展了试验研究。

试验采用东方红牌超低容量喷雾机（WFB-18AC，北京怀柔丰茂植保机械有限公司生产）进行超低容量喷雾，喷头高度1m，喷幅10m，行走速率80～90m/min，施药量为1L/hm^2。结果表明：超低容量剂在施药液量1L/hm^2条件下，对草原毒草的防治效果都在92%以上，显著优于常规喷雾方法450L/hm^2的喷雾效果。

杀菌剂作为超低容量制剂的品种也不多，其原因是保护性杀菌剂对病菌的防治，要求在作物表面上全面覆盖，才能获得较好的防治效果，而超低容量喷雾只能做到小部分覆盖。如采用内吸性杀菌剂，则可进行超低容量喷雾，如异稻瘟净、富士一号等内吸杀菌剂采用超低容量喷雾可有效地防治水稻稻瘟病。

四、国内外登记的超低容量剂产品

目前，国际上的超低容量制剂的农药品种繁多，随着生物农药的广泛应用，近年来，我们研究开发了多种生物农药超低容量剂。超低容量剂主要是杀虫剂、除草剂，而杀菌剂的品种很少。目前，国内一些喷雾设备公司与农药企业合作开发超低容量剂产品，同时推广应用超低容量喷雾ULV技术，部分农化企业已经启动了相关产品试制工作，如广西田园等。表7-15总结了部分农药超低容量剂及其防治对象。

表7-15　我国登记的与国外常见的超低容量剂及其防治对象

登记名称	有效成分及含量	适用场合	防治对象	类别	生产企业
氟虫腈超低容量剂	氟虫腈 4g/L	草原、滩涂	飞蝗	杀虫剂	拜耳作物科学（中国）有限公司
毒死蜱超低容量剂	毒死蜱 450g/L	非耕地	飞蝗	杀虫剂	美国陶氏益农公司
阿维菌素超低容量液剂	阿维菌素 1.5%			杀虫剂	广西田园生化股份有限公司
氟虫腈超低容量液剂	氟虫腈 4g/L	草原、滩涂	草地蝗虫	杀虫剂	安徽华星化工股份有限公司
阿维菌素油剂	阿维菊素 0.2%	森林	松鞘蛾	杀虫剂	黑龙江平山林业厂
苦皮藤素超低容量油剂	苦皮藤素	草原、滩涂	飞蝗	杀虫剂	新乡市东风化工有限责任公司
Bt 超低容量剂	苏云杆菌 17600IU/μL	林业	林业害虫	杀虫剂	湖北省农业科技创新中心生物农药分中心
Bt 超低容量剂	苏云杆菌 8000IU/μL	林业	林业害虫	杀虫剂	湖北康欣农用药业有限公司
绿僵菌超低容量油剂	绿僵菌（1.0 ± 0.5）$\times 10^{10}$ 孢子 /mL	马尾松林	松茎象	杀虫剂	福建农林大学林学院
杀虫超低容量液剂	高效氯氰菊酯 1.2%、右旋苯醚氰菊酯 0.3%	卫生	蜚蠊、蝇	卫生杀虫剂	上海市卫生害虫防制公司
杀虫超低容量液剂	胺菊酯 1%、富右旋反式苯醚菊酯 1%	卫生	蚊、蝇	卫生杀虫剂	江苏省南京荣诚化工有限公司
氯菊酯超低容量剂	氯菊酯 5%			卫生杀虫剂	广东省广州市花都区花山日用化工厂
滴丁·赤霉酸超低容量剂	2,4- 滴丁酯 34%	草场	草原狼毒草	除草剂	四川福达农用化工有限公司
滴丁·赤霉酸超低容量液剂	赤霉酸 0.2%、2,4-滴丁酯 34%	草场	草原狼毒草	除草剂	重庆树荣化工有限公司
灭狼毒超低容量液剂	2,4- 滴丁酯 34.2%	草场	草原狼毒草	除草剂	中国科学院寒区旱区环境与工程研究所

续表

登记名称	有效成分及含量	适用场合	防治对象	类别	生产企业
灭棘豆超低容量液剂	氨基嘧磺隆 54.96%	草场	黄花棘豆草	除草剂	中国科学院寒区旱区环境与工程研究所
氰戊菊酯超低容量剂	氰戊菊酯 50g/L	大田作物	蚜虫、叶蝉	杀虫剂	住友化工株社会社
	氯菊酯 15%・吡丙醚 3%	卫生	埃及伊蚊	卫生杀虫剂	阿根廷 Chenmotecnica S.A 公司
Permanone® 30-30	醚菊酯 30%・增效醚 30%	卫生	蚊子	卫生杀虫剂	阿根廷 Chenmotecnica S.A 公司
Fylanon® ULV	马拉硫磷 96.5%	苜蓿	苜蓿粉蝶、蝗虫、甜菜夜蛾等	杀虫剂	丹麦科麦农公司
Sumitomo Sumithion®	杀螟松 93%	水稻	螟虫	杀虫剂	Sumitomo Chemical Australia Pty Ltd
天然除虫菊素	除虫菊 5%・增效醚 25%	室内	蚊蝇	卫生杀虫剂	USA McLaughlin Gormley King 公司
SUMITHRIN®	右旋苯醚菊酯 2%・胡椒基丁醚 2%	户外	蚊子	卫生杀虫剂	Clarke Mosquito Control Products, Inc
PyroFos™	毒死蜱 19.36%	户外	蚊子	卫生杀虫剂	USA Control Solutions, Inc.

第五节 地面超低容量应用技术

利用离心喷头高速旋转时的离心力，将药液分散成雾滴的喷雾器称为离心喷雾机（centrifugal sprayers）。离心喷雾机最初用作粉剂超低容量的雾化装置，后来才在农业生产中应用于地面超低容量喷雾和低容量喷雾，并相继生产出手持、背负和机引等多种形式的离心喷雾机。我国有多个厂家生产手持离心喷雾机。

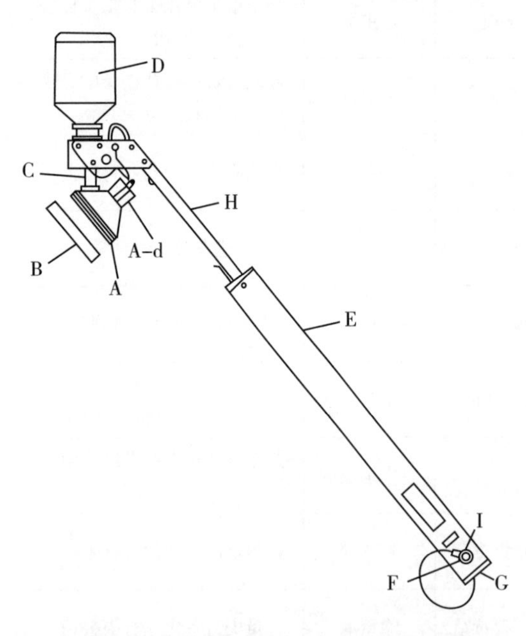

图7-3 手持式超低容量喷雾机构造图

A—离心雾化喷头；A-d—微电机；B—护盖；C—限流管柱；D—药液瓶；E—握柄（电池筒）；F—电路开关；G—电池筒封头；H—伸缩杆；I—0开关插孔

一、手持式离心喷雾机的机械结构和组成部件

手持式离心喷雾机的外形和机械结构见图7-3，整体分为10个部分。

1. 转盘部分

离心雾化喷头（图7-3中的A）是一个锥形盘，不同型号和产品的转盘的直径不等，一般为80mm。转盘的关键构造是转盘的圆周边缘呈锯齿状，锯齿的数目为360个，也有100个、200个、250个的，取决于制造商的设计和转盘的直径。在转盘的表面上有锯齿数目相同的细槽，每一槽都引向齿尖，是为了让药液顺槽流向齿尖，后从齿尖洒出去，并且有利于让药液在盘面上均匀分流。齿尖是药液分散雾化均匀的关键，使用时必须注意保护，勿使其破损或者变形。在转盘前方有一个圆盘形保护帽（图7-3中的B），在喷雾机不工作时压盖在转盘的敞口上，保护齿盘。

2. 微电机

微电机是转盘转动的动力部件（图7-3中的A-d），所需电压通常是4.5～12V，3～7W。微电机通过驱轴与转盘组成紧密连成为一体，使转盘能够与微电机同步旋转。微电机的转速一般为7500～8000r/min。因为转盘周边有锯齿，高速旋转时可能对皮肤有损伤，不可直接与人体接触。

3. 限流管柱

转盘和微电机通过此柱（图7-3中的C）与药液瓶（图7-3中的D）相连接。限流管是调节药液流量的部件，限流管可以换接，一般有三个管控孔径供选择：1mm、1.5mm、2mm。在喷雾机的产品说明书中会介绍如何辨别以及各孔径的药液流速（mL/min）。

4. 握柄和电池筒

图7-3中的E为握柄，同时也是电池筒，喷雾机所使用的电池放在此筒中，通过设置在筒体内的一组导线把电流输送到微电机中。电路开关（图7-3中的F）设在筒的末端，以便于用手操作。图7-3中的G是电池筒封头，可装入电池，然后插入封头固定，并把开关F插入开关插孔I中。为了便于根据需要调节喷雾头的高度，把柄前端有一根伸缩杆（图7-3中H），不使用时可以把伸缩杆退入握柄中。

5. 药液瓶

装药液的塑料瓶（图7-3中的D），一般容积为750～1000mL，是特制的有配套螺口的透明瓶，瓶口可与限流管连接。在工作时药液瓶处于倒置状态，即瓶口朝下，药液即从限流管流下，流到转盘上，不喷雾时翻转使瓶口朝上，药液即停止流出。

二、电动式离心超低容量喷雾机的操作方法

电动式离心喷雾机做超低容量喷雾时，转盘转速为7000～150000r/min，此时所产生的雾滴直径大部分为40～70μm。超低容量喷雾法是一种高浓度油剂农药的超低容量使用方法，药剂的浓度一般都在25%以上。因此，使用过程中的重要问题是如何把药液喷洒均匀，否则很容易发生药害问题，超低容量喷洒产生的雾滴很细，在白天的光线照耀下，操作人员很难看清楚雾滴的运动方向，因此不可能根据肉眼来判断药液是否喷洒均匀。沉积到作物表面上也不容易看清，但是喷出的药雾还是比较容易看见的。所以，采用超低容量喷雾法必须根据药液的流速、流量、喷雾头的扩散面积（即喷幅）、操作人员的移动速度来确定喷洒面积。其中，喷雾头的扩散面积是最不容易掌握的有关因素，超低容量喷雾机产生的药物是需要利用自然风来扩散的。在无风的情况下不能使用，因为无风时，转盘所抛出的雾滴的运动距离不会超过半米，施药液量又极少，不可能像大容量或低容量喷雾法那样依靠操作者的缓慢移动就能轻松将药液喷洒均匀。比如用25%乐果超低容量油剂防治小麦管蚜，每亩麦田上只需要80～100mL使用量。若药液的流速为40mL/min，只需要2～3min即可喷完。如果不借助自然风的吹送扩散作用把药雾吹散，操作者就必须在2～3min内快速移动，显然这在实际操作中是不可能实现的。对上面所讲的使用方法的

问题，使用者必须充分理解。

电动式离心超低容量喷雾机使用前，必须首先做好准备工作，包括以下几个方面。

1. 施药农田的基本情况检查

（1）施药农田的面积。超低容量喷雾法必须依靠自然风的作用，因为它本身不产生气流。所谓飘移喷雾法，就是利用药雾在空气中的自然飘移行为而扩散分布到比较远的、喷雾器杆和一个喷幅所不能达到的农田中。所以对于雾头很小，没有自带定向气流的电动式离心喷雾机来说，自然风是必不可少的条件。飘移喷雾法能够延伸操作者手臂的操作距离，对于分散的小规模农民来说，无疑是它的重要优点，可以显著提高劳动功效。但是也同时带来一个问题，就是施药农田的面积不能太小。

（2）施药农田的地形地貌。农田的地形地貌对于超低容量喷雾法的实施有很大影响。一般而言，这种超低容量飘移喷雾法只适合在平整的农田上采用，因为在平整的农田上气流相对比较稳定。在崎岖不平的地区气流不稳定，从而容易使喷出的药雾发生飘忽不定的现象，其沉积分布也就受到影响。例如山区、梯田地区和丘陵地带气流非常不稳定，虽然喷出的药雾会有一部分沉落在农田中，但必定会有相当大的一部分药雾随扰动的气流飘出农田，扩散到农田外环境中，甚至飘移到很远的地方。

还应注意，在水网地区超低容量飘移喷雾法也有很大的环境污染风险，尤其是距离水域不太远的农田，喷出的药雾极易飘移到水域中，造成水体污染。

（3）施药时的风速风向。每一特定地区的季节性风向、风速都有一个相对稳定的可参照规律。这种资料在当地气象部门都可以查询到。这就要求施药者留心调查记录，在风向、风速剧烈变化的情况下，不宜采用飘移喷雾法。在施药时发生风向、风速的剧烈变化，不仅不利于药物的沉降，而且还容易发生药雾突然飘移到施药人员身体上的危险，这一点需要引起施药人员的高度重视。

（4）作物的生长状况。首先要看作物的植株高矮。较高的植株喷雾时需要把喷雾机的喷头举高，此时风速比较大，药雾的飘移距离比较远，沉降面积比较大，而较矮的作物，如花生、白菜，喷头举起的高度可以比较低，此时风速相对较小，药雾的飘移距离也比较近，药雾的沉降面积相对较小，这些情况对于喷雾交叠幅度的选择有重要参考价值。

2. 机具的流量、流速调节

在上述情况基本查明的前提下，即可进行机具的药液流量调节。流量调节根据农田施药液量的需要而定，这时需要参考害虫种类和所选用的农药种类。可以从植保手册和农药手册中查到，或向当地植保站查询。一般每亩的施药量是300～350mL之间（农药油剂的有效成分含量为25%时）。施药量需根据作物的生长情况和害虫种类以及所用农药的种类而定。比较高大的作物需要的施药液量较大，反之则施药液量比较小。在这些因素确定之后，即可决定施药液量（mL/亩）。

该施药液量在喷洒时的药液流速和流量调节，可参照如下方法确定。

选取1只容积为200mL的大口量杯或量筒（最好在量筒口上放一只玻璃漏斗），直立在平整的地面上，往直立的喷雾器药液瓶中加入低容量喷雾油剂，安装完毕后，把药液瓶倒置，并把转盘的一边放在量杯口的上方（或放在量筒上的漏斗口的上方）。此时油剂即开始从转盘下缘滴入量杯中，同时开动秒表计时。到1min时，立即把药液瓶恢复倒置位置，此时药液即停止流出，计量量杯中的油剂体积（mL）。如此重复测3次，计算其平均值。此值除以60，即可换算为每秒流量，测定流速时不要接通电池电源。量筒的准确性高于量杯。

喷雾机所配置的3个限流管，须分别加以测定，以供选择步行速度时参考选用。电动式离心喷雾机的限流管按颜色区别，一般黄色的表示每秒流速为0.5mL（适用于黏度较小的油剂药液）；红色的表示每秒流速为1mL（适用于一般的油剂药液）；灰色的表示每秒流速为2mL（适用于黏度较大的油剂药液）。

3. 步行速度的测定

在空地上划出一段长60m的地段，或每段长15m的4个地段，或在15m长的地段上往返4次。两端各插一个明显的标记（可竖一面小旗）。在药液瓶中加入相当于每分钟流量的油剂药液后，从地段的一端开始工作。把喷雾机喷头举起，让转盘盘面朝向下风方向。打开喷雾机的电池电源开关，扭转握柄使药液瓶处于倒置位置，同时开动秒表计时，此时药液开始流出，喷雾机即进入喷雾工作状态。以2m/s的步行速度向地段的另一端走，一直走到整个测试地段终端时，翻转药液瓶并使转盘继续工作数秒钟，使盘面上的药液喷洒干净（图7-4）。如果药液瓶中的油剂药液恰好喷完，即表明步行速度与药液流速正好相符。如果药液瓶中还有剩余药液且剩余量较多，说明步行速度过快，需要适当减慢步速。如尚未走到终端转盘已停止喷雾，则说明步速偏慢，应当加快步速。注意：最好预先练习一下步行速度，以便试验时掌握。

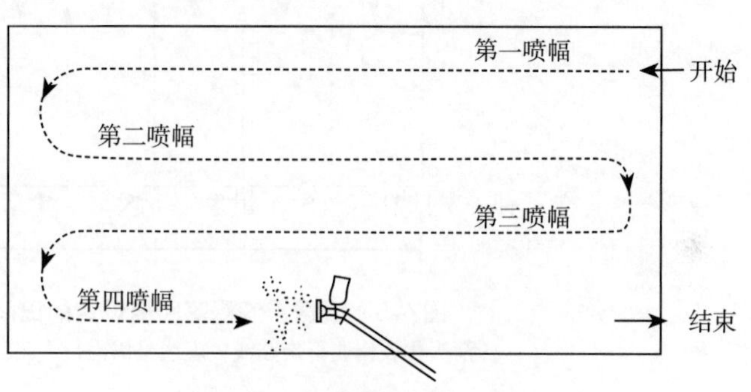

图7-4　施药液量的测试方法

4. 田间施药的组织

由于超低容量喷雾法的上述各种特征和对施药农田的特殊要求，田间施药作业必须有严密的组织。不能像大容量喷雾法那样粗放的“喷到为止”，否则很容易发生许多预想不到的问题，甚至风险。田间组织工作主要包括以下几点。

（1）施药地块的规划。作为飘移喷雾法，必须采用喷幅交叠法。因此，必须对施药地块进行喷幅规划（图7-4）。电动式离心手持喷雾机自身不能产生气流，产生的药雾完全受空气风力的摆布，包括其雾流运动方向、药雾沉积覆盖面积等。受风力摆布的程度又与雾滴大小有关。雾滴越小，受风力影响越大，表7-16可供参考。

表7-16　雾滴直径、风力与雾滴运动的关系

雾滴直径 /μm	雾滴降落速度 /（m/s）	雾滴飘落点距离 /m①
20	0.012	83
40	0.046	22
60	0.100	10
80	0.170	6
100	0.250	4
120	0.340	3
140	0.430	2
160	0.620	2

① 按顺风下风方向米数计算，喷头离地面高度为1m，自然风速为1m/s。

若产生的雾滴直径为80μm，则在1m/s风速下的飘落距离为6m。喷幅交叠要求按4m计，则在一块30m × 60m的长方形地块上，即可规划出喷幅交叠喷洒法的喷雾行进路线和喷幅宽度（图7–5）。若风向为从左向右（箭头所指），则沿60m长度内可划分为15个喷幅，每一个喷幅的长度若为4m，宽度为3m。这样的施药区规划，共需要来回喷洒15次，从下风头开始喷洒第一喷幅，然后向上风方向进入第二喷幅，喷完后再进入第三喷幅，以此类推继续喷洒，直到喷完最后第十五个喷幅，即完成全部喷洒作业。

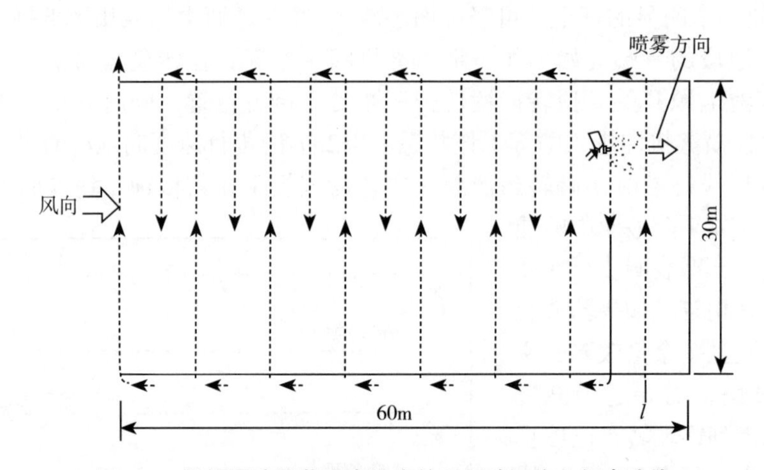

图7–5　根据雾滴飘落距离设定的田间喷洒作业行走路线

（箭头代表作业行走路线，虚线是田内行走路线，实线是田外行走路线）

为了在进行施药作业时能够清楚地辨别，每一个喷幅的两端都应树立有明显的标记。可以插1支彩色小旗旗杆，也可以安排两个标记人员站在喷幅的两端，在地上画出喷幅行的标记即可。标记人员即可按照标记点更换位置。

如果雾滴细度缩小为60μm，则顺风飘落距离延长为10m，喷洒次数可减少40%左右。在同一施药田块中只能有一种作物。

（2）喷雾作业的实施。施药时田间应树立一根风向标。可用一高于作物顶部约1m的立杆，在杆顶扎一条红色的塑料薄膜长条（宽约1cm、长约25cm），任其随风飘扬。此红色塑料条随风飘动，可以帮助操作人员辨别风向和估测风速。

喷雾作业从田块的下风头第一喷幅开始（图7–5中的l），喷头离作物顶部的高度（H）取决于药雾扩散分布距离（D）和风速（U）。假定雾滴直径为80μm，雾滴的降落速率（v）为0.17m/s，则在风速（U）已知的情况下，雾滴扩散分布距离即可参照式（7–2）估算出来。

$$D = HU/v \qquad (7\text{–}3)$$

可见，喷头举起的高度需要根据施药时风速的大小来决定。原则上必须以已经划定的喷幅为依据，因为到田间工作时已经不可能临时再改变喷幅宽度，只能调节药雾的扩散分布宽度去适应喷幅的宽度。这就是要在施药田块上树立一个风向风速标杆的缘故。当发现风速变大时，就把喷头高度稍微调低，反之则稍微举高些。这样可以在喷雾作业过程中随时掌握药雾的扩散分布面积。一旦风速发生突然剧变时；则应立即翻转药液瓶停止喷洒，待风速恢复稳定后再继续喷洒作业。不难看出，这种作业方式对施药人员的技术素质要求是比较高的。

施药人员应该在喷雾作业进行之前反复练习如何观察风向、风速变化，反复练习如何根据风向、风速的临时变化，控制盒调节转盘喷头高度的方法和技巧。这需要一定的经验积累。

三、背负式机动超低容量喷雾机

1. 背负式机动超低容量喷雾机的喷头

背负式机动超低容量喷雾机的喷头结构见图7-6，这种喷头由旋转组件、分流锥组件、调量开关三大部分组成。旋转组件由驱动叶轮、前齿盘、后齿盘和两个滚动轴承及护帽组成。分流锥组件由分流锥和分流盖组成。

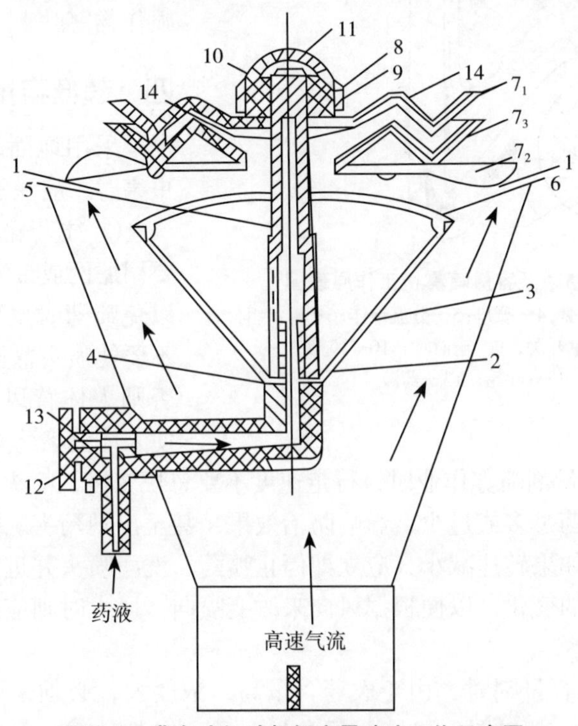

图7-6 背负式机动超低容量喷头工作示意图

1—喷口；2—垫圈；3—分流锥体；4—分流锥；5—空心轴；6—分流锥盖；7—齿盘组件（7_1—前齿盘；7_2—驱动叶轮；7_3—后齿盘）；8，9—轴承；10—锁紧螺母；11—轴承盖；12—密封圈；13—流量开关；14—药液流出口

超低量喷雾机喷头的工作原理是由风机产生的高速气流从喷管流到喷头后遇到分流锥，从喷口以环状喷出，喷出的高速气流驱动叶轮，使齿盘组件高速旋转，转速约为10000 r/min，同时药液由药箱经输液管进入空心轴，从空心轴上的孔流出，进入前、后齿盘之间的空隙，于是药液就在齿盘高速旋转的离心力作用下，沿齿盘外圆抛出，破碎成细小的雾滴。为保证雾化良好，在齿盘外缘上均匀地分布着180个小齿。小雾滴到达喷口处时被喷出的气流流向远处。调节喷头上的流量开关，可以调节出4挡流量。喷口长度也可调整，以满足不同的作业要求。

2. 背负式机动超低容量喷雾机的工作原理

背负式机动超低容量喷雾机的工作原理如图7-7所示，离心风机产生的高速气流经喷管进入喷头，遇到分流锥后呈环状喷出，喷出的气流吹到与雾化齿盘组合在一起的驱动叶轮上，叶轮带动雾化齿盘以9000～11000r/min的速率旋转。药箱内的药液在压力作用下，经

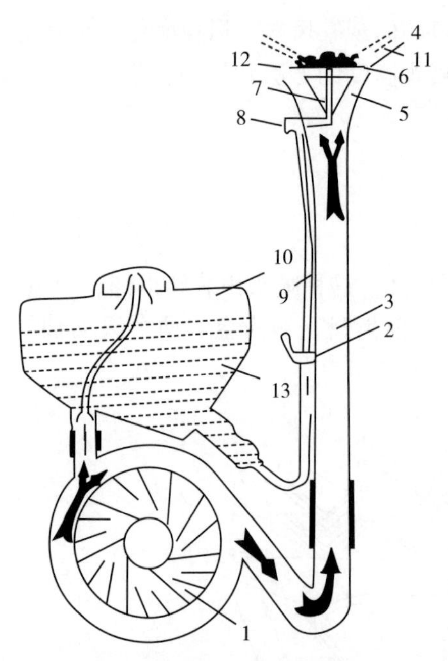

图7-7　背负式机动超低容量喷雾机工作原理图

1—风机；2—直通开关；3—喷管；4—喷口；5—分流锥体；6—齿盘组件；7—空心轴；8—流量开关；9—输液管；10—药箱；11—雾滴；12—叶轮；13—药液

调量开关流入空心轴，空心轴的孔径为1.5mm，药液经空心轴进入前后齿盘之间的缝隙中，并附在齿盘上，在齿盘高速旋转产生的离心力作用下，药液以39m/s的线速率由前后齿盘圆周上的齿尖被连续不断地甩出，形成很多直径为15～75μm的小雾滴，然后被喷口内喷出的气流吹出，在空中飘动，再降落到被喷作物茎叶上。

四、超低容量剂使用注意事项

采用地面超低容量喷雾防治病虫害时，应注意以下几点：

① 往药箱或药瓶中加药液时，要用滤网或带滤网的漏斗进行过滤，以免喷药时发生堵塞现象。喷雾时不要使喷头置于操作者身体背风处，否则人体背风处会产生空气涡流，使人体沾染药雾过多，造成中毒。

② 在地面超低容量剂喷雾作业时，行走速度不要忽快忽慢，喷头也不能任意左右或上下摆动，以免作物着药过多或过少，影响防治效果，甚至出现药害。操作人员要随时注意机器及齿盘的转速，如果转速减小，应立即停止喷药，洗净喷头并进行检查维修。喷药时还要注意风速与风向的变化，以便根据风向来改变喷向。风大时则应停喷。还应掌握好喷雾量与喷雾速度的关系。

③ 直接喷施超低容量剂时，由于农药含量高，浓度大，必须采取防护措施。即操作人员一定要穿工作服，戴口罩、风镜、手套和帽子，作业时不准吸烟或吃东西；要备有脸盆、肥皂、毛巾，作业完毕要立即洗净手和脸；工作服要勤洗常换。

④ 超低容量喷雾法是农药使用技术的新发展，应利用特殊设备（如东方红18型机动喷雾器加上超低容量喷头喷雾）喷洒，使药液的雾点直径达到50～100μm或更细。它不仅可以用来防治作物病虫害，也可以用来消灭杂草，尤其在使用灭生性除草剂的场合更适用。例如，垦植前荒地、公路铁道两侧和茶园、果园行间的除草等，非常适用。在作业过程中，不能在道路上或放牧地上添加药剂，作业完了之后2～3周内禁止在防治地区放牧。

⑤ 参加喷药的工作人员，必须了解所用药剂的特性及其防护方法。工作过程中，禁止吸烟、饮食。哺乳儿童及孕妇不能参加喷药工作。药剂的保管要有专人负责，严加管理。田间运输时，严禁与食物同时运输。作业结束后，剩余药剂应立即送回贮藏室。散落在地面上的药粉或药液，应立即用土掩埋。

五、地面超低容量喷雾器具介绍

目前，国内外超低容量喷雾机的器具种类繁多，从携带方式上分，有人力携带的小型的（如手持式的电动超低容量喷雾机）和中型的（如背负式机动超低容量喷雾机），以及拖拉机携带的大型喷雾机械；从雾化原理上分，有旋转离心分散方式和液压分散方式，前者在外形上来看，又分为转盘式、转杯式和转笼式的；从送风装置上分，有带送风装置和不带送风装置的，前者又分轴流风扇送风和离心风机送风等。

我国曾应用过的两种地面超低容量喷雾机具都采用转盘离心式雾化装置，一种是手持电动的不带送风装置的；另一种是背负机动带有风机送风装置的。这两种机具都具有各自的特点，手持电动的简便，使用技术较易掌握，机具价格低；而背负机动的工效较手持电动的高3～6倍，静风条件下也可喷雾作业，换喷头可调节雾滴细度，并可用于高度6m以下的果树害虫防治等，见图7–8。

图7–8　超低容量喷雾器具

（a）手持式离心喷雾机；（b）背负式超低容量喷雾器；（c）推车式送风超低容量喷雾器；（d）推车式ULV喷雾施药

第六节　飞机超低容量喷雾剂应用技术

飞机施药是一项重要的农药施药技术，其中的飞机喷雾始于1922年的美国，至1949年美国用飞机施药防治面积中已有半数采用喷雾，喷药液量为9～28L/hm^2，飞机喷雾的主要发展趋势是高浓度低喷量，即提高喷洒药液的浓度，而降低单位面积上药液喷洒量。1949年美国首先在加利福尼亚大学住宅附近的潮湿地进行飞机超低容量喷雾防治蚊虫，到20世纪60年代喷药液量已降低到300～900L/hm^2，从而开发了飞机超低容量喷雾防治技术，并研制出相适应的超低容量喷雾剂。

商业化的飞机超低容量喷雾在国际上是20世纪50年代开始试验的，60年代开始规模化使用，由于它在防治农作物病虫害方面的明显效果，现在世界上许多国家都采用了这项技术。美国曾用飞机超低容量喷洒马拉松原油防治多种害虫。日本在1965年开始研究，现已正式使用，主要是防治水稻病虫害。瑞士1968年在印度尼西亚爪哇用磷胺超低容量剂防治水稻螟虫约450万亩，共用了7架飞机，每架飞机每天约防治35000亩（1亩=667m^2），取得了治虫增产的效果。捷克用Z-37农业飞机喷洒25%超低容量配方来消灭小麦盾蝽虫害，每亩用药0.13L，5d后防治效果达100%。

中国飞机施药是从1951年在广州市用C-46型飞机喷洒滴滴涕乳剂灭蚊蝇和在河北、湖北、安徽等省用安二型飞机喷散六六六粉剂灭蝗开始的。为适应植保化学防治技术现代化的需要，1974年农林部设立“飞机超低容量喷雾技术在农、林、牧业上的应用”专项研究，于1975年4月在安徽省首次防治小麦黏虫获得成功，所用的喷洒设备和超低容量喷雾剂均为自行研制的。1976年在唐山丰南地区抗震救灾中，发挥了飞机超低容量喷雾的特长，及时扑灭了灾区蚊蝇，防止了疫情蔓延，保障了人民健康。

一、航空器与超低容量喷雾设备

空中超低容量喷雾系统由航空器和喷雾机具组成。

1. 小型无人机

我国的农业种植结构有自身的特点，种植户的作物与面积相对较为零散，没有国外单一作物大面积种植区域，因此使用小型无人机超低容量喷雾的方式相对较为经济实用。近年来，我国的农药企业（广西田园、江苏克胜等）逐步开始重视这类施药方式，与相关的无人机制造企业（无锡汉和、中航618所、沈阳通飞等）开展了一些合作研发与应用推广，不仅开发出适合于农业喷洒使用的小型无人机，还研发了无人机农药喷洒管理系统。

以无人直升机为例，无人直升机在农业方面应用的优势：

① 高效安全。无人直升机喷洒飞行速度为3m/s，喷洒装置宽度为4m，作业宽度为6～10m，并且能够与农作物的距离最低保持在2m的固定高度，规模作业能达到每小时100亩，其效率要比常规喷洒至少高出100倍。使用超低容量液剂、热雾剂及超低容量静电制剂，每亩施药仅200～500mL，可贴近作物2～3m飞行。无人直升机的远距离遥控操作功能远离施药环境，避免近距离接触农药导致的健康危害，劳动强度也大大降低。

② 数字遥控自主作业。无人直升机喷洒技术的应用不受地形和高度限制，只要在无人直升机的飞行高度内，在田间地头起飞对农作物实施作业，无人直升机采用远距离遥控操作和GPS自主作业功能，完全做到了自主作业，只需在喷洒作业前，将农田里农作物的GPS信息采集到，并把航线规划好，输入到地面站的内部控制系统中，地面站对飞机下达指令，飞机就可以载着喷洒装置，自主将喷洒作业完成，完成之后自动飞回到起飞点。而在飞机喷洒作业的同时，还可通过地面站的显示界面做到实时观察喷洒作业的进展情况。

③ 覆盖密度高、防治效果好。通过药液雾滴飘移试验和药液覆盖密度试验，用荧光剂测试喷雾药液在单位面积上的覆盖程度，喷雾药液在单位面积上覆盖密度越高、越均匀，防

治效果就越好。药液雾滴飘移试验反映了用无人直升机喷洒作业对农药飘散程度的优势，无人直升机是螺旋机翼，作业高度比较低，当药液雾滴从喷洒器喷出时，被旋翼的向下气流加速形成气雾流，直接增加了药液雾滴对农作物的穿透性，减少了农药飘散程度，并且药液沉积量和药液覆盖率都优于常规，因而防治效果比较好，还可以防止农药对土壤造成污染。

汉和航空CD-10型无人直升机性能指标见表7-17。旋翼式无人直升机外观见图7-9。

表7-17 汉和航空CD-10型无人直升机性能指标

内容	参数	备注
喷洒能力 /（亩 /min）	1 ~ 2.8	根据飞行速度和喷洒宽度决定
最大载荷量 /L	10	每次起飞
飞行速度 /（m/s）	4 ~ 8	
喷洒宽度 /m	3 ~ 4	
飞行高度限度 /m	1 ~ 30	以获得最好定位效果
汽油发动机	80cc	双缸对置风冷
燃料	97 号汽油	需加二冲程混合油（1 ∶ 25）
启动方式	马达和电池	外置专用启动器
燃油消耗量 /（L/h）	4	平均值（90% 负载）
主旋翼直径 /mm	2100	碳纤材料
飞机尺寸 /m	2630/550/710	长 / 宽 / 高
最大起飞质量 /kg	35	
控制模式	喷洒飞行速度控制模式	当遥控器操作杆前推时，飞机保持一定姿态向前飞行；当遥控器操作杆后拉时，飞机减速。当遥控器操作杆回中时，飞机悬停
起飞降落操作	半自动姿态速度控制	当遥控器上下推杆时，飞机起飞和降落
飞行保护	自动悬停	当接收不到遥控器信号，飞机自动悬停
飞行抗风能力 /（m/s）	小于 5	三级风
换药位置记忆		飞机可以显示上次换药位置形成连续喷洒过程
最大海拔高度（随海拔变化）/m	2000	100% 0m（载荷效率估算，平均海平面），95% 500m，80% 1000m，70% 1500m，60% 2000m
工作温度 /℃	0 ~ 60	

图7-9 旋翼式无人直升机外观

此外，小型无人直升机在超低容量喷雾方面还有其他机型可以选择，如多轴旋翼施药机。多轴旋翼施药机主要针对我国农村户均土地面积较小，对使用人员航空专业素质要求不高等特点。

2. 农用飞机

农用飞机是运载和供药液雾化动力，喷雾机具是使药液雾化喷射出去。1981年，美国寇蒂斯（Curtiss）将双翼机改装用于防治牧草害虫，这是飞机第一次被用来喷施农药，也是飞机第一次用于农业。20世纪50年代以前发展的第一代用于农业的飞机多为兼用型，通常由军事、运输、游览或训练用飞机改装或专为多用途设计。20世纪50年代初才开始农业专用型飞机的设计制造，到70年代开始广泛应用。农用直升机大多为兼用型，于20世纪40年代才加入农用机群。

我国1958年开始生产运-5型飞机，1997年开始生产运-11型飞机，两者均为兼用型，20世纪80年代后相继研制成功蜜蜂-3型、A-1型等超轻型飞机。这些飞机都可用于超低容量喷雾。它们的主要数据列入表7-18中。

表7-18 我国制造的农用飞机主要数据

项目	运 -5 型	运 -11 型	蜜蜂 -3 型	A-1 型
机长 /m	12.4	12	6	5.917
机高 /m	5.35	4.64	2.6	3.1
翼展 /m	18.18	17	10	10.434
最大载重量 /kg	5500	3500	366	320
最大载重 /（t/kg）	1200	1250	100	
巡航速率（km/h）	220	200		60 ～ 75
实用升限 /m	4500	3950	3500	
起飞滑跑距离 /m	153	196	54	50
着陆滑跑距离 /m	173	155	90	75
最大航程 /km	845	900	215	165
100km 耗油量 /kg	60	55	8.64	10
要求跑道（长 × 宽）/m	500 × 30	500 × 30	70 × 20	500 × 20

3. 航空超低容量喷雾系统及部件

航空超低容量喷雾系统（ultra low-volume spraying）也称航空布洒器，是指专门设计或改进后安装在飞机等飞行器或无人驾驶飞行器上的喷雾系统及部件，喷雾雾滴体积中径（D_{vm}）应小于50μm，喷雾量应大于2L/min。由于航空超低容量喷雾装置喷洒形成的雾滴细小，在空气气流的作用下能够雾化，这种细小雾滴呈气溶胶状形成雾滴云，因此，航空超低容量喷雾系统也可称为气溶胶发生装置（aerosol generating units）。

航空超低容量喷雾系统的作用是将生物制剂和化学制剂均匀而定量地喷洒到空间，受飞行高速气流的冲击，制剂呈气溶胶状在大范围空间扩散传播，作用于靶标生物。航空超低容量喷雾系统由药液箱、液泵、输液管、药液调量开关、超低容量喷头、安装架等部件组成（图7-10）。超低容量喷雾系统可以安装在定翼式施药专用飞机、定翼式多用途飞机（图7-11）和悬翼式直升机（图7-9）三类飞机上，执行超低容量喷雾任务。

航空超低容量喷雾的工作原理是当飞机飞行时，强大的飞行气流使超低容量喷头高速旋转，药液箱里的药液经过液泵、输液管、药液调量开关进入超低容量喷头，在离心力和转笼纱网的切割作用下，与空气撞击，雾化为细小雾滴，最后借助自然风力和药液的重力沉降到目标物上。

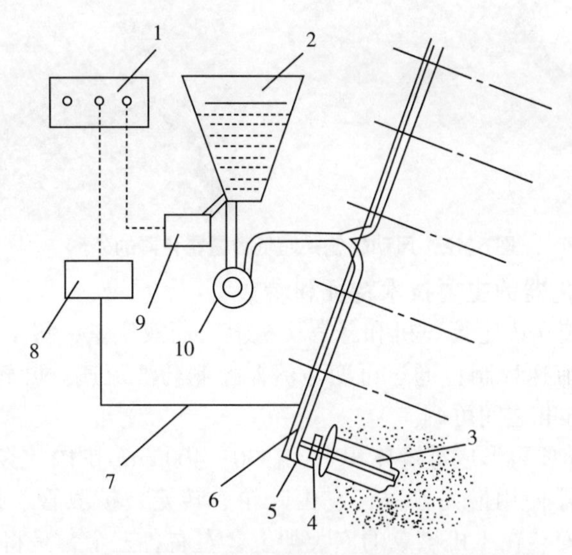

图7-10 航空超低容量喷雾系统的构造示意图

1—操纵装置；2—药液箱；3—超低容量喷头；4—刹车装置；5—药液调节开关；6—输液管；7—输气管；8—气泵；9—泄液装置；10—液泵

图7-11 安装有喷雾系统的定翼机在进行超低容量喷雾

超低容量喷雾系统中的药液箱、液泵、输液管等均为普通部件，除了喷雾以外还有多种用途，且不是超低容量喷雾的关键部件，因此不予监控。安装架用来安装超低容量喷头，它有两种安装方式：一种是安装在飞机下襟翼的上方；另一种是安装在飞机下襟翼的后方。后一种安装方式，对飞机的阻力影响小，安装架也不是超低容量喷雾的关键部件。超低容量喷头是实施航空超低容量喷雾的核心部件，且容易识别，属于监控设备。

超低容量喷头为转笼式雾化器，英文名称为rotary drum atomizer，又称转笼式喷头、离心喷头，转笼式雾化器有风动式和电动式两种。

4. 风动超低容量喷头的类别、作用及主要技术特征与参数

风动转笼式雾化器应用最为普遍，它依靠飞行中的强大气流推动5个小叶轮旋转而形成细小雾滴，在这种高速旋转条件下，能够形成雾滴体积中径（D_{vm}）小于50μm的细小雾滴。风动转笼雾化器有多个型号，如AU4000雾化器和QMD-1雾化器。见图7-12。

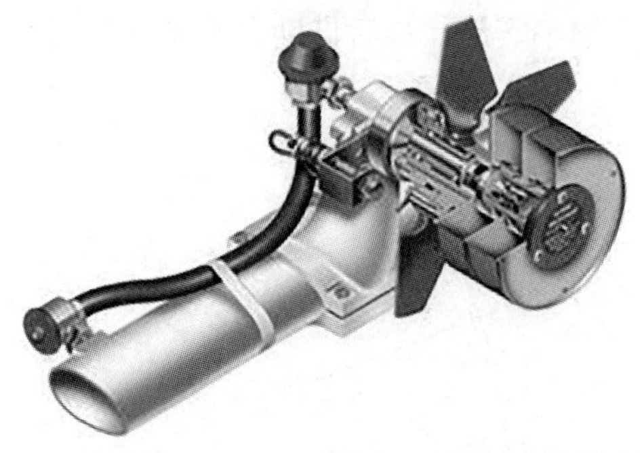

图7-12　风动转笼式超低容量雾化器的外形

5. 风动转笼式雾化器的主要技术特征和参数

应用范围：可安装在固定翼飞机和悬翼飞机上。药液流量：每个喷头的流量在0～30L范围之间可调。药液流速控制：通过可变节流器控制药液流速。叶轮数：5个叶轮。叶轮转速：在6000～7000r/min之间可调。

雾滴粒径：根据需要可形成雾滴体积中径在30～400μm范围内的雾滴。

风动式转笼雾化器使用最为普遍，它由叶轮、转笼、扩散管、操纵阀、轴承等组成（图7-13）。这种喷头安装在飞机襟翼的安装架上，左右各三个，是将药剂雾化成气溶胶的部件。转笼式雾化器是飞机超低容量喷雾中常用的一种喷头，这种喷头通常用耐腐蚀的合金丝网制成，呈圆柱状，装在飞机机翼的空心轴上。这种转笼雾化器外观特殊，可以简单地从叶轮和网笼两个特征来识别。

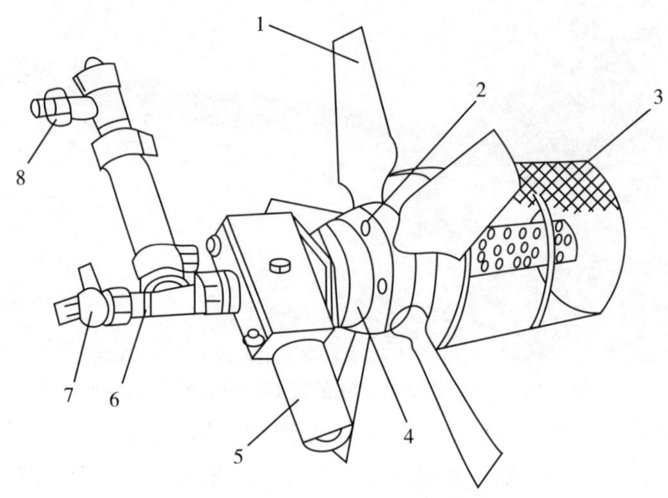

图7-13　风动转笼式超低容量雾化器结构图

1—叶片；2—轮毂；3—网笼；4—扩散管；5—支架；6—主轴；7—控制阀；8—调量阀

转笼雾化器都装有5个叶片，5个叶片固定在一个装有轴承的轮毂上，是雾化器高速旋转产生旋转力矩的动力件。叶片安装在轮毂与固定环的5个圆形安装孔内，在固定环上刻有角度线，即叶片安装角度线，角度有6个，分别是20°、25°、30°、35°、40°、45°，供安装叶片调节角度用。可以通过调整叶片的角度来控制喷头的转速，以获得大小不同的雾滴。当飞机准备喷雾时，药液箱中的药液经可变节流器输送到装有关闭阀的空心轴中，打开关闭阀，药液撞击导流板喷洒到扩散管中，药液在扩散管内完成初级分散，因而能均匀地分布在网笼上，然后在离心力的作用下，雾滴离网与高速气流冲击而进一步雾化。

6. **电动式转笼雾化器**

电动式转笼雾化器（图7-14）与风动转笼雾化器相比，雾化原理、主要性能参数等方面有很多相似之处，主要区别如下：

①用电动机替代叶轮驱动转笼高速旋转，因此从外形来区分二者的差异，就是电动转笼雾化器没有叶轮，但从转笼还是能够方便地识别其为超低容量喷雾雾化装置。

②飞机飞行过程中的气流速度对电动转笼雾化器的性能没有影响，其转笼转速也可以在1000～11000r/min范围内调节。

图7-14　电动式转笼雾化器示意图

二、航空施药技术

飞机飞行参数主要有以下几方面。

1. **飞机施药作业时间**

一般在日出后5.0h和日落前0.5h期间内进行，并要求能见度3～5km。如条件具备，也可以夜晚作业。夜晚作业对夜间活动的害虫防治有利。夜间气流向下，有利于雾滴沉降。

2. **作业高度**

作业高度是指飞机喷药时，飞机距离农作物、林木的高度。作业高度与机型、施药量等有关，欧美国家一般为4～5m，特殊情况下可高达20m，飞行过高会使雾滴飘移、蒸发、逸失；飞行过低，则因雾滴分散不开而产生“带状”现象。

3. **航速**

与机种、机型有关，我国使用运-5型和运-11型飞机，一般航速为160km/h。

4. **喷幅宽度**

与机种、机型有关。欧美国家机型较小，一般为25～40m。我国的运-5型和运-11型飞机的喷幅为50～60m。

三、飞机超低容量喷雾技术的优点

飞机超低容量喷雾技术除效果好外，作业效率也很高，一般飞机每天作业5万亩左右，有的飞机每天作业可达12万亩，相当于5万人一天手持喷雾器的作业面积。这么高的效率是由一套专用的喷雾设备、电子测量系统和电子导航设备的协调工作来保证的。

附：联合国粮农组织（FAO）有关航空施用农药的正确操作准则（摘要）

施用农药时，其目的就是用最合适的施药机具，以最少的飘失，把准确的农药剂量分布到明确的靶标作物上。地面喷洒农药，由于其靶标针对性强，相对来说，容易取得满意的药剂沉积分布；但是对于定翼式飞机和旋翼式飞机来说，喷雾作业中遇到的问题要复杂得多。本准则的目的就是指明其中的一些问题，并提出解决这些问题的方法。虽然得到许可的、用于航空喷雾的飞机数量在最近有所下降，与地面喷雾技术相比，飞机施药技术通常被认为燃油的投入效率更高。飞机可以用来喷洒液态农药制剂和固态农药制剂，当地表状况限制地面机具使用时，也可以用来撒播种子。

航空飞机喷雾可以用于大面积快速处理，并且不像地面喷雾作业，当地面状况限制车轮行驶时也可以进行喷雾，其优点是喷雾作业不受地面状况限制，并且不会把土壤压实。当然，航空飞机喷雾也有缺点，过高的风速以及逆温现象可能会限制飞机喷雾作业，同时喷雾作业中对树木、水渠、环境的顾虑以及空中的电线也会限制在一些地块上进行飞机喷雾处理。航空飞机喷雾作业过程中，在封闭作物的冠层取得均匀的药剂沉积分布也更加困难。航空飞机喷雾过程中的雾滴蒸发以及雾滴飘移也是个问题，如果喷雾作业不当，就会带来严重的环境污染问题。

准则目的：本准则包括常规用水稀释的农药制剂和超低容量（ULV）制剂的喷雾作业，准则中提供了施药技术信息以及安全操作方面的建议。为取得满意的航空飞机喷雾操作，必须考虑以下几方面：农业种植者、航空喷雾承包公司与飞行员之间必须紧密合作。喷雾前要做好充分的计划；了解当地的环境；要考虑人员、动物以及非靶标作物的安全性；正确选择登记注册的农药；采用适当的喷雾技术和良好保养的喷雾机具；需要经过良好培训的、有能力的管理人员和辅助人员；飞行员对航空施药技术的了解程度。

喷雾机具的选择：安全、高效地使用农药必须选择合适的喷雾机具。为了获得许可证，飞行器必须通过当地民用航空管理部门的检查，喷雾机具也需要通过认可。许多地面喷雾机上使用的喷雾器具可在飞机喷雾上通用，然而当飞机用来喷洒不经稀释而直接喷雾的超低容量（ULV）油剂时，喷雾机系统和配件应该用耐油剂腐蚀的材料制成。当进行超低容量喷雾，需要减少喷头流量时，至少需要装配一套喷雾监测系统和一个流量表。

正确施用农药：农药的选择应考虑到环境的风险、操作人员接触农药中毒的情况。登记用作常规飞机喷雾用的多数农药品种和农药制剂与常规地面喷雾机具使用的相似，然而飞机喷洒农药时通常采用低容量喷雾技术，所以药液浓度就要大。如果使用了不是为飞机喷雾专门设计的农药制剂，有些农药制剂可能就会出现诸如沉淀、泡沫过多以及乳剂转相等问题。

缓冲地带：缓冲地带是没有经过喷雾处理、用以捕获飘移农药微粒的邻近喷雾处理区的一个区域。当决定不喷雾安全间隔区（缓冲地带）的宽度时，应该考虑到喷头类型、雾滴粒径、农药剂量、稀释浓度以及喷雾方法等因素的影响。与地面喷雾相比，飞机喷雾的缓冲地带更宽，这是因为飞机高速飞行喷雾时，确定准确的喷雾边缘更加困难。缓冲地带的宽度也会受到农药的类型以及邻近是否有水源等因素的影响。农药标签应该包括喷头选择、施药液量以及施药时间等详细的施药技术信息。当采用旋转离心式喷雾机做超低容量（ULV）喷雾时，农药标签上应该标明药液流量的控制以及旋转离心喷头的转速。

喷雾机具：喷雾机具必须要适合所要喷洒的农药剂型，常规用水配制的药液是通过液力喷雾系统喷洒的；当农药制剂未经稀释直接喷洒时，在喷杆上必须安装合适的雾化装置用以代替常规喷头。当飞机用作超低容量喷雾时，某些系统部件可能需要更换。对于超低容量喷雾，其药液流量要小于常规喷雾作业，所以当飞机采用这项喷雾技术时就需要安装喷雾药液流量表。

超低容量喷雾的校准：超低容量喷雾使用的农药制剂通常是不需稀释的、含有高浓度有效成分以及大量非挥发性溶剂的剂型。由于超低容量喷雾雾滴细小造成大量药剂飘移，因此这项技术更适合于处理大面积农作物、牧场以及公众卫生防疫。与常规喷雾作业相比，由于超低容量制剂的黏度以及流量变化，所以采用飞机田间实际喷雾作业要求更加苛刻。

可以根据厂家用清水做出的数据进行初始设置，但是与清水相比，配制好的超低容量制剂可能有较高的黏度以及较低的流量，所以必须把总流量乘以系数进行校正，根据农药制剂的黏度，系数变化范围为1.1～1.3。

决定飞机在处理地块喷雾作业的飞行速度与常规喷雾作业相似，然而，对于超低容量喷雾来说，由于飞机通常飞得较高，所以喷幅宽度较宽。超低容量喷雾与常规喷雾相比，喷杆上安装的喷头数量较少，因此飞行高度需要增加2～3m，以使每个喷头产生的药雾能够完全扩散开且能相互重叠，否则在每个飞行路线上都会留下一些喷不到药的条带的危险，然而可选择的解决方法是通过在喷杆上增加喷头（即在邻近喷头间加装喷头）。在对喷雾的药剂沉积分布评估后可以重新校正飞机的飞行高度，校正过程中必须包括机具校准程序。

旋转离心式喷头通常由飞机飞行产生的气流来驱动。但是如果飞机飞行速度慢或者采用直升机，则可能需要用电动或液力驱动喷头；当直升机在飞行急转弯“停止和开始工作”时，喷头必须尽快恢复其旋转速度，以保持合适的雾滴粒径，这一点尤为重要。

气象因素考虑：农药喷雾的沉积效率受到当地作物上方的气象条件的显著影响。风速、风向、温度、相对湿度、降雨频率都影响着喷雾雾滴的沉积。喷雾雾滴的飞行距离取决于雾滴粒径以及下降的初始速度、喷雾高度以及环境条件。飞机飞行产生的涡流也会影响喷雾雾滴沉积分布的效率。

风：飞机喷雾通常在近地面风速低于6～7m/s的条件下进行，对于飞机操纵和喷雾安全来说，这是个安全风速。然而，当出现异常的紊乱气流时，必须降低上述风速数据。在当地的标准和准则中可能说明了飞机喷雾的临界风速，然而在多数情况下，当风速超过8m/s时进行喷雾作业是失策的。风速和风向也会影响飞机飞行高度，当风速低于3m/s时，喷杆高度在作物上面3～4m之间可以保证雾滴云的横向扩散运动；但风速超过3m/s时必须降低飞机飞行的高度。

进行喷雾作业时必须考虑侧风的影响，以保证来回两个方向飞行时的飞行速度和施药剂量保持一致。由于风力和飞机高度的不同，造成喷雾雾滴云运动距离的变化。

温度：常规喷雾（水为介质）时，高温和低相对湿度会由于蒸发作用而造成雾滴粒径减小，这样就会造成雾滴飘散的风险。随着温度升高会增加大气的紊流干扰。当有上升气流运动时，或有逆温现象阻止喷雾雾滴云在处理区内沉降时，不能进行喷雾作业。与常规喷雾条件相似，超低容量喷雾同样要在轻微大气湍流条件下进行。通过观察温度计（湿度计）的干球和湿球温度差异，从对照表中即可查出相对湿度。当干球和湿球的温度差超过8℃时，就不能喷洒以水为介质的喷雾药液。

处理时间：最佳的喷雾时间是根据害虫、杂草和病害的发展阶段而定的。一天中喷雾处理的时间很重要，从防治效果来看，最佳喷雾时间应该与有益昆虫的取食时间相符合。所以，了解作物、虫害和病害的发生、发展情况以及有益生物的状况，从而决定合适的喷雾时间非常重要。

机具和个人防护设备的清洗：喷雾作业结束后，飞机和喷雾机具的内部和外表面都必须在田间进行清洗。如果喷洒超低容量油剂，不能用清水清洗，必须用适当的、被推荐的溶剂来清洗喷雾系统。倘若可能对环境没有影响，药液箱的清洗废液可以喷洒到荒地上，或者收集起来焚烧处理。如果清洗或清除残余废液的工作不彻底，没有清洗干净的部位或者旋转离心喷头上就可能有农药沉积，会破坏旋转离心喷头的平衡性。如果用植物油作为喷雾载体，在喷雾作业结束后立刻用清水加上清洁剂清洗喷雾系统，就可以完全清洗干净。

由于某些飞机的管路系统在认为“排空”的状态下还可能存留差不多30L的喷雾药液或者超低容量制剂，所以对喷雾系统进行完全彻底地清洗和排放是很重要的。

田间喷雾记录：一个准确、综合的档案记录系统必须包括所有相关信息资料，并且要简单容易完成。对于不合格农药产品或者环境污染事件的调查，必须从检查工作卡或者工作单开始，而工作卡或工作单应该在喷雾施药当天记录完成。

参考文献

[1] Locust spraying: ULV vs EC. Technical Workshop on Locust Control，Dushanbe，Tajikistan，2010，18-22.

[2] Armed Forces Pest Management Board. Dispersal of Ultra Low Volume (ULV) Insecticides by Cold Aerosol and Thermal Fog Ground Application Equipment. Washington of USA，2011.

[3] Tim Sander. Spray Equipment for Helicopters. UK. Micronair，2008.

[4] 郭武棣．农药剂型加工丛书-液体制剂．第3版．北京：化学工业出版社，2004.

[5] 联合国粮农组织．农药施用机具操作人员培训计划和认证程序准则的组织实施准则．罗马，2001.

[6] 陈明，胡冠芳．2种新型除草剂防除天然草地狼毒和棘豆试验研究．草业学报，2006，15（4）：1-3.

[7] 刘广文．现代农药剂型加工技术-液体制剂．北京：化学工业出版社，2013.

[8] 曹涤环．低容量及超低容量喷雾技术．农药市场信息，2010（17）:15-18.

[9] 曹春霞，吴继星．Bt新剂型-油悬浮剂的研制．湖北农业科学，2007，46（1）：83-84.

[10] 柯沛强，古锦汉，林思诚．白僵菌超低容量悬浮剂的研制．安徽农业科学，2008，36（28）：9629-9630.

[11] 王耀辉，马登卫，吴胜兵．空中拖拉机喷雾系统及喷雾技术．湖北林业科技，2013，10（42）：22-40.

[12] 潘梅勇．正确应用超低容量喷雾技术．广西植保，1993（04）：34-37.

[13] 潘军．苯醚菊酯·丙烯菊酯超低容量喷雾制剂研制．热带农业科学，2010（70）：27-29.

[14] 陈军，杨义钧，张莉．植物源杀虫剂苦皮藤素超低容量油剂的研制及药效试验．湖北农业科学，2009，48（4）：1897-1899.

[15] 丁彬．最新农药助剂性能质量控制与品种优化选择及应用技术实用手册．吉林：吉林省出版发行集团，2010.

[16] 曹涤环．超低容量喷雾器使用技术．科学种养，2008（6）：58-59.

[17] 专利信息专栏．2013年授权的农药专利（杀虫剂篇）.今日农药，2014（2）：46-47.

第八章

悬乳剂

第一节 概述

一、悬乳剂的概念

悬乳剂（suspoemulsions或suspension emulsion），英文简称为SE，是由悬浮液（固体/液体）和乳状液（液体/液体）混合而成的、以水为连续相的分散体系，也可定义为由一种或一种以上不溶于水的固体原药和一种油状液体农药（或油溶液）在各种助剂的协助下，均匀地分散在水中，形成的高悬浮乳状液体，也称为三相混合物或多组分悬浮体系，它兼具悬浮液和水乳剂的优点，有较高的闪点，有低的易燃性和雾滴飘移性，因此对环境较为安全；有效成分粒径较小，所以生物活性更高。

二、悬乳剂的发展概况和展望

近年来，悬乳剂在国外，尤其在欧美发达国家发展较快，已经开发出一系列品种，如乙草胺·莠去津SE、丁草胺·莠去津SE、异丙甲草胺·莠去津SE等。在国内，自20世纪90年代开始对悬乳剂进行研究和开发，发展得十分迅速。截至2014年5月，我国境内共有195个悬乳剂产品登记，其中除草剂与除草剂复配产品181个，主要为玉米田除草剂，如乙草胺·莠去津SE、乙·莠·滴丁酯SE、乙·莠SE、硝·乙·莠去津SE、硝·精·莠去津SE、双氟·氯氟吡SE、滴丁·莠去SE等；杀虫剂与杀虫剂复配5个，主要是吡蚜酮·毒死蜱SE、阿维·吡虫啉SE、乙虫·毒死蜱SE、氰虫·毒死蜱SE；杀菌剂与杀菌剂复配9个，主要是苯甲·丙环唑SE、丙环·嘧菌酯SE、丙唑·多菌灵SE、啶菌·福美双SE、精甲·嘧菌酯SE、三环·丙环唑SE等。当前悬乳剂最大规模商业化的产品为乙草胺·莠去津SE，年产量可达万吨以上。

传统意义的悬乳剂大部分以两种或两种以上农药有效成分复配产品为主，在当前农药制剂追求提高利用率的前提下，以油酸甲酯或植物油等为液相的悬乳剂产品在不断开发，如氟铃脲SE、螺螨酯SE、螺虫乙酯SE、吡蚜酮SE。

随着人们环保意识的增强，世界各国对农药制剂的登记要求越来越严格，以二甲苯等作为载体的乳油制品正逐步被淘汰，农药剂型也朝着安全高效、环境友好的水基性剂型发展，悬乳剂将多种不相容的农药活性成分进行有效复配组合，成为改善药效、扩大应用范围和延缓抗性的重要手段之一。目前，国外农化公司在悬乳剂开发应用方面取得了令人瞩目的成就，今后国内各科研单位和制剂企业应该加强悬乳剂配方开发，尽快使悬乳剂成为我国的基本加工剂型之一，为农业增产和农民增收做出贡献。

第二节 悬乳剂加工技术

一、悬乳剂的组成和基本特点

悬乳剂允许最大可能地把几种不相容的农药活性成分组合成一种单一剂型。悬乳剂是一种或几种水不溶的农药液体活性成分（或低熔点农药活性成分在溶剂中的混合物）与另一种或几种水不溶的农药固体活性成分以水为介质，依靠表面活性剂加工成一种稳定的悬乳分散体系的液体制剂。目前最流行的是制备由两种不同农药活性成分（即一种水不溶的农药液体活性成分和另一种水不溶的农药固体活性成分）组合的悬乳剂或一种为水不溶的固体活性成分和一种油类增效成分组合的悬乳剂。这种剂型一般由三相构成：① 固体状分散悬浮颗粒组成悬浮相；② 液体状乳化油滴组成乳液相；③ 水作为连续相。

据此，乳液分散油相可以由不同形式的乳液相组成，既可以由不含农药活性成分（如只含矿物油或植物油类等）的乳液组成，又可以由含农药活性成分的乳液组成，从而可制得各种形式的悬乳剂。如果有一种农药活性成分是水溶性的活性成分加入到水相中，也可构成另一种混合型的悬乳剂。

一种典型的SE剂型的组成（g/L计）如下：

活性成分　400～600

分散剂/润湿剂　30～60

乳化剂　30～100

溶剂　0～需要量

抗冻剂/吸湿剂　0～80

消泡剂　1～2

增稠剂　1～20

抗微生物剂　0～1

水　直到1000mL

悬乳剂中除了加入所需的表面活性剂外，还可以加入其他添加剂，例如，抗冻剂、消泡剂、增稠剂、抗微生物剂和pH调节剂等。

二、农药活性成分和溶剂的要求

悬乳剂开发时对农药活性成分的要求如下：

① 固体和液体农药活性成分必须在水中不溶或有小的溶解度（农药活性成分在水中的溶解度，一般在0～40℃下，最好小于500mg/L；如果在水中的溶解度太大，则难度增加，不易制得稳定的悬乳剂）。

② 固体农药活性成分必须不溶于液体农药活性成分（或低熔点农药活性成分在溶剂的

混合物）中，否则不能制得悬乳剂。

③ 最好使用液体农药活性成分，而少用低熔点农药活性成分在溶剂的混合物。

④ 农药活性成分在化学上是稳定的（如在水中不分解）。

在选择溶剂或溶剂体系时必须考虑的因素有：

① 对该农药活性成分有优良的溶解性能。

② 溶剂应不溶于水或者在水中有小的溶解度（至少小于0.1%）。制得的溶液在生产和产品贮藏期间的所有温度下应是稳定的（没有晶体析出）。

③ 溶剂有高的闪点，以保证油相制备时的安全性。

三、悬乳剂中的助剂选择和作用

悬乳剂是由两种或两种以上活性成分、乳化剂、分散剂、润湿剂、增稠剂、消泡剂、抗冻剂、防腐剂等混合而成，粒径一般在1～4μm之间，属粗分散体系，由于重力作用，有自动沿降的趋势，具有动力学不稳定性，又由于其比表面积较大，具有很大的表面能，有自动聚结的趋势，因此具有热力学不稳定性，这是悬乳剂不稳定性的根本原因。因此，助剂的合理使用及仔细选择是非常重要的，它不仅增加施用时药液在叶片上的附着量，而且可以得到预期的悬浮性能优良的产品。

乳化剂：乳化剂是乳化液态原油制备成乳状液所需的助剂。对于悬乳剂的总体稳定性而言，提供稳定的乳状液被认为是关键性的。乳化剂的选择一般是根据乳化剂和药剂的HLB值（亲水亲油平衡值），最有效的配对往往是阴离子和非离子的复配物。阳离子乳化剂因价格较高，且易产生药害，所以在制剂中很少应用。在多数情况下，原油须先用溶剂溶解，再加乳化剂乳化。乳化剂可使用通常的表面活性剂，如烷基苯磺酸盐、烷基酚聚氧乙烯醚类、苯乙烯基酚聚氧乙烯醚类、多元醇脂肪酸酯及其聚氧乙烯加成物等，非/阴离子复配物的应用也十分普遍。常用的分散剂有木质素磺酸盐、烷基萘磺酸盐甲醛缩合物、烷基芳基聚氧乙烯醚及其磷酸酯或盐和EO/PO嵌段共聚物等，也可以是聚乙烯醇、阿拉伯树胶等水溶性高分子。但实际上高分子在此是起胶体稳定剂的作用，克服乳状液的聚并或乳状液在固体分散相上的油化。乳化剂能使悬乳剂稳定，有以下四个原因：

① 由于乳化剂的加入，使乳化剂吸附于液/液界面上，降低了液/液界面张力。由公式（8-1）可知，降低了表面自由能，而获得了一定的稳定性。

$$G=\sigma A \tag{8-1}$$

式中 G——乳状小液滴表面自由能；

σ——界面张力；

A——小液滴表面积。

② 离子型乳化剂吸附在乳状小液滴界面上而增加界面电荷，乳状液滴带有相同的电荷，在相互接近时因静电斥力而相互分开，故不易聚沉而得到双电层稳定性，双电层稳定性是乳状液稳定存在的根本原因。

③ 吸附在乳状液滴上的乳化剂分子在液/液界面上定向排列，形成一层具有一定机械强度的界面膜，可以将分散相液滴相互隔开而起到稳定作用；双电层中的反离子都是水化的，因此在乳状小液滴的外面有一层水化膜，它也阻止了液滴的相互碰撞，及由此导致的界面膜破裂、液滴聚并结合变大而发生的沉降。

④ 当液滴表面吸附足够的乳化剂分子时，还可降低溶质的扩散系数，从而影响溶解度。

使小液滴的溶解度变小，而避免奥氏熟化问题。也有人主张应用微乳剂，这样可以从根本上解决乳状液的稳定性，因为微乳剂是热力学稳定体系，可长期稳定，并具有优良的倾倒性和低温稳定性。但微乳剂需大量乳化剂，这无疑会增加成本；同时大量乳化剂有可能导致固体原药在乳化剂中溶解而导致奥氏熟化问题。

润湿分散剂：在悬乳剂加工过程中，润湿分散剂起着对固体粒子表面进行润湿分散的作用。排出粒子间的空气以防止絮凝，从而增加分散体系稳定性的作用。

由于发现影响悬乳剂稳定性的另一个问题是乳状液的加入使得固体粒子表面缺失表面活性剂，从而引起固体分散体系的不稳和絮凝。因此，选择合适的润湿分散剂，对一种悬乳剂来说也是非常重要的，它对悬乳剂的粒径和粒度分布都有重要影响。较细的粒子不仅可以提高生物活性，还有助于产生抗雨水冲刷性及在土壤中迅速降解而降低残留；粒径分布对生物活性也有影响，对悬乳剂稳定性的影响则更大。有助于悬乳剂稳定性的润湿分散剂有：聚氧乙烯烷基酚醚和聚氧乙烯脱水山梨糖醇酯、三苄基苯酚聚氧乙烯醚、聚氧丙烯基环氧乙烷加成物等非离子表面活性剂，烷基萘磺酸钠、烷基酚硫酸酯钠、烷基苯磺酸钠、琥珀酸二烷基酯磺酸钠和具环氧乙烷链的磷酸酯类、硫酸酯类等阴离子表面活性剂以及木质素磺酸盐、聚乙烯醇、烷基萘磺酸盐的甲醛缩合物、三苯乙烯基乙氧基磷酸盐等水溶性高分子。

若要获得高质量的悬乳剂，可选用一种不可逆吸附的聚合表面活性剂，如梳型共聚物。它牢固地吸附在固体粒子表面，不会脱吸和转移，建立一种稳定的分散液体系，避免在悬乳剂中产生絮凝问题，从而得到一种稳定的悬乳剂。用有规则的聚合表面活性剂来稳定O/W乳液，也可得到一种稳定的悬乳剂，即该聚合表面活性剂在油滴表面有强的锚定和强的空间排斥作用，要润湿一种有效地被保护的固体粒子是不大可能发生的，这时就不会助长乳液的聚结，也就能得到稳定的悬乳剂。除此之外，聚氧乙烯梳型－嵌段共聚物若用在悬乳剂中，对悬浮固体粒子成分的稳定也有益。

增稠剂：用于增加悬乳剂介质黏度，可以降低粒子的沉降速度，因此为减缓沉降速度可采用黏度调节法，即增加增稠剂。选用增稠剂应符合以下两个条件：① 用量少，增稠作用强；② 制剂稀释时能自动分散。常用的增稠剂是丙烯酸系聚合物、纤维素的衍生物、黄原胶等水溶性高分子，也能使用膨润土、合成水合硅酸等矿物性微细粉末。高分子化合物增黏效果明显，只需很少的量就能增加介质黏度，但它受温度影响大。许多细固体粉末如膨润土有很好的触变性，在振摇时黏度降低，有好的倾倒性；静置时，则形成凝胶网状结构，黏度增加。但应注意，制备悬乳剂时作为增黏剂的固体粉末应选用易被水润湿的，如二氧化硅、膨润土等。在实际配方中，常使用黏土和高分子混合物来控制悬乳剂的黏度，控制其流变性能。从对制剂的稳定性来说，黏度越高越好；但从制剂使用方面来说，则希望黏度低些，以便容易倾倒，实际配方中的黏度一般为0.1～1Pa·s。

防冻剂：农药悬乳剂在贮存过程中要求在低温下仍能保持其稳定性，这主要是防冻剂的作用，选用防冻剂应符合以下三个条件：① 防冻性能好；② 挥发性低；③ 对有效成分无溶解性。通常选用乙二醇作防冻剂。

消泡剂：农药悬乳剂在加工过程中易产生大量气泡，这些气泡如不及时消除势必会对加工、计量、包装和使用带来严重影响。因此必须加入适当的消泡剂，消泡剂应符合以下两个条件：① 用量少，消泡和抑泡效果好而快；② 与制剂各组分有良好的相容性，通常选用有机硅酮类作消泡剂。

四、悬乳剂的物理稳定性

为了保证悬乳剂产品的质量和一定的货架寿命，如何解决悬乳剂贮存期间的物理稳定性是一个很重要的问题，也是制约开发和生产该剂型的主要难题。悬乳剂在贮存期间，尤其在温度升高时存在的不稳定现象有：分层和沉降；固体粒子和油滴分离；油滴的聚结；固体粒子和油滴之间的絮凝；固体粒子和油滴的结晶长大（即奥氏熟化）；相间转移。

要想得到最佳的悬乳剂产品，困难是很大的，因为不仅要考虑两个单独剂型（悬浮剂和乳液相）可能存在不稳定（如聚集乃至聚并、奥氏熟化，即粒子和油滴的结晶长大、分层、乳析或沉积等）的问题，而且通过两个剂型的组合，会产生絮凝和增加乳液聚结的问题。所谓絮凝，是当两个分散相不稳定时，一个分散的固体粒子和另一个乳液油滴相接触所产生的聚凝。也就是说，当一个分散的固体粒子被另一个乳液油滴润湿时，表面活性剂可能在油-水界面上被消耗；倘若固体粒子被几个油滴润湿时，乳液的聚结可能会发生。由于固体粒子起着催化剂的作用，也就会加快乳液聚结的速度，因此最终导致剂型的不稳定。通过长期研究和开发工作，仔细地选择合适的表面活性剂有可能克服絮凝和乳液聚结的问题。

第三节　悬乳剂加工方法

一、悬乳剂的加工方法

悬乳剂的加工实际上包括两个工艺过程，即固体物料的研磨和油状物料的乳化。通常有三种加工方法：

1. 分别加工出稳定的悬浮剂和水乳剂，按比例混合得到悬乳剂

此加工方法在国外是最常用的，前提是必须先制得稳定的浓悬浮液和O/W型乳状液，具体方法是：首先利用砂磨机制备得到固体农药的浓悬浮液，其中颗粒的平均粒径≤5μm；油状物料和乳化剂及其他部分水溶性材料经过高速剪切混合得到平均粒径为2～5μm的稳定O/W型乳状液；最后按适当比例将浓悬浮液和O/W型乳状液在低剪切下混合添加增稠剂等其他助剂后经调制得到悬乳剂，具体加工工艺见图8-1。

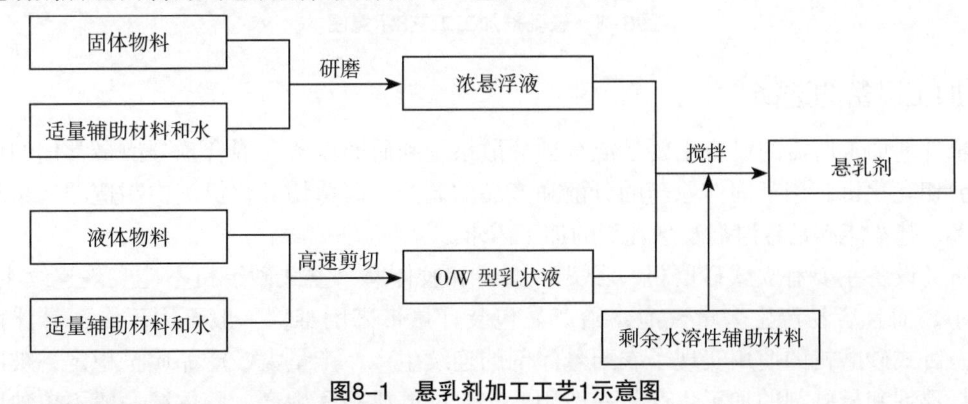

图8-1　悬乳剂加工工艺1示意图

2. 按照悬浮剂加工方式加工悬乳剂

按照悬浮剂方式加工悬乳剂，是按比例将各种原料成分混合均匀，在砂磨机中研磨一定时间，过筛后最终制得悬乳剂，具体工艺见图8-2。由于该加工方法操作较简单，早期被国内大部分企业所采用，但是润湿分散剂和乳化剂等助剂容易从其中一相迁移到另一相，最终导致在某一相中润湿分散剂和乳化剂不足而产生凝聚和分层，因此常常会使整个剂型不稳定，很难制得稳定性高的悬乳剂产品。

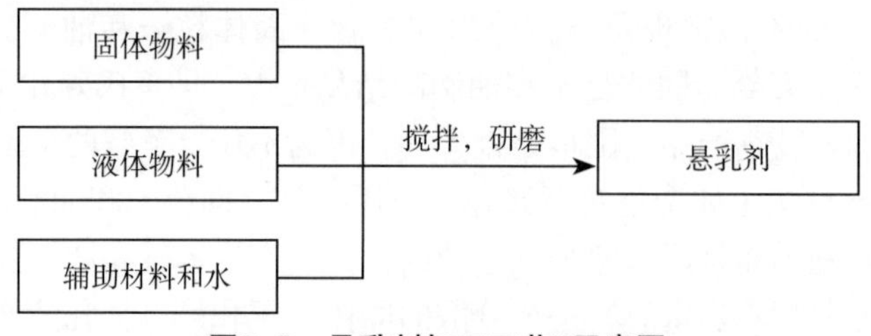

图8-2　悬乳剂加工工艺2示意图

3. 直接乳化法

直接乳化法可用来制取高浓度农药悬乳剂，该方法是先制得稳定的浓悬浮液，在高剪切混合器中将液体物料乳状液相加入悬浮液，制得悬乳状液后，再加增稠剂等其他添加剂得到稳定的悬乳剂，具体加工工艺见图8-3。该加工方法的缺点是可能制得一种在固体粒子和油滴之间有更大倾向于絮凝的悬乳剂。

王昕等在研究30%氰氟虫腙·三唑磷悬乳剂时，通过测定悬乳剂的粒径、析水率、悬浮率及采用Turbiscan Lab扫描，分析加工工艺对悬乳剂稳定性的影响。3种工艺制备的悬乳剂，其析水率、悬浮率均表现出显著性差异，其中直接乳化法制备的悬乳剂悬浮率最高、析水率最低，物理稳定性好。

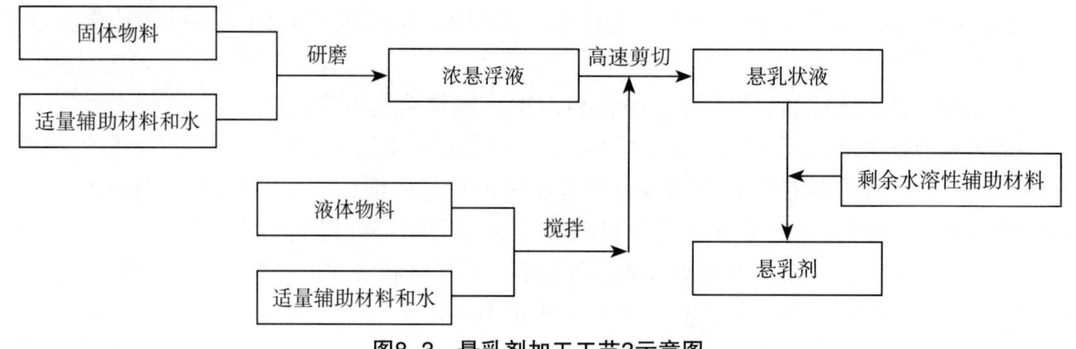

图8-3　悬乳剂加工工艺3示意图

二、加工设备的选择

悬乳剂加工所需的设备主要是混合预分散系统和研磨设备。混合预分散最常用的设备是高剪切乳化机，用于固体原药的分散和产品的调配。高剪切乳化机国内制造的厂家和型号众多，基本能满足悬浮剂及悬乳剂的加工需求。

研磨设备主要有立式砂磨机、卧式砂磨机和胶体磨。立式砂磨机不能实现连续生产，产量小，而且容易产生大量气泡，给产品包装计量带来困难，一般不用于农药悬浮剂的加工。卧式砂磨机的使用实现了农药悬浮剂的连续生产，产量大，产品质量稳定，被广泛用于悬浮剂和悬乳剂的加工生产，一般用2～3台砂磨机串联生产。胶体磨一般不单独用于加工悬浮剂，它与砂磨机的配合联用可以减轻砂磨机的研磨负担，进一步提高产能，更易得到性能优良的产品。

三、悬乳剂生产中应注意的问题

悬乳剂的生产除了通过配方研究解决产品物理稳定性问题和生产工艺问题，在实际生产中还应注意解决以下问题：

1. 产品中的气泡问题

在悬乳剂生产中经常会发生产品密度偏小，甚至将产品加到水中，会浮在水面。这是产品中含有较多气泡所致。产品中过多的气泡会导致含量失真，包装困难等。气泡的来源：

① 原药带入。原料太细，入水太慢而被强行剪切入水，其中包藏的空气来不及排出就被剪切破碎；或原药密度大，入水太快，包藏的空气来不及排出而被破碎。

② 剪切机分散叶片位置偏上，形成旋涡，吸入空气进入液面而被破碎。

③ 砂磨时送料过程中带入空气进入砂磨机，被砂磨机破碎。

④ 极少数情况下，碳酸盐与酸性物质反应产生的二氧化碳来不及排出而被破碎。

彻底解决气泡的方法就是加入适量消泡剂，负压下慢速搅拌。同时还应注意以下一些细节问题：

① 配料时增稠剂一定要后加，如有气泡一定要在加增稠剂之前去除，否则黏度越大气泡就越难去除了。

② 剪切机的分散叶片位置要适当，投料量适中，避免在高速剪切时形成较大空洞旋涡，将空气强行带入物料。

③ 投料用负压吸料时，会带入大量空气进入水相，可先消泡再进行后续工艺。

④ 后调黏度法就是将原药不加增稠剂砂磨，此时由于黏度低，消泡容易，产品也容易磨细，然后加调制好的增稠剂均质即可。本方法比较适合大吨位低含量产品的生产，省时省电。

2. 产品胀气问题

有时会发生产品包装后，在放置或运输过程中包装桶或瓶子膨胀变形，甚至胀破包装物，发生质量事故。产品中膨胀的气体绝大多数情况下是二氧化碳，极个别情况是氨气或其他气体。二氧化碳是碳酸盐或碳酸氢盐与酸性物质，如苯甲酸、乙酸、柠檬酸、盐酸等反应后生成碳酸，碳酸不稳定，受热或搅动条件下分解成的：

$$H_2CO_3 \rightleftharpoons CO_2\uparrow + H_2O$$

这个反应是可逆的，尤其是在悬乳剂制备时，一般物料的黏度较大，使得二氧化碳不会一下子释放出来，而是缓慢释放，造成贮运过程中发生胀气。

碳酸盐的来源：① 原药中带来的，如三唑类、吡虫啉、氰虫腈等。这类原药在合成时用碳酸盐作缚酸剂，原药处理不当会含有部分碳酸盐；② 水中含有碳酸盐或碳酸氢盐，水的硬度越高，碳酸盐或碳酸氢盐含量就越高；③ 助剂中含有的，此种情况较少见；④ 用黄原胶等这类微生物易分解、发酵的产品作增稠剂时，如配方中防腐剂使用不当，则会发酵产生二氧化碳，这种情况较少见。

酸性物质的来源：① 用苯甲酸作防腐剂；② 有些农药在酸性条件下稳定，用柠檬酸或盐酸等调pH值；③ 助剂偏酸性。

解决产品胀气问题要把好原材料关，如发现原料中含有碳酸盐，可在加工过程中加入处理工艺分解碳酸盐。同时，加工过程用去离子水确保水中不含碳酸根或碳酸氢根离子。如果有些农药在碱性条件下稳定，碱性条件下碳酸盐是稳定的，这种情况下不宜用苯甲酸作防腐剂，可选用卡松等。

第四节 悬乳剂的质量控制指标及检测方法

一、国际标准

1. 概述

联合国粮农组织（FAO）和世界卫生组织（WHO）确定的农药标准制订和使用手册颁布了悬乳剂产品的标准。

悬乳剂（SE）是不溶于水的有效成分分散于水产生的混合物，其中一种（或多种）有效成分处于悬浮状态，另一种（或多种）有效成分处于乳液状态，适合于用水稀释后喷施。多种有效成分混在一起，拓宽了农药防治有害生物谱。几种有效成分加工在一起，也省去了在喷洒器械中的混合（后者可能导致不相容性）。像其他水性制剂一样，悬乳剂容易处置和计量，无粉尘、不燃烧，与水有很好的混溶性。

悬乳剂不能无限保持稳定。因此，运输和贮存结束后，需要确认该制剂是否还能继续使用。首先，需对有效成分进行鉴别试验和有效成分含量进行测定，以保证制剂具有良好的生物活性。其次，对相关杂质进行测定，同时对制剂的外观进行检测，观察是否有膏化和结块等现象，观察产品的流动性是否良好。最后，考察制剂的水分散性、悬浮率、湿筛和持泡性、粒径分布和黏度，以保证稀释悬乳剂的喷洒性能和流动性能。

2. CIPAC中对悬乳剂的要求

① 外观与组成：由原药微小液滴的乳状液混合，并与必要助剂在水相中组成稳定悬浮液。经缓慢搅拌后，为均匀液体，兑水稀释使用。

② 有效成分：需对有效成分进行鉴别试验和含量测定，且测得的含量与标明含量之差应不超过规定的允许波动范围。

③ 相关杂质：应不超过规定的允许波动范围。

④ 酸碱度：按CIPAC MT31进行；pH值范围：按CIPAC MT75.3进行。

⑤ 倾倒性：按CIPAC MT148.1进行。

⑥ 分散稳定性：按CIPAC MT180进行。用（30±2）℃ CIPAC 标准水A和D稀释，应符合表8-1要求。

表8-1　CIPAC中对悬乳剂分散稳定性的要求

稀释后放置时间 /h	稳定性要求
0	初始分散完全
0.5	“乳膏”：≤…mL
	“浮油”：≤…mL
	“沉淀物”：≤…mL
24	再分散完全
24.5	“乳膏”：≤…mL
	“浮油”：≤…mL
	“沉淀物”：≤…mL

⑦ 湿筛试验：按CIPAC MT185进行。

⑧ 持泡性：按CIPAC MT47.2进行。

⑨ 0℃时稳定性：按CIPAC MT39.3进行。在（0+2）℃下贮存7d后，酸碱度或pH值范围、分散稳定性和湿筛试验仍应符合标准要求。

⑩ 贮存稳定性：按CIPAC MT46.3进行。在（54±2）℃下贮存14d后，测得的平均有效成分含量应不低于热贮前测得平均含量的95%；生产性杂质、酸碱度或pH值、倾倒性、分散稳定性和湿筛试验仍应符合标准要求。

二、农药悬乳剂产品标准编写规范（HG/T 2467.11—2003）

1. 有效成分概述

列出该产品中各有效成分的其他名称、结构式和基本物化参数，包括ISO通用名称、CIPAC数字代号、CA登记号、化学名称、结构式、实验式、分子量（按××××年国际相对原子质量计）、生物活性、熔点、沸点、蒸气压、溶解度、稳定性。

2. 农药悬乳剂产品标准编写规范

按标准编写规范规定，列出悬乳剂的组成、规范性引用文件、要求、试验方法以及标志、标签、包装、贮运。

悬乳剂是由原药与适宜的助剂和水加工制成的，外观应是可流动、易测量体积的稳定悬浮状液，在贮存过程中可能出现分层或沉淀，经手摇动应恢复原状，不应有结块。

悬乳剂应符合表8-2的要求。

表8-2 某农药（制剂名称）悬乳剂控制项目指标

项目①		指标
……（有效成分1通用名）质量分数/%（或规定范围）	≥	
……（有效成分2通用名）质量分数/%（或规定范围）	≥	
……（有效成分3通用名）质量分数/%（或规定范围）	≥	
……（相关杂质）质量分数/%	≤	
酸度（以 H_2SO_4 计）/%	≤	
或碱度（以NaOH计）/%	≤	
或pH值范围		
倾倒性：倾倒后残余物/%	≤	
倾倒性：洗涤后残余物/%	≤	
湿筛试验（通过45mm试验筛）/%	≥	
持久起泡性（1min后）/mL	≤	
分散稳定性		合格
低温稳定性②		合格
热贮稳定性③		合格

① 所列项目不是详尽无疑的，也不是任何悬乳剂标准都需全部包括的，可根据不同农药产品的具体情况加以增减。

②、③ 低温稳定性和热贮稳定性试验，每……个月至少进行1次。

悬乳剂控制项目指标测试标准如下：

（1）抽样。按GB/T 1605—2001中5.3.2“液体制剂采样”方法进行。用随机数表法确定抽样的包装件，最终抽样量应不少于200mL。

（2）有效成分鉴别试验。按HG/T 2467.2—2003中4.2编写。

（3）相关杂质质量分数的测定。按所采用的具体方法编写。

（4）酸度或碱度或pH值的测定。酸度或碱度的测定按HG/T 2467.1—2003中4.7进行；pH值的测定按GB/T 1601进行。

（5）倾倒性试验。按HG/T 2467.5—2003中4.9进行。

（6）湿筛试验。按GB/T 16150中的“湿筛法”进行。

（7）持久起泡性试验。按HG/T 2467.5—2003中4.11进行。

（8）分散稳定性试验。方法提要：按规定浓度制备分散液，分别置于两刻度乳化管中，直立静置一段时间，再颠倒乳化管数次，观察最初、放置一定时间和重新分散后该分散液的分散性。

仪器与试剂：乳化管——锥形底硼硅玻璃离心管，长15cm，刻度至100mL；橡胶塞——与乳化管配套，带有80mm长玻璃排气管（外径4.5mm，内径2.5mm，图8-4）；量筒——250mL；可调节灯——配60W珍珠泡；标准硬水——$\rho(Ca^{2+}+Mg^{2+})$=342mg/L，按GB/T 14825—2006配制。

操作步骤：在室温（23℃±2℃）下，分别向两个250mL量筒中加标准硬水至240mL刻度线，用移液管向每个量筒中滴加试样5g（或其他规定数量），滴加时，移液管尖端尽量贴近水面，但不要在水面之下，最后加标准硬水至刻度。戴布手套，以量筒中部为轴心，上下颠倒30次，确保量筒中的液体温和地流动、不发生反冲，每次颠倒需2s（用秒表观察所用时间），用其中一个量筒做沉淀和乳膏试验，另一个量筒做再分散试验。

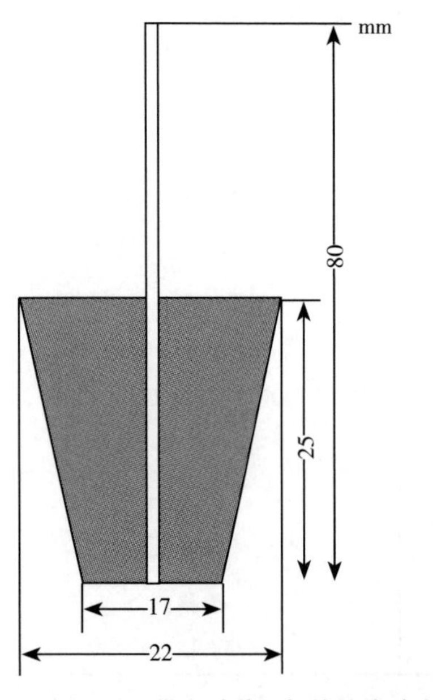

图8-4　带有玻璃排气管的橡胶塞
（单位：mm）

① 最初分散性：观察分散液，记录沉淀、乳膏或浮油。

② 放置一定时间后分散性。

沉淀体积的测定：分散液制备好后，立即将100mL分散液转移至乳化管中，盖上塞子，在室温（23℃±2℃）下直立30min，用灯照亮乳化管，调整光线角度和位置，达到对两相界面的最佳观察，如果有沉淀（通常反射光比透射光更易观察到沉淀），记录沉淀体积（精确至±0.05mL）。

顶部乳膏（或浮油）体积的测定：分散液制备好后，立即将其倒入乳化管中，至离管顶端1mm，戴好保护手套，塞上带有排气管的橡胶塞，排除乳化管中的所有空气，去掉溢出的分散液，将乳化管倒置，在室温下保持30min，没有液体从乳化管排出就不必密封玻璃管的开口端，记录已形成的乳膏或浮油的体积。测定乳化管的总体积，并以公式（8-2）校正测量出的乳膏或浮油的体积。

$$F=\frac{100}{V_0} \tag{8-2}$$

式中 F——测量乳膏或浮油的体积时的校正因子；

V_0——乳化管的总体积，mL。

③ 重新分散性测定：分散液制备好后，将第二个量筒在室温下静置24h，按前述方法颠倒量筒30次，记录没有完全重新分散的沉淀，将分散液加到另外的乳化管中，静置30min后，按前述方法测定沉淀的体积和乳膏或浮油的体积。

测定结果：

最初分散性	沉淀≤…mL
	乳膏或浮油≤…mL
一定时间后分散性（30min后）	沉淀≤…mL
	乳膏或浮油≤…mL
重新分散性（24h后）	沉淀≤…mL
	乳膏或浮油≤…mL

测定结果符合上述要求为合格。

（9）低温稳定性试验。按HG/T 2467.2—2003中4.10进行。经轻微搅动，应无可见粒子和油状物。

（10）热贮稳定性试验。按HG/T 2467.2—2003中4.11进行。

（11）产品的检验与验收。应符合GB/T 1604—1995的规定。极限数值的处理采用修约值比较法。

（12）标志、标签、包装、贮运，应符合GB 4838—2000的规定。

（13）悬乳剂包装件应贮存在通风、干燥的库房中。

（14）贮运时，严防潮湿和日晒，不得与食物、种子、饲料混放，避免与皮肤、眼睛接触，防止由口鼻吸入。

（15）安全：在使用说明书或包装容器上，除有相应的毒性标志外，还应有毒性说明、中毒症状、解毒方法和急救措施。

（16）保证期：在规定的贮运条件下，悬乳剂的保证期，从生产日期算起为2年。

第五节 悬乳剂配方实例

我国农药制剂加工水平逐步与国际水平接轨，在悬乳剂开发方面取得了许多成果，开发的悬乳剂产品质量基本达到FAO标准

1. 25%丙环唑·多菌灵悬乳剂

丙环唑	11%	壬基酚聚氧乙烯醚改性磷酸酯	1.5%
多菌灵	14%	苯乙烯基苯酚聚氧乙烯醚	0.5%
亚甲基双萘磺酸盐	1.5%	硅酸镁铝	2.0%
苯乙烯苯酚甲醛树脂聚氧乙烯醚磷酸酯盐	2.5%	黄原胶	0.5%

溶剂二甲苯	5%	乙二醇	4%
十二烷基苯磺酸钙	2.5%	正辛醇	0.5%
苯乙烯基苯酚甲醛树脂聚氧乙烯聚氧丙烯嵌段型聚醚	1.5%	水	53%

2. 30%苯醚甲环唑·丙环唑悬乳剂

丙环唑	15%	溶剂油 150 号	10%
苯醚甲环唑	15%	黄原胶	0.15%
羧酸盐 MF	1%	乙二醇	4%
EO-PO 嵌段醚	4%	水	至 100%

3. 40%乙草胺·莠去津悬乳剂

乙草胺	20%	W2002	1%
莠去津	20%	有机硅消泡剂 GE630	0.2%
十二烷基苯磺酸钙	3%	黄原胶	5%
农乳 600 号	5%	水	至 100%
GY-DS01	3%		

4. 40%异丙·莠悬乳剂

异丙甲草胺	20%	农乳 1602	1.5%
莠去津	20%	硅酸镁铝	1%
十二烷基苯磺酸钙	4.5%	水	至 100%
农乳 600 号	1.5%		

5. 30%丁草胺·噁草酮悬乳剂

丁草胺	20%	黄原胶	0.15%
噁草酮	10%	乙二醇	2%
木质素 009 号	3%	有机硅消泡剂	0.1%
苯乙基酚聚氧乙烯醚	3%	水	至 100%

6. 35%吡虫啉·氯氰菊酯悬乳剂

吡虫啉	20%	消泡剂	0.3%
氯氰菊酯	15%	卡松	0.1%
烷基苯磺酸盐	3%	乙二醇	5%
烷基酚聚氧乙烯醚磷酸酯	5%	增稠剂	适量
木质素磺酸钙	0.5%	水	至 100%

7. 25%螺螨酯悬乳剂

螺螨酯	25%	Ethylan 500QL	4%
聚氧乙烯醚类润湿剂 ECOSUPEF EH-9	1%	Emilsogen EL	2%
磷酸酯类分散剂 Sorphophor FD	4%	丙三醇	5%
聚醚类消泡剂	1%	白炭黑	适量
聚丙烯酸钠 PAAS	0.5%	苯甲酸钠	适量
溶剂油 ISOPAR M	20%	水	至 100%

参考文献

[1] 刘步林. 农药剂型加工技术. 第2版. 北京：化学工业出版社，1998：343-350.

[2] 沈德隆. 农药多组分悬浮体系的流变学行为研究. 农药，1995，34（5）：6-9.

[3] 李丽芳. 悬乳剂及其稳定性. 农药，2000，39（5）：14-16.

[4] 中国农业部农药检定所. 中国农药信息网 [DB/OL]. [2014-05-30]. http://www.chinapesticide.gov.cn.

[5] 凌世海. 我国农药加工工业现状和发展建议. 第十届全国农药信息交流会论文集. 沈阳：化工部农药信息总站. 1999：96-105.

[6] 侯华民，张善学，蒋端望，等. 一种氟铃脲悬乳剂. CN201010621276.3. 2010-12-23.

[7] 曹雄飞，仲苏林，谢玄，等. 一种含螺螨酯的悬乳剂及制备方法. CN201110362700.1. 2011-11-16.

[8] 杜凤沛，于春欣. 一种含有螺虫乙酯的农药悬乳剂及其制备方法和应用. CN201210256453.1. 2012-07-23.

[9] 齐武. 农药悬浮剂使用效果的优化研究. 现代农药，2013（5）：18-21.

[10] 华乃震. 农药悬乳剂的开发和进展. 现代农药，2008，7（2）：12-15.

[11] 冯建国. 农药悬乳剂的开发应用现状及展望. 今日农药，2012（9）：32-33.

[12] 洪宗阳. 表面活性剂在悬乳剂中的应用. 今日农药，2011（2）：21-24.

[13] Rogiers L. Suspoemulsions and Their Use as Pesticide Formulations . ICI Surfactants Publication RP34/89E，1993.

[14] 王昕. 加工工艺对30%氰氟虫腙·三唑磷悬乳剂稳定性的影响. 农药，2011，50（7）：504-507.

[15] 张申伟. 悬浮乳剂的制备及生产工艺中常见问题解决方案. 第二届环境友好型农药制剂加工技术及生产设备研讨会报告集. 北京：中国农药工业协会，2010：77-79.

[16] 王亚廷. 25%丙环唑·多菌灵悬乳剂的研制. 农药，2008，47（1）：21-23.

[17] 仲苏林. 30%苯醚甲环唑·丙环唑悬乳剂的研制. 世界农药，2009，31（6）：36-40.

[18] 张小军. 农药悬乳剂研究进展及配方筛选. 中国农药，2011（2）：42-45.

[19] 李刚. 40%异丙·莠悬乳剂的配方研究. 山东农药信息，2008（2）：23-25.

[20] 王寅. 30%丁草胺噁草酮悬乳剂的研制. 安徽化工，2012，38（6）：58-62.

第九章

水 乳 剂

第一节 水乳剂的概念和发展趋势

一、水乳剂的概念

基于安全、生态、环境和可持续发展的理念，人们对农药和农药制剂的要求越来越高，人们的环保意识也逐渐增强。如今，对农药制剂的要求主要为安全、友好、高效、经济和方便。为了实现此目标，农药制剂的水基化，便是其中最重要的发展方向之一。水乳剂作为水基化制剂之一，主要是为了用水来取代乳油中的有机溶剂。

水乳剂（emulsion in water，EW）是不溶于水的农药有效成分以水为介质，通过向体系提供足够大的能量（如高剪切乳化和高压均化等），在表面活性剂（乳化剂和助剂）的作用下，以微小液滴（要求粒径<2μm）分散于水中，得到动力学上稳定、外观呈乳白色的水包油的液体制剂。

与传统剂型乳油相比，水乳剂具备以下优点：

① 可节约可观的芳烃资源，显著降低制剂的加工成本；② 改善了制剂的加工和使用环境；③ 降低制剂的毒性，减轻制剂对作物的药害和有毒物质在作物中的残留；④ 制剂不再具有易燃、易爆的危险，提高了制剂在贮运和使用过程中的安全性，相应降低对包装、贮运的要求；⑤ 减轻对土壤、地下水等生态环境造成的污染；⑥ 无溶剂气味，减轻对眼、喉、鼻黏膜和皮肤的刺激等。

与微乳剂相比，其主要优点在于：① 水乳剂用的乳化剂比微乳剂（一般15%~20%）要少得多，成本低。② 加工水乳剂的农药有效含量比微乳剂要高，可达40%~60%。③ 不用加入大量极性助溶剂（如酮和醇类），减少了它们对环境的污染。④ 成本比微乳剂要低。

水乳剂也有一定局限性，主要是适用的农药一般为液体或低熔点固体；适用的农药必须在水中稳定或在某些特定条件下（如pH值）稳定；体系为热力学不稳定，加工难度比较大，形成乳状液需要输入外界能量，才能形成较小粒径的液滴，一般加工设备需要高速剪切机或均质机，能耗较高；药效不如乳油，由于乳化剂的用量少，稀释液的表面张力高于乳油，润湿、展着均不如乳油（有机溶剂的渗透性较高），影响了在靶标的有效沉积；制剂的稳定性比乳油差，开发技术难度大，达到2年经时稳定性比较困难。

二、水乳剂的发展趋势

水乳剂最早出现于20世纪60年代，一些发达国家为降低有机溶剂引起的药害及环境污染，将对硫磷加工成了40%水乳剂。随后，水乳剂已有少数商品化产品进入市场，如2.5%功夫菊酯EW、6.9%骠马EW、10%氰戊菊酯EW等。随着环境保护意识的增强和基于食品安全的需要，减少乳油中有害溶剂的呼声越来越高。因此，不用或少用有机溶剂的水乳剂受到普遍重视，发展速度加快，专利报道增多，商品化水乳剂品种日益增加。

跨国农药公司非常重视农药水乳剂的发展，到2014年，外国公司在我国登记并处于有效期的有几十个，特别是对于菊酯类杀虫剂、酰胺类除草剂和三唑类杀菌剂基本上都有水乳剂的品种登记，主要有50g/L咪鲜胺（施保克）、250g/L戊唑醇（富力库）、600g/L丁草胺（特帅）、50g/L S-氰戊菊酯（来福灵）、450g/L毒死蜱、400g/L戊唑·咪鲜胺等产品，用在棉花、大豆、花生、香蕉、梨、苹果、水稻等作物及卫生害虫上。

在我国，水乳剂作为一种重要的绿色水基化制剂，发展速度也很快。国内1993年开始有水乳剂制剂获得登记，到1998年登记的品种只有13个，2004年年底登记的品种已达到118个，至2007年4月，处于登记有效期的农药水乳剂品种共214个，约占总登记品种的1%。截止到2012年，处于登记有效期的农药水乳剂品种共405个，约占总登记品种的1.5%。农药水乳剂的发展势头十分迅猛，已成为我国农药剂型发展的一个重要方向。

在国内外，无论在卫生防疫上，还是在农业上都可使用，发展前景是远大的，应在国内大力提倡开发和使用。

第二节　水乳剂基本性质及乳状液概念

一、水乳剂基本性质

农药水乳剂是将农药原药与溶剂混合制得的微小液滴分散于水中的乳状液，是一种热力学不稳定体系。与悬浮剂的不同在于，悬浮剂是难溶于有机溶剂的固体农药原药经过砂磨粉碎，以微小固态粒子的形式分散于水中形成的悬浮体系；与乳油的不同在于，水乳剂的体系中不含或含有极少有机溶剂，这就有效地避开了乳油中含有大量有机溶剂所引起的许多环境污染和人体危害等问题。

水乳剂的基本性质是：① 结构类型：O/W乳液。② 液滴大小：＜2μm。③ 外观：灰白至乳白色乳液，无浮油/沉淀析出。④ 透光性：不透明。⑤ 经时稳定性：一定时间内稳定（具有能接受的货架寿命）。⑥ 加工：需高能量输入。⑦ 黏度：低于600mPa·s。⑧ 不稳定现象表现形式：分层、沉降、絮结、析出晶体或分离。

二、乳状液

乳状液是一种液体分散于另一种不相混溶的液体中形成的多相分散体系。乳状液中以液珠形式存在的相称为分散相，另一相称为分散介质。常见的乳状液，一般都有一相是水或水溶液（称为水相）；另一相是与水不相混溶的相（有机相，称为油相）。外相为水，内相为油的乳状液称为水包油型乳状液（O/W）。外相为油，内相为水的乳状液则称为油包水型乳状液（W/O）。

一般乳状液的外观常呈乳白色不透明液体（如果分散相及分散介质的颜色较深时，则乳状液已有色）。乳状液的外观与分散相的液珠粒径有直接关系。乳状液的分散剂的液滴粒径大小一般为0.1～10μm。乳状液的液珠大小并不是完全均匀的，一般各种大小皆有，而且有一定分布。液滴大小分布随时间的变化关系，常用来衡量乳状液的稳定性。

不互溶的两种液体形成的乳状液有极大相界面积。为了得到巨大的相界面的乳状液需要做的可逆功，理论上可以按照公式（9-1）计算：

$$W = \gamma_i \Delta A \tag{9-1}$$

式中 W ——得到巨大的相界面的乳状液需要做的可逆功；

γ_i ——构成乳状液的油水界面张力；

ΔA——界面面积增加值。

由公式（9-1）可知，界面张力、界面面积的增加值越大（分散相的液滴越小），需要的可逆功越大，即体系的界面能越大。

乳状液分散相与分散介质除了界面面积外，界面是弯曲的，根据Laplace公式可以知道球形液滴的弯曲界面内外存在压力差，具体公式见（9-2）：

$$\Delta p = 2\gamma_i / r \tag{9-2}$$

式中 Δp——球形液滴弯曲界面内外压力差；

γ_i ——构成乳状液的油水界面张力；

r ——液滴半径。

由公式（9-2）可以知道，液滴的内部压力大于液滴外部的，因此形成乳状液必须做额外的克服Δp的功。

由以上讨论可以得出：① 在制备乳状液时需要做的功是油水界面张力和克服弯曲界面的附加压力Δp所需的功。这也是形成乳状液所需能量大于界面能的原因。② 由于乳状液有大的界面能存在，所以其为热力学不稳定体系，有分层、沉降、絮凝等变化趋势，这些变化都可以使得体系界面减小。③ 由式（9-1）和式（9-2）可知，降低乳状液体系中的油水界面张力有利于提高乳状液的相对稳定性。降低表面张力最有效的方法就是应用合适的表面活性剂。当在有机相和水相中加入表面活性剂时，由于表面活性剂在两相界面的吸附使得界面张力大大降低，相应地降低了Laplace附加压力，因此可使乳化所需的能量大大降低，便于形成较小的有机相质点，减少了液滴自发聚结的程度，有利于稳定的乳状液的形成。近代乳状液稳定性理论认为，乳状液稳定的关键是在不互溶的两相界面存在排列紧密的、刚性的界面膜。表面活性剂恰好能形成这种界面膜，当使用阴/非离子复合表面活性剂时，由于表面活性剂分子之间的相互作用导致形成复合膜，它较单一表面活性剂吸附膜更加紧密，强度更高。其中的阴离子表面活性剂在有机相/水相界面的吸附使O/W型的油珠带电，在有机相/水相界面产生双电层。双电层的排斥效应将有效地阻止油珠间絮凝的发生。而由于非离子表面活性剂的存在，吸附膜可以在有机相质点相互靠近时产生排斥势能，有效地阻止液滴的聚结。因此无论是对乳状液的制备还是对乳状液的稳定，表面活性剂都起着重要的作用。

三、乳状液体系的形成机理

1. 水乳剂的形成原理

水乳剂中加入乳化剂，能明显降低油水界面张力和表面自由能，奠定了形成乳状液分散体系的基础。此外，通过乳化剂提供的界面膜空间位阻作用和在分散相微粒表面的双电层静电作用，能促使乳状液体系成为动力学稳定体系。农药水乳剂作为商品，必须具有较长的商品货架时间，此期间内要保证乳状液体系稳定性不被破坏，而单纯依靠乳化剂的作用往往不能保证水乳剂体系长时间稳定，因此，在水乳剂的加工过程中，经常添加其他助剂，如空间稳定剂、共乳化剂、增稠剂和分散剂等，通过它们的协同作用形成稳定体系。乳化剂可以进一步降低界面张力和界面自由能，控制分散相的粒径。有Stokes公式显示，增稠剂通过增加体系的黏度，从而降低液珠的沉降速度，提高体系的稳定性，具体公式见式（9–3）；分散剂通常为阴离子表面活性剂，它可以通过提高分散相微粒表面的Zeta电位，使体系稳定性提高。水乳剂稳定体系是乳化剂及其他助剂共同作用的产物。

$$v=\frac{2r^2(\rho_1-\rho_0)g}{18\eta} \tag{9-3}$$

式中 v ——分散相微粒聚结速度；

r ——分散相微粒粒径；

$\rho_1-\rho_0$——分散相与连续相的密度差；

η ——体系黏度；

g ——重力加速度。

2. 水乳剂的稳定机理

乳状液是一种复杂的体系，影响其类型的因素很多，很难简单地归结于某一种。目前乳状液稳定理论主要有相体积理论、双界面膜理论、定向锲理论和聚结速度理论等。而针对水乳剂的乳状液体系稳定理论研究尚不成熟，目前微观上主要运用相体积模型和界面波液膜破裂模型两个模型分析界面流体力学与乳状液稳定性的关系，DLVO理论主要解释了稳定的乳液微粒间的范德华引力和静电斥力（DLVO作用力），定性乳状液的稳定性差异；界面沟流模型和界面波液膜破裂模型则主要分析了非DLVO作用力存在下乳状液稳定的机理。

（1）相体积理论 1910年，Ostwald根据立体几何的观点提出相体积理论。若分散相液滴是均匀的球形，根据立体几何原理，则可计算出最密堆积时，液滴的体积占总体的74.02%，其余25.98%为分散介质。表示一个在理想状况下的均匀乳状液，其液珠占74%的体积。若分散相的体积大于74.02%，乳状液就发生破坏或变型。如果水相体积占总体积的26%～74%时，O/W和W/O型乳状液均可形成；若水相体积＜26%，则只形成W/O型乳液状；若水相体积＞74%，则只能形成O/W型乳液状。

（2）双界面膜理论 Bancroft提出乳化剂溶解度的经验规则，即Bancroft规则。若乳化剂在某相中的溶解度较大，则该相将易于成为外相。一般来说，亲水性强的乳化剂，其HLB值在8～18，易形成O/W型乳状液；而亲油性强的乳化剂，HLB值在3～6，易形成W/O型乳状液。乳化剂在油–水界面膜上发生吸附与取向，可能使界面两边产生不同界面张力，即$\gamma_{膜-水}$和$\gamma_{膜-油}$，在形成乳状液时，界面会倾向于向界面张力高的一边弯曲，以降低其面积，从而降低表面自由能。因而，$\gamma_{膜-油}>\gamma_{膜-水}$时，得到O/W型乳状液，$\gamma_{膜-油}<\gamma_{膜-水}$时，得到W/O型乳状液。

（3）定向楔理论　Harkins在1917年提出“定向楔”理论，乳化剂分子在油－水界面处发生单分子层吸附时，极性端伸向水相，非极性端则伸入油相。若将乳化剂比作两头大小不同的“楔子”（如肥皂分子，其极性部分的横切面比非极性部分的横切面大），那么截面小的一头总是伸向分散相，截面大的一头总是伸向分散介质。经验表明：Cs^+、Na^+、K^+等一价金属离子的脂肪酸盐作为乳化剂时，容易形成O/W型乳状液，因为这些金属皂的亲水性是很强的，较大的极性基被拉入水相而将油滴包住，因而形成了O/W型乳状液，见图9-1（a）。而Ca^{2+}、Mg^{2+}、Al^{3+}、Zn^{2+}等高价金属皂则易生成W/O型乳状液，因为这些金属皂的亲水性较K^+、Na^+等脂肪酸盐弱。此外，这些活性剂分子的非极性基（有两个碳链）大于极性基，分子大部分进入油相将水滴包住，因而形成了水分散于油的W/O型乳状液，见图9-1（b）。

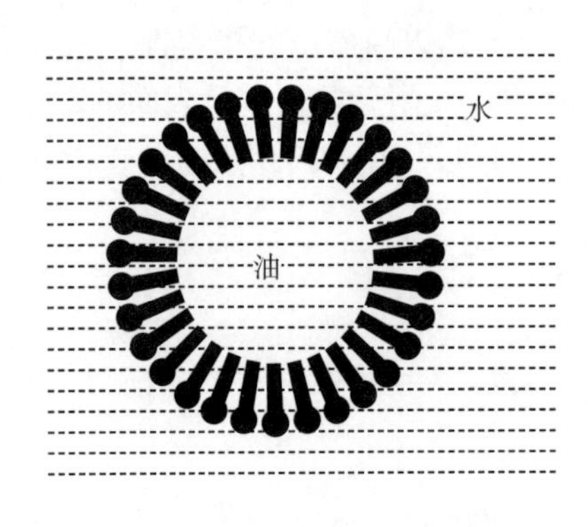

（a）O/W 型乳状液

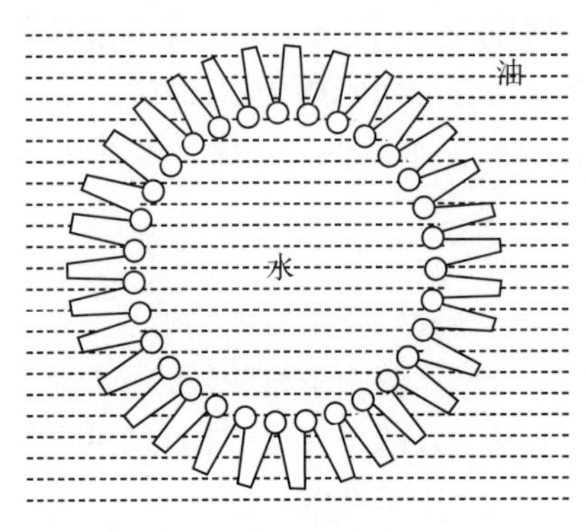

（b）W/O 型乳状液

图9-1　“定向楔”示意图

由图9-1可以看出，只有定向排列才是最紧密堆积，故一价金属皂得O/W型乳状液，而用高价金属皂则得W/O型乳状液。但也有例外，如Ag皂应为O/W型，实际上得到的是W/O型乳状液。

（4）聚结速度理论　1957年Davies提出了一个关于乳状液类型的定量理论。这一理论认为，当油、水和乳化剂一起振荡或搅拌时，形成乳状液的类型取决于油滴的聚结和水滴的聚结两种竞争过程的相对速度。在搅拌过程中，油和水都可以分散成液滴状，并且乳化剂吸附在这些液滴的界面上，搅拌停止后，油滴和水滴都会发生聚结，其中聚结速度快的相将形成连续相，聚结速度慢的相被分散。因此，如果水滴的聚结速度远大于油滴的聚结速度，则形成O/W型乳状液；反之，形成W/O型乳状液。如果两相的聚结速度相近，则体积分数大的相将构成外相。

（5）DLVO理论　1914年，由Derjaguin和Landau以及荷兰科学家Verwey和Overbeek在扩散层模型的基础上发展了关于溶胶稳定性的理论，简称DLVO理论。

该理论认为胶体的稳定性取决于胶体粒子的作用势能与粒子间距的关系。粒子间存在着两个相互制约的作用力：一个是范德华引力，它导致介质颗粒聚集，因此高度分散的胶体体系在热力学上是不稳定的。另一个是扩散双电层重叠所引起的静电斥力，它是维系溶胶稳定的作用力。如果静电斥力和范德华引力作用形成一个高于颗粒热运动能（布朗运动）的能垒，则该能垒阻止粒子之间的碰撞、聚集，溶胶具有动力学稳定性；反之，胶体粒子相互聚集，溶胶不能稳定存在。

DLVO理论指出胶体稳定的原因是胶体带电、溶剂化作用以及布朗运动。此理论虽然是针对胶体体系提出来的，仍然适用于水乳体系。

（6）界面沟流模型　界面沟流模型认为由于液膜沟流对界面的剪切作用，导致了界面上表面活性剂分布不均匀，从而引发了界面上表面活性剂的扩散；界面两侧分散相液珠内和分散介质中的表面活性剂也会通过扩散和吸附两个过程来补充界面上表面活性剂的不足。在液膜沟流剪切力的作用下，液膜界面上出现的表面活性剂分子缺乏区的尺寸达到一定的临界值时，在界面波的扰动下，将会导致界面膜的破裂。

（7）界面波液膜破裂模型　界面波液膜破裂模型认为，在液膜内始终存在着机械振动和热波动，因此液膜界面始终呈现出凹凸不平的状态，这种界面的粗糙是无限个界面波叠加的结果。随着液膜沟流的进行，液膜不断变薄，当液膜厚度为10～100nm时，界面波对液膜的影响变得显著，界面上同时存在着无限多个振动波，它们对液膜的影响机制是相同的，液膜构型的上述变化会造成两种相反的效应：① 在液膜变薄的区域，两侧分散相分子相互靠近，范德华引力增大，液膜进一步变形薄化；② 界面的变形导致局部毛细压力的形成以及界面面积的增大，阻碍了界面波的进一步发展。这两种效应之间存在着竞争，竞争的结果决定了液膜在界面波的引发下破裂或者恢复到平衡状态。

在液膜沟流剪切力的作用下，液膜界面上出现的活性剂分子缺乏区的尺寸达到一定临界值时，在界面波的扰动下，会导致界面膜的破裂。从以上理论可知，如果活性剂吸附界面有较大黏度时，界面抵抗沟流剪切作用的能力增强，界面膜抗破裂的能力也增强，因此相应乳液的抗聚和稳定性提高。

（8）Pickering乳状液稳定理论　20世纪初，Ramsden发现胶体尺寸的固体颗粒也可以稳定乳液。之后，Pickering对这种乳液体系开展了系统的研究工作，因而此类乳液又被称为Pickering乳状液。Pickering乳状液就是利用适宜表面润湿性的胶体颗粒聚集在液-液或液-气界面，从而稳定乳状液和泡沫。图9-2为Pickering乳状液的稳定机理示意图。

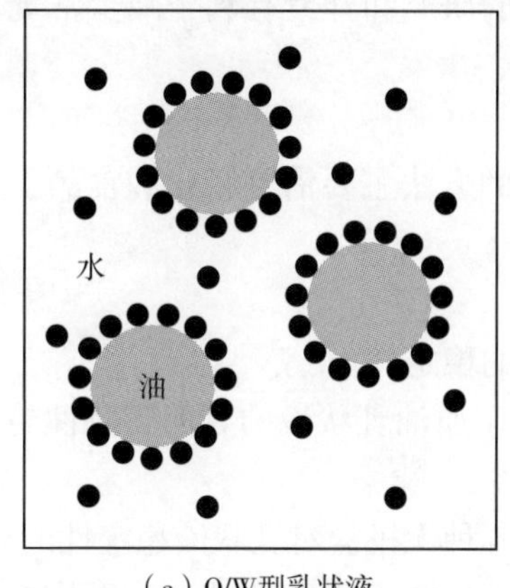

（a）O/W型乳状液

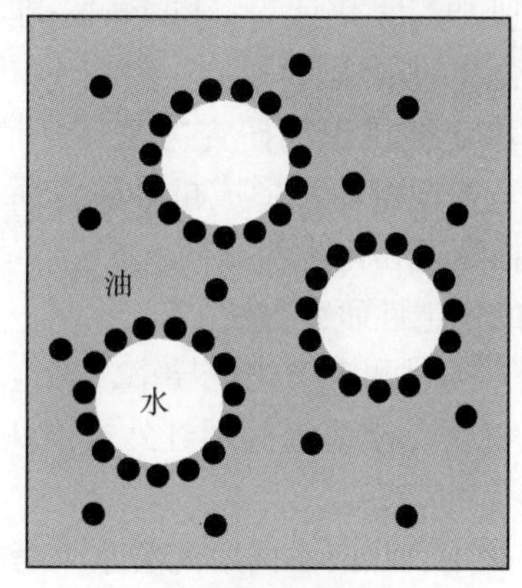

（b）W/O型乳状液

图9-2　Pickering乳状液的稳定机理示意图

Pickering乳状液的类型取决于作为稳定剂的固体颗粒被哪一种液相优先润湿。若固体颗粒易被油相润湿，则形成W/O型乳状液；反之，若固体颗粒易被水相润湿，则形成O/W型乳状液。第一个以定量方式解释Pickering乳状液的形成和稳定性的学者是Van der Minne，他表明在热力学平衡条件下，固体颗粒在液/液界面的吸附是由固体颗粒在液/液界面的接触角决定的，与固相成钝角的润湿将会促进体系稳定。此后，有关固体稳定乳状液的理论都是基于接触角来讨论的。例如，Schulman和Leja指出，当接触角（通过水相测量）略小于

90°时，就会得到由固体粉末稳定的O/W型乳状液。当接触角大于90°时，则会产生W/O型乳状液，例如，疏水性相对较强的某种炭黑能稳定W/O型乳状液。因此在给定固体颗粒的条件下，油-固体颗粒-水三相边界的接触角就对乳状液的形成和稳定性起着决定性作用。

此外，这些颗粒的粒度必须非常细小（即比乳状液液滴小得多），这样就能通过毛细作用富集到液/液界面。而那些亲水性太强的固体颗粒，比如二氧化硅和三氧化铝，由于会很快进入水相，即不易吸附到液/液界面，因而不能很好地稳定乳状液。

同表面活性剂的HLB值一样，固体颗粒表面的润湿性是定量确定体系形成O/W或W/O型乳化体系的重要依据。虽然固体颗粒不像表面活性剂分子一样具有两亲性，但它有很强的表面活性，能覆盖在乳状液液滴表面，有效阻止液滴之间的聚集。覆盖固体颗粒的分散相液滴之间的斥力是阻止液滴之间碰撞并聚集的主要原因。带电液滴之间存在静电斥力，在O/W体系中，固/油界面所带电荷通过油介质产生较强的长程斥力，促进了固体颗粒的定向排列。在W/O体系中，同样的斥力产生于固体颗粒之间的水滴之间。在固体颗粒乳化体系中，乳状液的稳定性主要取决于体系中颗粒与颗粒之间、颗粒与液滴之间形成的网络结构。

目前，人们认为固体颗粒乳化剂的作用机理可能有以下两种：一种是固体颗粒吸附于油/水界面，形成一层膜，阻止了被分散液滴之间的聚集。如果颗粒带电，则颗粒之间的静电斥力有效阻止了液滴之间的碰撞和聚集，如形成W/O型乳化体系的固体颗粒黏附在油/水界面，油/固界面的电荷在油介质中产生了一个长程斥力，促进了固体颗粒在油/水界面的单层排列，同样的斥力也存在于两个相邻水滴界面上的固体颗粒之间，使得体系达到一个动力学平衡状态。另一种是颗粒与颗粒之间的相互作用，使得固体颗粒在体系中形成一个颗粒 颗粒或颗粒 液滴的三维网络状结构，阻止了液滴的流动。

目前，Pickering乳状液的制备和性能研究越来越受到人们的关注。人们对Pickering乳状液的研究，主要考察形状规则、粒径均一的球形胶体颗粒，如SiO_2、硫酸钡、碳酸钙、氧化铁、有机乳胶和二氧化钛等。Pickering乳状液的研究和开发有利于减少常规乳状液中表面活性剂和聚合物的用量。

3. 水乳剂稳定性机理的研究方法

目前，水乳剂稳定体系形成机理研究所采用的方法主要借鉴石化和食品工业水乳液的研究手段，包括物理和化学两方面。

（1）乳液的稳定性研究方法

① 电导法。通过测定增比电导率，确定乳液的稳定性。

② 红外光谱法。李明远等用红外光谱法研究了原油乳状液的界面膜特性与稳定性之间的关系。

③ 王任芬等用乳状液不同时间脱水率考察了各种无机盐对乳状液稳定性的影响。

④ Zeta电位法。只有当分散体系的双电层电位（Zeta电位）处于一定范围内，体系才处于稳定状态。通过测定乳液的Zeta电位，确定乳液的稳定性。

（2）研究膜的强度的方法

① 单滴法。通过考察膜的寿命，确定膜的强度大小。

② 界面膜聚结电压法。通过测定界面膜的聚结电压，确定表面活性剂在界面上的吸附大小，进而确定膜的强度。

（3）乳状液结构研究方法

① 冻断裂电镜法。黄启良等采用此法研究了微乳液的微观结构。

② 光散射技术。此法可测到乳液质点大小、分布和现状。

③ 用粒度测定仪也可以测定出微粒在乳状液中的分布和粒径大小，从而可比较出不同乳化剂、不同加工设备或者不同条件下乳剂的微粒分布状况。

（4）相行为分析法　相行为是体系的整体变化规律，通过分析相关因子与相行为的关系，建立水乳剂的稳定体系，形成模型，可以有效指导农药水乳剂配方的开发与应用。借鉴微乳剂的相行为的研究方法，研究农药水乳剂的相行为。

第三节　影响水乳剂稳定的因素

水乳剂是一种分散度较高的多相分散体系。这种体系总界面能高，液珠有自发聚结并降低界面能的倾向。水乳剂不能自发形成，在油相（农药）、水相和表面活性剂等组成的体系中，必须注入能量（如搅拌、均化等），才能发生乳化。新体系中，由于两液相的界面增大，因此，水乳剂在热力学上是不稳定的。农药水乳剂剂型研究的重点和难点便是克服水乳剂先天不足，制得符合农药相关质量要求的商品。

一、水乳剂不稳定的表现形式及其防止措施

水乳体系中主要存在以下几种不稳定现象：分层或沉降、絮凝、聚结、奥氏熟化、转相。

1. 分层或沉降

油相和水相因密度差异、重力等作用下液滴上浮或下沉，在体系中建立起平衡的液滴浓度梯度，这种过程称为分层或沉降。这一过程通常是在外力（如重力和离心力）的作用下产生的，当外力的作用力超过布朗运动时，体系就会出现一个浓度梯度，从而使较大液滴以较快的速度向体系的底部或顶部移动（液滴的移动方向取决于所受合力的方向），在极端情况下，液滴会在体系的顶部或底部紧密堆积起来，而其余空间将由连续相占据。液滴移动到乳状液的顶部而发生相分离的情况，称为分层（creaming）；而液滴移动到乳状液的底部而发生相分离的情况，称为沉降（sedimentation）。分层或沉降，会使体系的均匀性受到破坏，往往液滴密集地排列在体系中，分成两层，其界限可以是渐变的或明显的。液滴大小和分布没有明显的改变，只不过建立起平衡的液滴浓度梯度。分层与沉降是与布朗运动相反的一种过程。由于布朗运动随颗粒粒径的减小而增加，因此分层与沉降两种作用都会随着液滴变小而明显下降。而重力与液滴的体积和液滴与介质的密度差均成正比关系，当液滴变小，并使液滴密度与分散介质密度尽可能接近时，分层和沉降作用就会相应减小。

为了控制粒子沉降或上浮，可以采取一系列方法，例如：平衡分散相和分散介质的密度；提高分散介质的黏度；减小分散相的粒度；使用惰性的、更为微细的粒子作为第二分散相等。其中最实用的方法是向体系中添加增稠剂、胶凝剂或抗沉降剂。它们可大致分为两类，即不溶性的微细颗粒物和水溶性的高聚物。属于不溶性微细颗粒物的有：

① 胀性黏土：膨润土；镁铝硅酸盐。

② 非胀性黏土：凹凸棒土。

③ 白炭黑：气相法白炭黑。

其中黏土用量可高至制剂总量的3%，白炭黑的用量可高至制剂总量的1%。

属于水溶性高聚物一类的有水溶性多糖，已多年被用作增稠-胶凝剂，其中最常用

者如：鹿角菜胶、海藻酸盐、甲基纤维素、羧甲基纤维素、羧乙基纤维素、黄原胶等。其中黄原胶稳定水悬剂和水乳剂是很理想的。黄原胶水溶液在很宽的pH值、温度和电解质浓度范围都有相当稳定的黏度，它目前已被广泛用作农药水悬剂和水乳剂中最重要的抗沉降组分。黄原胶既可单独使用，用量可高至制剂的0.5%，也可与黏土类或白炭黑复合使用，发挥协同胶联作用，此时的黄原胶用量可高至制剂的0.2%。通过与不溶性黏土、白炭黑等的交联作用，黄原胶得以在体相中构筑起某种结构或凝胶网络，从而呈现出在低剪切情况下的高黏度特征。后者可用以克服粒子或液滴群因重力而导致的沉降、乳析和分层现象。

2. 絮凝

絮凝是指在液滴大小不变的情况下，由于液滴相互聚集而形成更大聚集体的现象。絮凝是由分散体系中普遍存在的范德华引力引起的，一般情况下，絮凝物中液滴大小和分布没有明显变化，不会发生液滴的聚结，液滴仍保持其原有特性。范德华引力可以通过引入某些排斥力（如静电斥力或空间位阻）与之抗衡，从而使液滴之间保持一定距离，在此距离时范德华引力相对较弱，因而这种絮凝的液滴可以通过温和的搅动而被重新分散。

为了防止絮凝发生，应采取的措施：

① 添加阴离子表面活性剂，在液滴周围形成双电层，油相液滴表面覆盖带电基团，产生静电排斥作用使液滴间不能聚集。

② 添加高分子聚合物乳化剂，在体系中形成厚的、牢固的吸附层，产生空间位阻效应。产生强吸附的条件使高分子聚合物不溶解于连续相。

③ 加入增稠剂，改善粒子絮凝。

3. 聚结

当两个液滴接触时，液滴之间形成薄的液膜或滑动的夹层，膜的某些部位在外来因素的影响下，液膜厚度发生变动，某些区域变薄，液膜被破坏，形成较大液滴，这种过程称为聚结。聚结是一种不可逆过程，导致液滴变大，液滴数量减少，改变液滴大小和分布，最终的极限情况是完全破乳。

为了防止聚并发生，应做到：

① 液滴粒子不要过于接近，即避免不可逆的强絮凝以及膏化或沉降等现象；

② 增加液滴粒子外围的液膜厚度，抑制液膜表面的振荡。

一般采取的措施为采用混合表面活性剂、使用高分子聚合物来降低聚结，混合表面活性剂强化稳定的因素可能是由于增加了界面黏度。

4. 奥氏熟化

水乳剂属于热力学不稳定分散体系，在较长时间内可以保持动力学稳定，但随着时间推移，会出现液滴大小和分布朝着较大液滴方向移动的现象，这种依靠消耗小液滴形成较大液滴的过程称为奥氏熟化（Ostwald ripening）。奥氏熟化是由制备乳状液时液相存在着一个有限溶解度造成的，即使是通常所谓不互溶的液体之间也存在着不可忽略的互溶性。由于乳状液一般为多分散体系，较小液滴具有比大液滴较高的化学势，小液滴有较高的液滴曲率，因而有较高溶解度，随着时间的推移小液滴逐渐消失，并沉积在大液滴上形成更大的液滴，其结果是使乳状液的粒径分布趋于增大。它直接影响分层与沉降作用，对聚结过程也起了加速作用。

原则上，控制和减缓奥氏熟化的具体措施有：

① 尽量选择水溶性尽可能小的有效成分进行加工。

② 可以通过控制液滴的分布范围来减缓奥氏熟化，经分散后的液滴，其尺寸分布宜窄不宜宽。

③ 制剂的贮存温度不宜过高，波动不宜频繁，幅度不宜较大。

④ 选择适宜的分散剂、乳化剂等表面活性剂，使其能牢固地锚吸在粒子表面上，并尽可能全面地予以覆盖，有可能抑制奥氏熟化过程中的多个环节。

⑤ 加工过程中若用到有机溶剂，则要求此溶液对农药活性物质有很好的溶解性，而本身又不溶于水；Davis和Smith认为添加溶解度更小的油有助于减缓溶解度较高的油相的奥氏熟化，其原理为减慢了油分子的扩散速度，而这正是奥氏熟化的驱动力。

⑥ 选用适宜的粒子或晶体长大抑制剂。

⑦ 几种活性成分复配，有时也能起到抑制粒子长大的功效。

⑧ 适当提高制剂的黏稠度，在某种程度上能起到延缓扩散过程的作用。

5. 转相

转相是水乳剂中分散相与连续相之间发生了逆转，即由原来的水包油转变为油包水，或与此相反的过程。在水乳剂中逐步提高油相的体积分数，很容易观察到转相现象。根据Ostwald的相体积理论。若分散相体积大于74.02%，乳状液就发生破坏或变型。如果水相体积占总体积的26%~74%时，O/W和W/O型乳状液均可形成；若水相体积<26%，则只形成W/O型，若水相体积>74%，则只能形成O/W型。

上述分层或沉降、絮凝、聚结和奥氏熟化的过程，可以同时发生或依次出现，这将决定于水乳剂在贮存条件下上述四种基本过程的相对速率常数。

二、水乳剂稳定性的影响因素

在实际应用中，水乳剂的稳定性是油相液滴对聚结的抑制能力。油相液滴聚结速度是衡量水乳剂稳定性的最基本量，可以通过测定单位体积乳状液中液滴数目随时间变化来实现。水乳剂中小液滴聚结成大液滴，最终破乳。这一过程主要与下列因素有关：油水界面膜的物理性质，液滴间的电性排斥作用，相体积比和液滴的大小与分布、黏度等。

1. 界面膜的物理性质

在油水体系中加入表面活性剂后，表面活性剂必然在界面上吸附，形成界面膜。此界面膜具有一定强度，对分散相液珠有保护作用，使其在相互碰撞时不易聚集。当表面活性剂浓度较小时，界面上吸附的分子较少，界面强度较差，所形成的乳状液稳定性也差。当表面活性剂浓度增大至一定浓度后，表面活性剂分子在界面上的排列形成一个紧密的界面膜，其强度相应增大，乳状液珠之间的凝聚所受到的阻力较大。一般要超过该表面活性剂CMC值，才具有最佳的乳化效果。表面膜中如有脂肪醇、脂肪酸和脂肪胺等极性有机物与表面活性剂同时存在时，则膜强度大为提高。这是因为在表面吸附层中，表面活性剂分子（或离子）与醇等极性有机物相互作用，形成复合膜，增加了表面强度。

2. 界面电荷的影响

大部分稳定的乳状液液滴都有电荷。以离子型表面活性剂作为乳化剂时，表面活性剂在界面吸附，疏水基碳氢链插入到油相中，极性亲水部分在水相中，其他无机反离子部分与之形成扩散双电层。由于在一个体系中乳液滴带有相同符号电荷，故当液滴接近时，相互排斥，从而防止液滴聚集，提高了乳状液的稳定性。

3. 粒径分布

一般情况下，不管乳状液的粒径大小如何，粒径分布均匀的乳状液要比分布不均匀的稳定。在乳状液中，相同体积的分散相分散成大小不同的液滴时，大液滴体系比小液滴体系的界面积小，界面能低，因此具有较大的热力学稳定性。在大小液滴同时存在时，小液滴有自动减少，大液滴有自动增加的趋势。如果此过程不断进行，最终会导致破乳。

乳状液液滴的大小对乳状液稳定性的影响还表现在体系黏度的变化上。当构成乳状液的相体积分数一定时，乳状液液滴大小越均匀，体系黏度越大，且黏度与液滴的平均直径成反比。体系黏度增加使液滴扩散系数减少，液滴碰撞频率和聚结速度减小。

4. 黏度影响

乳状液分散介质的黏度越大，则分散相液滴的扩散系数越小，并降低碰撞频率与聚结速率，有利于乳状液的稳定。因此，为了提高乳状液黏度，许多能溶于分散介质的高分子物质常用作增稠剂，以提高乳状液的稳定性，常用的增稠剂有黄原胶、淀粉、凝胶、聚乙烯醇等。同时，高分子物质还能形成比较坚固的界面膜，增加乳状液的稳定性。

5. 相体积比

如果分散相不断加入乳状液中，分散相体积会持续增加，并导致界面膜的膨胀。假如分散相体积超过一定限度，乳状液就会转相，由油包水型乳状液变成水包油型或者由水包油型变成油包水型。

总之，水乳剂中乳化剂的加入，可降低油水界面张力和表面自由能，为乳状液分散体系的形成奠定了基础。同时乳化剂所形成界面膜的空间位阻作用和分散相微粒表面形成的双电层的静电作用促使乳状液体系成为动力学稳定体系。但水乳剂是一个复杂的两相至多相分散体系。客观上，表面自由能很难能降低到零，形成热力学稳定体系；乳状液稳定是从动力学上考虑的，主要是根据实际需要，在一定条件下，如果在实际需要的时间内，乳状液的性能基本未改变，则可认为乳状液是稳定的。农药水乳剂作为商品必须具有较长的商品货架时间，此期间内要保证乳液体系不破坏。而单纯依靠乳化剂的作用往往不能使水乳剂体系的稳定时间保持较长，因此，还必须添加其他助剂，如乳化剂、空间稳定剂、增稠剂、分散剂等，通过它们的协同作用形成稳定体系。

第四节 水乳剂的性能表征

水乳剂的质量控制指标有：有效成分含量、相关杂质、pH值与酸碱度、倾倒性、持久起泡性、乳液稳定性和再乳化、贮存稳定性、细度、黏度和水稀释性。

一、有效成分含量

根据原药的理化性质、生物活性及其与溶剂、乳化剂、共乳化剂的溶解情况，加工成水乳剂的稳定情况来确定制剂的有效含量。原则上有效成分含量越高越好，这有利于减少包装和运输量，有利于成本的降低。具体分析方法参照原药及其他制剂的分析方法，结合本制剂的具体情况研究制订。

测定时，测得的平均含量与标明含量之差应不超过规定的允许波动范围，见表9-1。

表9-1 平均含量与标明含量之差的波动范围

标明含量 X/[(20±2)℃]/(g/kg)(或 g/L)	允许波动范围
$X \leqslant 25$	标明含量的 ±15%(均匀制剂,如 EC、SC、SL)或 标明含量的 ±25%(非均匀制剂,如 GR、WG)
$25 < X \leqslant 100$	标明含量的 ±10%
$100 < X \leqslant 250$	标明含量的 ±6%
$250 < X \leqslant 500$	标明含量的 ±5%
$X > 500$	±25g/kg(或 g/L)

二、相关杂质

生产或贮存过程中产生的副产品,相关杂质最大不超过表9-1中测定含量的…%。

三、pH值与酸碱度

pH值对于水乳剂的稳定性,特别是有效成分的化学稳定性影响很大。因此,对商品水乳剂的pH值应有明确规定,以保证产品质量。具体数值应视不同产品而定。可用pH计按农药有关标准方法测定。

具体方法:测定稀释样品。称取1g样品置于含约50mL水的量筒中,补足至100mL,剧烈振荡至完全混合或分散。如果有必要,可以将溶液或分散相转移到烧杯(200mL)中,并允许任何悬浮物质沉降,持续1min。确保样品/水混合物的温度与硼酸盐缓冲液的温度相同,使用校准的时间。在不搅拌的情况下将电极浸入液体,并测量其pH值。1min后记录下pH值。如果pH值在这个平衡时间变化超过0.1个pH单位,再将电极浸渍10min后记录pH值。

酸碱度一般用最大酸度(以H_2SO_4计):…g/kg;最大碱度(以NaOH计):…g/kg来表示。

酸碱度的测定方法:称取10g样品于锥形瓶中,加入75mL丙酮,搅拌5min,通过烧结玻璃漏斗过滤到滤瓶中。每次用5mL丙酮洗涤锥形瓶和漏斗4次。转移丙酮提取液到滴定容器中,用5mL丙酮洗涤滤瓶。加入10mL蒸馏水,用氢氧化钠(tmL)或盐酸(smL)电位滴定到丙酮和缓冲液混合物20℃时的表观pH值。计算公式见式(9-4)和式(9-5)。

$$\text{酸度(以}H_2SO_4\text{计\%质量分数)}=0.4904tc_1 \tag{9-4}$$

$$\text{碱度(以NaOH计\%质量分数)}=0.4001sc_2 \tag{9-5}$$

式中 c_1——氢氧化钠溶液的浓度,mol/L;

c_2——盐酸溶液的浓度,mol/L。

四、倾倒性

将置于容器中的样品放置一定时间后,按规定程序倾倒,测定滞留在容器内试样的量;将容器用水洗涤后,再测定容器内的试样量。

具体方法:混合散装样品,及时将其中的一部分置于已称量的量筒(包括塞子)中,装到量筒体积的8/10处,塞紧磨口塞,称量。放置24h。打开塞子,将量筒由直立位置旋转45°倾出浓缩物,倾倒60s,然后再反转容器60s,重新称量筒和塞子。

将相当于8/10量筒体积的蒸馏水（20℃）倒入量筒中，塞紧磨口塞，将量筒颠倒10次后，按上述操作倾倒内容物，第三次称量量筒和塞子。

倾倒后的残余物X_{3-1}（%）、洗涤后残余物X_{3-2}（%）分别按式（9-6）和式（9-7）计算：

$$X_{3-1}=\frac{(m_2-m_0)}{(m_1-m_0)}\times 100 \tag{9-6}$$

$$X_{3-2}=\frac{(m_3-m_0)}{(m_1-m_0)}\times 100 \tag{9-7}$$

式中　m_0——量筒、磨口塞恒重后的质量，g；

m_1——量筒、磨口塞和试样的质量，g；

m_2——倾倒后，量筒、磨口塞和残余物的质量，g；

m_3——洗涤后，量筒、磨口塞和残余物的质量，g。

五、持久起泡性

持久起泡性是指水乳剂在生产和兑水稀释时产生泡沫的能力。泡沫多，说明持久起泡性强。泡沫不仅给加工带来困难（如冲料、降低生产效率、不易计量），而且也会影响喷雾效果，进而影响药效。水乳剂的泡沫可通过选择合适的乳化剂体系得到解决，必要时还可加抑泡剂或消泡剂。

测持久起泡性的具体方法：

所取样品质量按产品使用说明推荐浓度制备200mL悬浮剂所需质量。推荐几个浓度时要用最高浓度。加约180mL标准水到放在天平盘顶上的250mL量筒中，称量所需数量浓悬浮剂。从顶部加标准水到使悬浮剂液面和磨口玻璃接头底部之间的距离为（9±0.1）cm，塞住量筒，翻转30次，将塞好的量筒直立在试验台上，立即启动秒表。在（10±1）s、1min±10s、3min±10s和12min±10s之后，读取生成和残留的泡沫体积。

六、乳液稳定性和再乳化

乳液稳定性是指水乳剂用水稀释后形成的乳状液的经时稳定情况。按乳油、乳液稳定性测试方法进行，即按GB/T 1603—2001中的方法进行测定，在250mL烧杯中，加入100mL（25～30℃）标准硬水，用移液管吸取0.5mL水乳剂样品（稀释200倍），在不断搅拌情况下缓缓加入标准硬水中，加完水乳剂后，继续用2～3r/s的速度搅拌30s，立即将乳状液移至清洁、干燥的100mL量筒中，并将量筒置于恒温水浴中，在（30±2）℃范围内，静置1h，观察乳状液的分离情况，如在量筒中无浮油（膏）、沉淀和沉油析出，视为乳液稳定性合格。

乳状液的稳定性是一个非常复杂的研究课题。许多研究结果表明，乳状液的稳定性与多种影响因子有关，如分散相的组分、极性、油珠大小及其相互间的作用等；连续相的黏度、pH值、电介质浓度等；乳化剂的化学结构、组分、浓度和性能等；以及环境条件，如温度、光照、气流等。其中最重要的是乳化剂的品种、组成和用量。研究表明，通过选用适合的复配型乳化剂，可以有效改善乳状液的经时稳定性。

七、贮存稳定性

贮存稳定性是水乳剂一项重要的性能指标，它直接关系产品的性能和应用效果。它是指制剂在贮存一定时间后，理化性能变化大小的指标。变化越小，说明贮存稳定性越好；反之，则差。贮存稳定性的测定通常采用加速试验法，即热贮稳定性、低温稳定性、冻融稳定性试验。

1. 热贮稳定性

作为农药商品，保质期要求至少两年。(54±2)℃贮存14d，有效成分分解率小于或等于5%是合理的，至少应小于10%。作为水乳剂还应不分出油层，维持良好的乳状液状态。只分出乳状液和水，轻轻摇动仍能成均匀乳状液算合格。只分出油层算不合格。也可于50℃贮存1个月后进行观察，确定是否合格。

具体方法：取适量样品，密封于玻璃瓶中，于(54±2)℃恒温箱中贮存14d后取出，分析热贮前后有效成分含量，计算分解率；观察是否出现油层和沉淀，确定产品热稳定性是否合格。

2. 低温稳定性

为保证水乳剂能安全过冬，需进行低温贮存稳定性试验。可将适量样品装入瓶中，密封后于0℃、-5℃或-9℃冰箱中贮存1周或2周后观察，不分层、无结晶为合格。选何温度根据各地气候情况而定。

3. 冻融稳定性

这是模拟仓储条件设计的一种预测水乳剂在恶劣环境下长期贮存稳定性和贮存期限的方法。可制一冻熔箱，24h为一周期，于-5~50℃波动一次，每24h检查一次，发现样品分层，停止试验，如不分层继续试验，记录不分层的循环数。循环5次以上可认为是稳定的。有人于-15℃贮存16h，之后于24℃贮存8h为一循环，三次循环后检查，样品无油或固体析出为合格。还有人于-10~5℃下贮存24h，之后室温下升到常温，再于55℃贮存24h为一循环，三次循环后无分离现象为稳定。冻熔试验温度和循环时间尚未标准化，处于试验阶段。

八、细度

弗里洛克斯(K.M.Friloux)等试验表明，水乳剂油珠平均粒度小的样品稳定性最好，认为有可能用细度预测样品稳定性。在他们的试验中，油珠平均粒径为0.7~20μm的样品稳定性好。也有人认为平均粒径3~5μm较好。对水乳剂产品可不强调细度指标，只要其他指标能达到就行。在产品的研究开发过程中，了解细度变化十分有用。

九、黏度

有的配方必须加增稠剂，产品才能稳定。但黏度高不利于分装，稀释性能不好，容器中残留物多。为保证质量，应对产品黏度做适当规定。对于不用增稠剂，稳定性和流动性又很好的制剂不须规定黏度指标。可用Brookfield黏度计测定水乳剂的黏度。

十、水稀释性

商品水乳剂浓度较高，田间喷施时需兑水稀释。不同地区水质差别很大，因此要求水乳剂必须能用各种水质的水稀释使用而不影响药效。可参照乳油的乳化性标准和检验方法制订的水稀释性能标准和检测方法。

第五节 水乳剂的配方组成与配制

一、水乳剂的配方组成

1. 有效成分

水溶性高的农药对乳状液稳定性影响很大，不能加工成水乳剂。一般来说，用于加工水乳剂的农药的水溶性希望在1000mg/L以下。对水解不敏感的农药容易加工成化学上稳定的水乳剂。但容易水解的部分有机磷、氨基甲酸酯等，通过乳化剂、共乳化剂及其他助剂的选择，也可加工成水乳剂。熔点很低的液态原药可直接加工成水乳剂。熔点较高者需用适当溶剂。适合加工成乳油的农药，如无水解问题，理论上都能加工成水乳剂（只是浓度有大小）。值得注意的是，在溶解某些特别难溶的固体活性物质（如6.9%精恶唑禾草灵水乳剂）时，所需的溶剂比例是活性物质的数倍，有的甚至超过水的比例，似乎失去了水包油的意义。

此外，原药的结晶形态也很重要，在合成最后阶段的结晶过程中，可以控制它的结晶形态，也就是它的晶包发育形态。一种结晶形态，晶体内部比较致密，晶体表现为熔点比较大，在有机非极性溶剂中，如二甲苯中，不易溶解；还有一种结晶形态，晶体形态比较松散，原药晶体没有有序的排列，在溶解过程中易于溶解在常规有机溶剂中，且溶解后的母液状态比较稳定。但是两种晶体的有效化学含量都差不多，没有太大差异，其中的杂质也是差不多，没有明显区别，但是原药的晶体硬度（如果研磨，熔点也有差异）和溶解度有较大差别，如制备吡唑醚菌酯水乳剂就会碰到这样的问题。

2. 溶剂

当使用水不溶的液体农药制备水乳剂时，一般都可不加溶剂。但是有时为了制作方便，常常可以加入少量溶剂。水乳剂大多使用非极性有机溶剂，所用溶剂应当对农药有效成分有良好的溶解度，理化性质稳定、不溶于水（或在水中溶解度＜0.1%），得到的溶液在生产和产品贮藏期所有温度下是稳定的（无晶体析出）、闪点高、挥发性小、无恶臭、低毒、不污染环境、廉价，容易得到。目前，国内一般选择150号、200号溶剂油等芳烃溶剂等溶剂。*N*–长链烷基吡咯烷酮、植物或矿物油酸酯，有表面活性，低毒，可生物降解，对环境安全，是一类值得注意的优良溶剂。

3. 乳化剂

研究表明，乳化剂的选择是制备稳定水乳剂的关键，乳化剂在水乳剂中的作用是降低表面或界面张力，将油相乳化分散成微小油珠，形成乳状液。乳化剂在油珠表面有序排列，依靠空间阻隔和静电效应，使油珠不能合并长大，从而使乳状液稳定。选择合适的乳化剂，能有效形成良好的水包油体系。

水乳剂中乳化剂的选择需要的基本要求有：适用农药品种多，乳化性能好，用量少；耐酸、耐碱，对水温和水硬度适应性强；对原药具有良好的化学稳定性，与溶剂和其他组分具有良好的相容性；黏度低，流动性好，闪点高；不增加原药对哺乳动物的毒性或降低对有害生物的毒力，对作物不产生药害，对环境安全；原料丰富，成本低廉。

水乳剂常用的乳化剂主要有：

（1）酚醚类乳化剂。酚醚类乳化剂主要分为烷基酚聚氧乙烯醚和多芳基酚聚氧乙烯醚两大类。

烷基酚聚氧乙烯醚是酚醚中产量较大的一类，它的用途广泛，不仅具有良好的乳化力，而且有较好的润湿力和渗透力，是农药用混合型乳化剂的重要单体。此类产品经磷酸酯化反应，还可制得酚醚磷酸酯及磷酸酯盐。主要品种有辛基酚聚氧乙烯醚系列（OP系列）、壬基酚聚氧乙烯醚系列（NP系列）等。两种烷基酚醚的区别在于OP为8个碳的碳链，NP多为9个碳的碳链。OP的乳化性和渗透性好于NP的，分散性差于NP的。OP的浊点和HLB值均高于NP的，OP的泡沫性要低于NP的。在应用上，OP适合于作乳化剂和较高温度条件下使用，NP适合于温度低的条件下使用，性能更加全面。

20世纪70年代，国内相关科研院所和乳化剂生产企业等又先后研制开发了苯乙基苯酚聚氧乙烯醚（农乳600号）、异丙苯基苯乙基苯酚聚氧乙烯醚（农乳600-Ⅱ号）、苯乙基苯酚聚氧乙烯聚氧丙烯醚系列（宁乳32号、33号、34号，农乳1601号、1602号）、烷基酚甲醛树脂聚氧乙烯醚（农乳700号）等。

（2）磷酸酯类乳化剂。磷酸酯类表面活性剂是含有磷的表面活性剂的代表，是一种性能优良，应用广泛的表面活性剂。具有优良的润湿性、渗透性、增溶性、乳化性等，并且具有生物降解性，刺激性低，毒性低，而且其具有良好的稳定性，可以耐酸碱、耐电解质及耐高温等。现在被广泛应用于化纤、纺织、塑料、造纸、皮革、日用化学品、农药等领域。

国内开发的磷酸酯类乳化剂，主要品种有烷基（芳基）醚磷酸酯（盐）、脂肪醇（烷基酚）聚氧乙烯醚磷酸酯（盐）、烷基醇酰胺磷酸酯（盐）、咪唑类磷酸酯（盐）、高分子聚磷酸酯（盐）以及硅氧烷磷酸酯等。品种不同，性质不同，应用范围各有侧重。

磷酸酯类通常是含有单酯或双酯的混合物，也有少量的三酯产物。磷酸酯类属于阴离子表面活性剂，这类阴离子乳化剂的磷酸基被烷（芳）基链所屏蔽，因而被称为“隐阴离子”，它具有离子性和非离子性两重特征。其亲油性的强弱取决于烷（芳）基链的长度，乳化性取决于游离酸被中和的程度（即形成单酯、双酯和三酯的比例）。

磷酸酯类表面活性剂用作农药乳化剂，其乳化力极强、稳定性好且起泡性低，对农药乳化性优越。目前广泛应用的品种是烷基酚（辛基酚、壬基酚等）聚氧乙烯醚磷酸酯（如NP-10P等）、三苯乙烯酚聚氧乙烯醚磷酸酯［如601号P、602号P，威来惠南公司的SCP（三苯乙烯基苯酚聚氧乙烯醚磷酸酯三乙醇胺盐），科力欧公司的AP-3（三苯乙烯基苯酚聚氧乙烯醚磷酸酯三乙醇胺盐）］。

（3）嵌段聚醚乳化剂。嵌段聚醚乳化剂是以环氧乙烷、环氧丙烷或其他烯烃氧化物为主体，以某些含活泼氢化合物为引发剂的嵌段共聚的非离子表面活性剂，其亲油部分是聚氧丙烯基，亲水部分是聚氧乙烯基。亲油、亲水部分的大小，可通过调节聚氧丙烯与聚氧乙烯的比例加以控制。不同的比例和不同的聚合方式，可以得到不同性质的表面活性剂。根据其聚合方式可分为整嵌、杂嵌、全杂嵌三种类型，其中整嵌型聚醚在嵌段聚醚中最为重要。其中整嵌型聚醚种类最多、最为重要，其通式为$HO(C_2H_{40})_a(C_3H_6O)_b(C_2H_4O)_cH$，整嵌聚醚在结构上可以有很广泛的变化，从而导致它的物理性质也可以是多样的，由此也为其应用提供了广泛的选择余地。它的主要商品有Pluronic。

Pluronic的结构式为$RO(C_2H_4O)_a(C_3H_6O)_bH$。该品种在小浓度时即有降低界面张力的能力，是水包油或油包水体系的有效乳化剂。不同的Pluronic产品的物理形态从可流动的液体、膏状物、固体到粉末状均有。Pluronic产品具有无刺激性、毒性低等特点，应用广泛。其中Pluronic PE（PO-EO嵌段聚醚）系列乳化剂、分散剂，其憎水亲水性可通过对EO、PO的比例及链长来调整，从而更好地满足客户对乳化、消泡、润湿及分散性能的需求。

（4）蓖麻油聚氧乙烯醚乳化剂。蓖麻油聚氧乙烯醚是一种酯型多元醇非离子型表面活性剂，由蓖麻油与环氧乙烷反应制备，因分子中环氧乙烷物质的量的不同而具有不同的HLB值，随着环氧乙烷数的增加，其亲水性增强。

蓖麻油聚氧乙烯醚在化工、医药、化妆品、农业、纺织等领域应用广泛。如今，亨斯迈公司（HUNTSMAN）推出了蓖麻油聚氧乙烯醚类乳化剂TERMUL，SURFONIC CO和DEHSCOFIX CO系列，主要用于矿物油、植物油或酯类乳化油中。

4. 共乳化剂

共乳化剂是小的极性分子，因有极性，在水乳剂中，被吸附在油水界面上。它们不是乳化剂，但有助于油水间界面张力的降低，并能降低界面膜的弹性模量，改善乳化剂性能。丁醇、异丁醇、十二烷醇-1、十四烷醇-1、十八烷醇-1、十九烷醇-1、二十烷醇-1等链烷醇类均可作共乳化剂，用量0.2%~5%。

乳状液的稳定性与油-水界面膜的稳定性和性质密切相关，一般情况下，乳状液中的液珠频繁地相互碰撞。如果在碰撞过程中界面膜破裂，液珠聚并，此过程继续下去将导致乳状液被破坏。由于液珠的聚并是以界面膜破裂为前提，因此界面膜的机械强度与紧密程度是乳状液稳定性的决定因素。研究表明，一定浓度的共乳化剂可以提高水乳剂的高温稳定性，这可能是因为共乳化剂穿插排列在表面活性剂胶束周围，形成表面活性剂混合膜，使膜强度有较大增强；同时共乳化剂的加入可能降低了油-水界面张力，从而使乳状液的稳定性进一步提高。

5. 抗冻剂

为提高低温稳定性，可向水乳剂中加入抗冻剂。常用的抗冻剂有乙二醇、丙二醇、甘油、尿素、硫酸铵、NaCl、$CaCl_2$等。

6. 消泡剂

有时为了消除加工过程中的泡沫，需要加入消泡剂。常用的消泡剂有：有机硅消泡剂、C_{10}~C_{20}饱和脂肪酸类化合物、C_8~C_{10}脂肪醇类化合物和聚氧乙烯甘油醚等。

7. 抗微生物剂

常用的抗微生物剂有山梨酸、苯甲酸、苯甲醛、对羟基苯甲醛。1,2-苯并噻唑啉-3-酮（BIT）抗微生物谱广，不含甲醛，在广泛的pH值范围内有效，对温度稳定性好，不和增稠剂反应，已被EPA和FDA批准用于水乳剂和水悬剂作抗微生物剂。

8. pH调节剂

许多农药的化学稳定性与环境的pH值关系很大，多数在中性或稍偏酸性条件下稳定。容易水解的有机磷和氨基甲酸酯类农药在贮存过程中因水解而使pH值逐渐减小。为了抑制水解，需用缓冲剂和pH调节剂。

9. 密度调节剂

水乳剂中，油相和水相密度越接近，越稳定。某些情况下，利用密度调节剂可以增加水乳剂的稳定性。通常的无机盐、尿素等可作密度调节剂，也可以用不同密度的溶剂或抗冻剂作为密度调节剂。一般用量为0.1%。

10. 增稠剂

水乳剂是一种液/液相悬浮体系，油珠粒径通常为0.7～10μm，比较理想的是1.5～3.5μm。这就存在颗粒聚集问题，水乳剂的颗粒聚集现象与悬浮剂有所不同：一种是油珠密度较小时，聚集在体系的上部，析出的水层在底部；另一种是油珠密度较大时，聚集在体系的下端，析出的水层在上部。通过加入适量增稠剂可缓解这一矛盾，但不是所有水乳剂品种中都要加入增稠剂。

水乳剂配方需要增稠剂，通常是一些合成或天然高分子，如黄原胶、聚乙二醇、羟乙基纤维素，除此之外还可采用铝镁硅酸盐、钠蒙脱土和白炭黑等无机物。有时两者混用效果更佳。当其达到某一浓度后，便会在介质中构筑起具有某种凝胶性质并富有一定弹性的三维网络结构，具有足够弹性模数或屈服应力值，能承受整个构架的压力；在稍受外力作用下，网络构架便能瓦解，黏度迅速减小，流动性得到改善。

二、水乳剂加工工艺

通常水乳剂的加工方法是将原药、溶剂和乳化剂、共乳化剂加在一起，使其溶解成均匀油相。将水、抗冻剂、抗微生物剂等混合在一起，成均一水相。在高速搅拌下，将水相加入油相或将油相加入水相，形成分散良好的水乳剂。对某些配方，加料顺序和方法可以影响油珠的平均细度。也有专利介绍，加料顺序与细度无关，这是由配方不同所致。有的水乳剂，由于它们的活性物质有一定亲水性，加入合适的乳化剂后，表现为很好的自乳性，即使慢速搅拌，也可形成水乳剂。

主要制备水乳剂的方法可以分为以下几种。

1. 反相乳化法

反相乳化法是制备水乳剂广泛采用的一种方法。乳化过程是将一定量乳化剂溶于油相中，在恒定温度下加入水相，搅拌，然后冷却到室温。因为在乳化过程中连续相由油相变为水相，因此称为反相乳化法。

要实现反相乳化制备水乳剂，对乳化剂的性质有以下要求：首先，乳化剂必须能溶于油相，并且能增溶一定量水。其次，乳化剂的亲水性要比亲油性强。在实际乳化过程中，乳化温度、水相加入速度、乳化剂HLB值的选择等都对乳状液的颗粒大小有影响，其中最重要的是乳化剂的HLB值的控制。

Sagifani等认为用反相乳化法自发形成乳状液，在乳化过程中必须经过透明黏稠的层状液晶相和凝胶相，其变化过程为：油连续相（W/O型微乳液）–层状液晶相–凝胶相（O/D乳状液）–O/W型乳状液。此外，也有文献报道，能使油对水产生最大增溶量的HLB值范围，可制得粒径最小的O/W型乳状液。

对反相乳化法制备细小乳状液的机制可以理解为层状液晶相出现的区域是HLB值的最适宜范围，油–水界面张力在此区域会达到最小值，此时，层状液晶可包容大量油和水。当层状液晶相向凝胶相转变时，包藏的油会从液晶相中逐渐分离出来，由于凝胶相的高黏度和低界面张力阻碍油滴聚结，从而形成颗粒十分细小，又很稳定的O/D凝胶态乳状液，加水后，最终形成O/W型乳状液。

在反相乳化法中，形成层状液晶需要8%～10%的表面活性剂，加水后，最终形成O/W型细小乳状液需3%～5%的表面活性剂。

2. PIT法

非离子表面活性剂的HLB值与温度有关，以浊点为界，浊点以下为亲水性，浊点以上为亲油性，利用这一性质，开发了新的HLB温度乳化法，也称为转相温度乳化法（简称PIT法），非离子表面活性剂的乳化体系在低温下为O/W乳液，在高温下为W/O乳液，在中间状态为亲水亲油平衡状态，即HLB值达到平衡，出现了油相、水相、表面活性剂三相共存状态。在这个区域内，边搅拌、边冷却就可以获得非常微细的乳液颗粒。此法从原理上来讲可以生产O/W或W/O型任何一种类型的乳液。在实际应用中用来制备O/W型乳液。

乳化系的转相温度（PIT）可通过非离子表面活性剂的品种来选择并控制在70℃左右为宜。另外为了防止O/W乳液的破乳，必须将系统温度急降到比PIT低20～30℃的低温。

3. D相乳化法

D相是含有水和多元醇的各向同性的表面活性剂溶液。在D相乳化法中，除表面活性剂、油和水外，需加入第四种组分——多元醇。乳化的具体步骤是将少量水与一定量多元醇和表面活性剂混合，形成D相，然后慢慢将油逐滴加入D相中，随油量的增加，形成了O/D凝胶相。再向此凝胶相中加水，表面活性剂与多元醇逐渐溶入水中，凝胶相消失，可自发乳化形成O/W型乳状液。

D相乳化体系中加入多元醇是为了调节表面活性剂的亲水性。二元醇可增加某些表面活性剂的亲水性，而多元醇（如丙三醇、一缩二甘油等）会抑制某些表面活性剂的亲水性。通常一些亲水性较强的表面活性剂以稍大的浓度与水混合，易形成六角液晶，这种液晶的结构非常牢固，不能使许多油分散在其中。在体系中加入多元醇，会破坏六角液晶的结构，而形成各向同性的D相，在D相中加油，会逐渐形成O/D透明凝胶。对凝胶相组成分析表明，其中含有90%～95%油，它是表面活性剂以薄层的网状结构包裹在六角形油滴外。此种结构和折光指数使得O/D凝胶乳状液成为透明的。在此，表面活性剂相与油相的界面张力，对形成O/D凝胶相是十分重要的，其界面张力应在0.5～2mN/m的区间内。如果界面张力低于0.5mN/m，因界面张力太低，聚结作用迅速发生，不能得到稳定凝胶乳状液若界面张力高于2mN/m，由于高界面张力，不能形成十分细小的乳状液颗粒。同时包裹在油滴外的表面活性剂相很容易破损。满足上述条件，可形成稳定的O/D凝胶相，向凝胶相中加水，即可自发形成O/W型乳状液。具体工艺流程见图9–3。

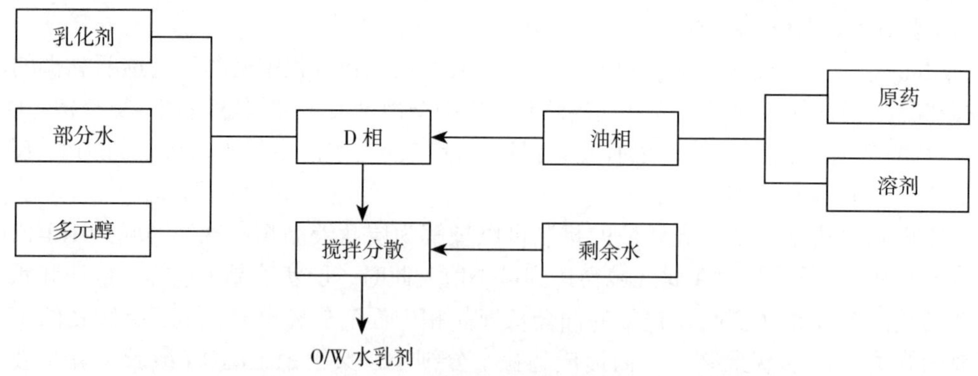

图9–3 D相乳化法制备水乳剂的工艺流程示意图

D相乳化法有许多优点：① 可乳化一些较难乳化的油类，如各种类型的植物油。② 所需的乳化剂用量较少，形成凝胶相需要3% ～5%乳化剂，而最终形成O/W型乳状液，只需1%～3%表面活性剂。③ 不需严格控制乳化温度和HLB值。

4. 膜乳化法

近年来，人们提出了一种被称为“利用微孔玻璃（microporous glass，MPG）的乳化法-SPG膜乳化法”的新型乳化工艺。

SPG（shirasu porous glass）是利用Shirasu火山灰制作的新型多孔玻璃，具有圆柱形微孔的多孔结构，其孔径均匀，而且孔径可控制在一定范围。此法的原理是：在圆筒状的SPG筒内，表面活性剂水溶液不断循环，油从筒外透过SPG膜壁不断压入筒内，膨胀后即成一定大小的球状粒子，一旦脱离了SPG膜就生成O/W型乳液。所生成的乳液粒径为SPG壁孔径的3倍。

比起传统的乳化过程，膜乳化具有液滴大小分布窄、节省能量以及剪应力小，可以使用对剪应力敏感的表面活性剂、利用极少量表面活性剂可得到良好的乳化剂等优点。例如，油相为液体石蜡时，其单分散的乳液的最小浓度为：SDS（十二烷基硫酸钠）时仅为胶束浓度（CMC）的0.05%（油量的1%）、POE（25）月桂醚仅为0.01%（油量的1/500）。即使在极小浓度下也能获得良好的效果，POE（25）效果尤为明显，令研究人员惊奇。现在化妆品、药品和食品领域已开始使用，将来可望有发展。

根据制剂本身的特点，选择合适的加工方式，以形成较窄的粒度分布，从而有利于提高水乳体系的稳定性。也有研究指出，乳化温度对水乳剂的稳定性有一定影响。加工时，除了可以使用激光衍射粒度分布仪来测定液滴直径以预测稳定性之外，仍要求做整个范围内长期贮存试验，以保证包装出售产品在通常条件下没有不可逆聚结和油水分离。

水乳剂主要的加工机械各不相同。高速匀质乳化法、超声波乳化法和振荡制乳法能提供不同的机械能。振荡制乳法不能提供足够的能量来形成需要的液滴尺寸，所以配制的不同配方的水乳剂样品析油率比较高。超声波乳化法提供的能量可能是最高的，但是由于超声波的过高的能量能使配方组分，特别是使表面活性剂产生化学降解而受到限制。另外超声波价格较贵，不适合大规模生产。高速匀质法制备的水乳剂析油率较低。

第六节 水乳剂开发实例

在水乳剂配方开发的时候，首先要了解水乳剂的基本配方，一般将水乳剂的基本配方设计为：

农药有效成分	0%～60%
乳化剂	2%～8%
共乳化剂	0%～4%
增稠剂	0.1%～0.5%
防冻剂	0%～10%
防腐剂	0%～0.1%
消泡剂	0.1%～0.2%
水	补足到100%

参照以上基本配方，具体筛选各种助剂，得到最佳配方，并通过放大实验和试生产，最终得到所有指标检测合格的成熟配方。现以甲基嘧啶磷为例，对40%甲基嘧啶磷水乳剂配方开发进行介绍。

一、试验材料

甲基嘧啶磷：95%原药（湖南海利化工股份有限公司）；乳化剂A、B、C、D，均为市售产品；乙二醇、丙二醇（广东汕头市西陇化工厂）；水：去离子水、342mg/L标准硬水。

二、试验仪器

LC-20AT高效液相色谱仪（日本岛津公司）；FA25型实验室高剪切分散乳化机（上海弗鲁克流体机械制造有限公司）；BCD-228WSV冰箱（海尔）；PYX-DHS-Ⅱ隔水式电热恒温培养箱（上海跃进医疗器械有限公司）。

三、配方筛选

1. 溶剂的确定

甲基嘧啶磷的熔点为15～17℃，但是在配制过程中与表面活性剂很容易形成流动性很好的液体混合物，即使在0℃也能流动且无晶体析出，所以无须加入溶剂。

2. 乳化剂的选择

农药水乳剂体系中，乳化剂的作用是降低相界面张力，将油相分散乳化成微小油珠，分散于水相中，形成乳状液。因此，乳化剂的选择是水乳剂配方研究的关键。文献报道，配制水乳剂选用HLB值大的乳化剂。选用不同HLB值的市售常用乳化剂A、B、C、D进行甲基嘧啶磷水乳剂的配制，观察其物理稳定性，结果见表9-2。

表9-2 乳化剂HLB值对水乳剂性能的影响

性能	A HLB ≤ 8.0	B HLB=9.7	C HLB=13.1	D HLB ≥ 14.9
外观	粒子较粗的乳状液	白色乳状液	白色乳状液	乳状液
贮藏稳定性				
常温 1d	析水	稳定	稳定	析水
热贮（54±2）℃，14d	—	稳定	析水	—
分散性	不好	好	好	好
稀释稳定性	分层	稳定	稳定	稳定

从表9-2可以看出乳化剂的亲水性对水乳剂的性能影响很大，用HLB值≤8.0或＞14.9的各种乳化剂制成的水乳剂，在短期贮存即呈不稳定性，而用HLB值为9.7的乳化剂则在热贮常温均稳定。从上述结果来看，选择乳化剂B能配制稳定的水乳剂，B为优选乳化剂。

水乳剂的性能不仅与乳化剂的亲水性有关，而且也受乳化剂的浓度影响。表9-3是配制甲基嘧啶磷乳化剂用量选择试验。

表9-3 乳化剂用量对水乳剂性能的影响

性能	乳化剂 B 的浓度 /%			
	8	10	12	15
外观	粒子较粗乳白色	乳白色	乳白色	半透明均相
热贮稳定性	不稳定	不稳定	稳定	不稳定
分散性	一般	好	好	好
稀释稳定性	—	合格	合格	合格

由表9-3可以看出，配制稳定的水乳剂的最佳乳化剂添加量为12%。

3. 防冻剂的选择

实验室多次试验证明，配制40%甲基嘧啶磷水乳剂在低温下（-5~0℃）贮存7d，无冻结现象，无须加入防冻剂。

4. 原药质量对水乳剂的影响及稳定剂的选择

有机磷农药在其生产、加工、贮运及使用期间，因产品的自身组成和受外界条件的影响，或多或少存在有效成分分解和产品性能下降的问题，并伴随着产品等级下降，部分失效，直至完全报废。试验表明，甲基嘧啶磷原药含量越高，原药和所加工的水乳剂稳定性越好；反之，原药含量越低，原药和所加工的水乳剂稳定性就越差，试验结果见表9-4。而农药稳定剂的加入，能缓解和阻止甲基嘧啶磷及其水乳剂的化学和物理性能自发劣化的趋势。针对甲基嘧啶磷的结构及其理化性质，选择以下稳定剂，并通过热贮试验（54℃/14d）进行比较，结果见表9-5。

表9-4　原药含量对水乳剂稳定性的影响

制剂外观	选用原药含量/%	稳定剂		制剂热贮（54±2）℃		分解率/%
		加	不加	贮前含量/%	贮后含量/%	
白色乳状液	71		√	40.20	27.05	48.6
白色乳状液	71	√		40.15	30.91	29.9
白色乳状液	85		√	40.09	26.36	52.1
白色乳状液	85	√		40.11	31.99	25.4
白色乳状液	≥90		√	40.11	33.45	19.9
白色乳状液	≥90	√		47.87	46.34	3.3
白色乳状液	91.0	√		42.89	42.09	1.9
白色乳状液	93.0	√		42.83	41.95	2.1
白色乳状液	95.0	√		42.95	41.94	2.4

表9-5　稳定剂及其用量对40%甲基嘧啶磷水乳剂的影响

稳定剂		40%甲基嘧啶磷水乳剂技术指标			
种类	用量/%	贮后外观	热贮前/%	热贮后/%	分解率/%
Tween 20	8	分层	40.3	32.16	25.3
H_3PO_4	8	分层	40.1	26.95	48.8
环氧氯丙烷	8	分层	40.9	37.49	9.1
亚磷酸三苯酯	8	分层	41.3	35.48	16.4
PEG200	8	分层	42.0	33.33	26.0
W	8	乳白色	41.7	37.92	9.97
W	6	乳白色	40.36	34.08	18.41
W	10	分层	—	—	—
W+M	8+2	乳白色	42.83	41.95	2.1

试验结果表明，选用含量≥90%的甲基嘧啶磷原药与稳定剂W+M（8%+2%）能配制出较稳定的水乳剂。

5. pH值对甲基嘧啶磷水乳剂稳定性的影响

为考查原材料变化引起酸碱度变化对制剂的影响，用有机酸、碱将该制剂调成不同的pH值，用安瓿管封存置于（54±2）℃的恒温箱中，两周后，分析有效成分的含量，计算分解率。结果见表9-6。

表9-6 pH值对甲基嘧啶磷水乳剂的影响

pH值	贮前含量/%	贮后含量[（54±2）℃，14d]/%	分解率/%	起始外观	贮后外观
3.0	42.20	39.00	8.2	白色乳状液	稍有分层
3.5	41.06	39.07	5.1	带蓝光白色乳状液	白色乳状液
4.0	42.83	41.95	2.1	带蓝光白色乳状液	白色乳状液
5.0	42.95	41.94	2.4	带蓝光白色乳状液	白色乳状液
6.0	41.80	40.31	3.7	白色乳状液	白色乳状液
6.5	40.38	37.67	7.2	白色乳状液	白色乳状液
7.0	40.10	36.52	9.8	白色乳状液	白色乳状液
7.5	40.34	34.66	16.4	白色乳状液	上层析水
8.0	40.20	32.29	24.5	白色乳状液	上层析水

结果表明，制剂稳定（分解率≤8%）的pH值范围为3.5～6.5，外观稍有变化。试生产产品测得pH值范围都在4～5，所以制剂在实际生产时不必调节pH值范围。

6. 水质对水乳剂的影响

水乳剂在不同温度下对连续水相有硬度要求，在通常情况下应不出现分层或其他现象，在0℃、25℃、40℃、54℃下，用342mg/L、114mg/L、1026mg/L的硬水进行了试验，结果见表9-7。

表9-7 水的选择试验

贮藏温度/℃	硬水/（mg/L）	贮藏稳定性
0	342	良好
	114	良好
	1026	良好
25	342	良好
	114	良好
	1026	良好
40	342	良好
	114	良好
	1026	良好
54	342	良好
	114	良好
	1026	良好

从表9-7看出，该制剂在不同温度下对水的硬度适应范围较广，因此其配方组成中选用洁净的自来水即可。

7. 甲基嘧啶磷水乳剂的主要性能测定

对前述所适用的乳化剂B，稳定剂W＋M，自来水配制的水乳剂进行下列指标的测定：

（1）热贮稳定性。取一定量样品，封存于安瓿瓶中，（54±2）℃恒温箱中贮存14d，观察其外观变化及测定有效成分含量。其试验结果见表9-8。

表9-8　40%甲基嘧啶磷水乳剂热贮稳定性试验

样品	贮前外观	贮前含量/%	贮后含量/%	分解率/%	贮后外观
1	白色乳状液	42.89	42.12	1.84	乳白色
2	白色乳状液	42.95	41.93	2.44	乳白色
3	白色乳状液	42.83	41.95	2.10	乳白色
4	白色乳状液	41.01	40.04	2.43	乳白色
5	白色乳状液	42.03	40.88	2.81	乳白色

结果表明，40%甲基嘧啶磷水乳剂加速贮存试验后有效成分分解率≤5%，外观无变化。

（2）低温稳定性。取一定量样品，封存于安瓿瓶中，于0℃、-5℃恒温冰箱中贮存7d，观察其外观变化，其试验结果见表9-9。

表9-9　40%甲基嘧啶磷水乳剂低温稳定试验结果

样品	起始外观	0℃（7d）贮后外观	-5℃（7d）贮后外观
1	白色乳状液	白色乳状液	白色乳状液
2	白色乳状液	白色乳状液	白色乳状液
3	白色乳状液	白色乳状液	白色乳状液
4	白色乳状液	白色乳状液	白色乳状液
5	白色乳状液	白色乳状液	白色乳状液

结果表明，40%甲基嘧啶磷水乳剂低温贮存后无冻结现象，在低温下较稳定。

（3）pH值的测定。按GB/T 1601—1993农药pH计法测定，确定该制剂的pH值范围为3.5～6.5。

（4）冻熔稳定性。取一定量样品，封存于安瓿瓶中，按下述过程进行贮存，循环3次，观察其外观变化。过程如下：

常温 $\xrightarrow{4h}$（54±2）℃ $\xrightarrow{8h}$ 常温 $\xrightarrow{4h}$（-5±1）℃ $\xrightarrow{8h}$ 常温 $\xrightarrow{4h}$（返回循环）

结果表明，40%甲基嘧啶磷水乳剂5次循环后无分离现象，此温度范围（-5～50℃）适合国内大部分地区加工使用，且在恶劣环境中能长期稳定贮存。

（5）黏度和倾倒性。40%甲基嘧啶磷水乳剂无需用增稠剂就有好的稳定性和流动性，用NDJ-79型转子黏度计测定其黏度为1.5mPa·s；倾倒性是衡量产品对容器的黏附强度的指标，倾倒性好的产品有较好的流动性，使用时容易倒出而较少粘在容器壁上，能充分利用药剂，做到不浪费且使用方便，同时减少容器附药造成的污染。按CIPAC MT148方法测定制剂的倾倒性，将不同批次置于容器中的水乳剂试样放置一定时间后，按照规定程序进行倾倒，测定滞留在容器内的试样量；将容器用水洗涤后，再测定容器内的试样量，结果见表9-10。

表9-10 40%甲基嘧啶磷水乳剂倾倒性试验

批次	倾倒后残余物 /%	洗涤后残余物 /%
1	0.5	0.4
2	0.4	0.3
3	0.6	0.4
4	0.6	0.4
5	0.5	0.2

试验表明，40%甲基嘧啶磷水乳剂有极好的倾倒性，不同批次样品的倾倒后残留率均≤1%，洗涤后残留率均≤0.5%。

（6）稀释稳定性。按GB/T 1603中的方法，在25℃下，用342mg/L标准硬水稀释200倍和20倍进行测定，静置1h后无沉淀和浮油为合格。试验表明，该制剂水稀释稳定性合格。

（7）持泡性。按CIPAC MT47.2方法测定制剂的持泡性。取水乳剂1mL，加342mg/L硬水100mL于具塞量筒中，来回颠倒30次后，在室温下静置3min（±10s）后，观察泡沫量，应不大于15mL。试验表明，40%甲基嘧啶磷水乳剂持泡量在5～10mL，小于15mL，持泡性合格。

8. 40%甲基嘧啶磷水乳剂最佳配方及技术指标的确定

根据上述筛选试验，确定40%甲基嘧啶磷水乳剂的配方为：

甲基嘧啶磷	40%
乳化剂B	12%
稳定剂W+M	8%+2%
水	补至100%

根据上述筛选试验，确定40%甲基嘧啶磷水乳剂的技术指标见表9-11。

表9-11 40%甲基嘧啶磷水乳剂的技术指标

项目	指标
甲基嘧啶 ≥	40%
外观	白色乳状液
稀释稳定性（GB/T 1603）	稀释 200 倍试验，合格
低温稳定性	0 ～ 5℃冰箱中贮存 7d，不分层、无冻结
热贮稳定性	在（54±2）℃贮存 14d，无不可逆分层，有效成分分解率≤ 5%
冻融稳定性	无离析现象
持泡性（CIPAC MT47.1）	1min 后泡沫体积≤ 15mL
pH 值	3.5 ～ 6.5
黏度	≤ 10mPa · s
倾倒性	倾倒后残留≤ 1%；洗涤后残留≤ 0.5%

9. 甲基嘧啶磷水乳剂优惠配方的复证试验及其适应性试验

为了进一步验证上述配方及指标的合理性，按上述配方配成40%甲基嘧啶磷水乳剂，进行冷、热贮试验，结果见表9-12。结果表明，配方稳定可靠，技术指标合理。

表9-12 甲基嘧啶磷水乳剂优惠配方复证试验结果

编号	pH值	冻熔稳定性	贮前含量/%	贮后含量/%	分解率/%	起始外观	外观（54±2）℃（14d）	外观（0±2）℃（1d）	稀释稳定性
1	4.2	合格	41.87	40.53	3.3	乳白色	乳白色	乳白色	合格
2	4.5	合格	42.89	42.09	1.9	乳白色	乳白色	乳白色	合格
3	4.3	合格	42.95	41.94	2.4	乳白色	乳白色	乳白色	合格
4	4.2	合格	42.83	41.95	2.1	乳白色	乳白色	乳白色	合格
5	4.4	合格	41.06	39.83	3.1	乳白色	乳白色	乳白色	合格
6	4.2	合格	40.97	40.09	2.2	乳白色	乳白色	乳白色	合格
7	4.2	合格	42.30	41.39	2.2	乳白色	乳白色	乳白色	合格

10. 加工工艺的研究

（1）制备方法　40%甲基嘧啶磷水乳剂的加工方法有两种：将油相与乳化剂混合后，加入水相中；或水相加入油相与乳化剂的混合体系中。实际配制中，多采用水相加入油相混合体系中，不会因油相黏度大不易倒净而浪费。加工工艺流程如图9-4所示。

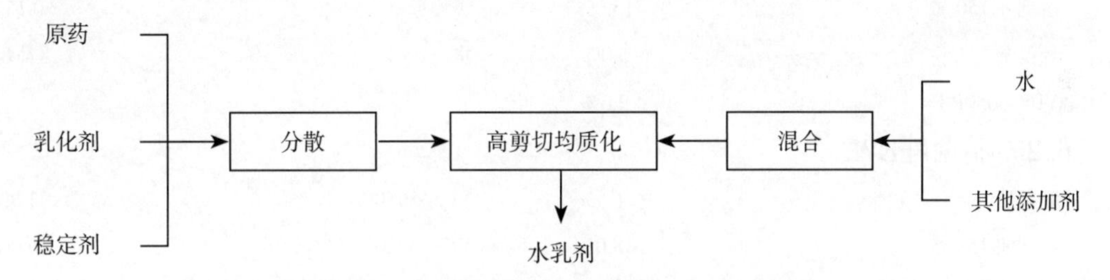

图9-4 40%甲基嘧啶磷水乳剂的加工工艺流程图

（2）乳化器械　水乳剂的配制主要用到高速搅拌器、高剪切乳化机、高压均质机、超声波发生器。本试验选用高剪切乳化机可得到优良水乳剂制剂。

（3）乳化时间　乳化时间对乳化过程的影响很复杂。在乳化开始阶段，搅拌可促使小液滴形成，小液滴形成后继续搅拌，可增加小液滴间的碰撞机会。因此，搅拌时间不宜过长也不宜过短，最适宜的乳化时间须凭经验或试验来确定。配制30%甲基嘧啶磷水乳剂时，乳化过程中有结团现象，为了使油相充分分散在水相中，乳化时间为20～30min较宜。工业化生产乳化时间根据每批生产量和分散器型来定。

四、水乳剂配方实例

1. 2.5%功夫菊酯EW

功夫菊酯	2.5%	乙二醇	5.0%
YUS-5050PB	3.0%	水	补足
溶剂油150号	10.0%		

2. 67%丁草胺·解草啶EW

丁草胺	60.0%	SK-355	1.5%
解草啶	7.0%	乙二醇	5.0%
SK-5945	2.0%	水	补足
SK-5935	0.5%		

3. 40%丙环唑EW

丙环唑	41.2%	丙二醇	5.0%
溶剂油 150 号	5.0%	黄原胶（2% 水溶液）	5.0%
SK-92FS1	3.0%	卡松	0.2%
SK-541B	2.0%	水	补足
SK-5935	3.0%		

4. 50%倍硫磷EW

倍硫磷	50.0%	SK-5935	3.0%
丙二醇	5.0%	水	补足
SK-52EW	7.5%		

5. 35.5%阿维·毒死蜱EW

阿维菌素	0.5%	YUS-D3020	6.0%
毒死蜱	35.0%	乙二醇	3.0%
溶剂油 150 号	15.0%	黄原胶	0.15%
环己酮	5.0%	水	补足
YUS-5050PB	2.0%		

6. 25%腈菌唑EW

腈菌唑	26.5%	YUS-5050PB	3.0%
溶剂油 150 号	18.0%	YUS-3020	6.0%
环己酮	8.0%	黄原胶	0.15
尿素	1.0%	水	补足

7. 40%毒死蜱EW

毒死蜱	40.0%	MEG- 乙二醇	5.0%
溶剂油 150 号	15.0%	黄原胶	0.06%
TERIC 200	2.5%	水	补足
TERMUL 1283	2.5%		

8. 20%丁苯威EW

丁苯威	20.0%	丙二醇	5.0%
YUS-D935	7.0%	水	补足
YUS-D3020	13.0%		

第七节 最新水乳剂技术及相关应用

近年来，水乳剂作为环境友好型水基性制剂中安全、环保、成本低的代表剂型之一应用越来越广泛。但是，水乳剂是一种热力学不稳定体系，长时间贮存可能出现分层、絮凝、奥式熟化等现象，需要一定的能量障碍来阻止乳滴合并。制备时通常采用的方法是加入乳化剂，通过降低乳滴的表面张力，形成电荷屏障或空间屏障来稳定体系。随着新的界面理论的完善与发展，一些新的水乳剂技术不断产生，水乳剂加工技术也成为当前农药剂型研究的重点与热点。

一、层状液晶

层状液晶是最常见、研究得最多的液晶，始于20世纪80年代后期。理想的层状相是相互平行的两亲分子双层膜平面叠置而成的有序结构。双层弯曲闭合形成的脂质体由于类似细胞膜，可作药物携带的载体，独特的双层膜结构使它成为最理想的生物膜模拟体系。层状液晶的流变曲线显示塑性流体行为，有较大的应力屈服值，其黏度在整个剪切速率范围内一般低于六角和立方状液晶。

层状液晶的研究更多集中在医药方面。如对油基聚氧乙烯（10）醚（Brij96）/石蜡油/甘油/水体系的层状液晶的流变测量表明，加入水溶性药物盐酸麻黄碱和油溶性药物替诺昔康后，层状液晶结构没有被破坏；以层状液晶为载体，实现了对两种药物的缓慢释放。对非离子表面活性剂壬基酚聚氧乙烯（10）醚（NP-10）体系层状液晶研究后发现，储能模量（G'）和损耗模量（G''）随表面活性剂浓度增大而增大；硝酸银的加入和银的生成对频率扫描曲线的形状没有影响。陶氏益农公司开发了一种具有层状液晶膜的水乳剂，使用3种表面活性剂（非离子型亲脂性表面活性剂、非离子型亲水性表面活性剂以及离子型表面活性剂）形成层状液晶膜来稳定乳液。制备时将有机相、原料药、3种表面活性剂及水相混合后搅拌，用超声波乳化器或者高压乳匀机在适当压力下形成水乳剂。

二、纳米乳

纳米乳（nanoemulsion）是由油相、水相、乳化剂和助乳化剂组成、乳滴粒径为20～200nm的半透明液体载药系统，其乳滴多为球形，大小比较均匀；它具有增加难溶性药物溶解度及提高药物稳定性和生物利用度等优点；许多难溶性药物制成纳米乳后具有缓释和靶向作用；同时纳米乳生物相容性好，可生物降解，因此它用作脂溶性药物和对水解敏感药物的载体，可以减少药物的刺激性及毒副作用；它热力学稳定，久置不分层，不破乳，因此是难溶性药物的理想载体。纳米乳从结构上可分为水包油型（O/W）、油包水型（W/O）及双连续型（即当油水比例适当时，任一部分油相在形成液滴被水连续相包围的同时，亦与其他油滴一起组成油连续相包围介于油相中的水滴）。药物可载于外相，也可载于内相。通常来说，W/O型纳米乳可以延长水溶性药物的释放时间，起缓释作用；O/W型纳米乳可增加亲脂性药物的溶解度；双连续型纳米乳是W/O型与O/W型之间的过渡状态，实际应用比较少。

纳米乳是一种非平衡体系（non-equilibrium systerm），通常不能自发形成，需要借助能量，而乳化能量一般来自机械装置或者组分的化学能。制备纳米乳最重要的是配方组成及组分比例的确定，配方组成及比例不恰当，就不能形成纳米乳。此外，纳米乳制备工艺也很重要，它可以影响纳米乳的粒径及其性质。纳米乳制备方法从乳化能量的来源可分为高能乳化法和低能乳化法。高能乳化法制备纳米乳一般分为3种：剪切搅拌法、高压均质机匀浆法和超声乳化法。剪切搅拌法可以很好地控制粒径，而且配方组成可以有很多选择；高压均质机匀浆法在工业生产中应用最为广泛，一般的高压均质机工作压力为50～100MPa，而新改进的高压均质机的压力可高达350MPa；超声乳化法在降低粒径方面非常有效，通常采用探头超声仪，只适合少量样品的制备，且使用时探头发热会产生铁屑并进入药液，所以应该注意探头质量对药液的影响。低能乳化法近年来倍受关注，它是利用系统的理化性质，使乳滴的分散能够自发产生。这种方法减轻了制备过程对药物的物理破坏，通过自发机制可以形成更小粒径的乳滴。低能乳化法一般包括相变温度法和相转变法。

纳米乳已逐步应用于农药方面。对于制备稳定的农药纳米乳液体系，降低液滴的尺寸和缩小液滴尺寸的分布范围对于纳米乳液的应用推广有着重要意义。随着对纳米乳液形成机理及制备方法优化研究的不断深入，相信在不远的将来可以看到大量农药纳米乳液出现在市场上。

三、多重乳液

多重乳液又称复合乳液，简称复乳，是将一种乳状液（通常称为初级乳状液，简称初乳）分散在另外的连续相中形成的多层乳状液，一般都是高度分散、粒径不一的多相体系，有多种类型，以W/O/W和O/W/O两种类型最为常见。在结构上多重乳液具有独特的“两膜三相”多隔室结构，如W/O/W型复乳，它是油滴里含有一个或多个水滴，这种含有水滴的油滴又被悬浮在水相中形成乳状液。正因为复乳的这种特殊结构，可以将一些性质不同的物质分别溶解在不同相中，起到隔离、保护、控制释放、靶向释放、掩藏风味等多种功能效果。其优点主要表现在以下几方面：可以在三个被膜分隔开的不同相区（油相/水相/油相、水相/油相/水相）溶解不同活性物质，并防止它们之间的相互作用。例如，多重乳液可以使两种直接接触会分解的原药存在与不同油相中，使其复配成为可能性。可以在应用中控制多重乳液的破坏过程，使有效成分缓慢而持久的释放，能够制备成与乳状液体系产品有相同密度的膏状物，如可在外相中加入增稠剂，提高体系的物理稳定性。

多重乳液的制备方法可以分为两种，即一步乳化法和两步乳化法。以制备W/O/W型多重乳液为例加以说明，一步乳化法就是先在油相中加入少量水相，制备得到W/O型乳状液，然后再继续加水使它变成W/O/W型乳状液。在一步乳化法制备多重乳液的过程中，为了使得乳液从W/O型转变为W/O/W型容易且顺利进行，需要外界提供较强的剪切力（一般要求搅拌速度大于5000r/min）。两步乳化法是相对一步乳化法来说比较可靠的方法，它包括两个步骤。以制备W/O/W型多乳状液为例加以说明，首先，在高速搅拌下使水在油中乳化形成W/O型乳状液，在这一步乳化过程中应使用HLB值较低（3～6）的乳化剂，并且提供一个较大的搅拌速度。然后，将得到的W/O型乳状液在水溶液中进一步乳化形成W/O/W型乳状液，在该步乳化过程应使用HLB值较高的乳化剂（15以上），并且在较小的搅拌速度下进行，避免初级制备得到的W/O乳状液在乳化过程中被破坏反相。

多重乳液易分层，各相之间存在较大的相界面及较高的界面能，属于热力学不稳定体系。影响多重乳液稳定性的因素较多，如内部因素（内在的絮凝及局部反应）、制备条件及制备工艺（乳化剂类型与用量、乳化工艺、油水相比、添加剂和温度等）等。通常以乳液相对体积的大小、乳液的粒径大小和粒径分布等评价乳液的稳定性。相对体积大、粒径较小、粒径分布均匀的乳液稳定性较好。

四、Pickering乳液

Pickering乳液是一种由固体粒子代替传统有机表面活性剂稳定乳液体系的新型乳液。与传统乳液相比，Pickering乳液具有强界面稳定性、减少泡沫出现、可再生、低毒、低成本等优势，在化妆品、食品、制药、石油和废水处理等行业具有广阔应用前景，受到越来越多研究者们的关注。

同样，Pickering乳液体系在农药中也开始了应用，先正达公司开发了一种无须使用表面活性剂的农药水乳剂，由含有水溶性原药的水相、含有水不溶性原药与奥氏熟化抑制剂（如石蜡油）的油相、胶体颗粒（如白炭黑、金属氧化物等）组成。胶体颗粒附着在乳滴表面，起到阻止乳滴发生聚集并稳定乳液的作用。

Pickering乳液的基本成分是水相（可能含有电解质）、油相和固体粒子，所有的组分经过高速均质或者超声乳化。实际制备的乳液，有的是固体粒子（一般来说，粒子经过表面修饰）单独稳定的乳液，有的是固体粒子与表面活性剂协同稳定的乳液。制备Pickering乳液的固体粒子种类繁多，涉及领域广泛，分为无机离子、表面改性或杂化的无机粒子、有机纳米粒子。无机离子有纳米碳酸钙粉末、纳米SiO_2粒子、CuS粒子、蒙脱土粒子等。表面改性或杂化的无机粒子有壳层为氧化铝的SiO_2纳米粒子与邻苯二甲酸氢钾的复配体系、侧面接枝聚苯乙烯的蒙脱土粒子、表面接枝分子刷的SiO_2纳米粒子等。有机纳米粒子有分散聚合得到的有机纳米粒子、含氟聚合物粉体如聚偏氟乙烯粉体、自组装纳米胶束如双亲性嵌段共聚物组装胶束、天然大分子等。

固体粒子的润湿性决定其只能稳定某一类油相或者某几类油相（非极性、弱极性、中等极性或者强极性）的Pickering乳液和某一类乳液。对于中等疏水粒子，可以通过调节油水比制得稳定的O/W或者W/O乳液。但是，比较亲水的粒子只能稳定O/W乳液，比较疏水的粒子只能稳定W/O乳液。通过粒子表面改性几乎能使颗粒稳定任何油相的乳液或者任何类型的乳液。表面修饰纳米粒子的目的是改变固体粒子的亲水性或疏水性，使其适于稳定某一类油相的乳液。

在大多数情况下，固体颗粒经常与表面活性剂共同作用稳定乳液。一般而言，加入适量表面活性剂，能够使Pickering乳液的分层和聚结稳定性得到显著提高。而且这种稳定性要比单独使用表面活性剂稳定的乳液的稳定性要高得多。因此二者之间存在着一定协同稳定乳液的能力。表面活性剂和固体粒子在乳液中都起着乳化剂和稳定剂的作用，但它们既具有相似性又具有差异性。表面活性剂一般具有亲水基和憎水基，属于双亲性分子，而固体粒子则一般具有单一的亲水性或亲油性，是微米或纳米级的颗粒。

参考文献

[1] 郭武棣．液体制剂．北京：化学工业出版社，2003.

[2] 沈晋良．农药加工与管理．北京：中国农业出版社，2001.

[3] 华乃震．影响农药水乳剂稳定性因素与控制．世界农药，2010，32（4）：1-4.

[4] 胡冬松，沈德隆，裴琛．农药剂型发展概况．浙江化工，2009，40（3）：14-16.

[5] 沈钟，王果庭．胶体与表面化学．北京：化学工业出版社，1997.

[6] 肖进新，赵振国．表面活性剂应用原理．北京：化学工业出版社，2003.

[7] 杨飞，王君，蓝强，等．Pickering乳状液的研究进展．化学进展，2009，21（7/8）：1418-1426.

[8] 周君，乔秀颖，孙康．Pickering乳液的制备和应用研究进展．化学通报，2012，75（2）：99-105.

[9] 冯建国，项盛，钱坤，等．乳状液稳定性表征方法及其在农药水乳剂研发中的应用．农药学学报，2015，17（1）：15-26.

[10] 陈丹，黄啟良，吕和平，等．拟三元相图在农药水乳剂配方筛选中的应用研究．现代农药，2008，7（4）：25-28.

[11] 李姝静，郭勇飞，李彦飞，等．农药水乳剂稳定性机制研究进展．现代农药，2012，11（4）：6-10.

[12] 齐武．拟除虫菊酯类农药水乳剂的研究开发［D］．南京：南京林业大学，2005.

[13] 华乃震．影响农药水乳剂稳定因素与控制．世界农药，2010，32（4）：1-4.

[14] Kabalnov A. Ostwald ripening and related phenomena. Journal of Dispersion Science And Technology. 2001，22（1）：1-12.

[15] 冯建国，张小军，赵哲伟，等. 农药水乳剂用乳化剂的应用研究现状. 农药，2012，51（10）：706-723.

[16] 赵静. 表面活性剂聚集体流变性质的研究［D］. 山东：山东师范大学，2011.

[17] 陈良红，李琼，刘晓慧，等. 纳米乳液的研究进展. 日用化学工业，2013，43（5）；377-381.

[18] 邓伶俐，余立意. 纳米乳液与微乳液的研究进展. 中国食品学报，2013，13（8）：173-179.

[19] 魏慧贤，钟芳，麻建国.初乳乳化工艺对W/O/W型复乳稳定性和药物包埋率的影响研究. 高校化学工程学报，2008，22（4）：559-665.

[20] 陆彬. 药物新剂型与新技术. 北京：人民卫生出版社，1998.

[21] 高瑜，万东华，林滔. 提高W/O/W复合型乳剂稳定性的研究进展. 中国医院药学杂志，2006，26（5）：610-612.

[22] 刘华杰，柳松. 多重乳液的稳定性及其在食品工业中的应用. 食品研究与开发，2007，28（3）：169-173.

[23] 陈钊，崔晨芳，崔正刚. 纳米二氧化硅与阳离子表面活性剂的相互作用及其诱导的正辛烷-水乳状液的双重相转变. 高等学校化学学报，2010，31（11）：2246-2253.

[24] 易成林，杨逸群，江金强，等. 颗粒乳化剂的研究及应用. 化学进展，2011，23（1）：65-79.

第十章

油悬浮剂

第一节 概　述

一、基本概念

油悬浮剂是指有效成分分散在非水介质中，形成稳定分散的油混悬浮液制剂。用有机溶剂或水稀释后使用。按照FAO农药标准和制定手册，油悬浮剂根据使用方式不同主要分为两种，即在水中分散使用和在有机介质中分散使用。用有机介质稀释使用的油悬浮剂剂型代码为OF（oil miscible liquids）；兑水稀释后使用的油悬浮剂剂型代码为OD（oil-based suspension concentrate，oil dispersion）。二者因使用方式不同，因此质控指标亦有所不同，除有效成分、贮存稳定性、pH值等指标外，OF要检测与烃油的兼容性，OD要检测分散稳定性、湿筛试验、持久起泡性等指标。目前国内研究开发和实际使用的油悬浮剂大多数为兑水稀释使用，所以在本章中主要介绍兑水稀释后使用的油悬浮剂（OD），以下简称该剂型为油悬浮剂。

油悬浮剂一般由原药、分散剂、乳化剂、增稠剂及分散介质等组成，与目前市场占有率高的几大剂型，例如悬浮剂、乳油、水分散粒剂相比，既具备它们的优点，又避免了以上所述剂型的缺点：

① 有很强的适应性，是水基、颗粒制剂的重要补充，可使许多对水较敏感的农药制成该剂型产品，例如烟嘧磺隆等磺酰脲类除草剂；

② 制剂具有良好的润湿、展布、黏附和渗透性，有助于药效的发挥；

③ 以纯天然植物油或甲基化植物油、矿物油等环保型溶剂作为主要介质，环境相容性好；

④ 油悬浮剂产品粒径小，悬浮率高，分散性好，方便使用，且生产、使用过程中无粉尘，绿色环保。

油悬浮剂的研制始于20世纪70年代后期，到80年代才逐渐发展起来，目前国内登记使用的多为除草剂，以烟嘧磺隆、硝磺草酮、莠去津等为有效成分的玉米田除草剂，例如日本石原的玉农乐（4%烟嘧磺隆油悬浮剂）、江苏明德立达的立腕（22%氯吡·硝·烟嘧油悬浮剂）等。除此之外，还有水稻田除草剂稻杰（25g/L五氟磺草胺油悬浮剂，美国陶氏益农）、20%氰氟草酯油悬浮剂、小麦田除草剂3%甲基二磺隆油悬浮剂、4%啶磺草胺油悬浮剂等。杀菌剂制备成油悬浮剂的有氟噻唑吡乙酮、异菌脲、代森锰锌、多菌灵等，杀虫剂有溴氰虫酰胺、呋虫胺、吡蚜酮、噻虫啉、甲氨基阿维菌素等。关于农药油悬浮剂专利，20世纪90年代为日本石原化工首家申请，21世纪初，巴斯夫、拜耳、禾大等相继申请了专利，目前先正达、杜邦、GAT等公司也申请了许多关于油悬浮剂的专利保护，国内也涌现了一批关于油悬浮剂的专利申请。

近几年来，随着国内乳油的限制使用等问题，越来越多的农药厂家倾向登记油悬浮剂产品，油悬浮剂已成为农药剂型开发与登记热点之一。

二、油悬浮剂的质量评价体系

目前，我国尚未出台农药油悬浮剂产品的行业指导标准，国家标准中只有关于烟嘧磺隆油悬浮剂的国标GB 28155—2011，其规定的质控指标有：有效成分含量、pH值范围、悬浮率、湿筛试验（75μm试验筛）、持久起泡性、分散稳定性、倾倒性、低温稳定性、热贮稳定性。FAO关于兑水使用的油悬浮剂规定的质控指标有：有效成分及含量、相关杂质、酸碱度或pH值范围、倾倒性、分散稳定性、湿筛试验、持久起泡性、粒度、黏度、贮存稳定性（低温和热贮）。结合目前国内农药油悬浮剂的产品质量、使用情况等，应重点关注油悬浮剂的以下五个性能：

（1）pH值　有效成分不同，对体系pH值范围的要求不同，例如，硝磺草酮在酸性条件下较稳定，所以硝磺草酮的pH值应在3左右为好。体系的pH值除满足企标等标准规定外，应利于保持有效成分的稳定。

（2）流动性　流动性是油悬浮剂的重要表征指标之一，它对加工、分装、使用均有很大影响。若流动性不好，则容易造成砂磨过程不顺畅，分装困难，使用时难以倒出等问题。影响油悬浮剂流动性的因素主要是有效成分及其含量以及制剂的黏度，有效成分含量越高，则体系中的固体含量越高，黏度越大，流动性越差。另外，增稠剂对体系的流动性和分散乳化性能影响很大，应避免添加过多增稠剂，以避免引起油悬浮剂的黏度太大，流动性及分散乳化性能变差。另外，温度对油悬浮剂的流动性也有较大影响，通常在低温条件下，体系黏度会变大，流动性变差。若体系的稳定性较差，在高温条件下，黏度也有增大的可能，严重时可能引起固化。

（3）分散稳定性　油悬浮剂需兑水使用，它在水中须有良好的乳化、分散及悬浮性能，才能保证药效发挥。其分散稳定性与体系中助剂的选择有很大关系，应选择高性能的乳化剂、分散剂等，以达到良好的分散稳定性。另外，应特别关注水质、水温对其分散稳定性的影响，目前我国农药实际使用时，大部分采用井水或河水，每个地区的水质、水温大有不同。水中离子含量高、水温低均不利于油悬浮剂的分散、乳化及悬浮性能。

（4）贮存稳定性　贮存稳定性是农药制剂产品的一项重要指标，它直接影响产品的货架寿命。油悬浮剂贮存一段时间后，易出现分层、凝固、沉淀等现象，影响使用，应选择适宜的助剂来保证体系的物理稳定性，延长其货架寿命。此外，有效成分在贮存过程中，易分解，从而导致药效下降，应通过调整pH值或添加稳定剂等抑制有效成分的分解。

（5）水分　虽然我国关于烟嘧磺隆的标准GB 28155—2011和FAO农药标准和制定手册都没有将水分作为油悬浮剂的质控指标，在企业标准制定和实际配方开发中，应充分考虑水分对体系的影响。若有效成分对水敏感，例如，烟嘧磺隆遇水易分解，应将水分作为质控指标，严格控制。

三、油悬浮剂存在问题及发展前景

1. 存在问题

近年来，国内登记产品中涌现了一批油悬浮剂产品，随着油悬浮剂的广泛应用，其问题也逐渐凸显出来了，主要表现在以下四个方面：

（1）理论研究很少。关于油悬浮剂的文献报道较少，且大部分着重于药效表现，对与油悬浮剂开发相关的理论基础研究几乎没有报道。关于以水为介质的悬浮剂体系中分散稳定的作用机理研究较多，目前油悬浮剂研究中只能借鉴悬浮剂的相关理论，然而由于以水或有机相为介质的体系相差甚远，油悬浮剂的研究开发并不能直接套用悬浮剂的作用机理。

（2）油悬浮剂可供选择的助剂太少。目前大部分分散剂都是基于水为分散介质而开发的，而适用于悬浮剂的分散剂极性太强而不能与油悬浮剂中的分散介质很好地相配伍。近几年，随着油悬浮剂的广泛应用，越来越多的助剂公司开始关注油悬浮剂的相关助剂，但通用性不强。油悬浮剂不仅要将有效成分微粒有效地悬浮在分散介质中，而且要求在实际使用时在水里能很好地乳化分散，粒子能悬浮在水溶液体系中。这就要求不仅要保证粒子在有机分散介质中的悬浮性能，还要保证粒子在水中的悬浮性能和乳化性能。油悬浮剂的分散介质，例如，植物油、甲基化植物油、矿物油等表面能比较大，很难乳化，目前现有的乳化剂需要加入较大量才能达到乳化要求，而油悬浮剂中的分散剂种类稀少，且通用性不强，选择面窄。

（3）现阶段油悬浮剂研制过程中技术要点还不明确，技术人员往往套用水悬浮剂中的理论，使得农药油悬浮剂的研发工作很难有较大突破。

（4）分散介质质量参差不齐。目前，甲酯油为国内常用的分散介质，国产甲酯油的质量良莠不齐，因部分原料来源于地沟油等回收物，且在生产过程中尚不具备高效分离、纯化能力，没有标准化的作业流程，导致批次之间差异较大，因而加大了油悬浮剂配方开发和生产的难度。

基于以上原因，当前油悬浮剂的研究进展缓慢，并且开发出来的油悬浮剂也存在贮存稳定性差，易分层、结块及在水中的分散性能差等悬浮稳定性问题。这些问题大大制约了油悬浮剂的发展速度。

2. 发展前景

当今农药剂型发展的主题是化学农药制剂的绿色化，油悬浮剂用植物油或矿物油等环保溶剂作为分散介质，且生产使用过程与悬浮剂类似，无粉尘污染，已成为当今农药剂型的一个主要发展方向，主要有以下五个原因：

① 对于一些在水中易分解的有效成分，例如，磺酰脲类除草剂、二硫代氨基甲酸酯和盐类杀菌剂，只能制备成水分散粒剂或可湿性粉剂，然而这两种剂型在生产过程中有大量粉尘产生，且粒径较大，影响药效发挥。将此类有效成分制备成油悬浮剂既能有效解决其化学稳定性问题，又能和悬浮剂一样，粒子直径较小，利于药效发挥，并避免生产和使用

过程中的粉尘污染。

② 两种有效成分复配时，一种是液体，另一种是固体，尤其固体有效成分在原药中的溶解性较差时，选择一个相对易于开发且环保的剂型难度较大。油悬浮剂有很好的兼容性，实现了企业将液体有效成分和固体有效成分复配制备成一种产品的愿望。

③ 对于一些亲脂性很强的农药有效成分，例如，多菌灵、苯菌灵、甲基硫菌灵等，很难渗透通过作物表皮进入作物内部组织，因而难以发挥它们固有的内吸作用。制备成油悬浮剂能显著地提高其渗透性和内吸性，有利于药效发挥。

④ 油悬浮剂中的介质，例如油酸甲酯等，搭配乳化剂即可用于增效剂使用，若单独包装，在生产、包装、运输、贮存方面都会增加成本，直接将有效成分制备成油悬浮剂，无须添加其他增效剂，更加经济。

⑤ 油悬浮剂是水基化、颗粒化绿色制剂的一个很好的补充，生产工艺相对简单，基本与悬浮剂SC相同；而且不需加入其他增效剂，绿色环保，经济适用，具有良好的发展前景。

第二节 油悬浮剂的理论基础

油悬浮剂为固-液分散体系，属于热力学和动力学不稳定体系。油悬浮剂的不稳定性主要表现为产品在贮存过程中出现分层、沉淀、絮凝、结块等现象，在此过程中涉及多种学科和理论基础。目前，有关农药油悬浮剂的稳定性理论研究很少，但油悬浮剂与悬浮剂同为固-液分散体系，有一定相似性，结合悬浮剂的研究理论，以及其他行业，例如油墨、有机颜料等领域的研究成果，本节就油悬浮剂的理论基础和稳定性控制两个方面来做简单介绍。

一、理论基础

1. Stokes定律

油悬浮剂属于固液分散体系，有效成分粒子分散悬浮在有机介质中，粒子在重力作用下具有沉降作用，Stokes定律阐述了粒子沉降速率与粒子的密度、粒子的直径、分散液的密度、分散液的黏度之间的关系，Stokes公式见式（10-1）：

$$V=\frac{d^2(\rho_s-\rho)g}{18\eta} \tag{10-1}$$

式中 V——粒子的沉降速度，cm/s；

ρ_s——粒子的密度，g/cm^3；

ρ——分散液的密度，g/cm^3；

d——粒子的直径，cm；

η——分散液的黏度，mPa·s；

g——重力加速度，cm/s^2。

由Stokes公式可以看出，粒子的沉降速率与粒子直径的平方、粒子密度与分散液的密度差成正比，与分散液的黏度成反比。

油悬浮剂的开发中，往往因体系缺少合适分散剂，产品在贮存过程中，粒子在重力作用下的沉降作用非常明显，此作用为引起油悬浮剂不稳定的主要因素之一。在油悬浮剂开发时，应结合实际情况，尽量减小粒子的直径、减小粒子与分散液的密度差，增加体系的黏度，来延缓粒子的沉降，改善体系的稳定性。

2. DLVO理论

胶体质点之间存在范德华相吸力，而质点在相互接近时又因双电层的重叠产生静电斥力，胶体的稳定性取决于质点间相互吸引力与静电斥力的相对大小。20世纪40年代，Derjaguin、LANDU、Verwey、Overbeek四人提出了关于胶体稳定性的DLVO理论，它是解释质点分散与絮凝的物理化学原理比较完善的理论。DLVO理论是用胶体粒子间的吸引能和排斥能的相互作用，解释胶体的分散稳定性和产生絮凝沉淀的原因。质点间存在范德华吸引能（V_A）和双电层排斥能（V_R）。吸引能（V_A）与质点的半径成正比，粒径大的质点间吸引能也大，吸引能随着质点间的最短距离的减小而增大。排斥能（V_R）与吸附层和扩散层界面上的电势和质点半径成正比，随着质点间的距离增加而增加。当两个带电质点相互靠近时，体系的相互作用能即总势能（V_T）等于吸引能（V_A）和排斥能（V_R）之和。当质点间的距离很小或很大时，相互作用能（V_T）以吸引能为主，体系易形成絮凝体；当质点间的距离处于中等程度时，相互作用能以排斥能为主，质点处于分散稳定状态，不易形成絮凝体。

3. 空位稳定理论

在非离子型表面活性剂或高分子聚合物溶液中，当两个质点相互靠近时，若能将高分子聚合物从两质点间的间隙挤出去，导致质点间隙区内只有溶剂分子，而无高分子聚合物存在，致使质点表面形成空位，质点间的这种相互作用称为空位作用。不同条件下的空位作用可以导致质点的絮凝，也可以使质点更加稳定。当高分子聚合物与质点间的亲和力小于质点与溶剂间的亲和力时，会使高分子聚合物出现负吸附现象，这会导致质点间相互黏结，使质点间产生絮凝，这被称为空位絮凝作用。若将质点间较多的聚合物分子推向体相溶液，将消耗较多的功，从而使两质点难以靠近，则体系处于分散稳定状态，称为空位稳定作用。

4. 空间稳定理论

目前，关于空间稳定理论有体积限制效应理论和混合效应理论。

（1）体积限制效应理论　高分子化合物在质点表面上的吸附，由于高分子长链有多重可能构型，当两个带有吸附层的质点接近时，彼此间的吸附层只是受挤压，体积有所缩小而不能相互穿透，由于空间限制使高分子链采取的可能构型数减少，构型熵减少会使体系的自由能增加，而产生排斥作用，使质点稳定。熵排斥能的大小主要取决于高分子化合物的链长，链越长，熵排斥能越高，质点越稳定。

（2）混合效应理论　当两个带有高分子吸附层的质点相互接近时，其吸附层可互相穿透而发生交联，在交联区内，高分子化合物的浓度增大，会产生渗透压，从而引起混合过程体系的熵变和焓变，导致体系自由能的变化，若自由能升高、质点间相互排斥而使体系趋于分散稳定状态。若自由能降低则产生絮凝作用，此时高分子吸附层则有促使质点聚结的作用。高分子化合物若处于优良溶剂中，易起分散稳定作用且随吸附力和吸附层厚度增加而稳定性增强。由于带有高分子吸附层的质点间存在空间稳定效应，因此质点间相互作用可用式（10–2）表示：

$$V_T=V_R+V_A+V_S \tag{10-2}$$

式中　V_T——体系的总势能；

V_R——双电层排斥能；

V_S——空间效应产生的排斥能；

V_A——范德华吸引能。

二、油悬浮剂稳定性的控制

油悬浮剂是一个复杂的固-液分散体系，一个体系的稳定是由多个因素决定的，在配方开发时，应针对出现的问题，结合体系中有效成分、分散介质等各组分的理化性质，借鉴以上理论基础，有针对性地添加合适助剂，来解决相应的稳定性问题。下面就油悬浮剂的稳定性控制中几个主要因素做简单介绍。

1. 粒径

根据Stokes定律，粒径越大，粒子的沉降速度越小。因此，将油悬浮剂中粒子的直径控制在较小且分布较窄的范围内，能有效地延缓其沉降，对解决油悬浮剂在重力作用下出现分层、沉降等问题有很大帮助。结合生产过程中的能耗、产能及物料的性质等，一般情况下，油悬浮剂中粒子的直径（D_{90}）控制在5μm以下较好。影响粒径的因素主要有砂磨过程和分散剂。砂磨过程中，砂磨温度越低，物料越脆，越易被磨碎。另外，砂磨时间的长短，砂磨介质的粒径大小都会影响粒子的大小，应根据实际情况，适当延长砂磨时间，降低砂磨介质粒径，以得到较细物料。分散剂对粒子大小的影响很大，若分散体系不合适，一旦停止粉碎，分散开来的粒子又快速地聚集到一起，粒子变大。若粒径有变大的趋势，应考虑该体系可能有絮凝、沉降的趋势。

2. 黏度

根据Stokes定律，黏度与粒子的沉降速度成反比，即黏度越大，粒子的沉降速度越小，越有利于油悬浮剂的物理稳定性。因目前开发的可用于油悬浮剂的分散剂很少，不能有效通过分散剂使粒子稳定悬浮在油相中，因此增加制剂的黏度来延缓粒子的沉降作用在油悬浮剂的开发中尤为重要。但黏度不能无限增大。因为黏度太大，会影响油悬浮剂的流动性，造成生产、分装及使用的不便，而且会影响油悬浮剂的分散性。黏度与分散性之间的关系可以由Fick第二定律式（10-3）来解释：

$$\frac{\mathrm{d}c}{\mathrm{d}t}=\frac{\mathrm{d}}{\mathrm{d}x}\left(D\frac{\mathrm{d}c}{\mathrm{d}x}\right) \tag{10-3}$$

式中 $\mathrm{d}c/\mathrm{d}t$——粒子的扩散速率；

$\mathrm{d}c/\mathrm{d}x$——浓度梯度；

D——扩散系数。

D可用式（10-4）表示：

$$D=\frac{RT}{L}\frac{1}{6\pi\eta r} \tag{10-4}$$

式中 R，T，L——常数；

η——黏度；

r——粒子半径。

根据公式可知，粒子在水中的扩散速率与粒子的直径、悬浮液的黏度成反比。因此，若增加油悬浮剂的黏度，会影响其分散性。

影响黏度的因素主要为有效成分及其含量、增稠剂种类及其含量。可以通过添加适量增稠剂来增加油悬浮剂的黏度。目前常用的增稠剂有四类：① 有机膨润土类，主要是通过有机阳离子置换膨润土（蒙脱石）晶格间的钠离子生成的一类有机物修饰的无机材料，不但保留了原有的助稳定、增稠、助悬浮等特性，同时还因有机碳链的引入使其亲水性转变为亲油性，因而扩展了其应用范围。② 改性的水滑石类层状化合物，水滑石、类水滑石和柱撑水滑石称为水滑石类层状化合物（layered double hydroxide, LDH），将不同有机阴离子引入LDH层间，即可得到不同结构、性质和功能的有机阴离子柱撑LDHs。③ 二氧化硅类产品，例如白炭黑等。④ 其他无机物增稠剂，例如硅藻土、硅酸镁铝等。

3. 分散相和粒子的密度差

根据Stokes定律，分散相和粒子的密度差越小，越有利于粒子的稳定。农药有效成分的相对密度大部分≥1，因此在有机相选择时，可考虑添加一些密度比较大的溶剂来调整分散相密度，减小分散相与粒子密度的差值，从而延缓粒子的沉降，改善油悬浮剂的物理稳定性。

4. 空间稳定作用

油悬浮剂中因质子不电离，静电作用在保持油悬浮剂稳定性中的作用较小。油悬浮剂中粒子的分散主要是靠空间位阻产生熵斥力来实现的。油悬浮剂开发中，应选用合适的高分子分散剂，分散剂的一端（锚固段）的基团锚固农药有效成分，另一端（溶剂化段）置于分散介质中，形成溶剂化膜，因而产生空间排斥能来克服粒子间的范德华力，使粒子稳定分散于有机介质中。应根据有效成分的结构，选用具有合适锚固基团的分散剂，并且分散剂的溶剂化链应足够长，以产生足够的空间排斥能来改善体系的稳定性。锚固基团与颗粒表面能产生的较强的作用有氢键、共价键、酸碱作用等。若固体颗粒表面含有羟基、羧基、醚键等极性基团，则更易与锚固基团形成牢固的结合。在颗粒表面棱角凸凹部位，有较强吸附强度。典型的锚固官能团有酰胺基、季铵盐、羧基、磺酸基、磷酸基、羟基、巯基等。分散介质在颗粒表面的竞争吸附对锚固基团在颗粒表面的吸附有一定影响，当分散介质为不良溶剂时，有利于锚固基团在颗粒表面的吸附。分散剂中，锚固段的锚固基团的大小和数目对其在颗粒表面的吸附有一定影响，锚固基团数目越多、体积越大，越有利于其在颗粒表面的吸附，但锚固段太长会影响溶剂化段的比例，不利于克服颗粒间的范德华吸力。溶剂化段的作用是能形成足够厚度的溶剂化膜，以克服颗粒间的范德华吸力，对分散体系起到空间稳定作用。因此溶剂化段一方面与分散介质应有较好的相容性，另一方面本身要有足够的分子量。在一定的分散介质中，对一定粒度的颗粒进行分散，溶剂化段长度存在最佳值。溶剂化段若太短，不足以发生空间位阻稳定作用；若太长，会在粒子表面发生折叠（压缩空间位阻层），或引起颗粒间的缠结（架桥絮凝）。此外，溶剂化链的溶剂化作用不能太强，否则对锚固基团所产生的剥离力太大，引起锚固段的脱吸附，不利于分散体系的稳定。大多数高分子在给定溶剂中的溶解度是温度的函数，随温度而改变。在良溶剂中，高分子链会相对疏松，随机构象的线团伸展，给出最优保护层厚度。当温度变化时，溶剂可能变为不良溶剂，高分子链将塌缩成更紧密的构象。综上所述，在油悬浮剂的开发中，应结合有效成分、分散介质的理化性质，选择具有合适锚固段和溶剂化段的分散剂，并且该分散剂应在所选分散介质中对温度有较强适应性，使体系不会在高温或低温等条件下发生絮凝等现象。

三、油悬浮剂长期物理稳定性的评估

通常油悬浮剂的长期物理稳定性通过加速贮存试验（通常为54℃贮存14d）来评价。除观察热贮前后样品的宏观现象（例如析油率、是否沉淀或絮凝等），我们还可以通过精密的分析仪器测试热贮前后粒径大小及分布范围、晶体结构、流变学性质等影响因子的变化来进一步评估其长期贮存稳定性。

1. 粒径大小分布

粒径大小分布直接影响油悬浮剂中粒子的沉降速度，进而影响其贮存稳定性。目前常采用的有两种方法：即在显微镜下观察粒子的大小及形状和通过激光粒度分布仪来直接测定粒剂。通常采用激光粒度分布仪来测定油悬浮剂的粒径。但在测定粒径时应该注意，油悬浮剂本身分散介质并不是水，因此在测定粒径时，若选用水作为分散介质，油悬浮剂在水中存在乳化过程，形成水包油型乳状液。因此测得的粒径既包括油悬浮剂中粒子的直径，又包括油悬浮剂在水中乳化后形成乳液的粒径。作为评价油悬浮剂稳定性的其中一个指标，在测定粒径时，应选择合适的分散介质，避免油悬浮剂在测定粒径时有乳化现象产生，可以考虑用油悬浮剂中的分散介质作为测定粒径时的分散介质，测得到的结果更加真实可靠。或者也可以配合着显微镜观察，通过显微镜直接观看粒子的大小和形状，是一种简单、直观，又不失真实性的方法。

2. 晶体增长的测定

分散介质对固体原药有微溶解现象，或者乳化剂对固体原药有一定的增溶作用，但大小晶体在连续相中的溶解度不一样，大晶体在连续相中的溶解度小，而小晶体的溶解度大，因此分散相在大晶体表面聚集的速度大于解离的速度，而在小晶体表面的解离速度大于聚集速度，所以大晶体会越来越大，而小晶体会越来越小直至消失，这便是奥氏熟化现象。奥氏熟化的发生与原药在分散介质中的溶解度有关，溶解度越大，越易发生奥氏熟化。晶体生长可以加速颗粒的沉降，导致沉降时颗粒结块。在实际使用时，长大的晶体可能引起喷雾设备堵塞，也会影响生物活性。因此，在油悬浮体系中，控制晶体增长速度是控制油悬浮剂物理稳定性的一个主要因素。分散剂可以改变晶体颗粒从界面输出的“速度”，从而影响溶解度，来改变晶体的增长速度。分散剂吸附在晶体表面，能强烈改变晶体表面能，使溶质难以接近晶体表面，抑制晶体增长。因此，若体系中的分散剂选择合适，固体微粒的晶体增长速度就会变慢，利于油悬浮剂的稳定。

测定晶体的增长，比较快速、简单的一种方法是通过光学显微镜或电子显微镜观察其晶体的形状及大小。也可以采用Coulter计数器测定，它能测出大于0.6μm的颗粒。另一种灵敏度较高的方法是使用光学盘型离心机，它可以获得小至0.1μm的颗粒大小分布。从以时间作为参数的平均颗粒大小分布图中可获得晶体的生长率，作为评估油悬浮剂的物理稳定性的主要因素之一。

3. 流变学的测定

流变学（rheology）是指从应力、应变、温度和时间等方面来研究物质变形或流动的物理学。在流变学研究的对象中流体流变学最具有广泛应用，流体流变学的对象包括牛顿流体和非牛顿流体，农药油悬浮剂属于非牛顿流体。非牛顿流体有明显的弹性效应和法向应力差效应，必须考虑其拉升黏度。非牛顿流体分为非时变性和时变性两类。非时变性非牛顿流体主要包括塑性流体、假塑性流体和胀塑性流体。一般采用流变仪测定油悬浮剂的流变学性质，通过剪切率变化获得相应完整的流动曲线，可实现对物料从初始屈服应力到松弛，恢复和蠕变的流变学行为评估。针对某特定的油悬浮剂产品，可以通过反复试验建立流变学行为指标，例如，流体类型、屈服值、触变性等，以快速评价该产品的稳定性。

第三节 油悬浮剂的开发思想及开发方法

目前，越来越多企业倾向于将产品制备成油悬浮剂，但油悬浮剂的稳定性问题一直是制约该剂型发展的主要原因，主要表现为有效成分分解、长期物理稳定性不好、出现析油或沉淀等现象。因此，在新型理论指导下，深化、细化、量化地进行油悬浮剂的配方开发与研究，具有重要意义。

一、油悬浮剂的开发思想

油悬浮剂的开发应达到如下目的：

① 保证产品满足相应的国家标准或企业标准。在配方开发前，应充分了解该油悬浮剂相关的国家标准、行业标准或企业标准等，进而调整体系中助剂的种类及用量，使开发出来的产品符合相应的标准。

② 提高产品的应用性能。应充分了解产品的市场定位，例如，登记作物、防治对象、施用方式等，以在配方开发中，除满足基本标准之外，应结合实际使用情况，提高产品的应用性能，例如，自动分散性、润湿性能、渗透性能、粒径等，以使有效成分最大限度地发挥药效。

③ 方便工业化。生产配方开发时应结合实际生产条件，考虑生产上的可行性、便利性和放大效应。体系中功能性助剂的范围尽可能宽泛，体系对有效成分中的杂质等其他组分的适应性强，降低生产上较为粗放的操作对产品性能产生的影响。此外，还应考虑加料顺序、砂磨温度等对油悬浮剂体系的影响，摸清生产工艺中对产品性能有影响的关键因素，进一步指导工业化生产工艺的制定，降低工业化失败的风险。在不影响产品性能的前提下，应尽量简化工艺流程，方便生产操作，降低人工、能耗等生产成本。

④ 控制生产成本。配方开发在保证质量的前提下，应选择价格相对低廉、容易获得的助剂，合理控制原料成本。此外，应通过反复试验，筛选助剂的优选比例，进而确定一个较优惠配方。

二、油悬浮剂的配方组成

油悬浮剂一般由有效成分、乳化剂、分散剂、增稠剂和分散介质组成，根据配方需要，还可能含有其他助剂，例如稳定剂、pH调节剂等。

1. 有效成分

原药是油悬浮剂中有效成分的主体，它对油悬浮剂的性能影响非常大。例如，硝磺草酮有两种晶型，一种晶型制备成油悬浮剂比较稳定，而另一种晶型或无晶态粉末制备成油悬浮剂比较容易出现膏化等现象。辛酰溴苯腈在甲酯油中的溶解度较大，比较容易出现奥氏熟化现象。在筛选配方前，要全面了解原药的理化性质，例如，熔点、溶解度、稳定性、酸碱度、晶型、化学结构、极性等，以有针对性地进行助剂及分散介质的筛选。另外，还应详细了解原药的燃点、毒性等相关数据，评估在生产、贮存、运输和使用过程中可能存在的风险。

2. 乳化剂

因油悬浮剂最终需兑水使用，所以要求油悬浮剂在水中能较好地乳化分散。而油悬浮剂中的植物油或甲酯油为多链不饱和脂肪烃，表面能较大，乳化较为困难，用普通的表面活性剂很难达到理想的乳化效果，即使量再多，油相在水中仍不能有效乳化。因此，必须选用合适的乳化剂，要求所使用的乳化剂对油相分散介质能充分乳化，使有效成分的药效能得以充分发挥，而且还能保证制剂在贮存期内的稳定性。常用的乳化剂有阴离子型和非离子性表面活性剂，尤其以非/阴复配最为普遍。乳化剂的选择也根据有效成分的不同而做相应的调整，例如醇类、水等均会导致烟嘧磺隆分解，因此在开发含有烟嘧磺隆的油悬浮剂时，应避免使用水分或醇类含量高的乳化剂。例如，代森系列原药在强酸性条件下易分解，在选择乳化剂时应避免使用酸性强的乳化剂。

3. 分散剂

农药油悬浮剂的悬浮体系介于胶体分散体系和粗分散体系之间，属于一种热力学不稳定体系。在油悬浮剂中，乳化剂主要对油相载体进行乳化、分散，而活性物质在贮存过程中以及使用时经水稀释后分散，悬浮性能的好坏取决于所选用的分散剂。为了使油悬浮剂中已分散的粒子持续悬浮在体系中，保持其单独状态，消除聚集和凝聚，增加制剂的稳定性，通常须加入一定量分散剂，其作用是在油悬浮剂的农药颗粒周围形成保护层，阻碍磨细的农药颗粒相互靠近，从而使农药固体小颗粒均匀分散在悬浮液体系中，并在贮存过程中不发生凝聚和结底现象，即使有少量分层，轻轻摇动也可再分散成稳定的悬浮体系。另外，合适的分散剂应能使油悬浮剂在低温或高温条件下均能保持良好的分散性和化学稳定性，即对温度有一定的适应性。油悬浮剂要求所加分散剂的量至少要达到足以覆盖农药在砂磨时暴露出来的表面，这样才能使悬浮液体系稳定。

4. 增稠剂

油悬浮剂中分散的粒子，在重力作用下发生沉降，根据Stokes定律，其沉降速度与粒子直径、黏度和密度差有直接关系，粒子直径越小，体系黏度越大、密度差越小，其沉降速度越慢，悬浮体系越稳定，反之，越不稳定。由此可见，增加油悬浮剂的黏度，能有效减慢粒子的沉降速度，使体系更趋于稳定。但是不能无限制地增加其黏度，否则制剂流动性不好，造成生产、分装、使用上的困难。另外，部分增稠剂还能形成有一定承受力的三维凝胶网络，将粒子有效地固定在相应网络中，有助于固体微粒在油悬浮剂中的稳定悬浮。

5. 分散介质

油悬浮剂以油相为分散介质，包括植物油、矿物油、高级脂肪烃类、多元醇类、液体脂类等。以植物油，特别是甲酯化植物油为介质的油悬浮剂对除草剂的增效作用较为明显。由于矿物油对作物有产生药害的风险，而植物油和甲酯化植物油来源于植物，在环境中的降解性较好，且不易产生药害，其用量在逐渐增加。目前，国外油悬浮剂采用大豆油居多，国内以油酸甲酯居多，主要是考虑资源丰富、价格低廉且药效表现较好等因素。从发展的眼光来看，用植物油或甲酯油作分散介质的油悬浮剂更具环保特色，在实际应用中也更具有推广和应用的价值。

6. 其他助剂

根据配方体系的需要，在配方中需要添加一些特殊助剂来使产品达到相关标准的要求，或使产品的应用性能更佳，例如pH调节剂、防冻剂、稳定剂等。硝磺草酮对体系的pH值有较高的要求，因此，在配方开发时若体系的pH值较高，需考虑添加合适的pH调节剂来调整体系的pH值，以抑制硝磺草酮的分解，使其相对分解率控制在5%以内。

三、油悬浮剂的设计思想

1. 原药的选择

根据油悬浮剂的性能和应用要求，不是所有农药都适合制备成油悬浮剂。一般符合下列三个要求的原药较适合制备成油悬浮剂：

① 原药熔点≥60℃，以避免农药活性成分在砂磨或贮存过程中保持固体颗粒状态，避免膏化、重结晶等现象出现；

② 在介质中的溶解度较小，或者能完全溶解，若一部分能溶于介质中，或者溶解度随着温度高低变化较大，容易发生奥氏熟化或重结晶；

③ 制备成油悬浮剂可明显增效或提高制剂的稳定性。

在制备油悬浮剂时，应选择纯度较高的原药，杂质成分越少，越有利于制得性能优良、稳定性好的油悬浮剂。另外，应重点关注原药的相关杂质，避免使用相关杂质超标的原药，因而导致制剂产品中杂质不符合相关标准。

2. 分散介质的选择

分散介质的选择使用对油悬浮剂的性能有很大影响，表现在制剂的黏度、有效成分的热稳定性、对作物的安全性及药效等各方面。对分散介质的要求是被悬浮的活性成分至少在50℃以下是不溶的，同时要求分散介质闪点高、挥发性低、毒性低、对有效成分无不良影响且来源丰富、取材方便等。油悬浮剂常用的分散介质有：植物油（如大豆油、玉米油、菜籽油、棉籽油、蓖麻油、椰子油、棕榈油、松节油、浓缩蔬菜油、葵花籽油等）、甲酯化植物油（如菜籽油甲基酯、大豆油甲基酯、棕榈甲酯油等）、矿物油及其混合物。甲酯化植物油来源于植物、生物降解性好、毒性低、对作物药害小、黏度低且具有增效作用。近几年甲酯化植物油成为油悬浮剂分散介质选择的热点。矿物油原料受资源限制，污染环境，且对作物易产生药害。因此应提倡来源于植物、对有益生物低毒、易降解、对作物没有药害的植物油类作为开发方向。

3. 乳化剂的选择

油悬浮剂的乳化剂应根据有效成分及分散介质来选择，分散介质的结构不同，HLB值不同，应选择合适类型和HLB值的乳化剂。目前国内常用的乳化剂一般从乳油中所用的乳化剂来选择，例如，醚类非离子乳化剂、酯型非离子乳化剂、烷基苯磺酸钙盐、磷酸酯及亚磷酸酯阴离子乳化剂等。一般蓖麻油环氧乙烷加成物对油酸甲酯有较好的乳化作用。

4. 分散剂的选择

目前适用于油悬浮剂的分散剂太少，是制约该悬浮剂发展的主要因素之一。在水性体系中的分散剂，由于极性太强而不能与分散介质很好地相容，而且其分散稳定作用远不及在水性介质中。用于有机介质中的分散剂主要有各种非离子表面活性剂，各种长碳链胺类、各类以聚氧乙烯为亲水基团的烷基胺类、吐温类，亲油性强的斯盘类非离子表面活性剂。对于超低能表面的有机粒子在非水介质中采用经典的表面活性剂作分散剂，其分散性能远不及在水性介质中，其主要原因一方面是以表面活性剂的极性基作为吸附基团在低能表面上的吸附强度差，往往出现脱吸附现象，导致分散体系粒子的聚集或沉降；另一方面在非水介质中，质点间几乎不存在电斥力，而主要能起作用的是被吸附的表面活性剂疏水链形成的溶剂化膜，而经典表面活性剂的疏水链不具备足够长的链，即不能形成足够厚的溶剂化膜，产生足够高的空间排斥能来克服粒子间的范德华相吸力，而使粒子分散稳定于有机介质中。

为了克服经典表面活性剂在非水介质中的分散稳定作用的局限性，国外助剂公司开发了新一代聚合物型分散剂，由于其对非水体系独特的分散效果，又被称为超分散剂。超分散剂的分子量一般在1000～10000之间，分子结构中含有性能、功用完全不同的两个部分，一部分为锚固基团，可通过离子对、氢键、范德华力等作用以单点锚固或多点锚固的形式紧密地结合在颗粒表面上。另一部分为亲介质的溶剂化的聚合物链，它通过空间位阻效应（熵排斥）对颗粒的分散起稳定作用。

对于弱极性表面的有机粒子，为了增加与粒子表面的吸附强度，避免脱吸附发生，一般采用含多个锚固基团的超分散剂，这些锚固基团可以通过偶极力在粒子表面形成多点锚固的形式。分散体系的稳定性是颗粒、分散介质、分散剂等组分之间的各种相互作用共同决定的，在非水体系中，对稳定起决定作用的是空间位阻。在超分散剂作用体系中，其长度一般在10～15nm之间，当两个吸附有超分散剂的颗粒相互接近时，由于伸展链的空间阻碍，因此不会引起絮凝而维持稳定的分散状态。锚固段和溶剂化段往往存在着相互抵触的要求，单一的均聚物往往难以满足条件，而只有那些被官能化了的聚合物或共聚物才可能达到上述功能。目前用于油悬浮剂的分散剂有EO/PO共聚醚、二胺嵌段共聚物、羧酸酯类等高聚物。

在选择油悬浮剂中所用的分散剂时，应考虑以下三点因素：

① 对被分散的农药活性成分粒子外表面和多孔表面有良好的润湿和分散作用，吸附在农药颗粒表面，形成不易脱落的保护层，阻止已磨细的颗粒相互靠近，使颗粒均匀地分散在悬浮体系中，并能有效阻止在贮存过程中不发生凝聚；

② 能有助于减小粒径，并对油悬浮剂体系有明显的降黏作用，便于分散和加工；

③ 能形成稳定悬浮分散液，即使有少量的析油分层现象，经过轻轻晃动后，也可再分散成均匀的悬浮分散液。

此外，因油悬浮剂需兑水使用，当兑水稀释后，为了使农药有效成分微粒更好地悬浮在体系中，可以在油悬浮剂中添加少量适宜的悬浮剂中所用的分散剂。如此，能提高油悬浮剂的分散稳定性，避免药剂兑水放置一段时间或喷雾过程中有效成分沉降在底部，降低药效。

5. 增稠剂的选择

增稠剂是农药油悬浮剂必不可少的成分之一，符合要求的增稠剂必须具备以下三个条件：① 用量少，增稠作用强；② 对体系的兼容性强，在体系中有良好的分散性，并且不破坏体系的乳化、分散性能；③ 对温度的适应性强，在低温或高温状态下黏度变化不大。报道的用于油悬浮剂的增稠剂有白炭黑、凹凸棒土、黄原胶、膨润土、有机膨润土、硅酸镁铝、海藻酸钠、柱撑类水滑石等。目前在实际配方开发中用的比较多的是有机膨润土和气相法白炭黑。

有机膨润土是通过季铵盐表面活性剂与膨润土晶片层间可交换阳离子之间的离子交换反应，使表面活性剂离子进入膨润土晶片层间制得的。有机膨润土的增稠机理是有机膨润土被大量有机介质润湿后，小分子量极性分散剂渗入层间，沿着硅氧四面体层嵌入层间的有机阳离子空间，同时把有机阳离子长链抬高、层间距增大，形成内膨胀，单位晶胞体积增大。在溶剂的溶剂化作用下层状集合体分离成更小的薄片，达到分散的效果。膨润土在分散介质中分散后，形成一种网络凝胶结构，将大量油性介质分子包裹在网状空隙中，使体系黏度增大。但随着剪切速率的增大，结构被破坏，使包裹的大量油性介质重新释放出来，因而表现为剪切变稀的状态。随着有机膨润土含量的增加，有机膨润土的有机碳链相互交叠、覆盖的机会增大，使得结构抗破坏能力增大，体系的屈服值增大。加入有机膨润土后，由于有机膨润土的碳链之间相互交叠成网络结构，这种结构可以承托农药颗粒并使其可以在分散体系中很好的悬浮。而随着有机膨润土添加量的增加，体系的屈服值增大，有机膨润土的加入可以使体系的悬浮稳定性得到提高。

白炭黑分为气相法和沉淀法，油悬浮剂一般用气相法白炭黑作为增稠剂。白炭黑在液体中形成可逆的三维网状结构，白炭黑表面的羟基相互作用建立起一个松散的弹性网状结构，增加了黏度和静置下的屈服点。白炭黑的添加量不宜太大，否则容易导致体系凝固。

另外，目前溶剂型涂料中常用的一些增稠剂，除有机膨润土、气相白炭黑之外，其他类别的增稠剂，例如聚酰胺蜡、氢化蓖麻油、凹凸棒土等也逐渐被引用到农药油悬浮剂中。聚酰胺蜡大多是将脂肪酸酰胺在天然石蜡中乳化产生极性，一般需要有机介质预先膨胀。它的膨润结构成网状，有非常高的强度和耐热性，有较好的防沉淀效果，并具有触变性。氢化蓖麻油是由蓖麻油加氢制得的一种蜡状固体，是12-羟基硬脂酸三甘油酯，在脂肪链上有羟基，因此显示出了某种程度的极性。氢化蓖麻油在非极性溶剂中具有良好的膨润性，经过处理后可作增稠剂使用，但在醇类极性溶剂中有溶解的倾向。

四、实验室配制

1. 配方设计

结合农药油悬浮剂的设计思想，在充分了解有效成分的理化性质、助剂的性能和价格的基础上，进行配方设计。油悬浮剂的基本配方组成为：

有效成分：4%～50%；分散剂：2%～5%；乳化剂：15%～20%；增稠剂：0.1%～3%；油相介质：补足至100%。

2. 实验室配制

根据配方设计，结合配方中有效成分、分散剂等各组分的性质，选择合适的工艺路线和加工设备制备油悬浮剂。

（1）加工工艺。油悬浮剂常用的加工方法为湿法超微粉碎法，将原药、分散剂、乳化剂、增稠剂、油相介质等混合后，经过预分散后进入砂磨机砂磨至一定细度，过滤后经调配得到油悬浮剂。砂磨过滤后的物料需要经过调试，主要是其乳化分散性能，通过选择合适的乳化剂种类及其比例，使油悬浮剂入水后能较好地乳化分散，乳化性能的调试方法可参照乳油中乳化性能的调试方法进行。油悬浮剂加工流程图见图10-1。

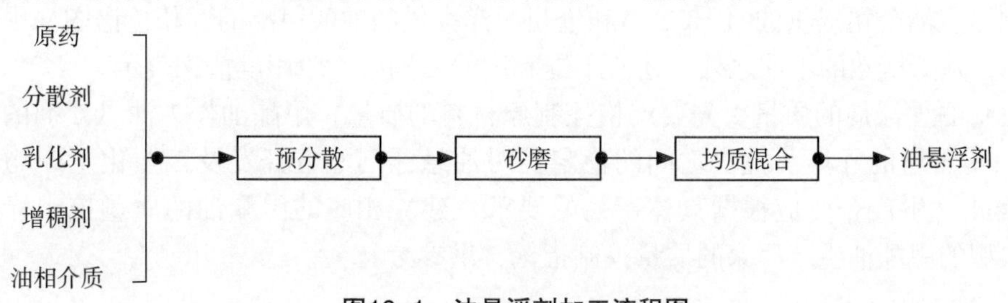

图10-1　油悬浮剂加工流程图

（2）加工设备。实验室常用的加工设备主要为立式砂磨机，以开放式砂磨机居多，因油悬浮剂在砂磨过程中不易产生泡沫，且开放式砂磨机结构简单、使用方便、价格便宜。

（3）加料顺序。实验室配方筛选时，应充分考虑工业化时的情况，一般先加部分油相介质、液体的乳化剂和分散剂，搅拌均匀后再加入原药和增稠剂。油悬浮剂加工过程中，加料顺序不同，可能会导致同一个配方的稳定性不同。另外，结合配方中各组分的性质，调整加料顺序，使其在不影响油悬浮剂稳定性的前提下，以工业化时方便操作为目的。例如，Croda的增稠剂Atlox Rhestrux 200就应在物料砂磨后再调制。

第四节 油悬浮剂的分散介质及助剂

一、油悬浮剂的分散介质——甲酯油

目前国内的油悬浮剂所用的分散介质有甲酯油、松脂基植物油、环氧大豆油、石蜡油、棕榈酸甲酯等，但主要以甲酯油为主，下面就甲酯油的制备、质量控制、生产厂家等做简单介绍。

1. 甲酯油的制备

甲酯油的制备方法分为物理法和化学法。物理法主要包括稀释法和微乳化法，化学法包括高温裂解法、酯交换法和超临界甲醇法。稀释法利用溶剂等（如甲醇）混合稀释，易分层；微细乳化过程采用乳化剂，使油脂成为比胶质更细的液体粒子，改善喷雾特性，虽然效果良好，但成本偏高；高温裂解法须经高温加热裂解，不仅烦琐，而且成本高。目前较好的制备方法为酯交换法，酯交换反应主要是以酸、碱或酶等作为催化剂，用低碳醇（甲醇、乙醇等）与动植物油、酯化油、动植物油脚等脂肪酸甘油酯发生反应，减少甘油三酸酯的含量，从而降低动植物油的黏度，酯交换的方程式见式（10-5）：

$$\begin{array}{l} H_2C—OOR \\ \;| \\ HC—OOR^1 \\ \;| \\ H_2C—OOR^2 \end{array} + 3CH_3OH \underset{}{\overset{\text{催化剂}}{\rightleftharpoons}} \begin{array}{l} H_2C—OH \\ \;| \\ HC—OH \\ \;| \\ H_2C—OH \end{array} + \begin{array}{c} ROOCH_3 \\ + \\ R^1OOCH_3 \\ + \\ R^2OOCH_3 \end{array} \qquad (10\text{-}5)$$

式中　R、R^1、R^2——烷基。

酯交换法的关键技术是反应所用的催化剂。催化剂的种类有酸性催化剂、碱性催化剂、酶催化剂和其他催化剂。目前大多数甲酯油以酸催化法生产。

2. 甲酯油的质量控制

甲酯油又称为油酸甲酯，实际目前市售甲酯油多为C_{16}（棕榈酸）、C_{18}（油酸、硬脂酸）、C_{20}脂肪酸甲酯的混合物，以C_{18}为主要成分，C_{16}次之，C_{20}含量较小。图10-2和图10-3分别为宝洁公司提供的CE1875-A和沧州大洋提供的油酸甲酯的气相色谱图。甲酯油的各组分中，除碳链数的不同之外，还有不饱和度的差别，一般用碘值来表示。

要控制油悬浮剂的质量，先要严格控制原材料的质量，甲酯油作为油悬浮剂的主要分散介质，其质量的好坏及批次之间的稳定性对油悬浮剂配方开发及工业化生产均有很大影响。因此，生产企业应根据具体产品的要求，建立相应的甲酯油的质量控制标准。表10-1为典型的甲酯油生产厂家的质量控制指标，供参考。

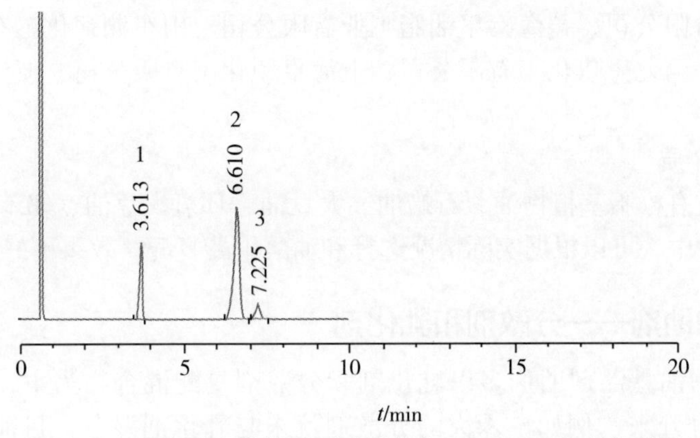

图10-2 油酸甲酯/棕榈酸甲酯混合物CE1875-A气相色谱图

1—棕榈酸甲酯；2—油酸甲酯；3—C_{20}脂肪酸甲酯

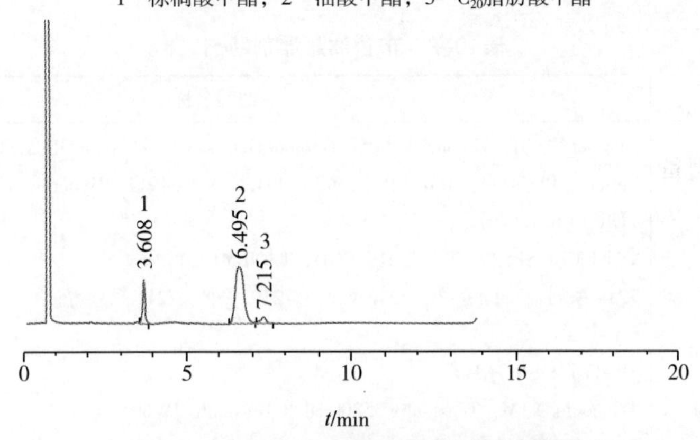

图10-3 沧州大洋油酸甲酯气相色谱图

1—棕榈酸甲酯，2—C_{18}脂肪酸甲酯，3—C_{20}脂肪酸甲酯

表10-1 甲酯油的质量控制指标

项目	指标	项目	指标
外观	淡黄色透明油状液体	C_{16} 脂肪酸含量 /%	≥ 80
酸值（以 KOH 计）/（mg/g）	≤ 7	C_{18} 脂肪酸含量 /%	≥ 15
皂化值（以 KOH 计）/（mg/g）	180 ~ 195	熔点 /℃	≤ 0
碘值 /（g/100g）	72 ~ 84	密度 /（g/cm³）	0.87 ~ 0.89

目前，市售甲酯油质量良莠不齐，质量比较差的甲酯油主要表现为：气味难闻、熔点高、贮存一段时间后底部有絮状物等，究其主要原因有：

① 原材料来源不稳定。甲酯油主要原料之一油酸的来源主要为植物油、动物油、地沟油等，植物油中不饱和脂肪酸较多，而动物油、地沟油以饱和脂肪酸为主，并且杂质较多。若加入地沟油、动物油等作为油酸，生产出来的油酸甲酯质量不稳定。

② 无标准化的生产程序。油酸经过酯化后，需要后处理过程，一般为加入甲醇钠消耗多余的油酸，然后用水洗至中性，干燥并过滤后制备得到工业品。由于工艺没有标准化，所以甲酯油的后处理过程不一致。故不同厂家或同一厂家不同批次的甲酯油酸度相差较大，杂质含量浮动较大。

3. 甲酯油的生产厂家

目前生产油酸甲酯的企业较多，列出一些企业供参考：沧州大洋化工有限责任公司、河北金谷增塑剂有限公司、益海嘉里油脂工业有限公司、山东渊智化工有限公司、南昌亨利化工有限公司、河北思琪化工有限公司、上海卓锐化工有限公司、浙江捷达油脂有限公司等。

4. 其他分散介质

其他分散介质有松脂基植物油、石蜡油、大豆油、环氧大豆油、邻苯二甲酸二丁酯等。在油悬浮剂的开发中，可以根据实际情况选择和油酸甲酯复配，效果更好。

二、油悬浮剂的助剂——分散剂和乳化剂

目前，国内的油悬浮剂助剂多以乳化剂和分散剂复配混合物为主，也有助剂厂商将乳化剂和分散剂分开来，例如，禾大的分散剂就未与乳化剂混合，目前市售的油悬浮剂助剂（含分散剂和乳化剂）见表10–2。

表10–2 市售油悬浮剂助剂

序号	生产厂家	助剂名称
1	索维尔	Geronol VO 01、Geronol VO 05、Geronol ODessa 01、Geronol ODessa 05
2	禾大	Zephrym PD 7000、Atlox LP–1、Atlox 4912、Atlox 4914、Hypermer KD–1、Atplus 1086
3	亨斯迈	TERSPERSE2510、TERMUL 3015
4	拓纳	TANEMUL SPS29、TANEMUL SOD、TANEMUL 1736
5	南京太化	7214 系列、7217 系列、7218 系列、7219 系列、7211 系列等
6	广源益农	GY–OF01
7	秦宇化工	SP–1160、SP1161 等
8	OMNICHEM	Tensionfix NTM，Tensionfix 35300 DL，Tensionfix IW60
9	阿克苏诺贝尔	AG 530、1040 W、AG 540
10	竹本油脂	YUS–110、YUS–EP60P、YUS–CH1100

三、油悬浮剂的增稠剂

目前，油悬浮剂的增稠剂应用最广泛的仍为有机膨润土和气相法白炭黑。下面就有机膨润土和气相法白炭黑的制备、质量控制、生产厂家等做简单介绍。

1. 有机膨润土

（1）有机膨润土的制备　有机膨润土是利用有机铵盐与膨润土进行交换反应后得到的一种有机–无机复合物。膨润土是由两层SiO四面体片中间一层AlO（OH）八面体所组成的层片状矿物，结构单元中的Si^{4+}可被Al^{3+}置换，八面体层内的Al^{3+}常被Mg^{2+}、Fe^{2+}、Zn^{2+}等多价离子置换，从而使晶格中的电荷不平衡，产生剩余电荷，使其具有吸附阳离子和交换阴离子的能力。不仅K^{+}、Na^{+}、Ca^{2+}、Mg^{2+}等可相互置换，而且H^{+}、多核金属阳离子（如羟基铝十三聚体）、有机阳离子（如二甲基双十八烷基氯化铵）也可交换晶层间的阳离子。膨润土具有很大的表面积，巨大的表面积伴随产生巨大的表面能，使其具有较大的吸附能力。这些特征决定了蒙脱石具有较高的阳离子交换容量及良好的吸附性能，为膨润土及改性膨润土在水处理中的应用奠定了基础。有机膨润土的制备工艺可分为干法、湿法和预凝胶法。

① 干法工艺。将含水量20%~30%的钠基膨润土与有机覆盖剂直接混合，用专门的加热混合器混合均匀，再加以挤压，制成含有一定水分的有机膨润土，然后进一步干燥，粉碎成粉末状样品。

② 湿法工艺。将提纯后的膨润土改性或活化，制成一定浓度的膨润土悬浮液，然后加入有机（插层）覆盖剂，充分反应，反应产物经过滤、干燥、粉碎，即得有机膨润土。

③ 预凝胶法工艺。先将膨润土分散、改性提纯，然后进行有机（插层）覆盖。在有机（插层）覆盖过程中，加入疏水有机溶剂（如矿物油），把疏水的有机膨润土复合物萃取进入有机相，分离出水相，再蒸发除去残留水分，直接制成有机膨润土预凝胶。

上述三种方法，湿法工艺制备有机膨润土在溶液中进行，插层剂分散均匀，改性效果好，所得产物纯度较高，工艺过程也较简单。

（2）有机膨润土的质量控制　目前，市售的有机膨润土质量良莠不齐，主要表现在外观、增稠性能和分散条件的不同，原因主要是膨润土的来源和制备工艺有差别。有机膨润土的质量直接影响油悬浮剂的黏度及贮存稳定性，因此在原料采购时应严格控制有机膨润土的质量。油悬浮剂生产企业根据实际情况，制定有机膨润土的质量控制指标，表10-3为典型的有机膨润土生产厂家的质控指标，供参考。

表10-3　有机膨润土质控指标

项目	外观	水分 /%	干粉粒度（通过 200 目筛）/%	表观黏度 /Pa·s	灼烧失重 /%
指标	类白色粉末	≤ 3.5	≥ 95	≥ 4.0	≥ 30

（3）有机膨润土的使用方法　一般有机膨润土以干粉直接加入，需要足够强的剪切分散作用和剪切时间，或者砂磨后，才能在体系中充分分散，起到增稠作用。

（4）有机膨润土的生产厂家　目前，有机膨润土厂家很多，列出几个供参考：浙江安吉天龙有机膨润土有限公司、杭州西河化工有限公司、浙江丰虹新材料有限公司、苏州中材矿物材料公司、华特化工集团公司、浙江安吉县金泰膨润土有限公司、内蒙古宁城旗实化工有限公司、河北易县恒泰膨润土厂、辽宁黑山县万程膨润土有限责任公司、河北磁县副高物资有限公司等。

2. 气相法白炭黑

白炭黑又称为二氧化硅，按亲水性的特点分为亲水性白炭黑和疏水性白炭黑。白炭黑的生产工艺分为气相法和沉淀法两种，气相法白炭黑是由高温气相反应制成，制造中由于四价硅小结构单元的氧化，粒子主要形成三元体型结构，分子的密集型高，结构较为紧密。气相法工艺生产的白炭黑粒子非常小，比表面积很大，化学性能和分散纯度高，对其他化学药品稳定，具有很强的稳定性、良好的增稠性和触变性。油悬浮剂中常采用气相法白炭黑作为增稠剂。气相法白炭黑在油悬浮体系中形成可逆的三维网状结构，有效阻止固体微粒下降，改善油悬浮剂的物理稳定性。

（1）气相法白炭黑的制备　气相法制备白炭黑的原理是硅烷卤化物在氢氧焰生成的水中发生高温水解反应，温度一般高达1200～1600℃，然后骤冷，再经聚集、旋风分离、空气喷射脱酸、沸腾床筛选、真空压缩包装等后处理制得成品。目前，用于生产气相法白炭黑的硅烷卤化物原料主要有$SiCl_4$和CH_3SiCl_3两种。1941年，德国Degussa公司成功开发了气相法白炭黑的生产技术，使用的是卤化物$SiCl_4$。CH_3SiCl_3是有机硅甲基单体生产的副产物，将其作为气相法制备白炭黑的原料，为解决CH_3SiCl_3的堆积和促进有机硅甲基单体工业的良性发展提供了一条新的途径。

（2）气相法白炭黑的使用方法　气相法白炭黑作为油基液体的稳定剂使用时，需要选择合适的分散条件。剪切强度太高会破坏二氧化硅建立空间网状立体体系的特性，太低会导致其在体系中不能很好地分散与充分润湿，从而不能有效发挥其增稠作用。一般气相法，二氧化硅在加工过程中最后一步加入和分散，操作相对简单方便。

（3）气相法白炭黑的生产厂家　气相法白炭黑的核心制备技术和市场主要由德国、美国和日本的几大公司控制，目前世界上规模较大的气相法白炭黑生产厂家为Degussa公司和Cabot。我国气相白炭黑工业起步较晚，目前主要生产厂家有沈阳化工股份有限公司、广州吉必时科技实业有限公司和上海氯碱化工股份有限公司。

第五节　油悬浮剂的开发实例

一、油悬浮剂配方开发举例——10%硝磺草酮油悬浮剂

1. 试验材料

硝磺草酮原药：97%，安徽中山化工有限公司提供；

甲酯油：沧州大洋化工有限责任公司提供；

玉米油：市售食用油；

环氧大豆油：青州市宏益达工贸有限公司提供；

气相白炭黑：瓦克生产，由青岛正荣贸易有限公司提供；

有机膨润土838F2#：浙江安吉天龙有机膨润土有限公司提供；

500号、EL-10、T-60、1601、601号、Span 20：均由沧州鸿源农化有限公司提供；

500LQ：由阿克苏诺贝尔提供；

Soprophor FD：索维尔集团生产，由青岛正荣贸易有限公司提供；

TERSPERSE 2510：由亨斯迈提供；

pH调节剂：乙酸。

2. 试验仪器

200mL立式砂磨机（沈阳化工研究院）；

FA25型实验室高剪切分散乳化剂（上海弗鲁克流体机械制造有限公司）；

低温冷却循环泵（江苏恒岩仪器有限公司）；

pHS-3C精密pH计（上海雷磁仪器厂）；

DHG-9031A恒温鼓风干燥箱（上海精宏试验设备有限公司）；

Brookfield R/S plus流变仪（美国Brookfield）；

Malvern Master Sizer2000激光粒度仪（英国Malvern公司）。

3. 性能测试方法

① 硝磺草酮的质量分数测定。试样用乙腈溶解，以乙腈+水为流动相，使用以SB-C_{18}为填充物的不锈钢柱和紫外检测器，对试样中的硝磺草酮进行高效液相色谱分离和测定，外标法定量。

② pH值的测定。按GB/T 1601方法测定。

③ 倾倒性的测定。按CIPAC MT 148.1测定。

④ 分散稳定性的测定。按CIPAC MT 180测定。

⑤ 湿筛试验测定。按GB/T 16150中“湿筛法”测定。

⑥ 持久起泡性的测定。按CIPAC MT 47.2测定。

⑦ 粒径分布。用激光粒度仪测定，取一滴样品加入含有10mL去离子水的试管中，摇匀，倒入激光粒度仪中，超声2s，测量，取其平均值。同时，配合显微镜观察，计算粒子的大小。

⑧ 黏度的测定。按NY/T 1860.21—2016中的方法测定；采用R/S plus流变仪对样品的黏度进行测定，CC-DIN3同轴转子，RE-204程控恒温制冷水浴，测试温度为（25±0.1）℃，Rheo 3000软件。将20mL样品加入测定容器中，测定样品在剪切速率为400s^{-1}下的黏度。

⑨ 低温稳定性测定。按CIPAC MT 39.3测定。

⑩ 热贮稳定性测定。按CIPAC MT 46.3测定。

4. 分散介质及助剂的筛选

（1）分散介质的筛选　根据目前国内常用的油悬浮剂介质，我们针对10%硝磺草酮油悬浮剂进行了介质的筛选，具体结果见表10-4。

表10-4　10%硝磺草酮油悬浮剂分散介质的筛选

分散介质	溶解度	分散性	稳定性	倾倒性
甲酯油	不溶	良	可	良
环氧大豆油	不溶	可	可	差
玉米油	不溶	差	可	良
大豆油	不溶	差	差	差
甲酯油：环氧大豆油 =2 ：1	不溶	可	可	良
甲酯油：环氧大豆油 =1 ：1	不溶	可	可	良
甲酯油：环氧大豆油 =1 ：2	不溶	可	可	良
甲酯油：玉米油 =1 ：1	不溶	差	可	良
环氧大豆油：玉米油 =1 ：1	不溶	良	良	良

由表10-4可以看出，采取油酸甲酯和环氧大豆油1：1复配作为分散介质，效果较好。

（2）乳化剂的筛选　跟乳油的配方筛选相似，以标准硬水（342mg/L）稀释200倍，放置1h，上无浮油，下无沉淀为合格，同时考虑其自发分散性，见表10-5。

表10-5　10%硝磺草酮油悬浮剂乳化剂的筛选

项目	乳化剂方案 1	乳化剂方案 2	乳化剂方案 3	乳化剂方案 4
500 号	6%	6%	6%	4%
601 号	6%	—	—	4%
1601	—	6%	6%	—
EL-10	—	—	—	4%
自发分散性	差	差	差	良
乳液稳定性	合格	合格	合格	良

由表10-5可以看出，500号、601号、EL-10复配，乳液稳定性和自发分散性良好，基本可以满足乳化分散的要求。

（3）分散剂的筛选　硝磺草酮油悬浮剂在贮存过程中易产生沉淀，需要筛选出合适的分散剂，以改善其物理贮存稳定性。另外为了提高硝磺草酮实际使用时的有效悬浮率，应在体系中添加合适的用于水体系的分散剂，见表10–6。

表10–6　10%硝磺草酮油悬浮剂分散剂的筛选

项目	分散剂方案 1	分散剂方案 2	分散剂方案 3	分散剂方案 4	分散剂方案 5
T 60	2%	—	—	—	—
Span 20	—	2%	—	—	—
TERSPERSE 2510	—	—	3%	3%	3%
500 LQ	—	—	—	0.5%	—
Soprophor FD	—	—	—	—	0.5%
热贮后有无沉淀	有沉淀	有沉淀	无沉淀	无沉淀	无沉淀
有效悬浮率	82.5%	78.6%	85.6%	88.2%	98.7%

由表10–6可以看出，分散剂TERSPERSE 2510和Soprophor FD配合使用，能有效解决硝磺草酮油悬浮剂的悬浮稳定性。

（4）增稠剂的筛选　硝磺草酮油悬浮剂在贮存过程中易析油，考虑在体系中添加合适的增稠剂，来有效改善析油现象，具体见表10–7。

表10–7　10%硝磺草酮油悬浮剂增稠剂的筛选

项目	增稠剂方案 1	增稠剂方案 2	增稠剂方案 3	增稠剂方案 4	增稠剂方案 5	增稠剂方案 6
838F2#/%	1	1.5	2	3	2	2
气相白炭黑 /%	—	—	—	—	0.5	1
析油率 /%	21	14	9.2	5.2	4.2	1.6
晃动后是否能恢复	是	是	是	否	是	否

析油率是评价油悬浮剂稳定性的重要指标，析油率越低稳定性越好。由表10–7可以看出，随着增稠剂838F2#用量的增加，析油率降低，当用量达到2.0%时，析油率控制在10%以下。可见838F2#对10%硝磺草酮油悬浮剂具有明显的抗沉降作用。有机膨润土838F2#和气相白炭黑配合使用，更能有效地阻止分层。但有机膨润土和气相白炭黑都不宜添加过量，否则容易引起凝固，体系晃动后不能恢复。

（5）稳定剂的筛选　10%硝磺草酮油悬浮剂在热贮过程中由浅黄色慢慢变为深黄色或褐色，经高效液相色谱分析后，分析变色原因为硝磺草酮分解。为了能有效抑制硝磺草酮的分解，需要加入稳定剂，经过试验发现，硝磺草酮在pH值为3左右时比较稳定，所以选择用乙酸来调节体系的pH值至3左右。

5. 配方的确定

通过试验，最终确定10%硝磺草酮油悬浮剂的配方见表10–8，其典型性能见表10–9。

表10–8　10%硝磺草酮油悬浮剂的配方

项目	含量 /%	项目	含量 /%
硝磺草酮	10	气相白炭黑	0.5
500 号	4	838F2#	2
601 号	4	乙酸	0.5
EL–10	4	环氧大豆油	30
FD	0.5	甲酯油	补至 100
TERSPERSE 2510	2		

表10-9　10%硝磺草酮油悬浮剂的典型性能

项目		测定值	项目		测定值
硝磺草酮		10.3%	粒度	D_{50}	3.6μm
倾倒性	倾倒后残余物	2.6%		D_{90}	4.9μm
	洗涤后残余物	0.3%	黏度		30mPa·s
分散稳定性		95.6%	低温稳定性		合格
湿筛试验（通过45μm试验筛）		99.6%	热贮稳定性		合格

6. 小结

硝磺草酮有2种晶型，不同厂家的硝磺草酮原药差别很大，包括色泽、晶型、细度等，在配方开发时应充分考虑原药对体系的影响，尽量使配方的适应性强。

二、部分油悬浮剂配方

在市场上出售的油悬浮剂产品，它们的实际配方组成是商业机密，表10-10为搜集到的一些配方供读者参考。

表10-10　油悬浮剂的参考配方

配方		配方	
4%烟嘧磺隆OD		4%烟嘧磺隆OD	
烟嘧磺隆	4%	烟嘧磺隆	4%
TERMUL 3015	17%	TANEMUL CDB	12%
TERSPERSE 2510	3%	TANEMUL PS 1634	4%
有机膨润土	1.6%	有机膨润土	2%
Solvesso 200	25%	油酸甲酯	补齐
油酸甲酯	补齐		
4%烟嘧磺隆OD		4%烟嘧磺隆OD	
烟嘧磺隆	4%	烟嘧磺隆	4%
7218-Q	15%	Geronol Odessa 05	40%
有机膨润土	1.7%	Geronol VO 05	9%
油酸甲酯	补齐	油酸甲酯	补齐
4%烟嘧磺隆OD		4%烟嘧磺隆OD	
烟嘧磺隆	4%	烟嘧磺隆	4%
Geronol Odessa 01	35%	GY-OD 01	15%～20%
Geronol VO 01	5%	增黏剂	2%～4%
大豆油	补齐	稳定剂	3%～6%
		脂肪酸甲酯	补齐
4%烟嘧磺隆OD		23%烟嘧磺隆·莠去津OD	
烟嘧磺隆	4%	烟嘧磺隆	3%
Zephrym PD 2206	0.4%	莠去津	20%
Arlatone TV	15%	TERMUL 3015	17%
有机膨润土	3%	TERMUL 1284	4%
油酸甲酯	补齐	有机膨润土	1%
		Solvesso 200	18%
		油酸甲酯	补齐

续表

23% 烟嘧磺隆·莠去津 OD 烟嘧磺隆 3% 莠去津 20% Geronol Odessa 05 50% Geronol VO 05 8% 油酸甲酯 补齐	23% 烟嘧磺隆·莠去津 OD 烟嘧磺隆 3% 莠去津 20% Geronol Odessa 01 30% Geronol VO 01 6% 大豆油 补齐
23% 烟嘧磺隆·莠去津 OD 烟嘧磺隆 3% 莠去津 20% 7218–Q 15% 有机膨润土 0.5% 油酸甲酯 补齐	4% 氯磺隆 OD 氯磺隆 4% Geronol Odessa 01 60% Alkamuls OL/40 3.8% Rhodacal 60/BE–C 1.2% 大豆油 补齐
乙呋草黄–甜菜宁–甜菜安–环草定 OD 乙呋草黄 7.7% 甜菜宁 6.2% 甜菜安 4.9% 环草定 2.8% Geronol Odessa 01 45% Alkamuls OL/40 7.5% Rhodacal 60/BE–C 2.5% 菜籽油 补齐	10% 硝磺草酮油悬浮剂 硝磺草酮 10% 500 号 9% TX–10 3% 601 号 3% 乙酸 1% 环氧大豆油 37% 油酸甲酯 补齐
10% 氯虫苯甲酰胺 OD 氯虫苯甲酰胺 10% 7211–T 15% 有机膨润土 2.5% 油酸甲酯 补齐	20% 甲萘威 OD 甲萘威 20% Zephrym PD 2206 1% Arlatone TV 17% 有机膨润土 3% 油酸甲酯 补齐
15% 氟吗啉·唑菌酯油悬浮剂 有效成分 15% 农乳 NP–7–P 1.5% 农乳 S80 1% 分散剂 YUS–110 4% 分散剂 NNO 2.4% 农乳 0201B 5.5% 凹凸棒土 0.5% 甲基化大豆油与油酸甲酯的混合物(体积比 5∶3):补齐	20% 三环唑·烯肟菌酯油悬浮剂 有效成分 20% 农乳 NP–7–P 1% 农乳 S80 1% 分散剂 YUS–110 3.5% 分散剂 NNO 2% 农乳 0201B 4% 农乳 500 号 1% 甲基化大豆油与油酸甲酯的混合物(体积比 5∶3):补齐
20% 噻虫嗪 OD 噻虫嗪 20% OP–4 0.4% 500 号 3% EC80 3% 白炭黑 2% 油酸甲酯 补齐	4% 烟嘧磺隆 OD 烟嘧磺隆 4% VO/02N 15% NP–10 3% GY–DNS 1.5% DSO–LDHs 4% 尿素 1% 油酸甲酯 补齐

三、国内登记的农药油悬浮剂品种

目前，国内油悬浮剂的登记品种主要集中在玉米田除草剂上，表10-11为国内登记的油悬浮剂品种。

表10-11　国内登记的油悬浮剂品种

序号	含量	有效成分	登记个数	登记企业
1	26%	2甲·烟嘧	1	辽宁海佳
2	23%、27%、30%	滴丁·烟嘧	5	郑大农药、吉林八达、大连松辽等
3	32%	丁·莠·烟嘧	1	吉林邦农
4	22%	氯吡·硝·烟嘧	2	江苏明德立达
5	20%	嗪·烟·莠去津	1	大连瑞泽
6	22%	硝·烟·辛酰溴	1	陕西美邦
7	22%、25%、26%、28%、32%	硝磺·烟·莠	5	山东中和、大连松辽、辽宁壮苗等
8	38%	辛·烟·莠去津	3	天津博克化工、吉林金秋、陕西美邦
9	30%、33%	辛酰·烟·滴丁	2	沈阳科创、辽宁壮苗
10	33%	烟·灭·莠去津	1	吉林金秋
11	22%、25%、28%、32%	烟·硝·莠去津	4	大连松辽、辽宁壮苗、黑龙江华诺
12	31%、40%	烟·莠·滴丁酯	2	山东滨农、大连松辽
13	39%	烟·莠·辛酰腈	1	张家口长城农药
14	42%	烟·莠·异丙甲	1	天津博克化工
15	40%	烟嘧·滴辛酯	2	河南远见、郑州裕通
16	12%	烟嘧·氯氟吡	1	山东长清
17	18%、25%	烟嘧·硝草酮	1	江苏长青、哈尔滨利民
18	20%	烟嘧·辛酰溴	2	衡水景美、佛山盈辉
19	40%、42%、47%、51%、52%、62%	烟嘧·乙·莠	7	山东乔昌、山东绿邦、吉林金秋
20	28%、30%、33%、35%、40%	烟嘧·莠·氯吡	8	山东光扬、山东奥坤、吉林世纪农药等
21	37%、42%	烟嘧·莠·异丙	3	青岛瀚生、山东一松、陕西上格之路
22	15%、20%、22%、23%、24%、30%、31.5%、44%	烟嘧·莠去津	97	安徽丰乐、辽宁壮苗、辽宁三征等
23	4%、6%、8%	烟嘧磺隆	255	衡水景美、京博农化、陕西上格之路等
24	10%、15%	硝磺草酮	23	江苏长青、陕西上格之路、江苏丰山
25	25%	硝·莠	41	山东济南科赛基农
26	60g/L	五氟磺草胺·双氟磺草胺	1	陶氏益农
27	20%	乙羧·草铵膦	1	山东青岛农冠
28	4%	吡嘧·五氟	1	燕化永乐
29	10%	精噁·五氟	1	燕化永乐
30	29%	五氟·氯氟吡	1	燕化永乐
31	25g/L	五氟磺草胺	1	陶氏益农
32	60g/L	五氟·氰氟	1	陶氏益农

续表

序号	含量	有效成分	登记个数	登记企业
33	10%	溴氰虫酰胺	1	杜邦
34	10%、25%	丙炔噁草酮	2	安徽科利华化工
35	24%	丙炔噁草酮·比嘧磺隆	1	安徽科利华化工
36	30%	噻苯隆	1	河北佳博
37	16%	二吡·烯·草灵	1	浙江上虞颖泰
38	36%	双氟磺草胺·2甲4氯钠	1	山东青岛农冠

第六节 油悬浮剂生产的工程化技术

油悬浮剂的生产工艺与悬浮剂的生产工艺相似，目前大部分油悬浮剂均采用湿式超微粉碎，但又有不同之处，例如生产过程中的注意事项、投料顺序等。

一、油悬浮剂的加工工艺

油悬浮剂的加工工艺与小试试验有相似之处，基本分为六个工序：① 配料；② 混合、分散；③ 砂磨；④ 调制、混合；⑤ 质检；⑥ 产品包装。典型的油悬浮剂生产工艺流程示意图见图10-4。

图10-4简要地描述了油悬浮剂的生产工艺流程，在实际生产中，一般先泵入分散介质、乳化剂和分散剂等液体组分，然后加入有效成分，最后加入增稠剂、稳定剂等其他固体组分。可根据具体产品进行调整，例如，若砂磨低含量、低黏度的油悬浮剂，可预留部分分散介质，在砂磨至规定细度后进行均质混合即可；若配方中的增稠剂不需要砂磨，也可在砂磨后进行添加后混合。根据小试配方及工艺研究，若物料加入的先后顺序对产品的性能有影响，应按照特定顺序逐个投料。生产过程中应充分考虑人工、能耗、损耗等生产效率相关因素，结合产品中各组分的特性、生产设备的实际情况等，优化投料顺序和操作工艺。

二、油悬浮剂的生产设备

油悬浮剂的生产设备，基本跟悬浮剂一样，至少需要投料釜、砂磨设备、调制釜等。投料釜的大小应根据该条生产线的预计产能来合理设计，投料釜除设有合适功率的剪切与搅拌设备之外，且应有除尘器等，以避免投料过程中产生的粉尘污染环境。调制釜应配有适当功率的搅拌设备，以保证能使体系后期调配后能充分均匀。砂磨过程是油悬浮剂生产中非常重要的一个环节，下面就该过程中的砂磨机和砂磨介质做简单介绍。

1. 砂磨机

砂磨机是利用研磨介质之间的挤压力和剪切力来完成研磨过程的。砂磨机分为立式砂磨机和卧式砂磨机两种，在工业化生产中，农药厂家均采用卧式砂磨机来砂磨物料。目前，国产卧式砂磨机的生产厂家主要为重庆红旗化工机械有限公司和重庆佩特砂磨机化工机械有限公司，进口常用的为德国耐驰砂磨机和法孚莱。卧式砂磨机是利用料泵将经过与分散的固-液相混合物料输入筒体内，物料和筒体内的砂磨介质一起被高速旋转的分散器搅动，从而使

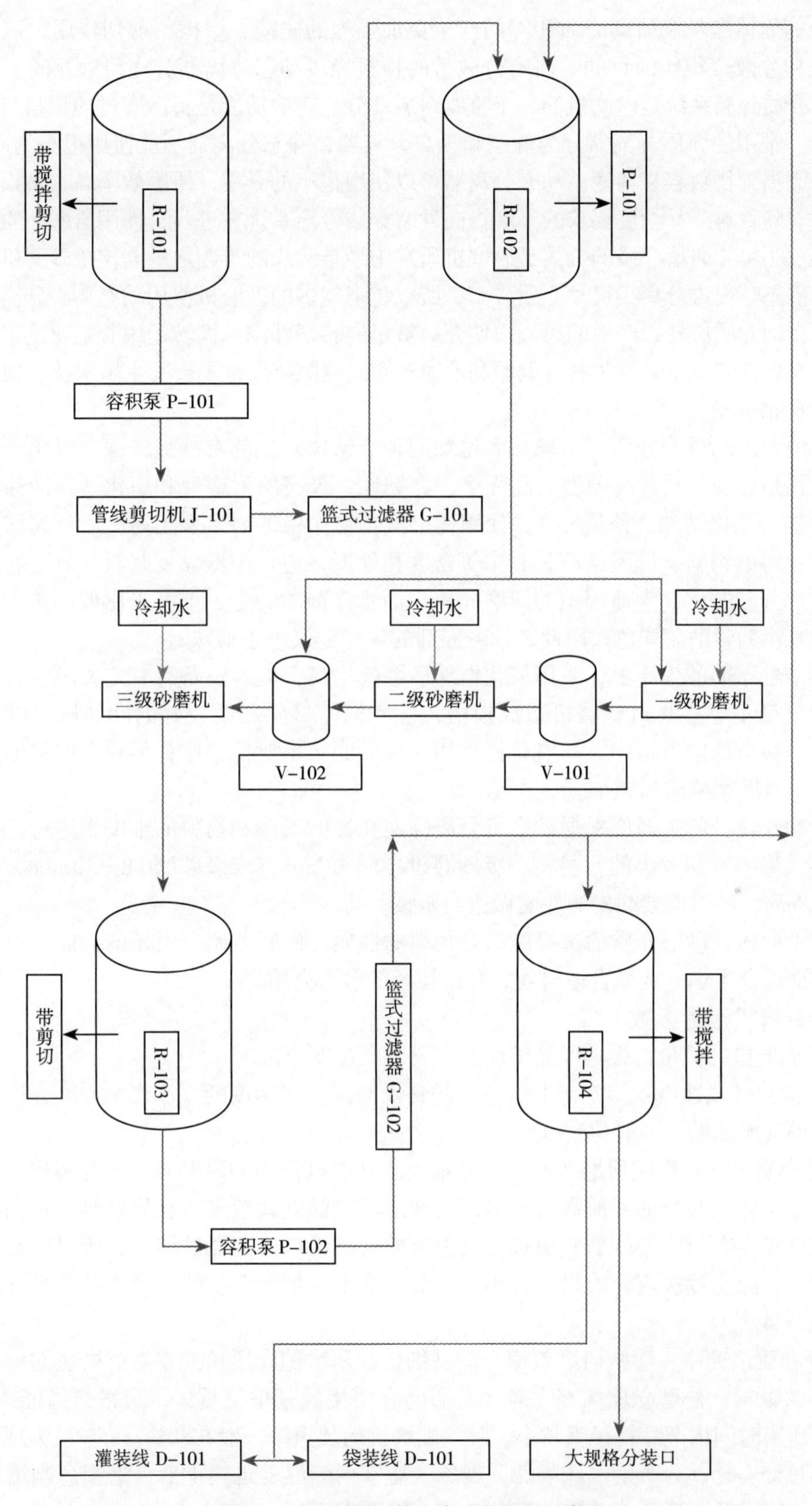

图10-4　油悬浮剂的生产工艺流程示意图

物料中的固体微粒和研磨介质相互间产生更加强烈的碰撞、摩擦、剪切作用，达到加快磨细微粒和分散聚集体的目的。研磨分散后的物料经过动态分离器分离研磨介质，从出料管流出。介质分离系统是砂磨机的一个重要组成部分，它的功能是将已磨过的物料与砂磨介质分离开。常用的介质分离器分为静态和动态分离器，静态分离器不能使用很小的砂磨介质，且容易磨损，物料容易堵塞。动态分离器可以使用很小的介质，研磨效率高，磨损低，不容易堵塞。随着对产品细度要求的不断提高砂磨介质分离系统在进步，使用研磨介质的尺寸越来越小。小尺寸研磨介质的分离是砂磨机研发中最难解决的难题之一。传统砂磨机使用的缝隙环及静态筛很难分离小尺寸介质分离，所以越来越多的砂磨机使用动态离心分离系统。分离转子带动介质旋转，产生的离心力使介质被甩向转子外围，而转子中心主要是浆料，将分离筛网布置在转子中心，浆料可以顺利地通过筛网缝隙流出，不会发生堵塞及磨损。

2. 砂磨介质

目前常用的砂磨介质有玻璃珠和锆珠两种。锆珠常见的有硅酸锆珠、氧化锆珠。氧化锆珠含锆量95%，具有高硬度、高强度、高韧性、极高的耐磨性和耐化学腐蚀性等优良的物理性能。氧化锆珠含锆量65%，使用稀土氧化钇作稳定剂，采用高白度、高细度的原材料确保不污染物料。硅酸锆珠具有中等密度和硬度，适合中低黏度浆料的研磨和分散，可匹配大部分砂磨机，为通用型的研磨介质。油悬浮剂砂磨中，不宜采用玻璃珠，玻璃珠易引起油悬浮剂砂磨后变色。因此，油悬浮剂的生产建议采用锆珠。

在油悬浮剂的生产中，采用氧化锆珠砂磨效率高，但对设备有一定要求，若砂磨机桶体材质硬度不够，易对砂磨机造成损伤，一些桶体材质硬度较好的砂磨机可以采用氧化锆珠。硅酸锆珠硬度适中，与氧化锆珠相比，砂磨效率要低一些，但对砂磨机桶体材质要求不高，对砂磨机磨损较小。

砂磨珠粒径的选择应根据砂磨机分离筛网孔径的大小和物料的细度来进行，一般为三级砂磨，采用不同大小的粒径，一级砂磨机1.0～1.2mm，二级砂磨0.8～1.0mm，三级砂磨0.6～0.8mm，可根据砂磨机的性能做适当调整。

综上所述，砂磨介质的选择应结合物料的性质、砂磨效率、设备的性能、对设备的磨损等方面综合考虑，选择合适材质、合适粒径的砂磨介质。

3. 砂磨机运行参数

① 砂磨机的流量：影响产品细度、产量以及粒度分布。

② 搅拌轴线速度：影响研磨效率、物料及磨损。线速度的大小影响砂磨介质施加给物料颗粒的动能强度，一般为8～15m/s。

③ 介质尺寸：影响研磨效率、产品细度。砂磨机使用的研磨介质多为圆球。圆球直径越小，单位体积装填的介质数目越多，磨球之间接触点就越多，在研磨时间相同的情况下产品细度提高。过小的砂磨介质往往会引起砂磨机出口分离器的堵塞，所以砂磨机分离器的结构及缝隙宽度决定介质尺寸大小。一般情况下，烟嘧介质的直径为砂磨机分离器缝隙宽度的2～4倍。

④ 介质填充率：影响研磨效率、产品细度。研磨的介质填充率对砂磨机的研磨效率有着直接的影响，研磨介质填充率越大，研磨介质接触频率就越大，分散研磨能力也越大，在相同研磨时间内产品粒径就越小。卧式砂磨机的装填率一般在80%～85%最为理想。当充填率超过85%时，会产生“珠磨珠”现象，磨室内的温度迅速上升，磨损急剧增加。砂磨介质装填率过低，研磨效率低，磨损加剧，研磨时间长。

⑤ 介质密度：影响研磨效率、产品细度。

⑥ 冷却水：冷却水的温度是对砂磨机的研磨效率起重要作用的因素之一。研磨介质在剧烈运动情况下，与机器内壁及研磨介质之间在冲击力、摩擦力作用下，机械能转化为热能，产生大量热量，随着温度的升高，物料会发生凝集，成品粒子的质量会下降。因此，冷却水温度的高低直接影响研磨室内的工作温度，从而影响研磨效率。有研究指出，在其他条件相同的情况下，使用15℃冷冻水的研磨效率比使用22℃循环水处理量高34%，因此，在条件允许的情况下，应尽量降低冷却水的温度。

⑦ 物料黏度：建议在允许情况下尽量提高物料黏度，以降低磨耗。

三、油悬浮剂生产中的注意事项

油悬浮剂的生产与悬浮剂的生产有相似之处，加工过程和所需设备基本一致。油悬浮剂的生产过程中，也应关注安全生产，包括充分了解各组分的MSDS数据（化学品安全数据说明书）；注重生产装置的清洁，避免交叉污染；建立规范的操作规程，明确生产过程中的注意事项；严格管理生产中的废弃物，应按照环保要求处理等。油悬浮剂的生产过程中，还应对以下三个方面进行重点关注。

1. 水分的控制

若油悬浮剂的企标中制定了水分这一指标，或者油悬浮剂中的有效成分对水敏感，在油悬浮剂生产过程中应严格控制水分，包括原材料水分的控制、生产设备水分的控制等。

2. 投料顺序

工业化生产时应考虑投料顺序对产品性能有无影响，是否方便操作等问题。例如，增稠剂的添加顺序，若增稠剂经过剪切后即可在体系中分散开来，在不影响产品性能的影响的前提下，可考虑在加入原药前添加，可有效防止原药粒子快速沉降到投料釜底部，造成生产上的不便。有机膨润土等需要砂磨后才能在体系中完全分散开，起到增稠作用；也有部分产品只需要剪切便可以充分分散在体系中，起到增稠作用。

3. 关注放大效应

油悬浮剂的加工过程中伴随着质、热及动量的传递过程，这些过程与生产规模有关，也就是说从实验室的小试配方到工业化生产，可能会出现不同现象，比较容易出现的现象有产品质量与小试样品差别较大，例如黏度增大，乳化分散性变差等。在砂磨过程中易出现的问题有体系温度过高，物料输出不顺畅，砂磨机电流过载等情况。因此，在工业化生产前，若条件允许，应进行小规模放大试验，考察在不同规模条件下各种工艺参数的范围，提前发现并解决放大效应带来的问题，降低工业化失败的概率。有效放大需要对原材料特性和工艺路线进行完整地描述，并对影响工艺可测量的所有实验室和生产数据进行估算。工艺放大试验，不仅是油悬浮剂生产中的一个重要组成部分，还是衡量、检验工艺路线可行性的关键步骤。关于油悬浮剂生产中的放大效应，每个产品可能出现的情况不一致，只能通过反复试验和经验积累来预估可能出现的问题并在工艺设计时尽量避免。

第七节 油悬浮剂的增效机理

油悬浮剂与悬浮剂、水分散粒剂、水乳剂等其他剂型相比，具有明显增效作用，主要是油悬浮剂所用介质多为矿物油、植物油或甲酯化植物油。这些油类介质在农药中的应用由来已久，早在20世纪初为了提高杀虫、杀菌活性就有加入油类助剂的报道。油类介质在除草剂中的应用可追溯到20世纪60年代，1963年就有矿物油在莠去津中应用的报道，随后又有植物油在莠去津和甜菜宁中应用的报道。油悬浮剂中的介质和乳化剂等所组成的体系，良好地发挥了油类助剂的优点，对有效成分的增效作用明显。另外，油悬浮剂体系较易添加本身具有润湿、渗透等作用的乳化剂，既有乳化性能，又有增效作用，例如脂肪醇聚氧乙烯醚等。油悬浮剂的增效机理，目前研究尚不明确，报道的增效机理主要有以下两个方面。

一、油类介质本身具有生物活性

矿物油也是油悬浮剂常用的介质之一。矿物油应用在作物保护上已有很久的历史了，早在18世纪已被应用于休眠药上，而在19世纪初被用于防治果树上的介壳虫，20世纪90年代高度精炼、轻质量和低杂质的矿物油出现，因而减少了对植物的药害，扩大了矿物油在园艺病虫害防治方面的应用，目前在澳大利亚和中国已成功广泛地使用在果园里。施用0.5% ~ 1%矿物油能有效防治温室白粉虱，尤其是在圣诞花上的白粉虱卵及若虫。此外，对防治蚜虫、红蜘蛛、蓟马和介壳虫也有一定作用。矿物油也能防治多种番茄害虫，包括卷叶蛾、蓟马、白粉虱、蚜虫和红蜘蛛等。矿物油对防治粉蚧和潜叶蝇幼虫亦有效用。国外矿物油喷雾，能有效防治玫瑰和番茄白粉病。矿物油的杀虫机理主要有：① 在作物上形成一层薄膜油，与病虫害分离，并改变害虫行为，达到物理防治的效果，主要表现为大幅减少产卵、取食、交配。通常，植食性昆虫和螨类只会在某些特定植物上取食和产卵，它们用触角、口器、足或腹部的感觉器来探测寄主植物上的化学物质，从而辨认植物。当油膜覆盖感觉器官和植物表面后昆虫就无法辨识寄主植物，这样就减少了害虫在寄主植物上取食和产卵。② 窒息作用：矿物油在虫体上形成油膜，并通过毛细作用进入卵的气孔及幼虫、蛹、成虫的气门和气管，通过阻碍害虫氧气的吸收，影响正常呼吸，引起窒息。③ 矿物油的成分或其转化物能直接杀害害虫，矿物油能与害虫的脂肪酸相互作用和干扰新陈代谢。④ 矿物油作为杀卵剂，若卵被油墨持续封闭一段时间，会引起胚胎窒息。⑤ 矿物油对某些害虫（例如白粉虱）有驱虫作用。

另外，矿物油还具有杀菌作用，目前在国内外普遍被用于白粉病的防治，主要机理是：① 矿物油在病原体（真菌孢子）和植物之间产生物理障碍，从而防止真菌生长；② 矿物油可以干扰有翅蚜寻找寄主，从而预防病毒的传播，此类病毒包括花叶病毒、马铃薯Y型病毒等；③ 矿物油能破坏病菌的细胞壁，干扰真菌呼吸作用，从而抑制菌丝体的生长，并防止孢子的萌发和侵染。

棕榈酸甲酯也是甲酯油中含有的成分之一，其对朱砂叶螨雌成螨有触杀和忌避作用，对卵有触杀作用。棕榈酸甲酯是多种昆虫的生物信息物质，黄蜂喷出棕榈酸甲酯以防治蚂蚁的袭击，它能避免葡萄小卷蛾（*Lobesia botrana*）和苹果蠹蛾（*Cydia pomonella*）产卵时过度密集和重复产卵。

二、改变药液的理化性质

农药从药液箱中喷出到植物体内发挥作用有三个过程影响农药药效的发挥：① 药液经喷头雾化、空中飞行、靶标撞击等一系列过程，传递到作物或靶标表面，这一系列过程中会出现雾滴漂移和药剂蒸发现象，从而引起大部分农药难以达到预定靶标而发挥药效；② 药剂在作物或靶标表面沉积分布过程；③ 药剂在作物或靶标体内的吸收和传导过程。油悬浮剂能改变喷洒药液的物理性能，从而减少药剂在这三个过程中的流失，有利于药效的发挥。

1. 有利于雾滴的形成

油悬浮剂同乳油一样，具有良好的乳化性能，因此在喷头雾化性能不佳时，有利于雾滴的形成，并且能有效减少药剂在空中飞行过程中的蒸发现象。

2. 改善药液的铺展和持留量

油悬浮剂中的介质及乳化剂，能有效降低表面张力。因此，与悬浮剂、水分散粒剂等剂型相比，油悬浮剂在实际使用稀释浓度下，表面张力和接触角大大降低。有研究表明，药液与靶标的接触角越小，它们的黏附性越强，结合得越牢固。药液的表面张力与靶标的临界表面张力越接近，药液在靶标上越容易润湿铺展。表10-12为14种常见作物和杂草叶子的表面张力，由该表可以看出，大部分作物或杂草的临界表面张力比较低，在大容量施药条件下，绝大多数农药制剂产品推荐剂量药液的表面张力大于水稻、甘蓝等作物的临界表面张力，药液因难以润湿、展布而流失。而油悬浮剂配制成喷雾药液后，表面张力较小，更有利于在叶面上铺展、润湿，有效提高疏水性植物叶片的持留量。

表10-12　14种常见作物杂草叶子的临界表面张力

作物	临界表面张力 /（mN/m）	作物	临界表面张力 /（mN/m）	作物	临界表面张力 /（mN/m）
水稻	36.26 ~ 39.00	豇豆	36.26 ~ 39.00	小飞蓬	43.38 ~ 45.27
包菜	36.26 ~ 39.00	棉花	63.30 ~ 71.81	鸭跖草	36.26 ~ 39.00
小麦	36.26 ~ 39.00	茄子	43.38 ~ 45.27	水花生	36.26 ~ 39.00
丝瓜	39.00 ~ 43.38	辣椒	43.38 ~ 45.27	马齿苋	39.00 ~ 43.38
刺苋	39.00 ~ 43.38	裂叶牵牛	46.49 ~ 57.91		

Barrentnie W.L.等将石蜡油乳剂和大豆油乳剂配成水溶液（12.5g/L），喷洒到植物叶片上，与只喷水相比，两者均能提高溶液在叶表面的扩展系数。Sehott J.J.等将石蜡油、葡萄籽油、甲酯化葡萄籽油用同一种乳化剂乳化，加入禾草灵喷洒液中，喷到黑麦草上，发现油乳剂能增加药液在近叶脉表面（上面覆盖着晶体状蜡质层）的扩展面积，由此可见，油悬浮剂常用的介质（例如，石蜡油、植物油、甲酯化植物油等）搭配乳化剂后，能有效提高药液在植物叶表面的扩展。

3. 有利于药液的渗透和吸收

（1）改善叶片表面蜡质层的理化性质　药剂附着在杂草叶表面后，需要通过蜡质层和角质层后方能渗透进入叶内组织，因此，药剂进入蜡质层是药剂充分发挥药效的关键。油悬浮剂常用的介质，例如甲酯油、石蜡油等，均能改善叶片表面蜡质层的理化性质，因此有利于药液在植物叶片表面的渗透。

有研究表明，甲酯油能改善叶表面蜡质层的理化性质。叶表面蜡质层中含有与酯化油类相似的化学物质，因酯化油是液体，它们易于润滑表皮的蜡质结构，而使组成蜡质的化合物相互分离或膨大，增加蜡质流动性，溶解部分蜡质，从而调节农药有效成分在雾滴和角质层间的分配，因此提高药液在叶面上的渗透率。例如，甘蓝叶片有一层蜡质层存在，组成气孔的保护细胞上也有少量蜡质粘着，使气孔处于半堵塞状态。油悬浮剂中所含的甲酯油可以溶解甘蓝叶面部分蜡质层，所以可以增加农药在甘蓝叶面上的渗透率。

Ronmaarta G等用未稀释的石蜡油处理石茅的叶片，发现叶片变得光滑，并且在基部出现裂缝。王金信通过电镜扫描观察在莠去津中加入有机乳剂对稗草叶片蜡质层的影响，结果表明，单用莠去津与对照之间差别不大，稗草叶片蜡质结构比较密，气孔和细胞明显，蜡质层隆起，无溶解现象；而用机油乳剂和莠去津混合液处理的稗草叶片，气孔和细胞不明显，蜡质层有溶解现象。

（2）增加药液的穿透量　已有大量研究结果证明油类助剂能够增加除草剂在植物上的穿透量，这些研究大都集中在防除单子叶的除草剂中，如Mnathye F.A.等研究发现油酸和油酸甲酯均能显著增加吡氟禾草灵和烯禾啶在橡树上的穿透量。Uvroy C.等发现油酸甲酯穿透玉米叶表面的能力要高于三油酸甘油酯，且油酸甲酯能够显著增加禾草灵在玉米叶表面上的穿透量。Reckmann U.用两种方法测定了两种葡萄油乳剂、一种甲酯化葡萄油乳剂以及一种矿物油乳剂对苯嗪草酮叶面穿透量的影响，一种方法为监测叶片的叶绿素荧光碎灭参数，另一种方法是处理48～72h后测定被^{14}C标记的苯嗪草酮的吸收量。两种测定方法得出相同的结论，待测的4种助剂均对苯嗪草酮的叶面穿透力有一定促进作用，其中以甲酯化葡萄油乳剂的效果最好。

（3）有效抑制雾滴蒸发　甲酯油和乳化剂等配合使用，能改善雾滴干燥产生的农药结晶性状，因为甲酯油助剂的沸点较高，在炎热天气里，农药雾滴在靶标植物表面保持油状液体状态，防止雾滴蒸发。如果喷雾雾滴变干涸，农药便会析出晶体，易于被雨水冲刷掉，但农药如果溶于油状液体中，便易于向植物表皮内渗透，从而增加农药在叶面的沉积量和持效期。

4. 促进药液在植物体内的传导

想取得好的防效，苗后处理的除草剂必须被吸收和转移到一定部位才能发生作用。Fandrihc L.等研究发现甲酯油乳剂能够增加除草剂BAYMKH6561在具节山羊草（*Aegilops cylindrical*）和旱雀麦（*Bromus tectorum* L.）体内的吸收量。Young等研究了矿物油乳剂和甲基化种子油乳剂对除草剂isoxaflutole在大狗尾草（*Setaria faberi*）体内吸收和转移的影响，结果表明，处理24h后，未加助剂的处理中，被^{14}C标记的isoxaflutole的吸收量仅为施用量的21%，而加入助剂的处理中，药剂的吸收量高达91%，药剂的吸收量的增加使得从处理叶片中转移出去的药剂的量也增加了，最终导致药剂除草活性的增强。

参考文献

[1] 刘广文. 现代农药剂型加工. 北京：化学工业出版社，2012.

[2] 徐艳丽. 表面活性剂的功能. 北京：化学工业出版社，2000.

[3] Levin M. 制剂工艺放大. 唐星，等译. 北京：化学工业出版社，2009.

[4] Drew Myers. 表面、界面和胶体原理及应用. 吴大诚，等译. 北京：化学工业出版社，2004.

[5] 郭武棣. 农药剂型加工丛书：液体制剂. 北京：化学工业出版社，2004.

[6] 蔡党军. 超分散剂在油悬浮剂中的作用机理及应用前景. 世界农药，2007，29（3）：35-38.

[7] 刘志文，唐志军，李净净. 第十二届山东农药信息交流会论文集，2013，3（15）.

[8] 华乃震. 油类助剂及油类在农药中的应用和前景（Ⅰ）. 农药，2013，52（1）：7-10.

[9] 华乃震. 油类助剂及油类在农药中的应用和前景（Ⅱ）. 农药，2013，52（2）：83-86.

[10] 翟利利，路福绥，夏慧，等. 十二烷基磺酸插层类水滑石的制备及其对烟嘧磺隆油悬浮剂流变性的影响. 应用化学，2013，30（10）：1202-1206.

[11] 朱炳煜，张正群，李刚，等. 有机改性膨润土及其对烟嘧磺隆油悬浮体系物理稳定性的影响. 应用化学，2009，26（8）：881-883.

[12] 戴权．植物油悬浮剂的研究与开发．安徽化工，2006，140（2）：50-51.
[13] 杜娟，赵磊，师光禄，等．棕榈油酸甲酯对朱砂叶螨生物活性的影响．北京农学院学报，2010，25（2）：25-29.
[14] 鲁梅．甲酯化植物油类助剂对除草剂增效作用研究［D］．济南：山东农业大学，2005.
[15] 王秋霞．甲酯化大豆油助剂的制备及其对除草剂增效作用的研究［D］．哈尔滨：东北农业大学，2003.
[16] 苗海生．甲酯化大豆油助剂对两种农药在农产品及环境中的残留影响研究［D］．南京：南京农业大学，2012.
[17] 翟利利．烟嘧磺隆油悬浮剂的制备及其流变学研究［D］．济南：山东农业大学，2013.
[18] 刘兴奋．新型有机膨润土的制备及其应用研究［D］．成都：成都理工大学，2004.
[19] 李静．有机膨润土的制备、表征及其对废水中酚类化合物的吸附研究［D］．太原：太原理工大学，2013.
[20] 李华英，李正扬，刘在松．稻思达对不同栽植稻田杂草的防除效果及安全性．广西植保，2002，15（2）：8-11.
[21] 明亮，娄远来．国内外农药剂型研究进展及发展方向．农药市场信息，2008：15-17.
[22] 张一宾．农药制剂技术的开发与最近动向．农药译丛，1998，20（3）：49-55.
[23] 凌世海，温家钧．中国农药剂型加工工业60年发展之回顾与展望．安徽化工，35（4）：1-8.
[24] 胡冬松，沈德隆，裴琛．农药剂型发展概况．浙江化工，2009，40（3）：14-16.
[25] 刘步林．农药剂型加工．北京：化学工业出版社，1998：351-354.
[26] Tsunezo Y，Yasuhide K，Shighisa K. Herbiciedal oilbased suspension comprising nicosulfuron and urea as a stabilizing agent. US，1995：14-19.
[27] 苏少泉．烟嘧磺隆剂型与使用过程中的若干问题．农药研究与应用，2007，11（1）：9-12.
[28] 庞德龙，刘亚光．东北地区主要玉米除草剂的药效实验．农药，2007，46（4）：274-275.
[29] 华乃震．农药剂型的进展和动向（下）．农药，2008，47（4）：235-239.
[30] 戴权．环保型农药制剂的发展思路．安徽化工，2006（3）：45-46.
[31] Gauvrit C，Cabanne F. Oils for weed control:uses and mode of action. Pest ic.Science，1993，37：147-153.
[32] Frederick B R，Edward W D，James JS W. Surfactant blends containing or ganosiliconc surfactants and diphcnyl oxidc sulfonatc surfactantsuseful as agricultural adjuvants. Europc，2001：34-45.
[33] 卢向阳，徐筠，陈莉．几种除草剂药液表面张力、叶面接触角与药效的相关性研究．农药学学报，2002，4（3）：67-71.
[34] Tann R S，Berger P D，Berger C H. Applications of dynamic surface tension to adjuvants and emulsion systems. Pesticide Formulations and Application Systems，2002，21（4）：158-172.
[35] Foy G L，Smith D L. Surface tension lowering, wettability of paraffin and cornleaf surface and herbicidal enhancement of dalapon by seven surfacetants. Weeds，1964，12（1）：15-19.
[36] WoZnica Z，Messersmith C G. Evaluation of adjuvants for glyposate. Materialy Sesji Instytutu Ochrony Roslin，1994，34（2）：98-101.
[37] Whorter C G，Barrentine W L. Effectiveness of emulsified paraffinic and soybean oils on the spread coefficient of S.halepense leaves. Weed Science，1988，36：111-117.
[38] Schott J J，Dufour J L，Gauvrit C. Influence of oil adjuvants on the deposit area of ryegrass. Agronomie，1991，(11)：27-34.
[39] Wanamarta G，Penner D，Kells J J. Whether there is any clear relationshipbetween deposit area and herbicide penetration. Weed Techenology，1989，（3）：60-66.
[40] MillerHays S. Influence of oil adjuvants on the epicuticular waxes of weedleaf. Agricultural.Research，1989，（3）：18-19.
[41] Gauvrit C，Cabanne F. Oils for weed control:uses and mode of actiony. Pesticide Science，1993，37（2）：147-153.
[42] 王金信．新型油乳剂与莠去津混用时作用机理的研究．山东农业大学，1993，24（1）：15-20.
[43] 鲁梅．油类除草剂助剂的研究进展．潍坊教育学院学报，2006，19（3）：48-51.
[44] 烟嘧磺隆可分散油悬浮剂．GB 28155—2011.
[45] Pestcide Specifications [Manual on development and use of FAO and WHO specification for pesticides]. 2006 revision of the fist edtion.
[46] 明亮，孙以文，刘程程，等．农药油悬浮剂研究进展．农药，2014，53（5）：313-315.
[47] 华乃震．农药可分散油悬浮剂的进展、加工和应用（Ⅰ）．现代农药，2014，13（3）：1-4.
[48] 华乃震．农药可分散油悬浮剂的进展、加工和应用（Ⅱ）．现代农药，2014，13（4）：1-5.
[49] 吕飞．气相法白炭黑的流化特性及脱酸机理研究［D］．昆明：昆明理工大学，2009.
[50] 李萌．改性白炭黑的制备及性能研究［D］．沈阳：沈阳工业大学，2008.
[51] 张秋．疏水性纳米白炭黑的制备及表征［D］．太原：中北大学，2009.

第十一章 气雾剂

第一节 概述

气雾剂是指一类不可重复灌装、一次性使用的产品的总称。这类产品以喷射的方式使用，由金属、塑料或玻璃作容器，在容器口配置以具有自动关闭功能的释放机构。容器内灌装液体、胶浆或粉状物，并灌以液化气类或压缩气体抛射剂作为喷出动力。喷出物可呈气态、液态或固态，喷出形状可为雾状、泡沫、粉末或胶束。这类产品在出厂前必须通过55℃温水浴历时2min以上的检测。

一、气雾剂的剂型

1. 油基型气雾剂

油基型气雾剂（OBA）是将杀虫有效成分、增效剂及其他添加剂一起充分溶解于脱臭煤油中形成的一种均相溶液，然后在金属罐中抛射剂的作用下，通过阀门及喷嘴呈气雾状喷出。煤油属饱和烃，有合适的沸点，对人畜安全。煤油接触昆虫后就能将其表皮的蜡质层溶化，进而渗入虫体到达中枢神经，很快使昆虫麻痹死亡，所以以煤油作溶剂的杀虫气雾剂的杀虫效果好，而且杀虫有效成分在煤油中不会分解，药效稳定性也好。

油基型杀虫气雾剂为两相溶液型。杀虫有效成分、溶剂与抛射剂组成均相液相；溶剂的蒸气与抛射剂的蒸气一起共同组成气相。在气雾罐内，气相在罐上方，液相在罐下方。

油基型气雾剂对气雾剂容器几乎无腐蚀性，所以容器内壁不需要耐蚀涂覆层，在配方中，可不必加入腐蚀抑制剂。

煤油的缺点是有气味，特别是去臭不良的话，臭味令人窒息，且对皮肤有一定刺激，易燃，是VOCs（挥发性有机物），最终要被水基取代。

2. 水基型气雾剂

主要以去离子水为溶剂的杀虫气雾剂称为水基型气雾剂（WBA）。

水基型杀虫气雾剂的开发起始于20世纪60年代，它不仅能大幅降低气雾剂的成本，减少溶剂对环境的污染，减弱对人体呼吸道的刺激性，而且水基型气雾剂不燃，提高了气雾剂生产、运输及使用中的安全性。

20世纪70年代初，水基型气雾剂的药效在杀虫活性成分相同的情况下，由于水对昆虫体表的渗透能力弱，往往不如油基型气雾剂，稳定性也差。后来经过配制工艺上的不断改进，主要是通过对乳化剂的合理选择，水基型气雾剂有效成分的稳定性大大提高，所以，从80年代起，国际上水基型杀虫气雾剂的开发又成为今后发展的主要趋向。

必须将水基型气雾剂配成油包水型，这样不仅对气雾罐的耐蚀性能有好处，而且也利于加快药滴对昆虫表皮的渗透能力，提高制剂的杀虫效果。

喷射水基型杀虫气雾剂时，常常会在喷嘴孔及罐顶盖形成雾液及泡沫沉淀。而且由于水分子间的氢键使水具有特殊的正四面体结构，并以多分子结合体存在，因而水基型气雾剂沸点高，表面张力大。要保证获得精密雾滴，除了可加入表面活性剂及适量消泡剂外，在使用水基型杀虫气雾剂时还要考虑采用具有两次裂碎的机械分裂型促动器以及阀座上有气相旁孔的阀门机构。

3. 酊基型气雾剂

以乙醇作溶剂制成的杀虫气雾剂称为酊基型气雾剂。

乙醇挥发快，在空间持效短，亲水性大，雾滴对虫体表皮渗透力小，所以药效稍差，且杀虫有效成分的稳定性也不如油基型。

酊基型杀虫气雾剂应用在食品贮存处及厨房等场所，比油基型较为安全，刺激性气味也小。

二、气雾剂的发展趋势

① 在基型方面，为了迎合VOCs法规，将向水基型方面发展。美国目前的杀虫气雾剂已全部为水基型。2005年笔者在第25届国际气雾剂论坛上发表的水基型杀虫气雾剂的配方设计及效果评价报告受到国外各专业杂志争相报道，这从一个侧面反映出世界各国对开发水基型杀虫气雾剂技术的迫切性。

② 在配套件方面，喷雾泵可能会部分替代气雾罐，不过要提高泵的结构及雾化性能，减少抛射剂及溶剂的使用量，改善杀虫剂对昆虫的驱杀效果。在气雾剂包装方面，可能趋向于多使用铝管，这是充分顾及保护资源及再利用方面的考虑。

③ 在有效成分方面，要使用安全性更高且效果好的除虫菊酯杀虫剂。日本住友化学开发的丙炔菊酯作为杀虫气雾剂中的有效成分，正在加快推广应用步伐，为杀虫气雾剂的发展注入了新的活力。

④ 在抛射剂方面，则加紧向压缩气体（如CO_2、空气等）方面发展。作为过渡，采用LPG与DME，LPG与压缩气体混用的方式。这样为压缩气体抛射剂工艺技术的成熟提供了一个缓冲过渡过程。

第二节 气雾剂产品构成

几乎所有的气雾剂产品都由阀门（包括促动器）、保护罩（有时与促动器制成一体）、容器、产品物料及抛射剂五个部分构成。当然进一步分解，产品物料包括主要成分、溶剂及各种添加剂，其中主要成分可能由一种或数种化合物（药物、聚合物等）复配，添加剂根据功能也有表面活性剂、防腐剂、稳定剂、抗静电剂、增效剂（包括促进渗透剂）等多种。抛射剂可以是单一种，也可以是几种抛射剂组成的混合物（包括共沸混合物）。溶剂可以是一种或几种，还可能有助溶剂。总之，气雾剂产品是一个貌似简单，实质是十分复杂的多元混合系统。如图11-1所示。

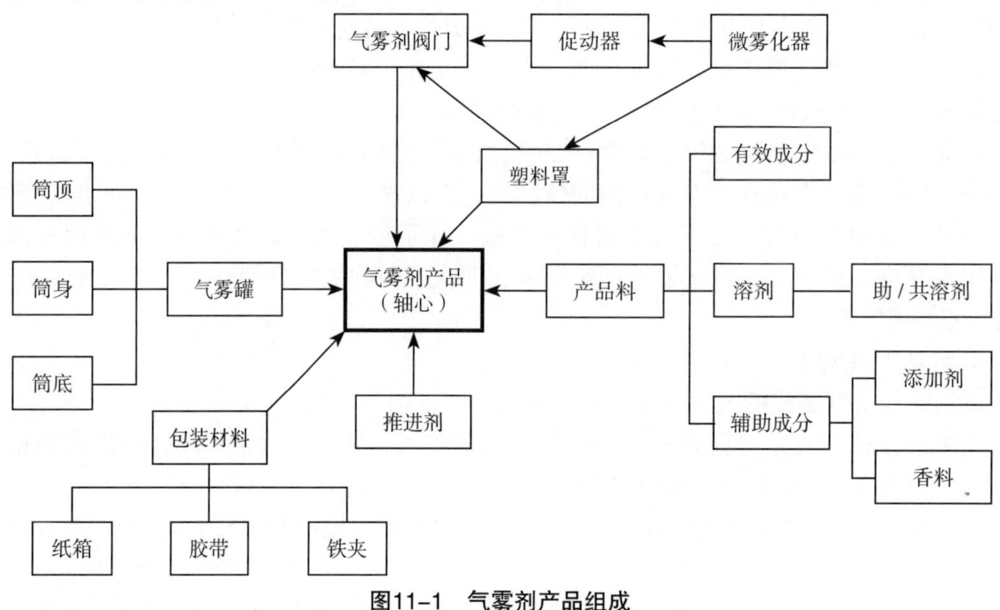

图11-1　气雾剂产品组成

一、杀虫药液

杀虫药液通常由杀虫有效成分、增效剂、乳化剂（水基型）、添加剂及溶剂组成。

1. 杀虫有效成分

最早期的杀虫气雾剂用的杀虫有效成分（也称活性成分）主要为天然除虫菊酯、有机氯（DDT）及有机磷（DDVP）等。天然除虫菊酯杀虫谱广，对人畜低毒，而且容易降解，残留少，不污染环境。

特别在防治卫生害虫时，有强烈的触杀和胃毒作用，击倒快，常在使用后的几秒钟内就使害虫麻痹，停止活动，从而能迅速防治媒介昆虫的扩散传播，但它来源少，供应量受到限制。

1949年人类第一次合成出拟除虫菊酯杀虫剂（丙烯菊酯），开创了第三代杀虫剂的新时代。具有以下优点：① 对人和哺乳动物毒性很低或无毒。② 对多种害虫有快速击倒作用。③ 大部分昆虫对它不易产生抗性。④ 增效剂可以使它的药效提高几十倍或上百倍。所以，在用于卫生害虫防治的杀虫气雾剂中，从安全、高效、经济的角度综合考虑，以选用拟除虫菊为宜。

杀虫气雾剂在对卫生害虫的作用过程中，首先要求害虫很快从活动中停下来，即要求气雾剂对害虫有较快的击倒作用，防止它继续危害；其次要求被控制的害虫尽快死亡，不会复苏，重新进行危害活动，这就要求杀虫气雾剂有良好的致死效果。为了兼顾这两方面的作用，结合拟除虫菊酯对昆虫的作用方式，杀虫气雾剂中所用的有效成分通常是以击倒型杀虫剂与致死型杀虫剂复配的方式使用。这样做既经济，又能充分达到使用效果。推荐的杀虫气雾剂的有效成分见表11-1。

表11-1 杀虫气雾剂推荐使用的有效成分

气雾剂	击倒剂	致死剂
杀飞虫用（FIK）	右旋胺菊酯 右旋丙烯菊酯 炔丙菊酯 单独或混配（0.1%～0.3%）	右旋苄呋菊酯 右旋苯醚菊酯 右旋苯醚氰菊酯（0.03%～0.2%）
杀爬虫用（CIK）	右旋胺菊酯 右旋丙烯菊酯 炔丙菊酯 单独或混配（0.05%～0.2%）	右旋苯醚氰菊酯（0.15%～0.5%）
多种目的用（AIK）	右旋胺菊酯 右旋丙烯菊酯 炔丙菊酯 单独或混配（0.1%～0.3%）	右旋苯醚菊酯 右旋苯醚氰菊酯
飞机用		右旋苯醚菊酯 2%

由于残杀威的急性毒性大，氯菊酯的抗药性，速灭松属有机磷剂，在使用量方面都有限制的必要。

一般来说，所用的杀虫剂有效成分毒性越高，或使用浓度越大，它所表现出的杀虫效果越明显。但必须充分顾及杀虫气雾剂直接应用在人群居室，与人的接触时间长、机会多，对人的安全性是至关重要的。一般在选取使用剂量（或浓度）时以尽量取得低为原则，同时应尽量选用毒性低、安全的杀虫有效成分。还要从长远观点充分注意到杀虫有效成分长期大量地在环境中的积累和残留，对生态及后代带来潜在的不利，以致危害的可能性。

2. 增效剂

增效剂本身对昆虫无毒杀作用，但当它与某些杀虫剂混合使用时，能够提高杀虫剂的药效，或在保持原来药效的情况下，减少杀虫剂的使用量，从而节省制剂的成本。

增效剂的作用机理，一般认为是通过抑制昆虫体内混合氧化酶对化合物的解毒能力，提高杀虫剂对昆虫的毒杀作用。从这个角度上看，使用增效剂有助于延缓昆虫对杀虫剂的抗药性。

目前国际上用在杀虫气雾剂中最普遍的增效剂是增效醚（PBO, S1），又称氧化胡椒基丁醚，其次是增效胺（MGK-264）。在中国用得较多的则是八氯二丙醚（S-421，简称S2），但已禁用。

增效剂的用量一般为杀虫气雾剂中有效成分的3～5倍，以质量分数计算。

并不是所有的杀虫有效成分都需要使用增效剂，如右旋苯醚菊酯本身具有增效作用，不必加。

在杀虫气雾剂中增效剂应首选PBO，其次还可以用MGK-264代替。

3. 溶剂

（1）对载体溶剂的基本要求。杀虫气雾剂中的溶剂，可作为有效成分的载体。杀虫气雾剂中用的载体溶剂应满足以下基本要求：

① 对杀虫有效成分的溶解性强。

② 对有效成分及其他溶质不起化学反应，不会破坏或降低其效力。

③ 不含有害物质，对人的毒性及刺激性小。

④ 与有效成分有相适应的理化性能，即相容性要好。

⑤ 经济性好，来源充足，供应稳定。

（2）载体溶剂在杀虫气雾剂中的作用。载体溶剂在杀虫气雾剂对害虫的整个杀灭过程中所起的作用是不同的，事实上要比“溶剂”的字面意义广得多。

首先要求它将有效成分及其他组分充分溶解，构成均相稳定的液相溶液，不分层，不沉淀。当将此均相溶液喷出时，溶剂就作为有效成分的载体，带着有效成分控制漂浮或向目标沉积。在气雾剂喷出后，溶剂的挥发性能上升为主导作用，它适宜的挥发速度能够使杀虫气雾剂喷出的药滴大小在较长时间内保持在一定范围内，增加对飞行害虫的撞击、击倒及杀灭概率，提高杀虫剂的效能。

当杀虫气雾滴到达目标昆虫时，载体溶剂的其他物理性能开始发挥作用，如溶液的表面张力低，可以使它充分润湿昆虫体，扩大了它与昆虫的接触面积，也就增加了活性成分的效能。接着载体溶剂的溶解能力使昆虫体表的蜡质层很快溶化掉，并迅速渗透入昆虫体内，到达昆虫的中枢神经，导致昆虫死亡。

此外，溶剂的石油馏分沸程高（200～250℃），也可以提高有效成分对昆虫的击倒与杀灭效能。还有溶剂中的碳原子数与昆虫杀灭效果也有关系，一般选用C_{10}～C_{14}的直链烷烃较为适当。

（3）常用的溶剂。用于杀虫气雾剂的溶剂可分为水溶性和油溶性两种。

（4）脱臭煤油。是一种链烷烃类有机溶剂。在杀虫气雾剂中使用的溶剂，其碳原子数在8～16的范围内。除溶剂的碳原子数以外，其他物理特性，如馏分、杂质含量（主要是芳香烃及硫给溶剂带来异臭味）对它的使用场合都有影响。

对煤油作为溶剂的研究结果表明，高沸程石油馏分（200～250℃）作为杀虫气雾剂的溶剂一般具有较高的击倒及杀灭效果，而链烷烃的表面张力在脱臭石油馏分中是最低的，所以C_{10}～C_{14}的直链烷烃最适合于用作杀虫气雾剂中的溶剂，其杀虫效果较好。

（5）去离子水。要求控制其电阻率，以防对金属罐的腐蚀。

（6）乙醇。中国生产的酊剂杀虫气雾剂以乙醇为溶剂，它的含量在80%～98%。用作杀虫剂溶剂的乙醇，必须符合以下几个条件：

① 新生产的乙醇，不得用回收品。

② 乙醇中甲醇的含量不得超过0.30%。

③ 不得新旧混用。

为控制对罐的腐蚀，乙醇中所用的水分，最好也以去离子水为好，或用蒸馏水。

（7）甲缩醛。甲缩醛在气雾剂中首先被作为含氯溶剂（如二氯甲烷、三氯乙烷及三氯乙烯）的替代物，也可作为乙醇的替代物。配方设计者主要是用它作为水剂配方的溶剂，以替代其他溶剂而得到优良性能的产品。当然也可用于无水配方中。甲缩醛具有多样的物理-化学特性。如与水的相容性，溶解度大，低沸点，高蒸气压，抗水解，但能生物降解，不会生成过氯化合物，对人畜及环境无毒，能使配方不燃或有低燃烧性，成本低，消费者使用安全。

甲缩醛与各类抛射剂，如液化气（丁烷/丙烷）、二甲醚、可溶性压缩气体CO_2及N_2O、不溶性压缩气体N_2及空气等配合使用得到优异的特性。应用在机械泵内也十分合适。

丙酮作为杀虫气雾剂的可用溶剂，CO_2及N_2O在其中有较好的溶解性。溶解度一般以Bunsen系数表示，它表示1L溶剂中于20℃及1×10^5Pa大气压时溶解气体的体积。实验表明，CO_2在甲缩醛中的溶解能力约为在丙酮中的两倍。

此外，在水中有甲缩醛存在时，CO_2及N_2O在水中有较好的溶解度。

对于用CO_2或N_2O作抛射剂，以甲缩醛为溶剂的配方，它在气雾罐内在气相与液相之间会自动建立一种压力平衡，不断地由溶解气体的液相变为气相，来补充罐内上部因喷射造成的气相压力降低，这种平衡保证了气相的压力稳定，因而克服了在产品使用过程中罐内压力降低的现象。当然这种自动压力平衡现象对任何溶剂都存在，但对甲缩醛来说，气体在液体中的溶解量很大，能保持足够的气相压力。

（8）增溶剂与助溶剂。增溶剂与助溶剂的作用是提高溶剂对有效成分及乳化剂的溶解度。常用的助溶剂有两类：一类是某些有机酸及其钠盐，如苯甲酸钠、水杨酸钠等；另一类是酰胺化合物。在选择助溶剂时，应该考虑到在较小浓度下，也能使难溶性有效成分增加溶解度；与有效成分及其他成分相容；使用时无刺激性和毒性；贮存稳定性好；价廉易得。

助溶剂在气雾剂中促进抛射剂与产品其他成分的相溶性。常用的有乙醇及异丙醇，一般加入量约为3%时，就可以使气雾剂内容物在50℃时保持相的稳定性。

4. 杀虫气雾剂中的其他成分

其他成分主要是指助剂，也常被称为“添加剂”“配合剂”或辅助成分。

助剂可定义为在各种杀虫气雾剂最终产品中起不同辅助作用的物质或在加工工艺流程中所需的各种辅助物质的总称。其种类很多，涉及面很广。虽然助剂不起主导作用，但它对于最大限度地发挥主剂的有效性、安全性、稳定性及经济性方面起到了推波助澜的作用，存在着一种相容、相互反馈机制。

助剂中每一品种的开发都是为着一个特定化学制剂或剂型的应用目的，并不具有普遍适用性，但也存在着少量交错关系，有些可应用于杀虫气雾剂中，也可应用于其他化学制剂中。助剂与表面活性剂的概念尚有区别，两者不能等同。助剂的含义比表面活性剂更为广泛。但表面活性剂是助剂家族中最多的一类化合物，可以说是助剂的主体。

助剂对杀虫气雾剂品种及其基型的作用及功能是多方面的，如渗透、分散、乳化、破乳、增溶、助溶、消泡、抗静电、减磨、防锈、防腐蚀、增效、增稠、酸度调节、抗氧化、稳定、展着、防霉、杀菌等。

由于杀虫剂原药（原油及母粉）不加工成一定剂型的制剂就不能直接使用，所以杀虫气雾剂的加工是开发应用中极其重要的一个环节。可以说，一种杀虫气雾剂制剂的成功，一半在于剂型的加工。简单地说，杀虫气雾剂的剂型加工就是将杀虫剂原药与各种辅助剂按一定比例进行调配。所以助剂是与原药一起构成杀虫气雾剂制剂的两大部分之一。

在杀虫气雾剂中助剂本身虽无生物活性，但它与杀虫剂原药混合加工后能改善制剂的理化性质，在提高制剂的效果、方便使用等方面起着十分重要的作用。所以助剂的合理选择使用，对杀虫气雾剂制剂的性能有很大的影响。

二、抛射剂

1. 抛射剂在气雾剂产品中的作用

抛射剂在气雾剂产品中以复杂的方式发挥作用，表现为：① 使罐内的气相产生一定压力，当揿压阀门促动器时使产品从容器内喷出。混溶在喷出物中的抛射剂以气化的方式使喷出雾滴第二次雾化。② 作为稀释剂、溶剂、喷雾或泡沫成分、黏度调节剂或遮光剂。③ 在某些特殊情况下，它还可作为凝固剂、粉剂、信号剂（如船上的号角）、特种脱脂剂、制冷剂替代物、灭火剂等。

2. 抛射剂赋予气雾剂产品的特性

① 蒸气压0.70～8.45 bar（21.1℃，1bar=10^5Pa）或10～120psi[70℉，$t/℃=\frac{5}{9}(t/℉-32)$，1psi=6894.76Pa]；

② 喷雾雾滴尺寸＜1μm；

③ 提高或改善产品的效能；

④ 可燃性、弱燃性或不燃性；

⑤ 改善或调整泡沫浓度、干湿度及破泡速度。

3. 抛射剂的作用机理

当抛射剂溶解在产品浓缩液（或基料）中时，它能使喷射出的液流粉碎成雾。抛射剂与产品浓缩液之间的相互作用决定了喷雾形成的粒子尺寸及分布。虽然抛射剂不能直接使产品成雾，但通过配合使用各种机械裂碎式促动器，它产生的压力就足以使喷出物靠惯性能量形成漩涡式喷雾。

要使产品液缩剂成雾，抛射剂气相部分应具有足够的发射能量，以克服液体的表面张力及其他内聚力。在罐内未溶解在浓缩液中的部分抛射剂则不能达到这一点。

抛射剂的发射能量是一个复合因子，与蒸气压及分子量有关。较高压力抛射剂能产生细雾。如以90%乙醇与10%丙烷（A-108），及90%乙醇与10%异丁烷为例，丙烷配方可以形成喷雾，而异丁烷配方只能产生一股液流。若用正丁烷，则几乎无压力，只能喷出一股稀薄液体束。

但也有许多例外情形，小分子量的抛射剂也有显示较好喷雾的情况。如CFC-12和异丁烷在乙醇或酮中的喷雾比HCFC-22要好。

4. 抛射剂的用量

从安全角度出发，在气雾剂中抛射剂的用量尽可能越少越好，这可以使气雾剂中的产品量达到最大量。但在某些情况下，这一原则也不一定切实可行。有较多量的低压力抛射剂能使喷出物更流畅，具有较小“冲击”式，能使用较大计量孔的阀门，降低黏度，减少起泡。

若抛射剂被乳化，或用在含有适量表面活性剂的水基产品中，在“喷流型”阀门的作用下会使产品形成泡沫，或有气泡冒出。一般泡沫的密度约为0.10g/mL。若加入抛射剂量过多，则使泡沫显得太轻而不薄弱，在泡沫表面无麻点状。常用的为抛射剂A-70。

抛射剂应与配方中其他成分具有相容性，不会与其他成分发生化学反应而破坏配方的稳定性及效果，抛射剂应对人无毒。选用的品种、比例应与产品特性相匹配，并保证该产品获得最佳的喷射性能。

三、阀门和促动器

1. 气雾剂阀门与促动器的工作原理

气雾剂内容物经过阀门及促动器后最终变成的各种不同形态的喷出物，是在气雾剂阀门与促动器（或者还有微雾化器）的联合作用下得出的，其中还有混入部分喷出物中的抛射剂的作用。但是内容物在阀门中与在促动器中受到的流动阻碍状况是不一样的。简单来说，它们都是气雾剂内容物的流出通道，阀门可比作第一流出通道，促动器可比作第二流出通道，两者犹如接力赛跑一样，共同来完成将内容物按预定设计要求及喷出性能以最佳方式送出气雾剂容器外的功能。当然在这个接力赛中，中间还要有一个交接动作的最佳化问题，交接得好而快，就能跑得快，交接时受阻很大，肯定就跑得慢。这个交接在阀门中就是阀杆计量孔的设计，如孔或槽的大小、个数及分布方式和孔的形式及光整度等。流体力学实验模型显示，当阀杆计量孔对称设置时，比单边设置一个孔有助于加快流速，因为它们能起到矢量叠加作用。当然这当中还涉及计量孔的大小及形状（如直孔、对称锥孔、斜锥孔及台阶式孔）的设计。事实上阀杆计量孔也是气雾剂产品流通中的一个十分重要的枢纽通道。

气雾剂内容物在阀门内及促动器内受到的流动阻碍状态，是在阀门及促动器结构中根据人们的意志有意设定的，而这种结构设计就决定了它们的工作状态。

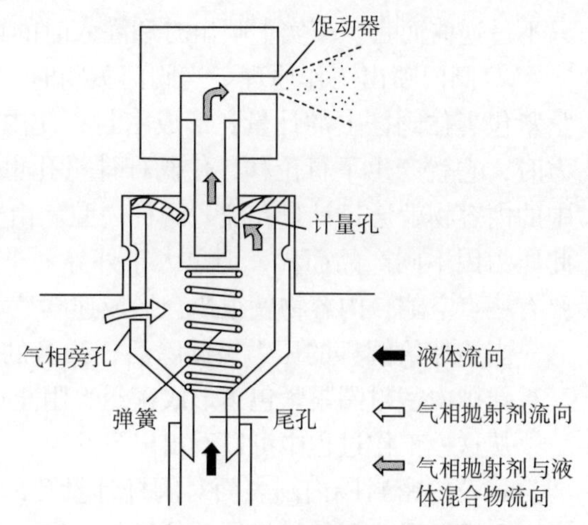

图11-2 标准阀门与促动器组合开启状态时内容物的流通途径

从总体上来说，气雾剂产品是在阀门与促动器（及微雾化器）共同协同作用下最终获得所需的形态和性能，但应该看到，阀门与促动器各自的工作特点是不一样的。图11-2显示了标准阀门与促动器组合开启状态时气雾剂内容物的流通途径示意图。

在此还要指出的是，不仅阀门的结构及工作原理与促动器的结构及工作原理有区别，两者不能混为一谈，而且阀门与促动器组合后的工作原理，也不能代表气雾剂的工作原理，这两者也不能混淆等同，它们之间也是有区别的。阀门与促动器组合的整体工作效果被包含在气雾剂工作原理中，属于整个气雾剂工作中的一个重要部分，但不是全部。所以气雾剂工作原理与阀门工作原理是两个概念。从以下两个例子中就能清楚地看到这一点。

一是在使用液化气类抛射剂时，在从阀门促动器端孔中喷出的气雾剂内容物中，夹杂着液相抛射剂。夹杂在产品液滴中的液相抛射剂一进入空气中，原先对它所施加的压力被解除，它就蒸发气化。从液相转换到气相时释放出的能量很大，以烃类抛射剂为例，它从液相转换成气相时，体积可以扩大230多倍，这些能量将带动已喷出的产品液滴进行第二次雾化，或使已喷出的产品液滴进一步变细，形成许多小雾滴。这些过程都是在0.2～1.5ms这一很快的瞬间以及离开喷出孔约25mm这一很短的距离内完成的。显然在这一雾化过程中除了阀门与促动器的整体作用外，还包括了抛射剂的作用。

当然也测定到这种情况，即喷出雾滴在被摔离喷嘴飘移200mm时，还有部分抛射剂仍维持在液相状态，使它周围的空气发生冷凝作用而产生小水滴。此时测得雾滴中值直径一般为4.5Mm。

二是泡沫类气雾剂产品。由于这种泡沫类产品（如避蚊摩丝等）大都是水包油型，当阀门与促动器组合将其内容物释放出来时，抛射剂被包容在水相中。在它们离开阀门促动器的瞬间，由于原先对它所施加的压力解除，这些被包在水相中的抛射剂就开始气化膨胀，使水状喷出物逐渐扩大变成细腻的泡沫状。这一发泡功能，也绝不是阀门与促动器的作用，而是由产品配方设计设定的，充分发挥了抛射剂的发泡特性。

（1）气雾剂阀门的工作原理。从广义上来说，应包括两个方面，一是在使用时的阀门工作原理，二是在灌装抛射剂时的工作原理。不能简单地认为一进一出，它们是等同的，只不过逆向而言。事实上喷出时和灌入时的情形不尽相同，尤其是对高速灌装阀门。

① 阀门喷出工作原理。当阀门关闭时，阀室充满内容物，但由于内密封圈的内孔表面紧紧包裹住阀杆上的计量孔形成密封，使内容物无法进入阀杆内腔。一旦阀杆受到向下压力时，它就产生下行位移，使阀杆计量孔也随之下移，脱离内密封圈的包裹，此时在阀室中的内容物就通过计量孔流入阀杆内腔。由于阀室内的内容物与罐内液相都处于等压状态，此压力因不同产品而异，但总大于外界一个大气压与流经通道中的各种阻力之和，所以只要有一点空隙，内容物就很快会形成连续液流流出。

当施加给阀杆的压力被卸除后，弹簧的回弹力将阀杆往上推动使其复位，阀杆计量孔又重新被内密封圈紧紧包裹形成密封，阻止内容物流出，使阀门关闭。

从这一工作过程中可以看出以下几点：

a. 若内密封圈内圆表面对阀杆计量孔的包紧力不够，就达不到所需的良好密封。若包紧力太大，影响阀杆操作按动的轻便性。

b. 压缩弹簧的回弹力应能足以克服阀杆向上运动的阻力，使其及时灵活地复位。当然若此回弹力太大，说明弹簧的设计压力太大，会使阀杆往下操作按动困难。

c. 阀杆、内垫圈、弹簧及阀室，它们也与引液管一样，无论是在关闭状态还是开启状态，它们都始终与气雾剂内容物相接触，所以它们都必须对内容物有很好的兼容性及抗溶胀能力，否则很快就会破坏阀门的正常功能。

对于侧推式阀门来说，它的基本工作原理与标准垂直作用阀门一样，只是内容物从阀室进入阀杆的途径稍有不同，它不是在内密封圈松开后，直接进入阀杆计量孔而至阀杆腔内的，而是经由阀杆座的槽后再进入阀杆腔内的。

此时的流量控制由图上的小槽尺寸来完成。这与雌阀的情形有所类似。

雌阀的工作状况如图11-3所示。图（a）为促动器已插入，但还未被往下压，阀门处于关闭状态；图（b）为开启状态。阀门开启后，内容物经由阀杆座流入促动器（阀）杆腔。因结构设计上的不同，也有直接进入促动器（阀）杆腔内的。阀门在关闭状态时，促动器杆上计量槽被内密封圈紧紧包裹密封。阀门开启位置时，槽脱离密封圈的包裹，内容物经促动器杆槽流入腔内。

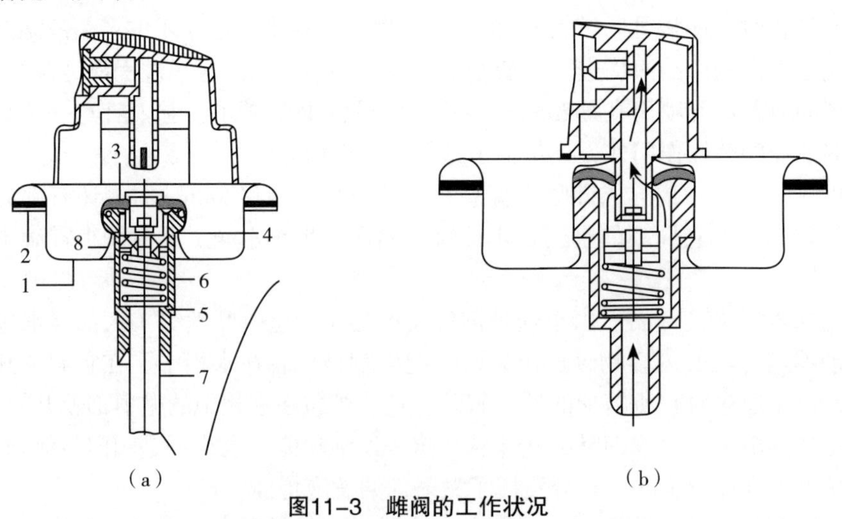

图11-3　雌阀的工作状况

1—固定盖；2—外密封圈；3—内密封圈；4—阀杆座；
5—阀室；6—弹簧；7—引液管；8—加强筋

球阀的工作状态比较特殊。如图11-4所示。它的阀门关闭与开始状态同普通标准阀门相同。左边A图所示为正常直立使用时的位置，此时阀室侧腔（图11-4A）中的球阀将阀室侧腔进口封住。球阀的作用如同普通阀一样，内容物从引液管被压入阀室内。根据帕斯卡定律，在密闭容器内各处的压力都相等，即处于平衡状态，此球阀借其自身重力压在阀室侧腔进口处，将此通道密封住。

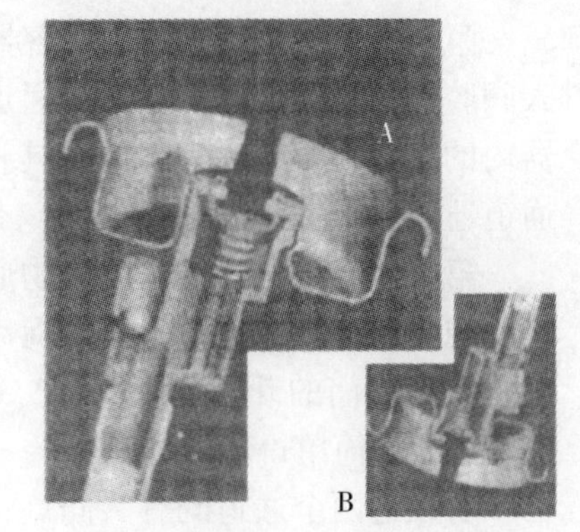

图11-4 球阀倒置时的工作状态

当将它倒过来时，如图11-4B所示，此时钢球阀下落，靠阀门固定盖底将它托住。倒置后，引液管尾端部露出容器内液相外，处于气相中，内容物不可能再通过引液管进入阀室。此时阀室侧腔进口处位于液相中，内容物通过侧腔进口进入阀室内。

上述所述为两个上、下极端使用位置。但当将气雾罐握持位置非水平，而与水平呈一定角度时，只要罐中液相大于半罐时，球阀就能起到良好作用，总能顺利地工作。

但这种球阀的使用也存在一定局限性，并不是可以在任何方位使用，与罐内内容物的量有关系，如：

a. 当罐内容物大于半罐时，可以在任意位置使用，也可以正好在水平位置使用。但若内容物已少于半罐，水平位置的内容物进不到阀室内，它就不能正常工作，也就喷不出内容物来。

b. 当罐内容物稍小于半罐，而且气雾罐呈水平状态时，阀室侧腔正好处于气雾罐中心轴线下方，尚可进行喷雾，而当内容物液面低到进不到阀室时，在水平位置喷射已无意义；显然当阀室侧腔进液口位于水平轴线上方时，也无内容物可喷出。

c. 当罐倒置时，罐内容物液面低于阀室侧腔进口处时，也就无液相内容物进入阀室，此时也就无内容物可喷出。

所以仅从以上的简单讨论可以看出，所谓360° 任意方向喷雾阀，也并不是真正可以做到的，而是有一定条件制约的。但尽管它还存在着这些不足，针对大多数使用者可能出现的非正常位置误喷情况来说，360° 球阀已基本上解决了这一点，这是一大进步。一般来说，正好将气雾罐呈水平状态使用的情况还是很少的。

② 阀门灌入抛射剂时的工作原理。在T-t-V灌气法，最初抛射剂确实是从阀杆腔—阀杆计量孔—阀室由尾孔进入容器内，此时的灌气途径与气雾剂产品喷出途径正好逆向。不过由于灌气压力总大于罐内压力，所以它们虽然流入、流出途径相同而方向正好相反，但是它们的流量是不等的，很明显，在高压下灌气只要短短一瞬间（以秒计），但要将此灌入的抛射剂放完，需要好几倍时间（以分钟计算）。

随着提高生产效率而对加快灌装速度方面的需要，对阀门结构上做的更改，就是不断扩大及增加抛射剂灌装时流入的通道。这样第一步先开发了使抛射剂同时从阀杆腔内及阀杆外围进入容器的高速灌装阀。进而又开发了带促动器抛射剂灌装法（BOF），这样对促动器的结构又做了更改。

（2）促动器的工作原理。促动器的结构对气雾剂产品的喷出状态起着最直接的作用，尤其对喷雾类气雾剂产品的雾滴直径、均匀度、射程、雾锥角、喷雾图形等方面的影响最大。

如前所述，要将气雾剂产品内容物从容器中喷出来，需要经过两个大的通道：

第一通道是经由阀门，在容器内气相抛射剂的压力作用下将内容物经过阀杆计量孔进入阀腔后，流入促动器。第一通道的作用基本上只局限于以一定压力（流速）及流量将容器内的内容物压送出去。但它具有开启与关闭功能，这是它的独具功能。如前所述，第一通道还作为抛射剂的灌入途径。

第二通道是促动器。内容物通过促动器后最后喷出。气雾剂产品的喷出形态、性能等特点主要通过第二通道，即由促动器（包括微雾化器）的结构参数设计完成。但促动器本身不具有阀门的开关功能。第二通道在抛射剂灌入过程中所起的作用仅是一条单纯通道，比起阀门来简单得多。

所以这两个通道既有共同点，作为内容物流出的整个通道中的第一级和第二级，又有不同点，而它们联合作用的结果就能使气雾剂产品获得设计所预定的喷出图形及使用性能，当然也包括完成气雾剂生产中抛射剂的灌入功能。

从上述可知，气雾剂内容物从流入阀门促动器组合到喷出过程中，虽然从通道长度来说比第一通道短得多，所需的时间只是极快的一瞬间，但是它的工作原理却是不寻常的。当然也可以归纳为很简单：应用了流体学中漩涡增速原理。但如何将它增速，以达到不同的喷出要求，以及从结构上控制来获得不同的喷出图形，是十分令人费神的事。这不是单纯依靠理论计算推理就可决定的，必须要通过实验模型来予以调整才能达到最终所需的预定结果。

气雾剂内容物在压力下高速离开促动器喷出孔时的状态是很复杂的，虽然呈紊流状态，但在整个喷出过程中雾流并不是稳定不变的，而是时时刻刻变化着。对于这一点，每个配方设计者及细心的用户都已观察注意到了。产生这种变化的因素十分复杂，因为气雾剂在喷出过程中，容器内的液相在气相压力下产生流动，流动状态也不是稳定的，其中夹杂有乱流及湍流运动，影响到喷出物的稳定性。还有阀门各构件流动通道中的表面状态，以及操作者促动时用力大小及阀杆被压下深度的变化等，均会有影响。还有促动器喷出端孔的形状及出口处的光整度，如飞边毛刺会使喷出雾流产生凝聚，改变雾流的稳定性。总之，影响因素是多方面的，其机理也是较为复杂的。

当然，上面所述的成雾原理及雾滴形成过程是在很快的瞬间内完成的，尤其是对气雾剂产品，由于在喷出液中混有蒸气压高及低沸点的液化气抛射剂，它们一旦离开喷出孔，即原先施加使它液化的压力被卸除后，它立即又气化，此气化能量很大，进一步促使喷出雾滴变细。所以在喷雾状气雾剂产品中的雾滴形成过程较之一般压力式喷雾器上形成的雾滴速度更快，雾滴更细。

根据此漩涡原理来完成增速或喷出图形及形态变化的功能的关键部位在嵌件（insert），在国内又称微雾化器或喷嘴的。泡沫型的促动器是没有此嵌件的。

2. 气雾剂阀门的主要作用与要求

（1）保证气雾剂产品有良好的密封作用。气雾剂产品不仅要求气雾罐有高度密封性，同时要求装在气雾罐上的阀门也具有与气雾罐同样好的密封性。

由于气雾罐成型后成为一个整体，组成整体的罐身、底及上圆顶之间没有相对运动，因而不存在活动间隙——泄漏的通道。但气雾剂产品的喷出使用过程是靠阀门的几个零件之间产生的相对运动使产品流出通道来完成的。这种相对运动一旦结束，阀门复位，即呈关闭状态。所以对气雾剂产品的密封性能来说，要气雾剂阀门完成与气雾罐同样的功能，显然设计及制造难度要高些，但这也是必须要保证达到的。

在气雾剂阀门方面的泄漏主要有两条途径：一条途径是阀门本身内部的，另一条途径涉及阀门与气雾罐的结合。阀门本身的泄漏途径发生在阀杆与密封圈之间的接触区，即可能因为此密封圈的不适当包紧力使产品从阀杆上的计量孔渗入阀杆内产生泄漏。第二条途径则是因为阀门与气雾罐口封装不良（如封口直径太小，封口变形，或封口直径过大，造成罐口的潜在裂纹等）或外密封圈材质与内容物不匹配造成的。后者的泄漏量约为前者泄漏量的10%～20%。

一般要求在正常室温条件下存放1年，一个气雾剂产品的年泄漏量不超过2g。对某些使用强溶剂的或罐内工作压力较高的产品，如使用CO_2、N_2O作为抛射剂时，允许其年泄漏总量不超过7g。

要求这种良好密封的时效作用时间不能低于3年，即产品的保质使用期。此期限应大于其货架寿命。

（2）保证气雾剂内容物可靠有效地喷出来。气雾剂产品被加压封装在容器罐内，通过特殊结构组合的阀门零件之间的相对运动及作用，能够根据产品的使用要求或方法，使产品或呈雾状，或呈束状，或呈胶状，或呈粉状，或呈泡沫状喷在应用目标上。从这个意义上来说，阀门成了气雾产品和应用目标之间的媒介。对阀门的操作过程实际上起着开关的作用，一旦按下促动器，阀门打开，气雾剂内容物就可以喷出来了。一旦解除对促动器的压力，阀门复位，气雾剂内容物就又被密封在容器内。这就要求阀门在发挥这种作用时可靠、有效。所以，阀门被称为气雾剂产品的关键动作组件，也有人把它称为气雾剂的“喉咙”，其重要性由此可见。

（3）要能承受各种气雾剂配方有效成分的侵蚀作用。各种气雾剂配方中的化合物，都有一定酸碱性，它们对阀门的各个构件都起着一定侵蚀溶胀作用，或破坏阀门固定盖的表面氧化层，或破坏涂覆保护层，使它产生锈蚀，减薄厚度使强度降低，或腐烂穿孔造成泄漏。在当前要求降低气雾剂产品挥发性有机物（VOCs）含量时，所使用的抛射剂及气雾剂配方对气雾罐及阀门金属基材的腐蚀作用加强了。

气雾剂配方内容物也会使密封圈产生膨胀或收缩，以致造成阀杆受阻不能复位，或产生间隙形成泄漏通道。当阀杆密封圈收缩后，密封圈内径胀大，不能有效封住阀杆计量孔，气雾剂产品内容物就从此泄漏。当阀杆密封圈膨胀后，密封圈内径缩小，导致阀杆促动及复位受阻，使内容物喷不出。所有这些都会影响阀门的正常工作，使阀门动作及功能失灵，不起作用。

当然阀门对内容物的抗蚀作用，首先要从组成阀门的各个构件上来保证，最后再从整体上予以检验。

（4）要能满足各种气雾剂配方的使用性能要求。由于气雾剂产品的性状及用途不同，对组成气雾剂的各种成分以致配制工艺选择不同，要求喷出的形式不同，以雾状喷出物来说，又有细雾及粗雾的区别，喷在目标上还有空心锥形、实心锥形、半空心锥形及扁平扇形等多种喷出图形式样。喷雾形式是使气雾剂产品充分发挥其性能的重要途径。当然还希望喷出雾流均匀、柔和，不应有不对称、不均匀现象。

当然也不希望因为阀门促动器喷出孔的偏差，使产品在喷孔处“生须”，或促动器配合尺寸不合适，产生“远处生须”，或在阀门关闭后喷湿固定盖和在停止喷雾瞬间出现残留细液柱或液滴滴落现象。

此外，随着抛射剂的改变，为了使某些气雾剂产品保持更好的雾化性能，在使用其他种类抛射剂时，可在促动器上采用机械裂碎式结构，或调节阀杆及喷嘴孔径之间的比例关系等。在使用压缩气体作抛射剂时，还可采用在阀体上加设微气相旁孔结构。这种微气相旁孔还有助于控制火焰长度。

（5）为了满足在气雾剂自动灌装生产线上高效率的需要，要求阀门具有高速灌装性能。气雾剂产品在设备上进行连续生产，从送空罐、注入内容物、送阀门及封口、灌装抛射剂（或气体）、安装喷头及以后的工序都以相同快速节拍同步进行。尤其在高速自动灌装线上，灌装抛射剂过程也只能在短短瞬间内完成。在气雾剂产品生产中，产品物料的灌装，除双室式气雾剂容器结构外，都是在阀门或泵封装之前进行的，所以它的灌装速度与阀门结构无关。而抛射剂的灌装则是在阀门封装在罐上后进行的（T–t–V法），或是在封装前瞬间完成后即封口的（U–t–C法）。在这两种灌气方式中，采用T–t–V法时，对每罐灌气时的抛射剂泄漏量为0.3mL，而采用U–t–C法时，灌装中每罐的抛射剂泄漏量达1～3mL。随着对气雾剂生产中安全要求的提高及环保要求的重视，尤其是在抛射剂从氯氟化碳物质转移至易燃易爆烃类及二甲醚作抛射剂时，整个气雾剂行业有从U–t–C法向T–t–V法转移的趋势。但在T–t–V灌装法中，抛射剂原先只是从阀杆中间孔——计量孔全身阀室尾孔进入容器内，灌装速度及效率受到阀杆结构、流经孔尺寸及阀室尾孔大小的影响和限制。为满足高速灌装生产率的要求，对T–t–V法进行了改进，增加了抛射剂流入通道，甚至先装上促动

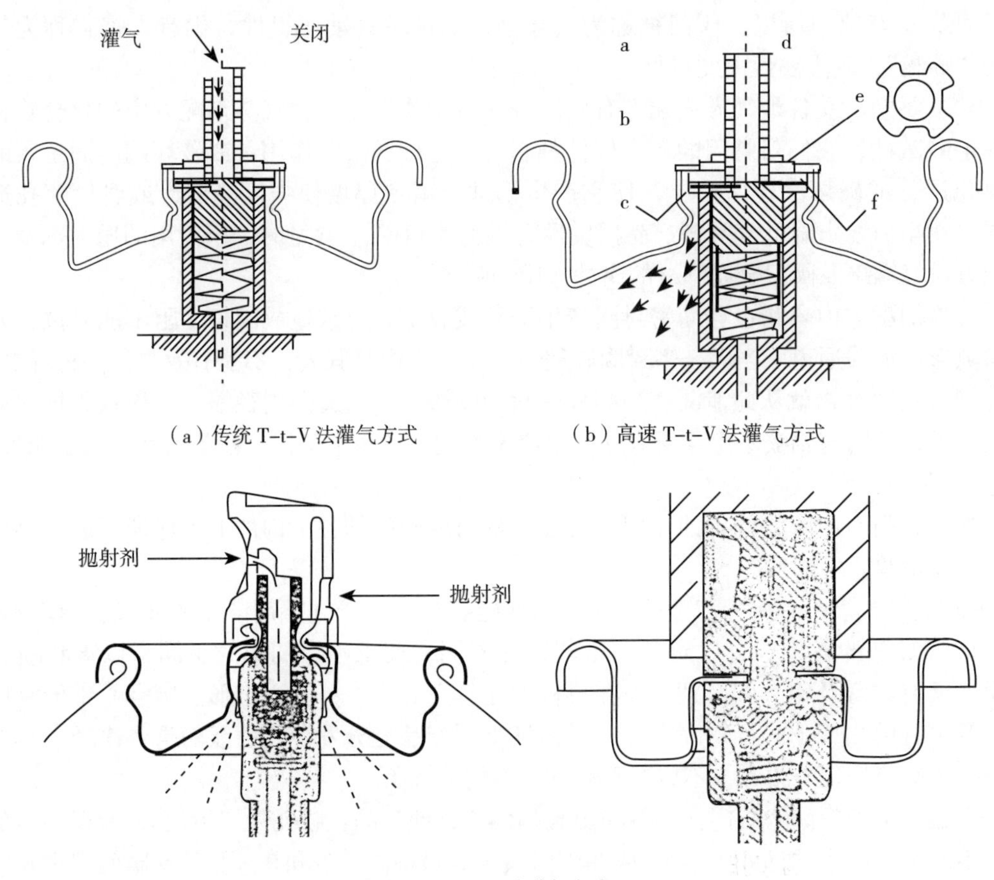

（a）传统 T–t–V 法灌气方式　　（b）高速 T–t–V 法灌气方式

（c）BOF T–t–V 法灌气方式

图11–5　灌装方式示意图

a—灌气中；b—抛射剂进入罐内;c—内密封圈变形，让抛射剂进入；d—灌气前及灌气后；e—密封圈外缘制成缺口，作为抛射剂灌入通道；f—阀门关闭时密封圈状态

器后灌装（BOF法）。高速T–t–V法罐气方式如图11–5所示。当前这类灌装设备的生产率是很高的，单线生产能力为班产14000罐，双线则加倍。即使是手工操作的，班产也达7500罐之多。所以阀门的结构设计必须要具有快速灌装性能。

（6）气雾剂阀门应具有一定牢固度及强度要求。对容器罐的强度要求，气雾剂阀门也应同样具备，如将气雾剂阀门封装在罐口上后，气雾剂阀门固定盖也应能承受1.2MPa压力不变形，承受1.4MPa压力不爆裂。一般在气雾剂阀门标准中规定，对其进行测定时，变形压力提高到1.8MPa。

当气雾剂阀门封装在气雾罐上后灌装抛射剂时，由于罐内压力升高会使阀门固定盖中间小凸台高度产生升高变形。由于材料厚度及机械强度之间的不均匀性，以及灌气生产中的误差，有些产品上此小凸台变形会恢复，或部分恢复，有些则成为永久变形。小凸台的升高，显然使阀杆高度升高，形成高度误差。

此外，固定盖对阀座的夹紧力，应达到294～600N范围，阀体对引液管的夹紧力，内插管不小于49N，外套管不小于40N。促动器对阀杆的夹紧力应大于5.8N。

（7）对气雾剂阀门还应有严格的配合尺寸精度质量要求。尺寸精度是保证密封性能的重要环节。

（8）对于定量阀门（或定量泵）应有一定喷出量精度要求。由于这类阀门及泵不属于连续喷雾型，喷射速率的均匀性问题对它没有什么意义，但对它有喷出量的精度问题。

（9）对气雾剂阀门（包括促动器）应有良好的外观质量要求。

四、气雾剂容器

1. 气雾剂容器的作用

① 作为气雾剂内容物（包括产品物料与抛射剂）的盛装容器；

② 承受抛射剂气相部分所产生的压力，所以是压力容器：

③ 承受气雾剂内容物的腐蚀侵袭；

④ 作为气雾剂阀门的封装基座；

⑤ 罐体外印贴标签，标示气雾剂的品种及使用说明。

2. 对气雾剂容器的主要要求

（1）容量要求。对不同材质的容器有一个限量规定。按EEC的规定，金属罐的容量在50～1000mL之间，有塑料涂层或有其他永久性保护层的玻璃容器的容量在50～220mL，易碎玻璃及塑料容器的容量在50～150mL范围，超过最大容量规定的容器是不准生产销售的。

（2）耐压要求。气雾剂容器必须能承受气雾剂制品在工作条件下及异常条件下的耐压要求。根据国家标准规定，一般应满足以下几个指标：① 承受1.2MPa内压力，容器各个部位不会产生变形；② 承受1.4MPa内压力，容器不会发生爆裂或连接处脱开；③ 泄漏压力为0.8～0.85MPa。

（3）耐蚀要求。要求气雾罐内壁与常用气雾剂内容物，包括抛射剂、溶剂、有效成分及其他组成物相互不会发生反应，不会因发生腐蚀而造成渗漏。当然锡元素本身比较惰性，因此它对油基型内容物尚可承受。但对水基型及含氯溶剂量较多的配方不能承受，所以往往需要在内壁涂以环氧树脂、酚醛树脂或乙烯保护层。涂层的选择及厚度，必须与配方相匹配，通过试验最后确定。对铝罐，其内涂层电导读数不得大于5mA。

（4）密封要求。对容器加以内压力1.0MPa时，容器各处不应有渗漏现象。对气雾剂成品来说，在一般情况下应满足其年泄漏量不超过2g的要求（指使用液化气类抛射剂的产品）。

（5）强度要求。气雾罐要具有一定机械强度，如在将阀门安装盖封装在罐口上时，卷边及罐其他部位不应有变形。气雾罐各部位在碰到一般性撞击时，也不会产生变形。

（6）尺寸精度要求。气雾罐卷边口直径、平整度、圆度、与罐底的平行度、罐体高度以及罐上部分阀门的接触高度等都有严格要求，这是使它与阀门封口后获得良好密封性能和牢固度的保证。

（7）材质要求。马口铁罐用的镀锡薄钢板，以美国25ETP为例，是指将1/4 lb（114g）锡涂重112张14" × 20"（356mm × 508mm）面积（相当于20.25m^2）的标准钢板上后构成的材料（镀锡量合5.6g/m^2）。铝罐用的材料，其纯铝含量应达99.5%以上。

（8）外观要求。气雾罐的外表应光整、无锈斑。不应有凹痕及明显划伤痕迹。结合处不应有裂纹、皱褶及变形。罐身焊缝应平整、均匀、清晰，罐身图案及文字应印刷清楚、色泽鲜艳、套印准确，不应有错位。

3. 气雾剂容器的结构

（1）分类。一般分为三片罐和一片罐（铝罐）。三片罐是指由顶盖、罐身及下底三件组装结合成的容器罐。

早期的三片罐，在顶盖与罐身及下底与罐身搭接处是向外凸出的，即搭接处的直径比罐身的直径大。后来经过工艺上的改进，在罐身与顶盖及下底搭接前，先将罐身两端进行缩颈，同时将顶盖与下底的胚料尺寸也相应缩小，这样搭接装合后，就不存在凸出罐身的现象。这种结构称为双缩颈罐。

（2）充空气式塑料气雾罐。在塑料气雾罐方面，主要从两个方面发展，一方面是由于OPET型塑料气雾罐的研制成功，使塑料气雾罐重新获得了生机，但它面临急需解决的问题尚很多。另一方面是活塞充气式塑料喷雾器的发明，为塑料气雾罐的发展拓出了一条新路子。早在20世纪80年代初已研制成功，但因各种制约及客观原因，未能很好获得商品化大量推广。相反，国外市场上相继有几家公司先后将这类活塞充气式塑料气雾罐投放市场。

第三节 气雾剂的工作原理及雾化原理

两相气雾剂的内容物一般分为气相和液相。液相在罐内下部，它是产品浓缩液和抛射剂（液体）的相容混合物。气相在罐内上部，对罐壁及液相产生压力。在罐内，气相和液相处于静止平衡状态。

按下促动器时，阀门开启，罐内的液相内容物在气相的压力作用下，通过引液管向上压送到阀体内，再通过阀芯计量孔进入阀芯，进而到达促动器，最后从喷嘴喷出。喷出物离开喷嘴时的雾化过程是综合作用的结果。首先，当它从喷嘴高速冲出时，与空气撞击粉碎成雾滴，此后包含在雾滴中的液相抛射剂，由于原先在罐内给它的压力解除，立即蒸发成气相。从液相转换到气相释放出的能量进一步使雾滴两次粉碎或蒸发变细，变成许多小雾滴，这些过程都是在很快的瞬间完成的。气雾剂的喷射见图11-6。

在使用液化气类抛射剂、内容物为气相和单一均匀液相时，可以使用一般促动器，若采用两次机械裂碎型促动器，可以使雾化度更均匀。

但是，当罐内液相内容物呈两相（由于它们之间的相容性差，如水与CFC，水在上，

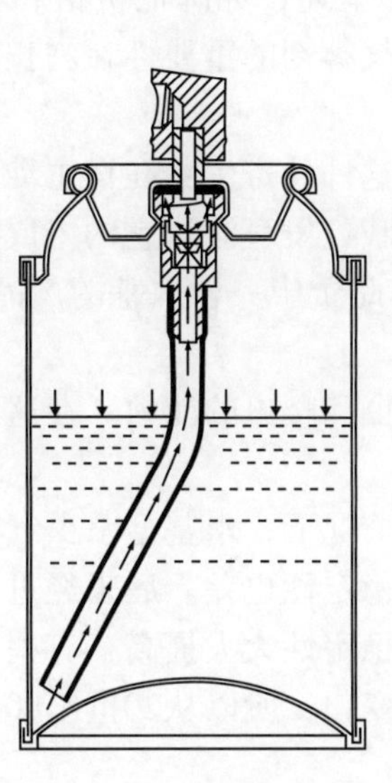
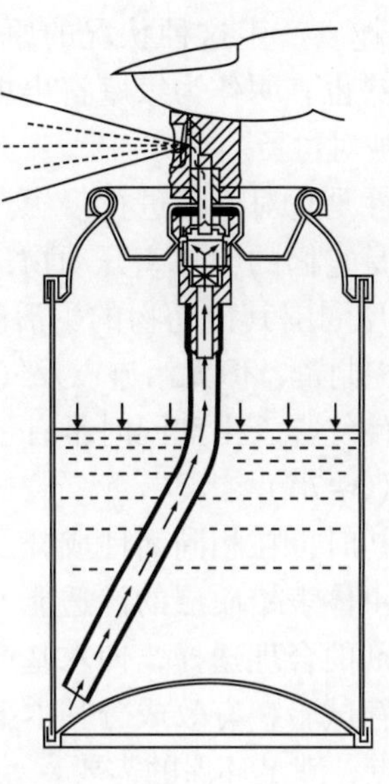

图11-6 气雾剂的喷射

CFC在下层；水与LPG，LPG在上，水在下层），即双液相时，不但在喷射前要先将整个气雾剂产品用力摇动，使其双液相靠机械搅动暂时混合为“假”单液相，以达到使喷出物中含有抛射剂成分，使其参与物中含有抛射剂成分，使其参与雾化而获得较细雾滴。而且配套使用的促动器，应有两次机械裂碎结构的喷嘴。

使用压缩气体作为抛射剂时，促动器更应采用带两次机械裂碎结构的喷嘴。因为在这种情况下，喷出物中不含抛射剂成分，喷出液滴的细度主要靠漩涡式喷嘴的机械裂碎来获得。

第四节 水基杀虫气雾剂的配方设计

在气雾剂处方中用水作为溶剂，不仅减少对环境的污染，还能有效地降低成本，而且还有减少呼吸道的刺激性以及喷雾不会燃烧等优点，提高了气雾剂生产。

水基杀虫气雾剂早在20世纪50年代后期就已在开发，这主要得益于50年代起开发了压力气雾剂灌装技术，真空封口机的开发以及合适的阀门结构问世。但水基杀虫气雾剂没有受到市场的欢迎，主要是所用占整个配方30%左右的烃类抛射剂（如A-31，A-40等）的易燃性及气味。

1960年美国庄臣公司推出了雷达牌水基杀飞虫气雾剂后，在短时间内不少厂商纷纷推出自己的水基杀虫气雾剂。

由美国MGK公司开发的用于空间喷雾剂的最早的中间体由乳化剂及抗腐蚀剂组成。它适用于二步灌装法。此法是将灌装物、中间体及油混合，在水中制成转换型乳剂，灌入容器中，封装阀门，充入烃类抛射剂即得成品。这些中间体亦可用于三步灌装法。此法是将中间体或中间体加油注入容器中，而后加入水，再充入抛射剂。这种操作顺序较之将乳剂搅拌过夜更能保持油包水相。

杀灭蚂蚁和蟑螂的杀爬虫气雾剂主要是非水溶剂剂型，但现在却对水基型的杀灭蚂蚁和蟑螂处方更感兴趣。产生这种状况的原因已如上述，如降低价格和可燃性以及减少气味等。同时这种趋势也表明作为家庭寄生虫杀虫气雾剂的重要性在增长。许多用于控制蟑螂和蚂蚁的产品已被对付蚤。

蚤的生物学习性是它对人畜进行侵扰。虽然这种外寄生虫在宿主动物身上渡过它生命的大部分时间，但是它们的卵却离开动物，在隐蔽处发育渡过它的未成熟期。如屋中铺着地毯的地板或者房屋周围其他动物的生活区。因此希望一种水基的产品用于地毯和织物，在地毯中能持久地控制蚤，但无污迹以及气味。

全球性趋势是使气雾杀虫剂同时具有杀灭飞虫和爬虫的能力。在这种水基配方中，常用30%烃类抛射剂（A–70）。

20世纪70年代初时，在相同活性成分及用量情况下，水基型杀虫气雾剂的药效往往不如油基型，它对昆虫体表蜡质层的渗透能力差，稳定性也差。后来经过配制工艺上的不断改进，通过对乳化剂的合理选择，使水基产品的稳定性大大提高，有些产品在40℃高温下经过19个月的热贮存试验，有效成分基本上没有变化，所以从20世纪80年代起，水基型杀虫气雾剂又成为热点，满足环保的需要。

一、WBA用有效成分的选择原则

① 生物活性优良，包括：击倒率、致死率、驱赶或拒避作用（对飞虫）、兴奋或奔出作用（对爬虫）、有一定持效性。

② 稳定性包括：相稳定（W/O不会转变为O/W）、降解（抗水解）、相容性好。

③ 对气雾罐的腐蚀性极小。

④ 毒性极低及刺激性极低或无。

⑤ 能生物降解，与环境相容。

二、对昆虫的作用机制

① 杀飞虫。击倒兼具驱赶与拒避，不能有刺激性。

② 杀爬虫。兴奋驱出兼具持效，对刺激性要求不太高。

③ 全杀型。击倒与致死并重，兼考虑持效及刺激性。

三、配方设计原则

1. 复配

（1）有效成分的选择。如要求快速击倒的可以选择胺菊酯或丙炔菊酯；致死率高的可选用二氯苯醚菊酯或右旋苯氰菊酯等。

（2）添加剂的选择。

2. 增效剂

（1）品种的选择。目前常用的增效剂有氧化胡椒基丁醚（PBO，S1）、增效胺（MGK–264）、八氯二丙醚（S421,S2）及增效磷（SV1）。近年我国开发出了多功能增效剂（九四〇）。

在这些品种中，PBO是目前为止国际上一致公认增效最好的增效剂，其次是MGK–264。

PBO最适宜用于气雾剂配方，是由于：

① 具有较好的增效活性，所需使用量较低；② 对最终配方具有较好的毒理指标；③有利于改善成本/效果比价，可以降低使用者与制造者的经济成本，也有利于减少对环境的

影响；④ 提高对已对杀虫剂产生抗性的昆虫的作用效果；⑤ 容易配制，对杀虫活性成分溶解性好；⑥ 配制后制剂稳定性好，即使在水剂气雾剂中也显示出良好的稳定性；⑦ 对气雾罐金属几乎无腐蚀性，因为在PBO中不含有能释放出产生侵蚀作用的因子。

但PBO经美国环保局获准予以登记可作为家庭、公共卫生及农业，包括作物和谷粒保护之用。这是因为PBO已具有大量安全毒理资料，符合美国环保局的严格要求。

MGK-264也是一种在国际上获得公认的增效剂，但它更多的是作为一种共增效剂，常常被建议与PBO联合使用。

对不同增效剂加入各种杀虫有效成分中所进行的增效机制比较试验表明，当昆虫有氧化解毒作用，即显示抗性存在时，PBO总是作为最优先的增效剂。

另一个应值得指出的是，PBO具有优良的溶解特性，这一点十分有利于杀虫有效成分在配制中的溶解。

（2）加入增效剂的作用

① 提高杀虫有效成分对昆虫的毒效。

② 在保证杀虫有效成分同等效果时，因加入增效剂后可以减少有效成分的用量，从而降低制剂的成本。

当加入有效成分剂量约10倍量的增效剂后，可以使有效成分的加入剂量减少近一半，仍能对蚊虫保持原来的击倒与致死效果，大大降低了使用成本。

一般来说，其成本/效果比应在5∶1～10∶1（PBO/拟除虫菊酯）为适宜。

③ 氧化胡椒基丁醚（PBO）有助于延缓昆虫对杀虫剂的抗性，延长杀虫剂的使用寿命。在某些情况下，加入PBO后能使已被昆虫产生抗性的杀虫剂恢复其对昆虫的杀虫活性。增效剂的作用机制主要是抑制昆虫体内的多功能氧化酶（MFO酶）和酯酶的代谢能力，降低昆虫对杀虫剂的代谢与降解作用，使杀虫有效成分的被分解度降低，增加昆虫的死亡率。

④ PBO还能延长配方中天然除虫菊及其他光敏感性拟除虫菊酯的有效性，增强它们的稳定性。PBO对暴露在阳光下的天然除虫菊具有保护作用。

⑤ PBO对于许多化学物质是良好的溶剂。PBO的挥发性小，与许多油类物质相近。特别是对天然除虫菊萃取物具有优良溶解性。

多功能增效灵对拟除虫菊酯、有机磷及氨基甲酸酯类多种杀虫剂有明显的增效作用，加入卫生杀虫剂中后对蚊、蝇及蟑螂等卫生害虫的增效比能达2～3倍，尤其可使击倒率明显提高。

3. 乳化剂

在气雾剂生产中，尤其对水基型气雾剂，乳化技术相当重要。有时，必须制成乳状浊液才能使其功能性成分均匀分散在水中。因此，只有通过乳化工艺才能生产出合格的乳化型产品。

乳化剂泛指具有乳化作用的表面活性剂。从亲油性乳化剂到亲水性乳化剂，包括各种类型的表面活性剂。通常选用阴离子表面活性剂和非离子表面活性剂作为乳化剂，而阳离子型表面活性剂和两性离子表面活性剂不作为乳化剂使用。

严格来说，没有乳化剂就不可能有真正的乳状液，因为只有乳化剂才能使乳状液保持稳定性。因此，首先要选择好乳化剂，然后通过实验调整乳化剂加入量。

（1）乳化剂的选择。根据被乳化物要求的HLB值选择乳化剂的HLB值，大都是水包油型（O/W型）乳状液或透明液，因此只研究O/W型乳状液即可。被乳化的物质统称为“油”，只要知道被乳化物要求的HLB值，即可定量选择乳化剂的HLB值。

（2）乳化剂的作用。气雾剂中很多成分不溶于水。当加入一定量乳化剂后，它们在水基系统中呈乳液状态，更确切地说呈可转换的油包水（W/O）相，达到平衡。

乳化剂是使水基型气雾剂达到均相稳定系统的决定性成分。用它来完成水基系统的均质液相的同时，在选择时还必须考虑它对气雾罐可能会产生的腐蚀问题及对其他性能的影响。

乳化剂加入水基系统后，可以形成水包油（O/W）及油包水（W/O）两种形态的乳化剂。对不同的气雾剂产品，哪一种更适合，需要视其性能要求而定。

气雾剂中所用的表面活性剂不仅要能达到无异味、无毒性、稳定性好、经济且与配方中各组分有良好适应性，而且要求最大限度发挥杀虫效力。完全以拟除虫菊酯类复配的灭蚊喷射剂都属触杀剂。当与虫体接触药量确定后，其毒效就决定于药剂对蚊虫表皮的穿透速度。而药剂对蚊虫表皮的穿透速度又决定于昆虫的体壁的构造和药剂的理化性质，对具体已确定为靶虫的蚊虫（或苍蝇）和固定的杀虫剂并以水为分散介质的条件，表面活性剂就成为最关键的因素。

昆虫表皮是一个蜡水两相系统，因此最适合的表面活性剂应具有最佳的油水分配系数。因此制得的药剂具有良好的脂溶性，有利于穿透上表皮，而水溶性能使之从上表皮出来，通过内表皮。在表面活性剂的选择上，通常选用非离子表面活性剂，因为杀虫剂的毒理学研究认为昆虫体壁是一种生物膜，药剂穿透体壁受到细胞质膜的选择性影响。非离子表面活性剂比较容易通过。而离子化合物通过比较困难，离解度越高，越困难。所以在配制水性乳剂时，通常选用非离子表面活性剂。为了改善单独使用非离子表面活性剂的某些缺陷，有时应配入适量阴离子表面活性剂，构成表面活性剂组。

乳化剂的选择，除经验外，一个快速评估的方法就是根据亲油亲水平衡值HLB来确定。低HLB值的乳化剂亲油性好，用于形成油包水（W/O）型乳液，如HLB值在3～6之间；高HLB值的乳化剂亲水性好，用于形成水包油（O/W）型乳液，如HLB值在8～18之间。

根据经验，往往将亲水性与亲油性非离子乳化剂，也即低（或高）HLB与高（或低）HLB的两种非离子型乳化剂联合使用，所得的（HLB值）比用与之相同的HLB值的单一乳化剂，使乳化液体系更加稳定，不容易产生相转换。

值得一提的是，两种联合使用的乳化剂的HLB值要差大一点，使用量的比例也应以其中一个为主。究竟是亲油性的多，还是亲水性的多，这要取决于你所要得到的相是油包水（W/O）还是水包油型（O/W）乳液。

（3）常用的乳化剂及HLB值选择。乳化剂属于表面活性剂中的一种，它有许多品种，但一般将它们分为阳离子型、阴离子型、非离子型、两性离子型四类。

要注意的是，乳化剂在配方体系中的主要作用是乳化，但往往还有其他作用，如吐温20还可以作为增溶剂、洗涤剂、分散剂、润湿剂、黏度控制剂、防腐剂、防霉剂、消泡剂、抗静电剂等。所以在选择时，要根据需要，从综合方面考虑选定。

在考虑所选乳化剂的功能的同时，必须要十分注意它与其他组分之间的相容性，否则前功尽弃。

（4）水基型产品料液。水乳液一般是指一种或几种水不溶性液体小液滴分散在与之不相混溶的水连续相中所构成的一种液相不均匀分散体系。前者一般称为分散相，又称内相或不连续相；后者称为分散溶剂，又称外相或连续相。

分散相的直径一般大于0.1μm，多在0.25～25μm范围内。主要由大液滴组成的乳剂为粗乳，平均直径小于5μm的乳剂为细乳。在特殊情况下可形成分散相小达0.005μm的乳剂，往往称为微型乳剂，与通常的乳剂不同，可呈透明状，故也称透明乳剂。

水乳液有两种类型，一种是水以微小粒子分散在油中，即水为分散相，油为连续相，称为油包水（W/O）型乳液，这种乳液比较黏稠。另一种是油以微小粒子分散在水中，即油为分散相，水为连续相，称为水包油（O/W）型乳液。水基杀虫剂乳液绝大部分为水包油型。

杀虫剂原药为水不溶性油状物，加水稀释时在乳化剂的作用下，以其极微小的油珠均匀地分散在水中，形成稳定的水乳液。从乳液的外观大致可以估计出油珠的大小，以便判断乳状液的好坏。乳状液的外观与油珠的大小的关系见表11-2。

表11-2　乳状液的外观与油珠的大小的关系

乳状液的外观	油珠的大小/μm
透明蓝色荧光	＜0.05
半透明蓝色荧光	0.1～1
乳白色	1～50

从上表可以看出，杀虫剂原油加水稀释成乳液后，原油的粒子远远变小，容易在虫体上黏附和展着，渗透进虫体内。

水基型杀虫气雾剂的产品料液应为油包水型水乳液，可以减少对马口铁及铝质气雾罐的腐蚀。当然，油包水型也可以提高水基药滴对靶标昆虫蜡质层表皮的渗透能力，提高药剂的生物效果，还有利于提高与烃类抛射剂的相容性,形成单一均匀液相,喷射时不需要摇动。

4. 配方基本设计

（1）配方基本设计。水基型杀虫气雾剂的配方如下：

配方1

胺菊酯　0.30%；PBO　1.20%；脱臭煤油　5.0%；去离子水　55.0%；乳化剂、缓蚀剂及LPG加至100%。

配方2

胺菊酯　0.20%；除虫菊萃取物（25%）　0.20%；PBO　1.20%；异丙醇　12.5%；去离子水　40.0%；缓蚀剂　0.90%；DME　45.0%。（注：天然除虫菊酯可以丙烯、右旋丙烯或生物丙烯菊酯取代）

配方3（全杀型）

胺菊酯　0.30%；氯菊酯　0.15%；PBO　1.5%；异丙醇　12.5%；去离子水　40.0%；缓蚀剂　0.55%；DME　45.0%。（注：氯菊酯可以苄呋菊酯或右旋苯醚菊酯代替）

配方4（全杀型）

除虫菊素类　0.05%；苄氯菊酯　0.40%；香精　0.10%；PBO　0.10%；MGK-264　0.167%；乳化剂　1.50%；缓蚀剂及其他添加剂　7.683%；去离子水　60.00%；A-70　30.00%。（注：此水基配方对蚊、蝇及蟑螂的效果与溶剂型效果相当）

配方5（庭院花卉用）

胺菊酯　0.30%；氯菊酯　0.10%；PBO　1.20%；脱臭煤油　5.0%；去离子水　57.0%；

乳化剂、缓蚀剂　1.40%；A-70 35.0%。(注：要求对植物无损害)

(2) LPG-WBAs与DME-WBAs效果分析比较

① 烃类化合物-水基型(LPG-WBAs)。在这种类型气雾剂制品中，由于烃类化合物与水不能互溶，所以在气雾罐内会形成上下两层液相，上层液相为烃类化合物抛射剂，下层液相为油包水乳剂，因为烃类抛射剂的密度平均值为0.55g/cm^{3}左右，比水的密度1g/cm^{3}轻得多，如图11-7中右图所示。杀虫剂有效成分主要在上层液相中。在喷洒前需要用手对其做机械性摇动，使罐中的两层液相得以暂时混溶为单液相，否则前期喷出的多为较粗的水雾滴，而到后期喷出的则主要为烃类抛射剂液相，由于烃类化合物的低沸点及蒸气压特性，一旦从阀门口被释放后，喷出的细雾滴又会立即蒸发汽化，变得更细。而且如果不在喷前用手摇匀，则前中后期喷出物的杀虫剂有效成分含量不均匀，影响杀虫气雾剂的使用效果。

这类水基型杀虫气雾剂的配方骨架如下：

有效成分	设计量/%
乳化剂	1.0
去离子水	50.0
脱臭煤油	1～5(加至60)
5 A-60	40

喷雾特性：喷射率1g/s；雾滴直径41μm(25℃)。

② 二甲醚-水基型(DME-WBAs)。在这种类型杀虫气雾剂中，由于水与DME具有良好的互溶性，在气雾罐内共同构成单一均匀液相。杀虫有效成分均匀地溶解在此水性溶液中，不需要添加乳化剂。在需要时可以加入少量乙醇，以增加杀虫有效成分或DME在水中的溶解性。当然，这种杀虫气雾剂在喷洒前不需要事先对它摇动。

二甲醚-水基型杀虫气雾剂的配方骨架如下：

有效成分	设计量/%
去离子水	30.0
异丙醇	1～3(加至55.0)
二甲醚	45.0

喷雾特性：喷射率0.8g/s；雾滴直径：39μm(25℃)。

DME-WBAs与LPG-WBAs系统液相的区别见图11-7。

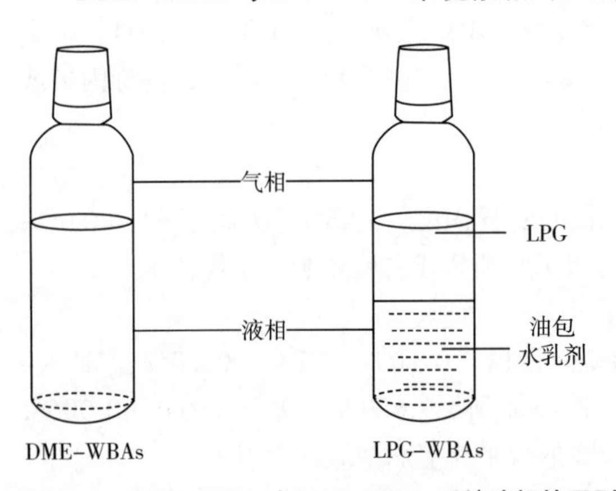

图11-7　DME-WBAs与LPG-WBAs系统液相的区别

③ 压缩气体-水基型(CG-WBAs)。这类水基型杀虫气雾剂的液相为受压乳剂，气相为压缩气体，如氮气、空气等。

上面所述的配方骨架只包括了一些最基本的组成，在实际配制时没有这么简单，往往还要根据具体情况加入一些助剂，如缓蚀剂、稳定剂、消泡剂、香精、助溶剂、酸度调节剂及其他。对一种特定制剂，究竟在配方中应加入什么助剂，最佳加入量是多少，要先凭经验选定，然而通过试验确定，必要时还应该通过长期稳定性贮存试验考核。

上述三种类型的水基型杀虫气雾剂是最基本的。其中LPG-WBAs型水基杀虫气雾剂因为使用不方便，在推广中遇到了障碍。因操作使用者的人为因素会影响到气雾剂的生物效果。CG-WBAs型水基杀虫气雾剂，因涉及在喷用过程中罐内压力快速下降，影响喷雾性能的均匀性，而如何调节补偿压力，尚需进行研究，为实现产品实用化创造条件。DME-WBAs型杀虫气雾剂，随着二甲醚对气雾罐、阀门密封材料及灌装设备的腐蚀问题的逐步解决，配方及灌装工艺日趋成熟，正获得日益广泛的发展。

对油基型气雾剂来说，大尺寸雾滴很快往下沉落，小尺寸雾滴浮在空间，所以油基雾滴在空中的浓度减小。但对水基型气雾剂来说，大尺寸雾滴被喷至空气中后，由于溶剂/载体的挥发，很快就缩小，也与小尺寸雾滴一起悬浮在空气中，使空气中留存的水基雾滴数量比油基雾滴多，也即使得空气中所含杀虫有效成分浓度增加，并能保持较长一段时间。

第五节 气雾剂生产工艺

一、气雾剂生产

气雾剂生产流程见图11-8。

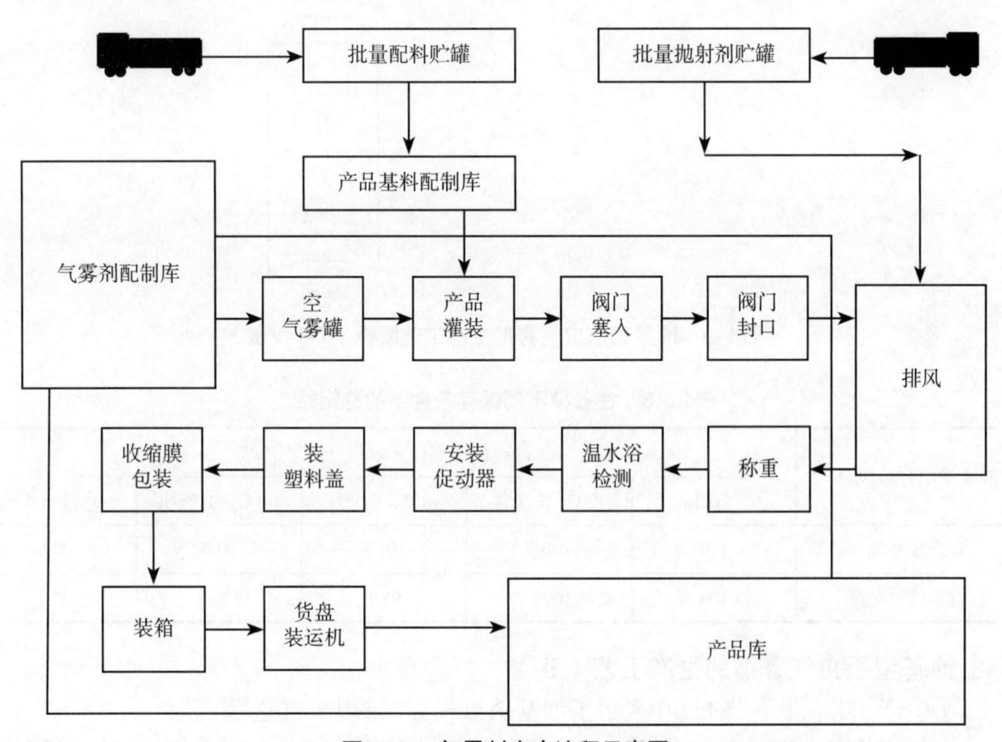

图11-8 气雾剂生产流程示意图

二、气雾剂的一般充装工艺

1. 油基型杀虫气雾剂的生产工艺（Ⅰ）

（1）生产工艺流程。图11-9列出了T-t-V法油基杀虫气雾剂的生产工艺流程。

（2）生产操作步骤。称取杀虫剂浓缩液，倒入配料槽中。加入脱臭煤油，同时开始搅拌（20℃时：20～60r/min），加入香料并继续搅拌，将母液装罐封口。灌装抛射剂，检查成品是否漏气［温水浴（55±2）℃，2min］。包装、装箱与成品监测。

（3）稳定性。在不同条件下的稳定性见表11-3。

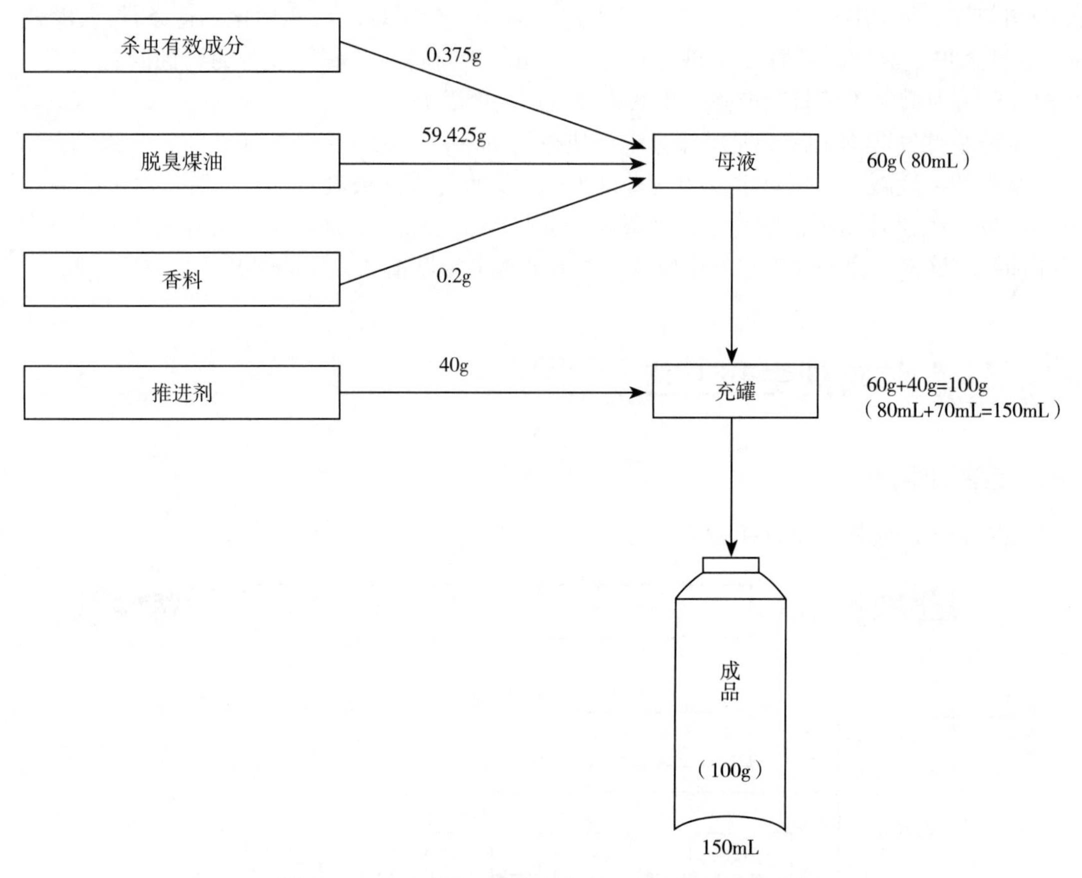

图11-9　油基型杀虫气雾剂生产工艺流程（T-t-V法）

表11-3　在各种不同保存条件下的稳定性

混合液中有效成分	随时间、温度有效成分的变化 /%				
	初期	40℃，1 个月	40℃，6 个月	60℃，1 个月	60℃，3 个月
右旋胺菊酯	100	100.5	101.8	99.0	97.5
右旋苯醚氰菊酯	100	100.0	98.1	100.5	97.1

2. 油基型杀虫气雾剂的生产工艺（Ⅱ）

（1）生产工艺流程。图11-10表示了油基杀虫气雾剂的生产工艺流程。

（2）生产操作步骤。称取杀虫剂浓缩液，倒入喷料槽中。加入脱臭煤油，同时开始搅拌（20℃时：20～60r/min）。加入香料并继续搅拌，将母液装罐封口，灌装抛射剂。检查成品是否泄漏［温水浴（55℃±2℃），2min］。包装、装箱与成品入库。

3. 水基型杀虫气雾剂的生产工艺（Ⅰ）

（1）生产工艺流程。采用直接通过阀门式灌装机，T-t-V方式生产水基型杀虫气雾剂的工艺流程见图11-11。

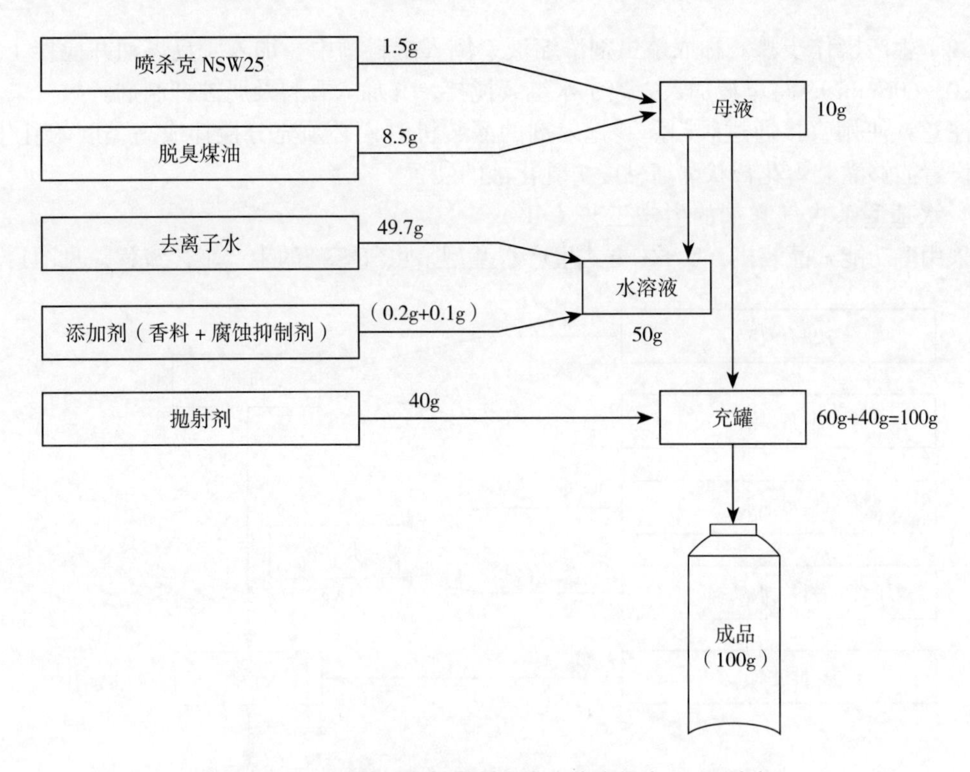

图11-10　油基杀虫气雾剂生产工艺流程（U–t–C法）

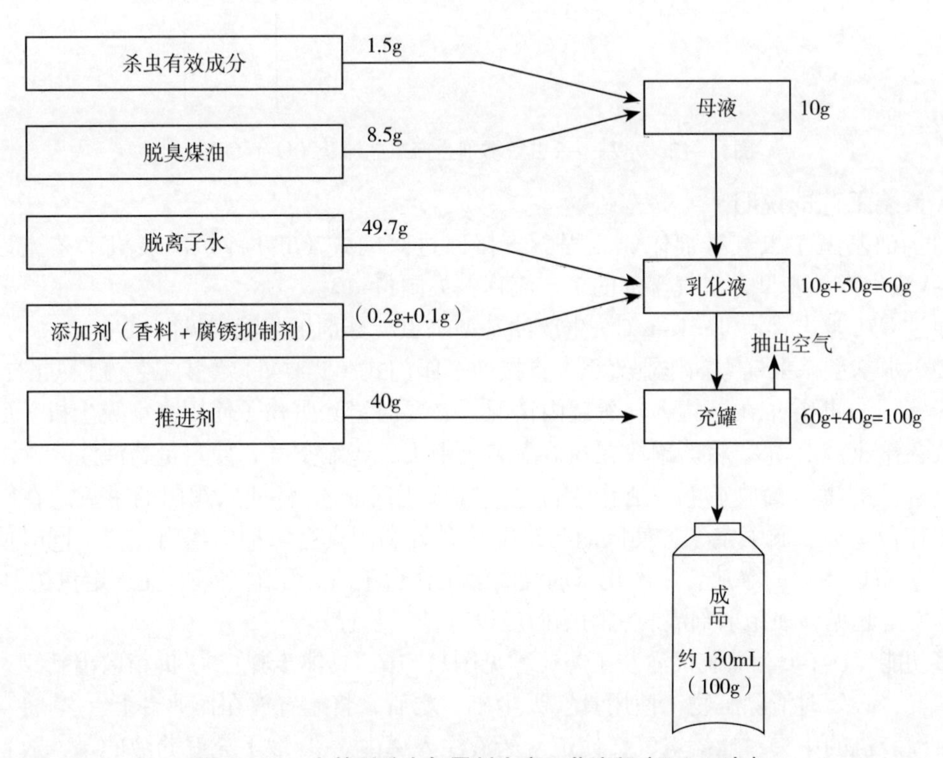

图11-11　水基型杀虫气雾剂生产工艺流程（T–t–V法）

（2）生产操作步骤。称取杀虫剂浓缩液，倒入配料槽中。加入脱臭煤油并搅拌（20℃时：20～60r/min），将母液加入去离子水继续搅拌，并加入香料及腐蚀抑制剂。

注意：使用直接通过阀门灌装抛射剂的灌装机时，必须充分搅拌成高黏度的乳化液；需要设置能够灌装雪花膏状（高黏度）乳化液的装置。

4. 水基型杀虫气雾剂的生产工艺（Ⅱ）

采用多功能式灌装机，U–t–C方式生产水基型杀虫气雾剂的生产工艺流程，见图11–12。

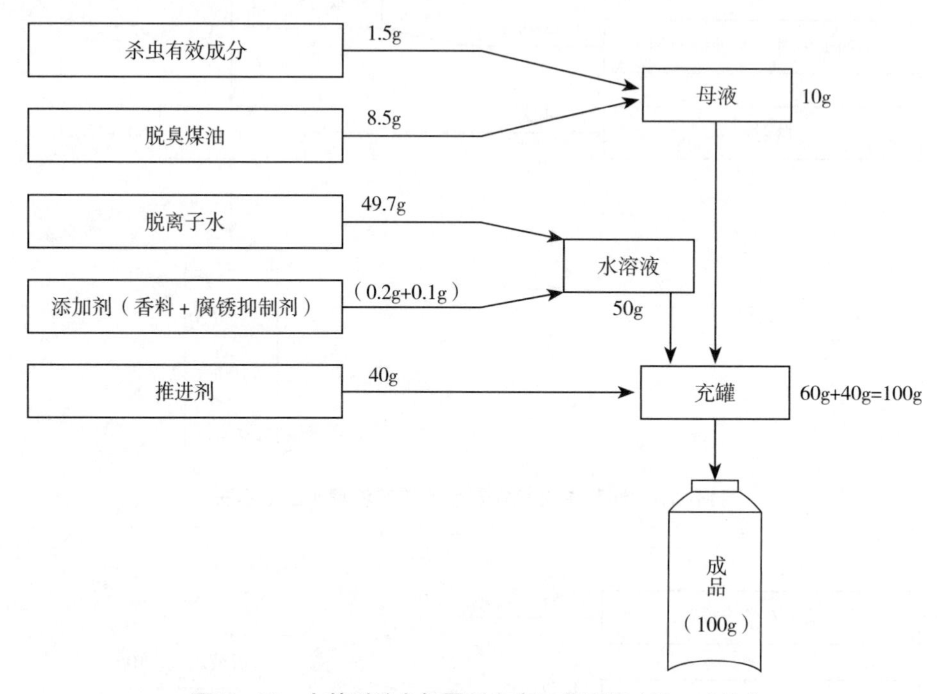

图11–12　水基型杀虫气雾剂生产工艺流程（U–t–C法）

5. 灌装工艺的说明

（1）油基型杀虫气雾剂作业流程　直接通过阀门式（T–t–V）灌装机工艺流程，采用T–t–V法生产油基型杀虫气雾剂的工艺流程，见图11–13。

通过多功能式灌装机，U–t–C法生产油基型杀虫气雾剂工艺流程见图11–14。

（2）水基型杀虫气雾剂作业流程　直接通过阀门式（T–t–V）灌装工艺流程见图11–15。具体步骤：① 拆箱取出新罐，查看罐内情况，必要时清除脏物（使用真空吸尘机）后，将罐置放在作业台上。② 将新罐放在药液灌装机中央，压缩空气，使定量药液注入罐内。③ 将充好药液的罐，置放在下一道作业台上，插入阀门。④ 将插入阀门的罐置放在阀门封口机工作台中央，压缩空气，使阀门与罐部接触，利用真空泵抽出罐内空气，同时使阀门封口。⑤ 将已封口的罐放置在液化石油气灌装工作台中央，压缩空气，注入定量抛射剂。

为安全起见，在抛射剂灌装机的侧面应设有排气装置。

多功能（U–t–C）灌装机灌装工艺流程见图11–16。具体步骤：① 拆箱取出新罐，查看罐内情况，必要时清除脏物（使用真空吸尘机）之后，将罐置放在作业台上。② 将新罐放在药液灌装机的中央，压缩空气，使定量药液注入罐内。③ 取下充好药液的罐，放置在下一道作业台上，插入阀门。④ 将插入阀门的罐置放在多功能式灌装机中央，压缩空气，抽真空、灌装抛射剂及阀门封口三道工序在瞬间一次行程完成。

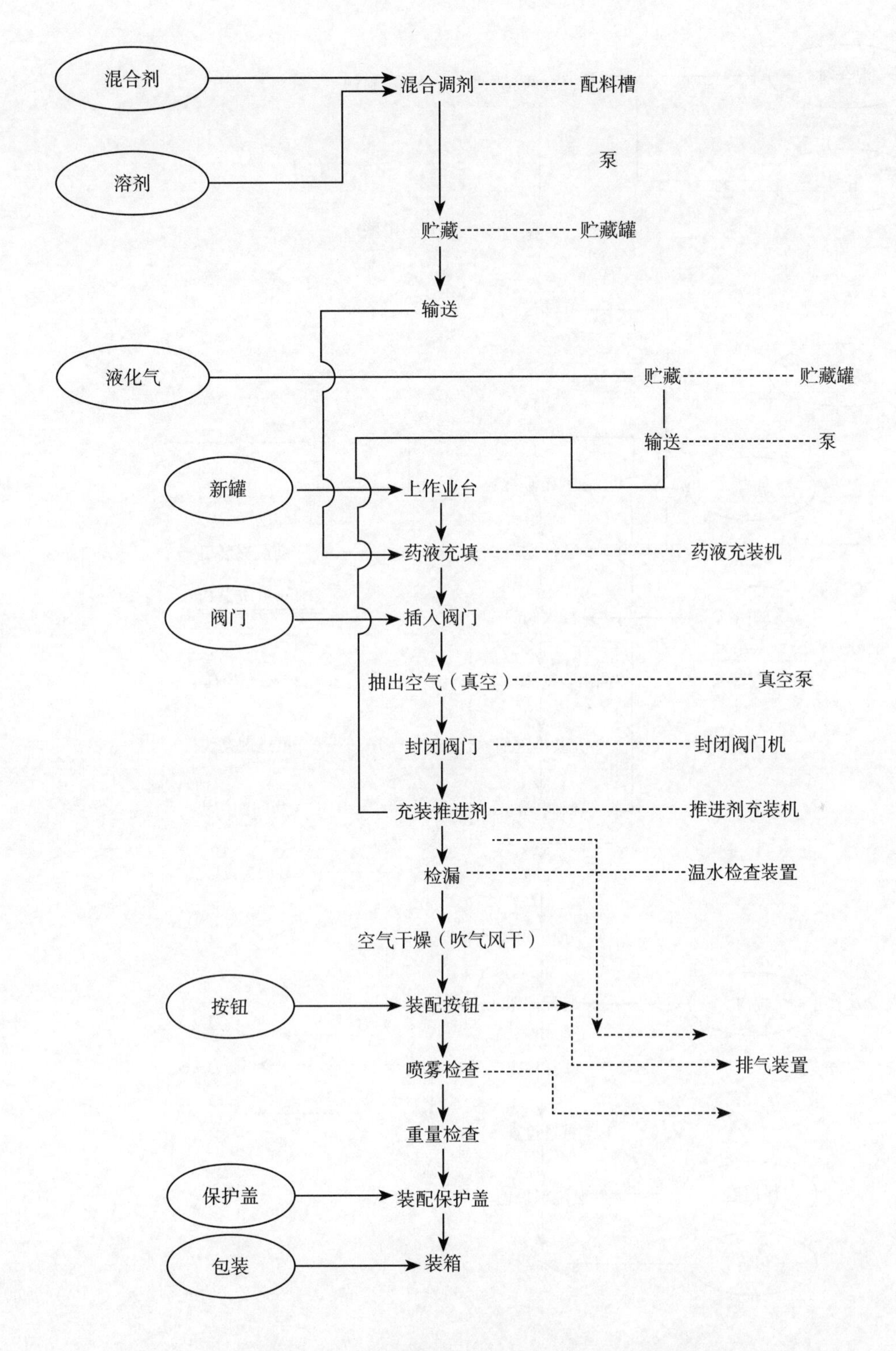

图11-13　油基型杀虫气雾剂工艺流程（T-t-V法）

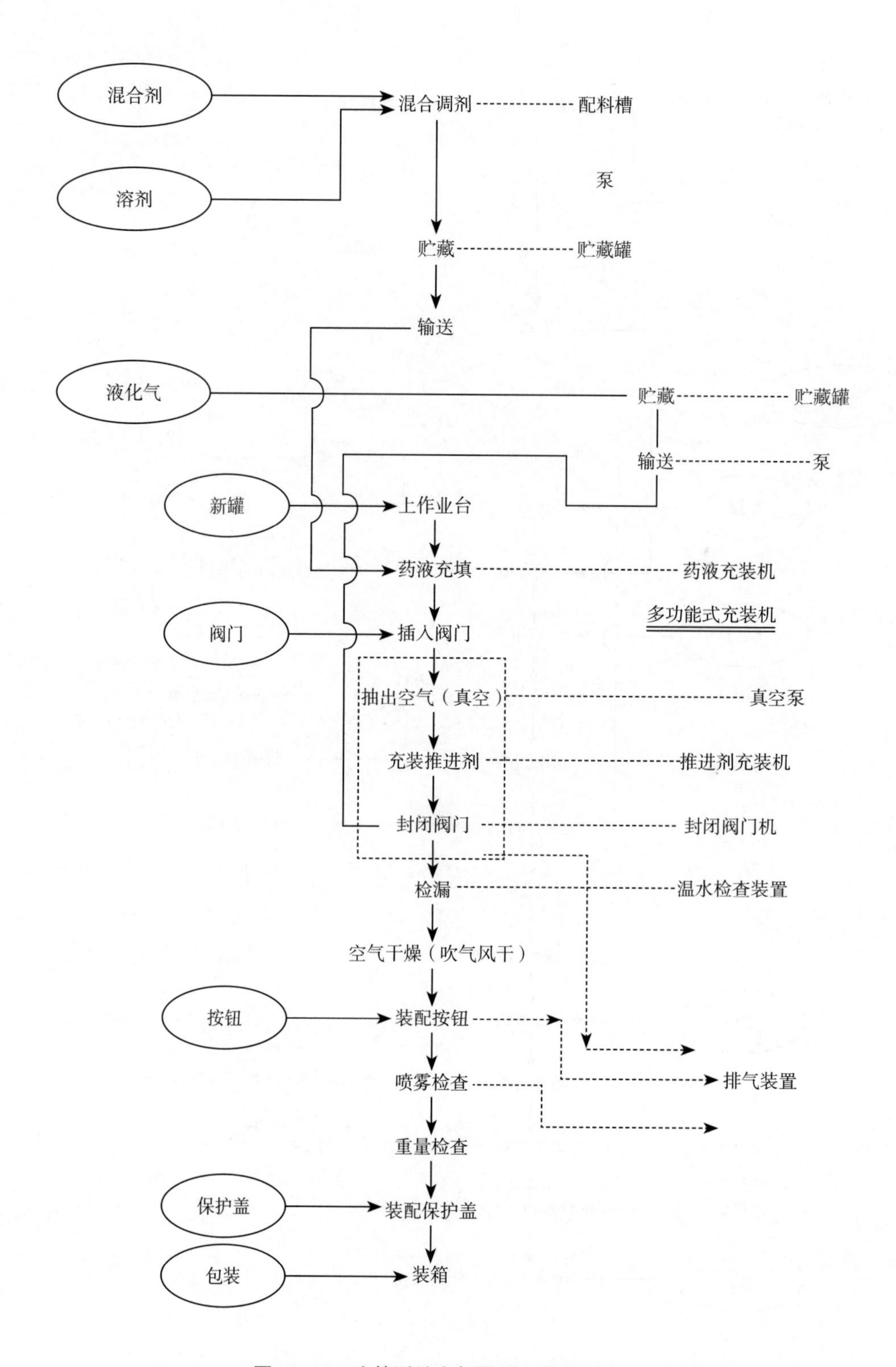

图11-14　油基型杀虫气雾剂工艺流程（U-t-C法）

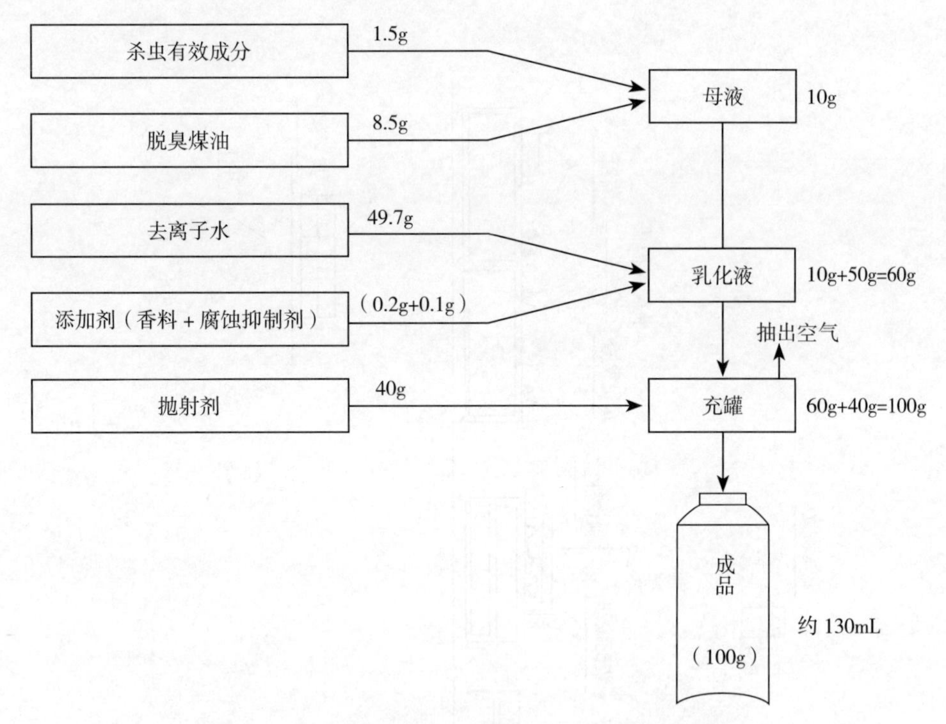

图11-15　水基型杀虫气雾剂T-t-V法灌装工艺流程

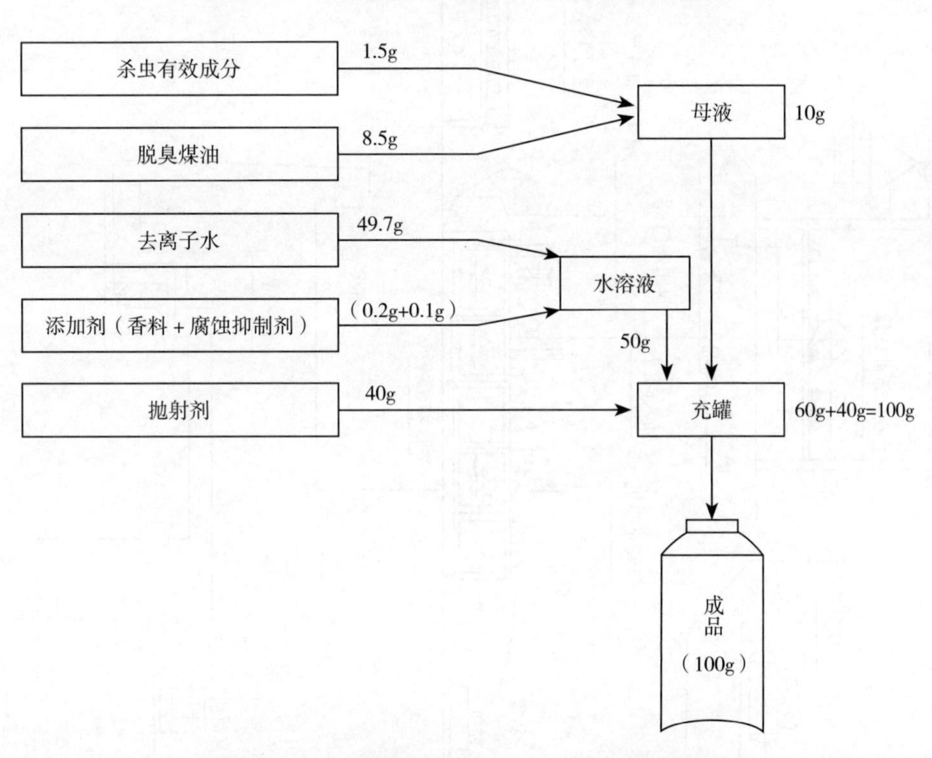

图11-16　水基型杀虫气雾剂 U-t-C法灌装工艺流程

为安全起见，在液化石油气灌装机的侧面应设有排气装置。

（3）气雾剂灌装设备流水线　图11-17和图11-18为油基型和水基型杀虫气雾剂生产设备的流水线示意图。

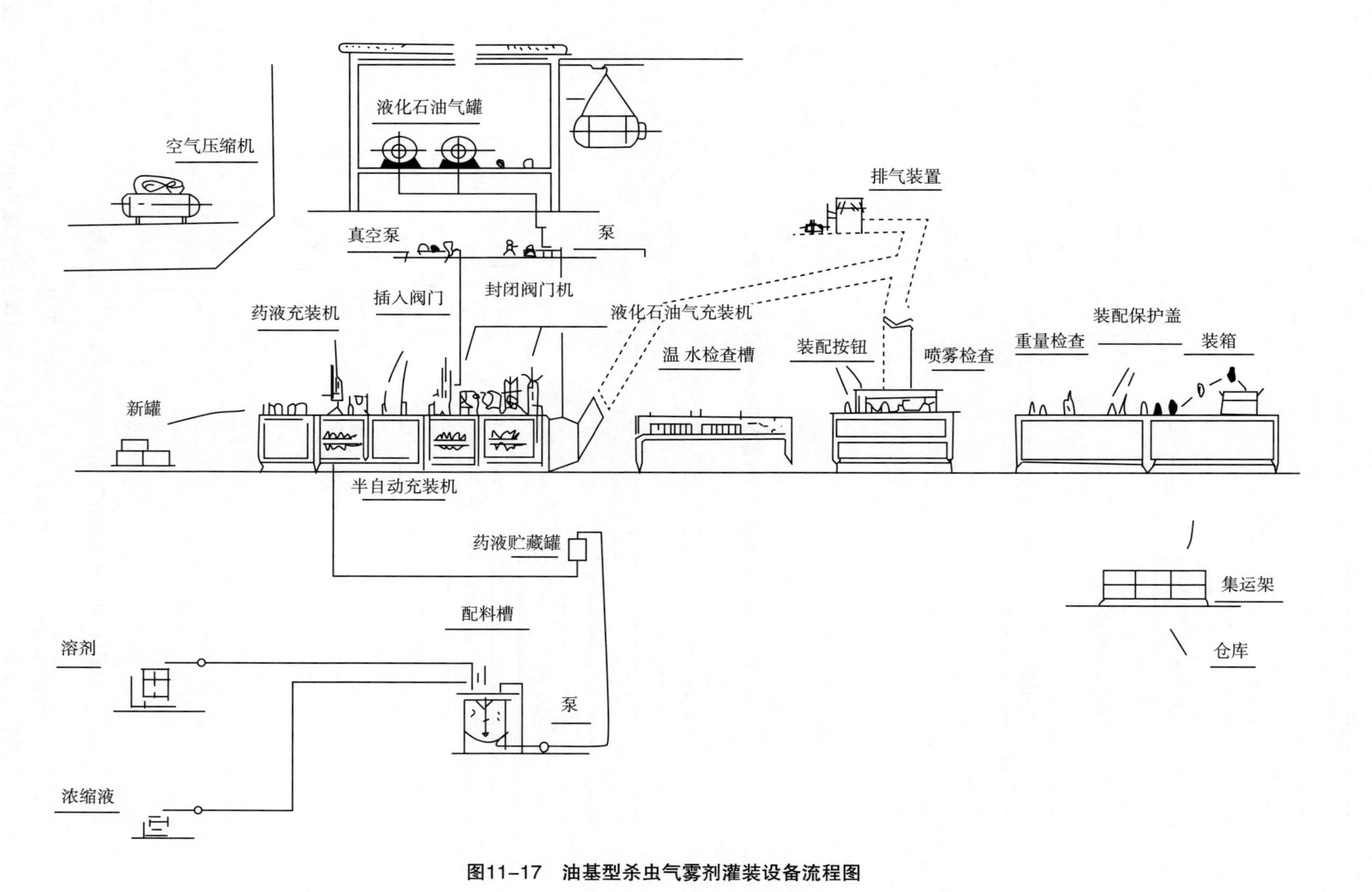

图11-17 油基型杀虫气雾剂灌装设备流程图

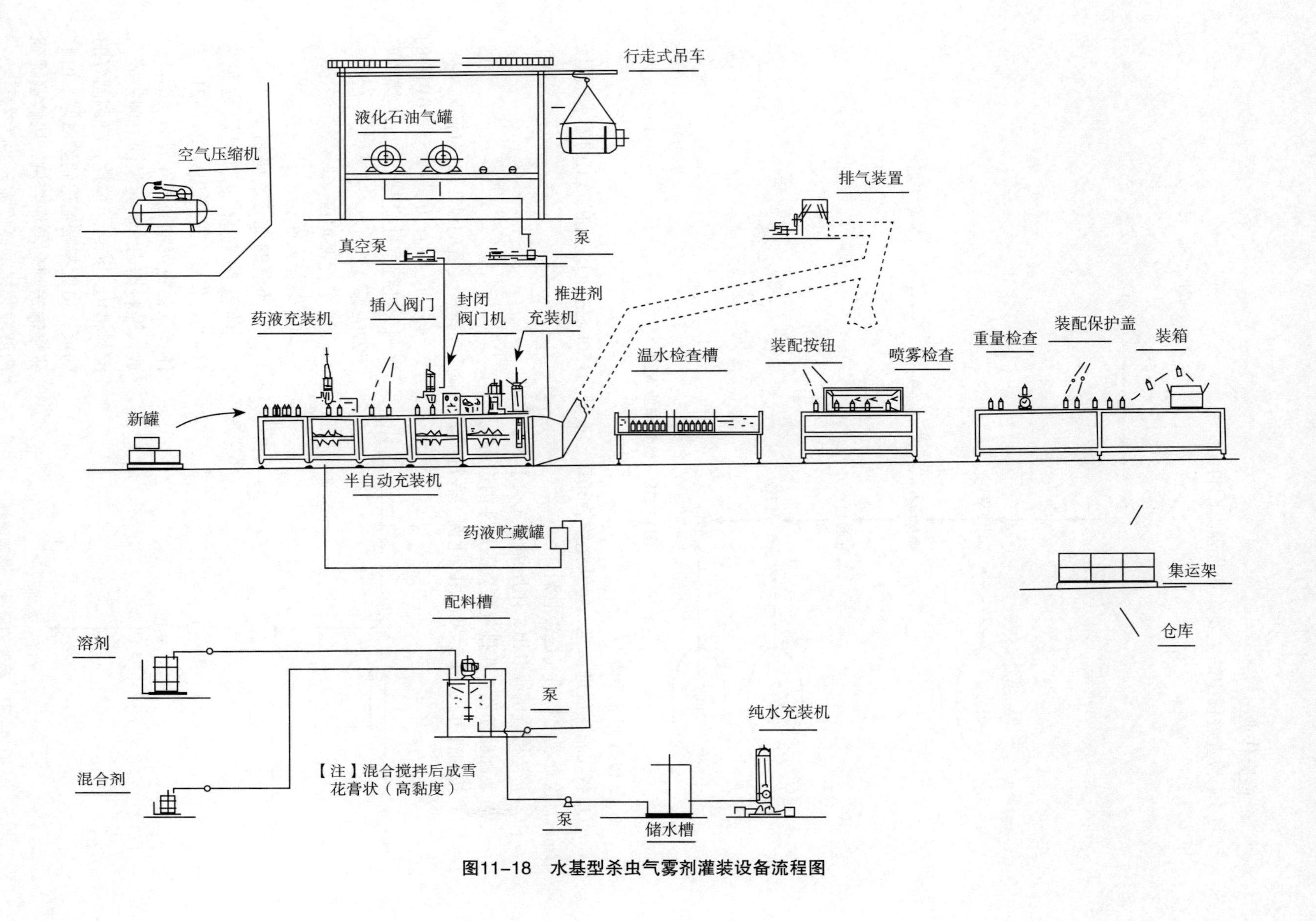

图11-18　水基型杀虫气雾剂灌装设备流程图

6. 检查作业

（1）检查过程中的主要作业步骤见图11-19。

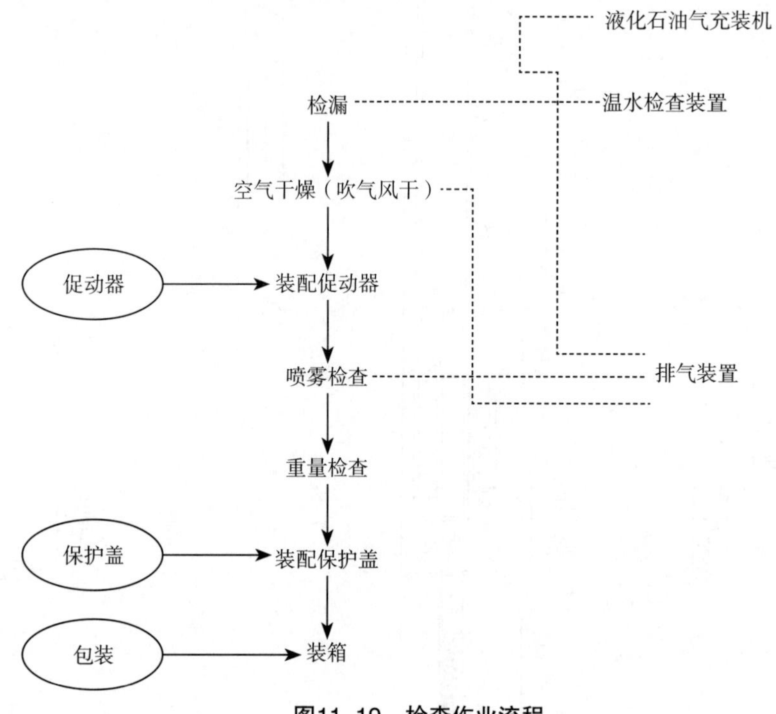

图11-19 检查作业流程

（2）检查作业步骤

① 将成品罐放进铁笼（每铁笼约装30罐，重量为150kg左右），浸在55℃的温水槽里约2min，检查液化石油气是否泄漏。

② 将经检查的罐取出，用压缩空气吹干表面水渍。

③ 装配促动器（在排气装置的风斗内进行）。

④ 按抽查方式（按5∶300罐的比例）进行喷雾试验（在排气装置的风斗内进行）。

⑤ 按抽查方式（5∶300罐的比例）进行重量检查（320mL/罐约等于220g/罐）。

⑥ 装配保护盖。

⑦ 装箱入库。

7. 药液的混合及调制

药液的混合、调制流程见图11-20，作业工艺流程见图11-21。具体步骤：将定量的气雾剂用浓缩液投放入配料槽内。将定量的溶剂投放入配料槽内。混合，搅拌，将调制好的药液，由配料槽输送到贮藏罐。由贮藏罐输送到药液灌装机，从贮藏罐到药液灌装机的高度需要2m左右。

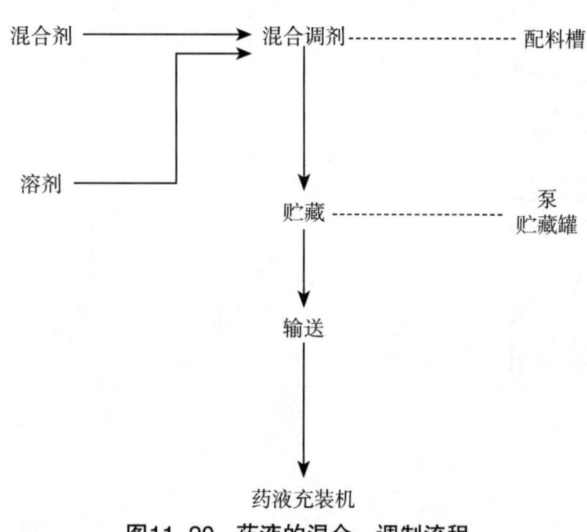

图11-20 药液的混合、调制流程

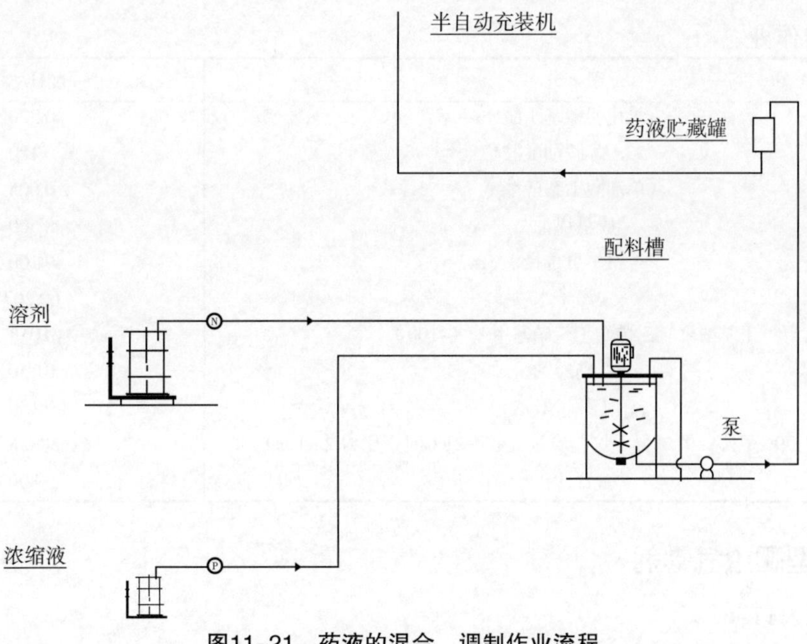

图11-21　药液的混合、调制作业流程

第六节　气雾剂配方实例

一、无水（油基）型杀飞虫气雾剂

配方见表11-4。

表11-4　无水（油基）杀飞虫气雾剂的配方

组　分	配比 /%
丙炔菊酯（以 100% 计）	0.500
右旋苯醚菊酯（以 100% 计）	0.125
增效胺 MGK-264（选用）	1.000
香精（视喜好选择）	0.125
脱臭煤油	58.250
烃混合物（38% 丙烷 +62% 异丁烷，质量分数，21℃，压力 4.8 bar）	40.000
合计	100.00

二、水基型杀飞虫气雾剂

配方见表11-5。

表11-5　水基型杀飞虫气雾剂配方

组　分	配比 /%
右旋丙烯菊酯（强力诺毕那命，以 100% 含量计）	0.150
右旋胺菊酯（诺毕那命，以 100% 含量计）	0.110
右旋苯醚氰菊酯（高克螂，以 100% 含量计）	0.110

续表

组　分	配比 /%
氧化胡椒基丁醚	0.320
二乙醇胺油酰胺	0.180
单油酸山梨醇酯	0.005
脱臭煤油	8.500
香精（可选择）	0.100
去离子水	60.207
壬基酚聚氧乙烯醚（三硝基甲苯 X-100）	0.018
亚硝酸钠	0.150
苯（甲）酸钠	0.150
烃混合物（9% 丙烷 +91% 异丁烷，质量分数，21℃时，压力 2.8 bar）	30.000
合计	100.000

三、水基型爬虫气雾剂

配方见表11-6。

配制工艺：① 将前三种组分在大搅拌釜内与加入所选定的香精混合。② 将其他组分在另一搅拌釜内混合。③ 在均匀搅拌下，缓慢地将水相液加入油相液中。④ 在注入过程中继续缓慢搅拌，并用循环泵使最终料达到最佳状态。⑤ 最好将pH值调节到6.9～7.3（25℃）。

需要注意的是使用前，应先将气雾剂摇动。

表11-6　水基型爬虫气雾剂的配方

组　分	供应商	配比 /%
毒死蜱	Shell/ 住友化学	0.500
二甲苯	Shell	0.350
蓖麻油	NL Chemicals	0.850
油酰二乙醇胺	Witco Chemical	0.450
香精		0.050
去离子水		93.600
亚硝酸钠		0.050
苯（甲）酸钠		0.250
烃混合物（18% 丙烷 +82% 异丁烷，质量分数，21℃，35 bar）		3.900
合计		100.000

参考文献

[1] 刘广文. 现代农药剂型加工技术. 北京：化学工业出版社，2013.

[2] 蒋国民. 气雾剂技术. 上海：复旦大学出版社，1995.

[3] 蒋国民. 卫生杀虫剂剂型技术手册. 北京：化学工业出版社，2001.

[4] 陈永弟，李宏. 气雾剂安全技术. 北京：天地图书公司，2000.

[5] Chen Yongdi，Lee Hong. Aerosol Safety Technology. HK：Cosmos Books，2003.

[6] Jiang Guomin. The Handbook of Insecticide Formulations and Its Technologies for Household and Public Health Uses. HK：Cosmos Books，2003.

第十二章

液体蚊香

第一节 概 述

几乎在电热片蚊香作为电热类蚊香的第一代产物率先步入蚊香市场的同时，即早在1965年就有人着手研究开发电热类蚊香的第二代产物——电热液体蚊香。

电热液体蚊香获得如此迅速的发展，一方面是因为一些关键技术都已相继完美地得以解决；另一方面，电热片蚊香本身固有的一些缺点逐渐暴露出来，为广大用户所认识，而电热液体蚊香的实在优点又迅速为用户深刻接受，为电热液体蚊香的健全发展创造了有利的环境条件。

电热液体蚊香的开发也起源于日本。中国于1987年借鉴了日本的成功经验，先后在上海、福建及广东等地开始研究试制。它的起步也比电热片蚊香晚五六年。但在前些年，投放市场的一些产品中还存在不少问题，如有的产品只能使用20d，用户意见颇大；有效成分与溶剂的搭配欠合理，表现出药效在整个使用期间前后不稳定；对产品的关键技术的整体效果认识不足；结构设计及选用材料不当等，这些使得它作为一个新生事物，蒙上了负面影响。但随着各种技术问题的相继解决，近年又有热销的势头。

一、电热液体蚊香的优点

与电热片蚊香相比，电热液体蚊香有以下五个方面的优点：

① 不需天天换药，一瓶45mL药液可连续使用300h（约30d），只要简单地开启或关闭开关就可以。

② 当合上开关，加热器达到正常工作状态后，有效成分的挥散量始终是均一的，因此生物效果保持稳定，这对于晚上蚊虫的两个叮咬高峰都能有效地控制。而电热片蚊香使用后期的效果就降低了。

③ 药液可以全部无浪费地用完，而电热片蚊香中的有效成分挥发不尽，有15%以上损

失掉。

④ 电源接通后有指示灯，便于控制，即使在黑暗中使用，也不会踢倒打翻。

⑤ 人手触摸不到发热器件及药物。

二、电热液体蚊香的发展趋势

从电热液体蚊香的诞生、改良、发展及实际应用过程来看，它不仅依据了严密的科学道理，而且又经历了实践验证，它的独特优点使其充满了强大的生命力，它今后会逐步取代盘式蚊香和电热片蚊香而成为蚊香的发展方向。电热液体蚊香包括了盘式蚊香和电热片蚊香的各种优点，但又不是一种简单的加法混合，还融进了其他许多方面的长处。电热液体蚊香乍看起来简单，但它却是汇集了物理学中的一般电气安全与半导体电子学、电热转换、热辐射、热蒸发挥散、热气流对流、毛细孔作用；化学中的驱蚊液配方及稳定性，各溶质与溶剂的相容性；各种材料的耐热、耐蚀及绝缘性能；塑料加工及应用技术；结构设计；生物效果及毒理学；有关电气、挥散量及生物效果的测试技术，等等，可见它的涉及面之广、技术难度和要求之高。所以，将电热液体蚊香称为当今多种学科融为一体，互相渗透，将不断发展的高科技结晶而成的产品，是实实在在，当之无愧的。

电热液体蚊香，如前所述，不是单指一种药物，或者单指一种器械，而是药物和器械的组合，但又不只是一种机械地简单相加，它牵涉的面越广，对它的影响因素就越多，只要其中一环考虑不周或匹配不当出现问题，就会影响到大局，所以必须要作为一个有机联系的系统，充分考虑它的整体性、综合性、目的性和实用性四大特征。通过上面所述各种技术的串联组合，它才能发挥出良好的整体效果，预期目的才能得以实现。

电热液体蚊香既然作为一种系统的形式存在，那么系统不是各部分简单相加形成的，而是各部分有机结合形成的。各部分之间彼此相互联系，相互作用，存在着反馈机制，而每一部分又是开放系统。整体性功能是各部分功能之有机组合。在电热液体蚊香中各关键零部件之间的相互关系都符合这样的相互制约，相辅相成的规律，它们各自表现的功能或参数，都不是孤立的，都是在相互最佳配合作用下得出的特定值，所以不是轻易可以任意改变其中之一的。这就是朱成璞教授提出的药械配合整体效应。一个优良的电热液体蚊香产品，就必然符合这样的规律。电热液体蚊香的先进性及高科技性，也是基于这一基础。

当然，世界上的一切事物都处于不停发展之中，永无止境。电热液体蚊香作为一种新事物问世，并不能到此为止，也不能说是已经完美无缺了。从理论上讲，它是最具有先进性、科学性和实用性的蚊香产品，但实践中往往因为个人的认识理解程度，各地的环境条件不平衡以及所选用材料的差异，会出现这样或那样的问题。事物都有一个发生、发展及成熟的过程，人们对它的认识也有一个认识、了解及熟悉掌握的过程。不可否认，在当前市场上也混杂有效果不好的电热液体蚊香产品，这不能因此质疑电热液体蚊香产品本身，更不能因此否定它的先进性。这只能是某人某厂的主观认识或意念，而后涉及构成电热液体蚊香的各种材料、零部件的质量、参数的匹配性及整体效能问题。

电热液体蚊香虽然从开始设想出第一个产品问世，已有30年的历史，但从真正得以大量商品化的时间算起，还只有几年的工夫，当然不能说在各方面都十分完善了。事实上，应该说这只能算开了个头。当今世界发展的特点，各种高新科学技术的不断兴起，其结果必然是相互渗透的。电热液体蚊香并不是处在真空之中。周围的高新技术肯定无疑也会加入应用进来。事实上电热液体蚊香本身就是采用几种高新技术组合而成的产物。

综观目前的电热液体蚊香市场的现状及近年来其发展动向，可以预测到电热液体蚊香会在几个方面进一步得到开拓：

1. 在电热液体蚊香不断向市场进展的同时，加速由电热片蚊香向电热液体蚊香的过渡转化

电热片蚊香虽然存在许多缺点，甚至在杀虫有效成分挥散量及生物效果上显示出的不足是关键性的，但毕竟在市场上已存在了20多年，人们对它已经熟悉和习惯了，而电热液体蚊香问世时间不久，可以说还立足不稳，人们对它的优点正处在开始认识之中，需要一个时间过程。因为人们在对待新老事物时，往往存在着一种“厚古薄今”的世俗态度。对老的东西总爱持它的优点较多而流连忘返，对新的事物常习惯于以挑剔的眼光数它的缺点较多。所以，新事物、新产品的出现总是受尽了磨难和阻力。电热液体蚊香也不例外。电热片蚊香与电热液体蚊香两用器具的开发犹如一座桥梁，可以在人们心理上加快缩短这一障碍。此外，也为驱蚊片生产厂家的过渡提供了一种缓冲途径。预计这种发展新趋势同时会受到用户及生产厂家的欢迎。

电热片蚊香与电热液体蚊香两用器具的关键，除了结构设计上要考虑兼用性外，主要是PTCR加热器件的温度，因为前者要求矩形导热板的表面温度在165℃左右，后者则要求加热器导热套内壁温度为125℃左右，两者相差近40℃。除了温度之外，还要顾及导热板或套的发热面积，也会影响挥散面积，也就影响驱蚊片或药液的单位时间挥散量的大小及均匀性。在这方面，还正在摸索研究，也有个别比较成熟的产品已可投放于市场。

2. 向扩大功能、广谱性方面发展

除了主要用于防治蚊虫外，在日本市场上已出现了利用电热液体蚊香的原理来防治苍蝇的产品。其关键主要是在所挥散的杀虫有效成分上花工夫。苍蝇与蚊虫一样是使人们讨厌的主要卫生害虫之一，利用电热蚊香的原理和方法来驱杀苍蝇，无疑为电热液体蚊香扩大使用功能，使它的杀虫效果具有广谱性，增添新的内容和活力。

此外，利用电热液体蚊香驱杀虫的原理和方法，将它们从杀虫领域扩大到消毒范畴，这也是一种新设想，无疑也具有较大的潜在市场。利用它来对空气清新消毒，对防治流感及上呼吸道传染以及杀灭大肠杆菌等将会起到积极的作用。如果说用于驱灭蚊以夏天及南方为主要市场的话，那么用它来消毒清新空气，则可以冬天及北方为主要市场，因为在北方冬天两层门窗密闭，十分有利于改善室内浑浊的空气，提高空气的清新度，杀灭空间流转的各种病菌，保证人体健康。当然也适用于空调室内。

3. 延长电热液体蚊香的作用时间

电热液体蚊香在问世之初，一瓶驱灭蚊药液只能连续使用8d。后来随着各种相关技术难题的克服和突破，特别是驱灭蚊药液配方及制剂工艺的改善和提高，加之与其匹配的挥发芯棒的逐渐成熟，在作为大量商品化投放市场的20世纪80年代产品，一瓶45mL驱蚊药液已可延长到300多个小时的使用期。这比之电热片蚊香的每片只能用一个晚上，还需天天换片的不方便来说，已经是进步了。虽然目前在中国市场上出现了用于电热片蚊香的滴加液，可以在已使用过的驱蚊片上再手工滴注药液，继续用一个晚上，但它的不方便及电热片蚊香固有的挥散量不稳定性等缺点是无法改变的。

尽管如此，已有研究者开发了使电热液体蚊香一瓶45mL药液连续使用600多个小时（60d）的新产品。之所以选用右旋炔丙菊酯作为杀虫有效成分，是因为右旋炔丙菊酯的杀虫活性是当前可用于蚊香产品中的各种拟除虫菊酯中最高的一种杀虫剂，只要很少的用量就能取得良好的驱灭效果。对于电热液体蚊香用的驱蚊液杀虫有效成分的浓度越小越合适，这样不会带来诸如使挥发芯阻塞之类的问题。从这一点出发，可以说非右旋炔丙菊酯不可。厦门市象球日用化工有限公司的这一选择，应该说是明智的。

4. 增加产品档次，满足不同层次消费需要，进一步采用电子技术

① 电热类蚊香已经采用了电子元件PTCR作为发热器件的主体，改变了用线绕电阻发热温度不稳定的局面，从而为电热蚊香的大量商品化创造了条件。但是PTCR元件价格上不便宜。近年有人致力于电热膜加热器的研究，这对于降低成本，向广大农村推广具有一定吸引力。

② 加热器上设置的开关，由普通的扳动开关转向电脑定时开关。使用者只要用手触动一次开关按钮，电热液体蚊香就能连续加热挥散12h后自动停止。若要使用12h以上，只要连续触动开关按钮两次就可以。若要使用24h以上，可连续触动开关按钮三次，这样电子元件自动计数存储定时，到时间会自动切断电源，在使用中不仅方便，而且安全、经济，使用者在开启后不必担心忘记关闭电源了。

5. 开发不用交流电的电热液体蚊香

① 使用以干电池或蓄电池等直流电源为能源的加热器应用于电热蚊香。这种蚊香的开发十分适合于野外作业及汽车等运输上使用，其技术关键是选择合适的PTCR元件。

② 使用固定燃料或其他燃料加热的蚊香。在这类蚊香上，发热器件不采用PTCR元件。日本在1991年曾推出一种以白金作为催化剂，利用氧化反应发热引燃的新型加热器。它用的燃料为甲醇和乙醇。引燃一次可以连续发热8～10h，使金属导热板的温度能达到160℃左右，满足杀虫有效成分的挥散要求。为了提高白金催化剂的功能，将白金附着在陶瓷部分制成1cm的蜂巢状结构，发热板为铝制。催化剂反应热源不会发出火光，长期使用，也不会产生有害物质。

第二节 电热液体蚊香的工作原理及结构

一、工作原理

电热液体蚊香实际上也是由驱蚊液及使驱蚊液均匀蒸发挥散的电子恒温加热器两部分的总称。前者称驱蚊液；后者称驱蚊液用电子恒温加热器，简称电加热器。

电热液体蚊香工作时，当对电加热器接入电源后，PTCR元件就开始升温发热，之后依靠PTCR元件自身的温度调节功能，使它的温度保持在一定值。PTCR元件产生的热量通过热辐射传递到药液挥发芯，使得通过挥发芯毛细作用从药液瓶中吸至芯棒上端的药液在热辐射加热下挥散。当空间的有效成分达到一定浓度后，就对蚊虫产生驱赶、击倒作用。

电热液体蚊香的工作原理与煤油灯有相似之处。不同的是电热液体蚊香利用电能转换成热能，然后又利用物理作用使化学物质加热挥发，最终需要的是空间化学杀虫剂的浓度。而煤油灯则是利用化学能变成热能而至光能，最终需要的是空间的发光亮度。它们的相似点，如发光亮度与单位时间的挥散量都是稳定不变的，因而亮度及效果保持不变。煤油及驱蚊液均可全部用完，这两个特点对电热液体蚊香及煤油灯都是十分有用的，这也正是电热液体蚊香之所以比电热片蚊香更先进的关键所在。电热液体蚊香的工作原理如图12–1所示。

电热液体蚊香与电热片蚊香都是利用电加热使有效成分挥散的，两者的作用机理相同。但前者是直接对液态有效成分加热挥发，所需要的加热温度相对较低，而后者是对固态纸片中的有效成分进行加热挥发，所需的加热温度相对较高。PTCR元件的表面温度，后者比前者要高40～50℃。两者的加热方式也不同，前者是通过热辐射对挥发芯中的驱蚊液加热挥发，后者是通过热传导对驱蚊片中的驱蚊剂加热挥发。

一般来说，电热液体蚊香加热器件中间金属套的内壁温度在120～130℃，挥发芯的温度在90～100℃范围是比较合适的。

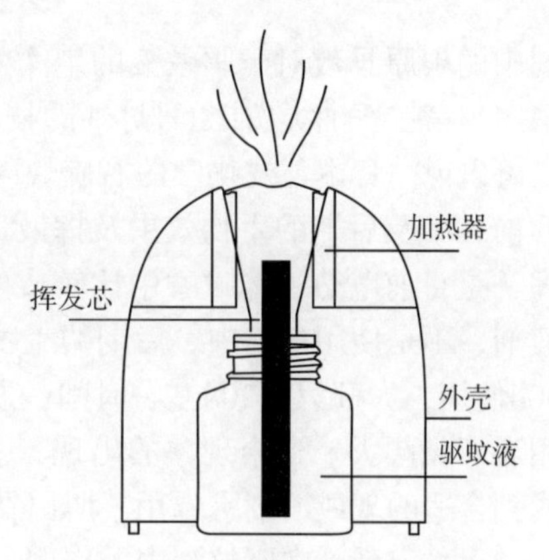

图12-1 电热液体蚊香的工作原理

二、电热液体蚊香的结构

电热液体蚊香的结构如图12-2所示。

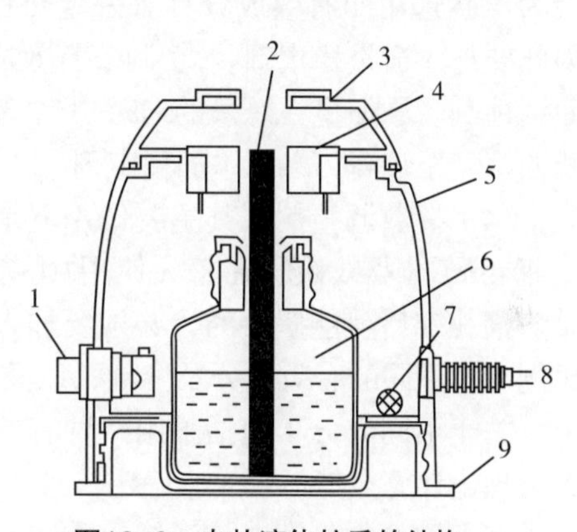

图12-2 电热液体蚊香的结构

1—开关指示灯；2—挥发芯；3—上盖；4—环形加热器；5—壳体；6—驱蚊液；7—熔断器；8—电源线；9—底座

三、驱蚊液的组成

1. 对驱蚊液的要求

驱蚊药液包括有效成分、溶剂、稳定剂、挥散调整剂及香料等组分，对这些组分有以下要求。

① 具有良好的相容性，组成一种均相溶液，不可有分层或分离物沉淀；

② 具有相近的蒸气压及沸点；

③ 具有较好的热稳定性，能承受电热液体蚊香加热挥发温度而不分解；

④ 受热蒸发挥散时对人无刺激性或令人讨厌的异臭味；

⑤ 对人畜安全低毒，无三致突变的潜在危害。

下面对这些组分分别叙述。

2. 驱蚊液的组成

（1）有效成分　与电热片蚊香中滴注的驱蚊药液一样，有效成分的品种及剂量是决定电热液体蚊香生物效果的关键，是确定与之配套使用的电加热器工作温度的根本依据，是选用驱蚊药液中其他所需组分时取舍与否的基础，也是决定驱蚊药液成本的主要因素之一。它是驱蚊药液中的核心，因此，对有效成分的适当选择是至关重要的。但反过来它又要受到其他组分的制约，必要时需做出一些相应调整。对电热液体蚊香中驱蚊药液中的有效成分，除上述以外，还有以下一些基本要求。

首先，与用于蚊香及电热片蚊香中的药物一样，要有一个合适的蒸气压，对蚊虫有熏蒸驱赶（及杀灭）作用；其次，要有良好的生物活性，这是保证良好生物效果的基础；再次，有效成分在驱蚊液中的含量越低越好（中国厦门蚊香厂、广东省卫生防疫站等许多单位已有试验报告证实，对于驱蚊液的均匀挥发是有利的）。

（2）溶剂　在整个驱蚊液中占的质量百分比最大，它的作用为：作为驱蚊液中有效成分、稳定剂、挥散调整剂及香料等组分的溶剂；作为有效成分通过挥发芯输送至加热体挥发的载体。

对溶剂，除了与作为驱蚊液的主要组分与其他组分有共同的要求之外，经试验证明，溶剂中的碳原子数对于驱蚊液的生物效果有一定影响，一般碳原子数在12～14。在日本大都采用与第三石油类按JISI号灯油的技术参数一致的溶剂。

可以说，日本住友化学的右旋炔丙菊酯0.66%驱蚊液中的溶剂是选用得比较好的，在使用的前，中及后期的生物效果及挥散量与稳定性（因而保证了使用时间）上都配合得科学合理，是目前电热液体蚊香中比较成熟的一种制剂。相比之下，目前中国市场上的各种驱蚊液剂，不是使用前、中、后期的生物效果差异甚大，就是挥散不均匀，不能保证30d或接近30d使用，大都只需20d左右时间一瓶45mL药液就用完了，更有的药液用不到一周，因而使用者意见颇大。这个现象的出现，一是配方设计及配制人员的技术问题，二是在目前尚未找到合适的现成溶剂可选用。所以在溶剂的研究开发方面，还有大量工作要做。

（3）稳定剂　在驱蚊液中的作用主要有两点：① 减少有效成分在加热蒸发中的热分解。因为虽然选用的有效成分具有一定热稳定性，但受热后仍会有部分分解，因而降低效果，因此要加入适量稳定剂。② 调节有效成分的挥散量。稳定剂一般可采用抗氧化剂及某些表面活性剂。添加量在总量的5%～15%范围，根据不同的配方及组分进行调整。如*d*–呋喃菊酯的蒸气压较高，必须添加稳定剂。

（4）挥散调整剂　其主要作用就是在驱蚊液中调整有效成分的合适挥散量。因为要使一瓶45mL的驱蚊液，在每天使用10～12h的情况下能持续用到30d，这不是单靠有效成分及溶剂相配后就能解决的，必须要加入适量的挥散调整剂，通过试验确定其加入的品种及比例。对不同的有效成分及溶剂，以及挥散调整剂本身的品种不同，其加入量是不同的。

关于不同组分（包括采用两种有效成分复配的制剂）加入后，它们的最后蒸发量可以先由理论计算，然后再实验确定。理论计算可以采用道尔顿分压定律来确定。

（5）增效剂　在电热液体蚊香驱蚊药液中加入适量增效剂，能有效地提高驱蚊液的生物效果。已经使用的增效剂品种有PBO与MGK–264（表12–1）。

表12–1　MGK–264对强力毕那命在液体蚊香中的增效作用

化合物名称	浓度 /%	试验次数	KT_{50}/min	相对击倒速度	24h 死亡率 /%
右旋稀丙菊酯	1.36	3	3.9	1	100
右旋稀丙菊酯＋ MGK–264	1.36+4.08	3	3.2	1.2	100

注：试验昆虫：淡色库蚊；试验方法：密闭圆筒法。

（6）香料。香料在驱蚊片中也不是主要成分，而且加的量是极少的，主要因为驱蚊片要在较高温度下工作较长时间，让人有一种清香舒适感。但香气不宜过于浓，否则反而会给人以刺激感。能使用天然香料更好，但香料的挥散率应相应较低，所加入的剂量应在整个驱蚊片中能持续发出香气。

第三节　驱蚊液用电子恒温加热器

一、电子恒温加热器分类

电热液体蚊香获商品化后的发展速度比电热片蚊香快，因此，市场上的品种、式样也多。可按不同的方式分类。

① 按通电方式：分为带电源线的及不带电源线的（直插式）；

② 按电源线的卷线方式：分为无卷线装置、手动卷线及弹簧自动卷线；

③ 按开关形式：分为不带开关的、带普通拨动开关的及带电脑定时开关的；

④ 按一瓶药液的使用期：分为8天型、30天型、60天型及90天型等；

⑤ 按功能：分为电热液体蚊香单用的及电热液体蚊香与电热片蚊香两用的；

⑥ 按几何形体：球形、三棱柱形、抛物线形、椭圆体形、球面与长方体相贯形、台灯形及四立柱形等。

二、基本构造

电热液体蚊香一般由电源线（插头）、熔断器、指示灯与电阻、开关、PTC发热器件、挥发芯、驱蚊药液、药液瓶及塑料外壳等组成。

1. 塑料外壳

电热液体蚊香的塑料外壳比电热片蚊香的塑料外壳要复杂得多。除了简易的直插式外壳有塑料挥散罩及座两件组合，药液瓶直接旋在座体中间孔内外，一般都由塑料挥散罩、座及瓶托三部分组成，视不同结构而异。塑料挥散罩位于加热器的最上部。

塑料挥散罩的作用有三个，一是作为蒸发药液的挥散口，二是作为电热液体蚊香的出风口，三是作为电热元件的保护罩。

作为发热器件对药液蒸发后形成的热气流出口，有一定耐热要求；药液又有一定腐蚀性，塑料要有相应的耐腐蚀性；作为加热器的出风口，出风口的大小及结构需要认真计算，并做试验验证；作为发热元件的保护罩，其出风口的大小要使人的手指伸不进，触摸不到发热元件，保证使用安全；作为加热器的最显眼部位，要求色泽鲜明，光亮平整。这样对塑料挥散罩所使用的材料，就有相应要求，在设计中对结构、选用材料、装配工艺及经济方面都要兼顾。

图12-3（a）所示电热液体蚊香的塑料挥散罩较小，采用分体镶嵌式。事实上，从加热器的结构来看，受热的部分就是这么小的部分，那么在设计中就将这一小部分区别开来对待，在保证使用性能、装配工艺、经济成本等方面应该说是比较合理的。如配之以协调的色彩更能衬出别致的造型。

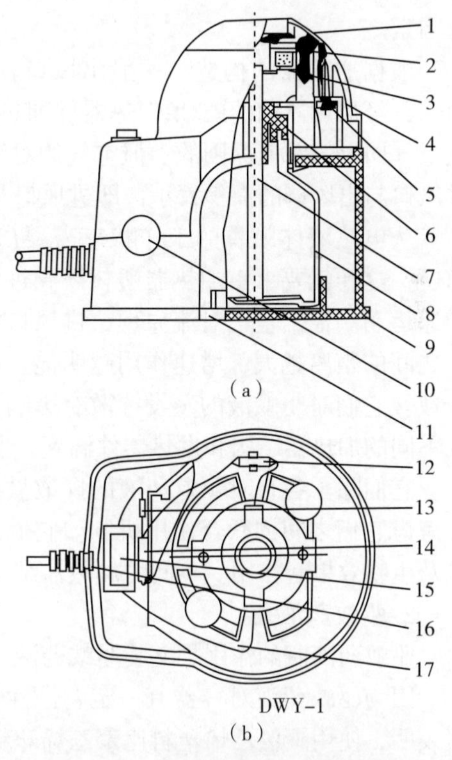

图12-3　驱蚊药液用恒温电加热器

1—散热罩；2，5—螺钉；3—发热器件；4—盖；6—药液；7—挥发芯；8—药瓶；9—瓶托；10—定位按钮；11—座体；12—熔断器；13—电阻；14—指示灯；15—开关；16—电源线；17—连接导线

图12-3（b）所示电热液体蚊香，将塑料挥散罩设计得很大，从上部一直延伸到底部，将整个座包纳起来。这种设计的特点是整体感强，能体现出不同的艺术造型。对于既能达到上部耐热又能达到整体外观光整的要求，可以通过结构设计来调整。

这种整体式塑料罩还使用电器及发热器件不外露，确保电与热的安全使用。

塑料座是电热液体蚊香加热器的主体，它的作用是：作为PTCR发热器件及电器零件的安装容器或座；作为驱蚊药液瓶的包容物；通过合理的窗口设计，形成一股适当的进出气流量，提高药物效果；作为电热液体蚊香的基体，以便在使用中座落定位。从塑料座的作用，无论对耐热、电气绝缘以至机械强度方面都有一定要求。采用聚丙烯塑料作为座体的材料能符合要求。

在设计中，底座上应设置进风口，以使冷空气从进风口吸入体内形成对流后从挥散口排出，帮助药物向空间挥散。

塑料瓶托的作用是盛放驱蚊药液瓶。当然对直插式结构，药瓶直接旋在座内，就不需要瓶托了。

对于罩（外壳）与底之间的连接，初期大多采用金属自攻螺钉连接。后来考虑到装配中的方便，减少零件及工序，增加电气绝缘性能方面的可靠性及安全性，逐渐改用凹凸搭扣连接方式，见本书罩与座的搭扣式连接结构示意图。

由于电热液体蚊香比电热片蚊香在结构上复杂得多，所以在诸多电热液体蚊香品种中，电源线大都采用外露式，极少有像电热片蚊香一样将电源线收卷在体内的。而要设计成由弹簧自动卷（电源）线的结构，该结构设置部位要受到多方面因素的制约。

塑料外壳上下窗口的空气流量设计，是影响电热液体蚊香挥散量及生物效果的一个重要因素。

根据加热器的构造，一般出风口在上部，进风口在下部。冷空气从下部进入加热器内部，经加热器内的PTCR发热器件加热后变成热空气从上部出风口排出。这样设计是符合热空气向上的对流原则的。但空气的对流量及速度，与诸多因素有关。对加热器外壳来说，进风口与出风口的面积大小，即进风口与出风口之间的距离是关键。

从电热液体蚊香的工作状态需要出发，应该使药液的挥散速度大于周围空气的流动速度，这样就要求由加热器塑料外壳进风口与出风口之间形成的向上空气对流速度是一种增速运动。根据空气对流原理，进风口的面积应大于出风口的面积。其次，进风口与出风口之间的距离越大，增速作用越明显。当然，进风口与出风口的面积之比并不是一个固定常数。它们对驱蚊液的蒸发挥散有影响，但不是唯一的影响因素。而且对于不同的驱蚊液及不同的加热器结构和发热器件温度，所需的进风口与出风口的比例并不是一样的。

它们除了各自对驱蚊药液的挥散量有影响外，还有相互制约、相互影响的一面，即还要考虑它们之间的联合作用机制。它们之间以一个十分复杂的方式对电热液体蚊香的挥散量及生物效果起作用。不同的加热器结构，进风口面积与出风口面积之间的比例是不同的。

2. 驱蚊药液瓶

驱蚊药液瓶的作用是盛装驱蚊药液。驱蚊药液瓶的有效容量为45mL。

因为驱蚊药液对容器有一定腐蚀性及溶胀性，所以对容器材质的选用有一定要求。试验表明，使用聚氯乙烯塑料比聚乙烯塑料对药液的保存稳定性更有利。

驱蚊药液中的有效成分如炔丙菊酯及右旋烯丙菊酯等拟除虫菊酯，对光不稳定，药液瓶应该略带浅蓝、浅绿或浅黄色，但不宜太深。

药液瓶口与瓶塞的配合要紧密，使它盛装药液后不会在产品流转运输中因倾倒而渗漏。现在采用在外面用热收缩薄膜封装，这样更牢靠。

驱蚊药液瓶在电热液体蚊香上装合使用时，一般有两种方式；一种是采用瓶托，另一种是直接旋在底座中间。使用瓶托时，瓶托中间应有能使药液瓶定位的结构设计。

3. PTCR发热器件

与电热片蚊香一样，PTCR发热器件也是电热液体蚊香加热器中的核心部件。PTCR发热器件的结构及其中各零部件的设计与选用，不仅直接影响电加热器的温度，也能影响驱蚊液的挥散量及生物效果的持续稳定性，而且涉及电加热器的电气绝缘安全性能。从电气绝缘角度考虑，在电热液体蚊香中，因为驱蚊药液中占比重极大的溶剂属易燃品，比电热片蚊香在加热蒸发中起火的危险性更大，所以在PTCR发热器件的结构设计中要求相应更严格。

电热液体蚊香中采用的PTCR发热器件结构，目前基本上有两种形式。第一种形式如图12-4（a）所示，在日本产品中以地球株式会社为代表；第二种形式如图12-4（b）所示，在日本产品中以象球株式会社为代表。

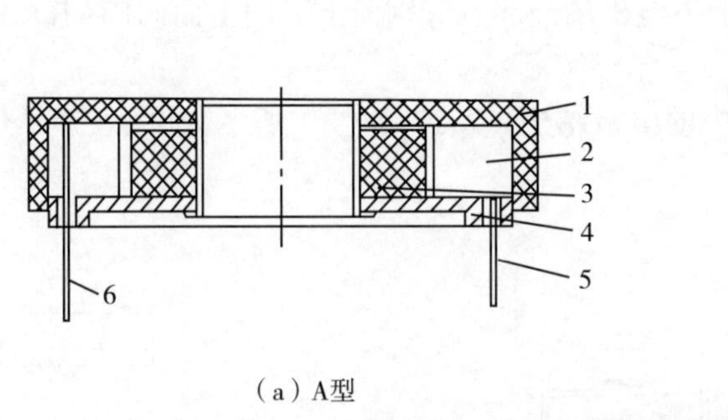

（a）A型

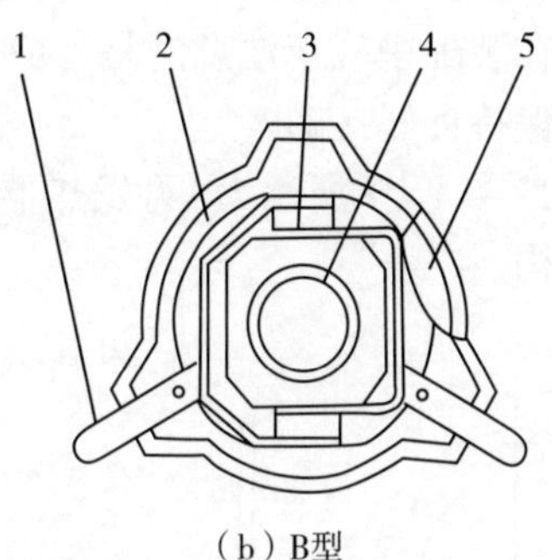

（b）B型

图12-4　PTCR发热器件结构示意图

1—上盖；2— PTCR元件；3— 金属导热套；4—下座；5—下电极；6—上电极

从图12-4（a）及（b）可见，这两种PTCR发热器件都是由上、下电极、PTCR元件、上盖、下座及金属导热套构成，所不同的是PTCR元件的形状不同，及上盖、下座用的材料不同。

A型结构中，因为中间金属套将热量辐射至挥发芯，辐射温区较长，且金属导热套上各点的表面温度均匀，使驱蚊液的挥发效果良好。装配工艺也比较简单。

B型结构中，采用两块圆片对称设置，使PTCR元件紧靠加热面的一端与电极呈面接触，而非加热面一端的电极为弹性点接触，有利于提高PTCR元件的热效率。但在铜套内壁上产生的温度不如A型的均匀，与PTCR元件紧贴的一边往往比无PTCR元件的一边温度高出2～3℃。此外，温度测定显示，B型结构达到正常工作温度所需的时间也略为长些。

以下分别对PTCR发热器结构中的各零件做叙述。

（1）金属导热套。金属导热套的作用主要有两方面：一是导热，即PTCR元件发热产生的热量通过它向药液挥发芯进行热辐射，使挥发芯的温度升高（一般达90～100℃），从而加快或增强驱灭蚊药液的蒸发挥散量达到所需的空间浓度，以对蚊虫产生驱杀效果。二是用作对PTC发热器件各零件之间的铆接。在此值得一提的是，对于这么小的PTCR发热元件，从电气绝缘安全及耐压要求方面考虑，是十分不宜将这些零件再采用螺钉来作为连接件的。

金属导热套呈圆柱套形，可用铝或铜制成。内孔直径的选定与挥发芯直径有关，一般来说，比挥发芯直径大4～5mm为宜，即：$D_{套孔}=d_{芯}+（4\sim5）mm$。

当然这还与发热器件在导热套的表面温度高低有关。上述孔径是指导热套的内壁表面温度为115～135℃下的值。金属导热套的壁厚一般为0.3mm。成型后应进行表面镀层或钝化处理。金属导热套一般由模具冲压拉伸成形。应注意在作为最后成品之前，对它加工中产生的硬化进行热处理。否则在铆接中很不方便，不仅因较大压力会使PTC元件碎裂，而且会使铆接端开裂，影响铆接牢度和外观质量。

（2）电极。电极分为上电极与下电极，紧贴在环形PTCR元件两个环端面的银层电极上，形成欧姆接触，使电流形成回路，PTCR元件才会发热。

如前所述，在电热片蚊香上由于散热板在PTCR元件上方，为了提高导热效率，上下电极的结构及与PTCR元件的接触面应制成不同的形式，但在电热液体蚊香上，使驱蚊液蒸发挥散的散热面在PTCR发热器件中间的金属套件内壁，PTCR元件产生的热量直接由绝缘座传导到金属套上，上下电极则分别与环形PTCR元件的上下圆环端面接触，所以就可以设计制成相同的结构和形式。为了减少因电极接触而向上、向下产生的热传递损失，使电极与PTCR元件呈弹性点接触，在上下电极的圆环面上制有三个凸起接触点。如图12-5所示。

但在装配中应予注意的是，应使上下电极的凸起点分别向下、向上面向PTCR元件圆环端面，保持良好接触。

图12-5（a）所示为A型发热器件中的电极结构，图12-5（b）所示为B型发热器件中的电极结构。

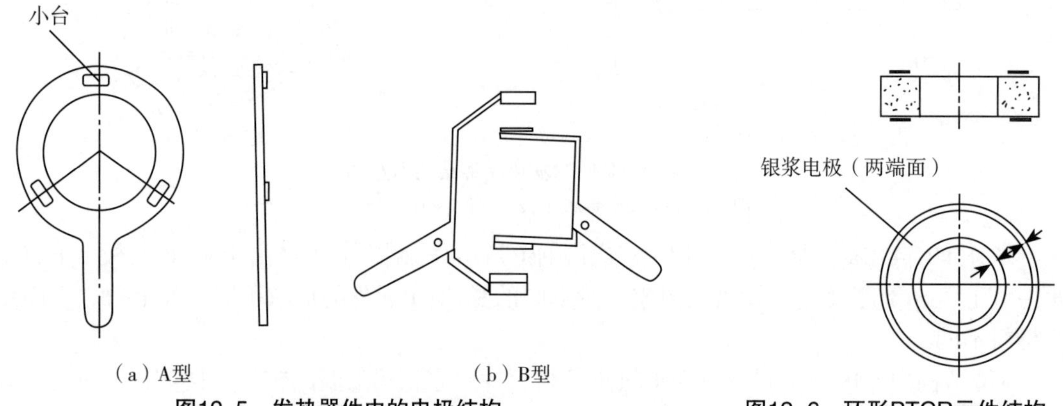

（a）A型　　（b）B型

图12-5　发热器件中的电极结构

图12-6　环形PTCR元件结构

电极一般采用铜片冲制成型，然后在表面涂硬铬或镀银。

（3）PTCR元件。与电热片蚊香相同，PTCR元件是PTCR发热器件中的核心零件。电热液体蚊香加热也是靠PTCR元件产生热量，并且也是靠其自身具有的调节功能达到温度稳定化的。

PTCR元件所用的材料也是$BaTiO_3$系陶瓷材料，其加工成型及银电极镀复工艺均与电热片蚊香上采用的PTCR元件相同。所不同的是形状、尺寸及居里温度点。

电热液体蚊香上用的PTCR元件，图12-4（a）发热器件结构中所采用的为环形片；结构如图12-6所示，环片的外径为20mm，内径12mm，厚度为4mm。

两端涂覆的银浆电极也为圆环形。电极圆环与PTCR片圆环的外径及内径均留1mm间隙。其作用也是加强它的电气绝缘性能。所以在印制银浆电极时也应注意电极圆环与PTCR片圆环的同心度。

环形PTCR元件的主要技术参数为：

额定工作电压	220 V ± 20%
常温下的电阻值	（R_{25}）1～6kΩ
元件表面温度	（145 ± 5）℃
绝缘耐压强度	≥ 450 V/3min（交流有效值）

使用寿命　　　　　　　　　　　　　　＞1500h

外形尺寸　　　　　　　　　　　　　　外径20mm，内径12mm，厚度4mm

因为环形片的散热面积及条件较圆片形好，在生产过程中变形。开裂现象较少，所以其厚度可以取为4mm，不会对元件发挥其自我调节机能产生不利影响。

图12-5（a）所示发热器件中的PTCR元件为两块圆片形，与电热片蚊香中的PTCR圆片相似，不过它的尺寸较小，直径为6mm，厚度为2.5mm。

（4）上盖及下座。上盖及下座在PTCR发热器件中的作用，首先是对PTCR元件及金属电极起封装隔离绝缘，保证电气使用安全；其次是传热作用。所以在材料的选择上要兼顾这两方面的要求。

由于电热液体蚊香的PTCR发热器件的发热工作面温度比电热片蚊香的低30～40℃，所以目前设计中盖及座的材料除陶瓷外，还有胶木。

在A型加热器结构中，盖及座采用胶木材料。在选用胶木材料时，除考虑电气绝缘性能及耐热性能外，还因为药液有一定弱酸腐蚀性，要考虑胶木的耐蚀、耐潮性。否则选择不好，当胶木在反复加热产生的温度冲击作用及药液的腐蚀下会产生老化或龟缩裂纹，一旦有部分汽化的药液渗入PTCR元件，使它两端造成碳化短路，而致PTCR元件开裂或炸裂，严重时引起燃烧。

笔者在实践中，盖与座的材料采用PBT塑料，在保证电气绝缘强度性能的同时，改善了盖及座的导热性能。因为PBT塑料的耐冲击强度大大高于胶木的，因此提高了装配工艺性，在使用中也减少了开裂的概率，安全使用性能提高。

在B型加热器结构中，盖与座的材料采用陶瓷材料。陶瓷材料的电气绝缘性能当然是较好的。在导热方面，因为陶瓷外壳（盖及座）与PTCR元件的热膨胀系数和导热系数相似，在需要获得相同蒸发辐射温度的PTCR发热器件时，采用陶瓷盖及座比采用胶木盖及座时PTRC元件的设计温度及功耗均可以有所降低。这对于改善PTRC元件的工件状况及降低能耗是有利的。此外，它还具有天然的抗老化、耐蚀、阻燃等特点。但陶瓷材料较重，体积大，在生产、运输及装配中有碎裂，成本也相应较高。

当然，不是任何一种陶瓷材料都适用，对所选用的陶瓷材料，也应有一定的要求。一般以氧化铝陶瓷为主。

4. 开关

如果说在电热片蚊香上不是各种产品都设置开关的话，那么在电热液体蚊香上几乎全部都装设有一小型开关。这是出于符合电热液体蚊香的特殊使用要求，因为一瓶药液可间断地连续使用30d或60d，中间不需调换或将药液取出来，只要简单地合上或断开开关，切断电源后，就能自动停止挥散。所以一个小小开关的设置，给电热液体蚊香的使用带来极大方便。这正是电热液体蚊香不需要天天换片的优点之一。

以日本几大公司的电热液体蚊香器来说，它们使用的开关几乎都不相同，即使是一个公司的产品也不一样。它们大多以符合产品的整体出发单独设计配套。

中国市场上的电热液体蚊香产品，其中一些是设置开关的，但也有不少没有设置开关。不管是选用市场商品开关或专门设计的开关，都应符合使用要求，达到一定的使用寿命，确保使用安全。

5. 指示灯及电阻

为了使用的方便和安全，指示灯在电热液体蚊香上应设置在醒目部位。电热液体蚊香

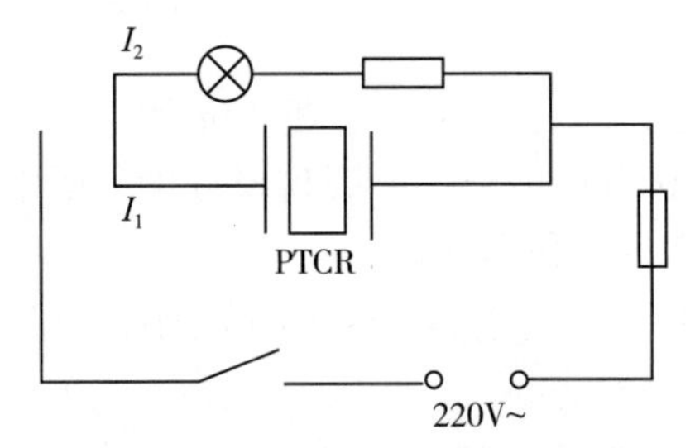

图12-7　指示灯在电路中的连接

总的耗电功率在4.5～5W左右，为减少在指示灯上的能耗，一般选用的指示灯都是很小的，它们的端电压不高，大都在100V以下，要使它能接入220V交流市电网中工作而不被击穿，需要串联一个电阻器进行分压。所以在电器中使用时，指示灯与电阻器是密不可分的。

在电气线路中，指示灯与电阻器串联相接，与工作部分则是并联相接，如图12-7所示。

6. 熔断器

熔断器又称保险丝，是确保电热电器安全使用的重要元件。它的作用是一旦电气线路中出现短路或击穿现象时，线路中的电流很快升高，当电流达到设计限定值时，熔断器就自动断路，防止起火燃烧。虽然在电热液体蚊香中发热元件采用了具有自动调节功能的PTC元件，使它的发热温度在设定的居里温度点附近自动调整，不会产生过热以及燃烧现象，但是也可能因为PTCR元件本身内应力造成的裂纹，运输及生产装配中的震动冲击散裂，以及在使用中蒸发挥散药物的渗入而致PTCR元件产生老化，都会出现线路的短路现象，使温度急剧升高。若没有熔断器保护，就会使电热液体蚊香的塑料外壳引起融化或燃烧。但若加设了熔断器后，当电流增大超过限定值时，就会自动切断电路，起火燃烧的情况就可避免。

特别是因为电热液体蚊香正好是在晚间人们睡眠期间整夜使用的，对于防止失火燃烧，保证安全使用是极其重要的。

纵观日本几个大公司生产的电热液体蚊香产品，几乎无一不装设熔断器，在不少产品上还特别与使用电源电压及功率一起明显刻印后模制在产品上。在产品使用说明书上，也特别强调因为加设了熔断器，防止过电流发热，可以放心地安全使用，以解除使用者担扰失火燃烧的后顾之忧。

在中国出产的不少电热液体蚊香产品中，大都忽略了熔断器的作用，而单从节省几分钱的成本上考虑就把它取消了。对此还要予以重视，当然也有按要求设置熔断器的，如海宏牌电热液体蚊香较受欢迎，因而市场形势很好。

熔断器的规格可以通过计算确定，因为在电热蚊香中采用的熔断器大都为微型玻管式的，而这种熔断器一般用在直流电路中，它的结构及材料与交流电路中用的熔断丝不同。所以将它用在交流电路中时应放大一些。一般来说，对220V交流电源，采用1A或1.5A规格的熔断器是合适的。

熔断器在线路上应串联，在装配中应使它牢靠固定，避免受剧烈冲击震动，因为熔断器中的细金属丝是很细的。

7. 挥发芯

挥发芯可比作电热液体蚊香中的血脉，是影响电热液体蚊香生物效果的关键因素之一。在设计中不乏因为挥发芯选择不当，或所选用的挥发芯的质量性能达不到使用要求，而导致电热液体蚊香失效的例子。在日本，几乎在电热片蚊香开发的同时，就已经开始了对电热液体蚊香的研究开发，但为什么过了二十多年后才逐步得以实用化，除了驱蚊药液的配方及配制技术外，挥发芯的研究探索是关键问题之一。挥发芯大都以无机粉加填料制成。在这方面发表了很多专利，但真正实用的却无几个。挥发芯能否保证驱蚊液持续稳定挥散，是使电热液体蚊香具有良好驱蚊效果的保证。

在挥发芯的研制开发中，虽然品种多、速度快，但到目前为止，真正能达到稳定生产，符合使用要求的实在不多。时间短是一个原因，对它的认识尚需不断深化。但已有的可用品种，缺乏明确的产品标准及合适的工艺质保措施，也是不容忽视的重要因素。

第四节 影响电热液体蚊香挥散量及生物效果的因素

电热液体蚊香的作用机理，与电热片蚊香一样，是靠加热使药物蒸发挥散，当在空间达到对蚊虫尚不致死的浓度时，就能使蚊虫熏蒸后产生拒避、驱赶及击倒作用。因此，如何在8～10h内在所需作用的空间持续保持这一浓度，是电热液体蚊香达到良好生物效果的必要条件。

电热液体蚊香的技术难度要比电热片蚊香大得多，这也就不难推断出，影响电热液体蚊香生物效果的因素肯定比电热片蚊香来得多，而且更为复杂，因为这些因素除了有其单独作用之外，它们相互之间还有互相影响、互相制约的关系，因此，这些因素的综合对电热液体蚊香的生物效果构成了十分复杂的作用方式。在各因素的单独作用调查清楚之后，还得依赖于实验方式，方能确定其最终效果。

一、加热器温度对药液挥散量的影响

在加热器结构相同，使用同一种驱蚊液及挥发芯的条件下，加热器的温度高，促使驱蚊液的蒸发挥散量大，在空间产生的有效成分浓度大，将得到较好的生物效果，但使用时间较短。反之，加热器温度低，对挥发芯辐射的热量小，驱蚊液的挥散量也小，在空间造成的有效成分浓度小，生物效果可能变差，但使用时间可以延长。图12-8显示在不同加热器温度条件下，药物挥散量与使用时间的关系。

从图12-8可知：加热器A 的温度最高，依次下降，加热器F的温度最低。从这一组挥散曲线中可以看出，加热器温度越高，曲线下降的坡度越大，起始挥散量与终了挥散量相差很大，总挥散时间短。而加热器的温度越低，曲线下降的坡度小，起始挥散量与终了挥散量相差较小，总挥散时间长。而且从曲线的变化可以看到，在挥散前期挥散量较后期大，挥散量的变化也较后期大，越到后期越趋于平稳。

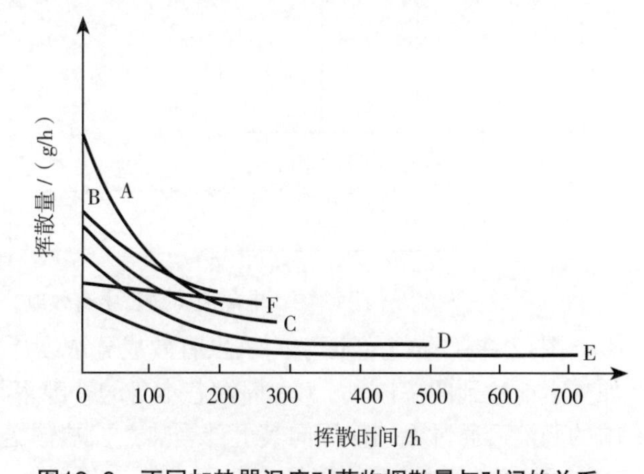

图12-8　不同加热器温度对药物挥散量与时间的关系

这样，当加热器结构及挥发芯材质与规格取定后，对于一定驱蚊液存在一个最佳的挥散所需加热温度。对于电热液体蚊香来说，这个最佳的挥散所需温度应从两个方面考虑。一方面从尽快及保证在作用空间达到所需的杀虫有效成分浓度出发，加热器的温度应尽可能取得高一些；但太高了，总挥散时间就短了。所以，另一方面从保证液体蚊香一瓶45mL驱蚊液能持

续有效工作的时间达到300h左右考虑，加热器的温度应尽可能取得低一些。这样，综合两方面的要求，通过实验方法权衡调整最终选定适宜的加热器温度。

对于不同的有效成分，由于其沸点及蒸气压的不同，与它所需对应的最佳加热器挥散温度是不同的。每种含有不同有效成分的驱蚊液都有其特定的最佳加热挥散温度。

对于右旋炔丙菊酯0.66%驱蚊液，最适宜的加热器发热套内表面辐射温度在120～130℃范围内。但在此应指出的是，与此温度相配套，还需要适当的挥发芯、挥发芯上的实际发热温度以及合适的加热器结构，方能获得理想的生物效果。

二、挥发芯对驱蚊液挥散量的影响

1. 孔隙率的影响

在电热液体蚊香中，挥发芯对驱蚊液蒸发挥散量的影响，比加热器温度对驱蚊液挥散量的影响大。事实上，在电热液体蚊香产品的试验及实际使用中，已证实了这种看法。已有经验说明，在加热器结构及温度、驱蚊液配方及剂量都相同的情况下，因为挥发芯的质量（如紧密度）可以使单位时间内的蒸发挥散量在一个很大范围内变化，一瓶45mL的驱蚊液总的蒸发挥散时间可以从300多小时减少到100多小时，差距可以说是惊人的。

对一个良好的挥发芯配方的设计，应使它的孔隙率达到这样的程度，当将它与一定驱灭蚊药液（如右旋炔丙菊酯0.66%驱蚊液）及一定电加热器（如发热器件导热套内壁温度在125℃左右，与挥发芯之间的辐射距离为2～2.5mm时，外壳上进风口面积与出风口面积之比都较合适）成为整体使用时，三者之间能符合下列关系，见图12-9。

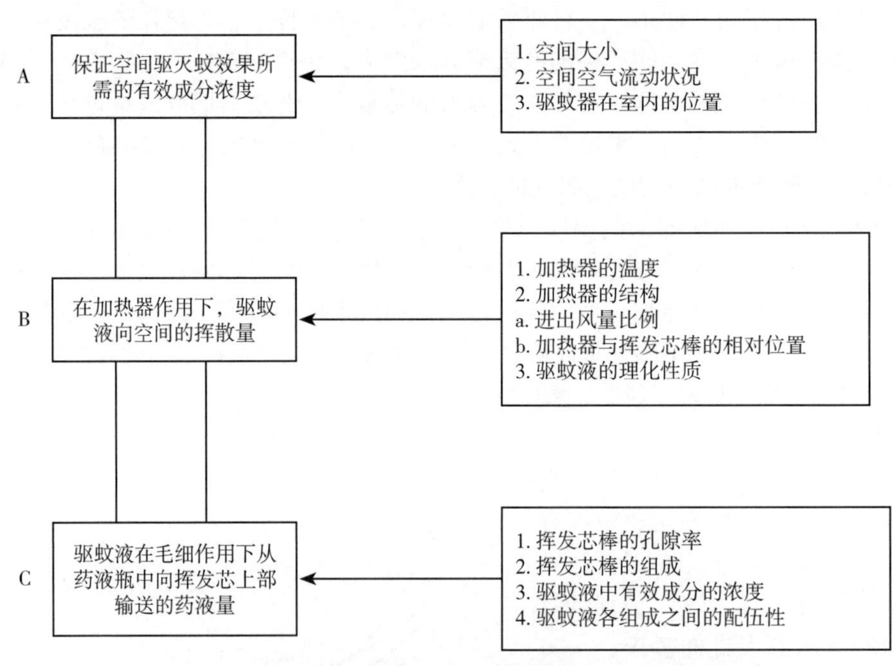

图12-9 电热液体蚊香中有效成分挥散量之间的平衡关系

图12-9中，A为保证空间杀虫有效成分浓度所需的挥散量；B为加热器对挥发芯热辐射加热后能达到的挥散量；C为挥发芯本身的孔隙率与驱灭蚊药液两者搭配，由挥发芯吸收瓶中的药液后通过毛细作用向其上部受热蒸发端输送的药液量。

当然要做到完全相等是十分困难的，在实用上也无此必要。即使完全一样了，可能因为同样一套电热液体蚊香使用环境的差异，也会产生不同的效果。但从上述关系可以得出以下几点结论：

对关系中的A与B而言：

若A>B，显然生物效果不理想；

A<B，生物效果好，但若B≫A，则太浪费，无此必要，总使用时间也会减少。

对关系中的B与C而言：

若B>C，说明供液量跟不上，生物效果显然不会好。

B<C，能满足挥散量要求，生物效果好。但若B≤C，则会使挥发芯在瓶塞四周产生驱蚊液外溢现象，造成驱蚊液流失浪费。

当然，A与C之间的关系无须再累述，从A与B及B与C的关系中，不难推断。

所以，从上述关系中可以明显看出，挥发芯对电热液体蚊香生物效果的影响之大。也可以看出，对电热液体蚊香最终生物效果的影响因素之多。这一方面说明了电热液体蚊香本身的复杂性及技术难度，另一方面也证实了在杀虫药物与器具之间的相互影响及制约关系，在从事研究和设计中必须要从它的整体效果上来全盘考虑，才能生产出合乎使用要求的产品。

2. 加热器发热套辐射面对驱蚊液蒸发挥散量的影响

已有设计实验表明，发热套表面温度为125℃时，2.4cm^{2}面积的热辐射面与发热套表面温度为160℃时，0.94cm^{2}面积的热辐射面，使挥发芯能获得几乎相近的驱蚊液蒸发挥散量。加热温度的差异，可以调整对挥发芯的热辐射蒸发面来处理，这一事实也说明了辐射蒸发面积对驱蚊液的蒸发挥散有影响。

3. 挥发芯在加热器上的露出高度对驱蚊液蒸发挥散量的影响

露出高度越大，使驱蚊液在挥发芯上蒸发的表面积增加，挥散量当然就增大。但它们之间并不呈一定的线性关系，因为当挥发芯伸出的高度超出PTC发热器件的正常热辐射范围时，挥发芯上端的挥散量与接近发热器件处的挥散量是不同的。这正如在日常生活中，要使煤油灯的亮度大一点，就将灯芯往上拔高一点的道理是相似的。

4. 挥发芯重复使用对驱蚊液蒸发挥散量的影响

在其他条件相同的情况下，驱蚊液的蒸发挥散量是不同的。第二次再使用时，挥散量明显下降，它前期的挥散量很快下降到第一次使用后期的挥散量，其结果是总蒸发挥散时间延长了，但因为空间的所需有效成分浓度减小了，因而显示生物效果下降。

挥发芯重复使用时挥散量的下降，主要是由药液中组分在挥发芯上的吸附阻塞，以及在长期热辐射下挥发芯材质分子的变化改变了原来合适的孔隙率所致。从这一实验提示，在电热液体蚊香使用中，为保证它良好的生物效果，驱蚊液的挥发芯以一次性使用为宜，避免重复使用。

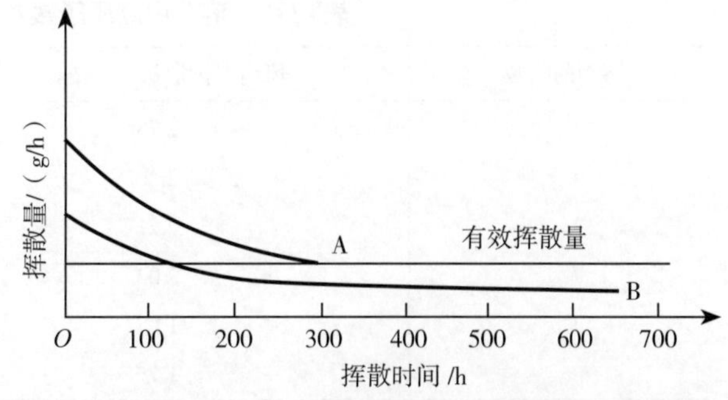

图12-10　挥发芯第一次使用与第二次重复使用时挥散量与时间的关系

图12-10中曲线A为挥发芯初次使用时的挥散曲线，曲线B为挥发芯第二次重复使用时的挥散曲线。

在此值得指出的是，在对挥散量

检测时，除了测定它单位时间内的液体挥散量外，同时还应该用气相色谱法检测药液挥散量中的有效成分含量。经验已证明，有的驱蚊液虽然挥散量比较均匀，但在这均匀挥散的液量中，有效成分的量可能是不均匀的，甚至在挥散液中只有溶剂，而没有有效成分，这样就直接影响了该液体蚊香的生物效果的稳定性。所以在测定挥散量时，除了从液量上测定挥散量以外，检测其中有效成分挥散的均匀性也很重要，两者不能偏废其一，是保证驱蚊液效果的充分必要条件。这一点在分析评定挥发芯中十分重要。

5. 不同有效成分对驱蚊液挥散量的影响

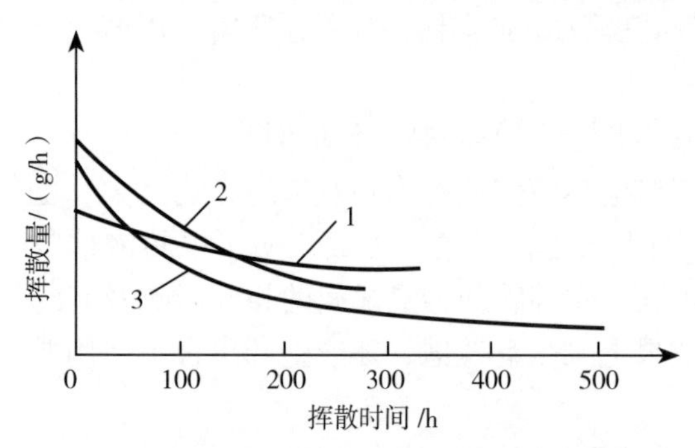

图12-11　不同有效成分对驱蚊液挥散量的影响

1—右旋炔丙菊酯；2—Es-生物烯丙菊酯；3—右旋烯丙菊酯

不同的有效成分，由于其沸点及蒸气压的不同，以它来配制成的驱蚊液必然具有不同的蒸发挥散特点。分别对以右旋炔丙菊酯、右旋烯丙菊酯及Es-生物烯丙菊酯为有效成分的驱蚊液进行了挥散量的测定，使用量都是45mL，如图12-11所示。

以右旋炔丙菊酯为有效成分配制的驱蚊液，其挥散量比较平稳，变化幅度不大，说明它的生物效果稳定，而且可以持续有效使用300多小时。而以Es-生物烯丙菊酯和右旋烯丙菊酯为有效成分配制的驱蚊液，在前期的挥散量变化大，说明它们的效果前期还可以，后期随着有效成分挥散量的减少而效果降低。且Es-生物烯丙菊酯的持续使用时间比右旋炔丙菊酯短，而右旋烯丙菊酯虽能维持较长的挥散时间，但生物效果也逐渐降低。另外，在加热器结构及温度、挥发芯均相同的条件下，不同有效成分所产生的生物效果也不同。

6. 溶剂对驱蚊液挥散量的影响

电热液体蚊香的溶剂一般为饱和烃，因为不饱和烃有嗅味，同时易被氧化。饱和烃以C_{12}～C_{16}为好（表12-2）。当碳原子数较大时，溶液黏度增大，容易造成芯棒堵塞，要使它挥散就需要相对较高的温度，而较高的温度又容易造成溶剂氧化，使其中的溶质产生分解或聚合，形成絮状物或沉淀，破坏药剂的有效成分及均匀稳定性，最终驱蚊液的生物效果降低以致失效。反之，当溶剂中的碳原子数相对较小时，药液的挥散量过大，而总挥散效率降低，这也不利于电热液体蚊香的正常有效工作。

表12-2　溶剂中碳原子数对药剂挥散量的影响

溶剂的碳数	药剂的挥散量 /（mg/h）	总有效挥散效率 /%
C_{11}	2.78	71
C_{12}	2.46	80
C_{13}	2.21	82
C_{14}	2.03	85
C_{15}	1.87	83
C_{16}	1.75	83

第五节 电热液体蚊香的生产工艺

电热液体蚊香的生产工艺比较简单，用溶剂将固体组分溶解后，依次加入组分，在搅拌釜中将各组分混合均匀，过滤后灌装在蚊液瓶中，插入装配好柱塞的芯棒，压紧，盖上盖子，旋紧，入包装盒。

电热液体蚊香的制备工艺主要包括药液的配制、过滤、贮存、灌装、插芯棒、压瓶塞、调整芯棒、上瓶盖、旋瓶盖等工序。

使用到的主要设备：药液搅拌釜、过滤器、贮存罐、插棒机、灌装机等设备。

电热液体蚊香的生产工艺流程见图12-12。

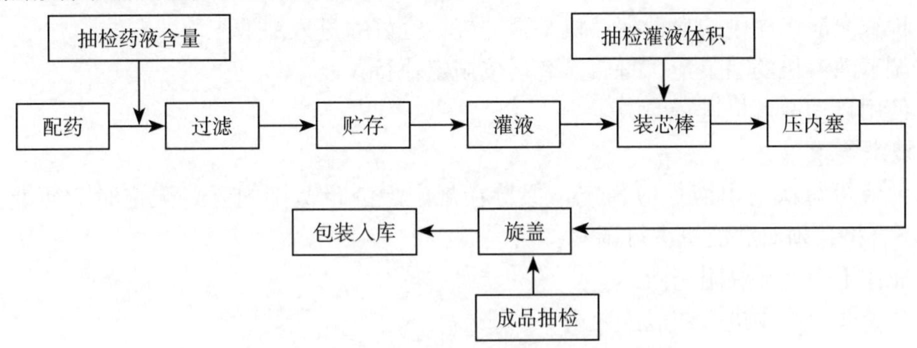

图12-12 电热液体蚊香的生产工艺流程图

一、配药

1. 工序步骤

① 检查配药工序中的各种设备是否完好，设备完好进入配药程序；

② 按要求依序加入各种物料，加入一种物料后，启动搅拌，直到配料完毕；

③ 在加物料的同时，室内温度低于20℃时，启动加热装置，加热搅拌至温度（40 ± 2）℃，搅拌时间按规定执行；

④ 做好配药的物料量、温度、搅拌时间及各种物料消耗量的详细记录。

2. 技术要求

① 各种计量物必须精确称取，固体物料必须缓慢加入；

② 严禁非生产物进入或混入搅拌釜内；

③ 每次配药前，要认真检查、清洗搅拌釜及其管道；

④ 每天定时对所配药液进行含量抽检。

二、过滤

1. 工序步骤

① 检查过滤工序中的设备是否完好，完好后进入过滤工序；

② 打开相应阀门，开启空压机，将药液压入过滤器进行过滤。

2. 技术要求

① 过滤后的滤液必须澄清、无杂质；

② 每次过滤前，要认真检查、清洗过滤器及其管道。

三、贮存

1. 工序步骤

将已过滤的药液输送到贮存罐中。

2. 技术要求

① 贮存罐及管道应清洗后再使用；

② 不同药液必须分别贮存在相应的贮存罐中，贮存罐上应有相应的标识。

四、灌液

1. 工序步骤

① 检查灌液工序中的自动灌液机是否完好，完好后进入灌液工序；

② 调节灌液机的灌装量，每瓶灌装量按规定执行；

③ 使用自动灌液机进行灌液。

2. 技术要求

① 灌液机每次的出液量应稳定，保持在规定罐液量范围内，每天定时对罐液量进行抽检，不合格，须对灌液机进行调整；

② 瓶体干净，无黏附药液；

③ 严禁非生产物进入或混入瓶内。

五、装芯棒

1. 工序步骤

① 调节好自动插棒机的速度，将内塞放入旋转缸内，芯棒放入固定槽，启动设备开始自动装芯棒；

② 检查已装好的芯棒有无破损、断裂，合格的，进入下一工序。

2. 技术要求

① 不得损伤、折断芯棒；

② 芯棒与内塞垂直，不得歪斜；

③ 内塞和芯棒应装配到位，配合紧密，若不合格，须对插棒机进行调整。

六、压内塞

1. 工序步骤

① 将装好芯棒的内塞放入瓶口，将瓶子紧靠在专用工装定位块内，压紧内塞；

② 将瓶子往侧面移动，利用工装压杆平端面将芯棒压到平底。

2. 技术要求

① 内塞压紧、到位，上端面平整，无翘曲现象；

② 芯棒与瓶口垂直，不得歪斜；

③ 芯棒与瓶底接触、无间隙；

④ 不得损伤芯棒，避免有芯棒碎片进入瓶内；

⑤ 内塞和瓶颈应配合紧密，每天定时抽检。

七、旋盖

1. 工序步骤

① 检查旋盖机是否正常，正常后，先调节旋盖机的旋盖松紧；

② 用手将瓶盖拧在瓶口上，注意不得歪斜；

③ 将拧上瓶盖的药液瓶放入旋盖机定位槽内，压下手柄，开始自动旋紧瓶盖；

④ 定时手感检查旋盖松紧。

2. 技术要求

① 瓶盖必须旋紧，严禁松动、漏液，不得有歪斜和滑丝现象；

② 每天定时抽检。

八、包装入库

1. 工序步骤

① 检查外观瓶子无明显毛边、划痕和裂纹，无多余残留药液；

② 用毛巾对合格产品瓶身进行清洁处理；

③ 产品包装盒按规定印上生产日期；

④ 将内衬、药液、合格证装入包装盒内，用透明不干胶对包装盒封口，合格证应加盖检验员号；

⑤ 将产品按纸箱规定数量装入运输包装箱内；

⑥ 在包装箱内装入装箱单，装箱单应加盖生产日期、数量、检验员号；

⑦ 在包装箱上盖上生产日期，用封箱机将包装箱封口；

⑧ 将合格品放到规定区域内，达到一定数量再将其运至指定库房；

⑨ 库管验收，并出示有关票据，做好记录。

2. 技术要求

① 瓶子应清洁干净、无污渍；

② 所装品种应与产品包装盒相符，包装盒（箱）内文件齐全；

③ 装入运输包装箱时不得倒置；

④ 包装箱上的生产日期应与包装盒上的生产日期相一致；

⑤ 每天对成品定时抽检。

第六节 其他电热蚊香

一、电热膜浆蚊香

最近德国拜耳公司又开发了一种新型电热蚊香——电热膜浆蚊香。

这种电热膜浆蚊香由电子恒温加热器与覆盖有薄膜的蚊香浆液铝器构成。蚊香浆的有效成分为四氟苯菊酯（transfluthrin），含量37.5%。

蚊香浆的量有0.25g、1.10g及1.60g三种，根据其量分别可以使用70h、20h及360h，试验证明这种电热膜浆蚊香的使用时间随蚊香浆料量的增加而延长。

这种电热膜浆蚊香的优点介于电热片蚊香与电热液体蚊香之间。它既比电热片蚊香使用时间长（与电热液体蚊香相似，一瓶蚊香浆最长可使用360h），不需要天天换片，又比电热液体蚊香具有药剂不会渗漏出容器的优点，也弥补了电热固液蚊香受热熔融后药剂流出器皿的缺点。

由于蚊香浆被一薄膜封盖在铝器中，不易被误食或手触及，所以使用方便安全。

蚊香浆的有效成分四氟苯菊酯对大白鼠的急性经口LD_{50}＞2000mg/kg，急性经皮LD_{50}＞5000mg/kg，进一步提示了它的安全性。

二、电热固液蚊香

电热固液蚊香是一种20世纪90年代由我国研制出的新型电加热蚊香，由驱蚊药盒和电子恒温加热器组成。它是将驱蚊药剂制成低熔点固态盛装在金属盒内，在常温下驱蚊药剂为固态，使用时将此驱蚊药盒放在电加热器上，与电热片蚊香的工作方式相似，当电加热器达到一定温度时，固态药剂迅速融化为液态并开始蒸发，持续向空间扩散，发挥驱杀蚊虫的作用。

驱蚊药剂的有效成分为Es-生物烯丙菊酯，加入固控剂后装入直径为2cm的小铝盒中。一盒驱蚊药剂先可连续使用56h，以每天使用8h计算，可用7d。

电子恒温加热器的结构及工作原理与电热片蚊香及电热液体蚊香用加热器的基本相似，加热元件PTC的居里点温度范围为140～180℃。加热器表面温度要求（105±5）℃。固液蚊香可使用专用加热器，也可使用电热片蚊香加热器。

电热固液蚊香的生物效果与其他电热蚊香一样，首先，取决于所用药物的有效成分，不同的药物，具有不同的化学结构，因而显示出对同一蚊种或不同蚊种的生物效果。其次，由于药物有效成分受到加热器的温度等特性参数整体性的影响，也会反映在其最终效果上。以现有电热固液蚊香所用的药物有效成分Es-生物烯丙菊酯为例，实验室测试提示它对埃及伊蚊和三带喙库蚊的效果要较淡色库蚊的好。测定结果显示KT_{50}值差别不是太大，但对各种蚊虫的死亡率有较大差别。同时保护人不被蚊虫叮咬，具有较好的保护作用。

电热固液蚊香与盘式蚊香相比，也具有无明火、无灰等优点。与电热片蚊香相比，它的优点是连续使用时间长，一小盒可使用7d，但比起电热液体蚊香来，显然无可比拟。它的药物挥散量及对蚊虫的生物效果也比较稳定。所用的加热器结构设计较电热片蚊香与电热液体蚊香简单，因为它是敞开式的，热融固控制受热后融为液体，自然蒸发，犹如在电炉上加热液体任其挥发一样。此外因为电热固液蚊香在常温下是固体，不会有药物泄漏。但现有驱蚊药盒中的驱蚊剂的熔化温度偏低，遇到高温时（＞60℃）就会熔化成液体，如存放位置不当，就会使液状药剂流出药盒外。但只要在药剂固控制方面做些调整，这些问题还是可以解决的。

三、电热带式蚊香

1. 结构与工作原理

（1）结构　电热带式蚊香的开发思路源于各种蚊香的特点，它是借助于录音带的工作原理设计而成的。它由驱蚊药剂带盒及电加热器两部分构成。

① 驱蚊药剂带盒。制作时，先将驱蚊有效成分以浸涂或辊涂方式均匀地涂抹在特殊的纸质或棉纤维带上，并随即稍作烘干。允许它保持一定湿度，以药剂不会滴落或流出为原则，可以仿照打字机色带的制法。最后卷绕在盘式盒中，构成驱蚊药剂纸带盒。

这种纸质或纤维带的选择很关键，既要能很好地吸收和保存杀虫有效成分，又要能至少耐200℃左右的温度不会被烤焦，当然更不允许发生燃烧。同样纸带盒也要能耐此高温，不会产生融化或变形，要能耐杀虫剂腐蚀，不会发生反应或变化，不会将纸带中的有效成分吸收过滤掉，而使纸带的药效降低或有效使用时间缩短。

② 电加热器。这种电加热器的恒温加热原理及工艺与其他电热蚊香用加热器一样，因为也使用了PTC发热元件。但它的PTC元件的形状不是圆片状或环形，而是细圆柱棒状，外面套以金属套。一是可以防止药剂影响PTC元件表面性能，二是可以增加驱蚊带的加热面积。

它与其他电子恒温加热器不相同的一个显著特点是多了一个使驱蚊药剂带传动运动的微型电机。微型电机的转速相当缓慢，一般可以采用同步电机或步进电机。

在需要驱蚊带像录音带一样做往复传动运动时，所使用的电机应具有逆向运转功能，其反向周期根据要求设定控制。

当然电子恒温加热器也应该符合Ⅱ类家用电器的有关技术参数及安全要求。

（2）工作原理　这种电热带式蚊香的工作原理与录音机的相似。棒状PTC元件犹如录音机上的磁头。但后者在工作时与磁带接触，而前者与驱蚊药带可以设计成接触，也可以不接触，这主要取决于加热元件温度的设定及对驱蚊药带的工作方式。

接通电源后，在PTC元件发热的同时，电机也开始运转带动驱蚊药带缓慢通过棒状PTC元件，使药带上的药剂受热后向空间挥散驱杀蚊虫。

在此顺便一提的是也可以将这类电热带式蚊香扩大为一种新的剂型“电热带式驱杀器”，用于对其他卫生害虫的驱杀，这也是完全可能的。

2. 技术参数

有效成分及含量	富右旋烯丙菊酯（90%）	每盒带2g
可连续使用时间	≥300h，（8～12h/次）	
耗电	8W	
生物效果	KT_{50}	2.08min（可信限1.45～3.15min）
	KT_{95}	9.92min

3. 特点

① 具有电热蚊香的某些优点，如无明火、无灰、挥散量稳定、可连续使用一段较长时间。

② 可节省药剂的载体及辅料。

③ 电加热器的结构比较复杂，一次投入较高。

④ 药剂与加热器之间的匹配关系，除加热温度与受热面积外，还多了一个受热挥散时间因素，所以调整控制相对较复杂。

参考文献

[1] 蒋国民. 电热蚊香技术. 上海：上海交通大学出版社，1993.

[2] 朱成璞，蒋国民. 卫生杀虫药剂，器械及应用指南. 上海：上海交通大学出版社，1987.

[3] 蒋国民. 卫生杀虫药剂，器械及应用手册. 上海：百家出版社，1997.

[4] 蒋国民. 卫生杀虫剂剂型技术手册. 北京：化学工业出版社，2000.

[5] 麻毅，辛正，秦孝明，等. 中国蚊香. 吉林：吉林科学技术出版社，2012.

[6] 刘广文. 现代农药剂型加工技术. 北京：化学工业出版社，2013.

第十三章

微胶囊剂

第一节 概 述

一、微胶囊的概念及组成

微胶囊（microcapsule）是一种利用天然或者合成高分子材料包裹某些物质的微型胶囊。广义上来说，一些通过特殊方法使某些化学成分溶解或分散在高分子材料中，形成的具有骨架结构的微球也可称为微胶囊。微胶囊一般是以天然或合成高分子材料作为囊壁，通过化学法、物理法或物理化学法将活性物质（囊芯）包裹起来形成具有半透性或密封囊膜的微型胶囊，粒径在1～1000μm，这一过程称为微胶囊化。微胶囊化方法很多，大致将其分为物理法、物理机械法和物理化学法。可根据不同的用途、原药的性质、壁材的性质等选择不同的制备方法。

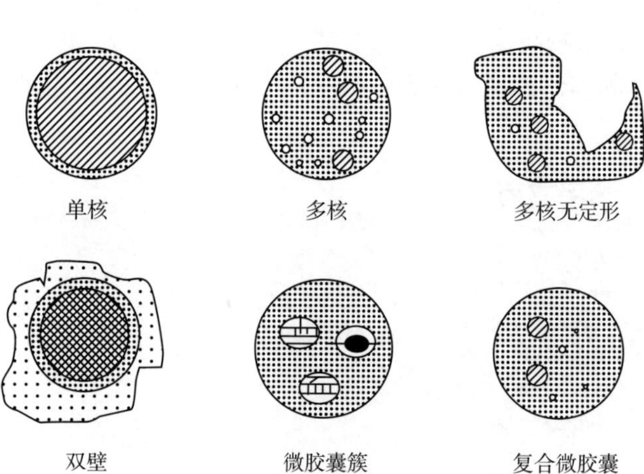

图13-1 常见的微胶囊形态示意图

微胶囊中的成膜材料称为壁材，被包覆物称为芯材。该技术通过密闭的或半透性的壁膜将目的物与周围环境隔离开来，从而达到保护和稳定芯材、屏蔽气味或颜色、控制释放芯材等目的。微胶囊的外形通常为球形，但包囊固体粒子的微胶囊的外形通常形状不一，可以是椭圆形、腰形、谷粒形、块状或絮状形，也可以是多核单核等。胶囊形态如图 13-1 所示。

二、农药微胶囊制剂的发展概述

农药微胶囊剂是当前农药剂型中技术要求较高的一种，其制剂具有延长农药的持效期、提高农药稳定性、降低农药经皮毒性和挥发性等优点。20世纪80年代，我国第一个研制并投产了25%对硫磷微胶囊剂，用于防治桃小食心虫，药效比乳油制剂高一倍之多，但售价比乳油也要增加一倍，难以推广。进入21世纪以来，由于胶囊化技术的提高，微胶囊剂成本有所降低，人们的环保意识进一步增强，微胶囊剂的市场有扩大的趋势，现已有100多个微胶囊剂产品在国内登记使用，国外也有几家公司在我国登记微胶囊剂产品。但微胶囊剂想要成为大宗产品，必须降低制剂成本，开发价格昂贵原药的微胶囊剂以及在特殊领域（如卫生、畜牧、高产值作物等）应用的微胶囊剂。

微胶囊最开始并不是出现在农药领域，包囊（encapsulation）工艺在许多工业领域已经有了多年应用。机械包囊技术的历史可以追溯到 19 世纪。制药工业是这个领域的先驱。制药工业开发了明胶胶囊，以作为药物的一种特殊剂型。微胶囊的制备技术起源于 20 世纪 50 年代，在 70 年代中期得到迅猛发展，在此时期出现了许多微胶囊化的产品和工艺。50 年代，在医药、兽药、肥料、化妆品等领域就出现了微胶囊的制备方法和应用专利。50 年代初期，美国 National Cash register 公司最先使微胶囊技术工业化。60 年代中期，华盛顿大学林学院化学工程系的工作者提出了控制释放的概念和理论，提出用高分子载体制备缓释剂，使农药能够延长持效期，并在防治林业蛀食性害虫中获得了成功。1968 年前后，水田除草剂 2,4-D 丁酸乙酯等的物理型缓释剂取得了较好的效果。进入 70 年代后，人们对降低农药毒性、减少农药污染、保护生态环境的呼声越来越高，化学农药的使用和研究受到了越来越多的质疑。同时，延长残效、克服抗药性也成为农药老品种所面临的重要问题。因此，物理型缓释剂的发展在 1971 ~ 1976 年间得到积极推动。直到 1974 年，美国 Pennwalt 公司的 penncap-M 微胶囊剂研制成功，成为缓释剂的代表，并且使缓释剂走向实用化和商品化，它不仅使高毒短效的甲基对硫磷显著降低了毒性，还延长了持效期。

国内对农药缓释剂的研究和应用起步较晚，从1978年起，我国沈阳化工研究院开始对微胶囊剂型进行研制，1982年25%对硫磷微胶囊剂研发成功，成为国内首个微胶囊产品。近年来，微胶囊缓释剂取得突破性进展，截至2016年10月，登记产品共170个，其中微囊粉剂有3个，微囊粒剂有5个，微囊悬浮-悬浮剂有13个，卫生杀虫剂有19个，其余均为微囊悬浮剂。杀虫剂的主要品种有毒死蜱、辛硫磷、阿维菌素、除虫菊素、吡虫啉、噻虫啉、氟氯氰菊酯、氯虫苯甲酰胺、联苯菊酯、氯氰菊酯、高效氯氟氰菊酯等；除草剂的主要品种有2甲4氯异辛酯、异噁草松、乙草胺、甲草胺、丁草胺和二甲戊灵6种；杀菌剂的主要品种有氟环唑、咪鲜胺、嘧菌酯、吡唑醚菌酯等；以及1-甲基环丙烯、甲基环丙烯、保苗等植物生长调节剂和高效氯氰菊酯、高效氯氟氰菊酯、右旋苯醚氰菊酯、氟氯氰菊酯等卫生杀虫剂。

三、农药微胶囊制剂的特点

微胶囊使用于农药，是由于通过对农药进行微囊化能实现很多目的：农药原药微胶囊化后，控制了光、热、空气、水及微生物的分解作用和无效地流失、挥发，使农药缓慢地释放出有效剂量，使残效期大大延长；由于改变了原药的表面性质，可以使接触性毒性、药害、令人不愉快的气味和易燃性等大为降低；由于表面物理性能的改善，而使药效稳定，对人畜、作物安全、防治对象扩大；同时因为与其他物质分隔，容易实现与其他农药或助剂的混合而不发生化学反应，有利于制剂加工；而且通过微胶囊化，可以使液体或气体农药变成固态农药，有利于贮存和运输。农药微胶囊化的意义有以下几点：

1. 改善农药的物理性质

当液态农药微胶囊化后，可得到细粉状物质，称为拟固体（pseudo solid）。它具有固体特征，但其内部仍然是液体。这样可以增加液态农药的适用范围，降低水质对药物使用效果的影响，并可以使不相容的两种成分复配在一起，得到更多的复配制剂。

同样的农药在我国南方使用和北方使用效果相差明显。主要原因是水质不同。南方水质偏酸，pH值为5.8～6.5；而北方水质偏碱，pH值为7.3～8.3。农药大多数呈弱酸性，在南方弱酸性水质条件下，使用量少、效果好，但同样的制剂，到北方碱性水质地区药效大为下降，使用量增加1～3倍，效果还不如南方。微胶囊化后，不同水质对农药的稳定性影响大为减少，甚至没有影响。

微胶囊化后，制剂的密度相对于原药可以发生变化。由于制备过程中可以包入空气或空芯微胶囊，从而使制剂的密度相对减小，甚至可以变成漂浮在水面上的产品。

2. 保护有效成分

一些化学性质不稳定的原药，如有机磷类和拟除虫菊酯类农药，容易分解，制成微胶囊后，由于农药的有效成分被一层薄膜包在里边，因此不易光解、水解、氧化、挥发，而且可以延长持效期，特别对生物源农药作用更明显。由于生物农药存在价格贵、持效期短、性质不稳定等原因，因此在我国发展缓慢，微胶囊技术的应用将改变这一现状，改善稳定性，延长持效期，提高效果，降低生产和使用成本，有利于生物农药的推广。

3. 控制释放

控制释放微胶囊中活性组分的释放可以采用立即释放、延时定时释放或长效释放等进行控制。农药微胶囊的释放速度受多种因素的影响，制备微胶囊时，可以根据制备方法、有效成分的理化性质和壁材的性质等因素来调控农药的释放速度，从而有效控制释放剂量和释放时间，以满足不同防治对象的需要。

4. 降低毒性，安全环保

农药微胶囊化后，一般毒性可降低10～20倍，有的可降低几百倍。特别是一些剧毒农药，经微胶囊化对人畜的安全性可大大提高。同时由于没有了苯、甲苯等高污染有机溶剂，加上毒性降低，施治次数减少，大大降低了对环境的危害。

5. 提高药效

微胶囊农药囊芯有效成分的浓度一般达到5%～15%，甚至更大，相对于乳油等传统剂型，其有效成分集中。高浓度的杀虫剂微胶囊一旦触及虫体，就会比其他剂型更易使害虫中毒，击倒速度得到提高。微胶囊后一般杀虫效果可提高15%～30%，原药使用量最低可减少50%，持效期延长2～8倍，最高可达到250d。据报道，通过1994～1997年在北美洲16种作物上的146个田间试验的统计分析发现，先正达农化公司的三氟氯氰菊酯微胶囊剂的药效在某些情况下优于乳油。南美洲和亚洲的试验也表明微胶囊剂的药效比乳油的更优，且具有更好的持效性。

另据报道，由于微胶囊产品不易被土壤吸附或挥发，因此进入表土茅草层有更大的渗透能力，因此，甲草胺微胶囊在未耕作和保护耕作系统下比甲草胺乳油有更好的效果。

6. 减少施药次数，降低农业成本

由于微胶囊农药持效期延长，杀虫效果提高，一个生长周期内农药使用的次数大大减少，因而使害虫防治成本降低，省工省力。如棉花全生长期只需喷2～3次微胶囊农药制剂即可，远低于其他剂型的使用次数。

第二节　农药微胶囊常用的囊壁材料

无机材料和有机材料均可用作微胶囊的囊壁材料，但高分子材料最为常用。常见的微胶囊壁材分为天然高分子材料和合成高分子材料，合成高分子材料又可细分为半合成高分子材料和全合成高分子材料，种类很多，选择时在很大程度上取决于原药的理化性质和制备方法。油溶性囊芯物一般选用水溶性囊壁材料，水溶性囊芯物则多选用油溶性囊壁材料。对壁材的一般要求是：性质稳定，不应与囊芯物反应，不与囊芯物混溶；有适宜的释药速率；有适宜的渗透性、溶解性、可聚合性、黏度、电性能和成膜性等。对于特殊场合用药，如卫生用药，还要考虑壁材的毒性，因为某些壁材的单体对人体毒性较大。

1. 天然高分子材料

用于制备微胶囊囊壁材料的天然高分子材料主要是蛋白类和植物胶类，主要包括：明胶、阿拉伯胶、琼脂、环糊精、淀粉及其衍生物、海藻酸钠、壳聚糖、角叉胶等。这些天然高分子材料具有无毒、成膜性好等特点。

（1）明胶（gelatin）　明胶是医药和食品工业领域常用的天然高分子材料，它是胶原温和断裂的产物，分子量一般在几万至十几万，主要成分为氨基酸组成相同而分子量分布很宽的多肽分子混合物。明胶是一种两性物质，既具有酸性，又具有碱性，其胶团是带电的，具有极强的亲水性。明胶不溶于有机溶剂，也不溶于冷水，溶于热水后再冷却可以形成凝胶，但容易受水分、温度、湿度的影响而变质。通常可以根据原药的理化性质选用酸性明胶或者碱性明胶，用于制备微胶囊时的用量为20～100g/L。

（2）阿拉伯胶（acacia senegal）　也称阿拉伯树胶。来源于阿拉伯树的天然树脂，成分复杂，是糖类和半纤维素酶的松散聚集物，分子量在240000～580000。是世界上最古老、也是最知名的一种天然胶。在水中有较大的溶解度，阿拉伯胶经常与明胶一起使用，因为它具有良好的水溶性和乳化性，包覆过程中可以使包埋物的微囊化效率增加。

（3）壳聚糖（chitosan）　壳聚糖为甲壳素的脱乙酰化产物，分子量为300000～600000，其学名为β-(1,4)-2-氨基-2-脱氧-D-葡萄糖，壳聚糖可溶于大多数稀酸（如盐酸、醋酸、苯甲酸），生成盐。利用壳聚糖制备微球的机理通常是利用电荷的相互作用，因为它是阳离子型聚电解质，当它与某些带负电荷的特定多聚阴离子化合物在水相条件下相遇时，会发生交联和凝胶化作用，从而形成微米级或纳米级的颗粒。近年来，壳聚糖还被用于一些聚合反应来制备微胶囊，有报道将甲基丙烯酸接枝到壳聚糖上以增加其水溶性，再利用*N*-*N'*-亚甲基-双丙烯酰胺作为交联剂利用界面聚合法制备可生物降解的壳聚糖微胶囊。

（4）海藻酸钠（sodium alginate）　海藻酸钠又名褐藻酸钠、海带胶、褐藻胶、藻酸盐，是从海草中提取的天然多糖类水合物，无臭、无味，易溶于水，不溶于乙醇、乙醚、氯仿和酸（pH<3）。它是由古洛糖醛酸（G段）与其立体异构体甘露糖醛酸（M段）2种结构单元

以3种方式（MM段、GG段与MG段）通过α（1-4）糖苷键链接而成的线性嵌段共聚物。在水溶液中加入Ca^{2+}、Ba^{2+}等阳离子后，G单元上的Na^{+}与二价离子发生离子交换反应，G基团堆积而成交联网络结构，从而转变成水凝胶。广泛应用于食品、医药、纺织、印染、造纸、日用化工等产品，作为增稠剂、乳化剂、稳定剂、黏合剂、上浆剂等使用。

（5）角叉胶（carrageenan） 又名卡拉胶，它的化学成分是由半乳糖及脱水半乳糖组成的多糖类硫酸酯的钙、钾、钠、铵盐。由于其中硫酸酯结合形态的不同，可分为K型（Kappa）、I型（Iota）、L型（Lambda），为白色或淡黄色粉末，可溶于冷水或温水，完全溶于60℃以上的水，溶液冷却至常温则成黏稠或透明冻胶。不溶于有机溶剂，无味、无臭，具有形成亲水胶体、凝胶、增稠、乳化、成膜、稳定分散体等特性，因而广泛用于食品工业、日化工业及生化、医学研究等领域中。

（6）环糊精（cyclodextrin，CD） 是直链淀粉在由芽孢杆菌产生的环糊精葡萄糖基转移酶作用下生成的一系列环状低聚糖的总称，通常含有6～12个D-吡喃葡萄糖单元。其中研究得较多且具有重要实际意义的是含有6个、7个、8个葡萄糖单元的分子，分别称为α-、β-和γ-环糊精。由于环糊精的外缘（rim）亲水而内腔（cavity）疏水，因而它能够像酶一样提供疏水结合部位，作为主体（host）包络各种适当的客体（guest）。因此，在催化、分离、食品及药物等领域中均有应用。

2. 半合成高分子材料

作为微胶囊囊壁材料的半合成高分子材料多为纤维素衍生物，其特点是毒性小，黏度大，成盐后溶解度增大，不宜高温处理。例如，羧甲基纤维素钠、邻苯二甲酸醋酸纤维素、甲基纤维素、乙基纤维素、羟丙基甲基纤维素等。

（1）羧甲基纤维素钠（carboxymethylcellulosesodium） 羧甲基纤维素钠是当今世界上使用范围最广、用量最大的纤维素种类，属于阴离子型高分子材料，与强酸溶液、可溶性铁盐，以及一些其他金属如铝、汞和锌等有配伍禁忌，常与明胶配合使用，利用复凝聚法制备微胶囊，但在酸性溶液中容易水解。

（2）邻苯二甲酸乙酸纤维素（celluloseacetatephthalate） 邻苯二甲酸乙酸纤维素是乙酸纤维素的衍生物，在医药中作为制备胶囊和片剂的肠溶性包衣辅料，是作为一种惰性物质使用的。乙酸纤维素外观为颗粒、片状或粉末状固体，其形状与生产工艺条件有关，其颜色均为白色，性能取决于乙酸纤维素在生产过程中羟基的乙酰化程度，具有韧性好、光泽好、机械强度高、透明等特点。对光稳定，不易燃烧。

（3）甲基纤维素（methylcellulose） 甲基纤维素可在水中溶胀成澄清或微浑浊的胶体溶液，不溶于无水乙醇、氯仿或乙醚。所成膜具有良好的柔韧度和透明度，因属非离子型高分子，可与其他离子型乳化剂配合使用，但易盐析，溶液pH值最好控制在3～12范围内。在pH小于3时，糖苷键会由于酸催化而水解，并导致溶液黏度降低。加热时，溶液黏度下降，直至在约50℃时，形成凝胶。甲基纤维素易被微生物污染而腐败，因此使用时可以选择性加入抗菌防腐剂。

（4）乙基纤维素（ethylcellulos） 乙基纤维素又称纤维素乙醚，一般不溶于水，而溶于不同有机溶剂，其溶解性、吸水性、力学性能和热学性能受醚化度大小的影响。醚化度降低，在碱液中溶解度变大，而在有机溶剂中溶解度减小。溶于许多有机溶剂。热稳定性好，燃烧时灰分极低，在阳光下或紫外光下易发生氧化降解。乙基纤维素因其水不溶性和多孔性，可用作骨架材料阻滞剂，制备多种类型的骨架缓释制剂。

（5）羟丙基甲基纤维素（hydroxypropyl methyl cellulose） 又名羟丙甲纤维素、纤维素羟丙基甲基醚，为白色或类白色粉末，溶于水及大多数极性溶剂和适当比例的乙醇/水、丙醇/水、二氯乙烷等，在乙醚、丙酮、无水乙醇中不溶，在冷水中溶胀成澄清或微浊的胶体溶液。水溶液具有表面活性，透明度高、性能稳定。具有热凝胶性质，产品水溶液加热后形成凝胶析出，冷却后又溶解，不同规格的产品凝胶的温度不同。溶解度随黏度而变化，黏度越低，溶解度越大，不同规格的羟丙基甲基纤维素，其性质有一定差异，在水中溶解不受pH值影响。颗粒度：100目通过率大于98.5%。密度1.26～1.31g/cm^3。变色温度：180～200℃，炭化温度：280～300℃。甲氧基值19.0%～30.0%，羟丙基值4%～12%。黏度（22℃，2%）5～200000mPa·s。凝胶温度（0.2%）50～90℃。羟丙基甲基纤维素具有增稠能力、排盐性、pH稳定性、保水性、尺寸稳定性、优良的成膜性以及广泛的耐酶性、分散性和黏结性等特点。

3. 全合成高分子材料

按照材料能否被生物降解，全合成高分子囊壁材料可分为生物降解的和不可生物降解的两类。全合成高分子材料的特点是化学稳定性好，成膜性好。主要包括聚脲、聚氨酯、聚酰胺、脲醛树脂、三聚氰胺甲醛树脂、聚乙酸乙烯、聚乙烯醚、聚酯、聚氨酯-聚脲、聚酰胺-聚脲等。可生物降解材料由于对环境友好，受到普遍重视，但受成本限制，目前农药领域应用较少，如聚碳酸酯、聚乳酸（PLA）、聚丙烯酸树脂、聚甲基丙烯酸甲酯、聚乳酸-聚乙二醇嵌段共聚物（PLA-PEG）、聚合酸酐及羧甲基葡聚糖等。

（1）脲醛树脂（urea-formaldehyderesins） 脲醛树脂是尿素与甲醛反应产生的聚合物，是农药微胶囊中成本低廉的一种材料。其优点为坚硬，耐物理磨损，耐弱酸、弱碱及油脂等介质，具有一定韧性，用作微胶囊制备时包封率较高，形貌较好，且价格便宜。缺点易于吸水，因而耐水性和电性能较差，耐热性也不高，且原料甲醛对环境和人体危害较大，制备过程或产品中残留未反应完全的甲醛会对环境和接触者产生危害。

（2）聚氨酯（polyurethane） 聚氨酯是指分子结构中含有氨基甲酸酯基团（—NH—COO—）的聚合物，是由多异氰乙酸和多元醇聚合而成。聚氨酯在20世纪30年代由德国化学家O.Bayer发明以来，由于其配方灵活、产品形式多样、制品性能优良，在各行各业中的应用越来越广泛。聚氨酯材料是一类产品形态多样的多用途合成树脂，随着聚氨酯化学研究、产品制造和应用工艺技术的进步以及应用领域的不断拓宽，逐渐成为目前世界上第六大合成材料。根据使用的反应单体和反应条件不同，制得的聚氨酯的性能会有所差异，但可根据需要控制其生成机械强度优良、硬度高、富有弹性，且具有优良耐磨、耐油、耐臭氧及耐热等性能的材料。常用的多异氰酸酯单体有2,4-甲苯二异氰酸酯（TDI）、二苯基甲烷二异氰酸酯（MDI）、萘二异氰酸酯（NDI）、对苯二异氰酸酯（PPDI）、多亚甲基多苯基异氰酸酯（PAPI）、1,6-六亚甲基二异氰酸酯（HDI）、异氟尔酮二异氰酸酯（IPDI）等；常用的多元醇有乙二醇、丙三醇、三乙醇胺、1,3-丁二醇、聚乙二醇、聚乙烯醇等。很多农药聚脲微胶囊都采用此法制备，此法制备的微胶囊成膜性和密闭性好、化学稳定性高。

（3）聚脲（polyurea） 聚脲是由异氰酸酯和氨基化合物聚合而成的聚合物，其广义上也归属于聚氨酯材料。选用不同的多异氰酸酯和不同的多元胺可获得多种性质不同的聚脲膜。常用的多异氰酸酯单体与合成聚氨酯的种类相同；多元胺单体包括乙二胺、己二胺、二乙烯三胺、三乙烯四胺、六亚甲基四胺等。制备过程与聚脲材料的制备非常相似，一般也采用界面聚合法制备。

（4）聚乳酸（polylactic acid，PLA）及其共聚物　是由α-羟基酸聚合而成的，是一种具有良好生物可降解性、良好生物相容性、无生物毒性的高分子化合物，是一种经美国FDA认可的可以直接应用于人体的材料。聚乳酸被用作药物载体时，很容易被修饰或者改性制备接枝共聚物，可以满足不同药物控释体系的要求。具有实际意义的聚乳酸制备方法是开环聚合法（ring-open polymerization，ROP），首先使乳酸脱水缩合得到低聚物，然后加入催化剂，使其解聚，得到丙交酯，最后丙交酯在催化剂作用下引发开环聚合得到聚乳酸。

由于使用方式、防治对象、环境等方面的特殊要求，许多在医药或化妆品上使用的材料，难以移植于农药微胶囊上。因此，农药微胶囊产品仍会采用较低成本的囊壁材料。

上述微胶囊壁材各有特点，根据不同的使用目的和制备方法，可选择合适的壁材。经统计，国内外农药微胶囊所用壁材见表13-1。

表13-1　国内外农药微胶囊所用壁材统计

壁材	比例 /%
聚脲	37
聚酰胺	2
聚脲 - 聚酰胺	7
聚氨酯	7
氨基树脂	9
尼龙类	2
明胶 - 阿拉伯胶	4
其他（包括聚丙烯酸酯类）	32

第三节　农药微胶囊的制备工艺及原理

微胶囊的制备工艺有很多，但至今还没有一套系统的分类方法。依据成囊机理大致可分为三大类：物理法、化学法和物理化学法。

1. 物理法

物理法是利用物理与机械原理制备微胶囊，包括锅式涂层法、溶剂蒸发法、空气悬浮法、离心挤压法、静电沉积法、气相沉淀法、喷雾干燥法、沸腾床涂布法等。

（1）锅式涂层法　即在涂层锅内，将涂层液喷涂在粒状固体上（600～5000μm）。

（2）溶剂蒸发法　将成囊材料和原药溶解在易挥发的有机溶剂中形成有机相，然后将有机相加入连续相，在乳化剂和机械搅拌作用下，形成乳状液，然后在恒速搅拌下蒸发去除有机溶剂，再经过分离（离心或抽滤）得到微胶囊。

（3）空气悬浮法　在空气悬浮设备中，固体微粒反复与高分子雾化物接触而包覆涂层（适于35～5000μm的微粒）。

（4）离心挤压法　热熔成液态的芯材和壁材物质，分别从内外孔道进入挤压机，当它同时离开出料孔时，冷却断裂成微胶囊。

（5）静电沉积法　使囊芯物质和壁材物质分别带有相反电荷，在涂层室内相遇，使之形成微胶囊。

（6）喷雾干燥法　将芯材物质分散在壁材稀释液中，然后在热空气或液体介质中浓缩、固化，成为壁材物质包裹于芯材之外，形成微胶囊。

2. 物理化学法

物理化学法是通过改变反应条件，使溶解状态的囊壁材料从溶液中聚沉下来，并将囊芯包覆形成微胶囊的方法，包括相分离法（水相相分离法和油相相分离法）、复凝聚法、界面沉积法、干燥浴法（复相乳化法）、熔化分散冷凝法等。

（1）相分离法　先将芯材乳化分散在溶有壁材的连续相中，然后采用加入聚合物的非溶剂、降低温度或加入与芯材相互溶解性好的第二种聚合物等方法使壁材溶解度减小而从连续相中分离出来，形成黏稠的液相，包裹在芯材上形成微胶囊。根据囊芯在水中的溶解性能不同，将相分离法分为水相相分离法和有机相相分离法。将水不溶性的芯材制备微胶囊的相分离法称为水相相分离法，将水溶性的芯材制备微胶囊的相分离法称为有机相相分离法。

（2）复凝聚法　利用两种或多种带有相反电荷的线性无规则聚合物作为成囊材料，囊壁材料在溶液中会由于条件（如温度、pH值、浓度、电解质加入等）改变，导致电荷间相互作用发生交联，导致溶解度减小而凝聚形成微胶囊。

（3）干燥浴法（复相乳化法）　该法的基本原理是将芯材分散到壁材的溶剂中，形成的混合物以微滴状态分散到介质中，随后除去连续介质而实现胶囊化。

（4）熔化分散冷凝法　当壁材（蜡状物质）受热时，将芯材分散在液态蜡中，并形成微粒（滴）。当体系冷却时，蜡状物质就围绕着芯材形成囊壁，从而产生了微胶囊。

3. 化学法

化学法是建立在化学反应基础上的微胶囊制备技术，主要是利用单体小分子发生聚合反应生成高分子成膜材料并将芯材包敷形成微胶囊的方法，如界面聚合法、原位聚合法、悬浮交联法、辐射化学法、乳化法、锐孔法等。

（1）界面聚合法　将两种活性单体分别溶解在互不相溶的溶剂中，当一种溶液被分散在另一种溶液中时，两种溶液中的单体在界面发生聚合反应而形成微胶囊。

（2）原位聚合法　单体成分及催化剂全部位于芯材液滴的内部或者外部，发生聚合反应而微胶囊化。

（3）悬浮交联法　不同于上述两种方法中使用单体聚合生成微胶囊，而是采用聚合物为原料，先将线形聚合物溶解形成溶液，然后使线型聚合物悬浮交联固化，聚合物可迅速析出并附着于芯材上形成囊壁。该方法中聚合物的析出和固化可通过使用交联物（如无机盐、醛类、硝酸、异氰酸酯等）、热改性和带相反电荷聚合物之间的结合等方法来实现。

（4）锐孔法　锐孔法是因聚合物的固化造成微胶囊囊壁的形成，即先将线性聚合物溶解形成溶液，当其固化时，聚合物迅速沉淀析出，形成囊壁。因为大多数固化反应即聚合物的沉淀作用是在瞬间进行并完成的，所以有必要使含有芯材的聚合物溶液在加到固化剂中之前预先成型，锐孔法可满足这种要求，这也是该法的由来。

真正可用于农药工业的微胶囊技术则需要符合以下条件：① 能批量化、连续化生产；② 生产成本低，能被农药工业所接受；③ 有成套的相应设备可借鉴引用，设备简单；④ 生产中不产生大量污染物。欲把某种农药制成微胶囊剂，主要根据该农药的稳定性、挥发性、释放特性和施药环境的特殊要求，来选用相应的囊皮材料和成囊方法。目前制备农药微胶囊，主要使用界面聚合法、原位聚合法、复合凝聚法、喷雾干燥法等方法。下面对这几种工艺进行重点介绍。

一、原位聚合法

1. 典型工艺

原位聚合法（insitu polymerization）是指两种或两种以上单体与引发剂溶解在分散相或连续相中，通过聚合反应生成不溶性高分子聚合物，此聚合物沉积到芯材表面并对芯材实现包覆的工艺过程。该方法要求先制备预聚体，在芯材液滴表面上，小分子量的预聚体通过缩聚反应进一步交联固化，开始变成水不溶性的高分子聚合物，并逐渐沉积在芯材液滴表面，由于交联及聚合的不断进行，最终固化形成微胶囊壁。

原位聚合法制备微胶囊工艺中，液体或气体均可用作微囊反应介质，但形成的聚合物囊壁不应溶解于该介质中。常用的微囊化介质为液体，其具体形式见图13-2。

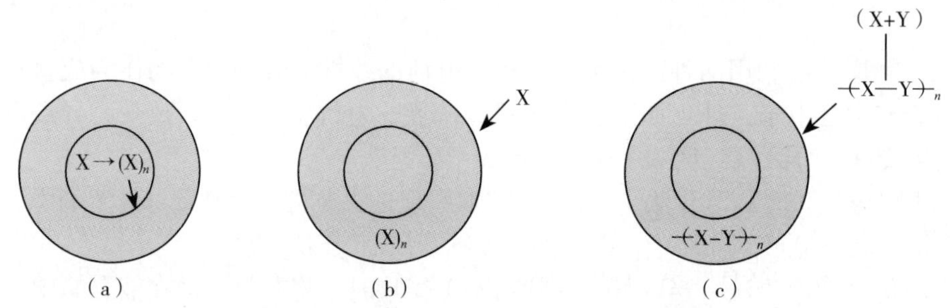

图13-2　原位聚合法制备微胶囊的主要结构

反应单体：X，Y；聚合体：$\leftarrow X \rightarrow_n$，$\leftarrow X\text{-}Y \rightarrow_n$

图13-2中（a）为单体和分散相在同一相中，聚合反应开始，随着聚合物分子量增大，溶解度减小，分离并沉积在液滴表面形成微胶囊囊壁。该方法的特点是让聚合物在油-水界面聚合沉积，而不是在整个液体介质中沉积。如苯乙烯和乙酸乙烯酯等乙烯基单体，与引发剂一起溶解于溶剂中，并在乳化剂的作用下分散在水相中，形成O/W（水包油型）型乳液，通过加热等作用引发单体发生聚合反应，聚合物逐渐在油-水界面上沉积形成囊壁。

图13-2中（b）为单体从体系的连续相中向分散相连续相界面处移动，在界面处发生聚合反应并形成微胶囊囊壳。如使用氰基丙烯酸正烷酯制备微胶囊便属于这种情况。在油相中将水相乳化成W/O型（油包水型）乳液，加入氰基丙烯酸正烷酯，它会移动到油-水界面处，自聚形成聚氰基丙烯酸正烷酯囊壳，将水相包覆。

图13-2中（c）为单体X和Y在连续相中先生成预聚体，再在分散相界面聚合沉积生成高分子聚合物囊壳。该工艺被广泛应用于农药微胶囊的生产，其工艺流程见图13-3。如尿素-甲醛和三聚氰胺-甲醛均属于这种反应。首先将尿素或三聚氰胺和甲醛溶解在水中，调节体系的pH值后，加热制备预聚体。然后在乳化剂的作用下，油相在含有预聚体的水相中乳化分散。再次调节pH值至3.5～4.5，并在50～60℃反应1～4h。预聚体发生聚合，分子量逐渐增大，并沉积在油-水界面，直至形成高度交联的脲醛树脂囊壁。由于预聚体带正电荷，沉积过程中，阴离子助剂可以促进聚合物的沉积，因此反应中可以加入适量阴离子助剂帮助反应。

2. 基本原理

原位聚合法制备微胶囊从原理上属于化学法。下面主要以尿素或三聚氰胺-甲醛和异氰酸酯为原料通过原位聚合法制备囊皮为例介绍原位聚合法的原理。

微胶囊囊壳通过在酸性条件下尿素与甲醛反应而制得，三聚氰胺和甲醛在液体介质中

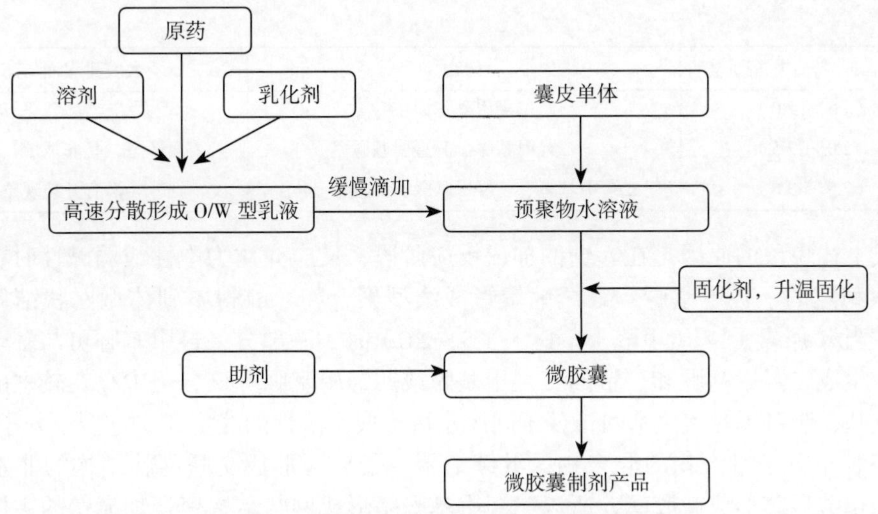

图13-3　原位聚合法制备微胶囊的工艺流程图

也发生类似反应生成微胶囊囊壳。

（1）尿素或三聚氰胺和甲醛聚合　这是一种以聚胺类与醛类在水相中聚合生成三聚氰胺（即密胺）-甲醛或者尿素-甲醛的微胶囊聚合法。在此过程中，小分子量的三聚氰胺-甲醛或者脲-甲醛的预聚合物先溶解在水中，不溶于水的农药活性成分被乳化（或分散）进入该溶液，减小pH值到3.5左右，然后加热到50～60℃反应若干小时，使预聚合物围绕农药活性成分界面聚合生成一种不溶的囊壁，即为原位聚合。利用预聚合物是为了避免直接使用游离醛去反应。此法的主要缺点是生成囊壁需要较长时间，必须被稳定在小pH值下进行反应和必须保证给定芯材中不含有任何能与胺或醛起反应的官能团。

① 尿素-甲醛为原料制备脲醛树脂微胶囊。第一步，尿素与甲醛在弱碱性条件下发生加成反应，生成预聚体，也就是一羟甲基脲和二羟甲基脲，二者都是溶于水的；第二步，在酸催化作用下，脲醛树脂预聚体羟甲基脲中的羟甲基（$—CH_2OH$）发生缩聚反应脱去小分子水，形成以亚甲基键和少量醚键连接的线型或支链型小分子量物质，同时交联固化后沉积在油-水界面完成包裹囊芯的反应，反应式如下：

$$(H_2N)_2C{=}O + HCHO \longrightarrow (H_2N)(HOH_2CHN)C{=}O \xrightarrow{HCHO} (HOH_2CHN)_2C{=}O$$

$$(HOH_2CHN)_2C{=}O + (H_2N)(HOH_2CHN)C{=}O \longrightarrow H_3CHN{-}C({=}O)NH_2{-}\left[N(CONH_2)\right]_n{-}NCH_2OH{-}C({=}O)NHCH_2OH$$

当尿素和甲醛的摩尔比不同时，可能形成不了微胶囊或形成的微胶囊有不同的表面形态。不同尿素和甲醛的摩尔比对微胶囊的影响见表13-2。

表13-2　尿素和甲醛的摩尔比对微胶囊的影响

n（尿素）：*n*（甲醛）	产物	微胶囊表面形态
1：（0.5～1.0）	一羟甲基脲	无微胶囊形成
1：（1.0～1.5）	一羟甲基脲、二羟甲基脲	形成少量微胶囊，表面结构松散

续表

n（尿素）：n（甲醛）	产物	微胶囊表面形态
1：（1.5 ~ 2.0）	二羟甲基脲为主	表面结构紧密，呈球形
1：（2.0 ~ 2.5）	二羟甲基脲、三羟甲基脲	表面形态，呈非球形，有凹陷
1：（2.5 ~ 3.0）	二羟甲基脲、三羟甲基脲、四羟甲基脲	表面有开裂现象

造成上述现象的原因是在囊壁的加成反应阶段，反应介质为中性或弱碱性时，尿素过量时生成稳定的一羟甲基脲。继续缩聚形成线型聚合物，故得不到体型网状结构的微胶囊产品。当n(尿素)：n(甲醛) = 1：(1.5 ~ 2.0)时，一部分一羟甲基脲可与多余的甲醛再反应，生成二羟甲基脲和少量的三羟甲基脲或四羟甲基脲。该分子中存在较多的游离羟甲基、氨基、亚氨基等活性基团，分子间脱水可形成水溶性的线型或支链型小分子量产物，它们是各种小分子量产物的混合物，继续缩聚，最后可形成交联网状结构的非水溶性聚合物，并包覆囊芯形成微胶囊，所以二羟甲基脲是形成网状结构聚合物囊壁的主体。参与反应的甲醛越多，生成的二羟甲基脲就越多，聚合物的交联度越高，固化后微胶囊结构则越紧密。但甲醛太过量会在缩聚产物中含有大量未反应的羟甲基亲水基，使微囊产品易吸水潮解；同时由于产品中未反应的游离甲醛含量过多，不仅不利于环保，而且微胶囊固化后收缩性大，微胶囊表面形态呈有凹陷的非球形，甚至发生开裂现象，造成微胶囊的包封率降低。因此，选择n（尿素）：n（甲醛）=1：（1.5 ~ 2.0）制备微胶囊较为合适。

制备预聚体时，pH值、反应温度和时间对这一过程有很大影响。反应时pH值过小，预聚体会发生混浊现象，原因是生成了亚甲基脲白色沉淀，反应式如下：

$$NH_2CONH_2 + 2HCHO \longrightarrow CH_2NCONCH_2\downarrow + 2H_2O$$

此时预聚体不能制备出微胶囊。pH值为7 ~ 10时，可以生成稳定的水溶性羟甲基脲，得到的预聚体溶液呈稍黏透明状，可以制备出表面形态较好的、致密的微胶囊。当pH值较大时，会导致羟甲基脲分子间反应生成二亚甲基醚，水溶性降低，预聚体变混浊，制得的微胶囊形态差，容易开裂。制备预聚体时，反应温度过低，则反应缓慢，且反应不完全；反应温度过高，则会增加副反应，均不利于微胶囊的制备。同样的，反应时间过短会造成反应不完全，制备的微胶囊结构松散、强度低；反应时间过长，则会增加副反应。因此制备质量较好的尿素-甲醛预聚体需要控制其反应温度在70 ~ 80℃，保温反应0.5 ~ 1.5h。

② 三聚氰胺-甲醛为原料。三聚氰胺与甲醛反应得到的聚合物，又称密胺甲醛树脂、密胺树脂，英文缩写为MF。加工成型时发生交联反应，制品为不溶且不熔的热固性树脂。习惯上把它与尿醛树脂统称为氨基树脂。固化后的三聚氰胺-甲醛树脂无色透明，在沸水中稳定，甚至可以在150℃使用，具有自熄性、抗电弧性、良好的力学性能。

三聚氰胺-甲醛树脂的合成过程可以分为2个阶段，第一阶段为羟甲基化阶段，即三聚氰胺与甲醛在碱性条件下反应生成羟甲基化三聚氰胺：

$$\text{三聚氰胺（}NH_2\text{、}H_2N\text{、}NH_2\text{取代的三嗪环）} + 3HCHO \xrightarrow{OH^-} \text{（}NHCH_2OH\text{、}HOH_2CHN\text{、}NHCH_2OH\text{取代的三嗪环）}$$

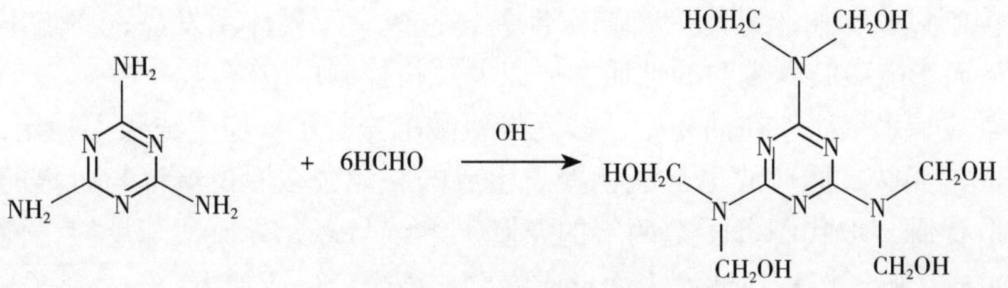

$$\text{Melamine} + 6HCHO \xrightarrow{OH^-} \text{hexa(hydroxymethyl)melamine}$$

第二阶段为缩聚反应阶段，即羟甲基三聚氰胺在酸性条件下发生缩聚反应产生交联：

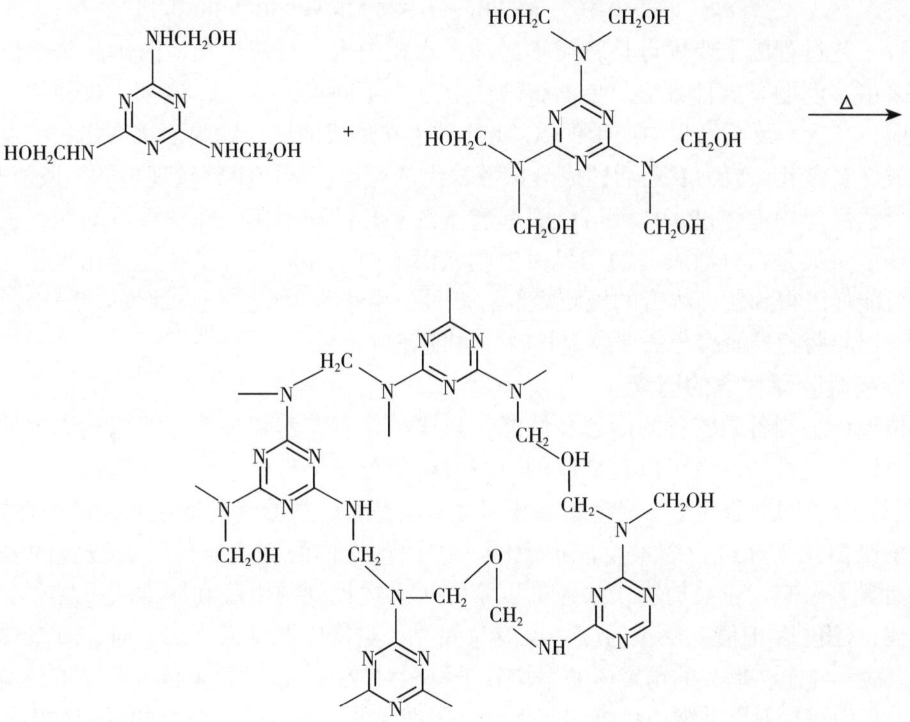

$$\text{tri(hydroxymethyl)melamine} + \text{hexa(hydroxymethyl)melamine} \xrightarrow{\Delta} \text{crosslinked resin}$$

三聚氰胺-甲醛树脂的制备是一个复杂的反应过程，在三聚氰胺-甲醛树脂形成过程中，原料摩尔比、反应介质的pH值以及反应终点控制等都是影响树脂质量的重要因素。

三聚氰胺与甲醛的摩尔比影响反应速度和树脂性能。摩尔比低，生成的羟甲基少，未反应的活泼氢原子多，羟甲基和未反应的活泼氢原子之间缩合失去一分子水，生成亚甲基键（一步反应）。摩尔比高，生成的羟甲基多，羟甲基与羟甲基之间的反应是先缩合失去1分子水生成醚键，再进一步脱去1分子甲醛生成亚甲基键（两步反应）。所以摩尔比越高，树脂稳定性越好，但游离醛含量也随之增高。

三聚氰胺与甲醛反应时，介质pH值对树脂性能有很大影响，如果反应开始就在酸性条件下进行，会立即生成不溶性的亚甲基三聚氰胺沉淀。生成的亚甲基三聚氰胺已失去继续反应的能力，不能进一步聚合成为树脂。所以开始反应时要将体系的pH值调至8.0～9.0，以保证反应过程中的pH值在7.0～7.5（因甲醛有康尼查罗反应，pH值会下降），即在微碱性条件下生成稳定的羟甲基三聚氰胺，进一步缩聚成初期树脂。

三聚氰胺-甲醛树脂由于化学活性较大，所以终点控制对树脂质量和稳定性有很大影响，终点控制过头，树脂黏度大，稳定性差，造成微胶囊体系发黏；终点不到会影响聚合物质量，从而影响微胶囊囊壁的性质，所以要严格控制反应终点。

（2）异氰酸酯水解法　在油相中，多元异氰酸酯先与水反应生成极不稳定的氨基甲酸，并立即分解成二元胺，同时放出二氧化碳。生成的二元胺在原位继续与游离的多元异氰酸酯反应生成取代脲，取代脲分子上两端的氨基又继续与多元异氰酸酯反应，使聚合反应逐步进行下去生成聚脲，沉积在油滴表面形成囊壁。该聚合反应如下：

$$OCN—R—NCO+H_2O \longrightarrow [HOOCHN—R—NHCOOH] \longrightarrow H_2N—R—NH_2+CO_2\uparrow$$

$$OCN—R—NCO+H_2N—R—NH_2 \longrightarrow H_2NRNH\overset{\overset{O}{\|}}{C}NHRNH\overset{\overset{O}{\|}}{C}NHRNH_2$$

这种工艺过程的主要优点是胺类不必加入水相中去，可避免反应时因胺类浓度过大或过小带来诸多问题。这种方法与界面聚合法有三个不同点。首先，该方法仅使用一种单体进行反应；其次，反应过程中产生的CO_2要冲破正在形成的聚合物膜而逃逸出去，结果在囊壁上形成许多微孔，成为农药活性成分扩散渗出的通道，从而得到较理想的微胶囊悬浮剂，但也会导致反应中泡沫过多以及可能引起囊壁的多孔性和不良的完整性等问题；最后，聚合物囊壁的生成是在分散农药油相界面内侧，而不同于界面聚合是在连续相水相一侧，其特点是可能加工得到较高浓度的微胶囊剂。此外，由于水解反应比界面聚合反应要慢得多，因此该法比起两相界面聚合法需要更长时间才能完成。

3. 影响微胶囊性质的因素

原位聚合法制备微胶囊的形态和性能与囊皮结构有着密切关系。如构成囊皮的脲醛树脂分子可以是线性的，也可以是交联的，脲醛树脂分子链越长，直链结构越多，分子排列就越紧密，分子间空隙变小，囊壁就会相对光滑、致密，微胶囊的韧性和抗渗透性好。

囊壁是由预聚体进行缩聚反应形成的，因此预聚体的制备条件对微胶囊的表面形态及性能有显著影响。影响树脂预聚体的因素除了上述提到的甲醛和尿素或甲醛和三聚氰胺的摩尔比，还包括pH值、反应温度、反应时间等。当反应温度低于50℃时，预聚体反应速度慢，反应不完全，形成的预聚体的平均分子量相对较小，以此预聚体进行缩聚反应形成微胶囊的过程中有聚亚甲基脲白色沉淀产生，且包埋率低，形成的微胶囊的囊壁结构松散，强度差，过滤后微胶囊大部分破碎。当反应温度超过80℃时，预聚体的颜色明显变黄，表明预聚体制备过程中的副反应增多，以此预聚体为原料进一步缩聚制得的微胶囊的表面粗糙、透明度差，微胶囊的包埋率低。预聚体反应时的升温速度对微胶囊的包覆也有大影响，预聚体的加成反应是放热反应，若开始时加热速度太快，反应体系温度容易过高，反应剧烈，易出现暴聚，加成产物的颜色也明显变深，证明有副反应发生，包埋率也很低。制备预聚体时，反应时间对形成的微胶囊的形态也有很大影响。当反应时间短，少于0.5h时，形成的脉醛预聚体的黏度低、分子量小，以此预聚体制得的微胶囊结构松散。当反应时间过长，超过1.5h时，制备的预聚体颜色很深，这种现象在高温时更为显著，这说明发生了大量副反应，继续缩聚制备的微胶囊的透明性很差，表面粗糙，微胶囊的包埋率也很低。

预聚体缩聚过程中pH值、酸性催化剂种类、反应温度、反应时间、固化温度、固化时间等均对微胶囊的形态和性质有影响。缩聚过程中pH值过小（$pH<2$），容易发生暴聚反应，放出大量热，并生成树脂块；pH值过大（$pH>5$），形成的微胶囊囊壁不够坚固，易破裂。酸性催化剂的加入时间对微胶囊的形成也有影响，酸性催化剂加入太快，使体系pH值减小太快，导致反应太剧烈，易于引发预聚体爆聚；若缓慢加入，可使体系pH值缓慢减小，此时微胶囊具有表面光滑透明、结构致密的优点。缩聚反应温度与缩聚速度成正比，当缩聚反应温度较高时，缩聚反应速度很快，短时间内形成大量树脂粒子，树脂粒子不能够很快沉积到油相的表面，将会沉积到水相团聚成树脂块；当缩聚反应的温度低时，形成树脂粒子的速度相对小，形成的树脂粒子很快沉积到油相表面，包覆油相形成微胶囊，制备出的树脂微胶囊表面光滑、无粘连、分散性好，微胶囊中没有沉淀。固化温度过低，会造成微胶囊囊壁无法固化，或囊壁硬度较差，易于破裂；固化温度过高，会导致囊壁形成太快，黏度增大，且会生成树脂块。

表面活性剂对原位聚合法制备微胶囊有很大影响，不同乳化剂对预聚体在油相颗粒表面的沉积有不同影响，乳化剂选择不合适，甚至无法制得微胶囊。分散时间和分散速度对微胶囊的粒径影响较大，分散速度越大，油相的乳化分散越充分，制得的微胶囊粒径越小、越均匀。其他因素固定，随着乳化分散时间增长，平均粒径减小，但分散一定时间后，平均粒径的变化趋于平缓。

二、界面聚合法

1. 典型工艺

界面聚合法（interfacial polymerization）是一种广泛使用的、在相界面上生成缩合聚合物类的界面聚合技术，目前该工艺是工业生产农药微胶囊剂常用的方法之一，用此法制备的产品也是最多的。

界面聚合工艺主要用于包覆溶液体系，该工艺是将芯材乳化分散在溶有一种单体的连续相中，然后在芯材表面上通过单体缩合聚合反应形成微胶囊。该工艺的主要步骤为：第一步将原药、油溶性单体和乳化剂溶解在有机溶剂中作为有机相（芯材）；第二步将有机相乳化分散在作为连续相的水中，乳化剂要提前加入油相或水相中，一段时间后形成稳定的水-油（W/O）乳状液或油-水（O/W）乳状液；向W/O乳状液中加入水不溶性反应单体或向O/W乳状液中加入水溶性反应单体，此时，两种单体在液滴界面处相遇，并迅速发生缩聚反应生成囊膜，形成微胶囊。该方法的基本过程比较简单，其特点是反应单体至少两个，一个在水相，一个在油相，缩聚反应发生在两相界面上，反应条件比较温和，多数在常温搅拌下就可以迅速反应，比原位聚合法快得多。其具体形式见图13-4。

图13-4展示了典型的界面聚合法制备微胶囊的工艺。该工艺是将反应单体溶于分散相中，并扩散到与其不相溶的连续相所形成的界面上，然后与连续相中的另一种单体发生聚合反应，形成不溶的囊壁。分散相可以是水溶性或水不溶性溶液，大部分农药属于水不溶性物质，因此下面以包覆水不溶性溶液为例介绍界面聚合法的工艺流程，见图13-5。

界面聚合法的优点是使用了两种及两种以上单体，反应很容易发生，条件温和，制得的微胶囊致密性较好。界面反应制备液体原药微胶囊具有较大优势；与原位聚合法相比，该法在聚合过程中的分散相和连续相均提供了反应单体，所以该法的反应速度较快；无抽提、脱挥工序，适合制成微囊悬浮剂。界面聚合法的缺点也是原位聚合反应存在的问题，就是会有一部分单体未参加成膜反应，而遗留在微胶囊中，故

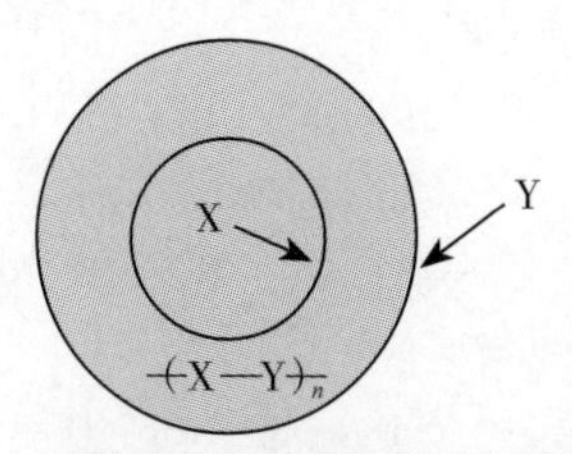

图13-4　界面聚合法制备微胶囊的主要结构

反应单体：X，Y；聚合体：$-\!\!(X—Y)\!\!-_n$

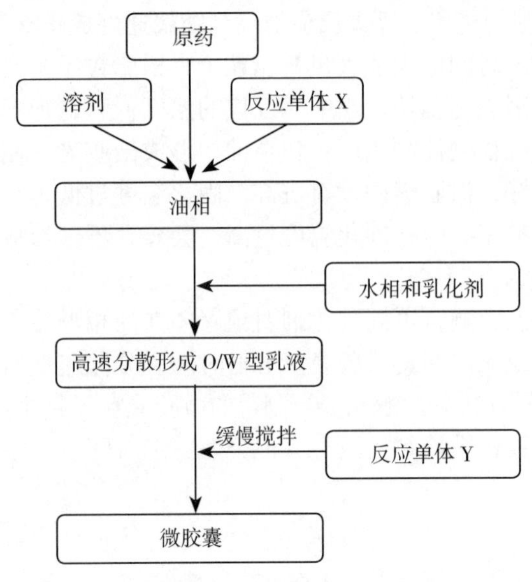

图13-5　界面聚合法制备微胶囊的工艺流程图

在制备含微胶囊悬浮剂时，可以混合无毒的乙二醇或丙三醇，既可起成膜单体的作用，又可作为水的阻滞剂，同时该法采用的单体活性较高，毒性也较大，对操作者有安全隐患。

2. 基本原理

在界面聚合法制备微胶囊的过程中，反应物单体均为多官能团物质。选用的单体至少一种为油溶性的，而且至少有一种水溶性单体。可进行界面缩聚的反应很多，常用的水溶性单体一般是多官能团胺类，例如二元胺和多元胺等，它们的特点是能迅速溶解在水中，而且它与油溶性单体起反应比水更快。还有一些多元醇类也可以参与界面聚合，如乙二醇、丙二醇和1,4-丁二醇等。常用的油溶性单体是多官能团异氰酸酯类，例如甲苯基异氰酸酯（TDI）和多亚甲基多苯基异氰酸酯（PAPI）等是常选用的单体，另外还有一些多元酰氯和双氯代甲酸酯等也可以用来进行界面聚合反应。不同的单体组合可以制备不同性质的聚合物囊壁，从而赋予囊芯不同的释放性质。表13-3是一些常见的界面聚合体系。

表13-3　常见的界面聚合体系

有机相中的单体	水相中的单体	聚合产物
多元异氰酸酯	多元胺	聚脲
	多元醇或多元酚	聚氨酯
多元酰氯	多元胺	聚酰胺
	多元醇或多元酚	聚酯
双氯代甲酸酯	多元胺	聚氨酯

国外研发和生产较多采用界面聚合法，油溶性单体一般选用是多官能团异氰酸酯类，水溶性单体大都喜欢用多官能团胺类。其具体反应如下：

$$H_2N-R'-NH_2 + Cl-\overset{\overset{O}{\|}}{C}-R-\overset{\overset{O}{\|}}{C}-Cl \longrightarrow \left[\overset{\overset{O}{\|}}{C}-R-\overset{\overset{O}{\|}}{C}-NH-R'NH\right]_n$$

$$HO-R'-OH + Cl-\overset{\overset{O}{\|}}{C}-R-\overset{\overset{O}{\|}}{C}-Cl \longrightarrow \left[\overset{\overset{O}{\|}}{C}-R-\overset{\overset{O}{\|}}{C}-OR'-O\right]_n$$

$$H_2N-R'-NH_2 + Cl-\overset{\overset{O}{\|}}{C}-OR-O\overset{\overset{O}{\|}}{C}-Cl \longrightarrow \left[\overset{\overset{O}{\|}}{C}-OR-O\overset{\overset{O}{\|}}{C}-NH-R'-NH\right]_n$$

$$H_2N-R'-NH_2 + Cl-\overset{\overset{O}{\|}}{C}-Cl \longrightarrow \left[\overset{\overset{O}{\|}}{C}-NHR'-NH\right]_n$$

$$H_2N-R'-NH_2 + O=C=N-R-N=C=O \longrightarrow \left[NHR'NH-\overset{\overset{O}{\|}}{C}-NHR\right]_n$$

$$HO-R'-OH + O=C=N-R-N=C=O \longrightarrow \left[\overset{\overset{O}{\|}}{C}-NH-R-NH-\overset{\overset{O}{\|}}{C}O-R'-O\right]_n$$

上述反应进行得十分迅速，在界面上形成很薄的半透性膜。聚合物的单体若具有缩合、加成聚合反应的多功能团，可生成空间聚合物，或用单体混合物生成共聚物而使囊皮具有特殊渗透性能。

在使用界面聚合法制备微胶囊时，需要根据情况对反应单体进行选择。如使用酰氯进行反应制聚酰胺或聚酯微囊时，会产生盐酸，这对遇酸不稳定的被包覆物来说是不利的。因此，可选择聚合反应不产生强酸的聚氨酯的方法来制备对酸敏感物质的微胶囊。

由于聚合物的活泼单体如，酰氯、异氰酸酯等易与水反应，因此应保持干燥、隔绝空气。当向水相中加料时要迅速，以免发生副反应，影响成囊效果。此外，为促进反应，常加入NaOH、Na_2CO_3、$NaHCO_3$等碱性物质，调节酸碱度。而反应温度根据具体各聚合反应最适温度来选择，一般室温即可。

界面聚合法应选用两种互不相溶的溶剂体系，一般是水和苯、甲苯、二甲苯、烷基萘和己烷、戊烷等烷烃，矿物油、四氯化碳、氯仿、甲乙酮、环己酮、二硫化碳、邻苯二甲酸二乙酯、乙酸正丁酯或参与反应的试剂。

常用的分散剂为通用的乳化剂和分散剂。水悬性胶囊最有效的分散剂是油包水乳状液所用的乳化剂，容易在油中溶解。而有机物分散在水中最好的分散剂是聚乙烯醇（部分水解后的黏性物）、聚乙二醇、明胶、阿拉伯胶、羧甲基纤维素、硅酸镁铝、木质素磺酸钠等。

3. 影响微胶囊性质的因素

微胶囊颗粒的大小、囊壁厚度、交联密度、孔隙率和可膨胀性是用界面聚合法制备的微胶囊的重要评价指标，这些指标与很多因素相关。分散状态是影响产品性能很重要的因素，微胶囊的粒径是由第一种单体乳化分散的液滴大小决定的，乳化剂和分散剂的种类与用量、搅拌效果等对微胶囊的粒径分布和囊壁厚度等影响非常大。选择合适的乳化分散剂，不仅可以形成微胶囊，而且可以避免产物发生堆积、分层、结块等情况，保证体系的稳定性。

水相中常加入木质素磺酸钠、甲基纤维素、乳化剂等表面活性物质，使之分散成较稳定的微粒；搅拌速度越快、分散越细。成囊单体用量和反应时间决定囊皮的厚度，即各单体成比例的总用量大，则囊皮变厚，反之则薄。若在同样的单体总用量下，微囊越细、分散度大，则囊皮变薄。在搅拌中，开始分散时搅拌较快，当聚合物单体都加入后，因迅速形成微胶囊，应减慢搅拌速度，用一定时间使之充分反应和固化。若用过大的搅拌速度，会破坏已形成的微胶囊。

在不同条件下形成的囊壁有不同的结构，这将会导致不同的扩散性质。界面聚合反应过程中，反应速度、聚合物的分子量与结晶度、聚合物本身的性质、芯材液滴的大小、反应容器的直径、搅拌速度、液滴的黏度和乳化剂的种类及浓度对最终的微胶囊的形态、结构都有较大影响。一般认为，较高浓度的单体参与反应制得的囊壁较厚，较厚的囊壁具有较好的缓释性能。在较高聚合速度下形成的囊壁具有较多的无定形部分，无定形含量多的聚合物囊壁比无定形含量少而结晶度高的囊壁扩散性能更好。

三、相分离法

相分离过程也称为凝聚（coacervation）过程，该方法首先将芯材乳化分散在溶有壁材的连续相中，然后采用加入聚合物的非溶剂、降低温度或加入与芯材相互溶解性好的第二种聚合物等方法使壁材溶解度减小而从连续相中分离出来，形成黏稠的液相，包裹在芯材上形成微胶囊。

根据囊芯在水中的溶解性能不同，将相分离法分为水相相分离法和有机相相分离法。将水不溶性的芯材制备微胶囊的相分离法称为水相相分离法，将水溶性的芯材制备微胶囊的相分离法称为有机相相分离法。由于农药大多数为水不溶性芯材，因此制备微胶囊使用的主要方法为水相相分离法。水相相分离法又可分为单凝聚法和复凝聚法两种。单凝聚法是使用一种聚合物材料进行凝聚后实现相分离的方法，复凝聚法是指由至少有两种带相反电荷的聚合物材料进行凝聚而实现相分离的方法。

1. 复凝聚法

复凝聚法是利用两种或多种带有相反电荷的线型无规则聚合物作为成囊材料，囊壁材料在溶液中会由于条件（如温度、pH值、浓度、电解质加入等）改变导致电荷间相互作用发生交联，进而导致溶解度减小而凝聚。制备微胶囊时，将原药分散在其中一个聚合物离子溶液中，在搅拌下滴入另一个聚合物离子溶液，这样两种单体发生交联，固化后将原药包覆形成微胶囊，所得的微胶囊颗粒分散在液体介质中或通过过滤离心等手段进行收集，在经过冷冻干燥、喷雾干燥、流化床干燥等方法干燥后可制成自由流动的微胶囊颗粒。此法也适用于对非水溶性的固体粉末或液体进行包囊。

实现复合凝聚的必要条件是有关的两种聚合物离子的电荷相反，此外有时还要调节体系的温度、pH值和盐含量等。常用的聚合物组合为：明胶和阿拉伯胶、明胶和海藻酸钠、明胶和羧甲基纤维素、海藻酸钠和脱乙酰壳聚糖等，其中明胶和阿拉伯胶是最常用的组合。该方法也可以与其他方法结合来制备微胶囊。复合凝聚法是经典的微胶囊化方法，操作简单，既可用于难溶性药物的微胶囊化，也可用于水溶性农药的微胶囊化，同时非水溶性液体材料不仅能够被微胶囊化，而且具有高效率和高产率，此法反应条件温和，工艺方法较方便，反应速度也快，效果好，无须昂贵设备，可在常温下进行，但是相分离条件不易控制，生成的微胶囊粒径往往较大。

（1）典型工艺　复凝聚法制备微胶囊的工艺主要可分为四步：① 囊芯物质在含有一种壁材聚电解质水溶液中乳化分散成小液滴。将油性芯材和带一种电荷的囊壁材料按照一定比例混合，可加入少量分散剂，蒸馏水稀释后乳化分散；② 加入带有另外一种聚电解质水溶液并分散均匀；③ 改变温度、pH值、浓度、电解质的加入等条件，使得两种单体在芯材液滴周围形成沉析；④ 凝聚层的胶凝与交联。凝聚层从溶液中分离出来，降低温度后会发生凝胶化现象。该过程是可逆的，如果可逆平衡被破坏，凝聚相就会消失。为了使囊芯周围凝聚的凝胶不再溶解，需进行交联处理，如加入交联剂。具体过程见图13-6。

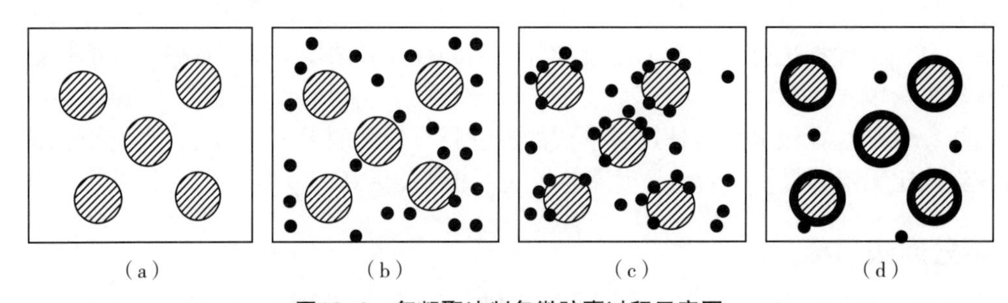

图13-6　复凝聚法制备微胶囊过程示意图

（a）芯材在聚电解质水溶液中分散；（b）加入带相反电荷的另一电解质，微凝聚物从溶液中析出；（c）微凝聚物在新材料液滴表面逐渐沉积；（d）微凝聚物结合成液滴的壁材料复凝聚法中常用的方法是pH值调节法，其典型工艺流程见图13-7。

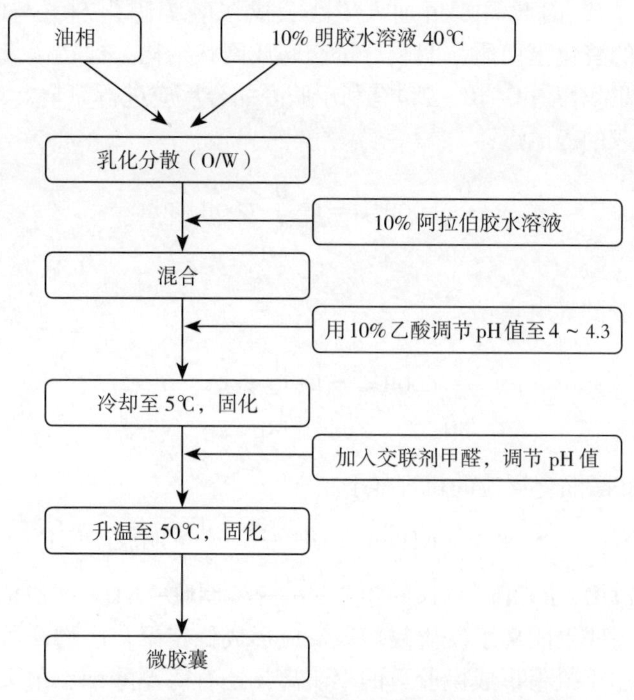

图13-7　调节pH值复凝聚法制备微胶囊的工艺流程图

（2）基本原理　采用复凝聚法可以制备水不相容或水不溶材料的胶囊。一般来说，微胶囊的粒度为2 ~ 1000μm，囊芯含量为85% ~ 90%。一般认为通过凝聚进行微胶囊化有两种可能的机理：其一，芯材液滴或粒子逐步被新形成的凝聚核所覆盖；其二，先形成相对较大的凝聚液滴或可见的凝聚物，然后再将芯材液滴或颗粒包裹。如果芯材物质在凝聚开始时混合物就已出现，并且体系被充分混合且很稳定，则逐步表面沉积是主要的机理。相反，如果芯材物质是在凝聚过程完成后加入，或者体系不够稳定，搅拌不够充分，则大块胶囊化机理占主导地位。

复凝聚法工艺简单，容易实现规模化生产，以水为介质，对环境友好。使用复凝聚法制备微胶囊以前，必须先通过试验来观察两种胶体的复凝聚现象。即将所选择的两种胶体的混合物稀释，以观察其凝聚的形成。通过制备不同种类胶体的不同浓度溶液，将它们混合，用水缓慢稀释至出现混浊，说明发生了复凝聚。若其混合物分为两层，说明这两种胶体溶液是不相容的，不适合进行复凝聚反应。复凝聚法所使用的壁材目前还很少有人研究，多采用明胶和阿拉伯胶为壁材原料，而阿拉伯胶大量依赖进口，增大了制药成本。下面就以明胶和阿拉伯胶为例介绍复合凝聚法制备微胶囊的原理。

明胶是一种水溶性的、天然的两性高分子化合物，无毒且具有良好成膜性，其分子链是由许多结构不同的氨基酸组成的。在水溶液中，分子链上含有$—NH_2$和—COOH及其相应解离基团$—NH_3^+$与$—COO^-$，但含有$—NH_3^+$与$—COO^-$多少，受介质pH值的影响，当溶液pH值小于明胶的等电点时，$—NH_3^+$数目多于$—COO^-$，分子带正电荷；当溶液pH值大于明胶等电点时，$—COO^-$数目多于$—NH_3^+$，分子带负电荷。明胶溶液在pH值4.0左右时，其正电荷最多。阿拉伯胶为多聚糖，在水溶液中，分子链上含有—COOH和$—COO^-$，其水溶液不受pH值的影响，具有负电荷。因此在明胶与阿拉伯胶混合的水溶液中，调节pH值约为4.0时，明胶和阿拉伯胶因电荷相反而中和形成复合物，其溶解度减小，自体系中凝聚成囊析出。由于该凝聚是可逆的，因此需要再加入甲醛或戊二醛等固化剂，与明胶发生胺醛缩合反应，形成较坚固的醛化蛋白质，明胶分子交联成网状结构，保持微囊形状，成为不可逆微囊；加2%NaOH调节介质pH值8～9，有利于胺醛缩合反应进行完全，其反应如下所示。

溶液pH低于明胶的等电点：

$$R-\underset{NH_2}{\overset{H}{\underset{|}{C}}}-COOH \rightleftharpoons R-\underset{NH_3^+}{\overset{H}{\underset{|}{C}}}-COOH + OH^-$$

溶液pH高于明胶的等电点：

$$R-\underset{NH_2}{\overset{H}{\underset{|}{C}}}-COOH \rightleftharpoons R-\underset{NH_2}{\overset{H}{\underset{|}{C}}}-COO^- + H^+$$

醛与明胶产生胺醛缩合反应的机理如下：

$$\text{明胶}-NH_2+R-CHO \longrightarrow \text{明胶}-NH-CH_2OH \xrightarrow{\text{明胶}-NH_2} \text{明胶}-NH_2-CH_2NH-\text{明胶}+H_2O$$

$$\text{明胶}-NH-CH_2OH+HOCH_2-NH-\text{明胶} \xrightarrow{-H_2O} \text{明胶}-NH-CH_2OCH_2-NH-\text{明胶}$$

由于明胶能与一些聚阴离子发生复凝聚反应形成稳定聚合产物，所以除了常用的阿拉伯胶外，其他可以用于凝聚形成微胶囊的聚阴离子还有海藻酸钠、角叉胶、琼脂、羧甲基纤维素、萘磺酸盐-甲醛缩聚物等。一般来说，有效反应物是聚合物类、表面活性剂类及分子中含有羧基的有机化合物。

固化剂的选择方面，当使用醛类作为固化剂时，制得的微囊壁具有亲水性，会在水中溶胀，且在不絮凝的情况下很难干燥。在低pH值条件下用尿素和甲醛处理可提高交联度并降低囊膜的水溶性。将甲醛作为固化剂时会在产品中存在残留，影响产品的使用和安全。可以采用金属氢氧化物、金属磷酸盐、钙盐或镁盐除去甲醛。除常用的醛类，也可以采用金属螯合盐，例如三氯化铬、硫酸铜、明矾等作为固化剂，将可溶于水的囊膜变成水不溶性的具有一定强度的囊壁。另外，还可以通过使凝胶与单宁酸、五倍子酸及其铁盐或活性酚化合物反应，已达到稳定微胶囊囊壁的目的。热处理也可以达到这一目的。

影响凝聚发生的因素除pH值外，体系的温度和无机盐含量也会对复凝聚反应有所影响。由明胶的性质可知，明胶的水溶液存在着溶胶与凝胶状态之间的转换，明胶溶液可因温度降低而形成具有一定硬度、不能流动的凝胶。当高于明胶凝胶的温度时，明胶水溶液呈现为低黏度的溶胶状态；当温度低于明胶凝胶的温度时，明胶呈现为高黏度的凝胶形态。因此，温度对以明胶为原料的复凝聚反应有较大影响。另外，由于无机离子的存在会优先与聚离子结合，这样会减少聚离子的有效电荷，因此体系中存在无机盐会在一定程度上抑制复凝聚反应。综上所述，在进行复凝聚反应制备微胶囊时要综合考虑pH值、温度和无机盐等因素对反应的共同影响。

2. 单凝聚法

单凝聚是只有一种聚合物产生相分离的现象。单凝聚法制备微胶囊是以一种高分子材料为囊壁材料，将囊芯分散在囊壁材料的水溶液中，然后加入凝聚剂，如乙醇、丙酮、盐等。此时，大量水与凝聚剂结合，致使体系中的壁材溶解度减小而凝聚析出，沉积在液滴表面形成微胶囊。如果适当选择凝聚剂、温度、pH值等，任何一种聚合物的水溶液都能发生单凝聚。使用单凝聚法制备微胶囊时，控制微胶囊的大小较为困难，该方法在使用上稍差于复凝聚法。

（1）典型工艺　单凝聚法制备微胶囊与复凝聚法相似，也可分为连续的三步：① 囊芯在含有壁材聚电解质水溶液中乳化分散成小液滴；② 改变温度、pH值或加入溶剂等条件，使壁材凝聚并沉析在芯材液滴周围；③ 凝聚层的胶凝与固化。该方法适用于非水溶性物质的微胶囊化，单凝聚法典型工艺流程见图13–8。

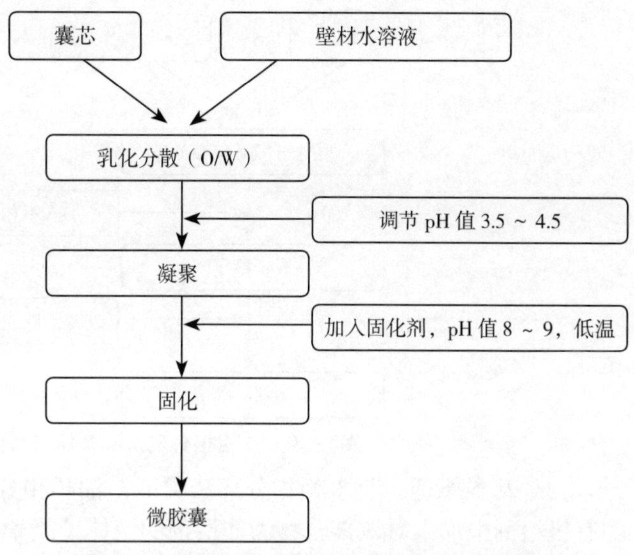

图13–8　单凝聚法制备微胶囊的典型工艺流程图

（2）基本原理　单凝聚法是将囊芯分散在囊壁材料的水溶液中，然后加入凝聚剂（可以是强亲水性的电解质硫酸钠水溶液，或强亲水性的非电解质如乙醇），由于壁材分子水合膜的水分子与凝聚剂结合，使壁材的溶解度减小，分子间形成氢键，最后从溶液中析出而凝聚形成凝聚囊。这种凝聚是可逆的，一旦解除凝聚的条件（如加水稀释），就可发生解凝聚，凝聚囊很快消失。这种可逆性在制备过程中可加以利用，经过几次凝聚与解凝聚，直到凝聚囊形成满意的形状为止（可用显微镜观察）。最后再采取措施（最后调节pH值至8～9，加入37%甲醛溶液）加以交联，使之成为不凝结、不粘连、不可逆的球形微囊。

可用于单凝聚法的壁材包括明胶、琼脂、果胶、甲基纤维素、聚乙烯醇、纤维蛋白原和阴离子聚合物等。在该方法中，通过向壁材的水溶液中加入凝聚用溶剂或盐，可以引起聚合物凝聚。明胶体系中，凝聚溶剂包括乙醇、丙酮、异丙醇、苯酚、二噁烷和聚氧乙烯醚等，一般常用乙醇、丙酮和异丙醇。凝聚用盐，按照其凝聚能力排序，阳离子为Na^+＞K^+＞Rb^+＞Cs^+＞NH_4^+＞Li^+，阴离子为硫酸盐＞柠檬酸盐＞酒石酸盐＞乙酸盐＞氯离子，一般常用硫酸钠和硫酸镁。

3. 有机相相分离法

在水相相分离法中，囊芯主要为非水溶性材料，而水溶性固体或液体囊芯不能用水作为介质进行分散，只能用有机溶剂才能把它们分散成W/O（油包水）型乳状液，再用油溶性壁材进行包覆形成微胶囊。大部分农药是油溶性的，只有一小部分农药是水溶性的，为了满足水溶性农药微胶囊化的需要，开发了有机相相分离法。凡能在有机溶剂中溶解的聚合物，大多数可以用来作为壁材。该方法在医药领域应用较多，在该领域已成功实现商品化。

（1）典型工艺　油相相分离法制备水溶性囊芯微胶囊主要分为两步：① 将水溶性囊芯在含有壁材的有机相中乳化分散成小液滴；② 通过改变温度或加入溶剂等方法，使壁材聚合物凝聚并沉积在芯材液滴周围。在油相相分离法制备微胶囊工艺中，不需要进行固化，典型工艺见图13–9。

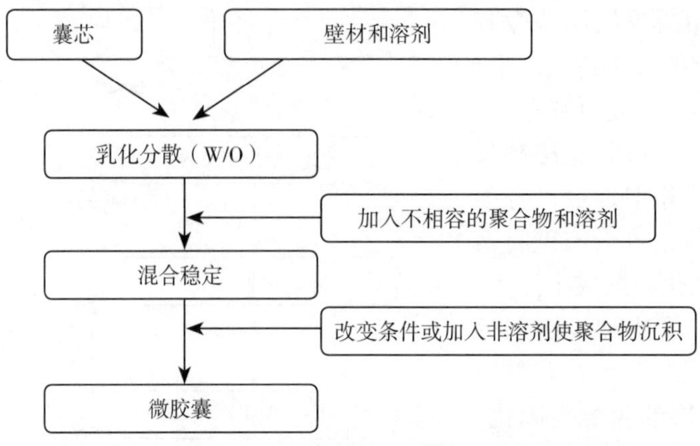

图13-9　油相相分离法制备微胶囊的典型工艺流程图

（2）基本原理　与水相相分离法类似，油相相分离法的基本原理是在溶有聚合物壁材的有机溶剂中加入对该聚合物为非溶剂的液体（凝聚剂或另一种壁材组分），引发聚合物析出沉积而分离，从而将囊芯包覆在内形成微胶囊。实现微胶囊化的方法主要有三种：① 在含有囊芯、壁材和凝聚剂的溶剂体系中，改变反应系统的温度；② 在含有囊芯和壁材的溶剂体系中加入非溶剂；③ 在含有囊芯和壁材的溶剂体系中加入能引起相分离的聚合物。

改变温度法实现油相相分离的原理是某些聚合物在溶剂中的溶解度随温度变化较大，温度较低时，聚合物基本不溶解，因此在高温时将聚合物溶解在溶剂体系中，再降低体系的温度使聚合物壁材析出并沉积在分散液滴周围，实现相分离。如将乙基纤维素和单油酸甘油酯等溶解于环己烷，升温至70℃，然后将囊芯分散在该体系中，将温度降至25℃，则可得到乙基纤维素包覆的微胶囊。

加入非溶剂实现油相相分离的原理与单凝聚法类似，通过向壁材的溶剂溶液中加入凝聚用溶剂，可以引起聚合物凝聚，达到相分离的目的。该方法中囊芯一般为水溶液，聚合物溶剂为有机溶剂，非溶剂需要选用水不溶性的或疏水性的。常用组合为乙基纤维素-四氯化碳-石油醚制备微胶囊水溶液。

加入能引起相分离的聚合物实现油相相分离的方法是利用聚合物-聚合物之间的不相容性来制备微胶囊的，本质上引起相分离的聚合物起着非溶剂的作用。因为将两种不同化学类型的聚合物溶解在同一种溶剂中，这两种聚合物会自发分离成为两相，每个液体相中存在一种聚合物的绝大部分。根据其不相容的原理，利用一种液态聚合物作为壁材聚合物的相分离引发剂，分离出的壁材聚合物为浓缩溶液相。

四、溶剂蒸发法

所谓溶剂蒸发法，是将成囊材料和原药溶解在易挥发的有机溶剂中形成有机相，然后将有机相加入连续相，在乳化剂和机械搅拌作用下，形成乳状液，然后在恒速搅拌条件下蒸发去除有机溶剂，再经过分离（离心或抽滤）得到微胶囊。该方法具有工艺简单、无副反应发生、制备周期短、不需要昂贵复杂的设备、溶剂可回收和残留低等特点。目前该方法在医药领域应用较多，多用于制备以可降解高分子材料为载体的缓释药物微胶囊，而在农药领域的应用，该方法比较适合活体或代谢产物、生物农药及酶等的微胶囊化，但研究尚较薄弱。溶剂蒸发法的缺点是溶剂蒸出条件需要严格控制，温度太高导致溶剂蒸发快，会造成微胶囊表面粗糙，释放速度加快，低沸点且对芯材和壁材均有良好溶解度的溶剂较少，综合这些特点，溶剂蒸发法在农药微胶囊制备方面难以形成大规模生产。

1. 典型工艺

溶剂蒸发法是从乳状液中除去分散相挥发性溶剂以制备微胶囊的方法，可以将微胶囊的粒径控制在纳米范围内，既不需要提高温度也不需要添加引起相分离的凝聚剂。常用的溶剂蒸发法是根据聚合物与药物的性质制成O/W、W/O/W、O/W/O型等单乳化或复乳化乳液体系，在形成稳定乳液后，采用升温、减压抽提或连续搅拌等方法使有机溶剂扩散进入连续相并通过连续相和空气的界面蒸发，同时，微胶囊逐渐固化，经过过滤、清洗和干燥等操作得到最终的载药微胶囊。因此，溶剂蒸发法基本包括4个步骤：① 药物的加入；② 乳状液的形成；③ 溶剂的去除；④ 微胶囊的干燥及回收。图13-10是溶剂蒸发法制备微胶囊的过程示意图。溶剂蒸发法制备微胶囊的基本工艺流程见图13-11。

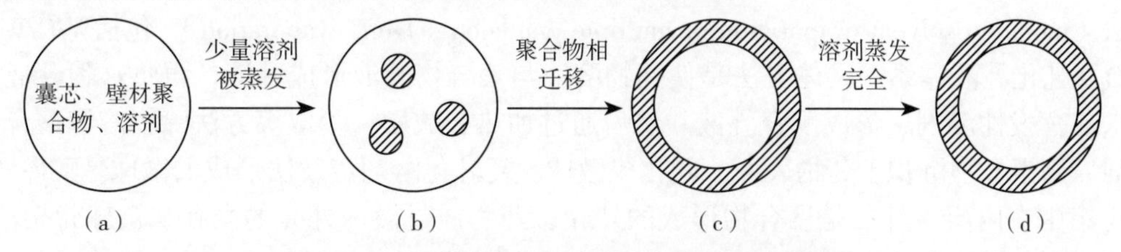

图13-10 溶剂蒸发法制备微胶囊的过程示意图

（a）乳液液滴；（b）含有水溶液的聚合物微滴发生相分离；（c）聚合物相迁移至界面；（d）微胶囊形成

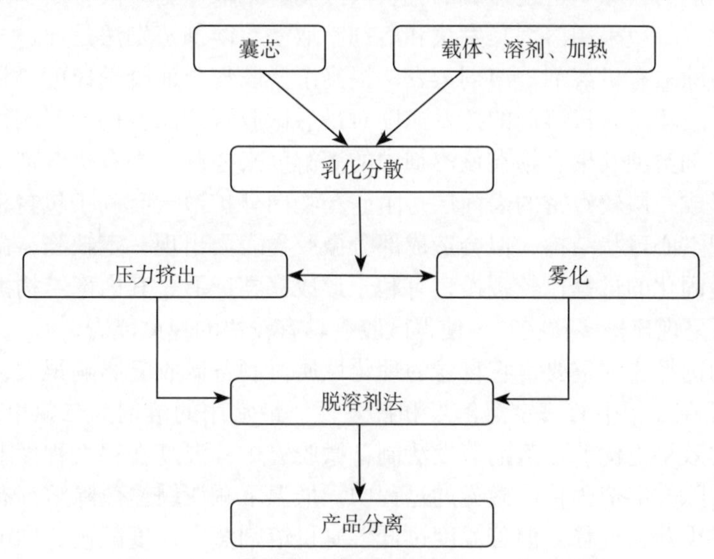

图13-11 溶剂蒸发法制备微胶囊的工艺流程图

2. 基本原理

（1）药物的加入　根据药物的性质，药物可以溶解或混悬于聚合物溶液中或者溶解于与聚合物溶液不混溶的内相中形成乳液。药物加入的不同方式，对微胶囊的结构、包封率及药物的包埋状态都有影响。药物能完全溶解在聚合物溶液中，在溶剂蒸发过程中药物可与聚合物始终保持均匀混合状态，直至微胶囊形成。

（2）乳状液液滴的形成　溶剂蒸发法制备微球的关键因素是乳液液滴的形成，因为乳液液滴形成步骤决定着微球的粒径和粒径分布，而乳滴的外形、稳定性和固化时发生的变化则影响微球的形态。液体起始黏度、搅拌速度和温度等因素对微胶囊的尺寸有很大影响。在制备微胶囊时，需加入保护性胶体，保证微胶囊的包覆率。当不使用保护性胶体时，微胶囊的包覆率急剧下降；当保护性胶体用量不足时，会发生逆向转化，使囊芯释放出来，形成空囊。常用的保护性胶体包括聚乙烯醇、明胶、阿拉伯树胶和表面活性剂等。

微胶囊的尺寸影响着药物的释放速度和药物微胶囊的效率。在连续相中使药物分散最直接的方法是搅拌，搅拌速度是在连续相中控制药物分散液滴尺寸的主要参数，逐渐增大混合时的搅拌速度可以降低微胶囊微粒的平均粒径。微球粒径还与聚合物溶液的黏度、两相界面张力、两相体积比、搅拌桨叶片的形状及数量、搅拌桨与容器的尺寸比例等因素直接相关。

根据聚合物与药物的性质，乳液液滴分为O/W型等单乳化乳液体系和W/O/W、O/W/O型等复乳化乳液体系。O/W型乳液已分别成功应用于水难溶性药物。药物溶解于聚合物溶液中，连续搅拌直到有机相均匀分散到水相中，然后通过溶剂蒸发除去有机溶剂，就可得到包覆药物的微胶囊。为进一步提高微球的载药量和包封率，近年来发展了复乳化溶剂蒸发法（modified solvent evaporation or multiple emulsion solvent evaporation），包括W/O/W和O/W/O复乳化乳液体系。具体方法是使药物溶液与聚合物溶液形成乳液，再将这种乳液分散于水或挥发性溶剂，形成复合乳液。然后通过加热、减压、萃取等方法除去溶解聚合物的溶剂，则聚合物沉积于药物表面，固化成微球。复乳化溶剂蒸发法形成的微球是贮库式的，药物集中在内层，外层是聚合物形成的外壳，药物通过微球外壳的微孔从微球骨架溶出，从而达到良好的控释效果。

（3）有机溶剂的去除　上述形成的乳状液液滴，采取一定方法将其中的溶剂除去，使微胶囊逐渐固化。一般采用溶剂蒸发法和溶剂萃取法。溶剂蒸发法是通过搅拌在常温下或减压条件下逐渐除去有机溶剂。溶剂蒸发法提高了微胶囊界面凝聚速度，易形成表面光滑且均一无孔的微胶囊。有机溶剂的挥发速度对最后微胶囊产品特征的影响很大，主要通过温度、压强和溶剂类型及聚合物在该溶剂中的溶解度来控制。当有机溶剂快速去除时，聚合物迅速固化形成一层较致密的表面层，阻碍药物向外扩散，有利于包封率的提高，并且微胶囊内部呈现空心球状结构，但会造成部分微胶囊表面出现一定缺陷，微胶囊的圆整度较差。若微胶囊固化的过程比较缓慢，有利于形成完整球形，其内部结构由于有机溶剂的不断缓慢挥发而呈现疏松多孔状态，使得微胶囊具有较快的释放能力。

有机溶剂的选择非常重要，它自身的理化性质对制备微胶囊影响很大，不仅要求与连续相不混溶，且在外相中有一定溶解度和挥发性。最常用的溶剂为二氯甲烷和乙酸乙酯，其中二氯甲烷的效果更优。在溶剂蒸发法制备微胶囊中，温度在很大程度上影响有机溶剂的挥发速度。在除去溶剂固化成微囊的过程中，低温下减压缓慢蒸除溶剂有利于微球形成致密的表面，减少药物突释，但若温度过低，有机溶剂蒸发速度减慢，则可延长制备时间及药物向外水相扩散的时间，同样会降低包封率。而温度越高，聚合物固化过程越剧烈，不利于药物的包埋，骨架控释能力越差，微胶囊的突释现象加重；还会引起乳滴聚结，使微胶囊粒径增大。

（4）固体微胶囊的收集　在分散介质中的微胶囊通过过滤、筛选或离心进行收集。需要用适当溶剂洗涤微胶囊，清除黏附在微胶囊表面的物质，诸如分散相稳定剂和乳化剂等。固化过程中，一般通过升高温度或使用萃取剂去除残留在微胶囊内部的溶剂。然后，在室温下自然干燥、减压干燥、加热或者采用冷冻干燥来制得流动性良好的微胶囊。

五、喷雾干燥法

喷雾干燥法可用于固态和液态药物的微囊化，粒径范围在600μm以下。其工艺是先将芯材分散在壁材的溶液中，再用喷雾装置将此混合物喷入热气流使液滴干燥固化，得到固体微胶囊。

喷雾干燥过程一般在5～30s内完成，比传统工艺要快得多，在传统干燥工艺中，要经过多步工艺才能得到所需产品，而此法只需一步就可完成干燥，因此也特别适合工业生产。倘若需要制得一种微胶囊干剂型而不是一种微胶囊悬浮剂产品，此法最为有用，因为它不需要再移出水分。该法的特点是在微囊壁上容易形成较大孔洞；设备成本较高，只有大量生产时才经济。

1. 典型工艺

喷雾干燥主要分为两个步骤，第一步，先将所选的囊壁溶解于水中，可选用明胶、阿拉伯胶、羧甲基纤维素钠（CMC-Na）、海藻酸钠、黄原胶、蔗糖、变性乳蛋白、变性淀粉、麦芽糖等作囊壁材料，然后加入液体原药活性成分搅拌，使物料以均匀的乳浊液状态送进喷雾干燥机中；第二步，在喷雾干燥机中，可使用多种技术将乳浊液雾化，然后通过与热空气接触，使物料急剧干燥。水和其他溶剂的急剧蒸发作用使壁材在原药活性成分珠滴周围形成一层薄膜，这层薄膜能使包埋在珠滴中的水继续渗透并蒸发。同时，大化合物分子则会保留下来，其浓度不断增大。最后，在干燥机中停留30s后除去相对小的载体相。喷雾干燥法制备微胶囊的工艺流程图见图13-12。

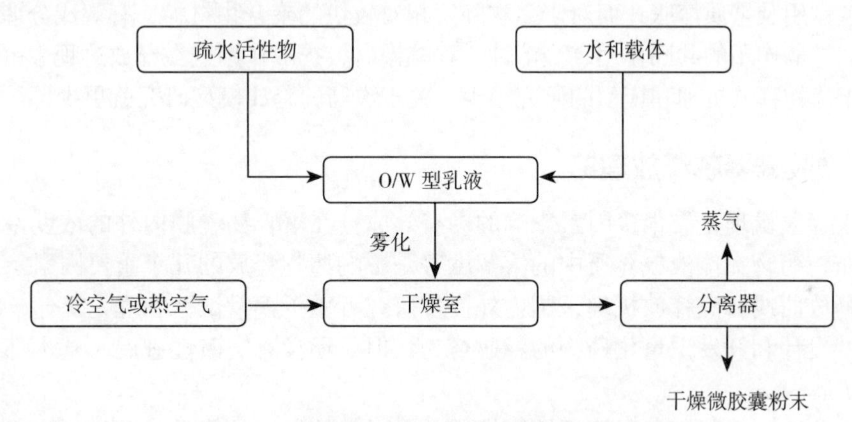

图13-12 喷雾干燥法制备微胶囊的工艺流程图

2. 基本原理

喷雾干燥是将待干燥液体（包括溶液、乳状液、悬浮液或浆状物料等）通过雾化器作用，雾化成为非常细小的雾滴，并利用干燥介质（热空气、冷空气、烟道气或惰性气体）与雾滴混合均匀，进行热交换和质交换，使水和溶剂汽化蒸发，从而使物质固化。基于此，喷雾干燥制备微胶囊工艺是将囊芯和壁材混合物通入加热室或冷却室，以便快速脱除溶剂或凝固，以制成微胶囊。

自21世纪以来，我国在农药微胶囊剂的研制上有了很大进展，在制备方法以及壁材选择上均进行了大量试验，并且在农、林、卫生害虫防治等方面展开了探讨。农药微胶囊剂不仅可使农药的释放在数量、时间和空间上加以控制，还可有效提高利用率，达到理想效果，也为在化学农药领域应用开辟了广阔前景。随着高分子技术的发展，更多的囊皮材料被开发，微胶囊的制备技术也在快速发展，这将极大地推动农药微胶囊剂的开发与应用。

第四节 农药微胶囊的释放机制

农药包覆于不同聚合物内，可减慢有效成分的降解，并使其按照一定动力学模式释放，实现较优使用效果。农药微胶囊中使用的壁材多为非生物降解性材料，有效成分的释放主要是基于扩散释放原理，随着壁材使用的多样性和环保性，溶蚀性机制也成为微胶囊释放的重要因素。农药活性成分从微胶囊中释放到环境中，主要以以下几个方式实现：① 有效成分从非生物降解性材料中扩散释放。通过选择合适的壁材、加工方法和释放介质，使有效成分在释放介质中依靠浓度差进行扩散渗透，以达到控制释放的效果。② 囊膜的破裂突释。某些微胶囊壁材强度较弱。可通过害虫的咀嚼或践踏，很容易造成部分囊膜破裂，从而使有效成分释放到靶标生物上。③ 聚合物溶蚀产生的药物释放。某些对环境敏感的壁材，当外界环境（如温度和pH）变化时，容易被溶蚀破坏，从而释放芯材，利用这一点可使农药在指定pH值、温度下释放。此外，通过定量理论研究可以得出一些物理参数，通过调整这些参数可以达到更好地控制囊芯释放的速度和预测微囊释放的机理。扩散作用在各聚合物微粒释放过程中是始终存在的。例如，对于生物降解十分缓慢的聚合物微粒，药物释放主要受控于扩散作用及基质溶胀；而对于生物降解相对较快的聚合物材料，有效成分释放则受到溶蚀作用和扩散作用的共同作用，当溶蚀过程减慢时，扩散作用则在释放过程中占主导。目前国内关于药物释放机理和模型的研究很少，关于农药的释放模型研究就更少了。

一、农药微胶囊囊芯释放理论

微胶囊释放机理是受很多因素影响的，有效成分在聚合物囊膜内外的浓度差、聚合物的孔径分布，药物在体液或介质中的溶解度等是影响药物释放的几个重要因素。人们经常利用药物释放曲线研究释放机理，国内外许多研究者做了大量试验和理论工作，用于指导药物制剂的设计和开发，量化药物的释放行为，但是还没有突破性进展，基本都是费克扩散定律的扩展。

由于农药微胶囊制备和释放环境比较复杂，通常的做法是假设将壁材作为一种由高聚物组成的、厚度一致的连续均匀体系，且在原药释放过程中微囊始终保持尺寸大小不变的圆球形状。将这个理想化的微囊样品浸入含有大量释放介质的环境中，则会产生三个过程：① 环境中的释放介质透过胶囊壁材进入胶囊核心中；② 核心中囊芯溶解并进入释放介质中形成溶液；③ 溶解的囊芯溶液由胶囊内的高浓度区扩散到胶囊外的释放介质中。

农药微胶囊中囊芯物质的释放一般是通过囊壁的破坏或扩散作用，其扩散速度遵循费克扩散定律，假设囊芯是圆形的，且囊壁均匀，则费克扩散定律就可推导为式（13–1）：

$$\frac{\mathrm{d}M}{\mathrm{d}t}=\frac{4\pi r_0 r_1 DK(\Delta C)}{r_1-r_0} \tag{13–1}$$

式中 M ——囊芯在时间t释放到胶囊外的量，g；

t ——释放时间；

$4\pi r_0 r_1$——囊壁表面积；

r_1-r_0 ——囊壁厚度；

D ——农药有效成分在壁材中的扩散系数；

K ——农药有效成分在壁材和释放介质之间的分配系数；

ΔC ——农药有效成分在囊壁内外的浓度差。

假设囊皮膜是均匀的，公式可变为式（13-2）：

$$\frac{dM}{dt}=\frac{4\pi r_0 r_1 DK(\Delta C)}{r_1-r_0}=\frac{4\pi r_0 r_1 DK(\Delta C)}{[(\frac{W_1}{W_2}+1)^{1/3}-1]_{r_1}} \tag{13-2}$$

式中 W_1——囊皮膜重；

W_2——囊核物重。

从公式即可看出囊皮厚度（r_1-r_0）是囊核物颗粒半径r_1的直线函数（W_1/W_2恒定时）；当囊核物颗粒半径r_1恒定时，囊皮厚度是微囊内容比率（W_1/W_2）立方根的函数（图13-13）。

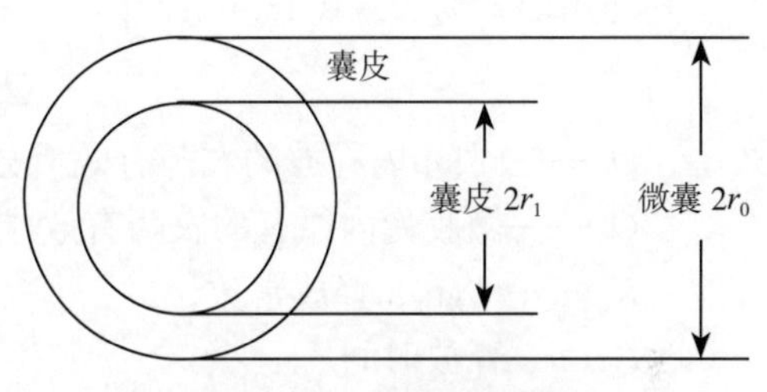

图13-13 微囊结构模型

当囊内农药浓度一定时，农药处于饱和固体或液体溶液情况下，其外部浓度可视为零，释放速率是常数，属于零级释放，此时的释放速度与囊壁渗透性和厚度有关，与囊膜性状无关。如果囊内农药处于不饱和情况下，释放速率通常按照指数关系随时间而降低，属于一级释放。实际上，开始的释放是很复杂的，如最初释放为0，然后按指数关系逐渐增至稳定状态，此段时间称为“时间延迟”。另一种情况是开始释放出比计算值更高的数，然后按指数关系逐渐减到近于稳定释放，称这种现象为“破裂效应”。

二、药物释放过程的数学模型

在费克扩散定律的基础上，有很多经验或半经验的时间函数的关联式被广泛采用于药物释放数据的分析以及释放过程的描述，有零级释放模型，一级释放模型、Higuchi模型、Korsmeyer-Peppas模型、Kopcha模型、Makoid - Banakar模型等，下面分别对其进行介绍。

1. 零级释放模型

零级释放过程可由公式（13-3）简单加以表达：

$$Q_t=Q_0+K_0 t \tag{13-3}$$

式中 Q_t ——时间t内释放的农药有效成分量；

Q_0——释放介质内原有的农药有效成分；

K_0——零级释放常数；

t ——释放时间。

符合该关系的药物制剂在单位时间内能够释放等量的农药有效成分。

2. 一级释放模型

$$\frac{dC}{dt}=k(C_{sat}-C) \tag{13-4}$$

式中 C ——农药有效成分在t时刻的浓度；

C_{sat}——平衡状态的饱和浓度；

k ——溶液速率常数，也称一级释放常数。

结合费克第一定律，对时间积分，可得到一级释放速率方程的表达式（13-5）：

$$Q_t=Q_0e^{-kt} \tag{13-5}$$

式中 Q_t ——时间t内释放的农药有效成分量；

Q_0 ——微胶囊内原有的农药有效成分量；

k ——一级释放常数；

t ——释放时间。

服从该溶解曲线的药物制剂包含有水溶性药物的多孔基质。

3. Higuchi释放模型

其通用形式为公式（13-6）：

$$Q_t=Q_0+K_Ht^{1/2} \tag{13-6}$$

式中 Q_t ——时间t内释放的农药有效成分量；

Q_0 ——微胶囊内原有的农药有效成分量；

K_H ——Higuchi释放常数；

t ——释放时间。

4. Kopcha释放模型

Kopcha释放模型也可用来评价扩散作用和聚合物松弛作用对药物释放造成的影响。其方程为式（13-7）：

$$Q_t=At^{1/2}+B \tag{13-7}$$

式中 Q_t ——时间t内释放的农药有效成分量；

A ——分散指数；

t ——释放时间；

B ——溶蚀指数。

如果式中A比B大很多，则说明药物释放主要是由费克扩散定律引起。

5. Makoid-Banakar释放模型

Korsmeyer等建立了一个简便的经验方程用于判别农药的释放类型，即

$$M_t/M_\infty=kt^n \tag{13-8}$$

式中 M_t ——时间t时农药的释放质量；

M_∞ ——用于释放试验农药的总质量；

k ——农药释放速率常数；

n ——扩散指数。

将等式两边取自然对数，可以变换等式为$\ln(M_t/M_\infty)=\ln k+n\ln t$，以$\ln t$为横坐标，$\ln(M_t/M_\infty)$为纵坐标，将释放试验数据绘图，可以得到一条回归直线，其在y轴上的截距即为$\ln k$，直线的斜率为n。根据n可判别微胶囊的释放机制：当$n<0.45$时，为扩散型机制；当$0.45<n<0.89$时，为扩散-侵蚀结合型机制；当$n>0.89$时，为侵蚀型机制。根据回归公式也很容易计算出释药50%的时间，即释放中值时间。

目前研究囊芯释放机理还没有找到一种可系统适用并在普遍范围都可应用的动力学方程，在农药领域更是应用得很少，各方程的适用范围及方程与实际过程的吻合性还有待

进一步研究。

微胶囊剂的释放速度主要取决于囊皮物质的渗透性、选择性、厚度、农药的溶出性质和浓度差以及外界温度、水和微生物等的作用。不同的囊皮材料、交联度、用量和添加物，直接影响囊内农药的释放速度。多功能团聚合反应或共聚物，可形成具有三维空间的高分子网络结构，囊壁强度大。具有交联结构的囊皮耐溶剂腐蚀性强度较好，能有效地控制释放速率。

图13-14是以聚氨酯为囊皮的阿维菌素微胶囊悬浮剂和微胶囊颗粒在水中的释放曲线。

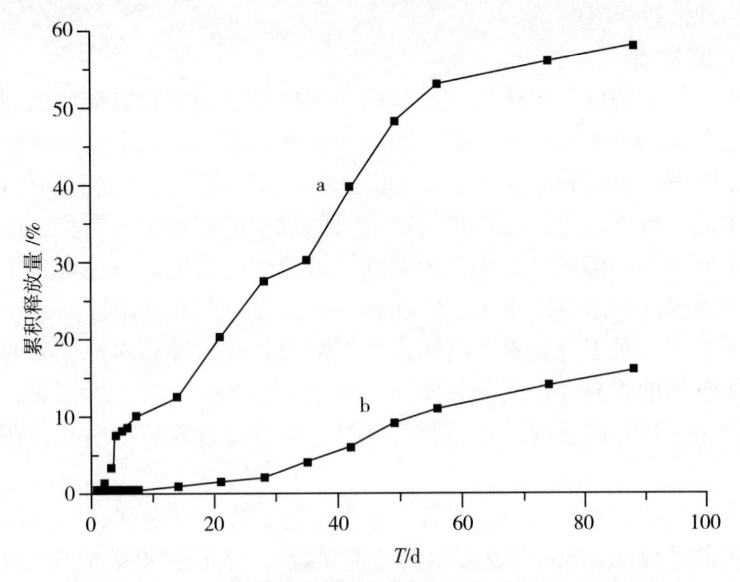

图13-14 阿维菌素聚氨酯微胶囊在水中的累计释放曲线

a—微囊悬浮剂；b—微胶囊颗粒

对阿维菌素聚氨酯微胶囊颗粒和悬浮剂的释放行为研究分别是通过离心法和透析袋法来完成的。从图 13-14 中可以看出阿维菌素微胶囊悬浮剂的释放速度要明显比微胶囊颗粒的释放速度快，在 14d 的时候，累积释放量已达到 12.5%，而微胶囊颗粒的释放量仅达到 1%。前者表现出了一定程度的突释效应，而后者则不明显。

对释放数据进行释放方程的拟合，结果见表13-4。

表13-4 以聚氨酯为囊皮的阿维菌素微胶囊在水中释放曲线的数学模型拟合

模型	方程	R^2	
		a	b
Zero-order	$Q_t=Q_0+k_0t$	0.949	0.961
First-order	$\ln Q_t=\ln Q_0-K_1t$	0.546	0.882
Higuchi	$Q_t=Q_0+K_Ht^{1/2}$	0.973	0.862
Makoid-Banakar	$\ln M_t/M_\infty=\ln k+n\ln t$	0.872（n=1.08）	0.966（n=1.26）

从数学释放模型的拟合结果来看，曲线a比较接近Higuchi释放模型，而曲线b更接近立即释放模型和Makoid-Banakar释放模型，并且n=1.26，说明释放动力既有扩散作用又有溶蚀作用。

三、影响微胶囊释放的因素

微胶囊中农药活性成分的释放，既可设计成通过物理因素（例如被虫子压碎或咬破）使微胶囊壁破裂，也可通过化学因素（如水解、热、光和pH值改变等）扩散释放。通过控制释放机理可知，许多因素会影响农药活性成分释放过程，主要有微胶囊的表面积、囊壁厚度、农药的扩散系数、分配系数、渗透率和通过壁的农药活性成分浓度等。农药活性成分通过囊壁材料释放速度控制的因素有：壁的结构（交联）、壁材料的类型、壁厚、被包农药活性成分的物理性质和浓度等。

1. 有效成分的性质

（1）有效成分的溶解度　农药有效成分的溶解性是影响微胶囊释放机制的重要因素之一。农药有效成分大部分是难溶于水的，在水中的溶解度极小，但仍然能够缓慢溶解。研究表明，囊芯在胶囊内形成的水溶液浓度与胶囊外水相浓度之差是囊芯向外迁移的推动力。有些囊芯在水中的溶解度较大，可以很快在进入的水中溶解并达到饱和，这类囊芯释放的推动力很大。不同囊芯的溶解度差别会影响其溶解速度的快慢。对于难溶于水的囊芯物质而言，由于在微胶囊内的溶解度很小，它在核心内浓度与胶囊外浓度的差别小，从而使其向外迁移的推动力小。对于这类囊芯物质，溶解阻力就成为囊芯向外扩散的主要阻力，而囊芯在水中的溶解速度就成为控制囊芯向外扩散速度的关键因素。尽管如此，只要胶囊外水相中农药浓度小于核心内浓度，释放就会继续，但越接近囊芯物质的饱和溶解度，释放速度越慢。

（2）有效成分的扩散系数和分配系数　根据上述费克扩散定律，可以看出，囊芯向外扩散的速度与扩散系数D、囊芯在囊膜中的分配系数K、囊内外有效成分的浓度ΔC和扩散面积$4\pi r_0 r_1$成正比，与胶囊壁厚度r_1-r_0成反比。如果扩散介质是囊壁，当囊芯物质和微胶囊粒径不变时，扩散系数主要受囊壁性质影响。因而引入了表观扩散系数（D_x）的概念，其定义是$D_x=DK$。在实际计算表观扩散系数时，采用公式（13-9）。

$$D_x=kdh/6 \tag{13-9}$$

式中　k——芯材释放量对时间所作直线进行线性回归后的直线斜率；

d——微胶囊的平均直径；

h——囊壁厚度。

2. 壁材的性质

壁材在很大程度上决定着微囊产品的释放性能，是微胶囊的关键组成部分。囊芯物质的理化性质、防治对象和应用环境对于壁材的选择起着决定性作用。例如，用于叶面处理的微胶囊壁材应比水中使用的微胶囊通透性强；在水中溶解度小的芯材所选壁材的通透性应比解度大的芯材要强等。

不同壁材的通透性有很大差异。虽然制备工艺在某种程度上也能改变微胶囊的通透性，但壁材的选择十分重要。不同囊材的性质、孔隙率和结晶度等不同，引起释放速度不同。一些研究结果表明，不同壁材的微胶囊的释放速度顺序为明胶＞乙基纤维素＞乙烯-马来酸酐共聚物＞聚酰胺；明胶与藻酸钠形成的囊壁的释放速度要快于明胶与果胶形成的囊壁。由于对难溶性农药微胶囊研究的缺乏，目前仅知道聚电解质、多糖等作为难溶性农药的囊材较为适宜；淀粉适宜作为水中溶解度为20～300mg/L农药的壁材。

囊壁结构的差异对释放速度影响很大。一些胶囊壁并非是均匀连续的高聚物结构，囊壁上具有孔洞，囊芯既可以通过高聚物的连续体向外扩散，也可以通过孔洞扩散，而且由孔洞向外扩散的速度更快，因此具有不同孔隙率的高聚物囊材囊芯释放速度不同，如囊芯从乙基纤维素壁膜中扩散速度较蜡封乙基纤维素大。一些研究发现，高聚物囊材是由含有结晶区和无定形区结构组成，囊芯不能通过紧密排列的结晶区向外扩散，只能通过无定形区向外扩散。因此，难溶性固体芯材应选用结晶度低的聚合物作囊材。但由于难溶性农药的溶解性差异极大，选用何种囊材制备微胶囊还需要具体研究。

对不同方法和壁材制备的阿维菌素微胶囊进行的释放行为研究表明：乙基纤维素和聚甲基丙烯酸甲酯作为壁材制备的微胶囊在土壤中的释放行为差异较大，乙基纤维素微囊释放速度快于聚甲基丙烯酸甲酯微囊。观察其释放后的形貌，发现相比乙基纤维素，聚甲基丙烯酸甲酯作为壁材具有更好的稳定性，微囊并未出现被溶蚀的现象，外观依然紧实完整，这与其较慢的释放速度是一致的。对于界面聚合法制备的阿维菌素微胶囊，由于能形成典型的核壳结构，并且形成的囊壳比较完整紧实，故其释放速度较慢，比较适合易降解、不稳定的农药。

3. 载药量

载药量也是影响农药的释放行为的因素之一。药物研究领域研究发现，在PLGA微胶囊中，随着载药量的增加，紫杉醇累积释药减少。产生这种现象的主要原因可能是当载药量低时，有效成分以分子状态分散在聚合物骨架中；当载药量高时（如30%W/W），载药可能超出有效成分在聚合物骨架中的溶解度，这样在聚合物骨架中就会形成少量药物晶体，这时，药物在骨架中的实际释药就会比扩散模型所预测的慢许多。

4. 释放环境

不同释放介质、pH值、温度等因素均会影响微胶囊的释放速度。有研究表明，高效氯氟氰菊酯聚氨酯微胶囊在水中和20%乙腈水溶液中分别进行释放，释放量达到6%时，在水中需要35d以上，而在20%乙腈水溶液中仅需要8h左右（图13–15）。在不同pH值溶液中释放速度的差异主要是由溶解度的差异造成，溶解度大的有效成分产生高渗透压，使其穿过囊壁的速度加快。另外，对于一些特定壁材的微胶囊，pH值的变化可引起壁材结构发生变化，导致囊壁的通透性发生变化，从而改变有效成分的释放速度。如海藻酸–壳聚糖微胶囊在pH值为1.5～2.0时通透性较弱，在pH值为6.8时通透性较强，改变其释放环境的pH值，则可改变释放速度。

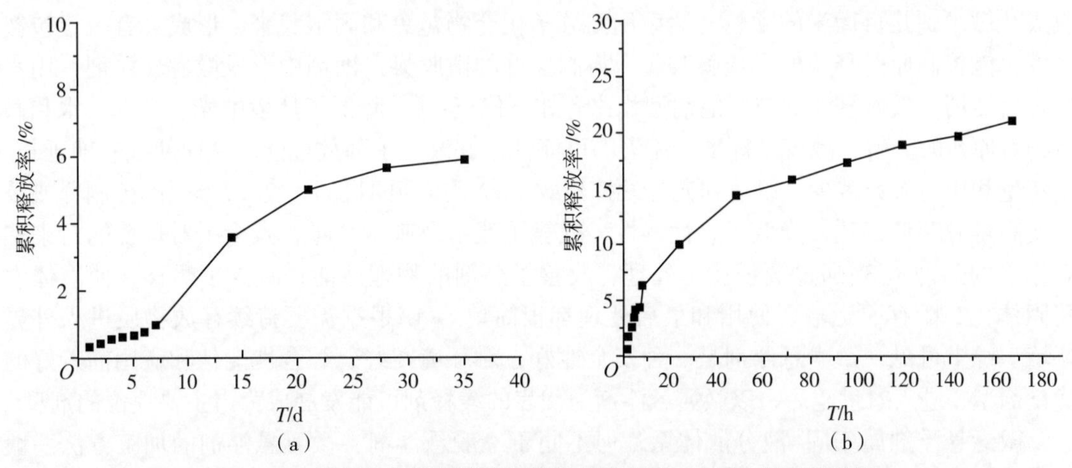

图13–15　高效氯氟氰菊酯聚氨酯微胶囊在不同介质中的释放曲线

（a）水；（b）20%乙腈水溶液

四、结语

近年来，国内外学者围绕微胶囊的释放模型开展了大量研究工作，衍生出了许多新颖的方法和概念。但是，微胶囊的释放特征归根结底主要遵循以下三种机制：扩散机制、溶胀机制和溶蚀机制。对于不同的微胶囊，有效成分的性质、壁材的种类、微胶囊的粒度、形状、载药量、添加剂和微囊化技术都是直接影响微胶囊释放的重要因素。因此，对于一个特定微胶囊，其释放特征往往是上述三种机制综合作用的结果，很难找到简明、适宜的数学模型进行表征。理想的释放模型应该充分描述有效成分逐渐释放的过程以及影响药物释放的关键因素，并且要求演算不复杂，易于求解。

此外，随着微胶囊制剂日益成为农药使用的重要手段，选择能够良好模拟环境的释放条件评价有效成分的释放，并建立适宜的实际释放的相关性，是目前农药微胶囊释放研究的重要课题之一。尤其对于喷施的微胶囊制剂，复杂的自然环境（如pH值、光照、温度、释放环境等）、防治靶标的发生规律等，都是建立农药微胶囊释放模型需要综合考虑的重要因素。

目前，在医药研究方面已有不少经验或半经验数学模型来描述微胶囊的释放特征，应大胆借鉴，并实际应用于农药微胶囊的释放研究中，但关于整个释放过程的详细机制仍不明确，针对不同类型聚合物微胶囊的关键释放机制的建模工作非常薄弱。如何采用分子水平的微观研究手段（如分子扩散特性、药物-聚合物相互作用、药物-植物相互作用等）和使用宏观数据（如有效成分使用后的释放特征等）的结合，对于全面认识和解析微胶囊的释放机制十分重要，随着科学技术研究方法的不断进步，相信更加合理和准确的数学模型是可能取得的。

第五节 农药微囊悬浮剂的开发

一、配方的组成

微囊悬浮剂（aqueous capsule suspension，剂型代码CS），用物理与化学方法使原药分散成几微米到几百微米的微粒，然后用高分子化合物包裹和固定起来，形成具有一定包覆强度，能控制原药释放的半透膜胶囊。将制作好的微胶囊在助剂中形成微囊悬浮剂，用水稀释后使用。微囊悬浮剂与其他剂型相比有如下优点：① 降低了环境中光、空气、水和微生物对原药的分解，减少了挥发、流失的可能性，并改变了释放性能，从而使残效期延长，用药量和用药次数减少，以达到充分发挥药效、省工省药的目的。② 缓释剂的控制释放技术使高毒农药低毒化，降低了急性毒性，减轻了残留及刺激气味，减少了对环境的污染和对作物的药害。③ 通过缓释技术处理，改善了药剂的物理性能，减少了飘移，使液体农药固体化，贮存、运输、使用和最后处理都很简单。④ 根据需要持续释放物质进入外界环境。综上可见，微囊悬浮剂是一种安全性好，对环境友好，综合性能佳和应用前景好的优良剂型，进入21世纪后，以微囊悬浮剂为代表的缓释剂可能发展成为占主要地位的剂型。

微囊悬浮剂属于固-液分散体系，但不同于一般悬浮剂，微囊悬浮剂的加工方法一般分为两步：第一步，根据原药性质和使用目的，使用合适的方法和壁材，将有效成分包裹在囊壁中，形成具有一定粒度范围的微胶囊剂；第二步，在含有微胶囊剂的水相体系中加入适量分散剂、润湿剂、增稠剂、消泡剂等助剂，混合均匀后即得到微囊悬浮剂。微囊悬浮剂与一般悬浮剂不同，不需要经过湿法粉碎，湿法粉碎会将微胶囊囊壁破坏，造成囊芯外溢。

微囊悬浮剂的配方由有效成分、溶剂、乳化剂、聚合物壁材、分散剂、润湿剂、消泡剂、水等组成。各组分之间的共同作用和相互协调作用不仅使其具有较好的润湿性、分散性和优良的悬浮性，同时还应具有良好的贮存稳定性，而且还应达到增加农药微胶囊在植物表面的持留量、延长持留时间和提高对植物表皮的穿透能力的目的，从而提高农药的生物活性，减少使用剂量，降低成本，减轻对环境的污染。但由于农药是一类具有极强生物活性的特殊化学品，其防治对象、保护对象和环境条件又十分复杂，表面活性剂除需按农药的性质、特点选择配制外，还需考虑表面活性剂本身对靶标生物产生的影响。因此，要求所选用的表面活性剂具有良好的配伍性，以保证产品具有优良的综合性能。

农药微囊悬浮剂的一般配方如下：

农药有效成分	5%～10%	增稠剂	0%～5%
溶剂	0%～15%	防冻剂	0%～10%
乳化剂	1%～5%	消泡剂	0.1%～0.5%
聚合物壁材	10%～15%	水	补足至100%
润湿分散剂	0%～5%		

1. 农药有效成分

农药有效成分在化学上是稳定的，在水中不水解。固体和液体活性成分在水中不溶或有小的溶解度。液体活性成分最适合，使用固体活性成分必须先溶解在溶剂中配成溶液后才能继续加工。

2. 溶剂

选用加工乳油中使用的溶剂。溶剂选择的主要依据是原药在溶剂中的溶解度和溶剂对有效成分稳定性的影响，其次是溶剂的来源和价格。目前常用的溶剂有溶剂油、石油醚、乙酸乙酯、油酸甲酯等，如果溶解度不够理想时，再选用适当助溶剂，即使用混合溶剂，其他溶剂还包括酮类如环己酮、异佛尔酮、吡咯烷酮等；醇类如甲醇、乙醇、丙醇、丁醇、乙二醇、二乙二醇等；醇醚类如乙二醇甲醚、乙醚、丁醚等。工业溶剂的组分、性质变化较大，在使用前必须通过必要的试验，了解它的基本组分、相对密度和沸程。

3. 乳化剂

乳化剂是一种表面活性剂，其分子结构中既有亲水基团，又有亲油基团，因此，可以在油/水界面吸附形成具有一定强度的界面膜，使分散相液滴不易相互碰撞聚结。在微囊悬浮剂的制备中选择一种合适的乳化剂，利于制备出粒度均一、表面形貌较好的微囊剂。乳化剂的选择在微胶囊制备过程中非常重要，如果选择不当，就会造成微胶囊无法形成。有研究者使用原位聚合法制备毒死蜱微胶囊，对几种乳化剂进行了筛选。结果表明，加入LAS、Span-80和Tween-20虽然可以将溶解原药的油相组分很好地乳化成较小的液滴，却不利于最终成囊，所得胶囊表面粗糙，周围有许多脲醛颗粒沉淀，常有聚并、结块与粘连现象出现，并导致大粒径微囊产生。这是由于这些表面活性剂分子包覆了油珠的表面，阻碍了脲醛颗粒在油珠表面的沉积，即使最终成囊也是包裹了多个油珠，而不是均匀沉积，因此导致囊面粗糙。SMA吸附在囊芯表面，使其表面带有一定负电荷，不但阻止了囊芯之间的合并，具有稳定的分散乳化作用，而且对溶液中带有正电荷的物质产生富集作用，使它们自发地向液滴表面聚拢，吸附在芯材周围，形成一个高浓度区，从而起到了定位反应的作用，利于微胶囊的形成。

4. 聚合物壁材

根据不同的有效成分、使用目的、作用靶标、包囊方法等，选择不同的壁材。具体的壁材上面章节已介绍，在此不再赘述。

5. 分散剂

微囊悬浮剂是不稳定的多相分散体系，为保持微胶囊颗粒的分散程度、防止微胶囊颗粒凝集成块、保证使用条件下的悬浮性能，必须添加分散剂。分散剂能在微胶囊粒子表面形成强有力的吸附层和保护屏障，为此既可使用提供静电斥力的离子型分散剂，又可使用提供空间位阻的非离子型分散剂。常见的分散剂有木质素磺酸盐、烷基萘磺酸盐甲醛缩聚物、羧酸盐高分子聚合物、EO-PO嵌段共聚物等。

农药微囊悬浮剂中分散的药物颗粒较小，与分散介质间存在巨大的相界面，属于热力学不稳定体系，颗粒有自发凝聚，减小表面能的趋势，从而导致农药颗粒间相互结合变大、沉降、结块，最终导致悬浮体系被破坏。加入分散剂起到了阻止分散相中的粒子絮凝、聚凝和聚结作用，形成稳定的悬浮剂，同时可以使微囊悬浮剂在稀释时具有良好的悬浮率，利于用户喷雾使用。

微囊悬浮剂中粒子的相互作用包括范德华力、双电层静电斥力、空间位阻作用、溶剂化作用等。粒子间的作用力随着加入分散剂种类的不同而有所差异，但主要有三种途径来稳定粒子：① 通过静电排斥作用（DLVO理论）；② 通过空间排斥作用（HVO理论）；③ 通过静电和空间排斥的混合作用。

范德华作用力总是存在于颗粒之间，使颗粒有相互吸引凝集的趋势。使用离子型表面活性剂后，在颗粒周围形成双电层结构，外层的同号电荷相互排斥，与范德华作用力的综合作用表现在颗粒上就是其是否会凝聚。人们通常用胶体稳定理论——DLVO理论来解释悬浮体系的稳定性作用。20世纪40年代，Derjaguin、Landau、Verwey和Overbeek四人以微粒间的相互吸引力和相互排斥力为基础，提出DLVO理论，它能够比较完善地解释电解质对微粒多相分散系稳定性的影响。DLVO理论认为，溶胶在一定条件下能否稳定存在取决于胶粒之间相互作用的位能。总位能等于范德华吸引位能和由双电层引起的静电排斥位能之和。这两种位能都是胶粒间距离的函数，吸引位能与距离的六次方成反比，而静电的排斥位能则随距离按指数函数减小。这两种位能之间受力为范德华吸引力和静电排斥力。这两种相反的作用力决定了胶体的稳定性。

通过空间排斥作用稳定悬浮剂中的粒子，可以用空间稳定理论（HVO理论）解释。这一理论由Hesselink、Vrij和Overbeek等提出，他们发现高分子化合物由于具有保护作用，可显著提高体系的稳定性。当高分子层吸附时，粒子存在范德华引力势能、静电斥力势能和空间斥力势能，这三者的共同作用决定了体系的稳定性。非离子型分散剂的加入，提供了空间排斥作用。分散剂在粒子表面形成了致密的吸附层，在水中将亲水长链打开，当粒子之间彼此接近的距离接近到小于2倍吸附层厚度距离时，长链遭受挤压，就会减小链的构形熵，导致粒子间发生排斥，这种排斥力是很强的。同时粒子间的渗透压力比在大多数水里大，这时大多数水分子扩散进入，能把粒子分开。从而使粒子之间产生空间位阻，保证悬浮剂的稳定性。示意图见图13-16。

选用聚合物分散剂时，可以提供静电排斥和空间位阻双重作用，使悬浮剂稳定。典型的聚合物分散剂如聚羧酸盐分散剂，是由强疏水性的骨架长链与亲水性的低分子接枝共聚形成的，主链能够以范德华力、氢键等作用紧紧吸附在颗粒表面，侧链则伸入水中，产生空间位阻作用并形成“双电层”，阻止粒子间的相互吸引，从而使粒子达到良好的分散。

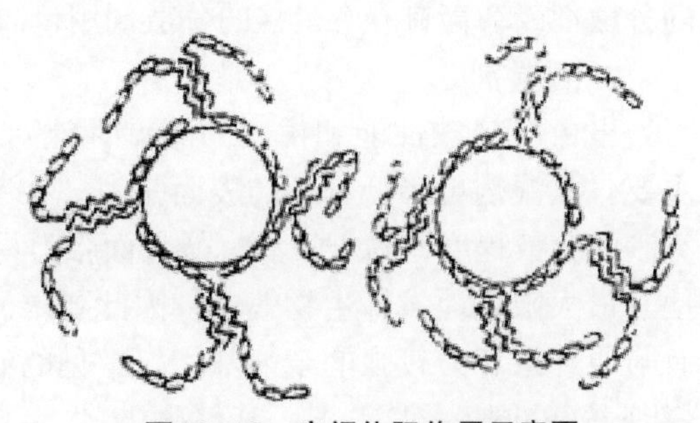

图13-16 空间位阻作用示意图

概括起来，微囊悬浮剂的稳定性作用见图13-17。通过对DLVO理论、HVO理论及空缺理论的探讨研究，以及固-液分散体系中的一些表观现象的分析，可以看出微囊悬浮剂中分散剂（如表面活性剂及高分子物）的重要作用就是防止分散质点接近到范德华力占优势的距离，使分散体系稳定而不至于絮凝或聚沉。分散剂的加入能产生静电斥力，减小范德华引力，有利于溶剂化，并形成一围绕质点，有一定厚度的保护层。维持固-液分散体系稳定性的最好办法就是加入分散剂，而且要根据不同药粒的理化性质加入不同的分散剂，已达到最好的稳定效果。

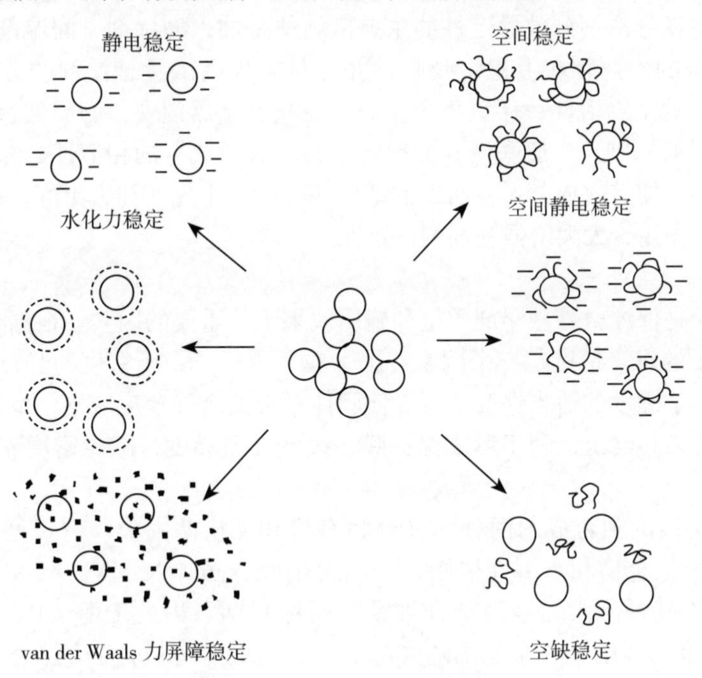

图13-17 分散体系的稳定方式

通常情况下，在微囊悬浮剂体系中加入一定量分散剂可以达到微囊悬浮剂的分散稳定。但选择合适的分散剂及其用量也十分关键，如果品种选择不合适的话，可能会出现絮凝和聚集等现象，一旦出现这种情况，微囊悬浮剂就会十分黏稠，甚至无法搅动，表明这种分散剂不适用于此微囊悬浮剂体系。加入量也有一定要求，比如某些阴离子分散剂，一般在开始加入时，分散稳定性随分散剂的增加而变好；当浓度达到一定值后，分散稳定性趋于一定而体系稳定；当浓度进一步增大时，其分散稳定性急剧降低，微囊悬浮剂的分散性变差。这是由于分散剂在颗粒表面吸附达到饱和，再加入分散剂，它在水中电离出离子，等同于加入了电解质，同号电荷会压缩双电层，使分散稳定性迅速恶化。因此，对于不同的分散剂，均存在一个最佳的分散剂用量。

6. 润湿剂

出色的分散性能和优良的润湿性能对于确保有效而均匀地向田间喷洒农药制剂至关重要。润湿剂可降低制剂的表面张力，在实际应用中，由于药剂表面张力的降低，可增大雾滴的分散程度，易于喷洒，低表面张力易于药剂在植物表面的铺展，并有良好的附着性，使其最大限度地发挥生物效应。因此要求润湿剂的分子结构中既有亲水性较强的基团，又有与原药亲和力较强的亲油基团。常见的润湿剂有烷基苯磺酸盐（如十二烷基苯磺酸钠）、烷基萘磺酸盐（如二正丁基萘磺酸盐，二异丁基萘磺酸盐，异丙基萘磺酸盐等）、脂肪酰胺-*N*-甲基牛磺酸盐、烷基酚聚氧乙烯醚硫酸盐、苯乙基酚聚氧乙烯醚硫酸酯盐和磷酸酯盐、长链和支链的脂肪醇聚氧乙烯醚等。润湿剂选择的一个基本原则是与分散剂和成分有关，例如烷基苯磺酸盐常与萘磺酸盐甲醛缩合物类分散剂配合使用，十二烷基苯磺酸盐常与木质素磺酸盐匹配等。但是往往有效成分的品种和其他辅料成分的变化会破坏这种匹配，尤其是一个配方选用两种分散剂的时候，润湿剂需要进入筛选程序。

润湿剂的加入量不多，但作用非常重要，合适的润湿剂常起画龙点睛的作用。润湿剂的品种没有特别的要求，一般悬浮剂配方中可以使用的，在微囊悬浮剂中均可以使用。

提高农药微囊悬浮剂分散稳定性的主要措施便是加入润湿剂，润湿剂一般需满足以下条件：能在分散的农药颗粒上稳定吸附，并能显著提高微囊悬浮剂的分散稳定性；不降低农药有效成分的生物活性；环境相容性好。在微囊悬浮剂中，润湿剂、分散剂的选择一般遵循结构匹配的原则：一般来说，助剂的结构和有效成分的相似性，尤其是主要“特征基团”的相似性，使有效成分颗粒与助剂结构匹配时，不仅亲和力更好，而且使得“锚固”基团能充分发挥作用，大大增强制剂的稳定性。

7. 增稠剂

适宜的黏度是保证微囊悬浮剂质量和施用效果十分重要的因素。根据Stokes定律：固液分散体系中粒子的沉降速度与三个因素有关：粒子直径、粒子密度与悬浮液密度之差、悬浮液的黏度。体系黏度的适当提升，可以使固体微粒的沉降速度减慢，增强体系的稳定性。增黏剂还可增大Zeta电位，利于形成保护膜，改变介质黏度，减少密度差，有助于制剂的稳定悬浮。

增稠剂有天然的和合成的两种，又分为有机和无机两大类。有机增稠剂，常用的多为水溶性高分子化合物和水溶性树脂，如阿拉伯胶、黄原胶（XG）、甲基纤维素、羧甲基纤维素、羟乙基纤维素、羟丙基纤维素、丙烯酸钠、聚乙烯醇（PVA）、聚乙烯吡咯烷酮（PVP）、聚丙烯酸钠、聚乙烯乙酸酯等。无机的有分散性硅酸、气态二氧化硅、膨润土和硅酸镁铝。常用的增稠剂有黄原胶、羧甲基纤维素钠、聚乙烯醇、硅酸铝镁、海藻酸钠、阿拉伯树胶等。

8. 防冻剂

以水为分散介质的微囊悬浮剂若在低温地区生产和使用，要考虑防冻问题，否则制剂会因冻结使物性破坏而难以复原，影响防效。符合要求的防冻剂不仅防冻性能好，而且挥发性低。常用的防冻剂多为非离子的多元醇类化合物等吸水性和水合性强的物质，用以降低体系的冰点，如乙二醇、丙二醇、丙三醇、聚乙二醇、尿素、山梨醇等。

9. 消泡剂

微囊悬浮剂的生产工艺中需加入分散剂和润湿剂等表面活性剂，且需要搅拌均匀，搅拌过程中极易把大量空气带入并分散成极微小的气泡，使悬浮液体积膨胀。这些微小气泡不仅会影响黏度、计量和包装，而且将显著降低生产效率。如果不能消泡，还可能使塑流型流体变成涨流型流体。所以，在制剂中需要加入一定量消泡剂，并要求消泡剂必须能同制剂的各组分有很好的相容性。常用的消泡剂有有机硅酮类、$C_8 \sim C_{10}$的脂肪醇、$C_{10} \sim C_{20}$饱和脂肪酸类及酯醚类等。有时亦可通过调整加料顺序或设备选型，或真空机械脱泡，避免泡沫产生，此时可不加消泡剂。

二、微囊悬浮剂的开发实例

微囊悬浮剂是一种较新颖的剂型，在我国实现工业化时间不长，对于微囊悬浮剂的开发技术普及较少。配方开发中主要关注以下几点：① 微囊化的方法和工艺的选择；② 壁材的选择；③ 乳化剂的选择；④ 分散剂和润湿剂的选择；⑤ 增稠剂的选择；⑥ 防冻剂的选择；⑦ 消泡剂的选择。

微囊悬浮剂的加工对工艺的依赖性很强，主要是微胶囊的制备过程，影响因素很多，需要严格控制各反应点的参数，如反应温度、反应时间、pH值、搅拌速度、固化温度、固化时间等。不同的制备微胶囊的方法，对应着不同的壁材和加工工艺。

1. 30%毒死蜱微胶囊悬浮剂的开发（原位聚合法）

（1）预聚体的制备　向烧瓶中加入适量水和甲醛，开启搅拌（此时调节转速为400r/min），再投入尿素，使甲醛和尿素的摩尔比为（1.5～2.0）：1，充分溶解后滴加氢氧化钠，将体系的pH值调至8～9。将搅拌速度调节为300r/min，以2℃/min的速度升温至70℃，保温搅拌1h。将温度降至35℃，即得到脲醛树脂预聚体。

（2）有机相的制备　将毒死蜱原药加入适量二甲苯中，温度升至45～50℃，搅拌使原药溶解。待原药溶解后，加入OP-10，继续搅拌，使充分溶解混合，备用。

（3）有机相的加入　将搅拌速度提升至400r/min，然后将制备好的有机相匀速滴加至预聚体中，1.5h加完。继续搅拌，混合均匀。

（4）调酸　将5%盐酸缓慢加入，约1h滴加完毕，搅拌均匀，将体系的pH值调至3左右。

（5）升温固化　将搅拌速度调低至300r/min，体系缓慢升温至55～60℃，保温固化5h，即得到毒死蜱微胶囊。

（6）微囊悬浮剂的制备　保持搅拌速度为300r/min，加入适量氢氧化钠将体系pH值调至中性（具体添加量根据实际情况而定）。再加入亚甲基双萘磺酸钠和有机硅消泡剂混合均匀，搅拌1h，将温度降至室温，即得到30%毒死蜱微囊悬浮剂。

30%毒死蜱微胶囊显微镜照片见图13-18。

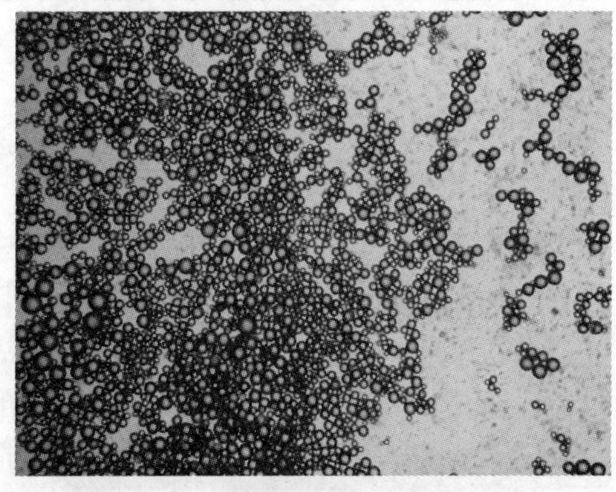

图13-18　毒死蜱微胶囊显微镜照片（放大640倍）

2. 5%阿维菌素微囊悬浮剂的开发（界面聚合法）

将阿维菌素原药、1g PAPI 和3g NP-10溶于14g氯仿中作为油相。配制30mL 2%的PVA的水溶液作为水相，在200r/min机械搅拌下将油相加入水相中，形成均匀的水包油乳液。将0.8g三乙醇胺加入上述乳液中，聚合反应在室温下进行

2h，即得到5%阿维菌素微胶囊。在配方中加入2g木质素磺酸钠、5g丙三醇、0.15g黄原胶，用水补足100g，搅拌均匀后，即得到5%阿维菌素微囊悬浮剂。其扫描电镜照片见图13-19。

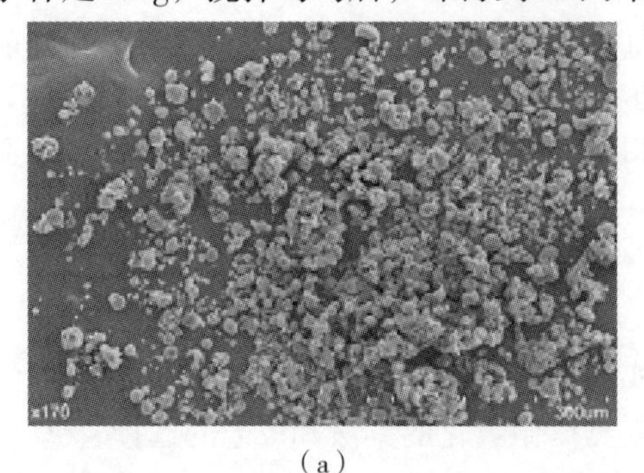
（a）

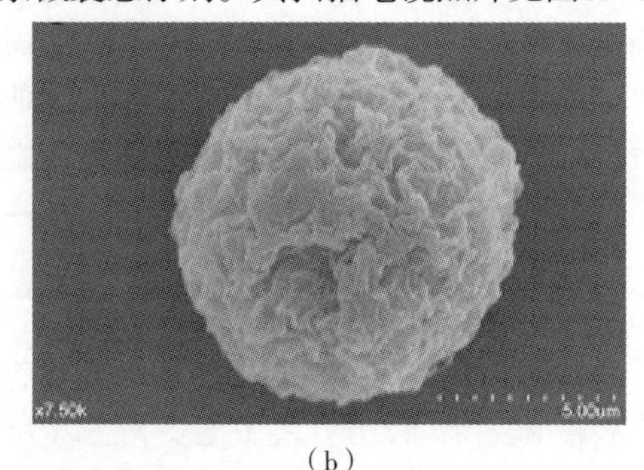
（b）

图13-19 阿维菌素微胶囊扫描电镜照片
（a）放大170倍；（b）放大7500倍

使用不同用量的三乙醇胺对阿维菌素聚氨酯微胶囊成囊进行研究，测试了其包封率和粒径，见表13-5。发现，当三乙醇胺的量从0.01增加到0.8g时，包封率从10%增加到97.9%。然而，三乙醇胺从0.8g增加到1.2g时，包封率不再增加，但是粒径开始变得不均匀。微囊粒径一致性从8.652增至10.044。这个现象说明过量三乙醇胺可以导致乳液的不稳定和颗粒的团聚。此时继续增加三乙醇胺的量，加至1.6g时，反应体系开始变得黏稠，以至于不能生成微胶囊。也就是适当增加三乙醇胺的量有利于粒径变得均匀，同时会使粒径有所减小，这一点与Hisham Essawy等的研究结果一致。

表13-5 三乙醇胺对包封率和粒径的影响

PAPI/g	三乙醇胺 /g	包封率 /%	粒径 /μm	粒径一致性①
1	0.01	10.3	10.265	3.601
1	0.2	56.8	8.374	3.188
1	0.4	82.5	4.356	1.706
1	0.8	97.9	4.574	1.723
1	1.0	95.2	2.842	8.652
1	1.2	95.5	2.544	10.044
1	1.6	—	—	

① 粒径一致性=（$D_{90}-D_{10}$）/D_{50}。

3. 10%高效氯氟氰菊酯微囊悬浮剂的开发（乳液聚合法）

称取10.5g高效氯氟氰菊酯和24g甲基丙烯酸甲酯，将其溶解后，在机械搅拌下加入溶有5g Tween-60的水溶液中，在转速为300r/min下乳化0.5h后开始加热，加热至70℃后再加入0.3mmol过硫酸钾，继续加热搅拌7h。反应完成后，停止加热和搅拌，即得到高效氯氟氰菊酯微胶囊悬浮液。然后加入3g萘磺酸盐甲醛缩聚物和4g乙二醇，搅拌均匀后即得到高效氯氟氰菊酯微胶囊悬浮剂。其扫描电

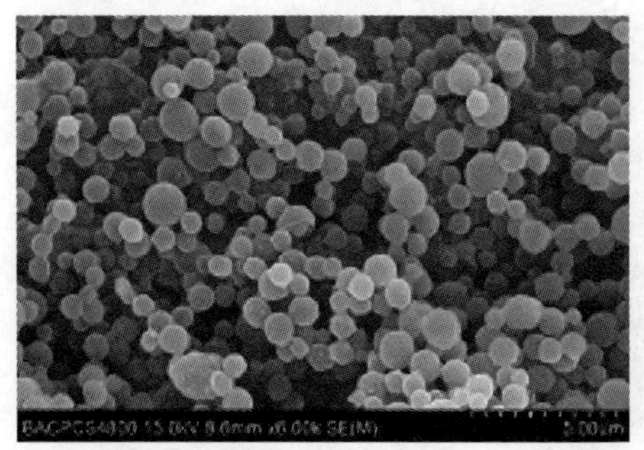
图13-20 高效氯氟氰菊酯微胶囊扫描电镜照片（放大6000倍）

镜照片见图13-20。

从制备过程的成囊情况看，壁材的量过少会导致成囊困难，乳化剂不足会造成乳化不均匀，同时造成成囊很少，而过量过硫酸钾会造成乳液不稳定，或者微囊的黏结或聚集。因此，采用这种方法制备微胶囊需要对各成分的用量进行实验确定。

三、国内外农药微囊悬浮剂简介

经过几十年的研究发展，国内外已有很多农药微胶囊产品进行了登记，现在简要进行介绍。

1. 国内登记的微囊悬浮剂

国内从20世纪80年代起开展对微胶囊技术的研究，并涉及包括农药在内的各个领域，与国外相比，我国还处于起步阶段，但近年来对微胶囊技术的基础理论和应用技术进行了大量深入研究，并取得了一定进展，且工业化了一批产品。目前在国内登记注册的产品达到170多个。部分国内登记产品见表13-6。

表13-6　部分国内登记的微囊悬浮剂产品

有效成分	含量	类别	生产企业
二甲戊灵	450g/L	除草剂	浙江省乐斯化学有限公司
2 甲 4 氯异辛酯	45%	除草剂	安徽美兰农业发展股份有限公司
乙草胺	25%	除草剂	山东贵合生物科技有限公司
异噁草松	360g/L	除草剂	江苏龙灯化学有限公司
丁草胺	25%	除草剂	黑龙江省平山林业制药厂
野麦畏	40%	除草剂	江苏苏州佳辉化工有限公司
高效氯氟氰菊酯	75g/L	杀虫剂	江苏扬农化工股份有限公司
高效氯氟氰菊酯	23%	杀虫剂	江苏明德立达作物科技有限公司
甲氨基阿维菌素苯甲酸盐	2%	杀虫剂	江西中讯农化有限公司
甲基嘧啶磷	30%	杀虫剂	南通联农佳田作物科技有限公司
吡虫啉	10%	杀虫剂	山东德浩化学有限公司
噻虫啉	3%	杀虫剂	江西天人生态股份有限公司
高效氯氰菊酯	5%	杀虫剂	山东省济南开发区捷康化学商贸中心
毒死蜱	30%	杀虫剂	河南省安阳市安林生物化工有限责任公司
辛硫磷	30%	杀虫剂	安徽丰乐农化有限责任公司
吡虫啉 · 毒死蜱	25%	杀虫剂	山东省青岛奥迪斯生物科技有限公司
毒死蜱 · 辛硫磷	30%	杀虫剂	安阳全丰生物科技有限公司
阿维菌素 · 吡虫啉	15%	杀虫剂	山东省青岛奥迪斯生物科技有限公司
阿维菌素 · 毒死蜱	16%	杀虫剂	中国农科院植保所廊坊农药中试厂
阿维菌素	3%	杀线虫剂	山东省青岛润生农化有限公司
阿维菌素	5%	杀线虫剂	南通联农佳田作物科技有限公司
噻唑膦	30%	杀线虫剂	山东省联合农药有限公司
辛硫磷 · 福美双	18%	杀虫剂 / 杀菌剂	哈尔滨火龙神农业生物化工有限公司
咪鲜胺	30%	杀菌剂	江苏明德立达作物科技有限公司
嘧菌酯	10%	杀菌剂	江苏省通州正大农药化工厂有限公司
嘧菌酯 · 咯菌腈	4%	杀菌剂	南通联农佳田作物科技有限公司

表13-6是部分国内登记的微囊悬浮剂产品，以杀虫剂居多，除草剂次之，杀菌剂较少。登记较多的有效成分为二甲戊灵、毒死蜱、阿维菌素等。

2. 国外登记的微囊悬浮剂

部分国外市场商品化微胶囊产品列于表13-7。

表13-7 部分国外登记的微囊悬浮剂产品

有效成分	含量	类别	生产企业
氯氰菊酯	15g/L	杀虫剂	BASF
杀螟硫磷	300g/L	杀虫剂	BASF
氯氰菊酯	20g/L	杀虫剂	Elf Atocher
甲基对硫磷	200g/L	杀虫剂	Elf Atocher
二嗪磷	240g/L	杀虫剂	Elf Atocher
甲基对硫磷	450g/L	杀虫剂	Bayer SA
七氟菊酯	200g/L	杀虫剂	Bayer SA
甲草胺	480g/L	除草剂	Monsanto
氟咯草酮	250g/L	除草剂	BASF
吡唑醚菌酯	9%	杀菌剂	BASF

从上表看出，国外登记的微囊悬浮剂主要以杀虫剂为主，除草剂次之。

第六节 农药微囊悬浮剂的性能测定

为保证产品的质量，需对农药微囊悬浮剂产品进行各项性能指标的测定，下面对其各项性能指标和具体测试方法进行介绍。

一、外观

产品外观是人们对产品最直接的认识，保证产品外观的稳定具有重要意义。为保证产品外观的稳定性，需对外观进行测定。

1. 试验标准

中华人民共和国农业行业标准《农药理化性质测定试验导则外观》，（NY/T 1860.3—2016）。

2. 方法提要

在日光或其他没有色彩偏差的人造光线下对被测试物进行视觉观察和气味辨别，给出颜色、物理状态和气味等的定性描述。

3. 试验条件

无色透明玻璃试管（50mL）；烧杯（50mL）；白色背景；环境温度：21.0℃；相对湿度：20.7%。

4. 试验步骤

（1）颜色测定　在一白色背景中取20g被测试物于无色透明玻璃试管中，对样品的色度、色调和亮度进行评价。

（2）物理状态测定　在一白色背景中取20g被测试物于无色透明玻璃试管中，对样品的物理性状进行评价。

（3）气味测定　取20g被测试物于50mL烧杯中，用手小心煽动，对样品的气味进行评价。

二、有效成分含量的测定

称取一定量样品，用溶剂萃取、超声，破坏囊壁，将囊芯完全提取，然后经过分离，取上清液进行分析，分析方法参照相关有效成分的检测方法。

三、游离有效成分的质量分数测定

不同于其他制剂，微胶囊剂需要对游离的有效成分含量进行测定，以保证其包封率，使其发挥较长时间药效。

具体方法为：称取试样于离心管中，加入少量纯净水稀释样品，摇匀后在一定转速下离心30min，取出离心管，将上层清液转移至容量瓶中（注意：不要搅起沉淀物）。用溶剂溶解、定容、超声使有效成分完全溶解、摇匀、冷却至室温，过滤后进行含量测定，分析方法参照相关有效成分的检测方法。

四、pH值的测定

农药微囊悬浮剂是以水作为分散介质的，悬浮体系在中性介质中较为稳定。测定微囊悬浮剂的pH值，目的在于提供体系所需酸碱性条件调整的依据。按照要求调整好体系的pH值，可保证产品的贮存稳定性。

按照GB/T 1601—1993方法测定。称取1g试样于100mL烧杯中，加入100mL水，剧烈搅拌1min，静置 1min。将校正好的pH电极插入试样溶液中，测其pH值。至少平行测定三次，测定结果的绝对差值应小于0.1，取其算术平均值即为该试样的pH值。

五、湿筛试验

微囊悬浮剂作为一种固–液分散体系，如果固体微粒的粒径过大，会导致体系长期存放出现分层和结块现象，同时在喷雾使用时会发生堵塞喷头或过滤器的现象，湿筛试验就是进行这方面的测试。

按GB/T 16150—1995中“湿筛法”测定。将称好的试样，置于烧杯中润湿、稀释，倒入润湿的试验筛中，用平缓的自来水流直接冲洗，再将试验筛置于盛水的盆中继续洗涤，将筛中残余物转移至烧杯中，干燥残余物，称重，计算。

六、有效成分悬浮率的测定

悬浮性是指分散的原药粒子在悬浮液中保持悬浮时间长短的能力。一种好的微囊悬浮剂，不仅兑水使用时，可使所有原药粒子均匀地悬浮在介质水中，达到方便应用的目的，而且在制剂贮存期内也具有良好的悬浮性。由于微囊悬浮剂是一个悬浮分散体系，故具有胶体的某些性质，如分散液具有聚结不稳定性与不均匀态，也具有和溶胶系统近似的特性。

有效成分悬浮率按GB/T 14825—2006方法测定。用标准硬水将待测试样配制成适当浓度的悬浮液。在规定条件下，于量筒中静置一定时间，测定底部1/10悬浮液中有效成分的质量分数，计算其悬浮率。

七、自发分散性的测定

自发分散性是指微胶囊粒子悬浮于水中保持分散成微细个体粒子的能力。分散性与悬浮性有密切关系。分散性好，一般悬浮性就好。反之，悬浮性就差。悬浮剂要求悬浮粒子有足够细度，粒子越大，越易受地心引力作用，加速沉降，破坏分散性；反之，粒子过小，粒子表面的自由能就越大，越易受范德华引力作用，相互吸引发生团聚现象而加速沉降，因而也降低了悬浮性。要提高微细粒子在悬浮液中的分散性，除了要保证足够细度外，重要的是克服团聚现象，主要办法是加入分散剂。因此，影响分散性的主要因素是原药和分散剂的种类和用量。选择适当，不仅可以阻止粒子的团聚，而且还可以获得较好的分散性。

微囊悬浮剂的自发分散性按CIPAC方法中的MT 160测定。将一定量试剂加入规定体积水中，上下翻转一次量筒进行混合，制成悬浮液，静置一段时间后，取出顶部9/10悬浮液，对余下1/10悬浮液和沉淀中的有效成分进行测定、计算。

八、倾倒性的测定

倾倒性实际上是对微囊悬浮剂黏度范围的规定，不同品种要求不同。

倾倒性按GB/T 31737—2015方法测定。将置于容器中的悬乳剂试样放置一定时间后，按照规定程序进行倾倒，测定滞留在容器内试样的量，计算得到洗涤前的数据；将容器用水洗涤后，再测定容器内的试样量，计算得到洗涤后的数据。

九、持久起泡性的测定

起泡性是指悬浮剂在生产和兑水稀释时产生泡沫的能力。泡沫多，说明起泡性强。泡沫不仅给加工带来困难（如冲料、降低生产效率、不易计量），而且也会影响喷雾效果，进而影响药效。悬浮剂的泡沫可以通过选择合适的助剂得到解决，必要时还可以加抑泡剂或消泡剂。

持久起泡性按GB/T 28137—2011方法测定。将规定量试样与标准硬水混合，静置后记录泡沫体积。

十、冻融稳定性的测定

微囊悬浮剂的冻融过程，可能导致无法预料的、不可逆的反应，包括无法控制的有效成分结晶所引起的胶囊失效。因此该制剂是否具有抵御反复的结冻和融化过程的能力，是应该考虑的一项重要性质。

微囊悬浮剂的冻融稳定性按FAO微囊悬浮剂标准方法测定。试样经结冻-融化四个循环，并使之均匀后，pH值范围、自发分散性、倾倒性、湿筛试验等项目仍符合标准为合格。结冻-融化1个循环指在（−10±2）℃结冻18h，在（20±2）℃融化6h。

十一、热贮稳定性的测定

热贮稳定性是微囊悬浮剂一项重要的性能指标，它直接关系产品的性能和应用效果。它是指制剂在贮存一段时间后，理化性能变化大小的指标。变化越小，说明贮存稳定性越好。反之，则差。贮存稳定性通常包括贮存物理稳定性和贮存化学稳定性。贮存物理稳定性是指制剂在贮存过程中微囊粒子互相黏结或团聚形成的分层、析水和沉淀，及由此引起的流动性、分散性和悬浮性的降低或破坏。提高贮存物理稳定性的方法是选择适合的有效浓度和助剂。贮存化学稳定性是指制剂在贮存过程中，由于微囊与连续相（水）和助剂的不相容性或pH值变化而引起的有效成分分解，使有效成分含量减少。提高贮存化学稳定性的方法是选择好助剂和适宜的pH值。

热贮稳定性按GB/T 19136—2003方法测定。将试样置于54℃贮存14d后，对规定项目进行测定。热贮后有效成分的分解率≤5.0%，其他各项指标仍符合标准为合格。

参考文献

[1] 赵德. 脲醛树脂制备毒死蜱微胶囊及性能表征［D］. 山东：山东农业大学，2006.

[2] 高德霖. 微胶囊技术在农药剂型中的应用. 现代化工，2000，(2)：12-16.

[3] 甘孝勇. 药物微胶囊壁材研究进展. 广州化工，2012，(13)：56.

[4] 刘益军. 聚氨酯树脂及其应用. 北京：化学工业出版社，2015.

[5] 华乃震. 农药微胶囊剂的加工和进展（Ⅱ）. 现代农药，2010，9（4）：9.

[6] 宋健，陈磊，李效军. 微胶囊化技术及应用. 北京：化学工业出版社，2004.

[7] 丁明惠. 脲醛树脂微胶囊制备及应用研究［D］. 哈尔滨：哈尔滨工程大学，2006.

[8] 乔吉超，胡小玲，张团红，等. 溶剂蒸发法制备药物微胶囊研究进展. 化工进展，2006，25（8）：885-889.

[9] 刘志挺. 溶剂蒸发法在微球制备中的应用及研究进展. 广东药学院学报，2007，23（5）：596-599.

[10] 陈庆华，张强，等. 药物微囊化新技术及应用. 北京：人民卫生出版社，2008.

[11] 范腾飞. 两种农药微胶囊的制备及其性能的研究［D］. 北京：中国农业大学，2014.

[12] 卢向阳. 难溶性固体农药微胶囊化及控制释放研究进展. 现代农药，2013，12（2）：4-8.

第十四章

种子处理剂

种子健康对作物生产和粮食安全具有极其重要的意义，“种子预防保健、作物安全生产”已成为全球作物生产遵循的理念。1993年国际种子检测组织（ISTA：International Seed Testing Association）提出：“种子健康是指种子上的病原生物，如真菌、细菌、病毒，以及线虫、昆虫等有害生物的存在程度很低；同时种子不缺乏微量元素，生理状况良好。”种子处理是在作物播种前利用物理、化学或生物等因素，对播种材料进行消毒、给予某种刺激或补充某些营养物质等措施的总称。如晒种、浸种、药剂处理、菌肥拌种、种子肥育、微波或辐射处理、层积处理等。因而种子处理是获得健康优质种子、提高播种质量及出苗率等的重要种子保健措施。

我国劳动生产者在长期生产实践中积累了丰富的种子保健经验，早在秦汉时期（公元前221～公元220年），就有居当时世界领先地位的种子处理技术——溲种法，通过对粟谷种子进行药粪丸粒化包衣，实现抗虫、抗旱和促进丰收。而在当下，商品化种子作为重要的农业生产资料，大规模的地区间调运频繁出现，对有害生物尤其是检疫性物种的控制对种子处理提出了更高要求，加之全球对农化产品使用的管制不断加剧，以及消费者对食品农药残留问题的逐渐重视，都为种子处理市场的快速增长起到了推动作用。全球种子处理市场2012年的市值为22.9亿美元，而预计到2018年，这一数据几乎翻倍，将达到41.9亿美元，年复合增长率达到10.6%。在国内，近年也出现了种衣剂市场不断升温的现象。传统的种衣剂企业不断登记新品种，优化制剂的助剂体系并提高质量控制标准，推进产品的更新换代；而另一支力量——大型农化企业和种子公司相继加入种衣剂产品的开发和生产，为国内种子处理剂市场繁荣和质量提升做出贡献。

我国以种衣剂为代表的种子处理剂行业也面临着各种问题，中国种子协会种衣剂分会理事会议上，前任理事长张世和曾指出种衣剂新产品开发和高毒农药低毒化替代过程中农药品种的选择问题、种衣剂产品的药害问题、国内企业之间的压价竞争和国外公司产品的市场分割等问题，都挑战着当前的种衣剂生产企业的发展。

本章节将对种子处理剂的代表——种衣剂的基本概念、分类和功能、剂型和配方开发原理、加工工艺以及使用中存在的问题等进行全面介绍和剖析。

第一节 概 述

一、种子处理剂剂型类别及名称

对种子进行的药剂处理通常根据作物种类和各地有害生物（病、虫、鼠等）发生危害的情况，在种子加工过程中或临近播种前，采用包衣、拌种、浸种或闷种等施药方法进行，目前生产上种子处理使用的基本农药剂型包括固体和液体两类。

在国际上有许多类型和品种的种子处理剂，这主要取决于种子的类型及各国病虫及土壤状况。据文献报道种子处理剂品种有几百种，对于分类标准尚没有一致说法。

（1）按组成大致可分为四大类型 ① 物理型（又称泥浆型）：主要用于小粒种子丸粒化，播种后种子表面药剂崩解速度快，有控制释放作用。其中包括方便播种的种衣剂、抗流失种衣剂、帮助作物移植生长的种衣剂。② 化学型（即农药、肥、激素型）：功能上包括杀虫杀菌种衣剂、常量元素肥料和微肥种衣剂、除草剂种衣剂（除草剂在种衣剂的应用还处于试验阶段）、复合型种衣剂。③ 生物型：利用有益微生物为有效成分制成种衣剂处理种子，可防止污染，保护环境。④ 特异型：用于特定或特殊目的的种衣剂。其中包括蓄水抗旱种衣剂、抗寒种衣剂、逸氧种衣剂、抑制除草剂残效种衣剂。

（2）按功能分 ① 植保型：即以防治芽期和苗期的主要病虫害为目标拟定的活性物质配方，形成膜衣包裹在种子表面。② 衣胞型：一般来说，在某些特殊情况下（如特种作物、特定气候条件或特殊地区）为了保证种子发芽，不受周边环境的影响，在种子外表包裹了一层保护层，犹如给种子提供了一个小“宾馆”，为种子发芽初期提供了便利条件，例如：包括防病菌虫害侵入组分、供氧剂、保水剂、养分等。③ 整形型：主要是针对蔬菜、花卉等价值较高作物种子进行整形处理，俗称丸粒化，它是种子高度商品化的一种形式。

（3）按使用环境分 ① 旱田种衣剂；② 水田种衣剂。

（4）按种衣剂物理形态分 ① 丸粒化型，固形物含量较高（惰性填料和农药原药含量在50%以上），用于小粒种子和不规则种子的丸粒化；② 悬浮型，固形物含量较低（一般在1% ~50%），外观为均匀流动的悬浮液，用于种子包衣；③ 干粉型，产品为粉状，使用时须加水稀释，可用于丸粒化和包衣。

（5）按包衣层数分 单层包衣与多层包衣两种 多层包衣主要是指以上所述单一型种衣剂的衣膜按功能多层包衣，另外一种是指丸粒化的制作过程。

（6）按农药加工剂型分 ① 水悬浮型；② 水乳型；③ 悬乳型；④ 干胶悬型；⑤ 微胶囊型；⑥ 水粉散粒剂型等。

我国2003年颁布的国标《农药剂型名称及代码》（GB/T 19378—2003）中，将种子处理固体制剂分为种子处理干粉、种子处理可分散粉剂和种子处理可溶粉剂；种子处理液体制剂分为种子处理液剂、种子处理乳剂、种子处理悬浮剂、悬浮种衣剂、种子处理微囊悬浮剂。其中，英文剂型名称、代码和说明详见表14-1。相比其他种子处理剂，悬浮种衣剂具有药剂可成膜且不易脱落、对种子安全、提高种子附加值、便于贮藏和运输等优势，目前已登记的产品数量约占所有种子处理剂的3/4。其中水悬浮型种衣剂是目前种衣剂中比例最大的一种类型，而水分散粒剂型种衣剂以其贮藏稳定性和环境相容性等优势，被认为是最有潜力的一种种衣剂类型。

表14-1　种子处理剂的剂型名称及说明

类别	剂型名称	剂型英文名称	代码	说明
种子处理固体制剂	种子处理干粉	powder for dry seed treatment	DS	可直接用于种子处理的、细的均匀粉状制剂
	种子处理可分散粉剂	water dispersible powder for slurry seed treatment	WS	用水分散成高浓度浆状物的种子处理粉状制剂
	种子处理可溶粉剂	water soluble powder for seed treatment	SS	用水溶解后，用于种子处理的粉状制剂
种子处理液体制剂	种子处理液剂	solution for seed treatment	LS	直接或稀释后，用于种子处理的液体制剂
	种子处理乳剂	emulsion for seed treatment	ES	直接或稀释后，用于种子处理的乳状液制剂
	种子处理悬浮剂	flowable concentrate for seed treatment	FS	直接或稀释后，用于种子处理的稳定悬浮液制剂
	悬浮种衣剂	flowable concentrate for seed coating	FSC	含有成膜剂，以水为介质，直接或稀释后用于种子包衣（95%粒径≤2μm，98%粒径≤4μm）的稳定悬浮液种子处理制剂
	种子处理微囊悬浮剂	capsule suspension for seed treatment	CF	稳定的微囊悬浮液，直接或用水稀释后成悬浮液种子处理制剂

二、悬浮种衣剂

悬浮种衣剂（flowable concentrate for seed coating）是一种用于植物种子处理的、具有成膜特性的农药制剂。通常种衣剂是由活性成分（杀虫剂、杀菌剂、生长调节剂、微肥等）、成膜剂、润湿分散剂、警戒色和其他助剂加工制成，可直接或稀释后包覆于种子表面，形成具有一定强度和渗透性的保护膜的制剂。它和用于种子处理的其他农药液体制剂和固体制剂不同，悬浮种衣剂由于含有成膜物质可包在种子表面形成特殊包衣膜，而其他剂型一般只是黏附在种子表面不能成膜。种衣剂形成的这层膜在土壤中可吸水膨胀，允许种子正常发芽所需的水分和空气通过，使农药和种肥等物质缓慢释放，进而实现有效成分的杀灭地下害虫、防止种子带菌和苗期病害发生、提高种子发芽率、促进种苗健康生长发育以及改进作物品质和提高产量等一系列功能。

悬浮种衣剂之所以倍受重视，主要是因为它与其他施药方式相比具有高效、经济、安全、持效期长和多功能等诸多优点。

高效是指种子处理从农作物的生长发育起点出发，着重保护种子本身以及作物娇嫩的幼芽期，是体现预防为主的一种施药方式和农药剂型，因而最能充分发挥药剂的效果。

经济是指种子处理的高度目标性，因为药力集中、利用率高，较之叶面喷施、土壤处理、毒土、毒饵等方法省药、省工、省时和省种。与沟施相比，种子处理用药量不及它的15%，与叶面喷施相比，种子处理用药量不及它的1%。

安全是指种子处理可在小范围内进行，便于实行产业化；药剂隐蔽施用，对大气环境、土壤无污染或少污染；不伤天敌，有利于综合防治，且使作物地上部分的残留量大为减少，因而有助于高毒农药实现低毒化。

持效期长是指种子处理后，药剂一般不易迅速向周围土壤扩散，而是缓慢释放，又不受日晒雨淋和高温等影响，因而有效成分对病虫害的防治持效期相对延长。

多功能是指种子处理以种子为载体包敷多种有效成分，包括杀虫剂、杀菌剂、生长调节剂、肥料和微量元素等，实现从多方面促进作物生长，最终起到增产作用的效果。

三、悬浮种衣剂发展简史

种苗期病虫害发生较重，适合使用种衣剂的主要作物有：棉花、大豆、花生、小麦、玉米、水稻、谷子、高粱、蔬菜（黄瓜、番茄、芹菜、茄子等）、甜菜、油菜、向日葵、芝麻、西瓜、当归、西洋参、麻类、烟草、牧草、苗木和观赏植物等。

20世纪80年代，国外种衣剂已经广泛应用于种子加工厂。世界各大农用化学品公司也积极开发适用于农户的产品，研制出了一批新型高效的种衣剂产品。早期如美国富美实公司的呋喃丹（350g/L克百威悬浮种衣剂）、有利来路公司的卫福（40%萎锈灵·福美双悬浮种衣剂）；以及近年来瑞士先正达作物保护有限公司的满适金（35g/L咯菌·精甲霜悬浮种衣剂）、拜耳作物科学（中国）有限公司的高巧（600g/L吡虫啉悬浮种衣剂）、巴斯夫欧洲公司的施乐健（18%吡唑醚菌酯悬浮种衣剂）、美国杜邦公司的路明卫（50%氯虫苯甲酰胺悬浮种衣剂）等产品。

国内种衣剂的真正发展是从20世纪90年代才开始的。在过去十几年里，开发了适宜在不同地区，不同作物，防治不同病虫害的一系列品种，并基本形成了具有中国特色的种衣剂研究、开发、生产和推广体系。种衣剂的发展一直保持着较快的发展势头。

目前发展数量较多的为化学型种衣剂，在美国、日本及欧盟等发达国家被广泛使用；物理型种衣剂主要用于种子丸粒化或不规则种子标准化，便于机播和减少播种量，在欧洲的甜菜、烟草、番茄、花卉等农作物生产中物理型种衣剂发挥了重要作用；生物型种衣剂目前正在开发中，在美国有些品种已投产应用；用于水稻的逸氧型种衣剂及干旱地区作物种子包衣所用的高分子吸水剂为组分的特异型种衣剂，也是现今研制开发的热点之一；开发难度大的含选择性除草剂的种衣剂也在研制之中。总之，为了适应不同国家或地区的不同良种包衣之需要，种衣剂的类型和品种将不断扩大和增多。

我国是农业大国，种衣剂市场潜力巨大。1996年农业部开始实施“种子工程”，使我国种子包衣技术得到大力推广应用，种衣剂生产企业从原来的33家定点厂发展到目前的300多家，年产量1万多吨。国产种衣剂中病虫兼治的复合型种衣剂较多，占种衣剂品种的70%左右，药肥复合型种衣剂占40%左右，早期应用较多的品种有35%多·克·福悬浮种衣剂，20%克·福悬浮种衣剂等。近年来，35g/L精甲·咯菌腈悬浮种衣剂、0.8%腈菌·戊唑醇悬浮种衣剂和20%吡·戊·福美双悬浮种衣剂在市场上用量较大。

目前国内种衣剂市场的特点是：多数种衣剂生产企业规模小，技术水准不高，种衣剂总体质量合格率低，质量难以保证，产品结构不合理、发展不平衡，新产品的开发滞后，市场发育不成熟。

第二节 种子处理液体制剂

种子处理液体制剂一般包括以下几种类型：水悬浮型（包括种子处理悬浮剂FS和悬浮

种衣剂FSC）、水乳型（EWS）、悬乳型（SES）、微胶囊型（CSS）以及水溶液型（LS）。

（1）水悬浮型种衣剂（简称悬浮种衣剂） 是目前我国推广种子包衣技术使用最广泛、使用量最大的种衣剂，它是把固体农药和其他辅助成分超微粉碎成一定细度范围制成的一种特殊功能的农药水悬浮剂。

（2）水乳型种子处理剂 是根据某些特殊作物的种子的防治需要研制出的一种新的种衣剂剂型。它是把农药以液体形式以一个微米左右颗粒均匀地悬浮在种衣剂中，同时配以特殊的成膜材料和渗透剂。它的特点是活性物质的渗透性极强，能迅速穿过质地较为坚硬的种皮而被种子吸收，同时特殊材料制成的衣膜保证了活性物质的单向渗透，具有特殊效果。

（3）悬乳型种子处理剂 是水悬浮型种衣剂和水乳型种衣剂的复配剂型。

（4）微胶囊型种子处理剂 这种剂型的特点是把农药的活性成分包裹在5～20μm或者更小直径的高分子小球内，形成一个个微型胶囊，然后再按种衣剂的要求加工成水悬浮型的或干胶悬浮型的种衣剂，它具有控制释放功能，从而可以延长药效，更可靠地确保种子的安全。到目前为止，部分跨国农化公司已成功开发了相关微囊悬浮剂产品，而我国的农药企业也研发了相关产品并取得良好的市场反馈。

（5）水溶液型种子处理剂 是直接或稀释后，用于种子处理的液体制剂。

悬浮种衣剂，是由有效成分（杀虫剂、杀菌剂、植物生长调节剂、微量元素等）、成膜剂、润湿剂、分散剂、增稠剂、警戒色、填料和水经湿法粉碎制成的一种可流动的、稳定的均匀悬浮液体。悬浮种衣剂和悬浮剂的主要差别在于悬浮种衣剂组成中有成膜剂及警戒色，同时悬浮种衣剂的配方组分对种子的安全性要优于普通悬浮剂，目前国内的种衣剂产品绝大多数都是悬浮种衣剂。

农作物良种播种之前，根据可能会发生的芽期、苗期虫害及种传、土传病害，选择药液品种，对种子进行包衣。一层薄薄的药膜保护了种子，犹如穿上了一种外衣，故称种衣剂。一般包衣种子可在芽期和苗期的近45d内不需再施农药，微囊型种衣剂的缓释作用可持效更久的时间。可以说种衣剂的使用不仅有效减少了施药次数、节约了劳动力，而且减少了施药总量。从整体意义上看，可以说推广种子包衣技术是植保领域中使用农药方式的一次革命，由于种子包衣所耗用农药大幅度减少，防治和增产效果明显，因此属世界公认的、积极推广的、对环境友好的农药新剂型。

推广种子包衣技术是我国由传统农业向现代高科技农业过渡的桥梁之一。国际种子处理界的科学家们普遍认为种子包衣技术是充分挖掘作物遗传基因潜力的一个重要措施（seed treatment technologies: evolving to achieve crop genetic potential），种子包衣技术既可以为当前的传统作物栽培服务，也是将来以基因工程为基础的现代农业不可缺少的技术措施之一，有着广泛的科技发展前途。

第三节 悬浮种衣剂的配方开发理论基础

种子处理剂的研发涉及农药化学、农药制剂学、物理化学、化工机械等多学科，研究和制造技术比较复杂。从种子保健角度来讲，杀虫活性和杀菌活性是种子处理剂的两项最基本功能，而从制剂加工角度看，现在我国种衣处理液体制剂90%以上是悬浮型种衣剂，许多理论可以借鉴一般农药悬浮剂。本章之后的部分将重点介绍与悬浮种衣剂的研发和应用相关的理论和技术。

一、种子处理剂的农药有效成分

1. 作用特点

悬浮种衣剂的有效成分对种子和幼苗的保护具有如下三个特点：种子的保护屏障；内吸传导作用；活性组分的控制释放作用。

（1）种子的保护屏障　使用药剂处理种子后播入土壤，种子表面的药剂对带菌的种子有消毒作用，对种子外部土壤中的病原侵染和害虫危害也起着阻隔和屏障作用。

（2）内吸传导作用　具有内吸传导活性的药剂可通过种皮吸收向种内传导，当种子萌发幼苗出土后，随着植物蒸腾液流向顶传导，在植物体内再分配至病原物的侵染位点附近，阻止病原菌的侵染和扩展，或者到达害虫的危害部位，通过害虫取食植物进入虫体发挥作用。

（3）活性组分的控制释放作用　种衣剂内含成膜剂和交链剂，活性组分被固定在聚合网格上。种衣在土中遇水只能吸涨，而几乎不被溶解，在地下形成一个持续供药的微环境，有效成分可缓慢释放，然后被植物吸收传导到各部位起作用，一般持效期为45～60d。

2. 防治对象

根据以上所述作用特点，种衣剂中杀菌活性成分的主要防治对象是种传病害和土传病害，如黑穗病、根腐病、茎基腐病、立枯病、猝倒病、恶苗病、纹枯病、全蚀病等。杀虫剂的主要防治对象是地下害虫和苗期发生的地上害虫，包括蛴螬、金针虫、地老虎、蝼蛄、蚜虫和蓟马等。

3. 杀虫剂的选择

根据药剂的防治谱以及虫害的发生特点，选择具有胃毒和内吸作用为主的药剂。如防治地下害虫，氟虫腈、克百威、氯氰菊酯、氯虫苯甲酰胺、高效氯氟氰菊酯、丁硫克百威和丙硫克百威等为种子处理剂中的常用药剂。而对于苗期地上害虫的防治，则要求杀虫活性成分具有较强的内吸活性，在氨基甲酸酯和有机磷类药剂中高毒农药品种被禁限用后，吡虫啉和噻虫嗪等农药品种逐渐成为种子处理剂的重要候选杀虫成分。

4. 杀菌剂的选择

根据药剂的杀菌谱以及病害的发生特点，可选择具有保护作用和治疗作用的杀菌剂。保护性杀菌剂如福美双、代森锰锌和具有一定渗透能力的咯菌腈是种衣剂产品中最常见的杀菌成分，它们具有广谱杀菌活性，对带菌种子具有很好的消毒作用，同时可以有效阻断土传病原菌的侵染。而具有内吸活性的杀菌剂如戊唑醇、苯醚甲环唑、多菌灵、萎锈灵、甲霜灵等则一方面对种子内部带菌具有很好的抑制活性，具有种子消毒作用，另一方面对苗期病害侵染和发生具有重要的预防和治疗作用。此外，20世纪90年代末以来在杀菌剂市场上唱主角的甲氧基丙烯酸酯类药剂中的嘧菌酯和吡唑醚菌酯，以及最近几年在市场上非常活跃的琥珀酸脱氢酶抑制剂类中的氟唑环菌胺也被应用于种衣剂产品。

二、悬浮种衣剂基础理论知识

1. 悬浮型种衣剂制备的理论基础

悬浮种衣剂是将不溶于水的固体农药经微细化分散于水中时，由于粒子本身的疏水性以及粒子间存在范德华引力的缘故，它们会自发聚集在一起，所以体系中粒子的凝聚和沉降是影响种衣剂物理稳定性的主要原因。悬浮种衣剂以浓缩悬浮液的形态存在，经时存放期间除可能出现化学不稳定性外，更常出现的是物理稳定性问题。Stokes公式描述了无限稀释的流体中，表面未被溶剂化球形粒子的沉降速度的相关因子，指出悬浮体系中粒子的沉降速度与黏度呈负相关，与粒子直径的平方及分散介质—粒子相对密度呈正相关。颗粒间的聚集是影响悬浮体系稳定性的另一关键因素，Tadros将悬浮颗粒间的相互作用归结为范德华作用、硬球作用、双电层作用和位阻作用，颗粒最终能否聚集正是这些作用的结果，颗粒聚集无疑会使小粒的分散相变大，增加下沉机会。晶体的奥氏熟化现象则解释了粒度谱较宽的悬浮体系贮存期内的晶体生长，从而造成颗粒沉降的原因。

近年来，使用激光粒度仪对粒子粒度的进一步研究发现粒度分布范围对体系稳定性也有很大影响。使用流动电位仪对粒子带电性质研究表明粒子表面双电层及体系pH值对粒子沉降速度的影响也十分显著。通过添加在连续相介质水中能够发生电离作用的表面活性剂或电解质可以改善粒子的带电性能，从而降低分散相粒子表面的界面能及静电排斥作用，防止粒子凝聚，从而使制剂保持稳定。

2. 表面活性剂在悬浮种衣剂中的应用与筛选

大量研究表明表面活性剂是降低体系表面能、阻止粒子相互靠近或凝聚成大粒子的有效手段。对于悬浮型种衣剂而言，表面活性剂主要是指润湿剂和分散剂。它们的作用是通过改变固体（水不溶）原药的表面性能，使得固体原药能够分散到水中，在粒子周围形成与范德华吸力相抗衡的斥力场，形成稳定的分散体系。润湿分散剂的主要作用机理是“静电排斥”作用与“空间位阻”作用。所谓“静电排斥”作用指离子型分散剂吸附于粒子表面的负电荷互相排斥，以阻止粒子与粒子之间的吸附/聚集而形成大颗粒，进而分层/沉降；所谓“空间位阻”作用，其稳定机理一般认为是大分子表面活性剂在分散相粒子界面上吸附并形成一个致密吸附层，这种分散相粒子界面的致密吸附层会对粒子间的进一步靠近产生空间位阻作用，从而保持悬浮种衣剂的分散稳定性。在实际研制中需要针对不同原药的性质进行选择。目前能够准确验证表面活性剂与原药相互作用性质的理论基础十分薄弱，大多数商品制剂都是凭经验开发的。

3. 粒度分布与研磨技术的关系

如上所述，颗粒细度和粒度分布是影响悬浮体系物理稳定性的主要因素，所以也是悬浮型种衣剂研究中的关键问题。在多数品种的标准中，一般要求悬浮体系的粒子平均粒径D_{50}在2μm左右，显然这一指标没有考虑到粒度分布和大颗粒占总质量的比例，所以在实践中执行相同标准的不同产品质量相去甚远。比较精确的方法是用激光粒度仪测定粒径分布，并通过计算吸收能谱得到各级颗粒的质量分布，粒径分布越窄，体系的稳定性越好。

除表面活性剂的作用外，解决细度问题的主要手段是提高加工过程的研磨效率。湿法研磨的砂磨机主要有立式和卧式，卧式砂磨机比立式砂磨机能力可提高近 2 倍，启动功率低，消耗能量小，得到广大用户青睐。目前，国内现在已有许多设备生产厂家能提供密闭卧式砂磨机，价格较低，性能稳定，选择合适类型和品质优良的密闭卧式砂磨机，完全可满足国内悬浮剂生产。

近期，国外瑞士WAB华宝公司已经设计出配备特殊加速器ECM的新一代戴诺磨和纳米级砂磨机，技术革新不仅带来研磨效率的提高，同时使得制备高含量的悬浮剂更为简单、便捷。但价格更昂贵，维修和保养成本更高。

4. 悬浮种衣剂的成膜剂性能与筛选

成膜剂是种衣剂中最为关键的成分。常用的聚乙烯醇、聚乙二醇、聚乙烯乙酸酯、聚乙烯吡咯烷酮、松香、聚苯乙烯、苯丙乳液、丙烯酸树脂聚合物、羧甲基纤维素、明胶、阿拉伯胶、黄原胶、海藻酸钠、琼脂、多糖类高分子化合物、纤维素衍生物等具有黏结性和成膜性的高分子聚合物，经水解制成具有一定黏度的液体。高分子聚合物本身的特性决定了黏结性能较高的品种成膜强度一般较低，产品流动性差，成膜不均匀（即流平性能差），膜的耐磨性能差，容易成粉状脱落；反之，成膜强度高的品种黏结性差，膜与种子亲和力差，容易成片脱落。近年来，为了兼顾黏度与强度的要求，研究中往往采用两种以上不同性能的聚合物进行水解后的再聚合、缩合、共混、共聚等反应，得到理想的成膜剂。采用旋转黏度计考查样品的黏度，采用测定膜的耐折性考查成膜强度，最终以包衣种子脱落率的方法来综合考察成膜剂的性能。

复合成膜剂的制备主要基于两种聚合理论：一是共聚理论，认为不同性能的聚合物在水解状态下重新聚合或缩合成接枝共聚产物，能够表现出原成分的黏性和强度；二是嵌合理论，认为不同性能的聚合物在水解状态下共混形成相互嵌合的产物，也能表现出双重特性。近年来，基于上述理论研制开发的种衣剂品种多能达到兼顾黏性和强度的要求，脱落率、黏度和流动性有明显改善。

第四节　悬浮种衣剂的配方组成及质量控制

一、悬浮种衣剂的主要组成

悬浮种衣剂一般由以下几部分组成：活性物质、成膜剂、其他助剂（分散剂、渗透剂、流变添加剂、防冻剂、消泡剂、增稠剂等）、填料、辅助成分：微肥、植物生长调节剂、保水剂、供氧剂等（按不同需要而定）、警戒色。典型配方组成见表14-2。

表14-2　悬浮种衣剂的配方组成

组成	质量分数 /%
活性成分	0 ~ 60
润湿剂	1 ~ 3
分散剂	1 ~ 8
成膜剂	0.2 ~ 5
警戒色	0.1 ~ 15
抗冻剂	3 ~ 10
增稠剂	0.05 ~ 2
水	补足到 100

1. 活性成分

活性成分是种衣剂配方中对病虫害防治起主要作用的部分，它包括杀菌剂、杀虫剂、杀线虫剂、植物生长调节剂以及相应的保护剂、微量元素等。但种衣剂配方所选用的农药活性成分有着特殊要求，如① 不能影响种子的活性；② 在土壤中必须稳定；③ 原药的酸碱度必须保持中性；④ 对环境和土壤不产生严重污染；⑤ 残效期适中等。杀虫和杀菌活性成分的筛选需要根据防治对象选择，药剂的活性评价通常需要经过室内离体毒力测定、温室条件下的药剂活性和安全性评价，以及田间药效试验方可最终确定下来。在多种有害生物同时危害的情况下，为了扩大防治谱，种衣剂配方中往往需要多种药剂进行复配，复配药剂活性可用联合毒力测定的方法确定，复配的药剂之间力求增效，也可以是加和，但不能发生拮抗作用。

2. 成膜材料

成膜材料在种子外表形成一层衣膜，具有透气、透水的功能和一定强度，但又不易被水分溶解，随着种子的发芽、生长而逐步降解的高分子复合材料。成膜剂的主要类型有：聚乙烯醇PVA、聚乙二醇PEG、聚乙烯乙酸酯、聚乙烯吡咯烷酮PVP、松香、聚苯乙烯、苯丙乳液、丙烯酸树脂聚合物、羧甲基纤维素、明胶、阿拉伯胶、黄原胶、海藻酸钠、琼脂、多糖类高分子化合物、纤维素衍生物等。

3. 其他助剂

润湿剂通常指能使固体物料更易被水浸湿的物质，通过降低其表面张力或界面张力，使水能展开在固体物料表面上，或者导入其表面，把固体物料润湿，一般用量在1%～3%的范围比较合适。而分散剂可以阻止粒子之间相互凝集而形成稳定的悬浮体系，一般用量在1%～8%范围比较合适。润湿分散剂的主要类型有：萘磺酸钠甲醛缩合物、三苯乙烯基酚聚氧乙烯醚类和衍生物酯类、木质素磺酸盐、脂肪醇聚氧乙烯醚类、EO/PO 嵌段共聚物、烷基酚聚氧乙烯醚类、苯乙烯苯酚甲醛树脂聚氧乙烯醚磷酸酯盐、高分子疏型共聚物、聚合羧酸盐类等。

增稠剂常用的有黄原胶、纤维素醚及其衍生物、聚乙二醇、聚乙烯醇、硅酸镁铝、膨润土、高龄土、硅藻土、白炭黑、明胶、阿拉伯胶中的一种或者两种以上的组合。目前悬浮种衣剂中较常使用的增稠剂为黄原胶，黄原胶从黏度、悬浮率等方面都是目前所知的性能最为优越的生物胶之一，其独特的理化性能使之集增稠、悬浮及助乳化稳定等功能于一身，广泛应用到悬浮种衣剂生产中。

抗冻剂一般从乙二醇、丙二醇、丙三醇、无机盐、尿素中选择。以水为主要介质的悬浮种衣剂，在北方地区寒冷的自然条件下，不利于生产、贮存和使用，所以添加抗冻剂是必不可少的工序，加入后能延缓种衣剂的结冻现象，并起到尽快解冻的效果。

消泡剂通常为硅类消泡剂、聚醚类消泡剂、高碳醇、磷酸三丁酯、聚硅氧烷消泡剂中的一种。

4. 辅助成分

辅助成分中微肥主要以特殊形态的锌、硼、锰、铜以及少量稀有元素为主。植物生长调节剂，根据植物需要，经常选用的是多效唑、烯效唑、缩节胺、赤霉素、萘乙酸、吲哚丁酸、环烷酸盐、三十烷醇、复硝钾、过氧化钙、过氧化锌、生根剂、种子萌发促进剂等。

5. 警戒色

警戒色一般是由各种染料或颜料组成，色系选择国际通用的警戒色——红色系，也可根据需要选择其他色系，但应注意选择的警戒色物质不能对被包衣种子和种衣剂的其他组分有不良影响。包衣后的种子一般都带有农药等有毒物质，如果不加警戒色不易区分包衣前后的种子，引起人畜及鸟类的误食，就可能酿成中毒事故。为便于与一般种子进行区别，同时起到对种子或产品的分类作用，在种衣剂配方中必须加警戒色。

常用的偶氮类的染料，如碱性玫瑰精，染料具有染色上染率高、染色迅速、不易脱色，但染料在水中的溶解度小，染料上色顽固，不易清洗施药药具，同时也容易污染土壤和水质，不易降解,目前国际上更多开始使用有机颜料来代替染料。为了提高包衣后表面光亮度，配方中还需要加入适当的珠光粉和荧光粉等。

二、主要技术要求

1. 细度

悬浮种衣剂的细度是指原药、助剂、警戒色等固体物质在水中被研磨分散的程度，也叫粒度。它是水悬浮型种衣剂产品质量控制的一项重要指标，主要原因是：① 粒度决定包衣的均匀性，粒度越小，产品分布越均匀，田间播种后，其防治效果越均衡，细度分布不均匀或严重超标就不可能均衡地发挥药效，包药过多的种子有可能产生药害，而吸药量不足的种子又达不到应有的防治效果。② 细度决定悬浮型种衣剂的贮存稳定性，粒子过大可引起沉降，使底部出现明显的固体沉淀甚至结块，严重影响产品的使用效果。③ 细度影响包衣种子的商品性，粒径较大的悬浮种衣剂包衣后，种子表面形成粗糙的药膜，不仅影响种子的外观，而且在运输和播种过程中，由于振动和摩擦极易引起药剂脱落。因此，在生产过程中，细度是一项重要的生产中间控制指标和最终产品质量控制指标。此外，由于细度能够反映体系的研磨效率，在配方开发过程中，经常被用于润湿分散剂性能的评价，同时由于分散的颗粒具有重新聚集的趋势，良好的润湿分散剂应具备控制产品贮存过程中颗粒二次聚集和粒径生长的功能。

2. 黏度

种衣剂黏度的大小一方面对种子包衣效果有较大影响；另一方面影响制剂本身的悬浮稳定性。一般来说，对某一种特定种子，黏度和包衣效果呈负相关。在同等包衣的药种比（药液与种子的包衣比例）前提下，如果产品的黏度过大，就会造成包覆后的种子表皮成膜不均匀，进而影响药效。尤其是对小粒种子进行包衣，种衣剂应该控制在较低黏度。对于制剂的稳定性而言，较高的黏度可以造成悬浮颗粒的沉降，利于提高产品的悬浮率。因此，一种优质的种衣剂必须具备相应的流变性，在静置贮放时有较高的黏度有助于产品的稳定性，而摇晃后的黏度变小有助于种子的均匀包衣。

3. 成膜性

成膜性是种衣剂中最为关键的性能之一，良好的成膜剂应具备快速成膜、成膜均匀、牢固度高、对种子安全等特征。成膜性分为表观性能和安全性能。表观性能即包衣后所能观察到的直观包衣效果；对应的指标为种衣剂的包衣脱落率，成膜性与包衣脱落率呈正相关，在种子包衣和包装、贮存过程中也可能做出初步判别。如果种子包衣晾干后表面的药液干燥物脱落率很明显，说明成膜性的表观性能不佳，反之亦然。而成膜性的安全性能则通过种子的发芽率表现出来，好的成膜性有助于活性组分附着于种皮表面，有良好的表观性能，同时不影响种子在发芽时的气体呼吸作用与水分吸收，对种子的发芽速度没有影响，安全性能高。如果使用添加成膜剂的药液包衣，种子的发芽速度有明显的抑制作用，说明成膜剂的种类和用量还需调整，配方体系的成膜性的安全性能不够完善。

4. 悬浮稳定性

悬浮型种衣剂的一项重要性能，悬浮稳定的种衣剂产品在使用过程中可以提供种子以均匀的包衣效果，而悬浮不稳定的产品由于药剂在包装瓶或桶内分布不均匀，如果使用前又没有充分摇匀，很有可能对种子包衣不均匀，造成苗期药害或保护不足。悬浮稳定性可通过悬浮率和贮存后分层率或析水体积等指标来衡量。由于理论上悬浮体系属于热力学不稳定体系，实际生产中只能通过黏度、粒径等指标的调整使产品在货架期内处于相对稳定状态。

5. 酸碱度

种衣剂的酸碱度应严格控制在中性左右，过酸或过碱会对种子的发芽产生不良影响，值得注意的是贮存期较长（一般两年）的种衣剂酸碱度的变化较大，不宜再使用。

6. 冷贮稳定性

种衣剂产品在低温条件下贮存要求物理性无明显变化，国家标准定为（0±2）℃贮存7d，物理性状无明显变化。特别优良的种衣剂即使在零下5～10℃的条件下，长期贮存而结冰，但在室温条件下，化冰后仍能恢复原状。

7. 热贮稳定性

热贮稳定性是检验产品配方是否合理、保质期内是否稳定的一项指标要求。方法是将样品在（54±2）℃贮存2周后，其有效成分分解率应不超过该产品标准规定的分解率，各项物理指标仍应符合原标准的规定，尤其是黏度、悬浮率、粒径等指标的观测对评价配方组分间的配伍性具有重要意义。

8. 发芽率

种子活力的测定和包衣种子的发芽试验是种子公司进行批量种子包衣时不可缺少的试验程序。

三、悬浮种衣剂质量标准及主要测定方法

合理的配方、关键的助剂、先进的生产工艺是悬浮种衣剂质量的保证，悬浮种衣剂质量的好坏直接影响种衣剂包衣效果和应用效果。《悬浮种衣剂产品标准编写规范》（GB/T 17768—1999）对悬浮种衣剂的主要技术指标及其测定方法进行了详细规定。具体控制项目指标为：有效成分含量、有害杂质含量、pH值范围、悬浮率、筛析、黏度范围、成膜性、包衣均匀度、包衣脱落率、低温稳定性及热贮稳定性。国际上悬浮种衣剂的质量标准主要由以下技术指标构成：

1. 有效成分含量

包括农药和微量元素二者的含量，如添加化学调节剂，也要列出其有效成分的含量。国际上要求生产厂家需列出产品的有效成分，以便用户掌握功能，选择作用。

分析测定方法：对有机农药采用液相气谱法、薄层层析-紫外分光光度法和化学分析法，对于金属性微量元素多采用原子吸收法。

2. 粒度分布

种衣剂外观为均匀流动液体，为保证成膜性，要求粒度分布均匀，即要求微粒粒径（小于或等于）2μm的在95%以上，（小于或等于）4μm的在98%以上。

测定方法：国内外利用“粒谱分布测定仪”进行，快而准确，也可采用显微镜测微尺进行。

3. pH值

pH值主要影响种子发芽率，也影响种衣剂的稳定性，国际上一般要求种衣剂产品的pH值保持在4.5～7.0。

测定方法：pH计。

4. 黏度（动态黏度）

黏度与良种包衣均匀度和成功率有关，包衣不同作物种子要求黏度不同，如包衣玉米的种衣剂黏度要低，一般为280～360cp（1cp=10^{-3}Pa·s）厘泊，而包衣棉花良种的种衣剂黏度要高些。

测定方法：黏度计。

5. 成膜性

成膜性与包衣质量、种衣光滑度有关。合乎标准的种衣剂，包衣时自动成膜为种衣，种子相互不粘连，不结块，不需干燥和晾晒。

成膜性用成膜时间来表示，一般成膜时间允许在30min之内。

6. 干物质量

种衣剂一般由干物质和液体物质两部分组成，干物质一般最低要占26%，否则包衣效果不良，因此要根据不同型号中种衣剂的组成、配比，测出各类型种衣剂干物质量，以此作为种衣剂脱落计算的基础。部分高含量的种衣剂产品使用时还需兑水稀释后包衣或者外添加功能性包衣助剂产品，该指标不在其内。例如拜耳的高巧（600g/L吡虫啉FS）一般就是兑水稀释后再包衣，同时还配合专用的包衣助剂使用，其制剂中的固含量要远远超过26%。

7. 筛上残存量

筛上残存量能够表明种衣剂产品中的杂质含量情况，以乙酸乙酯等不同溶剂溶解种衣剂干物质，然后放到一定筛目的筛子上，再用一定溶剂冲洗，测定筛上不溶物的残存量，残存量越高，说明种衣剂杂质含量越高，对包衣不利。

8. 经时稳定性

种衣剂是一种以水为载体的悬浮分散体系，经时贮放时制剂的析水比与产品的贮藏稳定性有关。一般要求两年经时贮放的析水比（小于或等于）7%～10%。析水比大于标准，说明产品中组分间的亲和性不佳或粒径不符合要求，粒子的悬浮性不好，影响包衣效果。

9. 警戒色

为使“粮食”和“种子”区分开，种衣剂产品中加入特定染料或颜料作为警戒色。国际上通用的警戒色为红色系。

以上9个指标主要针对化学型种衣剂而言，对于物理型、特异型等种衣剂另有质量控制指标。

第五节　悬浮种衣剂加工与使用中存在的问题

种衣剂在我国开发应用至今已有三十余年，在保护作物生产、减少田间用药等方面发挥了重要的作用，但是种衣剂生产和使用中仍存在着各种问题，比如产品悬浮稳定性差的问题，三唑类药剂用量不当造成的苗期药害问题，种子加工与播种过程中的膜衣脱落问题，包衣种子贮存一段时间后的褪色问题等。其中从农药剂型加工的角度，悬浮种衣剂的悬浮稳定性问题一直是种衣剂生产过程中最关注的问题。受到研磨机械、表面活性剂等技术发展的影响，其推广规模仍难与乳油、可湿性粉剂等大宗剂型相比。目前开发的品种，尤其是国内生产的多数悬浮种衣剂产品的物理稳定性较差，贮存中易发生分层、沉淀，农药有效成分难以均匀分散，甚至结块不能从包装物中倒出，严重影响了悬浮种衣剂这一农药新剂型在农业生产中的推广和使用。

1. 悬浮种衣剂存在的稳定性问题

悬浮种衣剂是指固体原药以一定分散度粒径（0.5～5μm）分散在以水为介质形成的多相分散体系，易于受重力作用而沉降分层，并因其表面积大，具有较大界面，有自动聚集趋势，属于动力学和热力学不稳定体系。分析悬浮种衣剂存在问题的原因是悬浮种衣剂介于胶体分散体系与粗分散体系之间，分散相粒子很小，分散相与分散介质间存在巨大的相界面和界面能，属热力学不稳定体系。根据胶体化学原理，这种高度分散的多相体系总是自发地趋向于粒子合并聚集，总界面积减少，界面能减小，最终导致悬浮体系被破坏，成为悬浮种衣剂在存放过程中物理稳定性差的根本原因。在以往有关文献数据中，论述有关系统解决悬浮种衣剂悬浮稳定性的研究资料很少。研究者通过多年的悬浮种衣剂生产实践和剂型研发，总结出一系列方法来解决悬浮稳定性差的问题。解决悬浮种衣剂的稳定性有两种途径：其一是通过机械物理的角度来改善和解决种衣剂悬浮稳定性问题；其二是筛选合适的助剂能减缓原药粒子的沉降速度，阻止絮凝和保持介质粒子分散悬浮在水中，从而提高悬浮种衣剂的悬浮稳定性。通过这两种途径的有机结合，使悬浮种衣剂能达到分散均匀、减缓粒子沉降速度、增强附着能力等理想效果。

2. 解决悬浮稳定性的机械物理途径

在国内生产悬浮种衣剂普遍使用的机械设备是分散混合机和砂磨机的组合（目前分散混合机和高剪切乳化机应用较为广泛）。砂磨机在生产中起重要作用，它是可连续生产的研磨分散机械，用于研磨固体液相悬浮体，是湿法粉碎精细研磨设备，也是悬浮种衣剂生产的必要设备。砂磨机的使用有两个阶段：立式砂磨机阶段和卧式砂磨机阶段。前者是悬浮种衣剂生产的初期阶段，后者为现阶段普遍应用的阶段。

卧式砂磨机在农药加工领域不断的扩展并广泛的使用，说明砂磨机是解决农药细度问题（颗粒细度和粒度分布）的必不可少的手段和途径。随着砂磨机的不断改进，出现了新型砂磨机，可以使粒径接近纳米级，分布范围更窄；能够更好地满足农药生产加工中的不同需要，在提高农药活性、分散性和悬浮率等物理稳定性方面成果显著。

种衣剂中的各种混合物料通过砂磨机的研磨达到一定细度和黏度，粒度小，质量轻，悬浮性能就好，种衣剂的浓度达到规定标准，才能对农作物起到杀虫灭菌的作用。降低种衣剂中各种物料粒径的方式，还有通过砂磨机的重复研磨来达到要求的标准。

3. 有效助剂对悬浮种衣剂稳定性的作用

悬浮种衣剂的活性成分的熔点一般比较高（大于60℃），在水中稳定且溶解度极小，溶解度不随温度变化而变化。在加工过程中，根据活性物质的物化性质，如极性、水中溶解度大小等，选择合适的润湿、分散、增稠、渗透等有效助剂及悬浮物理稳定体系，可以加工成稳定的悬浮种衣剂，且无任何晶体产生，所以选取有效助剂是保证悬浮种衣剂悬浮稳定性的关键。悬浮种衣剂采用的有效助剂主要有润湿剂、分散剂。它们的主要作用是通过改变固体（水不溶）原药的表面性能，使得固体原药能够分散到水中，形成稳定的分散体系。

有效助剂在悬浮种衣剂中的功能：① 使悬浮种衣剂原药中固液两相间的界面张力降低，使得固体完全被液相所湿润，才能被磨细，并不与液相发生分离。② 能阻止悬浮种衣剂中的粒子不能自动重新积聚来降低表面自由能而趋于形成热力学稳定体系。③ 调节黏度，能降低农药粒子在重力作用下发生自由沉降的速度，增加体系的稳定性。

润湿剂是悬浮种衣剂中普遍采用的农药助剂。它是一种增强药液在植物表面铺展和附着作用的助剂，针对指定作物和农药有效地选择一种良好的润湿剂是十分重要的。我们知道，植物表层多数是由含蜡的角质膜组成。这些物质构成了低能表面，而多数农药常以水溶液的形式施加。由于水的表面张力比这种低能面的临界表面张力高，所以通常情况下，药液与植物直接接触是不易铺展的。为了改善这一体系的润湿性，常在药液中加入一些表面活性剂，即润湿剂。润湿效果，可以用在植物叶面上发生铺展时所需活性剂的最小浓度来衡量，其实是降低药液的表面张力。因此，能显著降低水的表面张力的活性剂，对水溶性药液也具有良好的润湿作用。润湿作用对农药而言，不仅起到增加药液与作物的接触面积，还有保持农药有效浓度，增强植物的吸收，提高药效的重要作用。

润湿剂通常使用的有拉开粉BX（丁基萘磺酸钠盐）、K12（十二烷基硫酸钠）、LAS（十二烷基苯磺酸钠）、渗透剂JFC（脂肪醇与环氧乙烷的缩合物）、快T、NP-10（壬基酚聚氧乙烯醚）、Morwet EFW（烷基萘磺酸盐和阴离子润湿剂的混合物）、YUS-LXC、YUS-SXC、Igepal BC/10、TERWET 1004、GY-W04、GY-W10等。有机硅类润湿增效剂、氮酮也有应用，但更多的是适合于现混现用。

悬浮种衣剂分散体系介于胶体分散体系和粗分散体系之间，属于一种不稳定的分散体系，体系中大多数粒子直径大于胶体粒子直径。粒子表面积大，其表面自由能也大，如果不加入分散剂，粒子在范德华引力作用下，很容易互相“合并”发生凝聚而加速下沉，随着下沉的凝集物增多，会破坏体系并导致沉淀现象发生。通过加入分散剂，可以阻止粒子之间相互凝集而形成稳定的悬浮体系。

分散剂通常使用的有：① 阴离子表面活性剂，如二丁基磺酸钠、油酸甲基氨基乙基磺酸钠等；② 非离子表面活性剂，如脂肪醇聚氧乙烯醚；③ 大分子助剂，如木质素磺酸盐、萘磺酸盐、聚羧酸盐等。

目前市场上常见的分散剂型有：YUS-FS3000、YUS-FS1、TERSPERSE 4894、TERSPERSE 2500、TERSPERSE 2700、SOPROPHOR FD、SOPROPHOR SC、GEROPON T/36、Morwet D425、GY-D06、GY-DS02等。分散助剂用量一般在3%~5%范围内较为合适。

第六节 悬浮种衣剂的加工工艺

本节主要介绍悬浮种衣剂的加工工艺，其他类型的液体悬浮种衣剂可参考水乳剂、悬乳剂、微囊悬浮剂等的配方组成与加工工艺。

悬浮种衣剂加工工艺研究的主要内容为以下几方面：

1. 确定工艺路线

根据选好的农药有效成分的性质确定一种加工方法，即确定工艺路线。农药悬浮种衣剂的加工方法主要有两种：一种是超微粉碎法（亦称湿磨法），另一种是凝聚法（亦称热熔-分散法），而农药悬浮种衣剂的加工基本都采用超微粉碎法。

2. 选定合适的加工设备

3. 确定各组分的加料顺序

一、悬浮种衣剂的实验室加工工艺

实验室小试可以参考悬浮剂加工方法，流程示意图见图14-1。

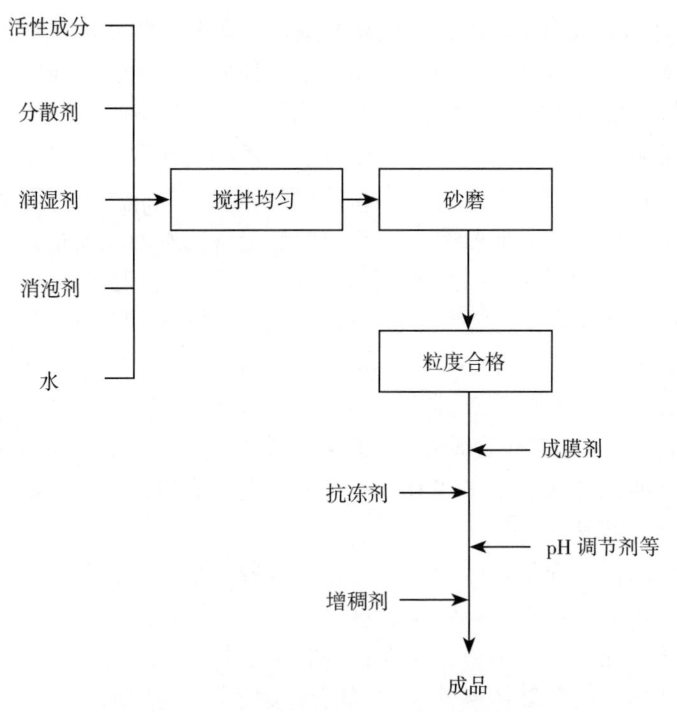

图14-1　悬浮种衣剂的加工流程示意图

根据工艺要求，流程示意图中的加料顺序可以适当调整，例如，成膜剂、抗冻剂、增稠剂、pH调节剂等可以在搅拌、砂磨前加入，具体加料顺序及工艺需要在小试阶段摸索和验证。农药悬浮种衣剂加工的设备和工艺非常重要，通常影响到产品的质量。

二、悬浮种衣剂的工厂加工工艺

1. 悬浮种衣剂的工厂加工工艺路线

悬浮种衣剂的加工工艺路线见图14-2。

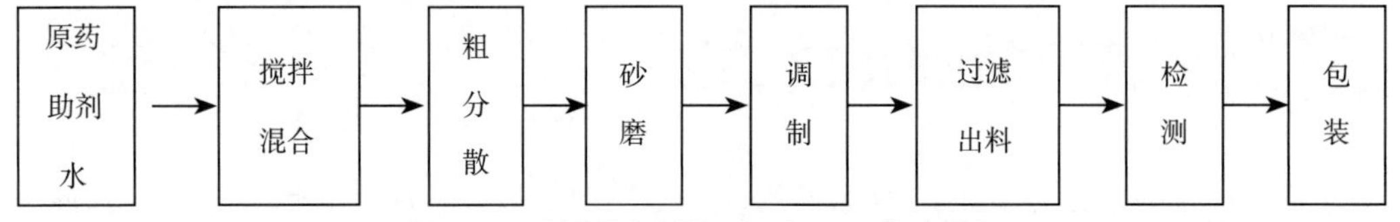

图14-2　悬浮种衣剂的工厂加工工艺路线图

2. 悬浮种衣剂的加工设备

超微粉碎法的主要加工设备有三种：一是预粉碎设备。如分散混合机、高剪切乳化机、球磨机、胶体磨。二是超微粉碎设备。如砂磨机，以卧式砂磨机最常用。三是高速混合机（1000～15000r/min）和均质器（＞8000r/min），主要起均匀、均化和调制作用。

（1）高速剪切乳化机　高速剪切乳化机在悬浮剂制备工艺中主要使固体原药快速润湿分散在助剂的水溶液中，同时有低强度的固体粒子粉碎效果，以便形成浓度均匀的预研磨料浆。设备本身具有高速混合、分散、细化、溶解、均质、乳化六大特征。机械和液压高速剪切力是高剪切乳化机工作的关键，高速旋转的转子与定子精密配合，所产生的高剪切线速度和高频机械效应带来的机械剪切力及液压剪切力，确保物料在每分钟内承受几万次剪切，物料在高剪切乳化机的定转子精密间隙中受到强烈离心挤压、剪切、喷射、液层摩擦、碰撞、撕裂细化及湍流、紊流、涡流等复杂液流综合作用下，使不相溶的液相、液气相、液固相在相应成熟工艺条件的共同作用下，瞬间均匀细化地混合、分散、均质、乳化，如此循环往复，最终获得高品质产品。

值得注意的是，均质混合器是通过高速冲击、剪切、摩擦等作用来达到对介质破碎和匀化的设备，在农药悬浮剂及悬浮种衣剂加工中，对该设备的应用会逐渐增多。

（2）研磨机　砂磨机是农药悬浮剂加工的关键设备。砂磨机在制备过程中主要起破碎固体原药粒子的作用。形成细小的固态粒子均匀分散于液体介质（水）中。一般砂磨功能实际上包括三个阶段：① 湿润，即将固态粒子表面所吸附的气体被液体所取代。② 研磨，将凝集的颗粒利用机械力碎裂成原始粒子。③ 分散，将已湿润过的原始粒子移入液体介质，产生持久的粒子分离。砂磨机有立式和卧式两种，尤以卧式比较高效实用，它是一种水平湿式连续性生产的超微分散机。它可以利用泵将预先搅拌好的物料送入主机的研磨槽，槽内填充适量的、不同规格的、均匀一致的玻璃珠或锆珠，经由分散叶片高速转动提供玻璃珠足够的动能，与被分散的颗粒冲击产生剪切力，达到高分散效率，再经由特殊分离装置，将被分散物与玻璃珠分离排出。卧式砂磨机比立式砂磨机能力可提高近2倍，启动功率低，消耗能量小，受到广大用户的青睐。国内现在已有许多设备生产厂家能提供密闭卧式砂磨机，价格适中，性能稳定，选择合适类型和品质优良的密闭卧式砂磨机，完全可满足国内悬浮种衣剂的生产需要。

液体悬浮种衣剂经常采用多级串联连续化生产工艺流程，每台的研磨介质粒径不相同。通常采用三台砂磨机串联，细珠和粗珠（玻璃珠或氧化锆）及两种珠混合使用。第一台砂磨机全部装粗珠，第二台砂磨机1/2装粗珠，1/2装细珠，第三台砂磨机全部装细珠。因为砂磨的初级阶段（第一台砂磨机）粉碎效率高，而均匀度差。砂磨的中级阶段（第二台砂磨机）粉碎。细度达到要求，只是均匀度还不够。终级阶段（第三台砂磨机）粉碎，使悬浮种衣剂中粒子更加均匀化。这将大大有助于提高悬浮剂的悬浮率和贮存稳定性。

胶体磨：我国生产胶体磨的厂家较多，其规格、型号各异，选择的余地很大。胶体磨体积小、生产能力大、产品粒度细。胶体磨主要起预粉碎作用，为砂磨机制备细粉料浆。

球磨机：我国生产球磨机的厂家也很多，一般为碳钢或不锈钢，衬里为花岗岩石。球磨机作为农药悬浮剂加工的第一道工序：配料、混合、预粉碎使用。

（3）分散混合机　分散混合机主要起研磨后的浆料与其他添加辅料（消泡剂、增稠剂、防腐剂等）混合均匀的作用。高速旋转的转子带动液流在导流腔的作用下会产生一股强烈的液体垂直环流，容器里的液体就开始整体循环，达到宏观上的混合。同时，高速旋转的转子能产生微观混合所必要达到的一定剪切紊流。这些经过微观混合处理过的液体随着整体液流的循环被分散到容器的各个角落。容器里的所有液体都能被彻底分散混合,这和传统搅拌器的混合方式是完全不同的。

3. 连续法生产流程简述

在我国，农药悬浮种衣剂的生产工艺经过20多年的研究，已经形成了一套基本模式，即：配料—预粉料—砂磨粉碎—调配混合—包装。这一工艺的主要特点是：

① 采用三机（砂磨机）串联、空气压缩管道送料连续化生产工艺流程；

② 比间歇式操作缩短了1/3操作时间；

③ 采用湿法工艺，污染小或没有污染；

④ 减少了操作工序，减轻了工人劳动强度，大大改善了操作条件。

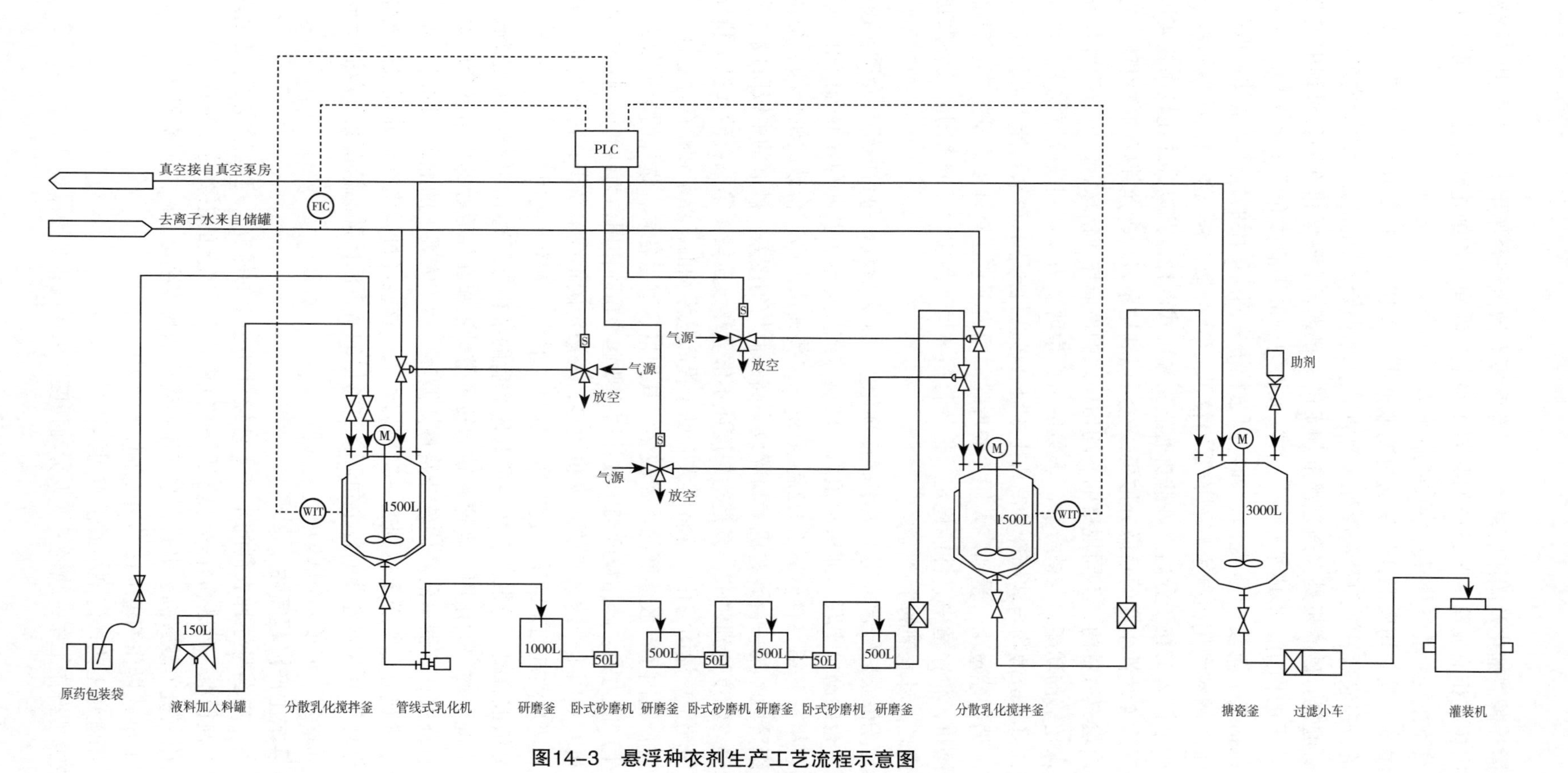

图14-3 悬浮种衣剂生产工艺流程示意图

农药悬浮种衣剂生产工艺的基本模式有许多优点，采用连续式超微粉碎，生产效率高、粒子均匀度好、产品质量好。但是该工艺并不是对所有原药都适用，因此应该从实际出发，根据原药的性质、特点具体选用合适的加工工艺流程。

值得注意和关注的是，近年来高压均质机、分散混合机、高剪切分散乳化、管线式高剪切分散乳化机等得到越来越多的应用。

图14–3是悬浮种衣剂典型的生产工艺流程示意图。

第七节 包衣机械设备简介

全球种子处理加工设备制造企业按区域特点可划分为三个板块：① 以德国皮特库斯（PETKUS）公司、丹麦堪勃利亚（CIMBRIA）公司和奥地利海德（HEID）公司为代表的欧洲板块；② 以美国奥利文（OLIVER）公司、美国卡特迪（CARTER DAY）公司和LMC公司等为代表的美洲板块；③ 以中国农业机械化科学研究院、农业部南京农业机械化研究所、日本三本、金子、佐竹等为代表的亚洲板块。

1. 国外的包衣设备简介

以丹麦CIMBRIA CC系列型旋转式种子包衣机为例，CC系列是由丹麦CIMBRIA公司生产的一种连续分批式种子包衣机，与传统的包衣机相比，其最大的优点就是它不仅保留了原有的药液雾化装置（药液甩盘），而且种子也单独配备一个大甩盘（种子甩盘）。由于该机采用了可编程序控制器控制，在机器运行期间，每批次物料的供应、药液计量泵的供药以及气动元件的动作等均自动、协调地进行，减少了人为操作等因素带来的误差，不会产生供药和供料之间的脱节或不协调。包衣机及其工作原理示意图见图14–4。

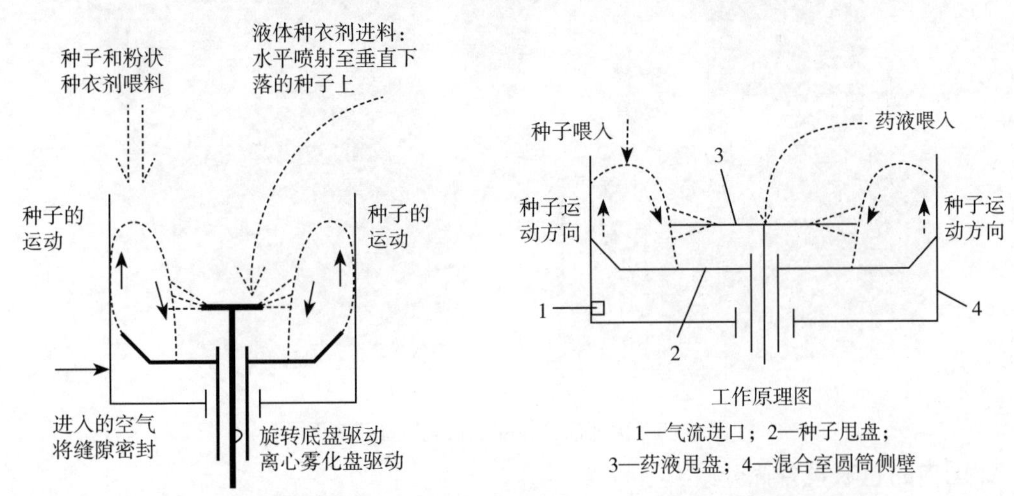

图14–4 CIMBRIA CC系列型旋转式种子包衣机及其工作原理示意图

如图14–4所示，该机的中心是种子和所需药剂的圆筒混合室，主要包括药剂甩盘、种子甩盘以及混合室圆筒侧壁。待加工物料经过计量秤称重之后，温和地从混合室上方流到种子甩盘上，在种子甩盘的旋转作用下，物料向甩盘边缘运动，同时由于种子甩盘边缘的上翘结构使种子以一定角度向上碰撞混合室圆筒侧壁，并在种子甩盘周边向上气流的作用下，以类似抛物线的轨迹被向上抛回混合室；而药剂则经计量泵通过塑料输药管向药剂甩盘供应（计量泵由可编程序控制器控制），在药液甩盘的高速旋转下，药液被雾化后向四周正在抛洒着的种子温和而均匀地喷洒，这样就使种子得到非常均匀的成膜效果。本机型不仅适用于液体药剂，也可应用于粉末等其他类型药剂。

主要技术参数：外形尺寸（长×宽×高）：1115mm×690mm×1940mm；机器净质量：550kg；每批次加工物料量：25kg（小麦）；标称生产能力：180批次/h；配套总动力：4.0kW；计量泵动力：0.55kW；喂料器动力：0.15kW；气流量：300m³/h。

国外部分包衣机机械设备示意图见图14-5。

图14-5 国外部分包衣机机械设备示意图

2. 国内的包衣设备简介

农业部南京农业机械化研究所在比较、借鉴以德国PETKUS公司等为代表的当今国际先进的种子包衣技术及控制技术的基础上，自主研究开发了5BY-5型新一代种子包衣设备及其基于PLC的自动化控制系统，该设备可用于小麦、大麦、玉米、甜菜等多种农作物种子的包衣加工处理。

5BY-5型种子包衣机由种子定量供给装置、种衣剂定量供给系统、种子与种衣剂混配系统、回转清淤机构、搅拌推送系统、电气控制系统等组成，其结构见图14-6。

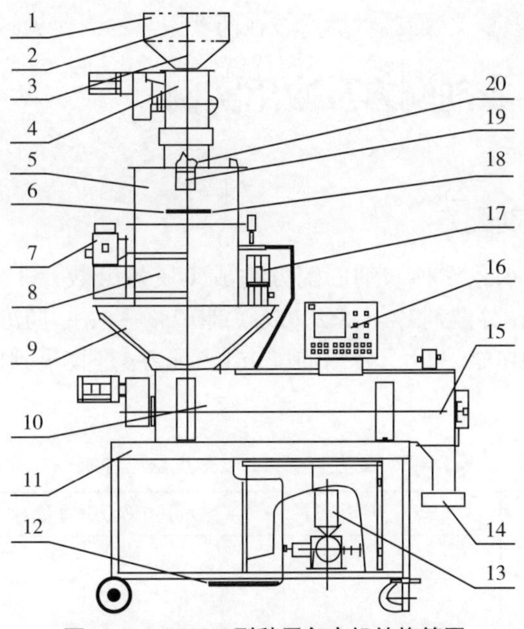

图14-6　5BY-5型种子包衣机结构简图

1—暂存仓；2—上料位传感器；3—下料位传感器；4—叶斗吸料器；5—种药混配室；6—流向混配室；7—甩盘电机；8—检修门；9—回转清淤室；10—搅龙推送装置；11—底座；12—贮液桶管道；13—计量泵；14—出料口；15—堵塞传感器；16—操作屏；17—清理电机；18—校液口；19—减压监测器；20—稳压罐

5BY-5型种子包衣设备采用了自动控制与系统相结合的一体化设计，并适合于多品种作业，从根本上扭转了传统包衣机电气控制系统粗放简单、机械结构设计不合理、工作协调性差、包衣质量不高的局面，达到了精确包衣和有效提高包衣质量的目的。

常见的包衣机械设备有转筒式、斜皿旋转式、流化床式等，见图14-7。

图14-7　国内常见的包衣机械设备

第八节 悬浮种衣剂配方及应用实例

一、典型的悬浮种衣剂配方

一般而言，典型的水悬浮种衣剂的配方组成（质量分数计）如下：有效成分 5% ~ 50%；润湿剂 1% ~5%；分散剂3% ~8%；成膜剂0.2% ~5%；防冻剂1% ~5%；其他添加剂0.2% ~5%；水补至100%。以下介绍的配方1~配方4是收集到的悬浮种衣剂典型配方实例。配方1见表14–3。

表14–3 配方1：5.4%吡·戊悬浮种衣剂

原料名称	规格型号	配方中有效成分含量 /%	功能
吡虫啉	95%	5.0	有效成分
戊唑醇	97%	0.4	有效成分
WJF–1000	工业品	4.0	分散润湿剂
分散剂 NNO	工业级	0.5	分散润湿剂
乙二醇	工业级	4	防冻剂
黄原胶	食品级	0.25	增稠剂
膨润土	工业级	1.0	增稠剂
成膜剂 AC	工业级	4.0	成膜剂
玫瑰精（警戒色）	工业级	0.4	警戒色
水	自来水	补足	—
合计		100	

制备方法：先将吡虫啉、戊唑醇、成膜剂、分散剂、增稠剂、物理稳定剂和适量水计量混合均匀后，加入砂磨机砂磨2h，采用激光粒度分析仪检测样品粒径合格后（95%以上在1~5μm，平均粒径3μm以下），再加入玫瑰精，研磨0.5h，然后将剩余的水再调制研磨0.5h，将药液与研磨介质分离得样品，进行各项指标的分析检测。

配方2见表14–4。

表14–4 配方2：29%吡·戊悬浮种衣剂

原料名称	规格型号	配方中有效成分含量 /%	功能
吡虫啉	95.0	14.4	有效成分
戊菌隆	97%	15.8	有效成分
D–425	工业级	2	分散润湿剂
EFW	工业级	1	分散润湿剂
农乳 1601	工业级	2	乳化分散剂
农乳 500	工业级	0.5	乳化分散剂
高岭土	工业级	3	填料

续表

原料名称	规格型号	配方中有效成分含量/%	功能
乙二醇	工业级	5	防冻剂
黄原胶	食品级	0.15	增稠剂
羧甲基纤维素	工业级	0.2	成膜剂
警戒色	工业级	适量	警戒色
水	去离子水	补足100	—

操作步骤：将原药、助剂及水调浆，先用高剪切混合乳化机预分散后，将料浆倒入砂磨机，通冷却水，开启砂磨机，间隔相应的时间取样，用粒度分布仪监测粒径，直至物料粒径分布达到要求，过滤得成品。

配方3见表14-5。

表14-5　配方3：5.5%功夫菊酯·戊唑醇悬浮种衣剂

原料名称	配方中有效成分含量/%	功能
功夫菊酯	5	有效成分
戊唑醇	0.5	有效成分
十二烷基硫酸钠	3	润湿剂
吐温20	1	乳化分散剂
NNO	0.5	分散剂
黄原胶	0.25	增稠剂
聚乙烯醇	4	成膜剂
乙二醇	4	防冻剂
警戒色	适量	警戒色
膨润土	1	增稠剂
水	补足100	—

配方4见表14-6。

表14-6　配方4：20%克·福悬浮种衣剂

原料名称	配方中有效成分含量/%	功能
克百威	8	有效成分
福美双	12	有效成分
硅酸镁铝	1	稳定剂
分散剂0204C	4	分散剂
黄原胶	0.15	增稠剂
十二烷基苯磺酸钠	2	润湿剂
成膜剂4号	7	成膜剂
乙二醇	4	防冻剂
苯甲酸钠	0.02	防腐剂
硫酸锌	2	微肥

续表

原料名称	配方中有效成分含量 /%	功能
磷酸二氢钾	3	微肥
赖氨酸	1	微肥
1.5% 复硝酚钠	1	植物生长调节剂
碱性玫瑰精	0.5	警戒色
冰乙酸	适量	pH 调节剂
消泡剂	适量	消泡剂
水	补足 100	—

二、典型种衣剂产品质量控制指标及参数

一般的悬浮种衣剂产品质量控制要求是：pH5～7，悬浮率≥90%，筛析（过44μm筛）≥98%，黏度（25℃）范围200～600mPa·s，脱落率≤10.0%，包衣均匀度≥90.0%，低温稳定性合格，热贮稳定性合格。以下是两个典型种衣剂产品质量控制指标及参数，分别见表14-7和表14-8。

表14-7　5%功夫菊酯·戊唑醇悬浮种衣剂质量检验结果

检测项目	指标
功夫菊酯质量分数 /%	≥ 5
戊唑醇质量分数 /%	≥ 0.5
pH 值	5.0 ~ 7.0
悬浮率 /%	≥ 90
筛析（过 44μm 试验筛）/%	≥ 99
黏度（25℃）/Pa · s	≤ 0.6
成膜性	合格
脱落率 /%	≤ 10.0
包衣均匀度 /%	≥ 90
低温稳定性①	合格
热贮稳定性②	合格

①②在正常生产时，每3个月至少进行一次试验。

表14-8　20%克·福悬浮种衣剂质量检验结果

检验项目	指标
总有效成分含量 /%	标明值①
克百威 /%	标明值①
福美双 /%	标明值①
筛析（过 45μm 试验筛）/%	≥ 99
黏度（25℃）/mPa · s	400 ~ 600
pH 值	5.0 ~ 7.0
悬浮率 /%	≥ 90
包衣均匀度①/%	≥ 90
包衣脱落率①/%	≤ 10

续表

检验项目	指标
成膜性	合格
低温稳定性②	合格
热贮稳定性②	合格

① 标明值应精确至0.1%。

② 在正常生产时，每3个月至少进行一次试验。

三、悬浮种衣剂产品应用效果实例

1. 9%毒死蜱·烯唑醇悬浮种衣剂防治玉米地下害虫和丝黑穗田间药效评价

（1）试验材料　供试玉米品种为兴垦3号和垦玉6号。

药效试验的主要防治对象有地下害虫（蛴螬、金针虫）和玉米丝黑穗病。

供试药剂为9%毒死蜱·烯唑醇悬浮种衣剂（河南省农业科学院植物保护研究所农药实验厂），480g/L。毒死蜱乳油（上海泰禾有限公司，江苏瑞邦农药厂）和5%烯唑醇干粉种衣剂（黑龙江省新兴农药有限责任公司）为对照药剂。

（2）试验设计　试验以有效成分含量计，设定处理1～处理3分别为每100kg种子用9%毒死蜱·烯唑醇悬浮种衣剂128.6g、150.0g、180.0g处理，另设每100kg种子用480g/L毒死蜱乳油96.0g处理（CK1）和5%烯唑醇干粉种衣剂50.0g处理（CK2）2个对照，清水空白对照（CK）共6个处理。随机区组排列，重复4次，总计24个小区。小区面积56m^2，外设保护行。记录药剂对作物的安全性和对玉米地下害虫和丝黑穗病的防效。

（3）作物安全性　试验期间，试验剂量范围内，未见出苗不齐、苗弱和植株明显药害现象，表明9%毒死蜱·烯唑醇悬浮种衣剂对玉米安全。

（4）防效调查结果　试验结果表明，玉米地下害虫和丝黑穗病发生与危害程度有一定差异，但供试药剂9%毒死蜱·烯唑醇悬浮种衣剂随剂量增加，防治效果增加的趋势基本相同。每100kg种子用9%毒死蜱·烯唑醇悬浮种衣剂128.6～180.0g处理，对玉米地下害虫的平均防效为55.40%～64.83%，对丝黑穗病的平均防治效果为66.19%～79.77%，防治效果较好，对作物安全。推荐田间有效成分用量为150.0～180.0g，于玉米播前拌种为佳。药剂效果见表14-9。

表14-9　9%毒死蜱·烯唑醇悬浮种衣剂防治玉米地下害虫和丝黑穗病的效果比较

处理	防治地下害虫效果 /%		防治丝黑穗病效果 /%	
	2007	2008	2007	2008
处理 1	54.77 aA	56.02 bB	67.25 aA	65.12 cB
处理 2	58.36 aA	69.71 aAB	71.59 aA	74.42 bA
处理 3	67.94 aA	75.16 aA	76.98 aA	82.55 aA
CK1	62.24 aA	67.42 abAB	—	—
CK2	—	—	72.08 aA	73.54 bAB

注：同列大、小写字母分别表示1%、5%显著水平。

2. 18%福·戊悬浮种衣剂防治小麦散黑穗病

（1）材料　供试药剂为：18%福·戊悬浮种衣剂（吉林省八达农药有限公司）；2%戊唑醇湿

拌种剂（德国拜耳作物科学公司）；50%福美双可湿性粉剂（山东省潍坊市瑞星农药有限公司）。

（2）试验设计　试验设6个处理，分别为：18%福·戊悬浮种衣剂70g拌种子100kg（A）、100g拌种子100kg（B）、200g拌种子100kg（C）；2%戊唑醇湿拌种衣剂100g拌种子100kg（D）；50%福美双可湿性粉剂500g拌种子100kg（E）；以清水作对照（CK）。4次重复，小区面积20m^2，各小区随机排列。

（3）结果与分析　供试药剂在试验剂量下对小麦生产安全无药害。

由表14-10可知。处理A、处理B、处理C对小麦散黑穗病的防效分别为91.33%、96.07%、98.07%；处理D的防效为95.59%；处理E的防效为82.85%。由此可知，18%福·戊悬浮种衣剂对小麦散黑穗病具有良好的防治效果。将结果进行反正弦转换后，方差分析结果表明：在5%水平上，处理B、处理C、处理D三者之间无显著差异，这3个处理与处理A和处理E相比有显著差异。在1%水平上，处理C与处理A、处理E有极显著差异；处理A与处理E有极显著差异；其他处理与CK无极显著差异。

表14-10　18%福·戊悬浮种衣剂防治小麦散黑穗的效果

处理	调查总穗数 / 个	病穗数 / 个	病穗率 /%	平均防效 /%
A	1341.75	9.50	0.70	91.33 bB
B	1333.50	4.25	0.32	96.07 aAB
C	1319.25	2.00	0.15	98.07 aA
D	1322.00	4.50	0.35	95.59 aAB
E	1379.50	19.50	1.40	82.85 cC
CK	1323.25	108.25	8.18	—

注：同列大、小写字母分别表示1%、5%水平差异显著性。

（4）结果与讨论　试验结果表明，18%福·戊悬浮种衣剂对小麦散黑穗病具有良好的防治效果，其防效随着使用剂量的增加而显著提高，在70～200g剂量范围内拌100kg种子防效均达90%以上。通过观察，该药剂对小麦出苗及生长安全，因此可以推广使用，建议使用剂量以100g拌100kg种子（药种比1∶1000）为宜，于播种前进行拌种处理。

3. 高巧种衣剂包衣对棉种发芽及棉蚜防治效果的影响

（1）试验材料　试验杀虫剂为德国拜耳作物科学公司研制的高巧（Gaucho，600g/L悬浮种衣剂，质量/容量）。

（2）试验方法　试验在河北省农林科学院棉花研究所生物技术室与棉花改良中心河北省棉花分中心试验地进行。分室内试验（种子包衣对棉花种子发芽率的影响试验）和田间试验（种子包衣对蚜虫为害的影响试验）2部分进行。均采用对比设计，设种子包衣和未包衣2个处理。种子包衣的处理方法为以干种∶种衣剂∶水为100kg∶（583～833）mL∶（1.5～2.0）kg比例进行湿拌种。

（3）结果与分析

① 种子包衣对棉花种子发芽率的影响。4d、7d和12d的包衣种子发芽率均低于对照（表14-11），相差4个百分点，在允许误差值范围内，差异不显著。表明用高巧60%悬浮种衣剂包衣对棉种发育无明显影响。用内吸性杀虫剂高巧包衣的种子，虽然发芽率有所下降，但在田间种植能够正常破土出苗，不会导致缺苗断垄现象，因此使用高巧60%悬浮种衣剂包衣安全可靠。

表14–11　种子包衣对发芽率的影响

处理	4d 发芽率 /%	7d 发芽率 /%	12d 发芽率 /%
包衣	71	78	80
对照	75	83	84

② 种子包衣对蚜虫危害的影响。棉蚜发生速度较快，从棉蚜发生初期开始，2～3d即可达到危害高峰期。无论是危害初期，还是危害高峰期，高巧60%悬浮种衣剂处理的百株卷叶率、百株有蚜率和百叶蚜数均显著低于对照（表14–12）。表明包衣种子棉苗对棉蚜危害有明显的趋避性，杀虫效果非常好，尤其对春蚜防治效果明显。高巧具有极强的内吸作用，就持续性而言，也具有明显优势，药效持续时间长达30～60d，在棉株花期以前药效较好，而到花铃期药效降低以后，杀虫效果逐渐消失。

表14–12　种子包衣对棉蚜防治效果的影响

处理	危害初期（2007–05–23）			危害高峰期（2007–05–25）		
	百株卷叶率 /%	百株有蚜率 /%	百叶蚜数 / 个	百株卷叶率 /%	百株有蚜率 /%	百叶蚜数 / 个
包衣	10	32	110	5	30	52
对照	57	100	1193	100	100	2022

4. 16%甲·福·咪悬浮种衣剂防治水稻立枯病和恶苗病田间药效评价

（1）试验材料

① 供试作物水稻品种为垦稻10号和上育397。

② 防治对象为立枯病、恶苗病。

③ 试验药剂。供试药剂为16%甲·福·咪悬浮种衣剂（齐齐哈尔四友化工有限公司生产）；对照药剂：25%甲霜灵可湿性粉剂（江苏宝灵化工农药有限公司生产）、50%福美双可湿性粉剂（山西康派伟业生物科技有限公司生产）、25%咪鲜胺乳油（哈尔滨利民农化技术有限公司和哈尔滨市联丰农药化工有限公司生产）、15%甲霜灵·福美双悬浮种衣剂（吉林省八达农药有限公司生产）。

（2）试验设计

① 试验场所概况。试验于2007年在虎林市农业中心试验田进行，土壤类型为白浆水稻土，有机质含量为4.2%，pH值约为6。2009年试验在穆棱市农业中心试验田进行，土壤类型为草甸水稻土，有机质含量为3.2%，pH值为6.5。

② 试验处理及设计。以有效成分含量计，2007年试验设定100kg种子分别用16%甲·福·咪悬浮种衣剂267g、320g、400g 3个剂量处理，另设100kg种子分别用50%福美双可湿性粉剂120g浸种、25%甲霜灵可湿性粉剂60g浸种和25%咪鲜胺乳油7.5g浸种3个对照药剂处理及清水空白对照（CK），共7个处理。随机区组排列，重复4次，总计28个小区。小区面积2.5m^2。2009年试验供试药剂设定与 2007年相同，另设100kg种子分别用15%甲霜灵·福美双悬浮种衣剂300g包衣浸种和25%咪鲜胺乳油10g浸种2个对照药剂处理及清水空白对照（CK），共 6个处理。随机区组排列，重复4次，总计24个小区。小区面积8m^2。为利于苗期病害发生，2年均采用小拱棚育苗，苗期调查结束后选取健苗移栽至本田。

（3）结果与分析　2007年试验于水稻移栽前调查，空白对照处理的立枯病病情指数为7.18，恶苗病病株率为1.96%。试验药剂处理每100kg种子采用 16%甲·福·咪悬浮种衣剂267g、320g和400g对立枯病的防效分别为85.40%、94.63%、96.98%，对照药剂福美双、甲霜灵、咪鲜胺处理对立枯病的防效分别为82.24%、90.36%、74.86%。经方差分析，每100kg种子用16甲·福·咪悬浮种衣剂267～400g处理与福美双、甲霜灵处理效果相当，无显著差异。每100kg种子采用16%甲·福·咪悬浮种衣剂320g、400g处理效果优于咪鲜胺处理，差异极显著。试验药剂对本田恶苗病的防效分别为100%、100%、100%，对照药剂处理的防效分别为94.64%、99.97%、99.88%。经方差分析，每100kg种子采用16%甲·福·咪悬浮种衣剂267～400g处理与咪鲜胺、甲霜灵处理效果相当，无显著差异，效果优于福美双处理，差异极显著。水稻抽穗前调查，空白对照处理恶苗病病株率为1.15%。试验药剂对本田恶苗病的防效分别为100.00%、100.00%、100.00%，对照药剂处理的防效分别为84.69%、97.50%、97.89%，方差分析结果与苗期相同，见表14-13。

表14-13　16%甲·福·咪FS防治水稻立枯病和恶苗病的试验结果（2007年）

处理		防治效果/%		
		立枯病移栽期	恶苗病移栽期、抽穗期	
16%甲·福·咪FS	267g	85.40abAB	100.00aA	100.00aA
	320g	94.63aA	100.00aA	100.00aA
	400g	96.98aA	100.00aA	100.00aA
50%福美双WP	120g	82.24abAB	94.64bB	84.69bB
25%甲霜灵WP	60g	90.36aAB	99.97aA	97.50aA
25%咪鲜胺EC	7.5g	74.86bB	99.88aA	97.89aA

注：同列大、小写字母分别表示1%、5%显著水平。

2009年试验于水稻移栽前调查，空白对照处理的立枯病病情指数为13.14，恶苗病病株率为3.0%。试验药剂处理每100kg种子采用16%甲·福·咪悬浮种衣剂267、320和400g对立枯病的防效分别为95.02%、100%、100%，对照药剂甲·福、咪鲜胺处理对立枯病的防效分别为94.54%、85.42%。经方差分析，每100kg种子采用16%甲·福·咪悬浮种衣剂267～400g处理与甲·福处理效果相当，无显著差异，优于咪鲜胺处理，差异显著。试验药剂对秧田恶苗病的防效分别为83.33%、87.50%、93.75%，对照药剂的防效分别为85.42%、93.75%。经方差分析，每100kg种子采用16%甲·福·咪悬浮种衣剂267～400g处理与对照药剂甲·福、咪鲜胺处理的防治效果相当，无显著差异。水稻抽穗前调查，空白对照处理恶苗病病株率为3.75%。试验药剂对本田恶苗病的防效分别为93.75%、100.00%、100.00%，对照药剂处理的防效分别为93.75%、93.75%，统计分析结果与苗期趋势相同，见表14-14。

表14-14　16%甲·福·咪FS防治水稻立枯病和恶苗病的试验结果（2009年）

处理		防治效果/%		
		立枯病移栽期	恶苗病移栽期、抽穗期	
16%甲·福·咪FS	267g	95.02abAB	83.33aA	93.75aA
	320g	100.00aA	87.50aA	100.00aA
	400g	100.00aA	93.75aA	100.00aA
15%甲霜·福美双FS	300g	94.54abAB	85.42bB	93.75bB
25%咪鲜胺EC	10g	85.42bB	93.75aA	93.75aA

注：同列大、小写字母分别表示1%、5%显著水平。

（4）作物安全性　移栽前秧苗素质调查显示，16%福美双·甲霜灵·咪鲜胺悬浮种衣剂试验剂量范围内，处理水稻秧苗的株高、鲜重、根数略好于空白对照，表明药剂对水稻生长安全、无药害。

（5）结果与讨论　试验结果表明，2007年和2009年在虎林市和穆棱市水稻立枯病和恶苗病发生程度有一定差异，但供试药剂16%福美双·甲霜灵·咪鲜胺悬浮种衣剂随剂量增加而对两种病害防治效果提高的趋势基本相同。每100kg种子用16%福美双·甲霜灵·咪鲜胺悬浮种衣剂267～400g处理对苗期立枯病的平均防效为90.21%～98.49%，对秧田恶苗病的平均防效为91.67%～96.88%，对本田恶苗病的平均防效为96.88%～100.00%，防治效果好，对作物生长安全。推荐田间有效成分用量以每100kg种子用267～400g于水稻浸种前进行拌种包衣处理为佳。

四、悬浮种衣剂专利实例

1. 发明名称：可逆弱絮凝态悬浮种衣剂

申请号：200610001377.4

摘要：本发明涉及具有可逆弱絮凝特性的悬浮种衣剂，该悬浮种衣剂由可以引起絮凝作用的助剂按照适当比例进行配伍，然后在其他配套助剂（包括成膜剂、润湿分散剂、悬浮稳定剂等）的协同作用下形成，所形成的悬浮种衣剂在长时间静置中处于絮凝状态，体系的零切黏度≥1×10^4mPa·s，体系的流动性很差或根本不能流动，但体系的絮凝强度比较弱，很容易打破，打破絮凝后体系的黏度可以降低至1×10^3mPa·s以下，流动性很好，但打破絮凝后，整个分散体系在静置过程中能逐渐恢复絮凝状态。本发明的悬浮种衣剂在静置过程中具有的絮凝状态可以有效克服悬浮种衣剂在长期贮存过程中可能发生的分层和结块问题。

2. 发明名称：防病悬浮种衣剂

申请号：200610160023.4

摘要：本发明公开了一种防病悬浮种衣剂，它主要含有苯醚甲环唑和福美双两种杀菌活性成分，并在该制剂中所含的苯醚甲环唑和福美双的质量比为1∶1～1∶0。本发明具有以下优点：对小麦土传病害，如根腐病、纹枯病、全蚀病、黑穗病等与单剂比较的防治效果提高7%～10%。壮苗作用明显，种子处理后显著提高小麦单株鲜重，播种30d后调查，平均单株鲜重增加15%～20%左右。可以提高种子发芽率，促进出苗，与清水对照比较出苗整齐，并提前1～2d，特别有利于晚播麦的出苗。本发明的防病悬浮种衣剂还可以广泛应用于多种植物或作物的种子处理，并且具有制造工艺简单，使用方便的优点。

3. 发明名称：苏云金杆菌悬浮种衣剂

申请号：200610018711.7

摘要：苏云金杆菌悬浮种衣剂，涉及一种用于大豆孢囊线虫的悬浮种衣剂。由以下质量百分比的组分组成：苏云金杆菌菌浆20%～90%、营养剂2.5%～5.0%、成膜剂0.1%～0.8%、乙醇6%～9%、酸性红B0.6%～0.75%、苯甲酸钠0.2%～0.45%，水余量，所述营养剂是硫酸盐、磷酸盐中的一种或几种的混合物，所述成膜剂是黄原胶、甲基纤维素、聚乙二醇中的一种或几种的混合物。本发明是以苏云金杆菌为杀虫活性有效成分，再配以营养剂、成膜剂、快干剂、着色剂、防腐剂，提高了药剂在种子上的保留率，从而提高了防治效果。本发明无毒、无残留，不污染农产品和环境。本悬浮种衣剂对大豆植株的促长作用，对大豆无药害现象，对大豆孢囊线虫的防治效果，对大豆增产效果均优于多克福种衣剂。

4. 发明名称：一种含咪鲜胺的悬浮种衣剂及其制备方法

申请号：200710113161.1

摘要：本发明公开了一种含咪鲜胺的悬浮种衣剂及其制备方法，该种衣剂由以下质量百分比的原料配制而成：吡虫啉2% ~10%、咪鲜胺0.3% ~5%、乳化剂3% ~5%、分散剂2%~5%、成膜剂4%~8%、防冻剂2%~5%、增稠剂0.2%~3%、警戒色0.2%~0.5%、消泡剂0.1%~0.2%、水58.3%~86.2%；称好各原料后，将吡虫啉、咪鲜胺、乳化剂、分散剂、成膜剂、防冻剂、增稠剂、警戒色和水投入砂磨釜研磨1.5~2.5h；最后加入消泡剂消泡，待泡消完后出料，分析合格包装即可。本发明以吡虫啉和咪鲜胺进行复配，二者优势互补，一次施药即可达到杀虫、治病的目的，既省时又省力，对水稻苗期害虫和恶苗病有很好的防效，具有持效期长，安全、低毒、增效显著的优点。

5. 发明名称：一种含戊唑醇的悬浮种衣剂及其制备方法

申请号：200710026077.6

摘要：本发明公开了一种含戊唑醇的悬浮种衣剂及其制备方法，它由戊唑醇0.1~1kg、成膜剂5~10kg、膨润土1~5kg、增稠剂1~5kg、乳化剂1~5kg、玫瑰精0.5~1.5kg、防冻剂1~5kg、水70~90kg组成。具有使用方便、不需稀释直接使用的特点。同时该悬浮种衣剂剂型与湿拌种剂剂型相比，减少了生产和使用过程中的粉尘污染。

6. 发明名称：一种苯醚甲环唑悬浮种衣剂及其制备方法

申请号：200810056925.2

摘要：本发明涉及一种农药杀菌剂，特别是涉及苯醚甲环唑悬浮种衣剂。还涉及该杀菌剂悬浮种衣剂的制备方法。所述的苯醚甲环唑悬浮种衣剂，其特征在于所述表面活性剂选用苯乙基酚聚氧乙烯醚缩合物，烷基酚聚氧乙烯基醚甲醛缩合物、烷基苯磺酸钙、烷基磺酸盐或硫酸盐、烷基苯磺酸钙、改性三氧硅烷聚醚、苯乙基酚聚氧乙烯醚硫酸钠盐或磷酸盐、山梨醇聚氧乙烯基醚的一种或几种。所述的苯醚甲环唑悬浮种衣剂的制备方法，其特征在于制备步骤是将苯醚甲环唑与悬浮种衣剂辅料放入剪切釜内，开启高剪切乳化机，使剪切混合均匀后，再经砂磨机研磨2次，再次搅拌均匀，质量检测达技术指标规定的要求，即可包装得产品。

7. 发明名称：功能性缓释悬浮种衣剂

申请号：200810211733.4

摘要：本发明涉及将三唑类杀菌剂进行微囊化，并将包覆活性成分的微囊制作成悬浮种衣剂，所得到的微囊悬浮种衣剂不仅具有缓释功能，而且可以有效避免三唑类杀菌剂种子包衣后所产生的药害，尤其是低温胁迫下的药害作用。

8. 发明名称：小麦用高效低毒多功能悬浮种衣剂

申请号：200910064096.7

摘要：本发明提供一种小麦用高效、低毒多功能悬浮种衣剂，由以下质量百分比的原料组成：乐斯本4% ~7%、烯唑醇0.3% ~0.5%、复硝酚钠0.1% ~0.5%、成膜剂1% ~1.5%、分散剂1%~1.5%、十二烷基苯磺酸钙2%~3%、防腐剂1%~1.5%、增稠剂0.1%~0.2%、填充剂5%~10%、警戒色料1%~1.5%，余量为水。本发明的种衣剂主要用于小麦播种前的种子包衣，能有效防治小麦纹枯病和地下害虫，还可促根壮苗，增强作物抗逆能力，提高小麦的产量。

9. **发明名称：一种枯草芽孢杆菌悬浮种衣剂及其制备方法和用途**

申请号：200910223355.6

摘要：本发明公开了一种枯草芽孢杆菌水悬浮型生物种衣剂及其制备方法和用途。主要是以枯草芽孢杆菌为有效成分，并添加混合成膜剂、营养剂、增稠剂、防冻剂、防腐剂、着色剂和水，经过简单的制作工艺，得到一种对环境无公害、低毒、安全、贮存期长的枯草芽孢杆菌水悬浮种衣剂，其不仅对植物有促生作用，而且能够有效防治植物土传病害，提高植物产量；特别是对于大豆根腐病、大豆立枯病等大豆土传病害的防治作用尤为显著。

10. **发明名称：0.5%几丁聚糖悬浮种衣剂**

申请号：201010281293.7

摘要：本发明涉及0.5%几丁聚糖悬浮种衣剂，其特征在于以0.6%几丁聚糖溶液为主要原料，辅以微量元素为主的助剂和天然色素。其配制方法为：先将几丁聚糖溶于稀酸中常温振荡摇匀8～12h，配制成0.6%几丁聚糖溶液；再将氢氧化钠、硫酸锌、硫酸亚铁、磷酸二氢钾配成质量分数为1%的水溶液、并按等比例混合成助剂；将紫罗兰天然色素与水配制成0.1%的水溶液；最后将0.6%几丁聚糖溶液、混合助剂和0.1%的紫罗兰水溶液按质量分数为70%～95%、29.5%～3%和0.5%～2%的比例混合均匀，并在1200r/min的转速下常温搅拌120min即得到该环保型悬浮种子包衣剂成品。该种衣剂与传统剧毒种衣剂相比，农作物产量平均提高10%以上，而种衣剂成本下降了18%以上，且安全、无毒、无污染，具有明显的经济与环境效益。

11. **发明名称：一种棉花悬浮种衣剂**

申请号：201010194113.1

摘要：本发明公开了一种棉花悬浮种衣剂，由下述质量百分比组分组成：五氯硝基苯8%～16%、福美双8%～16%、克百威4%～8%、胶体分散剂1%～2%、成膜剂0.8%～1.2%、渗透剂1.2%～1.8%、乳化湿润悬浮剂1.5%～2%和余量的水。本发明种衣剂有效地提高了对棉花苗期病虫害的防治率，并对棉花出苗无副作用，提高了种子发芽率。

12. **发明名称：一种玉米悬浮种衣剂**

申请号：201010276774.9

摘要：本发明公开了一种玉米悬浮种衣剂，由下述质量百分比组分组成：克百威4%～20%、甲基硫菌灵2%～10%、胶体分散剂1%～4.5%、成膜剂0.8%～3%、渗透剂1.2%～3.5%、乳化湿润悬浮剂1.5%～3.5%和余量的水。本发明种衣剂可以有效防治玉米丝黑穗病等病害，增强抗逆性，大幅提高产量，药物持续时间提高，间接减少药物使用，减少环境污染。

13. **发明名称：一种大豆悬浮种衣剂**

申请号：201010276772.X

摘要：本发明公开了一种大豆悬浮种衣剂，由下述质量百分比组分组成：甲霜灵1.5%～7%、多菌灵4.5%～23%、胶体分散剂0.8%～2.0%、成膜剂1.0%～3.5%、渗透剂1.0%～3.0%、乳化湿润悬浮剂1.1%～7%和余量的水。本发明种衣剂有效地提高了对大豆苗期病虫害的防治率，并对大豆出苗无副作用，提高了种子发芽率。

14. **发明名称：一种小麦悬浮种衣剂**

申请号：201010276773.4

摘要：本发明公开了一种小麦悬浮种衣剂，由下述质量百分比组分组成：三唑醇1.5%～7%、福美双10%～35%、胶体分散剂0.8%～2.5%、成膜剂1%～3.5%、渗透剂0.8%～3%、乳化湿润悬浮剂1.2% ~3.5%和余量的水。本发明种衣剂可以有效防治小麦黑穗病、锈病等病害，增强抗逆性，大幅提高产量，药物持续时间提高，间接减少药物使用，减少环境污染。

15. 发明名称：一种用于处理种子的悬浮种衣剂

申请号：201010558193.4

摘要：本发明涉及一种处理种子的悬浮种衣剂，具体涉及以氟虫腈为有效成分的悬浮种衣剂及其制备方法，其中氟虫腈含量为0.1% ~70%，优选为5%。主要用于对玉米、花生、小麦、棉花、甜菜、向日葵等作物种植前的种子处理，对防治玉米田蛴螬、地下害虫、蚜虫、蓟马等农业昆虫以及防效显著，而且省时省工，与其他处理种子或施药技术相比，污染相对较小。

第九节 前景展望

从应用领域看，种衣剂作为一种农药制剂在我国被广泛应用只不过20多年时间，其显著的防效和环保意义已经被广泛认可。但是到目前为止，我国种衣剂的相关技术还是相对落后的，特别是新颖有效成分的引入和科学合理的研究手段。种衣剂是具有高效、安全、经济、方便等特点的农药产品，并且对种子安全，种子包衣后在小范围内发挥药效，对大气、土壤环境低污染，不伤害天敌，是环境友好型制剂，符合现代农业发展理念。因此，种衣剂对于农药应用来说是一个很有前景的发展方向。随着国家对种子包衣越来越重视，会有更多人力、财力投入开发。种衣剂突破技术难关，快速发展的时期让人期待。随着我国农药制剂的技术创新，种衣剂技术将会获得很大发展，这些将集中表现在：

① 厂家将会越来越集中，一批技术落后的工厂可能会被淘汰，制剂技术将全面提高。

② 一批以有机磷或剧毒农药为配方基础的品种将会被逐步淘汰，并将会涌现一批以超高效农药为基础配方的新品种。

③ 其他剂型的种衣剂如渗透性极强的EWS、没有包装污染的DFS、缓释型的CSS等将会开发投产。

④ 配套的种子处理机械将会获得很大改进。

现代化学、现代生物学和分子生物学与相关现代科技的密切结合将是推动农药种衣剂发展和创新取之不尽的力量源泉。

参考文献

[1] 龚月娟，李健强，靳乐山，等. 中国历代种子保健沿革. 中国农业科学，2003，36（4）：448-457.

[2] 郭武棣. 农药剂型加工丛书——液体制剂. 第2版. 北京：化学工业出版社，2004.

[3] Hiroshi Y, et al. Herbicidal suspension. US:20090029862, Jan. 29，2009.

[4] Udikeri S S，et al. Poncho 600 FS-A New Dressing Formulation for Sucking Pest Management in Cotton. Karnataka J Agric Sci，2007，20（1）：51-53.

[5] Geald W. Seed Treatment for Control of Early-Season Pests of Corn and Its Effect on yield. J.Agric. Urban Entomol.，2004，21（2）：75-85.

[6] Kyle W R. Treated peanut seeds. US:4372080，Feb. 8，1983.

[7] Humbert T，et al. Seed treatment method with aqueous suspension of alkali lignin. US:4624694，1996-11-25.

[8] Paul DF. Seed treatment formulations containing phytobland systems. US:6350718B1，2002-2-26.

[9] Sumitomo Chemical Company Limited. Seed disinfectant composition. EP:0266048A1，1988-5-4.

[10] David S. Trends in the formulation of pesticides-an overview. Pesticide Science，1990，29（4）：437-449.

[11] Rafel I.，et al. Seed treatment compositions and methods. US:20110166022A1，2011-7-7.

[12] Celsius PB.，et al. Seed treatment and pesticidal composition. WO:2010100638A2，2010-9-10.

[13] Hewett PD., et al. Evenness of Commercially-applied ferrax seed treatment on winter barley. Seed Science and Technology. 1955，23（2）：455-467.

[14] 胡良龙，胡志超，高刚华，等. 种子包衣机自动控制系统设计与实现. 农业工程学报，2007，27（8）：140-144.

[15] 杨昉，张敏，陈华保，等. 5.5%功夫菊酯·戊唑醇悬浮种衣剂的配方研究. 安徽农业科学，2010，38（70）：3542-3544.

[16] 谢毅，吴学民，徐妍，等. 29%吡·戊悬浮种衣剂的研制. 世界农药，2006，28（3）：31-34.

[17] 潘万画，赵邦斌，崔鹏，等. 20%克·福种衣剂配方研究. 安徽化工，2009，35（2）：56-59.

[18] 陈亿兵，金焕贵，魏民，等. 9%毒死蜱·烯唑醇悬浮种衣剂防治玉米地下害虫和丝黑穗田间药效评价. 黑龙江农业科学，2010（7）：63-64.

[19] 董克良. 18%福·戊悬浮种衣剂防治小麦散黑穗病药效研究. 现代农业科技，2011（1）：181.

[20] 赵俊丽，张寒霜，王永强，等. 高巧种衣剂包衣对棉种发芽及棉蚜防治效果的影响. 河北农业科学，2010，14（1）：41，53.

[21] 陈亿兵，金焕贵，宋玉华，等. 16%甲·福·咪悬浮种衣剂防治水稻立枯病和恶苗病田间药效评价. 黑龙江农业科学，2010，（11）：63-64.

[22] 潘立刚，刘惕若，陶岭梅，等. 种衣剂及其关键技术评述. 农药，2005，44（10）：437-440.

[23] 常晓春，张云生，黄乐平，等. 悬浮种衣剂悬浮稳定性解决途径的研究. 现代农药，2007，6（3）：16-20，43.

[24] 蔡新，张然. 种衣剂发展现状及展望. 农药市场信息，2002（1）：26.

[25] 张百臻，叶纪明. 中国种衣剂发展现状及展望. 化工文摘，2003（3）：52.

[26] 常晓春，张云生，黄乐平. 卧式砂磨机影响种衣剂悬浮稳定性的试验研究. 农机化研究，2008（5）：116-118.

[27] 刘鹏飞，吴学宏，母灿先，等. WitconolNP-100与Morwet D-425在悬浮种衣剂中的应用. 农药学学报，2004，6（3）：93-96.

[28] 张世和，刘世明，程海章. 高效低毒环保型种子处理剂-6.5%吡·高氯·戊悬浮种衣剂. 中国种业，2007（9）：41-42.

[29] 刘振华，徐永旺，尚逸军. 浅谈如何提高悬浮种衣剂质量. 种子科技，2010（08）：9-11.

[30] 常晓春，张云生，黄乐平，等. 有效助剂在悬浮种衣剂中的应用. 安徽农学通报，2007，13（4）：44-46.

[31] 夏红英，段先志，彭小英. 28%吡虫·多悬浮种衣剂配方研究. 农药，2008，47（3）：171-173，181.

[32] 冷阳，仲苏林，曹雄飞，等. 高效水基化农药新剂型工业化技术开发研究进展. 江苏省农药协会农药水基化农药新剂型培训班教材汇编，2003. 11.

[33] Knowles DA. Development of Safe Pesticide formulations. UK. May 2004.

[34] 冷阳，仲苏林，曹雄飞，等. 农药水基化制剂的开发近况和有关深层次问题的讨论. 农药科学与管理，2005（4）.

[35] 高德霖. 农药悬浮剂的物理稳定性问题. 江苏化工，1997（5）.

[36] 仲苏林，曹雄飞. 农药悬浮剂的开发现状和展望. 第二届环境友好型农药制剂加工技术及生产设备研讨会报告集，2010.

[37] 高德霖. 世界种子处理剂市场和开发动向. 江苏化工，1997，25（2）.

[38] 曾卓华，张颖蓁，皂梁颖，等. 水稻种子包衣剂应用效果研究. 种子，2004，23（7）：28-29.

[39] Pengfei L., et al. Adsorption of a Nonylphenol Ether on Pesticides Particles in Aqueous Suspensions. Journal of Basic Science and Engineering，2010，18（2）：236-244.

[40] 季颖，刘苹苹. 有机磷悬浮种衣剂稳定性研究. 农药科学与管理，2001，29（2）：12，37.

[41] 刘扬. 不同药种比包衣后种衣剂含水量测定. 种子世界，2010（3）：38.

[42] 谢毅，吴学民. 15%吡·多悬浮种衣剂的研制. 安徽农业科学，2006，34（23）：6240-6241.

[43] 王凤芝，刘自友，刘亚敏，等. 15%克百威·戊唑醇悬浮种衣剂的研制. 农药，2008，47（12）：880-882.

[44] 李小林，罗军，胡强，等. 15%克多福悬浮种衣剂在水稻上的应用效果研究. 中国农学通报，2004，20（1）：201-203，206.

[45] 王成超，刘元龙，董金波，等. 20%福·克悬浮种衣剂在玉米种子上的应用效果研究. 种子，2004，23（7）：58-60.

[46] 华乃震. 农药剂型的进展和动向（中）. 农药，2008，47（3）：157-160，163.

[47] 悬浮种衣剂产品标准编写规范CB/T 17768—1999.

[48] 李贤宾，张文君，郑尊涛，等. 我国种子处理剂的登记现状及发展趋势. 农药科学与管理，2013，34（3）：10-13.

化工版农药、植保类科技图书

分类	书号	书名	定价/元
农药手册性工具图书	122-22028	农药手册（原著第16版）	480.0
	122-29795	现代农药手册	580.0
	122-31232	现代植物生长调节剂技术手册	198.0
	122-27929	农药商品信息手册	360.0
	122-22115	新编农药品种手册	288.0
	122-22393	FAO/WHO 农药产品标准手册	180.0
	122-18051	植物生长调节剂应用手册	128.0
	122-15528	农药品种手册精编	128.0
	122-13248	世界农药大全——杀虫剂卷	380.0
	122-11319	世界农药大全——植物生长调节剂卷	80.0
	122-11396	抗菌防霉技术手册	80.0
	122-00818	中国农药大辞典	198.0
农药分析与合成专业图书	122-15415	农药分析手册	298.0
	122-11206	现代农药合成技术	268.0
	122-21298	农药合成与分析技术	168.0
	122-16780	农药化学合成基础（第2版）	58.0
	122-21908	农药残留风险评估与毒理学应用基础	78.0
	122-09825	农药质量与残留实用检测技术	48.0
	122-17305	新农药创制与合成	128.0
	122-10705	农药残留分析原理与方法	88.0
农药剂型加工专业图书	122-15164	现代农药剂型加工技术	380.0
	122-30783	现代农药剂型加工丛书－农药液体制剂	188.0
	122-30866	现代农药剂型加工丛书－农药助剂	138.0
	122-30624	现代农药剂型加工丛书－农药固体制剂	168.0
	122-31148	现代农药剂型加工丛书－农药制剂工程技术	180.0
	122-23912	农药干悬浮剂	98.0
	122-20103	农药制剂加工实验（第2版）	48.0
	122-22433	农药新剂型加工与应用	88.0
	122-23913	农药制剂加工技术	49.0
农药专利、贸易与管理专业图书	122-18414	世界重要农药品种与专利分析	198.0
	122-29426	农药商贸英语	80.0
	122-24028	农资经营实用手册	98.0
	122-26958	农药生物活性测试标准操作规范——杀菌剂卷	60.0
	122-26957	农药生物活性测试标准操作规范——除草剂卷	60.0

续表

分类	书号	书名	定价 / 元
农药专利、贸易与管理专业图书	122-26959	农药生物活性测试标准操作规范——杀虫剂卷	60.0
	122-20582	农药国际贸易与质量管理	80.0
	122-19029	国际农药管理与应用丛书——哥伦比亚农药手册	60.0
	122-21445	专利过期重要农药品种手册（2012-2016）	128.0
	122-21715	吡啶类化合物及其应用	80.0
	122-09494	农药出口登记实用指南	80.0
农药研发、进展与专著	122-16497	现代农药化学	198.0
	122-26220	农药立体化学	88.0
	122-19573	药用植物九里香研究与利用	68.0
	122-09867	植物杀虫剂苦皮藤素研究与应用	80.0
	122-10467	新杂环农药——除草剂	99.0
	122-03824	新杂环农药——杀菌剂	88.0
	122-06802	新杂环农药——杀虫剂	98.0
	122-09521	螨类控制剂	68.0
	122-30240	世界农药新进展（四）	80.0
	122-18588	世界农药新进展（三）	118.0
	122-08195	世界农药新进展（二）	68.0
	122-04413	农药专业英语	32.0
	122-05509	农药学实验技术与指导	39.0
农药使用类实用图书	122-10134	农药问答（第 5 版）	68.0
	122-25396	生物农药使用与营销	49.0
	122-29263	农药问答精编（第二版）	60.0
	122-29650	农药知识读本	36.0
	122-29720	50 种常见农药使用手册	28.0
	122-28073	生物农药科学使用指南	50.0
	122-26988	新编简明农药使用手册	60.0
	122-26312	绿色蔬菜科学使用农药指南	39.0
	122-24041	植物生长调节剂科学使用指南（第 3 版）	48.0
	122-28037	生物农药科学使指南（第 3 版）	50.0
	122-25700	果树病虫草害管控优质农药 158 种	28.0
	122-24281	有机蔬菜科学用药与施肥技术	28.0
	122-17119	农药科学使用技术	19.8
	122-17227	简明农药问答	39.0
	122-19531	现代农药应用技术丛书——除草剂卷	29.0
	122-18779	现代农药应用技术丛书——植物生长调节剂与杀鼠剂卷	28.0

续表

分类	书号	书名	定价 / 元
农药使用类实用图书	122-18891	现代农药应用技术丛书——杀菌剂卷	29.0
	122-19071	现代农药应用技术丛书——杀虫剂卷	28.0
	122-11678	农药施用技术指南（第 2 版）	75.0
	122-21262	农民安全科学使用农药必读（第 3 版）	18.0
	122-11849	新农药科学使用问答	19.0
	122-21548	蔬菜常用农药 100 种	28.0
	122-19639	除草剂安全使用与药害鉴定技术	38.0
	122-15797	稻田杂草原色图谱与全程防除技术	36.0
	122-14661	南方果园农药应用技术	29.0
	122-13695	城市绿化病虫害防治	35.0
	122-09034	常用植物生长调节剂应用指南（第 2 版）	24.0
	122-08873	植物生长调节剂在农作物上的应用（第 2 版）	29.0
	122-08589	植物生长调节剂在蔬菜上的应用（第 2 版）	26.0
	122-08496	植物生长调节剂在观赏植物上的应用（第 2 版）	29.0
	122-08280	植物生长调节剂在植物组织培养中的应用（第 2 版）	29.0
	122-12403	植物生长调节剂在果树上的应用（第 2 版）	29.0
	122-27745	植物生长调节剂在果树上的应用（第 3 版）	48.0
	122-09568	生物农药及其使用技术	29.0
	122-08497	热带果树常见病虫害防治	24.0
	122-27882	果园新农药手册	26.0
	122-07898	无公害果园农药使用指南	19.0
	122-27411	菜园新农药手册	22.8
	122-18387	杂草化学防除实用技术（第 2 版）	38.0
	122-05506	农药施用技术问答	19.0
	122-04812	生物农药问答	28.0

邮如需相关图书内容简介、详细目录以及更多的科技图书信息，请登录www.cip.com.cn。
邮购地址：（100011）北京市东城区青年湖南街13号 化学工业出版社
服务电话：QQ: 1565138679，010-64518888，64518800（销售中心）
如有化学化工、农药植保类著作出版，请与编辑联系。联系方式：010-64519457，286087775@qq.com。